T0280714

CAMBRIDGE LIBRARY COLLECTION

Books of enduring scholarly value

Mathematics

From its pre-historic roots in simple counting to the algorithms powering modern desktop computers, from the genius of Archimedes to the genius of Einstein, advances in mathematical understanding and numerical techniques have been directly responsible for creating the modern world as we know it. This series will provide a library of the most influential publications and writers on mathematics in its broadest sense. As such, it will show not only the deep roots from which modern science and technology have grown, but also the astonishing breadth of application of mathematical techniques in the humanities and social sciences, and in everyday life.

Werke

The genius of Carl Friedrich Gauss (1777–1855) and the novelty of his work (published in Latin, German, and occasionally French) in areas as diverse as number theory, probability and astronomy were already widely acknowledged during his lifetime. But it took another three generations of mathematicians to reveal the true extent of his output as they studied Gauss' extensive unpublished papers and his voluminous correspondence. This posthumous twelve-volume collection of Gauss' complete works, published between 1863 and 1933, marks the culmination of their efforts and provides a fascinating account of one of the great scientific minds of the nineteenth century. Volume 12, which appeared in 1929, contains a great variety of posthumous notes and fragments, scientific correspondence and even proposals for problems to be set at scientific competitions. The volume also includes a reproduction of Gauss' 1840 atlas of geomagnetism.

Cambridge University Press has long been a pioneer in the reissuing of out-of-print titles from its own backlist, producing digital reprints of books that are still sought after by scholars and students but could not be reprinted economically using traditional technology. The Cambridge Library Collection extends this activity to a wider range of books which are still of importance to researchers and professionals, either for the source material they contain, or as landmarks in the history of their academic discipline.

Drawing from the world-renowned collections in the Cambridge University Library, and guided by the advice of experts in each subject area, Cambridge University Press is using state-of-the-art scanning machines in its own Printing House to capture the content of each book selected for inclusion. The files are processed to give a consistently clear, crisp image, and the books finished to the high quality standard for which the Press is recognised around the world. The latest print-on-demand technology ensures that the books will remain available indefinitely, and that orders for single or multiple copies can quickly be supplied.

The Cambridge Library Collection will bring back to life books of enduring scholarly value (including out-of-copyright works originally issued by other publishers) across a wide range of disciplines in the humanities and social sciences and in science and technology.

Werke

VOLUME 12

CARL FRIEDRICH GAUSS

CAMBRIDGE UNIVERSITY PRESS

Cambridge, New York, Melbourne, Madrid, Cape Town,
Singapore, São Paolo, Delhi, Tokyo, Mexico City

Published in the United States of America by Cambridge University Press, New York

www.cambridge.org
Information on this title: www.cambridge.org/9781108032360

This edition first published 1929
This digitally printed version 2011

ISBN 978-1-108-03236-0 Paperback

The original edition of this book contains a number of colour plates, which have been reproduced in black and white. Colour versions of these images can be found online at www.cambridge.org/9781108032360

CARL FRIEDRICH GAUSS WERKE

BAND XII.

CARL FRIEDRICH GAUSS

WERKE

ZWÖLFTER BAND.

HERAUSGEGEBEN

VON DER

GESELLSCHAFT DER WISSENSCHAFTEN

ZU

GÖTTINGEN.

IN KOMMISSION BEI JULIUS SPRINGER IN BERLIN.

1929.

VARIA.

KLEINERE NOTIZEN VERSCHIEDENEN INHALTS.

1. Aus dem Briefwechsel zwischen Gauss und Hansen.

HANSEN an GAUSS.

Seeberg, 27. November 1825.

Ew. Hochwohlgeboren

wollen gütigst entschuldigen, dass ich so frei bin, Sie mit diesen Zeilen zu beschweren.

Vor 14 Tagen bekam ich von Hrn. Prof. SCHUMACHER das 3te Heft der Astr[onomischen] Abh[andlungen], worin Ihre letzte Preisabhandlung[*)] abgedruckt ist. Ich hatte wohl früher das Manuscript in Händen gehabt, aber mir fehlte es an gehöriger Zeit, um es mit Aufmerksamkeit durchzugehen; daher liess ich dies jetzt mein angelegentlichstes Werk sein. Mit der Ihnen so eigenen Gründlichkeit und Klarheit, sehe ich, haben Sie auch diese Materie bearbeitet, und dadurch ein um so mehr erwünschtes Licht in diesem Zweige der Mathematik verbreitet, da bisher das darüber Bekannte in einem bunten Chaos durcheinander lag. Grösstentheils haben die Autoren der bisherigen Projectionsarten willkürlich eine Bedingung, zu mehr oder minderm Nachtheile der übrigen, zu erfüllen gesucht, ohne dabei zu zeigen, in wie ferne diese mit der Aufgabe in wesentlicher Verbindung stände. Ein wesentliches Erforderniss für die Darstellung irgend einer Fläche auf einer anderen, scheint mir zu sein: dass die Ähnlichkeit in den kleinsten Theilen existirt; ohne dieses würde man immer weniger auf die Ähnlichkeit irgend eines endlichen Theils rechnen können, und ich wäre geneigt nur eine solche Darstellung

[*) *Allgemeine Auflösung der Aufgabe, die Theile einer gegebnen Fläche auf einer andern gegebnen so abzubilden, dass die Abbildung dem abgebildeten in den kleinsten Theilen ähnlich wird,* Altona 1825, Werke IV, S. 189—216.]

einer Fläche Projection zu nennen. Aber, abgesehen davon, dass die mehresten der bisherigen Kartenprojectionen aufhörten, Projectionen zu sein, finde ich ein stärker scheinendes Object in mancher perspectivischen Darstellung*), wo die Ähnlichkeit in den kleinsten Theilen nicht existirt. Gewiss ist jedoch, dass irgend ein Bedingniss da sein muss, um die Übertragung irgend einer Fläche, nach gewissen Regeln, auf eine andere, eine Darstellung der ersteren nennen zu können. Nemlich man würde ohne solches Bedingniss immer (in Zeichen Ihrer Abhandlg.)

$$T = f\,(t, u)$$
$$U = f'(t, u),$$

wo die durch f und f' angedeuteten Functionen ganz willkürlich wären, eine Darstellung oder Niederlegung oder Projection der durch t und u bestimmten Fläche nennen müssen. Es wäre mir sehr angenehm, wenn Sie die Güte haben wollten, mir gelegentlich einige Aufklärung darüber zu geben, falls es mit wenig Mühe geschehen könnte.

Der Artikel 11. Ihrer schätzbaren Abhandlung giebt Anlass, wie ich sehe, zu interessanten Resultaten über die stereographische Projection, auch habe ich andere daraus abgeleitet, aus welchen die verschiedentlich angeordneten stereographischen specielle Fälle sind. Die von Ihnen pag. 16[**)] gegebene Projection habe ich Hrn. Legationsrath STIELER mitgetheilt, welcher sie bei seinen Charten anwenden wird. Gewiss, jeder sieht, wie ich, sehnlich der Erscheinung von speciellen Anwendungen jener Aufgabe auf die höhere Geodäsie entgegen, wovon sie gewiss sehr fruchtbar ist. Sind nicht, unter andern, in Art. 13 die Grundzüge einer sphäroidischen Trigonometrie enthalten?

Vor einigen Tagen bekam ich von Hrn. v. LINDENAU, *Supplement to the fourth, fifth, and sixth editions of the Encyclopaedia Britannica*, Vol. third.[***)] In dem Artikel »Differential calculus«[†)] finde ich manches Sonderbare, unter andern viele Bezeichnungen, dic ich früher nirgends gesehen habe, ferner behauptet der Verf., dass die Differentialrechnung noch sehr unvollkommen

*) Z. B. der orthographischen (Projection).

[**) Werke IV, S. 203, 204.]

[***) Edinburgh, 1824.]

[†) a. a. O. S. 568—572.]

wäre, dass man nicht jede Function differentiiren könne. Letztere Behauptung scheint er besonders auf folgendes zu stützen. Er sagt [S. 569]

[Es sei]

$$x\underline{1}\,a = x + a$$

$$x\underline{2}\,a = x \times a$$

$$= x + \{x + \{\cdots \qquad \text{to } (a) \text{ terms}$$

$$x\underline{3}\,a = x^a$$

$$= x \times \{x \times \{\cdots \qquad \text{to } (a) \text{ terms}$$

$$x\underline{4}\,a = x^{x^{x^{\cdot^{\cdot^{\cdot}}}}} \qquad \text{to } (a) \text{ terms}$$

Then generally

$$x\underline{n+1}\,a = x\underline{n}\,\{x\underline{n}\,\{\cdots \qquad \text{to } (a) \text{ terms}$$

Alsdann sagt er auf dem folgenden Blatte [S. 571] unter anderm: »Let the most expert analyst . . . endeavour to develope $(x+h)\underline{n}\,a$ in analogy to Sir Isaac Newton's expansion of $(x+h)\underline{3}\,a$; or let him search for the differential of

$$a\underline{4}\,x = a^{a^{a^{\cdot^{\cdot^{\cdot}}}}} \qquad \text{to } (x) \text{ terms,}$$

and he will be forced to admit the great imperfections of the instrument.«

Ich wäre sehr geneigt, dies Unsinn zu nennen, denn der obige allgemeine Ausdruck für $x\underline{n+1}\,a$ passt nicht für die beigesetzten speciellen. Es ist nicht beigefügt, wie viele »terms« $x\underline{n}$ enthalten soll, aber per analogiam kann es doch nur entweder 1 oder 0 terms enthalten, letzteres würde die Function auf Null reduciren, also muss es wohl 1 »term« enthalten. Hieraus folgt:

$$x\underline{n} = x\underline{n-1} = x\underline{n-2} = \text{etc. bis } = x \text{ oder } = x + 1$$

je nachdem man bei $x\underline{2}$ oder $x\underline{1}$ aufhört. Also

$$x\underline{n+1}\,a = x^a \text{ oder } = (x+1)^a$$

und eben so $x\underline{n}\,a$, ferner $(x+h)\underline{n}\,a = (x+h)^a$ oder $= (x+h$ . . . . [*)] mit dessen Entwickelung man fertig werden kann.

[*) An dieser Stelle ist der Brief beschädigt.]

Ausser einigen Cometenbeobachtungen habe ich bis jetzt nichts Wesentl[iches*)] beobachten können, da der Meridiankreis noch nicht angelangt ist. Ich würde mir die Freiheit nehmen, Ihnen diese Beobachtungen zu übersenden, aber ich hoffe, sie werden bald in den Astr. Nachr. erscheinen.

. . . .

Entschuldigen Sie gütigst diesen langen Brief.

Indem ich um Ihr ferneres Wohlwollen bitte, verharre ich mit der grössten Hochachtung

... Ihr ergebenster

C. A. Hansen.

Sternwarte Seeberg 1825 Nov. 27.

Gauss an Hansen.

Göttingen, 11. Dezember 1825.

Hochgeschätzter Herr Director!

. . . .

Ihr gütiger Brief hat mir um so mehr Vergnügen gemacht, je seltener jetzt in Deutschland warmes Interesse an Mathematik ist. So erfreulich die gegenwärtige hohe Blüthe der Astronomischen Wissenschaften ist, so scheint doch die praktische Tendenz fast zu ausschliesslich vorherrschend, und die meisten sehen die abstracte Mathematik höchstens als Magd der Astronomie an, die nur deswegen zu toleriren ist.

Sie haben ganz Recht, dass bei allen Kartenprojectionen die Ähnlichkeit der kleinsten Theile die wesentlichste Bedingung ist, die man nur bei ganz speciellen Fällen und Bedürfnissen hintansetzen darf. Es wäre wohl zweckmässig, den Darstellungen, die jener Bedingung genüge leisten, einen eignen Namen zu geben. Inzwischen, Allgemein betrachtet, ist sie doch nur Eine Unterabtheilung des General-Begriffs von Darstellung einer Fläche auf der andern, die in der That gar nichts weiter enthält, als dass jedem Punkt der einen nach irgend einem stetigen Gesetz ein Punkt der andern correspondiren soll. Es mag erst etwas Abstraction kosten, sich zu diesem

[*) An dieser Stelle ist der Brief beschädigt.]

allgemeinen Begriff zu erheben: dann fühlt man sich aber auch wirklich auf einem höhern Standpunkt, wo alles in vergrösserter Klarheit erscheint. Es soll also T eine beliebige Function von t und u, und U eine andere, gleichfalls beliebige Function von t und u bedeuten, wo t, u die bestimmenden veränderlichen Grössen auf der Einen Fläche, T, U die auf der andern sind; auf welche Art t, u (jedes Paar seine) Punkte bestimmt, ist gleichfalls Willkürlich. Die einzige Bedingung ist, dass reellen Werthen von t, u reelle von T, U entsprechen, obwohl dies auch nicht einmahl im Ganzen Umfang der Fall zu sein braucht, wo dann aber freilich nur ein Theil der einen Fläche einer Darstellung auf der andern fähig ist. Dass der Fall eintreten kann, wo die eine Fläche oder ein Theil derselben wiederholte Darstellungen auf der andern erhält, ist von selbst einleuchtend, und viele gangbare Projectionen, wie z. B. die von MERCATOR geben davon Beispiele.

Man kann leicht zeigen, dass wie Allgemein dieser Begriff sei, doch allemahl jeder unendlich kleine Theil (mit Ausnahme der Stellen an singulären Punkten der Linien) wahrhaft perspectivisch dargestellt wird, entweder mit völliger Ähnlichkeit, so wie perspectivische Darstellung auf paralleler Tafel, oder mit halber Ähnlichkeit, indem in einem Sinn eine Verkürzung Statt hat.

Was die von Ihnen angezogene Stelle der *Encyclopaedia Britannica* betrifft, so habe ich zwar solche nicht selbst nachsehen können, aber es scheint mir doch nach dem was Sie anführen, dass Sie dem Verfasser (vielleicht BABBAGE? [*)]) Unrecht thun. Er hat die Idee der Abhängigkeit von zwei Grössen, die in $x+a$, xa, x^a ist, generalisiren wollen, aber nicht bemerkt, dass beim Fortschreiten zu einer neuen Ordnung eigentlich eine Willkürlichkeit Statt findet, da man x^{x^x} auf eine doppelte Art, nemlich

$$(x^x)^x \text{ oder } x^{(x^x)}$$

lesen könnte; vermuthlich haben Sie es auf die erste Art gethan, der Verf[asser] aber ohne Zweifel, nach der Art schon, wie er die Parenthesen schreibt, auf die zweite. Seine allgemeine Formel ist aber etwas verworren, gewissermaassen unrichtig ausgedrückt, sie sollte heissen

[*) A. a. O. S. 569 wird der *Essay towards the Calculus of Functions*, Phil. Transact. 1815, 1816, von CHARLES BABBAGE erwähnt.]

$$x^{\underline{n+1}}a = x^{\underline{n}}(x^{\underline{n}}(x^{\underline{n}}\ldots x^{\underline{n}}(a-1))\ldots),$$

so dass $x^{\underline{n}}$ a-mahl geschrieben gedacht wird.

Klarer wäre der Ausdruck:

$$f(x, n, a) = f(x, n-1, f(x, n, a-1)),$$

so dass also aus der Natur der Function für die Grösse (Ordnungszahl) $n-1$ die Natur für die folgende n abgeleitet werden soll. Offenbar hat dies aber nur einen Sinn, wenn n eine ganze Zahl ist, und kann nur dann eine Bestimmung der Function für ganze Werthe von a geben, wenn ein Anfangswerth vorgeschrieben ist. Aber hier ist nicht einmahl ein allgemeines Princip: der Verfasser scheint tacite vorauszusetzen, dass $f(x, n, 1) = x$ werden sol[l] (bei seinem $n = 4$), allein dies trifft nur bei $n = 2$ und $n = 3$ zu, aber nicht bei $n = 1$. Aufrichtig gesagt, glaube ich nicht, dass dies[e] Nebel-Speculation zu etwas führt; sonst wäre es wol nicht schwer, seine erste Aufgabe $(x+h)^{\underline{n}}a$ in der Form, deren sie fähig ist, aufzulösen, während die andere, wo in $a^{\underline{4}}x$ die Werthe für nicht ganze x eigentlich durch die Bedingung nicht bestimmt werden, keiner bestimmten Auflösung empfänglich ist.

Ich habe mich in diesem Herbst sehr viel mit der allgemeinen Betrachtung der krummen Flächen beschäftigt, welches in ein unabsehbares Feld führt. Es hängt aber als höheres Princip genau mit meiner Theorie der höhern Geodäsie zusammen, und so wird es damit so ganz geschwind nicht gehen, zumahl da meine Arbeiten durch andere unangenehme Geschäfte sehr gestört werden, die dann wieder desto abspannender und ermüdender wirken, je mehr das Heterogene Abspringen die Wiederanknüpfung der Ideenfäden erschwert. Jene Untersuchungen greifen tief in vieles andere, ich möchte sogar sagen, in die Metaphysik der Raumlehre ein, und nur mit Mühe kann ich mich von solchen daraus entspringenden Folgen, wie z. B. die wahre Metaphysik der negativen und imaginären Grössen ist, losreissen. Der wahre Sinn des $\sqrt{-1}$ steht mir dabei mit grosser Lebendigkeit vor der Seele, aber es wird sehr schwer sein, ihn in Worte zu fassen, die immer nur ein vages, in der Luft schwebendes Bild geben können.

Ich schliesse mit der Versicherung, dass jede Mittheilung über Ihre astronomischen Arbeiten mir immer willkommen sein wird; die Astron[omischen] Nachrichten kommen nicht in regelmässigen Zeiten, und ich erfahre daher sonst manches erst viel später. Den Cometen d. i. den letzten, habe ich am 4. 6. Oct. im Meridian beobachtet. . . . . . .

Hochachtungsvoll
und
ergebenst

Göttingen, den 11. December 1825. C. F. GAUSS.

BEMERKUNGEN.

Von C. A. HANSEN sind im ganzen sechsundzwanzig Briefe an GAUSS im Gaussarchiv (Kapsel 98) vorhanden; der vorstehend abgedruckte Brief von GAUSS an HANSEN befindet sich ebenfalls im Gaussarchiv (Kapsel 118).

Die von HANSEN berührte Stelle der *Encyclop. Britannica*, über die GAUSS in seinem Antwortschreiben auch einige Bemerkungen macht, bezieht sich auf die sogenannten höheren Rechenstufen, denen man auch sonst in der Literatur mehrfach begegnet. Wir begnügen uns mit der Angabe der folgenden einschlägigen Abhandlungen:

L. EULER, *De formulis exponentialibus replicatis*, Acta Acad. Sc. Petrop. 1777: I (1778), S. 38—60. Nr. 489 des Eneströmschen Verzeichnisses.

G. EISENSTEIN, *Entwicklung von* $\alpha^{\alpha^{\alpha^{\cdot^{\cdot^{\cdot}}}}}$. CRELLES Journal für Mathem. 28 (1844) S. 49—52.

F. WOEPCKE, *Note sur l'expression* $((a^a)^a)^{\cdot^{\cdot^{\cdot^{a}}}}$ *et les fonctions inverses correspondantes*. CRELLES Journal für Mathem. 42 (1852), S. 83—90.

In bezug auf die »Metaphysik der Raumlehre« und die »wahre Metaphysik der negativen und imaginären Grössen«, die GAUSS am Schluss seines Briefes erwähnt, vergl. die Notiz 13 weiter unten und die zugehörigen Bemerkungen.

SCHLESINGER.

2. Aufgabe.

[Einzelner Zettel.]

In der Illustrierten Zeitung findet sich eine Aufgabe, wo drei unbekannte Grössen x, y, z (Buchstabenzahlen des Wortes Don) vier Gleichungen genüge leisten sollen

(1)	$xy - z = 43$	Jede der drei Gleichungen (1), (2), (3) mit (4) ver-
(2)	$xz - y = 38$	bunden gibt eine quadratische Gleichung für z, y, x,
(3)	$yz - x = 178$	woraus $x = 4$, $y = 14$, $z = 13$.
(4)	$xyz = 728$	Allein offenbar ist nur nöthig, von den Glei-

chungen (1), (2), (3) zwei zu benutzen, z. B. (2), (3) woraus x und y bestimmt werden, indem z dann aus (4) von selbst folgt. Schwieriger ist die Auflösung, wenn (4) unbenutzt bleiben soll. Es wird dann

$$z = xy - 43$$

also

$$xxy - 43x - y = 38$$

$$xyy - x - 43y = 178$$

$$y = \frac{43x + 38}{xx - 1}$$

$$x\left(\frac{43x + 38}{xx - 1}\right)^2 - \frac{43(43x + 38)}{xx - 1} - x - 178 = 0$$

oder entwickelt

$$x^5 + 178x^4 - 2x^3 - 1990xx - 3292x - 1456 = 0.$$

Diese Gleichung hat zwei rationale Wurzeln $x = 4$ und $x = -2$. Die drei andern Wurzeln sind enthalten in der Gleichung

$$x^3 + 180xx + 366x + 182 = 0.$$

Schreibt man $x = p - 1$, so wird sie $p^3 + 177pp + 9p - 5 = 0$, deren Wurzeln

$$p = +0{,}14451126$$
$$p = -0{,}19553345$$
$$p = -176{,}94898,$$

also

$$x = -0{,}8554887$$
$$x = -1{,}1955330$$
$$x = -177{,}9489782.$$

Als Buchstabenzahl ist bloss die Wurzel $x = 4$ zulässig, woraus $y = 14$, $z = 13$ von selbst folgen.

1852 Sept. 22.

BEMERKUNG.

GAUSS hat wahrscheinlich darum $x = p - 1$ gesetzt, weil dann in der neuen Gleichung eine Wurzel leicht und scharf abgeschätzt werden kann. Diese Wurzel liegt nämlich in der Nähe von -177, und zwar muss die Abweichung von 177 so gross sein, dass ihr 177-faches die Zahl 9 um den 177. Teil von 5 übertrifft. Man hat also:

$$5 : 177 = 0{,}028; \quad 9{,}028 : 177 = 0{,}051; \quad p = -(177 - 0{,}051) = -176{,}949.$$

Durch Anwendung des sogenannten Hornerschemas erhält man hieraus

$$p = -176{,}9489782 \text{ und } x = -177{,}9489782.$$

Der letztere Wert stimmt vollständig mit dem von GAUSS an dritter Stelle angegebenen überein. Der zweite Wert für p lautet nicht (wie bei GAUSS) $-0{,}19553345$, sondern $-0{,}19553307$; damit würde auch der von GAUSS gegebene entsprechende Wert von x besser übereinstimmen.

MAENNCHEN.

---

3. Beziehungen zwischen den Summen der Zahlen und ihrer Würfel.

[1.]

Briefwechsel zwischen GAUSS und SCHUMACHER IV, Altona 1862, S. 310.

GAUSS an SCHUMACHER.

Göttingen, 26. September 1844.

. . . . . . Ich glaube nicht, dass die Relation zwischen den Summen der Zahlen u[nd] Würfel sich einfacher demonstriren lässt als auf folgende Art.

Zur Abkürzung setze ich $1+2+3+\cdots+x=\Sigma x$.

Man hat identisch

$$a^3 = a\left\{\begin{matrix}1+2+3+4+\cdots+(a-1)+a \\ +(a-1)+(a-2)+(a-3)+(a-4)+\cdots+1\end{matrix}\right\}$$

$$= a\{2\Sigma(a-1)+a\} = [\Sigma(a-1)+a]^2-[\Sigma(a-1)]^2 = (\Sigma a)^2-[\Sigma(a-1)]^2$$

oder so geschrieben

$$(\Sigma a)^2 = \Sigma(a-1)^2+a^3.$$

Setzt man nun Statt a der Reihe nach $a-1$, $a-2$, $a-3$ u. s. w. bis 1 und addirt, so hat man unmittelbar, weil $\Sigma 0 = 0$,

$$(\Sigma a)^2 = a^3+(a-1)^3+(a-2)^3+\cdots+8+1.$$

Diese an sich zierliche Relation steht nur isolirt, wie Sie selbst schon bemerkt haben. . . . .

[2.]

Briefwechsel zwischen GAUSS und SCHUMACHER V, Altona 1863, S. 299.

SCHUMACHER an GAUSS.

Altona, 12. April 1847.

{. . . . JACOBI bemerkt sonst in diesem Briefe in Bezug auf die Summen der Potenzen der natürlichen Zahlen, dass freilich die Relation $(\Sigma x^1)^2 = \Sigma x^3$ isolirt stehe, dass aber die Summen von zwei und mehreren dieser Reihen, mit bestimmten Coeffizienten multiplicirt, gleich einer Potenz einer einzelnen sein können, z. B.

$$\tfrac{1}{2}(\Sigma x^7+\Sigma x^5) = (\Sigma x^3)^2 = (\Sigma x^1)^4.$$

Dass $(\Sigma x^1)^2 = \Sigma x^3$, sagt JACOBI, stehe schon in LUCA DI BORGOS *Summa Arithmetica* [*)] . . . . . .}

[*) LUCA PACIUOLO (nach seinem Geburtsort auch LUCA DI BORGO SANCTI SEPULCHRI genannt), *Summa de Arithmetica, Geometria, Proporzioni e Proporzionalità,* Venet. 1494 (neuer Abdruck ebenda 1523), fol. 44 recto.]

4. Eulersche (magische) Quadrate.

[Briefwechsel zwischen GAUSS und SCHUMACHER IV, Altona 1862, S. 61—65, 80—81.]

[1.]

SCHUMACHER an GAUSS. 12. März 1842.

{Ich sende Ihnen, mein theuerster Freund, ein paar Kleinigkeiten von CLAUSEN.

1) . . . .

2) . . . .

3) Ist eine Art magisches Quadrat. Man schreibt auf n Zettel A und bei A die natürlichen Zahlen von 1 bis n, ebenso auf n Zettel B und die natürlichen Zahlen von 1 bis n, und so fort bis man n Buchstaben hat. Aus diesen nn Zetteln soll ein Quadrat gelegt werden, mit der Bedingung, dass sowohl in jeder horizontalen, als verticalen Reihe **alle** Buchstaben und alle Zahlen vorkommen. Für $n = 2$ ist dies unmöglich, für $n = 3$ leicht, und ich glaubte früher von Ihnen verstanden zu haben, dass es auch für $n = 4$ unmöglich sei, muss mich aber geirrt haben, da CLAUSEN mir beifolgende Auf-

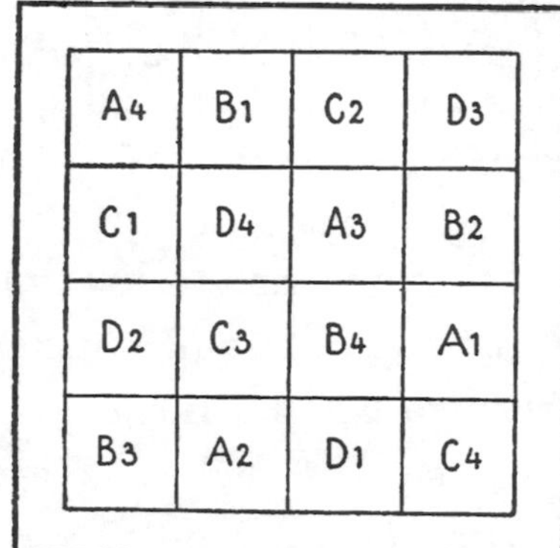

A4	B1	C2	D3
C1	D4	A3	B2
D2	C3	B4	A1
B3	A2	D1	C4

Figur 1.

lösung brachte. Darf ich fragen, wenn sonst die Untersuchung Ihnen keine Mühe macht, für welche Werthe von n (das nur eine ganze Zahl sein kann) es unmöglich ist?

[2.]

Gauss an Schumacher. Göttingen, 2. April 1842.

Von den verschiedenen Clausen'schen Sachen, die Sie, mein theuerster Freund, in einem Ihrer letzten Briefe mitgetheilt haben, habe ich nur der dritten einige Minuten zuwenden können. Dass ich jemahls behauptet haben sollte, die fragliche Aufgabe werde für $n = 4$ unmöglich, kann ich schlechterdings nicht glauben, da man sogar beim ersten Blick erkannt hat, dass Hr. Clausen die Bedingungen sogar noch zu enge gestellt hat. Man muss nemlich noch die beifügen, dass auch in den beiden Diagonalen alle $ABCD$ und alle 1234 vorkommen sollen, was in dem von Ihnen mitgetheilten Diagramm nicht zutrifft, aber sehr leicht zu erreichen ist. Z. B. (die erste Zeile nach Clausen beibehaltend)

A4	B1	C2	D3
C3	D2	A1	B4
D1	C4	B3	A2
B2	A3	D4	C1

Figur 2.

Aus jeder gegebenen Auflösung kann man unmittelbar 575 andere erhalten, indem man die Elemente $ABCD$ auf beliebige Art vertauschen kann, u[nd] daneben wieder auf beliebige Art die Elemente 1, 2, 3, 4. Dann können Sie jede Seite auch zur oberen machen und auch jede Auflösung im Spiegel eine andere geben lassen. Das eigentlich interessante der Aufgabe besteht darin, dass jede Auflösung ein wirkliches magisches Quadrat gibt, indem Sie

$A = 0$, $B = 4$, $C = 8$, $D = 12$[*)] (für $n = 4$) setzen und die beiden zusammenstehenden Elemente addiren, wodurch also obiges Diagr[amm] gibt

4.	5.	10.	15
11.	14.	1.	8
13.	12.	7.	2
6.	3.	16.	9.

Ob aber auch das Umgekehrte allgemein gilt, nemlich, dass es keine andere magische Quadrate gibt, als die aus dieser Quelle abgeleitet werden können, wird wohl etwas schwerer zu entscheiden. Wenn ich nicht irre, findet sich in dem von MOLLWEIDE besorgten Bande von KLÜGEL's mathem. Wörterb[uch**)] ein langer Artikel über magische Quadrate u[nd] auch eine besondere Dissertation von MOLLWEIDE[***)] über diesen Gegenstand. Mir fehlt es an Zeit, darüber jetzt Nachforschungen zu machen.

. . . .

[3.]

SCHUMACHER an GAUSS. Altona, 5. April 1842.

{. . . . .

Vielen Dank für Ihre Belehrungen über die Quadrate mit doppelten Elementen. Eine Frau v. ROSENKRANZ in Kopenhagen beschäftigte sich damit, und ich meine, dass Sie 1826 bei meiner Durchreise durch Göttingen mir Fälle genannt hätten, bei denen das Problem unmöglich sei, namentlich meinte ich dies für $n = 4$, aber ich kann mich sehr gut irren. Ist $n = 2$ denn der einzige unmögliche Fall?

. . . . }

[*) GAUSS schrieb zuerst »$D = 4$« und korrigierte dann die 4 in 16; in der Handschrift steht neben dieser Zahl, wahrscheinlich von SCHUMACHERS Hand »(12?)«, was in der Tat dem nachfolgenden Schema entspricht.]

[**) G. S. KLÜGEL, *Mathematisches Wörterbuch*, 1. Abtheilung, 4. Theil, 1823, S. 13—46, Artikel »Quadrat, magisches«.]

[***) C. B. MOLLWEIDE, *De quadratis magicis commentatio*, Lipsiae 1816.]

[4.]

SCHUMACHER an GAUSS. Altona, 10. August 1842.

{. . . . .

CLAUSEN ist noch hier, und wird erst in 14 Tagen reisen. Er hat unterdessen über die magischen Quadrate mit doppelten Characteren gearbeitet, deren Sie sich wohl aus unserer Correspondenz vor etwa einem halben Jahre erinnern (z. B. aus 9 kleinen, mit $a1$, $a2$, $a3$, $b1$, $b2$, $b3$, $c1$, $c2$, $c3$ bezeichneten Quadraten ein Quadrat zusammensetzen, in dem jede Horizontal- und Verticalreihe alle Buchstaben und alle Zahlen, aber keinen Character mehr wie einmal enthält) und kann beweisen, dass dies für 6 (6 Buchstaben und 6 Zahlen) unmöglich ist, ebenso wie für 2. Er bringt für 6 alle möglichen Fälle auf 17 Grundformen, deren Discussion die Unmöglichkeit ergiebt. Sie haben mir früher auch eine Zahl genannt, bei der es nicht möglich war, (obgleich Sie sich der Sache nicht mehr erinnern), dies wird auch 6, und nicht 4, wie ich irrthümlich glaubte, gewesen sein. Ich meine, es war 1817 bei meiner Durchreise nach München. CLAUSEN vermuthet, dass es für jede Zahl von der Form $4n+2$ unmöglich sei, kann es aber noch nicht beweisen, und glaubt auch nicht, dass ihm überhaupt der Beweis gelingen wird, da nach seiner Meinung die Auflösung dieser Aufgabe mit der Theorie der Combinationen und deren Anwendung auf die analytische Auflösung der algebraischen Gleichungen sehr nahe zusammenhängt. Der Beweis der vermutheten Unmöglichkeit für 10, so geführt wie er ihn für 6 geführt hat, würde, wie er sagt, vielleicht für menschliche Kräfte unausführbar sein.

. . . .}

BEMERKUNGEN.

Das hier in Rede stehende Problem ist bereits von LEONHARD EULER näher untersucht und eingehend behandelt worden (»*Recherches sur une nouvelle espèce de quarrés magiques*« [1779]. Verhandelingen uitgegeven door het Genootschap der Wetenschappen te Vlissingen IX, 1782, p. 85—239 = LEONH. EULERI *Comment. arithm. coll.* Bd. II, 1849, p. 302—361 = LEONHARDI EULERI *Opera omnia*, Series I, Vol. VII, 1923, p. 291—392). Es erscheint dort in einer Fassung, nach der es heute zumeist als das »Problem der n^2 Offiziere« bezeichnet wird. In dieser Fassung und unter Beschränkung auf den von GAUSS hier besonders betrachteten Fall $n = 4$ würde es so lauten: »16 Offiziere gehören 4 verschiedenen Regimentern und 4 verschiedenen Chargen an, und zwar in der Weise, dass jedes Regiment durch jede der 4 Chargen einmal vertreten ist. Die 16 Offiziere sollen nun in die 4.4 Felder eines Quadrats so eingeordnet werden, dass jede »Zeile« (Horizontalreihe) und ebenso jede »Spalte« (Vertikalreihe) des Quadrats jedes Regiment und ebenso jede Charge aufweist.«

Der Sonderfall $n = 4$ zumal legt es nahe, der Aufgabe auch folgende Einkleidung zu geben: »Die Asse, Könige, Damen und Buben eines Kartenspiels sollen so in die 4.4 Felder eines Quadrats eingeordnet werden, dass jede der 4 Zeilen und ebenso jede der 4 Spalten des Quadrats ein Ass, einen König, eine Dame, einen Buben und überdies auch jede der vier »Farben« des Kartenspiels aufweist.«

In derselben Fassung nun, wie EULER, studierte TH. CLAUSEN das Problem, ohne dass jedoch über seine Ergebnisse etwas Weiteres als das von SCHUMACHER in diesen Briefen an GAUSS Mitgeteilte bekannt geworden wäre.

Die Forderung des Problems, bei EULER und CLAUSEN, wie gesagt, für alle »Zeilen« und »Spalten« des Quadrats gestellt, erstreckt GAUSS hier nun auch, insbesondre für seinen Fall $n = 4$, auf die beiden Diagonalen. Eine Veranlassung zu dieser weiteren Erschwerung lag für EULER umsoweniger vor, als der Fall $n = 6$, von dem er ausging, sich schon unter den leichteren Problembedingungen, ohne das Diagonalenpostulat also, als unlösbar erweist. Andererseits ist es EULER gewiss nicht entgangen, dass in besonderen Fällen Lösungen möglich sind, in denen auch die Diagonalen die sonst nur von den Zeilen und Spalten geforderten Eigenschaften besitzen; für $n = 4$ gibt EULER selbst die beiden einzigen, wesentlich verschiedenen Anordnungen, die für diesen Fall unter den GAUSSschen Bedingungen existieren, an, darunter also auch die von GAUSS hier gegebene Lösung.

Um einen einfachen Ausdruck zu haben, mögen die hier in Rede stehenden (aus Buchstaben und Zahlen zusammengesetzten) Quadrate — ohne Rücksicht darauf, ob sie nur den EULERschen oder den weitergehenden GAUSSschen Bedingungen genügen — »EULERsche Quadrate«, wie sie zumeist auch in der Literatur heissen, genannt werden.

Nach den hier wiedergegebenen brieflichen Äusserungen SCHUMACHERS ist anzunehmen, dass die Unmöglichkeit »EULERscher Quadrate« im Falle $n = 6$ auch von GAUSS ehemals bemerkt und im Gespräch erwähnt war. Eine solche Äusserung von GAUSS glaubt SCHUMACHER bei einer Durchreise durch Göttingen gehört zu haben, und zwar entweder im Jahre 1817 (über SCHUMACHERS damalige Durchreise durch Göttingen s. den Briefw., Bd. I, S. 133) oder im Jahre 1826 (vgl. Briefw., Bd. II, S. 77—79).

Der erste, der für diese Unlösbarkeit des Falles $n = 6$ einen Beweis fand, dürfte CLAUSEN gewesen sein. Der erste, der einen solchen Beweis veröffentlichte, war G. TARRY (»*Les permutations carrées de base 6*«, Mém. de la Soc. Roy. des Sc. de Liège (3), II, 1900 = Mathesis (2) X, Juillet 1900, Suppl. p. 23—30, und »*Le problème des 36 officiers*«, Assoc. franç. pour l'avanc. des sc., XXIX, Congrès de Paris 1900, 1re partie, p. 122—123; 2e partie, 1901, p. 170—203). Nach SCHUMACHERS Angaben muss man übrigens glauben, dass CLAUSENS Beweis im wesentlichen dasselbe Verfahren wie der TARRYS befolgte, (vgl. W. AHRENS, »*Mathematische Unterhaltungen und Spiele*«, 2. Aufl., Bd. II, 1918, S. 62). Über weitere einschlägige Veröffentlichungen von J. PETERSEN und ED. BARBETTE s. AHRENS, a. a. O.

Wenn CLAUSEN für die von ihm vermutete Unlösbarkeit des Problems im Falle jedes ungerad-geraden n den Beweis von der Seite der Substitutionentheorie und der Algebra her erwartete, so war diese Erwartung in ihm vermutlich durch seine damalige Beschäftigung mit algebraischen Untersuchungen (s. den Briefw. GAUSS-SCHUMACHER, Bd. IV, S. 65) rege geworden. Einen Beweisversuch für die Unlösbarkeit des Problems für jedes ungerad-gerade n veröffentlichte P. WERNICKE (»*Das Problem der 36 Offiziere*«, Jahresbericht d. Deutsch. Mathem.-Vereinig., XIX, 1910, S. 264—266), doch hat dieser der Kritik (H. F. MAC NEISH, ebenda, XXX, 1921, S. 151—153) nicht standzuhalten vermocht.

Erwähnt sei noch, dass die Darstellung, die S. GÜNTHER in der Abhandlung »*Die magischen Quadrate bei GAUSS*« (Zeitschr. f. Math. u. Phys., XXI, 1876, Hist.-litt. Abt., S. 61—64) von der Problemfassung bei EULER und bei GAUSS gibt, irrtümlich ist (s. darüber AHRENS, »*Mathematische Unterhaltungen und Spiele*«, erste Aufl., 1901, S. 401/402).

Wenn GAUSS schliesslich in dem letzten Teil des Briefabschnittes das Verhältnis erörtert, in dem die von ihm hier betrachteten, also unsere »EULERschen Quadrate«, zu den eigentlichen »magischen« Zahlenquadraten stehen, so ist dazu folgendes zu bemerken: Offenbar hat GAUSS, wie auch die Schlussworte (»Mir fehlt es an Zeit« . . .) zu bestätigen scheinen, dieser ganzen, doch nur flüchtig im Briefe erörterten Frage der »EULERschen Quadrate« keine erhebliche Beachtung geschenkt; bei näherer Prüfung würde er sehr leicht solche »magische« Quadrate, die aus jener »Quelle« der »EULERschen Quadrate« nicht herleitbar sind, gefunden haben. Für den GAUSSschen Spezialfall $n = 4$ insbesondre ist das Verhältnis der Quadrate beider Kategorien zahlenmässig das folgende: Eigentlich »magische« Quadrate, d. h. Quadrate aus den Zahlen 1 bis 16, gibt es 880 wesentlich verschiedene; von diesen lassen sich 304 aus jener »Quelle« der »EULERschen Quadrate« herleiten, während dies bei allen übrigen 576 nicht angeht (s. W. AHRENS in der Zeitschrift »Der Islam«, Bd. 14, 1924, S. 105f.). Wenn GAUSS, wie es nach SCHUMACHERS Zeugnis doch scheint, bereits vor Jahren über den Fall $n = 6$ in dem angegebenen Sinne sich geäussert hatte, so war ja auch damit bereits implizite ausgesprochen, dass keineswegs alle »magischen« Quadrate aus »EULERschen« herleitbar sind; denn in diesem Falle gibt es, wie GAUSS eben damals schon bemerkt hatte, »EULERsche Quadrate« ja überhaupt nicht, während »magische« für $n = 6$ doch in grosser Zahl existieren.

Wenn übrigens MORITZ CANTOR in einer auf dem Pariser *Congrès d'histoire des Sciences* (1900) vorgelegten Abhandlung »*Beiträge zur Lebensgeschichte von CARL FRIEDRICH GAUSS*« (S. 18/19) in bezug auf den von GAUSS (S. 15) erwähnten Artikel des KLÜGELschen *Wörterbuchs* über magische Quadrate sagt, GAUSS sei von KLÜGEL für die Bearbeitung dieses, wie anderer Artikel des *Wörterbuchs* in Aussicht genommen gewesen, so stützt sich CANTOR nur auf den folgenden, von ihm erwähnten Satz aus GAUSS' Brief an OLBERS vom 24. Oktober 1810:

> »KLÜGEL hat mich neulich ersucht, das zur höheren Arithmetik gehörige für sein *Wörterbuch* auszuarbeiten. Ich werde mich aber nur auf den Fall dazu verstehen, dass ich nicht pressirt werde.«

In Wahrheit hat GAUSS zum KLÜGELschen *Wörterbuch* keine Beiträge geliefert, auch dürfte KLÜGEL bei seiner an GAUSS gerichteten Aufforderung kaum an einen Artikel über magische Quadrate gedacht haben. Diesen Artikel hat überhaupt erst KLÜGELs Nachfolger, der für diesen Gegenstand besonders interessierte MOLLWEIDE, in das Programm des *Wörterbuchs* eingefügt und auch selbst bearbeitet.

AHRENS.

5. Achtköniginnenproblem.

[Briefwechsel zwischen GAUSS und SCHUMACHER VI, Altona 1865, S. 106—121.]

[1.]

GAUSS an SCHUMACHER.

Göttingen, den 1. September 1850.

. . . .

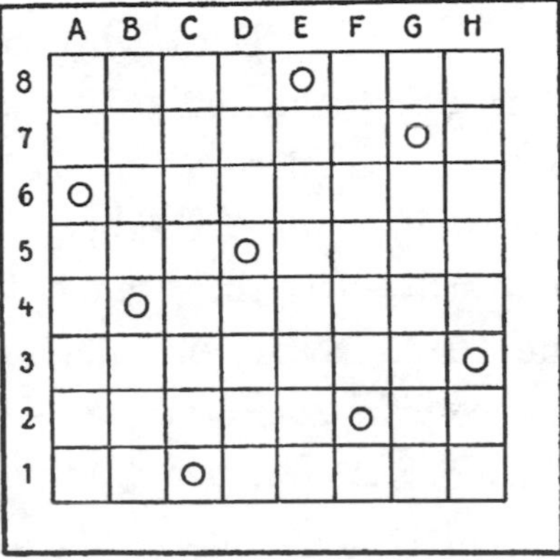

Figur 3.

Sie sind, wenn ich nicht irre, ein grosser Freund vom Schachspiele. So interessirt Sie vielleicht eine Aufgabe, die einige Ähnlichkeit mit dem Rösselsprung hat, und worüber Sie das Nähere in No. 361 der Illustrirten Zeitung finden (vom 1. Junius 1850). Die Sache ist: man soll 8 K[öni]ginnen auf dem Schachbrett so aufstellen, dass keine von den andern geschlagen werden kann. Der Urheber bemerkt, dass es 60 verschiedene Aufstellungen gebe; zunächst wird nur die verlangt, wo zwei Königinnen auf *B*4 und *D*5 stehen; es sei sehr leicht, 7 unterzubringen, aber man wisse dann nicht, wo man mit der 8ten hin solle. Ich habe nach einigen Versuchen den speciellen Fall leicht aufgelöset. Aber zusammen finde ich nicht 60, sondern 76 verschiedene Auflösungen[*)].

[*) Die Fortsetzung dieses Briefes ist abgedruckt Werke Bd. X 1, S. 434.]

[2.]

SCHUMACHER an GAUSS. 4. September 1850.

{. . . . .

Ihr Schachproblem ist sehr interessant, weil es schwieriger ist als es auf den ersten Blick scheint. . . . .

76 ist doch die Zahl der Auflösungen des allgemeinen Problemes, nicht des speciellen Falles, wenn zwei Königinnen auf B4, D5 stehen? . . . . }

[3.]

GAUSS an SCHUMACHER.

Göttingen, den 12. September 1850.

. . . . . . Rücksichtlich der in meinem letzten Briefe erwähnten Aufgabe muss ich bemerken, dass die Anzahl der von mir gefundenen Auflösungen nicht 76, sondern 72 beträgt; mit Gewissheit kann ich jedoch nicht verbürgen, dass weiter keine möglich sind. Für die specielle Aufgabe, wo B4 und D5 vorgeschrieben sind, habe ich nur die Eine Ihnen mitgetheilte gefunden[*)]. Die 72 Auflösungen reduciren sich übrigens auf nur 9 wesentlich verschiedene, indem jede Auflösung 8 Variationen repräsentirt. Es gehen nämlich zuerst aus jeder Auflösung durch Drehung um 90^0, 180^0, 270^0, oder was dasselbe ist, indem man der Reihe nach jede der Quadratseiten unten stellt, 3 andere hervor; und jede dieser 4 Auflösungen liefert in ihrem Spiegelbild, oder was dasselbe ist, auf der Rückseite des Papiers eine neue. Bei einer mehr oder weniger symmetrischen Aufstellung, wäre denkbar, dass die 8 Variationen sich auf nur 4 oder 2 oder Eine reducirten. Allein von dem letzten und vorletzten Fall kann ich sagen, dass sie mit den Bedingungen der Aufgabe unvereinbar sind; hingegen die Möglichkeit einer solchen Symmetrie, wo die 8 Variationen auf 4 zusammenschmelzen, kann ich noch nicht unbedingt verneinen, ich hatte wirklich kurz vor Absendung meines letzten Briefes gemeint, eine solche Auflösung gefunden zu haben (daher die 76 anstatt 72), gleich

[*) Siehe zu dieser Stelle jedoch im letzten Absatz des weiter unten folgenden GAUSSschen Briefes (S. 27) die Berichtigung resp. Ergänzung, mit der »die spezielle Aufgabe« nunmehr erschöpft ist.]

nach Absendung des Briefes, wo ich die Stellung genauer besah, fand ich, dass sie unrichtig war. Indessen ist mir doch höchst wahrscheinlich, dass eine derartig symmetrische Auflösung wirklich nicht existirt[*)]. . . . .

[4.]

SCHUMACHER an GAUSS.

Altona, den 24. September 1850.

{Nehmen Sie, mein theuerster Freund, meinen besten Dank für die Belehrungen über das Problem der 8 Damen.

Wenn, sobald 2 Damen in der *a* und *b* Columne ihren Platz erhalten haben, nur eine Auflösung möglich ist, so liesse sich vielleicht die Zahl der möglichen Auflösungen des Problems durch die Anzahl der Stellungen, die den Damen in diesen beiden Columnen gegeben werden dürfen, entscheiden.

Es scheint mir, man brauche in der *a* Columne nur die Stellungen *a*1, *a*2, *a*3, *a*4 beachten, denn durch Drehung des Bretts um 180^0, und Spiegelbild entspricht

*a*1 der Stellung *a*8,
*a*2 *a*7,
*a*3 *a*6,
*a*4 *a*5.

Vielleicht aber darf die Dame nicht in den Ecken stehen, und dann wären nur 3 Stellungen auf der *a* Columne zu betrachten.

Jede Stellung in der Ecke schliesst unmittelbar 2 Stellungen in der *b* Columne aus, es sind also für die Stellung *a*1 6 Fälle zu betrachten

*a*1 mit *b*3, *b*4, *b*5, *b*6, *b*7, *b*8.

Für jede andere Stellung auf *a* werden unmittelbar 3 Felder der *b* Columne ausgeschlossen. Nemlich

bei *a*2 sind möglich *b*4, *b*5, *b*6, *b*7, *b*8,
*a*3 *b*1, *b*5, *b*6, *b*7, *b*8,
*a*4 *b*1, *b*2, *b*6, *b*7, *b*8.

[*) Von GAUSS im folgenden Briefe, S. 23, berichtigt.]

Dies gäbe also 21 mögliche Stellungen der Damen in den beiden ersten Columnen, wenn nicht aus Gründen, die ich nicht kenne, einige davon unzulässig sind, und wenn die Eckstellungen ausgeschlossen sind, 15. Es wären also $8 \times 21 = 168$, oder $8 \times 15 = 120$ verschiedene Auflösungen des Problems, von denen nur 21 oder 15 Grundauflösungen sind, aus denen die anderen durch Drehung des Bretts und Spiegelbild abgeleitet werden.

Wenn die Zahl 9, deren Sie erwähnen, exclusiv ist, so müssen die Stellungen auf der *a* und *b* Columne Beschränkungen unterworfen sein, die ich nicht kenne, aber gerne wissen möchte, vorausgesetzt, dass die Erklärung Ihnen nicht Mühe macht.

. . . .

Indem ich wieder das Schachproblem überdenke, werde ich besorgt, dass in meinen Schlüssen etwas vorausgesetzt ist, was vielleicht nicht statt findet. Sie haben mir gesagt, dass wenn man 2 Damen auf *a* 6, *b* 4 stellt, keine andere als die von Ihnen gegebene Auflösung möglich ist[*)]; Sie haben aber nicht gesagt, dass für jede beliebige Stellung der Damen in der *a* und *b* Columne nur eine Auflösung des Problems möglich sei. Nur wenn der letzte Satz wahr wäre, scheinen mir meine Schlüsse richtig; denn bei jeder Auflösung des Problems muss eine Dame in der *a* Columne, die andere in der *b* Columne in irgend einer Stellung stehen; da nun für diese Stellung (den von Ihnen nicht aufgestellten Satz als richtig angenommen) die gegebene Auflösung die einzig mögliche ist, so hängt die Zahl der Auflösungen von den verschiedenen möglichen Stellungen in den erwähnten beiden Columnen ab.

. . . .}

[5.]

Gauss an Schumacher.

Göttingen, den 27. September 1850.

Da Sie, mein theuerster Freund, an der Aufgabe, die Königinnen auf dem Schachfelde unterzubringen, ein Interesse zu nehmen scheinen, so will ich noch einiges darüber hinzufügen.

[*) Nicht richtig und von Gauss auch nicht behauptet: gemeint ist: *b* 4, *d* 5.]

Ich hatte in meinem letzten Briefe bemerkt, dass von meinen 76 Auflösungen 4 zu streichen seien, weil ich eine unrichtige symmetrische mit aufgenommen hatte. Ich liess es damals unentschieden, ob eine symmetrische möglich sei: bald nachher gelang es mir aber doch, eine richtige symmetrische zu finden: es ist untenstehendes Nro. 1 [*)]:

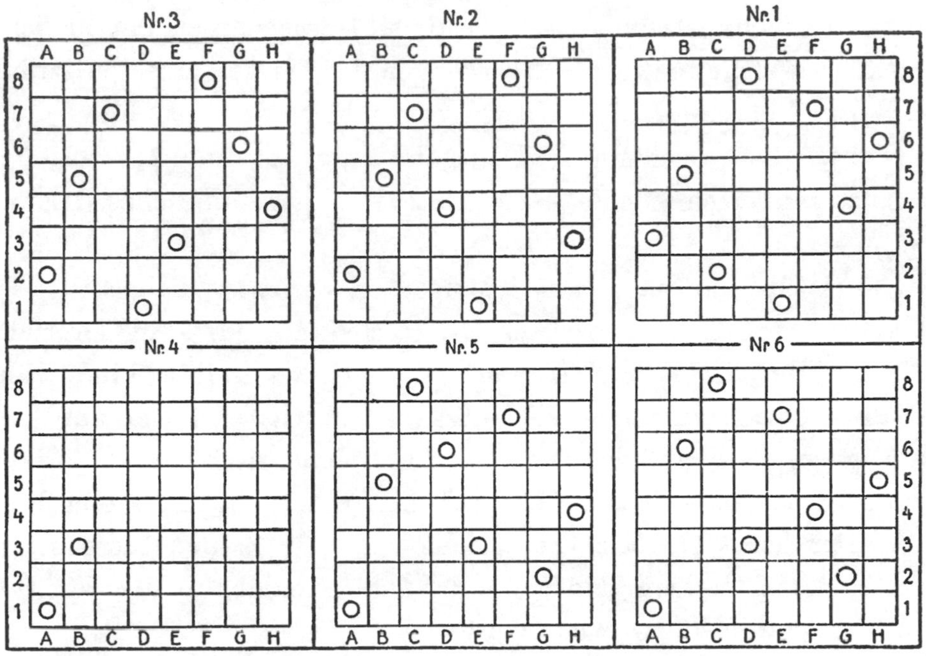

Figur 4.

Das was Sie über eine Vorausbestimmung der Gesamtzahl der Auflösungen unter den beiden Voraussetzungen

1) dass es, wenn zwei Königinnen in der ersten u[nd] zweiten Verticalreihen auf zulässige Art placirt sind, immer eine, und

2) nur Eine Art gebe, die übrigen 6 zu placiren,

sagen, nemlich, da diese Stellungen in den beiden ersten Reihen auf 42 Arten geschehen können oder, wenn man jedesmahl das Spiegelbild ausschliesst, auf 21 Arten, dass es dann $8 \times 21 = 168$ Auflösungen geben müsse,
kann ich nicht gelten lassen, sondern es würden, falls jene 2 Voraussetzungen richtig wären, mit jenen 42 Arten alle Auflösungen erschöpft sein.

[*) Im Nachlass befindet sich noch eine kleine Bleistiftskizze von GAUSS (die aus dem Besitz von J. B. LISTING stammt), darstellend das Spiegelbild der Nr. 1.]

Beide Voraussetzungen treffen aber nicht zu.

Die erste nicht, da es Anfangsstellungen gibt, wie in Nro. 4, deren Vervollständigung unmöglich ist. (Es wäre übrigens irrig zu glauben, die Königin dürfe auf keinem Eckfelde stehen; die Nro. 5 beweiset das Gegentheil, ebenso Nro. 6.)

Die zweite nicht. Denn es gibt bestimmte Besetzungen der beiden ersten Vertikalreihen, welche mehrere Ergänzungen der übrigen zulassen. Ein merkwürdiges Beispiel enthalten die Auflösungen 2 und 3, wo nicht bloss die beiden ersten Verticalreihen, sondern zugleich die 3te, 6te und 7te auf gleiche Weise besetzt sind. Ich könnte noch ein zweites ganz ähnliches Beispiel hinzufügen [*)].

Das Merkwürdigste aber, was ich noch zu berichten habe, ist, dass der Aussteller der Aufgabe (ein gewisser Dr. Nau[c]k irgendwo in Thüringen) in Nro. 377 der Illustrirten Zeitung vom 21. September selbst seine früher gegebene Zahl 60 widerrufen und sie auf 92 gesetzt hat, die er auch alle hat abdrucken lassen. Es gibt nemlich 11 nicht symmetrische (à 8 Variatt.) und Eine symmetrische (à 4 Var.). Ich schreibe Ihnen die 12 wesentlich verschiedenen hier her. Sie bemerken leicht, dass die Zahlen bloss die Numerirung der Horizontalreihen sind, in welche die Königin in den auf einander folgenden Verticalreihen zu placiren ist:

(1) 1 5 8 6 3 7 2 4 ist obiges Nro. 5
(2) 1 6 8 3 7 4 2 5 ist obiges Nro. 6
(3) 2 4 6 8 3 1 7 5
(4) 2 5 7 1 3 8 6 4 ist obiges Nro. 3
(5) 2 5 7 4 1 8 6 3 ist obiges Nro. 2
(6) 2 6 1 7 4 8 3 5
(7) 2 6 8 3 1 4 7 5
(8) 2 7 3 6 8 5 1 4
(9) 2 7 5 8 1 4 6 3
(10) 3 5 2 8 1 7 4 6 ist obiges Nro. 1
(11) 3 5 8 4 1 7 2 6
(12) 3 6 2 5 8 1 7 4

[*) Vielleicht sind die Lösungen 3 5 2 8 1 7 4 6
und 3 5 8 4 1 7 2 6 gemeint, die auch in nicht weniger als fünf Verticalreihen übereinstimmende Besetzung haben.]

Herr Nauck behauptet nun, dass es ausser den 92 (wovon diese 12 der Kern sind) weiter keine gebe, da er aber nicht angiebt, auf welche Weise er sich die Gewissheit verschafft hat, so kann man, da er früher irrig 60 angab, wol einstweilen noch zweifeln. Schwer ist es übrigens nicht, durch ein methodisches Tatonniren sich diese Gewissheit zu verschaffen, wenn man 1 oder ein Paar Stunden daran wenden will. Auf einem präparirten Quadratnetz (am besten wohl, wenn man auf einer Schiefertafel die Linien etwas tief einritzt, und die ○ Zeichen mit Stift, also leicht auszulöschen, einschreibt) kann man die erforderlichen Versuche leicht durchmachen. Ohne Tafel können auch die blossen Zahlen dazu dienen, woneben ich folgendes bemerke.

Die Aufgabe lässt sich so aussprechen. Man soll die 8 Zahlen 1. 2. 3. 4. 5. 6. 7. 8 in eine solche Ordnung bringen, dass

1) wenn man der geordneten Reihe nach sie resp. um 1. 2. 3. 4. 5. 6. 7. 8 vergrössert, lauter ungleiche Summen hervorgehen;

2) dass auch, wenn man der Reihe nach 8. 7. 6. 5. 4. 3. 2. 1 addirt, lauter ungleiche Summen erscheinen.

Es sind z. B. diese Summen bei Auflösung 1:

2. 7. 11. 10. 8. 13. 9. 12 oder geord[net] 2. 7. 8. 9. 10. 11. 12. 13, alle ungleich;

und 9. 12. 14. 11. 7. 10. 4. 5 oder geordnet 4. 5. 7. 9. 10. 11. 12. 14, alle ungleich.

Das Tatonniren ist nun sehr leicht. Z. B. ich versuche den Anfang

1. 3. . . . . . .

zu completiren. Vermöge jener zwei Bedingungen wird in der dritten Reihe nicht 2 und nicht 4 stehen dürfen, also nur 5. 6. 7 oder 8. Es müssen also die Anfänge

1. 3. 5. . . .
1. 3. 6. . . .
1. 3. 7. . . .
1. 3. 8. . . .

durchprobirt werden. Ich fange an mit 1. 3. 5. Vermöge jener Bedingungen darf am 4ten Platz nicht 4 und nicht 6 stehen. Es bleiben also bloss übrig 2. 7. 8 oder es sind durchzuprobiren die Anfänge:

1. 3. 5. 2
1. 3. 5. 7
1. 3. 5. 8

Ich fange wieder an mit 1. 3. 5. 2, wo in Folge jener Bedingungen am 5. Platz nicht stehen dürfen 6 und 7.

Es bleiben also bloss die Anfänge:

1. 3. 5. 2. 4 [*)]
und 1. 3. 5. 2. 8 } Die Berücksichtigung obiger Bedingungen ergibt, dass bei dem Anfange 1. 3. 5. 2. 4 [*)] auf dem 6. Platz 6 [**)] 7. 8 nicht stehen dürfen. Es fällt also dieser Anfang weg. Eben so darf auch für Anfang 1. 3. 5. 2. 8 auf dem 6. Platz weder 4 noch 6 noch 7 stehen. Es fällt also auch dieser Anfang weg. Der Anfang 1. 3. 5. 2 ist also überhaupt unzulässig. Eben so verfährt man mit 1. 3. 5. 7 und 1. 3. 5. 8, die beide sich als unzulässig ausweisen. Es ist folglich überhaupt der Anfang 1. 3. 5 unzulässig und man wird ebenso 1. 3. 6; 1. 3. 7; 1. 3. 8 durchprobiren.

Auf einem schicklich präparirten Quadratnetz gehen die Tatonnements schneller. Sobald Ein Platz besetzt wird, etwa mit einem ⊕, fallen schon von allen übrigen 63 Plätzen viele aus, die durch ein Zeichen ○ als cassirt betrachtet werden. Besetzt man von den übrigen einen zweiten, so fallen wieder eine grosse Menge aus, und man gelangt bald dahin, entweder alle Plätze theils mit ⊕, theils mit ○ besetzt zu finden, oder zu einer wahren Auflösung zu gelangen.

Es liesse sich leicht über diese Gegenstände noch 1 oder ein Paar Bogen vollschreiben, aber man muss aufzuhören wissen. Am elegantesten ist es, die Sachen so einzukleiden, dass sie den complexen Zahlen angehören. Es heisst dann, man soll 8 verschiedene complexe Zahlen finden $a+bi$, so dass

1) sowohl a als b eine der 8 reellen positiven Zahlen 1. 2. 3. 4. 5. 6. 7. 8 bedeutet,

2) dass jeder Werth von a nur Einmahl vorkommt, und eben so jeder Werth von b,

3) dass die Werthe, welche $a+b$ bei jeder jener complexen Zahlen erhält, ungleich sind,

4) dass ebenso die acht Werthe von $a-b$ ungleich sind.

Es lässt sich dann der Zusammenhang der 8 zusammengehörigen Auflösungen zierlich so vorstellen:

[*) Hier bei GAUSS versehentlich 6 statt 4.]

[**) Hier bei GAUSS demzufolge 4 statt 6.]

		Spiegelbilder
durch Stellung auf die 4 Quadratseiten	$a+\quad bi$	$a+(9-b)i$
	$b+(9-a)i$	$b+\quad ai$
	$9-a+(9-b)i$	$9-a+\quad bi$
	$9-b+\quad ai$	$9-b+(9-a)i$

Noch eleganter ist, wenn man für a und b nicht die reellen positiven, sondern die ungeraden positiven und negativen -7, -5, -3, -1, $+1$, $+3$, $+5$, $+7$ wählt, in diesem Fall sind die 8 Variationen

$a+bi$	$a-bi$
$b-ai$	$b+ai$
$-a-bi$	$-a+bi$
$-b+ai$	$-b-ai.$

Man kann auch sagen, ist Eine der complexen Zahlen n, ihre Adjuncte n', so sind alle 8 Variationen

n	n'	Vergl. *Theoria Residuorum Biquadraticorum*, Comm. secunda art. 31 [*)], der vollkommen verständlich ist, auch wenn man nicht das geringste von biquadratischen Resten weiss.
in	in'	
$-n$	$-n'$	
$-in$	$-in'$	

Ich habe noch zu erinnern, dass die specielle Aufgabe, wo $B4$, $D5$ besetzt werden sollen, zwei Auflösungen zulässt, die aus Nro. 5 und 11 folgen (von denen man nur die Spiegelbilder zu nehmen braucht), die erstere war die, die ich übersehen hatte. . . . .

BEMERKUNGEN.

Das »Achtköniginnenproblem«, das Problem der Aufstellung von acht sich gegenseitig nicht schlagenden Königinnen auf dem Schachbrett, wurde zum ersten Male im Jahre 1848 in der von der Berliner Schachgesellschaft herausgegebenen »Schachzeitung« (Bd. III, S. 363) von einem ungenannten »Schachfreund« — d. i. MAX BEZZEL in Ansbach**) — gestellt. Diese Fragestellung rief jedoch damals nur zwei spezielle Lösungen (ebda., Bd. IV, 1849, S. 40) hervor und erweckte also dem Problem kein grösseres Interesse.

Von neuem, und vermutlich ohne alle Kenntnis des früheren Vorkommnisses, stellte dann zwei Jahre später (1850) Dr. NAUCK in Schleusingen dasselbe Problem auf, und zwar in der »Illustrierten Zeitung« (14. Bd., Nr. 361, 1. Juni 1850, S. 352), wo die »in das Gebiet der Mathematik fallende Aufgabe« nun einem wesentlich grösseren Leserkreise, darunter auch GAUSS, zu Gesicht kam. Mit lebhaftem Eifer be-

[*) Werke II, S. 102/103.]

**) Nach MAX LANGE, *Handbuch der Schachaufgaben*, Leipzig 1862, S. 30, Anm. 6.

teiligten sich die Leser an der Lösung der Aufgabe. Freilich, die vollständige Reihe aller 92 Lösungen gab nur ein Leser, ein Blindgeborner, an (s. ebda, Bd. 15, Nr. 378 v. 28. Sept. 1850, S. 207). Alle diese 92 Lösungen gab schon vorher NAUCK selbst in Nr. 377 (Bd. 15, 21. Sept. 1850, S. 182), während er bei Stellung der Aufgabe nur 60 Lösungen besessen hatte. — Weiteres über die Literatur des Problems s. bei W. AHRENS, *Mathematische Unterhaltungen und Spiele*, Bd. I, 3. Aufl. 1921, S. 212.

Eine Ausdehnung der Fragestellung auf andere Schachbretter: von n^2 Feldern ($n = 4, 5, 6, 7, 9, 10, 11, 12 \ldots$) liegt nahe, und für die angegebenen, kleineren Werte von n sind die Lösungen ermittelt (siehe AHRENS, a. a. O., S. 225 ff.).

Über die acht, durch Drehungen und Spiegelungen ineinander übergehenden »Variationen« einer Lösung, von denen GAUSS im zweiten seiner Briefe spricht und die sich unter besonderen Symmetrieverhältnissen auf 4, 2 oder 1 »reduzieren« könnten oder können, sei noch folgendes bemerkt: Eine Reduktion auf 1 kann freilich — nach Art der »Bedingungen der Aufgabe« — tatsächlich nicht vorkommen. Vielmehr muss die Spiegelung zu jeder Lösung immer eine weitere, davon verschiedene Lösung hinzuliefern (AHRENS, a. a. O., S. 222 und 249). Auch eine Reduktion der 8 »Variationen« auf nur 2 ist im Falle des gewöhnlichen Schachbretts — und nur diesen Fall betrachtet GAUSS ja — nicht möglich. Dagegen gibt es für andere quadratische Bretter solche »doppelt-symmetrische« Lösungen, wie man diese Lösungen mit der »Variationen«-Zahl 2 nennen könnte, sehr wohl, so beispielsweise bereits für $n = 4$ und $n = 5$ und vielleicht überhaupt für jedes $n \equiv {1 \atop 0} \bmod 4$, ausgenommen $n = 8$ und $n = 9$ (vgl. AHRENS, a. a. O., S. 250/251); über die Existenz »doppelt-symmetrischer« Lösungen s. insbesondre auch die Abhandlung von G. PÓLYA bei AHRENS, a. a. O., Bd. II (2. Aufl.), S. 370 ff.

Die Ausführungen von GAUSS in dem dritten seiner Briefe dienen zu einem Teil der Widerlegung und Berichtigung der vorhergegangenen, wenig durchdachten Entwicklungen SCHUMACHERS. Dieser Teil des GAUSSschen Briefes bedarf irgendwelcher Zusätze nicht; dagegen sei zu den sonstigen, bedeutsameren Ausführungen von GAUSS in diesem Briefe folgendes bemerkt: Bekanntlich stellt die Gangart der Königin im Schachspiel eine Vereinigung von »Turm«- und von »Läufer«-Gangart dar. Sollen also die Forderungen unseres Problems erfüllt sein, so muss sowohl der »Turm«-, wie der »Läufer«-Angriff ausgeschaltet sein. In den GAUSSschen Problemansatz (S. 25) — in die Schreibweise 1. 2. 3. 4. 5. 6. 7. 8 — ist nun bereits die Unmöglichkeit eines »Turm«-Angriffs hineingelegt, und es kann sich daher für GAUSS nur noch darum handeln, auch den »Läufer«-Angriff auszuschalten, für den er ein arithmetisches Kriterium gibt. Eine inverskorrespondierende Methode, bei der also durch die Wahl der Bezeichnungen der »Läufer«-Angriff ausgeschlossen ist und bei der das Verfahren nun dazu dient, auch alle Fälle von »Turm«-Angriff auszuscheiden, gab S. GÜNTHER (»*Zur mathem. Theorie des Schachbretts*«, Arch. f. Math. u. Phys. 56, 1874, S. 281—292).

Schliesslich noch ein Wort über die von GAUSS für die Zwecke dieses Problems gewählte Feldernotation: $a + bi$ usw.! »Wie gern er [GAUSS] mit dem »i« arbeitete«, so sagt STÄCKEL*), »zeigt übrigens auch sein Ansatz für das Problem der acht Königinnen, bei dem die Felder des Schachbrettes mit den Zahlen $a + ib$ ($a, b = 1, 2 \ldots, 8$) bezeichnet werden«. Es ist im grunde allerdings ziemlich nebensächlich, ob man sich unter dem »i« dieser GAUSSschen Bezeichnung die imaginäre Einheit oder nur ein Symbol zur Scheidung von »Zeilen«- und »Spalten«-Notation vorstellt. Auf jeden Fall aber ist GAUSS' Bezeichnung, wie er selbst sagt, »elegant« und auch geeignet, in manchen Spezialuntersuchungen wertvolle Dienste zu leisten (s. AHRENS, a. a. O., Bd. I, S. 221, und Bd. II, 2. Aufl., S. 349).

Die obigen Figuren 3, 4 weichen insofern von GAUSS' eigenhändigen Skizzen ab, als GAUSS die Stellungen der Königinnen in den Eckpunkten eines quadratischen Gitters markiert, während sie hier in üblicher Weise in die Felder eines Schachbretts eingezeichnet wurden.

AHRENS.

*) P. STÄCKEL, *C. F. Gauss als Geometer*, Werke X, 2 Abh. IV, S. 69.

6. Interpolationsmethode für halbe Intervalle des Arguments [*)].

Von Gauss.

[Sammlung von Hülfstafeln, herausgegeben im Jahre 1822 von H. C. Schumacher, neu herausgegeben und vermehrt von G. H. L. Warnstorff, Altona 1845, Seite 133.]

Diese bei Berechnung von Tafeln, Ephemeriden u.s.w. sehr bequeme Methode, bei der man nur die geraden Differenzen braucht, lässt sich nach folgendem Schema leicht übersehen

Argument	Function	1. Diff.	2. Diff.	3. Diff.	4. Diff.	5. Diff.	6. Diff.	
*	*							
		*						
*	*		*					
		*		*				
*	*		*		*			
		*		*		*		
p	a		b		c		d	
		*		*		*		u.s.w.
$p+\delta$	a'		b'		c'		d'	
		*		*		*		
*	*		*		*			
		*		*				
*	*		*					
		*						
*	*							

Es gehört dann zu dem Argumente $p+\frac{1}{2}\delta$ der Werth der Function

$$\tfrac{1}{2}\left((a+a')-\tfrac{1}{8}(b+b')+\tfrac{1}{8}\cdot\tfrac{3}{16}(c+c')-\tfrac{1}{8}\cdot\tfrac{3}{16}\cdot\tfrac{5}{24}(d+d')+\cdots\right)$$

[*)] Vergl. hierzu den Aufsatz *Über Interpolation* von J. F. Encke im Jahrgang 1830 des Berliner Astronomischen Jahrbuchs, Gesammelte mathematische und astronomische Abhandlungen von J. F. Encke, I, Berlin 1888, S. 1—20, von dem der Verfasser in einer Fussnote (a. a. O., S. 1) folgendes sagt: »Der folgende Aufsatz ist aus den Vorlesungen entlehnt, die ich im Jahre 1812 bei dem Herrn Hofrath Gauss zu hören das Glück hatte. In dem ganzen Gange der Entwickelung bin ich, so viel die Erinnerung gestattete, dem Vortrag meines hochgeehrten Lehrers gefolgt. . . .«]

Das Gesetz des Fortschreitens ist von selbst klar. Es versteht sich, dass die Zeichen der betreffenden Grössen gehörig beachtet werden müssen. Zur numerischen Berechnung ist es vortheilhafter, die Formel in diese Gestalt zu setzen

$$\tfrac{1}{2}(a + a' - \tfrac{1}{8}(b + b' - \tfrac{3}{16}(c + c' - \tfrac{5}{24}(d + d' + \text{ u.s.w.}$$

und indem man mit den letzten Differenzen die vorletzten und so weiter mit den folgenden die unmittelbar vorhergehenden corrigirt, die Rechnung von hinten anzufangen.

Ein Beispiel wird dies deutlicher zeigen. Man sucht, wenn die 10-stelligen Logarithmen der Sinus für ganze Grade gegeben sind, den log sin 30°30′

Argument	log sin	1. Differenz	2. Differenz	3. Diff.	4. Diff.	5. Diff.	6. Diff.
27° 0′	9,657 0467 649						
		+ 14 5625 260					
28 0	9,671 6092 909		— 6005 878				
		+ 13 9619 382		+ 374 248			
29 0	9,685 5712 291		5631 630		— 37 052		
		+ 13 3987 752		337 196		— 4688	
30 0	*9,698 9700 043		*5294 434		*32364		* — 722
		+ 12 8693 318		304 832		3966	
31 0	*9,711 8393 361		*4989 602		*28378		* — 594
		+ 12 3703 716		276 454		+ 3372	
32 0	9,724 2097 077		4713 148		— 25 006		
		+ 11 8990 568		+ 251 448			
33 0	9,736 1087 645		— 4461 700				
		+ 11 4528 868					
34 0	9,747 5616 513						

Die Rechnung sieht dann so aus, wie man mit der Feder in der Hand leicht versteht:

— 1316	— 60 742	— 1 0284 036	19,410 8093 404
	+ 274	+ 11 338	+ 1284 088
	— 60 468	— 1 0272 698	19,410 9377 492
			9,705 4688 746
		Die Tafeln geben . . .	9,705 4688 745

Die Zwischenrechnung, nämlich $\frac{5}{24}\cdot 1316 = 274$, $\frac{3}{16}\cdot 60468 = 11338$, $\frac{1}{8}\cdot 10272698 = 1284087$, macht man auf einem besonderen Papiere. Statt der letzten, am nächsten kommenden Zahl ist 1284088 gesetzt, weil sonst eine ungerade Summe kommen würde, und man bei dem Halbiren zwischen 9,7054688745 und 9,7054688746 zu wählen hätte.

---

7. Mechanische Quadratur[*)].

[Briefwechsel zwischen GAUSS und BESSEL, Berlin 1885, S. 228, 230.]

BESSEL an GAUSS. Königsberg, 10. Januar 1816.

{. . . . Erlauben Sie mir eine Frage, lieber GAUSS! — es ist klar, dass man durch die COTESISCHEN Formeln immer mehr Genauigkeit erhält, je mehr Ordinaten man zwischen zwei gegebenen annimmt; — dieses findet aber nicht immer statt, wenn die äusseren, durch die Vermehrung der Anzahl der zwischenliegenden, aus einanderrücken; — oder, wenn die Ordinaten einmahl bestimmte Intervalle haben, so wird es oft vortheilhafter sein, wenigere miteinander zu verbinden als mehrere. — Lässt sich dafür eine bestimmte Regel angeben? . . .}

GAUSS an BESSEL. Göttingen, 27. Januar 1816.

. . . . Das Integriren durch Näherung bei bestimmten Intervallen habe ich bei meinen ersten Störungsrechnungen über die Pallas immer in folgender

[*) Vergl. hierzu die Aufsätze *Über mechanische Quadratur* (1837) und *Über die Cotesischen Integrations-Faktoren* (1863) von J. F. ENCKE im Berliner Astronomischen Jahrbuch, Gesammelte Abhandlungen von J. F. ENCKE, I, S. 21—60, bezw. 100—124, deren erster von dem Verfasser mit folgenden Worten eingeleitet wird (a. a. O., S. 21, Fussnote): »Bei meinem Aufenthalt in Göttingen im Jahre 1812 übertrug mir Herr Hofrath GAUSS die Berechnung der speciellen Störungen der Pallas, und leitete mir zu diesem Behufe seine Methoden und Formeln ab, deren er seit längerer Zeit sich bedient hatte. Er hatte damals die Absicht, selbst etwas über diesen Gegenstand bekannt zu machen und behielt sich diese Erläuterung vor. Jetzt wo leider die Aussicht auf ein eigenes Werk von GAUSS, wegen seiner vielfachen andern wichtigen Untersuchungen, so gut wie verschwunden scheint, hat er es mir gestattet, das was ich aus seinen Vorträgen für die nachherige häufige Anwendung auf Cometen und kleine Planeten benutzt habe, hier zu publiciren. . . .«]

Form ausgeführt

Differenzreihen

	I	II	III	IV	V	
$\varphi(x-2)$						
	*					
$\varphi(x-1)$		*				
	*		*			
φx		*		*		
	A		B		C	etc.
$\varphi(x+1)$		*		*		
	*		*			
$\varphi(x+2)$						

$$\int \varphi x\, dx = fx$$

$$f(x+\tfrac{1}{2}) = \Sigma x + \frac{1}{24}A - \frac{17}{5760}B + \frac{367}{967680}C - \frac{27859}{464486400}D + \text{ etc.}$$

In der Regel divergirt diese Reihe, wenn sie weit fortgesetzt wird; ich glaube, dass man aufhören muss, wenn die Divergenz anfängt; ich habe aber immer meine Intervalle so klein genommen, 50 Tage, dass ich mit $\frac{1}{24}A$ schliessen, ja selbst dies Glied gewöhnlich vernachlässigen konnte. Die Coefficienten obiger Reihe findet man, wenn man 1 mit

$$1 - \frac{1}{6}\left(\frac{x}{2}\right) + \frac{3}{40}\left(\frac{x}{2}\right)^2 - \frac{5}{112}\left(\frac{x}{2}\right)^3 + \text{ etc.}$$

dividirt; in diesem Divisor sind die Coeff[icienten] dieselben, wie in Arc. sin., den Wechsel der Zeichen abgerechnet. . . . . .

8. Zu den Weidenbachschen Tafeln für den Unterschied der Logarithmen von Summe und Differenz zweier Zahlen.

[1.]

[Briefwechsel zwischen GAUSS und SCHUMACHER II, Altona 1861, S. 203.]

GAUSS an SCHUMACHER. Göttingen, 4. März 1829.

Beigehend übersende ich Ihnen durch H[er]rn H[au]ptm[ann] OLSEN eine kleine Tafel, die einer meiner Zuhörer, H[err] v. WEIDENBACH, auf meine Veranlassung mit grosser Sorgfalt berechnet hat. Sie ist ein Pendant zu meinen kleinen Tafeln für Logarithmen von Summen und Differenzen und in ihrer Art fast eben so nützlich. Die Tafel gibt für das Argument $A = \log x$, daneben $B = \log\frac{x+1}{x-1}$. Man berechnet also dadurch $\log\frac{a+b}{a-b}$ durch Eine Aufschlagung, wenn a und b nur durch ihre Logarithmen gegeben sind, wo man sonst 4 oder 3 oder wenigstens (wenn man einen Hülfswinkel gebraucht) zwei Aufschlagungen nöthig hat. Ich brauche Ihnen nicht zu sagen, dass jenes Geschäft häufig vorkommt, bei Auflösung der ebenen Dreiecke, wo 2 Seiten und der Winkel dazwischen gegeben sind, allgemein bei Bestimmung von P und p aus zwei solchen Gleichungen:

$$p\sin(A+P) = a$$
$$p\sin(B+P) = b$$

oder

$$p\cos(A+P) = a$$
$$p\cos(B+P) = b.$$

Die Absicht der Zusendung ist, Sie zu fragen, ob Sie geneigt sind, diese kleine Tafel zu drucken, in welchem Fall sie Ihnen zu Diensten steht, ich, falls Sie es wünschen, auch noch ein Paar Worte zur Erklärung beifügen kann, und bloss für mich und H[er]rn v. WEIDENBACH um einige Abdrücke auf starkem Papier bitte.

Wenn der Abdruck auf hohem Format geschieht, dass z. B. immer 40 Glieder in Eine Columne kommen, so werden Sie die dadurch nöthig werdende Abänderung dem Setzer leicht begreiflich machen können. Die Tafel ist absolut complet, da die Relation von A und B wechselseitig ist, so dass, was in der ersten Columne nicht steht, in der zweiten gesucht werden muss.

In entgegengesetztem Fall, dass Sie die Tafel nicht drucken können, erbitte ich sie mir zurück, da ich, bis sich eine andere Gelegenheit findet, die Bequemlichkeit ihres Gebrauchs nicht gern entbehren möchte, und nur das Eine Exemplar besitze.

Die 5te Ziffer wird überall die nächste sein. Die Tafel ist ursprünglich auf 7 Ziffern berechnet, und in den wenigen Fällen, wo dies nicht ausreichte, sogar 10 Ziffern befragt. . . . .

Titel könnte sein:

Tafel für den Unterschied der Logarithmen von Summe und Differenz zweier Zahlen, die nur durch ihre Logarithmen gegeben sind, berechnet von H. v. WEIDENBACH.

[2.]

[S. 1] TAFEL

um den Logarithmen von $\frac{x+1}{x-1}$ zu finden,

wenn der Logarithme von x gegeben ist,

von

Herrn v. WEIDENBACH

berechnet.

Mit einem Vorworte

von

Herrn Hofrath GAUSS.

Für die Astronomischen Nachrichten.

COPENHAGEN,

Gedruckt bey dem Director J. HOSTRUP SCHULTZ

königl. und Univers[itäts-]Buchdr[uckerei].

1829.

[S. 3] Gegenwärtige Tafel ist das Seitenstück zu der zuerst im Jahre 1812 bekannt gemachten und seitdem oft wieder abgedruckten Tafel für die Logarithmen von Summen und Differenzen, und von einer fast eben so häufigen Brauchbarkeit. Der Zusammenhang der beiden Columnen ist der, dass, wenn die eine den Logarithmen von x darstellt, die andere den Logarithmen von $\frac{x+1}{x-1}$ giebt. Diese Beziehung ist eine gegenseitige, und daher die Tafel absolut vollständig, indem man jeden positiven Logarithmen entweder in der einen oder andern Columne antrifft. Anstatt die Argumente mit 0.382 anfangen zu lassen, hätte man sie auch von 0 anfangen und mit 0.383 schliessen lassen können; die Tafel würde aber dann nicht so bequem für den Gebrauch ausgefallen sein.

Die Tafel ist von H[er]rn v. WEIDENBACH ursprünglich auf sieben Decimalen berechnet, um die fünfte auf eine halbe Einheit verbürgen zu können; in den Fällen, wo zu der Entscheidung selbst sieben Ziffern noch nicht zureichten, sind sogar noch mehrere zugezogen.

Man sieht leicht, dass eine Hauptanwendung der Tafel bei der so häufig vorkommenden Aufgabe Statt findet, wo zwei unbekannte Grössen p, P durch zwei Gleichungen

$$p\cos(P+A) = a$$
$$p\cos(P+B) = b$$

oder

$$p\sin(P+A) = a$$
$$p\sin(P+B) = b$$

[S. 4] oder

$$a\cos(P+A) = b\cos(P+B) = p$$

oder

$$a\sin(P+A) = b\sin(P+B) = p$$

bestimmt werden sollen. Es gehört dahin der Fall der ebnen Trigonometrie, wo aus zwei Seiten eines Dreiecks a, b und dem eingeschlossenen Winkel C die beiden andern Winkel A, B bestimmt werden sollen, und wo man bekanntlich

$$\frac{a+b}{a-b}\cdot \operatorname{tang}\tfrac{1}{2}C = \operatorname{tang}(B+\tfrac{1}{2}C)$$

hat; indem man hier a die grössere gegebne Seite bedeuten lässt, giebt die Tafel, wenn man in sie mit $\log a - \log b$ eingeht, ohne weiteres den Logarithmen von $\frac{a+b}{a-b}$, wozu man sonst, wenn man erst a und b aus den Logarithmen berechnen wollte, vier Aufschlagungen, oder wenn man nach der Form

$$\frac{\frac{a}{b}+1}{\frac{a}{b}-1}$$

rechnete, drei, oder, wenn man den Hülfswinkel einführte, dessen Tangente $\frac{a}{b}$ ist, doch zwei Aufschlagungen nöthig hätte. Beispiele in Zahlen hier beizufügen würde wohl überflüssig sein.

Gauss.

9. Praxis des numerischen Rechnens.

[Briefwechsel zwischen GAUSS und SCHUMACHER IV, Altona 1862, S. 44, 50, 315.]

[1.]

SCHUMACHER an GAUSS. Altona, 13. November 1841.

{. . . . . Ein Curiosum muss ich noch hinzufügen. Ich sprach neulich mit LÜBSEN über Ihre bewunderswürdige Fertigkeit im numerischen Rechnen. Er gestand, dass diese Fertigkeit ihm ganz unbegreiflich sei, wenn Sie nicht eigene Vortheile dabei hätten. Auf meine Frage, welche Vortheile er meine, nannte er die — biquadratischen Reste. Es war dies kein Scherz, wie mitunter Personen witzig zu sein glauben, wenn sie irgend eine ungereimte Behauptung aus der Luft greifen, sondern sein voller Ernst. . . . . .}

[2.]

GAUSS an SCHUMACHER. Göttingen, den 6. Januar 1842.

. . . . . In einem früheren Briefe erwähnten Sie LÜBSENS Meinung von der mir zugeschriebenen Fertigkeit im numerischen Rechnen. Die biquadratischen Reste haben speciell betrachtet freilich gar nichts damit zu schaffen, aber meine jetzt fast 50jährigen Beschäftigungen mit der höhern Arithmetik überhaupt haben allerdings in so fern einen grossen Antheil daran, als dadurch von selbst vielerlei Zahlenrelationen in meinem Gedächtniss unwillkürlich hängen geblieben sind, die beim Rechnen oft zu Statten kommen. Z. B. solche Producte, wie $13 \times 29 = 377$, $19 \times 53 = 1007$ und dergl[eichen], schaue ich unmittelbar an, ohne mich zu besinnen, und bei andern, die sich aus solchen sogleich ableiten lassen, ist des Besinnens so wenig, dass ich mich desselben kaum selbst bewusst werde. Übrigens habe ich niemahls Rechnungsfertigkeit absichtlich irgendwie cultivirt, sonst hätte sie sich ohne Zweifel viel weiter treiben lassen; ich lege darauf gar keinen Wert, ausser in so fern sie Mittel, nicht aber Zweck ist. . . . .

[3.]

GAUSS an SCHUMACHER. Göttingen, 3. October 1844.

. . . . für mich ist immer das Subtrahiren etwas bequemer, als das Addiren (beim Rechnen, auch mitunter in andern Dingen). Obgleich der Unterschied sehr gering ist, so steht er doch als Factum bei mir seit 50 Jahren fest: aber erst heute, da Sie sagen, dass es bei Ihnen umgekehrt sei, habe ich darüber nachgedacht, was wohl bei mir der Grund davon sein möge: Ich glaube es ist folgender. Ich bin gewohnt, wenn zwei übereinanderstehende Zahlen addirt oder subtrahirt werden sollen, immer die Summe oder die Differenz sogleich von der Linken zur Rechten niederzuschreiben. Allen meinen Schülern, die sich Rechnungsfertigkeit erwerben wollten, habe ich immer gleich Anfangs empfohlen, sich daran zu gewöhnen (was in sehr kurzer Zeit geschieht) und alle ohne Ausnahme haben es mir nachher sehr Dank gewusst. Der Vortheil davon besteht darin, dass jeder, der kein Jude ist, viel geläufiger und calligraphischer von der Linken nach der Rechten schreibt als umgekehrt, und auf ein zierliches Ziffernschreiben, und dass sie immer recht ordentlich unter einander und neben einander stehen, kommt ja sehr viel an.

Cela posé, beantwortet sich obige Frage nun so: Während man Summe oder Differenz von der Linken zur Rechten schreibt, muss man immer zugleich die folgenden Ziffern berücksichtigen, die beim Addiren nötig machen können, eine um 1 grössere, beim Subtrahiren eine um 1 kleinere Zahl zu schreiben. Diese Berücksichtigung wird nun zwar bald so mechanisch, dass man gar nicht daran denkt, immer aber bleibt sie beim Subtrahiren ein klein wenig einfacher als beim Addiren: z. B. wird Addirt

387 . . .
218 . . . so kann die Summe sein 605 oder 606,

wird subtrahirt, so kann die Differenz sein 169 oder 168; allein die Entscheidung hängt beim Subtrahiren nur von Gleichheit oder Ungleichheit der übereinanderstehenden folgenden Ziffern ab, beim Addiren aber, ob Summe der übereinanderstehenden die 9 überschreitet, und das erstere ist einfacher, als das andere. Mit Worten ausgedrückt, würde die Ratio decidendi sein:

Beim Subtrahiren: wenn (von der betreffenden Stelle nach der rechten fortschreitend, und die übereinanderstehenden Ziffern immer als ein Paar bildend, betrachtet) — *das erste ungleiche* Paar die grössere Ziffer $\left|\begin{matrix}\text{oben}\\ \text{unten}\end{matrix}\right|$ hat, tritt $\left|\begin{matrix}\text{keine}\\ \text{eine}\end{matrix}\right|$ Verminderung um eine Einheit ein.

Beim Addiren: wenn [für] das erste Paar, welches eine von 9 verschiedene Summe gibt, diese Summe $\left|\begin{matrix}\text{grösser}\\ \text{kleiner}\end{matrix}\right|$ ist als 9, tritt $\left|\begin{matrix}\text{eine}\\ \text{keine}\end{matrix}\right|$ Vergrösserung um eine Einheit ein. . . . . .

[Briefwechsel zwischen Gauss und Schumacher III, Altona 1861, S. 382 ff.]

[4.]

Schumacher an Gauss. Junius 30. 1840.

{. . . . Es war hier ein Kopfrechner Dahse, der mitunter auffallende Beweise seines Talents gab, mitunter aber auch sich bedeutend verrechnete, welches zu seinem Glücke seltener als das erste vorkam. Vorzüglich gerne zog er im Kopfe die fünfte (rationale) Wurzel aus, weil er bemerkt hatte, dass bei der fünften Potenz die Einheiten dieselben, als bei der Wurzel sind. Ich sah, dass bei unserm Zahlensystem die $(4n+1)$te Potenz dieselben Einheiten als die Wurzel hat, ein Satz, von dem der seinige nur ein einzelner Fall (für $n = 1$) ist. Lässt sich dies einfach beweisen?

Von Mathematik versteht er übrigens nichts, und Petersen hat sich vergeblich bemüht, ihm nur die ersten Elemente beizubringen. Jetzt ist er einem Hautboisten oder Unterofficier bei dem Hamburger Militair in die Hände gefallen, der mit ihm herumreiset und von seinen Kunststücken lebt, obgleich ich nicht recht begreife, warum die Leute Geld ausgeben, um ihn im Kopfe *rechnen zu sehen*. Wenn man aus glaubwürdigen Zeugnissen weiss, dass er es kann, so erfährt man durch die Exhibition nichts Neues. Man sieht einen jungen Menschen mit einem einfältigen Gesichte, der nach einiger Zeit die verlangten Zahlen ausspricht. . . . .}

[5.]

GAUSS an SCHUMACHER. Göttingen, 6. Julius 1840.

. . . . Genügender kann ich Ihnen auf Ihre zweite Frage Antwort geben: 1) Wenn a eine durch 5 nicht theilbare ganze Zahl ist, so ist $a^4 \equiv 1$ (mod. 5); dies wird bekanntlich gelesen a^4 ist congruent 1 nach dem Modulus 5 und bedeutet (Vid. § 1 der *Disq. Ar.*), dass a^4-1 durch 5 divisibel ist. Congruenz hat sehr grosse Analogie mit Gleichheit, und unzählige Sätze, die für Gleichsein gelten, gelten auch für congruent-sein. Also z. B., wenn $a\equiv b$, $c\equiv d$, so ist auch $ac \equiv bd$, alles nach einerlei beliebigem Modulus. So mögen Sie obigen Satz $a^4\equiv 1$ (mod. 5) für ein Factum annehmen, welches bloss für $a\equiv 1, 2, 3, 4$ erkannt zu haben zureicht. Allgemeiner ist es ein concreter Fall von dem sogenannten FERMATschen Theorem (jetzt ein triviales ABC-Theorem), dass allgemein $a^{p-1}\equiv 1$ (mod. p), wenn p eine beliebige Primzahl ünd a durch p nicht theilbar ist.

2) Es ist also auch $a^{4n}\equiv 1$ (mod. 5), wenn n eine beliebige nicht negative ganze Zahl ist.

3) Daher auch $a^{4n+1}\equiv a$ (mod. 5).

Alles dieses gilt für jedes a, welches durch 5 nicht theilbar ist; offenbar gilt aber (3) auch für den Fall, wo a durch 5 theilbar ist, also allgemein für alle ganze Zahlen a.

4) Offenbar ist auch $a^k\equiv a$ (mod. 2), wenn a beliebige ganze Zahl und k positive ganze Zahl ist. Denn offenbar ist jede Potenz einer geraden Zahl gerade, einer ungeraden ungerade.

5) Wir haben also $a^{4n+1}\equiv a$ sowohl nach mod. 5, als nach mod. 2, daraus nach einem andern ABC-Theorem,

6) $a^{4n+1}\equiv a$ (auch mod. 10).

Nemlich $a^{4n+1}-a$ ist jedesmal sowohl durch 5 als durch 2, mithin auch durch 10 theilbar.

Entschuldigen Sie diese Ausführlichkeit. Ich schliesse aus Ihrer Frage, dass Sie mit der höhern Arithmetik ganz unbekannt sind, und wünschte Ihnen nachzuweisen, dass in den ersten Theilen derselben nicht bloss gar nichts abschreckendes, sondern ohne alle Mühe die Quelle mannigfaltigen Genusses zu finden ist, wozu ich Sie gern einladen wollte. . . . .

[Briefwechsel zwischen GAUSS und SCHUMACHER V, Altona 1863, S. 296 ff., S. 302.]

[6.]

GAUSS an SCHUMACHER. Göttingen, 10. April 1847.

. . . . . Was durch Briefe oder öffentliche Blätter [über DASE] zu meiner Kenntniss gekommen ist, enthält eigentlich noch gar kein Zeugniss für eine ganz ausserordentliche Rechnensfertigkeit. Man muss hier zwei Dinge unterscheiden; ein bedeutendes Zahlengedächtniss und eigentliche Rechnungsfertigkeit. Dies sind eigentlich zwei ganz von einander unabhängige Eigenschaften, die verbunden sein können, aber es nicht immer sind. Es kann einer ein sehr starkes Zahlengedächtniss haben, ohne gut rechnen zu können, wie z. B. der HIRSCH DÄNEMARK, auch ein anderer wandernder Jude, dessen Namen ich vergessen habe. Umgekehrt kann jemand eine superiöre Rechnensfertigkeit haben, ohne ein ungewöhnlich starkes Zahlengedächtniss. Das letztere besitzt H[er]r DASE ohne Zweifel im eminenten Grade; ich gestehe aber, dass ich darauf sehr wenig Werth legen kann. Rechnensfertigkeit kann nur danach taxirt werden, ob jemand auf dem Papier ebensoviel oder mehr leistet als andere. Ob dies bei H[er]rn DASE der Fall ist, weiss ich nicht; nur wenn er um zwei Zahlen, jede von 100 Ziffern, mit einander im Kopf zu multipliciren $8\,^3/_4$ Stunden bedarf, so ist diess doch am Ende eine thörigte Zeitverschwendung, da ein einigermaassen geübter Rechner dasselbe auf dem Papier in viel kürzerer, in weniger als der halben Zeit würde leisten können. Als Beweis eines stupenden Zahlengedächtnisses — aber hat man denn die Richtigkeit seiner Rechnung controllirt? — ist allerdings jene Leistung etwas ausserordentliches; aber psychologisch recht interessant würde es erst dadurch werden können, wenn man sich ein ganz adäquates Bild von dem, was dabei in seinem Geiste vorgeht, machen könnte. Schwerlich wird der H[er]r DASE uns [die] dazu nöthige Erklärung geben können, worüber ich aber weit entfernt sein würde, ihm einen Vorwurf zu machen. Denn in der That, ich habe bei mir selbst manche Erfahrungen gemacht, die mir selbst räthselhaft bleiben. Eine davon ist folgende. Ich fange zuweilen, indem ich zu Fuss einen gewissen Weg mache, an, in Gedanken die Schritte zu zählen (beiläufig immer taktmässig zu gehen, so:

eins eins eins eins eins   eins eins eins eins eins
zwei zwei zwei zwei zwei   &c.)

So zähle ich fort bis hundert und fange dann wieder von 1 an. Aber alles dies thue ich, wenn es einmahl eingeleitet ist, unbewusst von selbst; ich denke an ganz andere Dinge, beachte allerlei mir auffallendes mit Aufmerksamkeit — nur sprechen darf ich nicht dazwischen — und nach einiger Zeit werde ich erst wieder gewahr, dass ich noch immer im Takt fortzähle z. B.

neun|und|sieb|zig|neun| und|neun|und|sieb|zig

und immer richtig, natürlich aber ohne zu wissen, ob oder wie oft ich durch hundert gegangen bin.

Ähnliches gilt beim Secundenzählen (nur das hier nicht zehn—zehn vereinigt werden, sondern einfach bis sechzig gezählt wird); auch hier kann ich an ganz andere Dinge denken, beobachten, schreiben, auf und abgehen — nur nicht sprechen! Übrigens hat, wenn ich nicht irre, diese Fertigkeit LALANDE von jedem praktischen Astronomen verlangt, auch ohne das Sprechen auszuschliessen. So kann, wie gesagt, ich es nicht. Ich weiss auch Niemand, der es kann. Hier erwähne ich der Sache nur, weil das Zählen bei mir durchaus unbewusst sein kann.

[7.]

GAUSS an SCHUMACHER. Göttingen, 16. April 1847.

In Nro. 589 der A[stronomischen] N[achrichten] führen Sie die Berechnung von π, mein theuerster Freund, als Ihnen von DASE mitgetheilt an. Sie scheinen also nicht gewusst zu haben (was ich selbst auch erst heute bemerkt, oder nachdem ich es vielleicht früher vergessen, wieder bemerkt habe), dass das Resultat der DASEschen Rechnung schon vor mehrern Jahren gedruckt ist; lesen Sie nur gefälligst nach in CRELLES Journal 27, S. 198. Da derselbe, wie dort bemerkt ist, auch in Wien mit seinen Productionen nicht einmahl seine Kosten gedeckt hat, so scheint dadurch meine Besorgniss, dass es in Göttingen eben so gehen werde[*)], eine Bestätigung zu erhalten. Wenn es hier wenigstens sehr wahrscheinlich ist, dass seine Erwartung nicht befriedigt werden wird, so ist dagegen ein ähnlicher Erfolg in Beziehung auf seine andern Zwecke[**)] gewiss. Ich habe hin und her gesonnen, weiss ihm aber keine seinen Kräften angemessene Arbeit nachzuweisen, denen die in Ihrem Briefe erwähnten Qualificationen beigelegt werden könnten. Noch viel weniger aber eine solche, die für ihn irgend ein tangibles Resultat geben könnte. Ich für meine Person wünschte wohl, dass die Factorentafel, die BURCKHARDT bekanntlich bis 3 Million geliefert hat, weiter fortgesetzt würde. Allein

1) ist dazu eine besonders grosse Rechnungsfertigkeit keinesweges erforderlich, und einer, der nur sehr mässige Fertigkeit besitzt, wird die Arbeit eben so gut, ja auch beinahe eben so schnell machen können.

2) Existirt wirklich schon ein M[anu]s[cri]pt, eine solche Fortsetzung bis 6 Million, welches Mspt. sich bei der Akademie in Berlin befindet; es scheint aber nicht, dass diese geneigt ist, die Druckkosten daran zu wenden. In der That ist auf irgend nennenswerthe Anzahl von Käufern wenig zu rechnen, noch weniger auf ein Honorar für den, der eine ähnliche Arbeit ausführt.

Ich selbst habe in meinem Leben sehr viele und zum Theil sehr grosse Rechnungen ausgeführt, auch zuweilen dabei einige fremde Hülfe benutzt; ich wüsste mich aber kaum eines Falles zu erinnern, wo die Hülfe von Jemand, der bloss mechanische Rechnungsfertigkeit gehabt hätte — möchte diese auch noch so gross gewesen sein — mir von irgend einem Nutzen hätte sein können.

. . . .

Ich selbst werde schwerlich jemals noch Arbeiten auf mich nehmen, wobei ich mechanischen Rechnern Beschäftigung geben könnte. . . . . .

[*) DASE hatte die Absicht, Göttingen zu besuchen, um GAUSS seine Aufwartung zu machen und sich dort hören zu lassen, siehe den Brief von SCHUMACHER vom 7. April 1847.]

[**) GAUSS sollte seinen Rat geben, wie DASE »grosse und wirklich nützliche Rechnungen machen« könne; Brief von SCHUMACHER vom 13. April 1847.]

[7.]

GAUSS an ZACHARIAS DASE.

Aus dem Vorwort zu den *Factoren-Tafeln für alle Zahlen der Siebenten Million von Zacharias Dase*, Hamburg 1862, PERTHES-BESSER & MAUKE.

Mein lieber Herr DASE!

Ich nehme keinen Anstand, Ihrem Wunsche gemäss, das, was ich Ihnen über Factorentafeln mündlich erklärt habe, hier schriftlich zu wiederholen.

Das Bedürfniss, vorliegende Zahlen in ihre Factoren zu zerlegen, oder die Unmöglichkeit der Zerlegbarkeit zu erkennen, kommt jedem, der sich viel mit Zahlenrechnungen zu beschäftigen hat, sehr häufig vor. Bei kleinen Zahlen sieht jeder, der einige Fertigkeit im Rechnen hat, die Beantwortung solcher Frage sogleich unmittelbar, bei grössern mit mehr oder weniger Mühe; diese Mühe wächst aber, wie die Zahlen grösser werden, im steigenden Verhältniss, so dass auch einem sehr geübten Rechner dazu Stunden, ja ganze Tage für eine einzige Zahl erforderlich werden können, und bei noch grössern Zahlen zuletzt die Ermittelung durch specielle Rechnung für ganz unausführbar gelten muss. Sind aber ein- für allemal Tafeln berechnet, so geben sie, so weit sie reichen, die Antwort unmittelbar, die Zahl mag klein oder gross sein. Dies erkennend, hat man schon vor langer Zeit angefangen, solche Tafeln zu geben, und immer mehr zu erweitern. Als die eigentlichen Epochen müssen folgende Zeitpunkte betrachtet werden:

1658 Factorentafel in RAHN's *deutscher Algebra* bis 24000[*)].

1668 PELL's bis 100000 erweiterte Tafel in der englischen Übersetzung dieses Werks[**)].

1776 FELKEL's Tafel bis 336000[***)].

[*) JOHANN HEINRICH RAHN, *Teutsche Algebra oder algebraische Rechenkunst usw.*, Zürich 1659.]

[**) *An Introduction to Algebra*, translated out of the High-Dutch into English by THOMAS BRANCKER, augmented by D. P. [= Dr. PELL], London 1668.]

[***) ANTON FELKEL, *Tafel aller einfachen Factoren der durch 2, 3, 5 nicht theilbaren Zahlen von 1 bis 10000000.* I. Theil. Enthaltend die Factoren von 1 bis 144000. Wien 1776 (auch mit lateinischem Titel). Der zweite (bis 336000 reichende) und der dritte (bis 408000 reichende) Teil der FELKELschen Tafel ist zwar veröffentlicht, jedoch im Jahre 1788 vernichtet und zu Patronenpapier verarbeitet worden; es gibt nur ganz wenige Exemplare; vergl. weiter unten im Text.]

1811 CHERNAC's Tafel für die vollständige erste Million[*)].

1814 und 1816 BURCKHARDT's Tafel für die zweite und dritte Million[**)].

Dies sind vollständig die bisherigen Originalarbeiten, die, so weit sie gedruckt, Gemeingut des Publikums geworden sind.

Diejenigen zwischen diese Zeitpunkte fallenden Publicationen, die nicht Originalarbeiten sind, hier anzuführen, würde überflüssig sein, zumal da sie fast unzählbar sind. Sie unterscheiden sich meistens nur durch die verschiedenen Formen. So ist z. B. PELL's Tafel (die in Deutschland wenigstens überaus selten ist) vielfältig wieder abgedruckt, z. B. in LAMBERT's Supplementen[***)], wo jedesmal nur der kleinste Factor angegeben ist, in VEGA's Tafeln[†)], wo alle Factoren angegeben sind. Auf den letzten Umstand legt ein Sachkenner durchaus gar keinen Werth, und sieht die, wenn nur der kleinste Factor gegeben wird, mögliche Concentrirung in einen viel kleineren Raum für einen viel wichtigeren Vortheil an. CHERNAC's Tafel giebt alle Factoren; BURCKHARDT giebt in den angeführten beiden Tafeln nur den kleinsten und hat 1817 auch die erste Million in derselben geschmeidigen Gestalt nachgeliefert.

Ziemlich viele Originalarbeiten fallen zwischen jene Zeitpunkte, die nicht publicirt sind. Sie geben den Beweis, wie viele Personen das Bedürfniss solcher Tafeln gefühlt haben, und dass es allerdings schwierig ist, berechnete Tafeln, die immer nur einen mässigen Käuferkreis haben, zur Veröffentlichung zu bringen. So hatte z. B. OBEREIT die Tafel bis 500000 berechnet und in LAMBERT's Hände gelegt; ROSENTHAL eine bis 750000, die in KÄSTNER's Händen war[††)]; FELKEL hatte die Tafel im Manuscripte bis 2 Millionen fertig und der

[*) L. CHERNAC, *Cribum arithmeticum*, Daventriae 1811 (vergl. GAUSS' Werke II, S. 181, 182).]

[**) J. K. BURCKHARDT, *Tables des Diviseurs pour tous les nombres du 1., 2. et 3. million.* Paris 1814—1817. Vergl. GAUSS' Werke II, S. 183—186].

[***) J. H. LAMBERT, *Zusätze zu den logarithmischen und trigonometrischen Tabellen u. s. w.*, Berlin 1770. Eine lateinische Übersetzung hiervon von A. FELKEL erschien unter dem Titel: J. H. LAMBERT, *Supplementa tabularum logarithmicarum et trigonometricarum*, curante A. FELKEL, Olisipone 1798.]

[†) G. VEGA, *Tabulae logarithmico-trigonom.*, Leipzig 1797. Vergl. im übrigen die auf Faktorentafeln bezüglichen Angaben in L. E. DICKSON, *History of the theory of numbers*, vol. I, Washington 1919, S. 347 ff. und in der Vorrede von F. RUDIO zu L. EULER, Opera omnia ser. *I*, vol. 3, *Comm. arithm. II*, Leipzig 1917, S. X ff.

[††) Vergl. hierzu in J. H. LAMBERT, *Deutscher gelehrter Briefwechsel*, herausgegeben von JOH. BERNOULLI, 5, Berlin und Leipzig 1787, die Briefe von STAMFORD, ROSENTHAL, FELKEL und HINDENBURG.]

Druck war bis 408000 fortgeschritten, dann aber sistirt, und die ganze Auflage wurde vernichtet bis auf wenige Exemplare des bis 336000 gehenden Theils, wovon die hiesige Bibliothek eines besitzt. Was aus jenen Manuscripten geworden (das FELKEL'sche hatte FELKEL noch 1798, wo er in Lissabon lebte) ist unbekannt. BURCKHARDT selbst erklärt, dass wenig Zeit erforderlich sein würde, sein eigenes Manuscript bis 6 Millionen zu vollenden, was aber nicht geschehen ist, da BURCKHARDT in den 20er Jahren [1825] gestorben ist. FELKEL hatte gleich Anfangs seinen Plan bis 10 Millionen ausgedehnt, was sogar auf dem Titel des oben erwähnten Werkes (von 1776) steht; in einer späteren Nachricht aus Lissabon ist sogar von 24600000 die Rede, obwohl man nicht mit Gewissheit erkennt, ob nicht durch einen Druckfehler hier vielleicht eine Null zu viel gesetzt ist.

Die wichtigste Arbeit dieser Art ist aber das Manuscript, welches die 4te, 5te und 6te Million (also vor 3000000 bis 6000000) enthält und von Herrn CRELLE vor mehreren Jahren der Berliner Akademie zur Verwahrung übergeben ist. Gegen Untergang ist es also geschützt, und ich zweifle nicht, dass es über kurz oder lang auch publicirt werden wird[*)].

In diesem Vertrauen ist also in meinen Augen das zunächst Wünschenswerthe, dass auch die vier Millionen von 6000000 bis 10000000 bearbeitet werden, natürlich unbeschadet künftiger noch weiterer Fortsetzung, insofern Kräfte zur Ausführung vorhanden sind. Sie selbst besitzen mehrere dazu erforderliche Eigenschaften im besonderen Grade, eine ausgezeichnete Fertigkeit und Sicherheit in Handhabung der arithmetischen Operationen, und, wie Sie schon in mehreren Fällen bewährt haben, eine unverwüstliche Beharrlichkeit und Ausdauer Sollten Sie also durch Unterstützung der begüterten, den wissenschaftlichen Bestrebungen freundlich gesinnten Bürger Ihrer Vaterstadt, oder auf andere Weise, in den Stand gesetzt werden, sich solcher Arbeit zu unterziehen, so könnte dies den Freunden der Arithmetik nur angenehm sein.

Um jedoch Alles auf sein gehöriges Maass zurückzuführen und nicht übertriebene Erwartungen rege zu machen, darf ich auch die Kehrseite nicht verschweigen.

[*) Vergl. hierzu noch die folgende Stelle aus dem Briefe von GAUSS an SCHUMACHER vom 25. Januar 1842 (Briefwechsel, Bd. IV, S. 54): »dagegen wünschte ich sehr, dass die Factorentafel von 3000000 bis 6000000, deren Berechnung CRELLE veranlasst und wovon er das Manuscript der Berliner Academie übergeben hat, gedruckt wird«. Tatsächlich ist dieses Manuskript nicht gedruckt worden.]

Was den Nutzen betrifft, so darf nicht unbemerkt bleiben, dass das Bedürfniss, die Factoren auszumitteln, bei grossen Zahlen lange nicht so oft vorkommt als bei kleineren. Man braucht also die Tafeln bis 100000 viel häufiger, als die folgenden Hunderttausende; ebenso die erste Million viel häufiger als die folgenden 9, wenn sie erst alle da sein werden. Es muss aber dagegen auch in Erwägung gezogen werden, dass wenn nun doch bei einer sehr grossen Zahl ein solches Bedürfniss eintritt, es (wie schon oben bemerkt ist) so gut wie unmöglich wird, dasselbe ohne Tafeln zu befriedigen, während bei kleinern Zahlen man bei einigem Zeit-Aufwande es doch möglich machen könnte, ohne Tafeln fertig zu werden.

Zweitens muss ich auf das Bestimmteste erklären, dass ein Absatz der Tafeln durch Verkauf niemals zureichen wird, die Kosten zu decken. Ein Buchhändler, der sie in Verlag nimmt, kann gewiss kein Honorar geben, ja er wird vielleicht nicht einmal die Druckkosten gedeckt sehen, und wird es also auch auf dieser Seite einiger Unterstützung bedürfen. Man muss hoffen, dass, soweit Privatmittel nicht ausreichen, eine oder die andere Akademie die hülfreiche Hand bieten wird.

Für wichtig halte ich noch, dass, wenn Sie die Arbeit unternehmen, Sie das Manuscript gleich so einrichten, wie es ohne alle Abänderung demnächst gedruckt werden soll. Unbedingt halte ich hier die Einrichtung der BURCKHARDT'schen Tafel für die beste.

Endlich mache ich Sie noch aufmerksam darauf, dass BURCKHARDT bei der Ausführung seiner Arbeit, mehrere sehr wichtige Erleichterungsmittel in Anwendung gebracht hat, ohne welche das Geschäft viel beschwerlicher und zeitraubender sein würde. Sie finden dieselben erwähnt in der Vorrede von BURCKHARDT's Tafeln und vielleicht noch etwas deutlicher in meiner Anzeige dieser Tafeln, Göttingische Gelehrte Anzeigen 1814, S. 1758 [Werke II, S. 183, 184]. Auch werden Sie noch allerlei Sie vielleicht interessirende Bemerkungen finden in den Göttingischen Gelehrten Anzeigen 1812, S. 477 [Werke II, S. 180, 181] und 1816 S. 1776 [Werke II, S. 184, 185], wo CHERNAC's Tafeln und BURCKHARDT's dritte Million angezeigt sind.

Göttingen, den 7. December 1850.

Ihr ergebenster
C. F. GAUSS.

BEMERKUNG.

Zu der Angabe von GAUSS (oben S. 45), die PELLsche Tafel sei in LAMBERTS *Zusätzen* wieder abgedruckt, vergl. man die Einleitung LAMBERTS S. 3—7. Übrigens hat GAUSS das LAMBERTsche Tafelwerk schon sehr früh besessen; das im GAUSSarchiv befindliche Exemplar der *Zusätze* zeigt die eigenhändige Namenseintragung

K. Gauß. 1793.

und enthält noch zahlreiche handschriftliche Notizen von GAUSS.

Von DASE erschienen die folgenden Tafelwerke:

I. Faktoren-Tafel für alle Zahlen der siebenten Million, 1862,
II. desgl. achten Million, 1863,
III. desgl. neunten Million, ergänzt von H. ROSENBERG, 1865

alles im Verlag von W. MAUKE, Hamburg. Eine Anzeige dieser Tafeln befindet sich in den Astronomischen Nachrichten, Bd. 57, 1862, Nr. 1345, Sp. 11, wo es heisst: »Diese auf Anrathen und den Wunsch von GAUSS berechneten Tafeln haben dieselbe Einrichtung wie die BURCKHARDTschen und schliessen sich als Fortsetzung an diese und die von CRELLE berechneten Factorentafeln an, von denen die letztern jedoch noch nicht veröffentlicht sind.«

SCHLESINGER.

10. Drei Notizen zur Variationsrechnung.

[1.]

[Aus Handbuch 16, Bb, Den astronomischen Wissenschaften gewidmet, November 1801, S. 107.]

Der homogene Körper der grössten Attraction.

Man übersieht leicht, dass jedes Theilchen an seiner Oberfläche gleich starke Anziehung beitragen muss. Daher entsteht der Körper durch Umdrehung einer Curve, deren Gleichung

$$\frac{\cos u}{rr} = \frac{1}{A^2}\,[^{*})].$$

Hienach wird, die Dichtigk[eit] $= 1$ gesetzt,	bei der Kugel vom Halbmesser r
die Masse dieses Körpers $= \frac{4\pi A^3}{15}$	$\frac{4\pi r^3}{3}$
die Anziehung $= \frac{4\pi A}{5}$	$\frac{4\pi r}{3}$ an der Oberfläche.

Sind also die Massen gleich, so wird $r = A\sqrt[3]{\frac{1}{5}}$, und die Anziehungen verhalten sich wie $3\sqrt[3]{5} : 5$ oder wie $3 : \sqrt[3]{25} = \sqrt[3]{\frac{27}{25}} : 1 = 1{,}025985$[**)].

Wenn man a die halbe grosse Axe eines Sphäroids und die halbe kleine $a\cos\varphi$ nennt, so ist

$$\text{Anziehung der Sphäroids im Pole} = \frac{4\pi a \cos\varphi^2}{\sin\varphi^3}(\operatorname{tg}\varphi - \varphi)$$

$$\text{Masse} = \frac{4\pi}{3}a^3\cos\varphi.$$

Der Radius der Kugel r, welche dieselbe Masse hat, wird mithin $= a\sqrt[3]{\cos\varphi}$ und die Anziehung der Kugel $= \frac{4}{3}a\pi\sqrt[3]{\cos\varphi}$. Also, letztre Anziehung $= 1$

[*) In der Handschrift ist die rechts vom Gleichheitszeichen auftretende Konstante mit A bezeichnet: will man aber mit den folgenden Formeln für die Masse und Anziehung in Übereinstimmung bleiben, so muss man die im Text angebrachte Änderung der Bezeichnung vornehmen.]

[**) Vergl. die Angabe in den *Principia generalia theor. fig. fluid. etc.* 1829, Werke V, S. 31 Fussnote.]

gesetzt, wird die des Sphäroids

$$= \frac{3 \cos \varphi^{\frac{5}{3}}}{\sin \varphi^3} (\operatorname{tg} \varphi - \varphi).$$

Dieser Ausdruck wird ein Maximum, wenn

$$\varphi = \frac{9 \operatorname{tg} \varphi + 2 \operatorname{tg} \varphi^3}{9 + 5 \operatorname{tg} \varphi^2}, \quad \text{also für } \varphi = 43^0 59' 2'',$$

und jener Werth selbst

$$= \frac{\text{secans } \varphi^{\frac{4}{3}}}{1 + \frac{5}{9} \operatorname{tg} \varphi^2} = 1{,}02204.$$

Eine ähnliche Untersuchung soll vom Herrn Playfair im VI. Band der Transactions of the Royal Society of Edinburgh angestellt sein (1812) [S. 187 bis 243], siehe die Göttinger Gel. Anz. für 1818, p. 860 [*)].

[2.]

[Aus Handbuch 21, Bf, S. 48.]

Zur Variationsrechnung.

Es soll

$$\int n\, ds = \int n \sqrt{(1 + pp)}\, dx$$

ein Minimum werden, wo

$$p = \frac{\partial y}{\partial x}, \qquad ds = \sqrt{(\partial x^2 + \partial y^2)}.$$

Die Variation davon ist

$$\int \left\{ \partial x \left(\frac{\partial n}{\partial y}\right) \sqrt{(1 + pp)}\, \delta y + \frac{np}{\sqrt{(1 + pp)}} \partial \delta y \right\} = \int \left\{ \partial x \left(\frac{\partial n}{\partial y}\right) \frac{\delta y}{\cos \varphi} + n \sin \varphi\, \partial \delta y \right\}$$

$$= n \sin \varphi \,.\, \delta y + \int \Big(\partial x \left(\frac{\partial n}{\partial y}\right) \frac{\delta y}{\cos \varphi} - n \cos \varphi \,.\, \partial \varphi \,.\, \delta y - \sin \varphi \,.\, \delta y \left(\frac{\partial n}{\partial x}\right) \partial x$$

$$- \sin \varphi \,.\, \delta y \left(\frac{\partial n}{\partial y}\right) \partial y \Big)$$

$$= n \sin \varphi \;\; \delta y + \int \partial x \,.\, \delta y \left\{ \left(\frac{\partial n}{\partial y}\right) \frac{1}{\cos \varphi} - n \cos \varphi \cdot \frac{\partial \varphi}{\partial x} - \sin \varphi \cdot \left(\frac{\partial n}{\partial x}\right) - \left(\frac{\partial n}{\partial y}\right) \frac{\sin \varphi^2}{\cos \varphi} \right\}$$

$$= n \sin \varphi \,.\, \delta y + \int \partial x \,.\, \delta y \left\{ \left(\frac{\partial n}{\partial y}\right) \cos \varphi - \left(\frac{\partial n}{\partial x}\right) \sin \varphi - n \cos \varphi \cdot \frac{\partial \varphi}{\partial x} \right\}$$

[*) Der letzte Absatz scheint ein späterer Zusatz zu sein, da andere Schriftzüge und dunklere Tinte. Der Titel der von J. Playfair am 5. Jan. 1807 vorgelegten Abhandlung lautet: *Of the solids of greatest attraction, or those wich, among all the solids that have certain properties, attract with the greatest force in a given direction.*]

Die Bedingung des Minimum erfordert demnach, dass

$$\left(\frac{\partial n}{\partial y}\right)\cos\varphi - \left(\frac{\partial n}{\partial x}\right)\sin\varphi = n\cos\varphi\cdot\frac{\partial\varphi}{\partial x} = \frac{n\partial\varphi}{\partial s}$$

werde.

[3.]

[Einzelner Zettel].

Aufgabe.

Zwischen zwei gegebenen Punkten soll eine krumme Linie gezogen werden

1) von gegebener Länge $= S$,

2) von gegebenen Tangentenrichtungen im Anfangs- und Endpunkte,

3) von der Beschaffenheit, dass das Integral

$$\int_0^S \frac{ds}{\rho\rho}$$

ein Minimum werde.

ρ bedeutet hier den Krümmungshalbmesser,
ds ein Element der Länge.

Auflösung.

Wir nennen

x, y die Coordinaten eines unbestimmten Punkts der Curve
s die Länge der Curve bis zu diesem Punkte,
φ den Winkel, welchen das Element ds mit der Axe der x macht.

Es ist also

$$\rho = \frac{ds}{d\varphi},$$

$$\delta\int\frac{ds}{\rho\rho} = \delta\int\left(\frac{d\varphi}{ds}\right)^2 ds = 2\int\frac{d\varphi}{ds}d\delta\varphi = 2\delta\varphi\frac{d\varphi}{ds} - 2\int\delta\varphi\frac{dd\varphi}{ds^2}ds.$$

Ferner ist

$$x = \int\cos\varphi\,.\,ds \qquad \delta x = -\int\delta\varphi\sin\varphi\,.\,ds$$
$$y = \int\sin\varphi\,.\,ds \qquad \delta y = \int\delta\varphi\cos\varphi\,.\,ds.$$

Aus den vorgeschriebenen Bedingungen folgt also leicht, dass

$$\frac{dd\varphi}{ds^2} + A\cos\varphi + B\sin\varphi = 0$$

sein muss, wo A, B Constanten bedeuten. Durch Integration folgt hieraus auch

$$\frac{1}{\rho} = \frac{d\varphi}{ds} = -Ax - By - C.$$

Man kann hier die willkürliche Lage der Abscissen so wählen, dass $A = 0$, $C = 0$ und B positiv. Also

$$\frac{1}{\rho} = \frac{d\varphi}{ds} = [-]\, By = \frac{\sin\varphi . d\varphi}{\sin\varphi . ds} = \frac{\sin\varphi . d\varphi}{dy}$$

oder

$$\cos\varphi = \tfrac{1}{2}Byy + \cos 2\theta,$$

wo $\cos 2\theta$ eine Constante ist. Diese Gleichung zeigt, dass y die Grenzen

$$\pm\sqrt{\frac{2-2\cos 2\theta}{B}} = \pm\frac{2\sin\theta}{\sqrt{B}}$$

nicht überschreiten darf, so wie φ nicht die Grenzen $\pm 2\theta$. Wir dürfen also eine neue Veränderliche u einführen, so dass

1) $$\sin\tfrac{1}{2}\varphi = \cos u . \sin\theta.$$

Dadurch wird

2) $$y = \frac{2}{\sqrt{B}}\sin\theta . \sin u$$

$$ds = [-]\,\frac{d\varphi}{2\sqrt{B}\sin\theta . \sin u} = \frac{du}{\sqrt{B}\cos\frac{1}{2}\varphi} = \frac{du}{\sqrt{B}\sqrt{(1-\sin\theta^2\cos u^2)}}$$

$$dx = \cos\varphi . ds = \frac{(1-2\cos u^2\sin\theta^2)\,du}{\sqrt{B}\sqrt{(1-\sin\theta^2\cos u^2)}}.$$

BEMERKUNG.

Die drei vorstehend abgedruckten Notizen dürften aus der Zeit um 1825 stammen. Den auf PLAYFAIR bezüglichen Zusatz zu [1.] hat GAUSS wahrscheinlich angebracht, als er die *Principia generalia* verfasste; die oben S. 49 angeführte Fussnote Werke V, S. 31 beginnt nämlich mit dem Worte »Constat«, was sich nur auf die Arbeit PLAYFAIRs beziehen kann.

Eine eingehende Analyse der drei vorstehend abgedruckten Notizen gibt O. BOLZA in dem Aufsatze *Gauss und die Variationsrechnung*, Werke X, 2, Abhandlung 5, IV. Teil, S. 84 ff.

SCHLESINGER.

11. Inhalt eines Vielecks von n Seiten*).

[Teil II, S. 362.]

{Anmerkung des Herausgebers.

Es ist nach einem schönen Theorem des Herrn Professor GAUSS, der Inhalt eines Vielecks von n Seiten, wenn die Coordinaten der Winkelpunkte nach der Reihe in einer Richtung gezählt:

$$x, y;\; x', y';\; \ldots;\; x^{(n-1)}, y^{(n-1)}$$

sind

$$= \tfrac{1}{2}[x(y'-y^{(n-1)})+x'(y''-y)+x''(y'''-y')+\cdots+x^{(n-1)}(y-y^{(n-2)})],$$

worüber Er selbst vielleicht, bei einer andern Gelegenheit, uns eine vollständigere Abhandlung schenken wird.}

BEMERKUNGEN.

Man vergleiche hierzu die Bemerkung, die GAUSS in dem Werke VIII, S. 398 abgedruckten Briefe an OLBERS vom 30. Oktober 1825 macht, und die mit den Worten beginnt: »Ich hätte auch die Lehre von dem Flächeninhalt der Figuren überhaupt nennen können, die ich gleichfalls seit 30 und mehr Jahren aus einem von mir bisher für neu gehaltenen Gesichtspunkte betrachtet habe. Dies letztere ist aber zum Theil ein Irrthum: in der That habe ich erst vor kurzem eine Abhandlung von MEISTER (einem meiner Meinung nach sehr genialen Kopfe) im ersten Bande der *Novi Commentarii Gotting.* kennen gelernt, worin die Sache fast auf ganz gleiche Art betrachtet und sehr schön entwickelt wird«. Die Abhandlung, von der hier die Rede ist führt den Titel: *Generalia de genesi figurarum planarum et inde pendentibus earum affectionibus*, Novi Commentarii Soc. Reg. Scient. Gotting., t. I. ad a. 1769 et 1770, 1771, S. 144—180, ihr Verfasser, A. L. F. MEISTER (1724—1788) war ord. Professor der Philosophie zu Göttingen. Die Figur 27, VIII der MEISTERschen Abhandlung zeigt eine auffallende Übereinstimmung mit der, die Werke Band X, 1, S. 142 in der Nr. [8] der *Exercitationes Mathematicae* wiedergegeben ist**), überdies sagt MEISTER im Text S. 164, dass die Anzahl der verschiedenen Polygone von N Seiten gleich sei der Anzahl der Darstellungen von N als Summe von zwei teilerfremden Zahlen, und das gibt genau die von GAUSS a. a. O. in der

---

*) Nachtrag zu den in Band IV der Werke, S. 393 ff. abgedruckten *Zusätzen* zu SCHUMACHERS Übersetzung der *Geometrie der Stellung* von CARNOT, Altona 1810.

**) Sternförmiges Fünfeck, sogen. Drudenfuss.

Responsio auf die Frage: Quot formas diversas polygonum habere potest? gegebene Zahl: $\frac{1}{4}\varphi(N)$. Da die *Exercitationes* aus dem Jahre 1796 stammen, wird dadurch die Zeitangabe von GAUSS in dem Briefe an OLBERS (seit 30 und mehr Jahren) sehr gut bestätigt, ein neuer Beweis dafür, wie ausserordentlich zuverlässig derartige von GAUSS gemachte Zeitangaben sind, indem er solche Angaben nicht nach dem Gedächtnis allein, sondern, wie auch hier, auf Grund von Aufzeichnungen zu machen pflegte. — Dass GAUSS MEISTER als einen »genialen Kopf« bezeichnet, erinnert an die Bemerkung über JOHANN BOLYAI (siehe Werke Band VIII, S. 220), »ich halte diesen jungen Geometer v. BOLYAI für ein Genie erster Grösse«.

Die von GAUSS gegebene Formel für den Flächeninhalt eines Polygons stimmt mit der von JACOBI (JACOBIS Werke, Bd. VII, S. 40) aufgestellten überein. Sie gilt allgemein, auch für nicht konvexe Polygone. Vergl. P. STÄCKEL, *Gauss als Geometer*, Nr. 24, Werke X 2, Abh. 4, S. 75.

SCHLESINGER.

12. Geometrische Aufgabe.

[Briefwechsel zwischen GAUSS und SCHUMACHER V, Altona 1863, S. 375—376.]

[1.]

SCHUMACHER an GAUSS. Altona, 1847. October 17.

{. . . . . . Ich las zufällig gestern Abend in KÄSTNERS Nachrichten von mathematischen Büchern, die er *Geschichte der Mathematik* nennt, und fand Th. 3, p. 294 ein Problem von 3 Schützen angeführt, die respective 50, 66 und 104 Fuss von einander, und alle gleichweit von der Vogelstange, nemlich 65 Fuss abstehen[*)]. Aus Neugierde rechnete ich nach und der Halbmesser des einem gradlinichten Dreiecke, dessen Seiten 50, 66 und 104 Fuss sind, umschriebenen Kreises, ist würklich 65 Fuss. KÄSTNER meint, es sei eine nicht ganz leichte Aufgabe, die Seiten eines gradlinichten Dreiecks in ganzen Zahlen so zu bestimmen, dass der Halbmesser des umschriebenen Dreiecks auch in ganzen Zahlen ausgedrückt werde. . . .}

[*) A. G. KAESTNER, *Geschichte der Mathematik*, 3. Band, Göttingen 1799; auf S. 293 ff. wird besprochen der *Tractatus geometricus u. s. w.* von Herrn SYBRAND HANSS . . . in Hochdeutsch transferirt durch SEBASTIANUM CURTIUM, Amsterdam 1617, aus dem die Schützenaufgabe wiedergegeben ist.]

[2.]

GAUSS an SCHUMACHER. Göttingen, den 21. October 1847.

Die arithmetische Aufgabe würde gewiss DIOPHANT recht gut haben auflösen können, da dazu gar keine tiefern Einsichten, sondern nur eine gewisse Dexterität gehört. Mein Urtheil über DIOPHANTS Verdienste können Sie in der Vorrede der *Disquisitiones Arithmeticae* [Werke I, S. 5, 6] (etwas zwischen den Zeilen) lesen. Ich würde mich nicht wundern, wenn die Aufgabe in DIOPHANTS Werke schon vorkäme, habe aber weder Zeit — noch Lust — es deshalb durchzugehen. Lieber schicke ich Ihnen eine **allgemeine** Auflösung. Diese lässt sich in verschiedenen Formen geben, auch in solchen, die, genauer besehen, der nachfolgenden an Eleganz noch vorzuziehen sind, ich setze aber doch lieber diese her, theils wei[l] der Unterschied überhaupt ganz unerheblich ist, theils weil der Vorzug einer etwas andern Form nur durch einige erläuternde Entwicklungen ins Licht gesetzt werden könnte.

Es seien a, b, f, g vier beliebige, ganze positive Zahlen; macht man dann ein Dreieck, dessen Seiten

$$1)\qquad 4abfg(aa+bb)$$

$$2)\qquad 4ab(f+g)(aaf-bbg) \quad \text{oder} \quad 4ab(f+g)(bbg-aaf),$$

je nachdem

$$aaf \gtrless bbg,$$

$$3)\qquad 4ab(aaff+bbgg)$$

sind, so ist der Halbmesser des um das Dreieck beschriebenen Kreises

$$4)\qquad (aa+bb)(aaff+bbgg).$$

Die Zahlen 1), 2), 3), 4) sind offenbar Ganze; haben sie einen gemeinschaftlichen Divisor, so ist erlaubt, damit alle vier zu dividiren.

Es giebt keine Auflösung, die nicht in dieser Vorschrift enthalten wäre. CURTIUS' Zahlen [50, 66, 104; 65] erhalten Sie, [indem Sie] $a = 1$, $b = 2$, $f = 10$, $g = 1$ setzen, und mit dem gemeinschaftl[ichen] Divisor 8 dividiren. Eine andere Auflösung für denselben Halbmesser 65 geht hervor, indem Sie $a = 2$, $b = 1$, $f = 1$, $g = 3$ setzen, woraus die Dreiecksseiten 120, 32[*)], 104.

[*) GAUSS hat 112, vergl. die unten folgende *Bemerkung*.]

Es ist wohl überflüssig zu bemerken, dass man immer a, b, f, g so wählt, dass a keinen Divisor mit b gemein hat, und f keinen mit g, weil sonst das Quadrat eines solchen gemeinschaftl[ichen] Divisors schon von selbst als gemeinschaftlicher Divisor aller 4 Zahlen auftreten würde. Übrigens ist die Aufgabe etwas ganz elementarisches.

Auch kann man noch hinzusetzen, dass a, b, f, g nicht so gewählt werden dürfen, dass $aaf = bbg$ wird. Die Formeln geben dann zwei einander gleiche Seiten und die dritte $= 0$. Mit andern Worten ein Dreieck, von dessen drei Ecken zwei zusammenfallen. Um ein solches lassen sich unendlich viele Kreise beschreiben, oder mit andern Worten, der Halbmesser ist unbestimmt. Aus allen diesen unendlich vielen giebt die Formel einen bestimmten. Es ist derjenige, zu welchem eine unendliche Annäherung Statt findet, wenn man eine der vier Grössen a, b, f, g als veränderlich, und (wenn z. B. g als solche gewählt ist) dem Werte $\frac{aaf}{bb}$ sich unendlich nähernd annimmt.

BEMERKUNG.

Auf dem Briefe SCHUMACHERS vom 17. Okt. 1847 hat GAUSS nicht nur die in dem oben abgedruckten Briefe angegebenen Formeln 1) bis 4) mit den zugehörigen Werten, die nach Unterdrückung des gemeinsamen Divisors 8 die CURTIUSschen Zahlen geben, aufgezeichnet, sondern auch noch ein zweites Formelsystem mit entsprechenden, die CURTIUSschen Zahlen liefernden Werten, nämlich:

$$\text{[II]} \quad \begin{cases} 4fg(aa+bb) & \\ 4(bf+ag)(af-bg) & a=1,\ b=2 \\ 4ab(ff+gg) & f=5,\ g=1 \\ (aa+bb)(ff+gg) & \end{cases} \quad \text{Divisor } 2.$$

Auch die in dem Briefe erwähnte zweite Lösung, die zu dem Halbmesser 65 gehört, hat GAUSS daselbst notiert, mit den unrichtigen Seitenzahlen 104, 112 [statt 32], 120. Auf dieses Versehen von GAUSS hat schon W. SCHRADER im 45. Teile von GRUNERTS Archiv der Math. und Phys. (1866), S. 226 aufmerksam gemacht. Ebenda gibt SCHRADER (S. 224 ff.) eine Ableitung der GAUSSschen Formeln 1) bis 4) und fügt von sich aus noch andere Lösungssysteme hinzu, von denen das eine (S. 228) mit dem oben aus der Handschrift wiedergegebenen GAUSSschen Formelsystem [II] übereinstimmt. Ebendieses System findet sich auch a. a. O., S. 222 in einer Note von H. GRETSCHEL. GRUNERT hatte nämlich im 44. Teil seines Archivs (1865), S. 504 ff., die kurz vorher im Briefwechsel GAUSS-SCHUMACHER erschienenen, oben wiedergegebenen Briefe abgedruckt und daran die Aufforderung geknüpft, die GAUSSschen Formeln zu verifizieren. Der Teil 45 des Archivs enthält auf den Seiten 220—231 die Lösungen von fünf verschiedenen Verfassern, darunter die beiden oben genannten. Wegen weiterer Literatur zu der Aufgabe vergl. man L. E. DICKSON, *History of the Theory of Numbers*, vol. II, 1920, S. 191, 195, 200, 211.

SCHLESINGER.

13. Zur Metaphysik der Mathematik.

[Aus Varia (M), Kapsel 46, b.]

1. Gegenstand der Mathematik sind alle extensive Grössen (solche, bei denen sich Theile denken lassen); intensive Grössen (alle nicht extensive Grössen) nur insofern, als sie von extensiven abhangen. Zu der erstern Art von Grössen gehören: Der Raum oder die geometrischen Grössen, welche Linien, Flächen, Körper und Winkel unter sich begreifen, die Zeit, die Zahl: zu der letztern: Geschwindigkeit, Dichtigkeit, Härte, Höhe und Tiefe der Töne, Stärke der Töne und des Lichts, Wahrscheinlichkeit u. s. w.

2. Eine Grösse für sich kann noch kein Gegenstand einer wissenschaftlichen Untersuchung werden: die Mathematik betrachtet die Grössen nur in Beziehung auf einander. Die Beziehung der Grössen auf einander, die sie haben, nur in sofern sie Grössen sind, nenne man arithmetische Beziehung: Bei geometrischen Grössen findet auch eine Relation in Ansehung der Lage Statt und diese nenne man geometrische Beziehung. Es ist klar, dass geometrische Grössen auch arithmetische Beziehungen zu einander haben können.

3. Die Mathematik lehrt nun eigentlich allgemeine Wahrheiten, welche die Relationen der Grössen betreffen, und der Zweck davon ist, Grössen, die zu bekannten Grössen oder zu denen bekannte Grössen bekannte Beziehungen haben, darzustellen, d. h. eine Vorstellung davon möglich zu machen. Nun aber können wir von einer Grösse auf eine zwiefache Art eine Vorstellung haben, entweder durch unmittelbare Anschauung (eine unmittelbare Vorstellung), oder durch Vergleichung mit andern, durch unmittelbare Anschauung gegebnen Grössen (mittelbare Vorstellung). Die Pflicht des Mathematikers ist demnach, die gesuchte Grösse entweder wirklich darzustellen (geometrische Darstellung oder Construction), oder die Art und Weise

anzugeben, wie man von der Vorstellung einer unmittelbar gegebnen Grösse zu der Vorstellung der gesuchten Grösse gelange (arithmetische Darstellung). Dieses letztere geschieht nemlich vermittelst der Zahlen, welche anzeigen, wie viele male man sich die unmittelbar gegebne Grösse wiederholt vorstellen müsse*), um von der gesuchten Grösse eine Vorstellung zu bekommen. Jene Grösse nennt man hiebei die Einheit und das Verfahren selbst messen.

4. Diese verschiedenen Beziehungen der Grössen und die verschiedenen Darstellungsarten der Grössen sind die Grundlage der beiden Hauptdisciplinen der Mathematik. Die Arithmetik betrachtet Grössen in arithmetischen Beziehungen und stellt sie arithmetisch dar; die Geometrie betrachtet Grössen in geometrischen Beziehungen und stellt sie geometrisch dar. Grössen, die arithmetische Beziehungen haben, geometrisch darzustellen, was bei den Alten so gewöhnlich war, ist es gegenwärtig nicht mehr, sonst würde man dieses als einen Theil der Geometrie anzusehen haben. Im Gegentheil wendet man die arithmetische Darstellungsart äusserst häufig auf Grössen in geometrischen Beziehungen an, z[um] E[xempel] in der Trigonometrie, auch in der Lehre von den krummen Linien, welche man als geometrische Disciplinen betrachtet. Dass die Neuern der arithmetischen Darstellungsart so sehr den Vorzug vor der geometrischen geben, geschieht nicht ohne Grund, besonders da unsere Methode zu zählen (nach der Dekadik) so unendlich leichter ist, als die der Alten.

5. Da unter den arithmetischen Beziehungen der Grössen auf einander eine grosse Verschiedenheit Statt finden kann, so sind auch die Theile der arithmetischen Wissenschaften von sehr verschiedener Natur. Am wichtigsten ist der Umstand, ob bei dieser Beziehung der Begriff des Unendlichen muss vorausgesetzt werden oder nicht; der erste Fall gehört in die Rechnung des Unendlichen oder die höhere Mathematik, der letztere in die gemeine oder niedere Mathematik. Die fernern Unterabteilungen, die sich aus den vorigen Begriffen ableiten lassen, übergehe ich.

6. In der Arithmetik bestimmt man demnach alle Grössen dadurch, dass man angibt, wie viele male man eine bekannte Grösse (die Einheit) oder einen aliquoten Theil derselben wiederhohlen oder zusammensetzen müsse, um eine

---

*) Zuweilen auch, wie viele male man einen Theil derselben als wiederholt sich vorstellen müsse, welches dann den Begriff der gebrochenen Zahl gibt.

ihr gleiche Grösse zu bekommen, d. i. man drückt sie durch eine Zahl aus, und hiedurch wird der eigentliche Gegenstand der Arithmetik die Zahl. Damit es indess möglich wird, hiebei von der Bedeutung der Einheit zu abstrahiren, muss es Mittel geben, Grössen, die durch verschiedene Einheiten bestimmt sind, auf Eine zu reduciren: diese Aufgabe wird in der Folge aufgelöset werden.

7. Da der eigentliche Gegenstand der Mathematik die Relationen der Grössen sind, so haben wir uns mit den wichtigsten dieser Beziehungen und besonders mit denen bekannt zu machen, die ihrer Einfachheit wegen als die Elemente der übrigen angesehen werden, wiewohl eigentlich selbst hier die erstern (Addition und Subtraktion) bei den Übrigen (Multiplic[ation] und Division) zum Grunde liegen*).

8. Die einfachste Beziehung unter Grössen ist unstreitig die unter dem Ganzen und seinen Theilen, welche schon eine unmittelbare Folge des Begriffs der extensiven Grösse ist. Der Hauptlehrsatz bei dieser Beziehung, den man als Grundsatz ansehen kann, ist, dass »die Theile in irgend einer Ordnung vereinigt, wenn nur keiner übergangen wird, dem Ganzen gleich sind«. Aus den Theilen das Ganze finden, lehrt die erste Rechnungsart (Species) die Addition, wie man aus dem Ganzen und einem Theile den andern findet, wird in der zweiten R. A., der Subtraction, gezeigt. In Beziehung auf die Addition heissen die Theile die summirenden Grössen, das Ganze die Summe oder das Aggregat; in Beziehung auf die Subtraction heisst das Ganze der Maior oder Minuendus, der bekannte Theil der Minor, der gesuchte die Differenz oder der Rest. Es ist klar, dass Minor und Differenz sich mit einander verwechseln lassen müssen.

9. Nächst der Beziehung zwischen dem Ganzen und seinen Theilen, hat man die Beziehung des Einfachen und Vielfachen zu merken, welche gleichfalls zwei Rechnungsarten gibt. Bei dieser Beziehung haben wir auf drei Grössen zu sehen, das Einfache, das Vielfache und die Zahl, welche angibt,

*) Obgleich übrigens die folgenden Wahrheiten nicht weniger von Brüchen als von ganzen Zahlen gelten, so werden sie doch hier nur von ganzen Zahlen bewiesen werden können, sowie auch die Erklärungen, um auch auf Brüche zu passen, in der Folge einer kleinen Abänderung zum Theil bedürfen werden.

was für ein Vielfaches es sei. Aus der erstern und letztern die zweite zu finden, lehrt die Multiplication, aus den ersten beiden die letzte, die Division: in Beziehung auf die Multiplication heisst das Einfache der Multiplikandus, die Zahl, welche die Art des Vielfachen bestimmt, der Multiplikator, beide die Factoren, das Vielfache das Produkt. In Beziehung auf die Division heisst das Einfache der Divisor, die Zahl, die die Art des Vielfachen bestimmt, der Quotient und das Vielfache der Dividendus.

10. Die vornehmsten Wahrheiten, welche die Multiplikation betreffen, sind folgende:

1) Der Multiplikator mit dem Multiplikandus multiplicirt, gibt eben das Produkt, was die Multiplikation des letztern mit dem erstern gibt, oder die Factoren lassen sich verwechseln; $a.b = b.a.$

2) Wenn der Multiplikator ein Produkt ist, so kann man anstatt den M-andus mit dem M-tor zu m-ciren, den M-andus mit dem einen Faktor des M-ators und das daraus entstandene Produkt mit dem zweiten Faktor multipliciren; $(a.b).c = a.(b.c)$.

3) Ein Product aus mehreren Faktoren bleibt unverändert, in welcher Ordnung man auch diese Faktoren nimmt;

$$a.b.c.d = a.d.c.b = c.b.a.d \text{ \&cc.}$$

4) Es ist gleichgültig, ob man den M-andus auf einmal oder seine Theile einzeln mit dem M-tor m-cirt und die daraus entstehenden Produkte addirt: $(a+b).c = ac+bc.$

5) Es ist gleichgültig, ob man mit dem M-tor auf einmal oder mit seinen Theilen einzeln den M-andus m-cirt, und die Produkte vereinigt;

$$a(b+c) = ab+ac.$$

11. Die Division lehrt aus dem Vielfachen und Einfachen die Grösse finden, welche die Art des Vielfachen bestimmt. Hier sind also drei Grössen völlig in derselben Beziehung auf einander, wie bei der Multiplikation, und was dort von ihnen bewiesen wird, muss auch hier gelten, nur dass man die bei dieser Rechnungsart üblichen Namen hier statt der bei der Multiplikation gewöhnlichen gebraucht. Wenn dort bewiesen wird, dass Multipl-tor und M-andus sich verwechseln lassen, (d. i. dass das Einfache sich als eine Bestimmungsgrösse des Vielfachen und die Best[immungs]grösse des Vielfachen

sich als das Einfache ansehen lasse) so heisst das hier soviel, als Quotient und Divisor lassen sich verwechseln; und ist folglich der Quotient und Dividendus gegeben, so findet man den Divisor durch völlig dieselbe Operation, als wenn der Divisor und der Dividendus gegeben wäre. Daher sieht man, dass, ungeachtet drei Combinationen möglich sind, dennoch nur zwei Rechnungsarten entstehen.

BEMERKUNG.

SARTORIUS VON WALTERSHAUSEN bemerkt in seiner Schrift *Gauss zum Gedächtniss* (1856, S. 80, vergl. auch Werke VIII, Seite 267), GAUSS habe sich in früherer Zeit, als er noch daran denken musste, irgendwo als Lehrer der Mathematik aufzutreten, ein Papier ausgearbeitet, auf dem er die Anfänge der Mathematik philosophisch entwickelt habe. Dieses Papier enthält (vergl. auch die Bemerkung von P. STÄCKEL, Werke VIII, S. 268) die vorstehend abgedruckte Notiz, die man also auf eine recht frühe Zeit, etwa die ersten Jahre des XIX. Jahrhunderts, zu datieren hätte*). In der Werke X 1, S. 396 abgedruckten Aufzeichnung, die aus den Jahren 1825—26 stammt, finden wir in gewissem Sinne eine Fortführung der Gedanken, die in der vorstehenden älteren Notiz entwickelt werden, und dies zeigt die Zulässigkeit der gewählten Überschrift. — Metaphysik bedeutet nämlich bei GAUSS und überhaupt zu GAUSS' Zeit nicht etwa die Lehre vom Übersinnlichen, sondern das innere Wesen, den Kern eines Gegenstandes, in dem Sinne wie es GOETHE meint, wenn er Faust sagen lässt »dass ich erkenne, was die Welt im Innersten zusammenhält«. So verstehen die Mathematiker des XVIII. Jahrhunderts unter der Metaphysik einer Beweisführung den Grundgedanken, aus dem der Beweis geschöpft ist, und ähnlich spricht auch GAUSS z. B. in dem Briefe an BESSEL vom 28. Febr. 1839 (*Briefwechsel* Nr. 176, S. 523) von der in der *Theoria Motus* angewandten Metaphysik für die Methode der kleinsten Quadrate, in dem oben (Nr. 1) abgedruckten Briefe an HANSEN von der Metaphysik der Raumlehre und der der negativen und komplexen Grössen, in dem Briefe an DROBISCH (Werke X 1, S. 101) von der Metaphysik der Mathematik, in dem an GRASSMANN (ebenda S. 436), wie auch in der *Anzeige* (Werke II, S. 175), von der Metaphysik der komplexen bezw. imaginären Grössen usw. Man wird also dem, was GAUSS im Auge hat, wenn er von der »Metaphysik« der Mathematik oder einzelner mathematischer Disziplinen handelt, am nächsten kommen, wenn man ihm das moderne Wort »Grundlagenforschung«, wenn auch nicht immer im Sinne von Axiomatik, an die Seite stellt.

SCHLESINGER.

---

*) Auf S. 98 der angeführten Schrift gibt SARTORIUS VON WALTERSHAUSEN eine mündliche Äusserung von GAUSS wieder, in der auf den ersten Satz unserer Notiz (»Gegenstand der Mathematik sind alle extensive Grössen usw.«, siehe oben S. 50) ausdrücklich bezug genommen wird.

14. Über Philosophen. Schwerpunkt eines Körpers.

[Briefwechsel zwischen GAUSS und SCHUMACHER IV, Altona 1862, S. 332 ff.]

[1.]

SCHUMACHER an GAUSS. Altona, 29. Oktober 1844.

{Ich sah neulich in WOLFS *Anfangsgründe der Mathem. Wiss.* [*)] . . . .; und fand zu meinem Erstaunen eine Nachlässigkeit und Verwirrung der Begriffe in manchen Definitionen, die man einem Philosophen ex professo schwerlich zutrauen sollte. Z. B. Anfangsgründe der Mechanik, 17te Erklärung:

> 34. Der Mittelpunct der Schwere (centrum gravitatis) ist derjenige Punct, dadurch der Körper in zwei gleichschwere[**)] Theile getheilt wird.

Ein Körper kann also durch einen Punct in zwei Theile getheilt werden. Es ist kein Druckfehler, denn unmittelbar folgt:

> 35. Der M[ittelpunct] der Grösse (centrum magnitudinis) ist derjenige, dadurch der Körper in zwei gleichgrosse Theile getheilt wird.}

. . . .

[2.]

GAUSS an SCHUMACHER. Göttingen, 1. November 1844.

. . . . Dass Sie einem Philosophen ex professo keine Verworrenheiten in Begriffen und Definitionen zutrauen, wundert mich fast. Nirgends mehr sind solche ja zu Hause, als bei Philosophen, die keine Mathematiker sind, und WOLF war kein Mathematiker, wenn er auch wohlfeile Compendien gemacht hat. Sehen Sie sich doch nur bei den heutigen Philosophen um, bei

[*) CHRISTIAN FREIHERR v. WOLF, *Anfangsgründe aller Mathematischen Wissenschaften*, 4 Bände, Halle 1710 und zahlreiche spätere Auflagen.]

[**) »Gleichwichtige« hat WOLF.]

SCHELLING, HEGEL, NEES VON ESENBECK und Consorten, stehen Ihnen nicht die Haare bei ihren Definitionen zu Berge? Lesen Sie in der Geschichte der alten Philosophie, was die damaligen Tagesmänner PLATO und andere (ARISTOTELES will ich ausnehmen) für Erklärungen gegeben haben. Aber selbst mit KANT steht es oft nicht viel besser; seine Distinction zwischen analytischen und synthetischen Sätzen ist meines Erachtens eine solche, die entweder nur auf eine Trivialität hinausläuft oder falsch ist. Was übrigens WOLF hat sagen wollen, scheint mir zu sein: »In jedem Körper gibt es, wie sich nachweisen lässt, einen und nur Einen Punkt, der die Eigenschaft hat, dass jede durch ihn gelegte Ebene den Körper in zwei Stücke (oder sit venia verbo Hälften) scheidet, die« — nicht wie WOLF sagt gleich schwer sind, sondern — »in Beziehung auf diese Ebene gleiche Momente haben: diesen Punkt nennt man den Schwerpunkt«. — Einen Punkt, der auf ähnliche Art verstanden, einen Körper in zwei gleich grosse Hälften zertheilte, gibt es im Allgemeinen nicht, sondern nur in speciellen Fällen, man müsste denn anstatt gleich grosser Hälften, gleichmomentige Räume verstehen, wo dann [der] Mittelpunkt der Grösse, der Schwerpunkt eines den Raum homogen erfüllenden Körpers wäre. . . . . .

BEMERKUNG.

Äusserungen von GAUSS über Philosophen finden sich nur spärlich. Abgesehen von einer Stelle in dem Briefe an DROBISCH vom 14. Aug. 1834 (Werke X 1, S. 106) beziehen sich die meisten auf KANTS Lehre vom Raum (so *Anzeige*, 1816, Werke VIII, S. 172; *Anzeige*, 1831, Werke II, S. 177 Fussnote; Brief an W. BOLYAI vom 6. März 1832, Werke VIII, S. 224; Brief an SCHUMACHER vom 8. Febr. 1846, Werke VIII, S. 247), während die vorstehend wiedergegebene Briefstelle zu KANTS Lehre von den analytischen und synthetischen Urteilen Stellung nimmt. Nach einer mündlich überlieferten Äusserung des Jenenser Botanikers SCHLEIDEN (siehe A. GALLE, *Das Weltall*, 24, 1925, S. 230) soll GAUSS sich eingehend mit Schriften von KANT beschäftigt haben.

SCHLESINGER.

15. Mittelpunktsgleichung nach Ulughbe in Zeittertien.

$$[=]\ 4 \cdot \frac{36525}{36625} \text{Arc} \sin e \sin \text{Anom[alie]}$$

$e = 0{,}0237037$ $\log e\,[=]\ 8{,}5276776$ Aphelium [=] $93^0 0' 18''$

[*A*] [1]	[*Z* nach ULUGH BEIGH] [2]	[μ nach GAUSS] [3]	[*A* — α nach GAUSS] [4]	[*Z* nach GAUSS] [5]	Δ*Z* G. minus U. B. [6]
0°	27414‴	+ 27698,‴78[*)]	*0*	27415,‴22	+ 1,‴22
10	39286	27530,34	*+ 11703,44*	39287,10	+ 1,10
20	50740	26525,18	*22151,39*	50740,21	+ 0,21
30	60575	24713,87	*30174,66*	60574,79	— 0,21
40	67752	22151,59	*34789,38*	67751,79	— 0,21
50	71514	18916,36	*35315,59*	71513,23	— 0,77
60	71516	15106,60	*31508,37*	71515,77	— 0,23
70	67947	10838,15	*23669,95*	67945,80	— 1,20
80	61570	+ 6240,68	*+ 12695,68*	61569,00	— 1,00
90	53661	+ 1453,78	*0*	53660,22	— 0,78
100	45796	— 3377,24	*— 12695,68*	45795,56	— 0,44
110	39550	8105,76	*23669,95*	39549,81	— 0,19
120	36194	12588,23	*31508,37*	36193,86	— 0,14
130	36487	16688,52	*35315,59*	36486,93	— 0,07
140	40606	20282,02	*34789,38*	40606,64	+ 0,64
150	48198	23259,48	*30174,66*	48198,81	+ 0,81
160	58493	25530,24	*22151,39*	58492,85	— 0,15
170	70435	— 27025,17	*— 11703,44*	70435,73	+ 0,73
180	82811	— 27698,78[*)]	*0*	82812,78	+ 1,78
190	94347	27530,34	*+ 11703,44*	94347,78	+ 0,78
200	103790	26525,18	*22151,39*	103790,57	+ 0,57
210	110001	24713,87	*30174,66*	110002,53	+ 1,53
220	112054	22151,59	*34789,38*	112054,97	+ 0,97
230	109345	18916,36	*35315,59*	109345,95	+ 0,95
240	101728	15106,60	*31508,37*	101728,97	+ 0,97
250	89622	10838,15	*23669,95*	89622,00[**)]	0
260	74054	— 6240,68	*+ 12695,68*	74050,36	— 3,64
270	56568	— 1453,78	*0*	56567,78	— 0,22
280	39042	+ 3377,24	*— 12695,68*	39041,08	— 0,92
290	23339	8105,76	*23669,95*	23338,29	— 0,71
300	11018	12588,23	*31508,37*	11017,40	— 0,60
310	3111	16688,52	*35315,59*	3109,89	— 1,11
320	43	20282,02	*34789,38*	42,60	— 0,40
330	1680	23259,48	*30174,66*	1679,86	— 0,14
340	7432	25530,24	*22151,39*	7432,37	+ 0,37
350	16385	+ 27025,17	*— 11703,44*	16385,39	+ 0,39

[Zu *Z* hinzugefügte Constante nach GAUSS = 55114‴.]

[*) Die Zahl enthält einen kleinen Rechenfehler; sie sollte sein: 27698,72.]

[**) » » » » » » » » » : 89622,10.]

Die berechneten Werthe enthalten noch Fehler

$$+0''',278 \sin 2A \mid 0''',108 - 0''',217 \sin A - 0''',443 \cos A.$$

Nähme man noch einen Fehler an von $+0''',732 \cos 2A$, so würde die Übereinstimmung noch sehr vergrössert: allein ein solcher Fehler ist unzulässig.

Corrigirte Constante	55113''',722 [*)].
Correction von e	$-0{,}00000055148$
$e = 0{,}0337031485$	$\log e = 8{,}5276705$
Correct[ion] von Aphelium	$-1'',4430$
Also Aphelium	$93^0 0' 16'',557$
Correction der Schiefe	$-0'',16054$ [*)]
Also Schiefe	$23^0 30' 16'',83946$.

BEMERKUNGEN.

In den »Allgemeinen Geographischen Ephemeriden«, herausgegeben von v. ZACH, dritter Band, Februar 1799, Seite 179, sind aus einem Briefe von BURCKHARDT an ZACH einige Mitteilungen über die astronomischen Tafeln ULUGH BEIGHs, des Fürsten von Samarkand und bekannten Astronomen aus dem XV. Jahrhundert, abgedruckt. Dabei findet sich auch ein Abdruck von »*Ulugh Beighs Zeitgleichungstafel im Auszuge, zur Verwandlung der mittleren Zeit in scheinbare*«. Dieser Tafel liegen nach BURCKHARDT die Werte:

Schiefe der Ekliptik	$= 23^0 30' 17''$
Länge des Apheliums	$= 92^0 36' 37''$
Grösste Mittelpunktsgleichung	$= 1^0 55' 53'',2$

zu Grunde, und die Zeitgleichung ist um die Konstante 15′ 17″ vergrössert worden, um durchweg positive Werte zu erhalten.

GAUSS hat 1799 diese Zeitgleichungstafel einer Nachrechnung unterworfen und schärfere Werte der dort benutzten Konstanten abzuleiten versucht, wobei er die Methode der kleinsten Quadrate bereits in vollem Umfange angewandt hat. Er schrieb darüber an ZACH in einem Briefe, der nicht mehr erhalten ist, und spricht sich später öfter darüber aus, besonders in einem Briefe an SCHUMACHER vom 3. Dezember 1831; die auf diese Rechnung und auf die »Entdeckung« der Methode der kleinsten Quadrate bezüglichen Briefstellen sind in den Werken VIII, S. 136—141 und X 1, S. 373 und 380 abgedruckt.

Die Papiere mit den Rechnungen, die den Beweis für diese frühe, im Frühjahr 1799 gemachte Anwendung der Methode erbringen sollten, waren nach dem Briefe an OLBERS vom 24. Januar 1812 (Werke VIII, S 140) »verloren gegangen«. Indessen scheint es (vergl. die Bemerkung, Werke X 1, S. 445, Fussnote *)), dass GAUSS wenigstens einen Teil jener Papiere im Jahre 1850 wiedergefunden hat, zusammen mit Aufzeichnungen über den Grad der Konvergenz der Entwicklung der Mittelpunktsgleichung. Über

[*) Über vermutlich unterlaufene Rechenfehler siehe S. 67 unten.]

diese Aufzeichnungen berichtet GAUSS nämlich in Briefen an SCHUMACHER vom 6. Dezember 1849 und 5. Februar 1850 (Werke X 1, S. 432, 433) und zwar datiert er sie in dem ersten Briefe aus dem Gedächtnis auf eines der ersten Jahre des XIX. Jahrhunderts, während er in dem Briefe vom 5. Febr. 1850 sagt, er habe jene Aufzeichnungen aufgefunden und das Blatt sei »wohl 50 ± Jahre alt«. Dass er die Datierung jetzt bis in die letzten Jahre des XVIII. Jahrhunderts zurückverlegt, könnte seinen Grund darin haben, dass bei diesen auf die Entwicklung der Mittelpunktsgleichung bezüglichen Blättern (abgedruckt Werke X 1, S. 420—428) auch der mit Sicherheit aus dem Jahr 1799 stammende, vorstehend abgedruckte Zettel lag, der zu den 1812 vermissten Papieren gehört. In der Tat fanden sich auch im Nachlass beide Aufzeichnungen in einem gemeinsamen Umschlag. Die vorstehend abgedruckte, auf ULUGH BEIGH bezügliche, trägt jetzt die Bezeichnung Astr. d. 7; sie enthält einen Teil der Rechnung und deren wesentliches Ergebnis, woraus sich der von GAUSS eingeschlagene Weg lückenlos feststellen lässt.

Die Zeitgleichung setzt sich bekanntlich aus der Mittelpunktsgleichung und der Reduktion auf die Ekliptik zusammen. Der erste dieser beiden Teile ergibt sich in der PTOLEMÄischen Theorie, gleichviel ob man den exzentrischen Kreis oder den Epizykel anwendet, aus der Formel

$$\sin\mu = e\sin v = e\sin(A-\pi), \tag{1}$$

wo μ die Mittelpunktsgleichung, v die wahre Anomalie, A die wahre Länge, π die Länge des Perihels und e die Exzentrizität bedeutet; letztere ist doppelt so gross, wie in der KEPLERschen Bewegung. Zur Verwandlung der in Bogensekunden gefundenen Mittelpunktsgleichung in Sonnenzeittertien ist der Faktor $4\cdot\frac{36525}{36625}$ hinzuzufügen. Die GAUSSsche Rechnung nach dieser Formel ist in aller Ausführlichkeit auf dem Zettel vorhanden. Als Argument dient die wahre Länge A und nicht die mittlere, wie man fälschlich aus der der Tafel von BURCKHARDT gegebenen Überschrift schliessen könnte.

Die GAUSSsche Berechnung der Reduktion auf die Ekliptik ist nicht mehr vorhanden; die Werte weichen zum Teil um einige Einheiten der letzten Dezimale von den strengen Werten ab. Vielleicht hat sich GAUSS einer der vorhandenen Näherungsformeln bedient.

Die Zeitgleichung nebst der hinzuzufügenden Konstante ist dann *)

$$Z = (A-\alpha)-\mu+c \tag{2}$$

Beim Abdruck des Zettels ist die ausführliche Berechnung der Mittelpunktsgleichung unterdrückt worden; dagegen sind in der Tabelle zu den Angaben des Originals zwei Spalten hinzugefügt. Das Original enthält ausser dem Argument nur die Spalten 2, 5 und 6. Die Zahlen der Spalte 3 sind der Originalrechnung der Mittelpunktsgleichung entnommen, die Spalte 4 der Übersicht halber aus den GAUSSschen Werten abgeleitet und hinzugefügt worden.

Die Angaben ULUGH BEIGHs sind in mittleren Sonnenzeittertien ausgedrückt; GAUSS legt seiner Rechnung die zum Teil abgerundeten, durch die Ausgleichung zu verbessernden Näherungswerte

Exzentrizität	$= 0{,}0337037$
Aphelium	$= 93^\circ 0' 18''$
Schiefe	$= 23^\circ 30' 17''$
Hinzuzufügende Konstante	$= 55114$ Zeittertien

zugrunde und rechnet bis auf Hundertstel Tertien. Er bildete (Spalte 6) die Differenz, GAUSS minus ULUGH BEIGH $= \Delta Z$. Diese Differenz zeigte einen deutlichen Gang und musste sich daher zu einer Ausgleichung nach der Methode der kleinsten Quadrate eignen. Hierbei muss auffallen, dass dieser Gang nicht stärker durch die Abrundung von ULUGH BEIGHs Zahlen auf volle Tertien verwischt wird. Bei seiner Rechnung

---

*) α = wahre Rektaszension, c = Konstante, $A-\alpha$ = Reduktion auf die Ekliptik.

hat GAUSS Gelegenheit genommen, die Werte der Spalte 2 für $A = 0^0$, 100^0, 160^0 zu verbessern, da der BURCKHARDTsche Abdruck hier offenbar Druckfehler enthält. Dort lauten die Angaben $7' 16'' 54''' = 26214'''$, $12' 53'' 16''' = 46396'''$, $16' 14'' 27''' = 58467'''$.

Für die Ausgleichung der Grössen e, π, ε und c gelten nach den Gleichungen 1) und 2) die Bedingungsgleichungen

$$\Delta Z = -\sin A \,.\, \Delta(e \cos \pi) + \cos A \,.\, \Delta(e \sin \pi) + \sin 2A \,.\, \Delta(\mathrm{tg}\, \tfrac{1}{2}\varepsilon^2) + \Delta c,$$

wenn man μ, $A - \alpha$ und $\mathrm{tg}\, \frac{1}{2}\varepsilon^2$ als kleine Grössen ansieht *).

Infolge des Fortschreitens des Arguments A in gleichen Intervallen werden die Normalgleichungen zur Bestimmung der Unbekannten besonders einfach, nämlich

$$\begin{aligned} 18\,\Delta(e\cos\pi) &= -0{,}'''041 \\ 18\,\Delta(e\sin\pi) &= -7{,}\ 276 \\ 18\,\Delta(\mathrm{tg}\,\tfrac{1}{2}\varepsilon^2) &= +3{,}\ 002 \\ 36\,\Delta c \quad &= -0{,}\ 11 \end{aligned}$$

womit man, abweichend von GAUSS, erhält:

$$\Delta Z = +0{,}'''002 \sin A - 0{,}'''404 \cos A + 0{,}'''167 \sin 2A - 0{,}'''003.$$

GAUSS hat aber offenbar den Wert für $A = 260^0$ fortgelassen, weil er so stark abweicht, dass er, ausser den drei oben erwähnten, ebenfalls als fehlerhaft anzunehmen ist; hiermit ändern sich die Normalgleichungen wie folgt:

$$\begin{array}{llllllllll} +17{,}035\,\Delta(e\cos\pi) & - & 0{,}171\,\Delta(e\sin\pi) & + & 0{,}337\,\Delta(\mathrm{tg}\,\tfrac{1}{2}\varepsilon^2) & + & 0{,}985\,\Delta c & + & 3{,}'''544 & = 0 \\ -\ \ 0{,}171 \quad » & + & 17{,}975 \quad » & + & 0{,}060 \quad » & + & 0{,}174 \ » & + & 7{,}\ 910 & = 0 \\ +\ \ 0{,}337 \quad » & + & 0{,}060 \quad » & + & 17{,}888 \quad » & - & 0{,}342 \ » & - & 4{,}\ 247 & = 0 \\ +\ \ 0{,}985 \quad » & + & 0{,}174 \quad » & - & 0{,}342 \quad » & + & 35{,}000 \ » & - & 3{,}\ 530 & = 0. \end{array}$$

Ihre Lösung führt zu den Werten

3) $$\begin{array}{ll} \Delta(e\cos\pi) = +0{,}'''224 & \Delta(\mathrm{tg}\,\tfrac{1}{2}\varepsilon^2) = +0{,}'''245 \\ \Delta(e\sin\pi) = -0{,}\ 444 & \Delta c \qquad\quad = +0{,}\ 112. \end{array}$$

Diese Zahlen stimmen so nahe mit den GAUSSschen überein, dass kein Zweifel über den von ihm eingeschlagenen Weg bestehen kann; vielleicht sind auch bei dieser Rechnung, die nicht mehr vorhanden ist, kleinere Rechenfehler unterlaufen.

Aus GAUSS' Werten für die Fehler

$$\begin{array}{ll} \Delta(e\cos\pi) = +0{,}'''217 & \Delta(\mathrm{tg}\,\tfrac{1}{2}\varepsilon^2) = +0{,}'''278 \\ \Delta(e\sin\pi) = -0{,}\ 443 & \Delta c \qquad\quad = +0{,}\ 108 \end{array}$$

erhält man die Korrektionen

der Exzentrizität $= -0{,}000\,000\,55148$
der Länge des Apheliums $= -1{,}''4391$
der Schiefe der Ekliptik $= -0{,}''32100$
der Konstanten $= -0{,}108$ Zeittertien.

Der erste dieser Werte stimmt genau mit dem GAUSSschen überein, der zweite sehr nahe. Bei der Korrektion der Schiefe hat GAUSS offenbar versehentlich**) den halben Wert genommen, da ja in der Tat die Grösse $\frac{1}{2}\varepsilon$ in den Formeln vorkommt. Ebenso**) dürfte GAUSS bei der Berechnung der »Corrigirten Constanten« den Faktor des Arguments $\sin 2A$, nämlich $0{,}278$ anstatt $0{,}108$ genommen haben.

---

*) ε = Schiefe der Ekliptik. — Mit Vernachlässigung von $\mathrm{tg}\,\frac{1}{2}\varepsilon^4$ ist $A - \alpha = \mathrm{tg}\,\frac{1}{2}\varepsilon^2 \,.\, \sin 2A$.

**) Siehe S. 65.

Die GAUSSsche Bemerkung über den Fehler mit dem Argument cos $2A$ erklärt sich, wenn man bei der Ausgleichung noch das Glied mit diesem Argument berücksichtigt. Man erhält dann, wieder mit Ausschluss des Wertes für $A = 260^0$:

$$-0,'''183 \sin A - 0,'''437 \cos A + 0,'''231 \sin 2A + 0,'''722 \cos 2A + 0,'''091.$$

Das Glied in cos $2A$ ist hier bei weitem das grösste und doch ist ein solches durch die Form der Funktion nicht gerechtfertigt. Es ist zu erwarten, dass die Übereinstimmung, wie GAUSS sagt, bei Mitnahme dieses Gliedes »noch sehr vergrössert« wird. Man findet nach der Ausgleichung, mit Unterdrückung des Wertes für $A = 260^0$, die Summe der Fehlerquadrate

mit Rücksicht auf das Glied in cos $2A$ zu 6,47
ohne diese Rücksicht » 15,34.

GAUSS sagt in dem Briefe an SCHUMACHER vom 3. Dezember 1831 (Werke VIII, S. 138), dass seine Rechnung »zu manchen ganz kuriosen Resultaten geführt« habe, was nach dem Vorigen verständlich ist.

Nach dem Ergebnis der Rechnung hat der Gang der Differenzen GAUSS minus ULUGH BEIGH als Hauptglied ein solches von der Periode π, was schon der blosse Anblick lehrt, der vier Nullstellen zeigt. Da diese Nullstellen nicht bei $A = 0^0, 90^0, 180^0, 270^0$ liegen, sich dort vielmehr Maxima zeigen, so muss bei der Kleinheit der übrigen Glieder, neben dem in sin $2A$, ein beträchtliches in cos $2A$ erscheinen. Die Bestimmung der Konstanten wird hiermit gegenstandslos und das Merkwürdige bleibt der ausgeprägte Gang der Differenzen nach dem genannten Gliede.

BRENDEL.

16. Ein Brief an Encke.

GAUSS an ENCKE. 9. Juli 1826.

. . . .

Den Gebrauch, den Sie bei Ihren Vorlesungen von solchen Dingen machen, die meinen Vorträgen etwa eigenthümlich sein möchten, kann ich ganz Ihrer Beurtheilung überlassen.

Ich habe jetzt angefangen einen 3ten Theil oder ein *Supplementum* meiner *Theoria Combinationis Observationum* [*)] aufzusetzen für den Fall, wo die Data der Aufgabe nicht in der Form vorliegen, die im 1ten Theile vorausgesetzt wird. Ob man gleich sie immer in diese Form bringen kann, so ist es doch oft vortheilhafter es nicht zu thun, sondern die Aufgabe auf eine ganz eigne Art zu behandeln. Was mir bei dieser Ausarbeitung vorzüglich viel Plage macht, ist die Wahl der Bezeichnungen. Ihnen ist es nicht unbekannt, dass ich bei allen meinen Arbeiten darauf immer grosse Sorgfalt gewandt habe, gewöhnlich viel grössere, als man nachher der Arbeit ansieht. Wenn das Griechische Alphabeth durchweg dem Lateinischen correspondirte und die grossen Griechischen Buchstaben dann auch durchweg von den Lateinischen verschieden wären, würde man den Zweck der grössten, elegantesten Übersichtlichkeit viel leichter erreichen. Das Deutsche Alphabeth ist mir immer nur ein Nothbehelf, zu dem ich mich ungern entschliesse, und eben so wenig mag ich die oben und unten zugleich accentuirten Bezeichnungen leiden. In dem gegenwärtigen Fall vergrössert sich die Schwierigkeit durch einen Nebenumstand. Nemlich fast alle Relationen in der 2ten Behandlung haben eine bewunderungswürdige Analogie zu denen der erstern, so dass sich analytisch betrachtet fast ganz dieselben Gleichungen ergeben, obwohl hier die darin vorkommenden Grössen etwas ganz anderes bedeuten.

[*) *Supplementum theoriae combinationis observationum etc.* Werke IV, S. 55.]

Aber hin und wieder reichen die Alphabethe nicht aus, immer eine symmetrische Bezeichnung zu gewinnen. Ich denke bei dieser Abhandlung auch einige Zahlenbeispiele zu geben, von meinen und KRAYENHOFFS Messungen entlehnt; durch jenes wird dann implicite das unverständige Urtheil über meine Dreiecke im Lüneburgischen, welches ZACH vor einigen Jahren sich nicht geschämt hat, in seiner Corr. zu drucken[*)], beseitigt, und von welchem ich natürlicherweise explicite keine Notiz nehmen kann.

Zugleich wird das Verständniss dadurch erleichtert. Meine beiden ersten Abhandlungen über diesen Gegenstand[**)] sind, wie mir scheint, noch von wenigen in sucum et sanguinem verwandelt.

Ein junger Deutscher aus Aachen, DIRICHLET, der sich in Paris aufhält, hat mir vor kurzem eine kleine Abhandlung aus der höheren Arithmetik[***)] zugesandt, welche ein ausgezeichnetes Talent verräth. Je seltener die Beispiele sind, dass jemand sich mit diesen Gegenständen vertraut macht — in Deutschland weiss ich gar keines — und jemehr ich überzeugt bin, dass dies eines der besten Mittel ist, das Mathematische Talent auch für andere, ganz verschiedene Zweige der Mathematik zu schärfen, um so erfreulicher ist mir das Phänomen und um so betrübender würde es sein, wenn sein Vaterland, Preussen, sich zuvorkommen liesse und Frankreich sich auch dieses ausgezeichnete Talent zueignete. Vielleicht haben Sie einmahl Gelegenheit die Aufmerksamkeit geltender Personen auf dasselbe zu lenken. Soweit sich über den Charakter des jungen Mannes aus seinem Briefe[†)] schliessen lässt, würde es, glaube ich, auch in dieser Rücksicht Ihnen angenehm sein müssen, wenn er in Berlin fixirt werden könnte. . . . .

BEMERKUNGEN.

Auf das in der ZACHschen Correspondance astronomique enthaltene Urteil über die Lüneburgischen Dreiecke wurde GAUSS aufmerksam gemacht durch OLBERS in dem Briefe vom 8. Juni 1824 (W. OLBERS,

---

[*) Siehe Correspondance astronomique etc. du Baron DE ZACH, vol. X (Genève 1824), S. 164.]

[**) *Theoria combinationis observationum etc.* Pars prior, Werke IV, S. 1, Pars posterior, ibid. S. 27.]

[***) P. G. LEJEUNE DIRICHLET, *Mémoire sur l'impossibilité de quelques équations indéterminées du cinquième degré,* Paris 1825, Imprimerie de HUZARD-COURCIER, DIRICHLETS Werke I, S. 1 ff.]

[†) Dieser vom 28. Mai 1826 aus Paris datierte Brief ist abgedruckt in DIRICHLETS Werken II, S. 373, 374; das Antwortschreiben von GAUSS vom 13. September 1826 findet sich in GAUSS' Werken II, S. 514, 515.]

Sein Leben und seine Werke, II, 2, S. 310) und durch BESSEL in dem Briefe vom 23. Oktober 1824 (*Briefwechsel,* S. 440). Eine Äusserung von GAUSS über diesen Angriff in dem Briefe an BESSEL vom 15. Januar 1825 (*Briefwechsel,* S. 414) und der Wortlaut des Angriffs selbst ist wiedergegeben in dem Aufsatz von A. GALLE, *Über die geodätischen Arbeiten von Gauss,* Werke XI 2, Abhandl. 1, S. 93, 94 Fussnote. — Der erste, hier weggelassene Teil des vorstehend abgedruckten Briefes an ENCKE enthält unter anderem die Tabelle von GAUSS' Pallas-Beobachtungen, die aus einem Briefe an BODE vom 10. Juli 1826 im Astronomischen Jahrbuch für 1829 (Berlin 1826), S. 144, 145 (Werke VI, S. 454, 455) wiedergegeben ist.

SCHLESINGER.

---

17. Kindersterblichkeit.

[Briefwechsel zwischen GAUSS und SCHUMACHER V, Altona 1863, S. 325.]

GAUSS an SCHUMACHER. Göttingen, 12. Juli 1847.

Anliegend übersende ich Ihnen, mein theuerster Freund, Ihrer Erlaubniss zufolge mein Schreiben an H[er]rn Geh[eimen] Conferenzrath COLLIN[*)]. Ich hoffe, dass die Adresse so richtig sein wird. Sie haben es zu verantworten, dass ich mir die Freiheit genommen habe, in dem Briefe einige Wünsche anzudeuten, namentlich besonders den, dass das Absterben der Kinder im frühesten Lebensalter in engern Fortschreitungsstufen angesetzt werden möchte. Veranlasst bin ich zu solchem Wunsche durch die Bemerkung, welche ich vor längerer Zeit gemacht habe, dass die in QUETELET gegebene Tafel (nemlich im Annuaire stereotyp.[**)], z. B. für 1844, p. 193, für 1846, p. 185) sich für die ersten sechs Monate durch Eine Formel mit einer fast wunderbaren Übereinstimmung darstellen lässt. Ich habe dabei freilich in dem Briefe noch eine Äusserung hinzugesetzt, die ich etwas modificiren könnte, nemlich dass ich nicht genau wisse, auf welche Thatsachen QUETELETS Angaben sich gründen. Nachdem ich nemlich jenen Brief schon beendigt und versiegelt hatte, fand ich in QUETELET *sur l'homme* p. 144 der

[*)] Vorsitzender der dänischen Tabellen-Kommission für Sammlung statistischer Angaben. GAUSS dankt in diesem Briefe für die Übersendung eines statistischen Werkes, die durch Vermittlung von SCHUMACHER geschah.]

[**)] Gemeint ist wohl das von QUETELET herausgegebene »Annuaire de l'Observatoire Royal de Bruxelles«; dieses enthält in der Tat an den weiter im Text von GAUSS angegebenen Stellen eine *Table de Mortalité.*]

RIE[C]KESchen Übersetzung[*)] Zählungen aus Westflandern, die, wie es scheint, die Grundlage der Zahlen im Annuaire gewesen sind. Ich habe jedoch deshalb den Brief nicht noch einmahl öffnen und abändern wollen.

Vielleicht interessirt Sie, wenn ich jene Formel hier beifüge. Die letzte Columne[**)] nemlich wird für die ersten sechs Monate durch die Formel

$$10000 - A\sqrt[3]{n},$$

wo $\log A = 3{,}98273$ und n die Anzahl der Monate, mit einem Grade von Übereinstimmung dargestellt, den man sonst bei Mortalitätstafeln niemals findet. Weiter hinaus von 1 Jahr—4 Jahr gibt die Formel mehr als die Tafel, von 5 Jahr bis zu Ende aber weniger. Die grosse Übereinstimmung in den ersten sechs Monaten würde ich, wenn sie durch andere Zählungen in andern Ländern (versteht sich eventuell mit andern Constanten) sich gleichfalls fände, daraus erklären, dass in den ersten 6 Monaten eine vergleichungsweise geringe Complication von Todesursachen Statt findet; das nachherige Überschreiten der Todesfälle der Formel durch die Todesfälle der Wirklichkeit durch das Eintreten neuer Todesursachen, Kinderkrankheiten, die eben erst im zweiten Halbjahre zum Vorschein kommen; endlich die Abweichung im entgegengesetzten Sinn von 5 Jahr an sehe ich bloss als einen Beweis an, dass jene Formel nicht die wahre naturgemässe Form***) hat, aber einer naturgemässern für kleine Werthe von n nahe äquivalirt. Übrigens bemerke ich, dass MOSER[†)] eine ähnliche Formel wie obige angegeben hat, aber dass er Biquadratwurzel anstatt meiner Cubikwurzeln hat. Dann lässt sich allerdings eine nothdürftige Übereinstimmung für eine längere Reihe von Jahren erzwingen, aber die schöne Übereinstimmung in dem ersten halben Jahre geht verloren. Ich könnte hierüber noch viel anderes hinzufügen, was aber mehr Zeit erfordern würde, als ich jetzt diesen Andeutungen widmen kann. . . . .

[*) A. QUETELET, *Sur l'homme et le développement de ses facultés, ou essai de physique sociale*, 2 voll., Paris 1835; deutsche Ausgabe besorgt von Dr. V. A. RIECKE unter dem Titel: *Über den Menschen und die Entwicklung seiner Fähigkeiten oder Versuch einer Physik der Gesellschaft*, Stuttgart 1838.]

[**) Die Anzahl der lebenden Kinder des Alters n.]

***) Es ist sonst ein curieuser Umstand, dass die Formel das Lebensende auf 100 Jahre 7 Monate gibt; welcher Umstand aber in Folge obiger Bemerkung eigentlich gar keine Bedeutung hat.

[†) LUDWIG F. MOSER, *Die Gesetze der Lebensdauer u.s.w.*, Berlin 1839. Daselbst S. 281—283 wird für die Anzahl der von je einem Neugeborenen im Alter x noch Lebenden, für die 30 ersten Lebensjahre die Formel gegeben: $y = 1 - 0{,}2\sqrt[4]{x}$.]

18. Schriftstücke zu den trigonometrischen Messungen im Bremischen.

[Aus dem Staatsarchiv der freien Hansestadt Bremen.]

[1.]

Schreiben von W. Olbers an den Senat der Stadt Bremen*).

{Ew. Magnificenz
erlaubten und befahlen mir hochgeneig[te]st, Ihnen dasjenige, was ich über eine wünschenswerthe Verbindung der dänisch-hannovrischen Gradmessung mit der englisch-französischen Ihnen mündlich vorzutragen die Ehre hatte, schriftlich einzureichen. Ich habe dies in beikommendem Aufsatz versucht, und muss nur gehorsamst um Nachsicht und Verzeihung bitten, wenn das formale gar nicht dabei beobachtet ist.

Mit der grössten Verehrung

Ew. Magnificenz
gehorsamster Diener
W. Olbers.}

V. G. d. 10t Januar 1823.

{Die von den Regierungen mehrerer Staaten angeordneten, und zum Theil mit beträchtlichem Kostenaufwande ausgeführten Messungen zur genauen Bestimmung der Figur unserer Erde haben sich besonders seit den letzten 30 Jahren sehr vervielfältiget und sind mit einer Schärfe und Sorgfalt ausgeführt

*) {Verlesen in der Senatsversammlung am 15ten Januar 1823. Beschlossen: an die Commission in auswärtigen Angelegenheiten, um mit Zuziehung des Herrn Senator J. Gildemeister diesen Gegenstand zu berathen und darüber zu berichten.}

worden, die alles, was vordem unter LUDEWIG dem 14ten und 15ten in Frankreich, England und Peru und nachmals im Kirchenstaat, Oesterreich, Piemont, Pensilvanien u.s.w. unternommen und geleistet wurde, weit übertrifft. Die grosse von der französischen National-Versammlung zur Bestimmung des Meter beschlossene und von Dünkirchen bis zur balearischen Insel Iviça ausgedehnte Gradmessung gab dazu den Impuls. England veranstaltete eine ähnliche Messung von der Insel Wight bis zu den Schottländischen Inseln. Die schon 1788 von französischen nnd englischen Commissarien gemeinschaftlich durch Dreiecke gemachte Verbindung zwischen den Sternwarten von Paris und Greenwich schien noch nicht mit aller der Sorgfalt und Genauigkeit gemacht zu sein, die die jetzt immer mehr vervollkommneten Werkzeuge gewähren können, und so ist diesen Sommer gemeinschaftlich von ARAGO und MUDGE die gegenseitige Lage dieser beiden Sternwarten aufs genaueste bestimmt. So hat man nun einen grossen zusammenhängenden Bogen eines Meridians von Iviça im mittländischen Meer bis Unst auf den Schottländischen Inseln, mehr als 22° betragend, gemessen.

Allein eben diese grossen und genauen Messungen haben gelehrt, dass ein einzelner Meridianbogen, so gross seine Ausdehnung auch sein mag, noch nicht hinreichend ist, die Figur der Erde völlig kennen zu lernen. Die Meridiane sind sich nicht völlig unter einander gleich und zeigen manche Unregelmässigkeiten, zum Theil vielleicht auch von localen Verschiedenheiten in der Dichtigkeit der obern Erdschichten veranlasst. Es ist deswegen erforderlich, dass mehrere Meridianbogen gemessen werden, wenn man die nicht ganz regelmässige Gestalt des Erd-Sphäroids genau genug bestimmen will. Dies hat den ruhmwürdigen König von Dänemark bewogen, eine mit den besten Instrumenten und Hülfsmitteln aufs schärfste auszuführende Messung des Meridianbogens in seinen Staaten von Lauenburg bis Skagen in Jütland zu befehlen, die jetzt seit mehrern Jahren unablässig von dem Professor SCHUMACHER betrieben wird. Um den Bogen noch mehr zu verlängern, schlug der dänische Monarch dem damaligen Prinzen Regenten, jetzigem Könige von Grossbrittanien und Hannover vor, diese dänische Gradmessung auch Hannovrischer Seits bis Thüringen fortzusetzen. S[ein]e Majestät haben darin gewilliget, nach Hannover die nöthigen Befehle gegeben, und seit zwei Jahren ist Hofrath Gauss beschäftiget, den Bogen vom Inselsberg in Thüringen bis Lauenburg zu messen.

Auch der Kaiser von Russland ist diesem Beispiel gefolgt und hat eine Gradmessung von Liefland über den finnischen Meerbusen weg durch Finland bis an Laplands Grenzen befohlen. Die Instrumente dazu sind schon angeschafft, die vorläufigen Recognoscirungen angestellt, und das nächste Jahr wird die Operation selbst beginnen.

So werden wir also bald die Krümmung mehrerer Meridianbögen unsers Erd-Sphäroids mit einander vergleichen können. Aber dies ist noch nicht alles. An die zur Bestimmung des Meridianbogens gemessenen Dreiecke lassen sich andere leicht anschliessen und so ein grosses Land ganz mit genau bestimmten Dreiecken überziehen. Durch diese Dreiecke wird nicht nur die geographische Lage aller Dreiecks-Punkte gegen den Meridian, worauf sie sich beziehn, gegeben: sie dienen nicht nur zur unentbehrlichen Controlle und Anlehnung aller zum Behuf anderer Zwecke, z. B. eines Cadasters, vorzunehmenden speciellen Messungen: sondern da auch durch sie die Länge eines Bogens des Parallelkreises bekannt wird, so sind sie zur Bestimmung der Gestalt der Erde eben so wichtig, als die Meridian-Gradmessung selbst. Ganz Frankreich und ganz Grossbrittanien sind schon mit solchen Dreiecken überzogen. An die französischen Dreiecke schliessen sich diejenigen an, die der General-Lieutenant von Krayenhof[f] mit musterhafter Genauigkeit bis an die Grenze des Herzogthums Oldenburg über die Niederlande, Holland und Ostfriesland geführt hat. Die Preussen haben sich südlicher an die französischen Dreiecke angeschlossen, und unter der Direction des Generallieutenants von Müffling ihre Triangel vom Rhein bis nach Berlin geführt; wahrscheinlich werden sie noch dieselben bis an die Grenzen von Liefland und Curland fortsetzen. Churhessen wird sich an die hannovrische Gradmessung anschliessen, und Professor Gerling aus Marburg ganz Hessen mit einem Dreiecksnetz bedecken. Auch in Ober-Italien sind Oesterreichischer Seite Carlini, Sardinischer Seite Plana beschäftiget, eine Triangel-Kette von der französischen Grenze bis zum adriatischen Meerbusen zu ziehen. In wenig Jahren dürfen wir also hoffen, den grössten Theil von Europa, von den Pirenäen und Brest bis Petersburg triangulirt zu sehen.

Unter den bisher unternommenen Gradmessungen scheint die dänischhannovrische an Schärfe und Genauigkeit noch alles zu übertreffen, was bisher bei ähnlichen Messungen geleistet war. Der grössere und reichere Vorrath der ganz vorzüglichen, zum Theil neu erfundenen Werkzeuge und das bewundernswürdige Genie, der Scharfsinn, die Geschicklichkeit und Sorgfalt des Hofrath Gauss und des Professor Schumacher scheinen dies zu verbürgen. Um so mehr wäre es zu wünschen, dass diese Gradmessung unmittelbar mit der französisch-englischen in Verbindung gesetzt würde. Dies kann am besten geschehen, wenn die Holsteinischen und Lüneburgischen von Schumacher und Gauss gemessenen Dreiecke durch andere Triangel bis an die Krayenhof[f]ischen geführt werden. Krayenhof[f]s östlichste Seite ist die Stollham-Varel, schon diesseits der Jahde. Gauss westlichste Seiten sind Hamburg-Wilsede und Wilsede-Falckenberg, sodass der Zwischenraum nicht mehr gross ist, und diese Verbindung für sehr leicht gehalten werden könnte, wenn nicht ein ganz ebenes, von Waldungen durchschnittenes Land, wie das Herzogthum Bremen ist, zuweilen eigene, aber doch immer zu beseitigende Schwierigkeiten darböte.

Die Verbindung der Gaussischen und Krayenhof[f]ischen Dreiecke könnte vielleicht am bequemsten über Sandstädt und Neuenkirchen stattfinden: aber sie muss und wird über Bremen geschehen, um so Bremen und Oldenburg mit zu begreifen.

Ob man in Hannover daran denkt, die Verbindung mit den Krayenhof[f]ischen Dreiecken schon jetzt vornehmen zu lassen, ist mir nicht bekannt. Es scheint, dass das Ministerium nur auf ausdrücklichen Befehl des Königs die Gradmessung veranstaltet hat, auf die es sich sonst, jede nicht dringende Ausgabe bei dem Zustande der Finanzen gern vermeidend, vielleicht nicht eingelassen hätte. Es könnte sein, dass man, eben aus diesem Princip einer sonst lobenswürdigen Sparsamkeit, sich begnügen wollte, nur strenge den königlichen Befehl zu befolgen, und weiter nichts auszuführen, als was dieser ausdrücklich vorschreibt. Indessen würde man in Hannover das Aufschieben der zu dieser Verbindung nöthigen Operationen bald bereuen. Geschehen muss sie doch einmal, über kurz oder lang: der Zustand der Wissenschaft erfordert sie zu gebieterisch. Auch wird Hannover bald die Nothwendigkeit fühlen, das ganze Königreich zum Behuf eines Cadasters mit einem Dreiecks-Netz zu überziehen, wovon die zu jener Verbindung erforderlichen Triangel einen grossen und nothwendigen Theil ausmachen. Jetzt ist alles zu diesen Vermessungen einmal organisirt, alle erforderlichen Instrumente angeschafft und in der brauchbarsten Ordnung: jetzt wird sich also alles mit der Hälfte der Kosten, der Mühe und der Zeit ausführen lassen, die man wird anwenden müssen, wenn man die Operation noch einige Jahre verschiebt.

Für die Stadt Bremen würde unmittelbar aus der Verbindung der Gaussischen und Krayenhof[f]ischen Dreiecke nur der Nutzen entstehen, dass die geographische Lage der Stadt, so wie ihre Höhe über dem Spiegel der Nordsee aufs genaueste bestimmt würden. Ich muss gehorsamst anheim geben, ob dieser individuelle Nutzen für die Stadt, verbunden mit der so oft rühmlichst bewiesenen Neigung eines hohen Senats, auch im allgemeinen den Fortgang der Wissenschaften zu befördern, Hochdenselben vielleicht veranlassen könnte, diese Anschliessung der Gaussischen Vermessung an die französische auch mit einiger Aufopferung von Kosten zu bewirken. Sollte der hohe Senat dazu geneigt sein, so wäre wohl unmassgeblich dem Geheimen Cabinets-Rath Hoppenstedt, der über die Messungs-Angelegenheit bei dem Königlichen Ministerium referirt, privatim zu eröffnen, wie man mit allem Interesse, das ein für die Wissenschaften so wichtiges Unternehmen einflössen könne, die von der hannovrischen Regierung veranstaltete Gradmessung beachte, und da der hohe Senat sich überzeugt halte, dass eine Verbindung dieser Gradmessung mit der französisch-englischen durch Anschliessung derselben an die Krayenhof[f]ischen Dreiecke sowohl für die Bestimmung der Gestalt der Erde als für die Geographie des nördlichen Deutschlands, ja des nördlichen Europa überhaupt, von dem grössten Nutzen sein werde, man von bremischer Seite gern bereit sei, wenn die hannovrische Regierung diese Verbindung ausführen lassen wolle, durch Stellung und Besoldung eines tüchtigen Gehülfen während der dazu nöthigen Operationen, diese zu befördern, zu erleichtern und zu beschleunigen. Mit Instrumenten sei man aber durchaus nicht versehen und müsse diese, so wie die Instruction des Gehülfen, von der Güte des H[errn] Hofrath Gauss, dem der Gehülfe natürlich ganz untergeordnet bliebe, erwarten.

Höchst wahrscheinlich wird eine solche Eröffnung bremischer Seite die hannovrische Regierung veranlassen, diese so wünschenswerthe Anschliessung schon jetzt im Fortgange des gegenwärtigen Messungs-Geschäfts vornehmen zu lassen. Vielleicht wird sie das Anerbieten eines von bremischer Seite zu stellenden Gehülfen ablehnen: wenn sie es aber annimmt, so können die

Kosten nicht sehr bedeutend sein. Genau lassen sie sich nicht anschlagen, weil man nicht wissen kann, welche Schwierigkeiten das Terrain zwischen der Elbe und Weser den Messungen vielleicht entgegen setzen mag; vermuthlich werden sie aber noch unter 600 ₰ und ganz gewiss nicht über 1000 ₰ betragen.

WILH. OLBERS.}

[2.]

GAUSS an HOPPENSTEDT. Göttingen, 5. Februar 1823.

Hochwohlgeborner Herr
Hochzuverehrender Herr Geheimer Cabinets-Rath.

In Folge Ihrer gütigen Aufforderung habe ich die Ehre, über den Gegenstand, welchen das hiebei zurück erfolgende Schreiben des Herrn Doctor OLBERS in Anregung gebracht hat, folgendes zu erwiedern.

Herr Doctor OLBERS hat vollkommen recht, wenn er auf die Verbindung der Hannoverschen Gradmessung mit der Triangulirung des Generals VON KRAYENHOFF eine grosse Wichtigkeit legt. Letztere Messungen knüpfen sich bei Dünkirchen unmittelbar an die französische Gradmessung, welche sich bekanntlich bis zu den Balearischen Inseln erstreckt, und die ihrerseits wieder mit den wichtigen vom verstorbenen General MUDGE in England ausgeführten Messungen, über den Canal herüber, in Verbindung gebracht ist. Meine Triangulirung hingegen knüpft sich im Norden an die Dänischen Messungen, die demnächst bis Skagen an der Nordküste von Jütland und bis Copenhagen ausgedehnt werden sollen, und im Süden an die Preussischen und Hessischen, wodurch eine Verbindung vom Rhein bis Schlesien effectuirt werden wird. — Es springt in die Augen, dass eine Verbindung dieser beiden grossen Messungs-Systeme von sehr grosser Wichtigkeit sein muss, nicht bloss für die Geographie von Hannover und Nord-Deutschland, sondern wie man wohl sagen kann, für die von Europa, so wie in Rücksicht auf die Gestalt der Erde. Die KRAYENHOFFschen Messungen sind übrigens durch den Druck bekannt gemacht, und ich habe mich selbst durch vielfache Prüfungen überzeugt, dass sie mit ganz vorzüglicher Sorgfalt ausgeführt sind.

Die Verbindung meiner Dreiecke mit den Krayenhoffschen liesse sich übrigens auf mehr als einem Wege machen. — Wird eine Reihe von Dreiecken über Bremen geführt, so würde der Anschluss in Ostfriesland geschehen; man könnte jedoch auch weiter südlich durch das Osnabrucksche ein Dreiecksnetz führen und den Anschluss bei Bentheim vollenden. — An sich möchten in Rücksicht auf die Schwierigkeiten der Ausführung beide Wege ungefähr gleich stehen, soweit ich es bis jetzt beurtheilen kann. — Indessen, wenn unter beiden gewählt werden muss, möchte doch der über Bremen den Vorzug verdienen. — Denn nicht zu gedenken, dass das liberale Anerbieten des Senats der Stadt Bremen Berücksichtigung verdient, ist es auch an sich für die mathematische Geographie wünschenswerth, dass Bremen und Lilienthal, wo so manche astronomische Beobachtungen gemacht sind, mit in das Dreiecksnetz kommen, und zweitens wird auf diesem Wege auch die Verbindung mit der Nordsee und dadurch die Möglichkeit, alle meine relativen Höhen Messungen in absolute über der Meeresfläche verwandeln zu können, erreicht werden, ein Vortheil, der bei dem südlichern Wege verloren ginge. —

In Rücksicht auf diesen vielfachen Nutzen erkläre ich mich gern bereit, die Arbeiten, welche eine solche Erweiterung der unmittelbaren Gradmessungsoperationen erfordern würde, auf mich zu nehmen, wenn ich dazu höheren Orts autorisirt werde. —

Die Erfahrungen des vorigen Jahrs haben hinlänglich bewiesen, wie sehr die Arbeiten durch die Vergrösserung der Gehülfenzahl gefördert sind. Ich würde daher, bei Erweiterung des Plans darauf antragen, mir noch einen Gehülfen mehr beizugeben, wenn nicht das Erbieten des bremischen Senats mir darin schon zuvorgekommen wäre, vorausgesetzt, dass die hohe königlich Hannöversche Regierung nicht etwa sich bewogen findet, solches abzulehnen. Ich für mein Theil würde übrigens kein Bedenken haben, einen von Herrn Doctor Olbers empfohlenen Gehülfen gern anzunehmen, da ich dann von dessen Brauchbarkeit im Voraus überzeugt sein könnte. —

In Rücksicht auf den Nutzen, welchen meine Messungen für die Geographie des Königreichs Hannover in mehr als einer Beziehung haben können, halte ich es für Pflicht, hier noch eines Umstands besonders zu erwähnen. —

Beinahe alle meine bisherigen Dreieckspunkte sind zu ebener Erde auf offenem Felde oder auf Bergspitzen und werden eigentlich durch aufgemauerte

Steinpostamente gebildet, auf welchen die Instrumente aufgestellt werden. Nur im Jahre 1821, gleich zu Anfang, habe ich zwei grosse Signalthürme erbaut, nachher aber, als die hohe Brauchbarkeit der Heliotrope sich noch über mein Erwarten bewährte, niemals wieder zum grössten Gewinn für die Genauigkeit und Schnelligkeit der Operationen.

Inzwischen ist diese Einrichtung doch mit einer grossen Unannehmlichkeit verbunden. Trotz den von den respectiven Beamten erlassenen Drohungen, und der auf Anzeigen ausgelobten Belohnungen, hat sich doch der rohe Muthwille fast an allen diesen Postamenten vergriffen und sie mehr oder weniger beschädigt, ja eines auf dem Hohenhagen ist ganz weggestohlen. Ich habe nun zwar Anstalten nach Möglichkeit getroffen, um an den Punkten, wo im bevorstehenden Sommer noch beobachtet werden muss, die genaue Identität der Stelle restituiren zu können, und es steht auch wohl zu hoffen, dass dieses in diesem Jahre noch bei allen Punkten möglich sein wird. Allein dass nicht nach einigen Jahren dieser oder jener Hauptdreieckspunkt so vollkommen zerstört sein könnte, dass Anschliessung neuer Messungen in Dreiecken erster Ordnung unmöglich werden würde, möchte sich schwerlich verbürgen lassen. Aus dieser Ursache möchte es daher sehr rathsam sein diejenigen Erweiterungen der Triangulirung, die gewünscht werden, bald möglichst vorzunehmen. —

In grösster Verehrung habe ich die Ehre zu beharren

Ewr. Hochwohlgeboren

Göttingen, den 5. Februar 1823.

gehorsamster Diener

C. F. Gauss.

[3.]

An den Hohen Senat der freien Stadt Bremen.

Bericht des Hofraths Gauss

über die im Jahr 1824 ausgeführten Trigonometrischen Messungen.

Der Hohe Senat der freien Stadt Bremen hat die im Jahr 1824 von mir unternommenen Messungen auf so liberale und so vielfache Art befördert, dass ich mich der Pflicht, einen Bericht über dieselben abzustatten, nur mit dem Gefühle der lebhaftesten Dankbarkeit entledigen kann.

Die von mir in den Jahren 1821—1823 von der südlichen Grenze des Königreichs Hannover längs dem Göttingischen Meridian bis Hamburg ausgeführte Triangulirung, zunächst zur Fortsetzung der Dänischen Gradmessung bestimmt, war an den südlichsten Punkten mit der Preussischen und Hessischen Vermessung, und durch letztere mittelbar mit der Darmstädtschen, Bayrischen, Würtembergschen und Oestreichschen in Verbindung gebracht. Wenn erst alle diese Messungen vollendet sein werden, wird Eine Kette von Dreiecken von der Nordspitze Jütlands bis Italien, an die Türkische Grenze und bis in Russland hinein laufen.

Eine nicht minder colossale Kette bilden die englischen und französischen Dreiecke von Schottland bis zu den Balearischen Inseln laufend, und verbunden damit sind bei Dünkirchen die Holländischen, die sich bis über Ostfriesland erstrecken.

Im Anfang des Jahrs 1824 erhielt ich von Sr. K. Majestät den ehrenvollen Auftrag, vermittelst einer durch das Bremische zu führenden Dreieckskette die Hannöverschen Dreiecke mit den Krayenhof[f]schen, und dadurch jene beiden grossen Dreiecks-Systeme mit einander, zu verbinden.

Leichter als auf dem vorgeschriebenen Wege würde sich ohne Zweifel die Verbindung weiter südlich, über das Osnabrücksche und Bentheim, haben ausführen lassen, wo das Terrain solchen Operationen weit günstiger gewesen wäre. Allein der nördliche Weg bot dagegen andere sehr wichtige Vortheile dar: die Verbindung mit dem Meere, und dadurch die Verwandlung der relativen Höhenmessungen in absolute, und die Anknüpfung Bremens, eines in den Annalen der Astronomie so wichtig gewordenen Punktes. Seitdem ist auch Helgoland ein astronomisch merkwürdiger Platz, und dessen trigonometrische Anknüpfung wünschenswerth geworden.

Die grossen Schwierigkeiten auf dem nördlichen Wege entspringen theils aus der Beschaffenheit des Terrains, theils aus dem gewöhnlichen Zustande der Atmosphäre.

Das Land, flach und von Waldungen in allen Richtungen durchschnitten, bietet nur wenige zu Dreieckspunkten brauchbare Plätze dar, in so fern die Dreiecke von bedeutender Grösse sein sollen, und die Tauglichkeit ist um so schwerer zu erkennen, da sie nicht von der Beschaffenheit der Plätze an sich, sondern von ihren Verhältnissen zu einander abhängt. Die höhern Plätze sind öfters unbrauchbar, weil sie sich nicht unter einander verbinden lassen; dagegen erlauben zuweilen ganz unscheinbare Plätze Combinationen, deren Möglichkeit man erst nach mühsamem Studium des Landes und langem vergeblichen Suchen zu erkennen das Glück hat. Die meisten Verbindungen findet man nicht offen vor, sie müssen erst durch Holzlichtungen erzwungen werden, und die möglich schonendste, präcise und schnelle Ausführung solcher Durchhaue ist wiederum von einer schon genauen Bekanntschaft mit dem Lande abhängig.

Ganz besonders erschwert wird das Auffinden tauglicher Combinationen durch die gewöhnlich dunstige Beschaffenheit der Atmosphäre, eine Folge des weit verbreiteten Moorbrennens. Man kann sich Monate lang an einem Platze aufhalten, ohne nur ein einzigesmahl die entfernten Gegenstände zu bemerken, die man bei ganz reiner Luft ohne viele Mühe erkennt.

Dieser Umstand stört gleichfalls die Ausführung der Messungen selbst, obwohl, unter Anwendung heliotropischer Zielpunkte, nicht ganz in demselben Grade, wie das Auffinden tauglicher Combinationen. Wenn freilich, was nicht selten ist, der Moorrauch so dicht ist, dass Gegenstände unsichtbar werden, die kaum eine Stunde Weges entfernt sind, so muss natürlich alles Messen aufhören; dagegen dringt bei schwächern Graden des Moordampfs das Licht der Heliotrope noch durch, wenn von den Hügeln oder Thürmen wo sie aufgestellt sind, längst nicht die geringste Spur zu erkennen ist.

Das liberale Anerbieten des Hohen Senats, mir einen besondern Gehülfen beizugeben, musste mir daher doppelt willkommen sein, da ich wegen des erwähnten Umstandes fast ausschliesslich auf heliotropische Zielpunkte beschränkt wurde, und offenbar die Arbeiten desto mehr gefördert werden, je mehrere von den Plätzen, zwischen welchen ich auf meiner jedesmaligen Station Winkel zu messen hatte, gleichzeitig mit Heliotropen besetzt werden konnten. Die Lenkung des Heliotroplichts erfordert einen sorgsamen, in der Behandlung des Instruments hinlänglich eingeübten Gehülfen; sie ist aber nur Eine der den Gehülfen obliegenden Functionen, und nicht weniger wichtig sind die Dienstleistungen bei den ersten Recognoscirungen, dem Aufsuchen tauglicher Plätze, der Untersuchung der Hindernisse, welche den Verbindungen im Wege stehen, bei der Ausführung der Durchhaue u. s. w. So wie hiezu mancherlei Eigenschaften erforderlich sind, Thätigkeit, Leichtigkeit sich zu orientiren, scharfe Sinne, körperliche Gewandtheit, z. B. beim Erklettern hoher Bäume u. dergl., so muss ich dem mir beigegebenen Gehülfen Klüver das Zeugniss geben, dass er diese Eigenschaften in ausgezeichnetem Grade besitzt, und sich bei den ihm aufgetragenen Geschäften sehr nützlich gemacht hat.

Die im Jahr 1823 zuerst von mir, hernach in grösserer Ausdehnung von einem meiner Gehülfen, und zuletzt im September von dem Herrn Senator Gildemeister und dem erwähnten Stud. Klüver, in der Gegend von Bremen bis zu den Dreiecken der Gradmessung vorgenommenen Recognoscirungen hatten eine Menge nützlicher Notizen geliefert, blieben jedoch noch weit davon entfernt, einen bestimmten ausführbaren Plan zu den neuen Dreiecken zu begründen. So viel war gewiss, dass diese entweder an die Seite Falkenberg-Wilsede, oder an die Wilsede-Hamburg, oder an beide gelehnt werden mussten, und für die eine und die andere war durch die Plätze Elmhorst und Litberg ein erstes Dreieck ausgemittelt; in wie fern aber die andern durch die Recognoscirungen bekannt gewordenen Plätze sich mit jenen zu neuen Dreiecken verbinden lassen würden, blieb noch meistens unentschieden.

Dies war die Lage der Sachen, als ich am 20. Mai die Arbeiten auf dem Falkenberge eröffnete. Die Messungen an den schon eingerichteten Dreieckspunkten, die Untersuchungen zur Ausmittlung neuer, und deren Instandsetzung wurden mit gleicher Thätigkeit, und berechnet in einander eingreifend betrieben und ungeachtet der Erschwerung durch den fast immerwährenden Moorrauch war schon gegen Ende Junius der Plan zu einem sehr schönen Dreiecksnetze bis Bremen hin ausfindig gemacht und die Plätze eingerichtet. Der Elmhorst schloss sich nemlich, wie schon gesagt ist, an den Falkenberg und Wilsede, der Litberg an Hamburg, Wilsede und den Elmhorst, der Bullerberg an Wilsede und den Elmhorst, die Brüttendorfer Höhe an den Litberg, Wilsede und den Bullerberg, der Bottel an Wilsede, Brüttendorf und den Bullerberg, endlich Bremen an Brüttendorf und den Bottel. Während dieser Plan sich nach und nach bildete, waren zugleich die Messungen selbst der Reihe nach an den vier Plätzen Falkenberg, Elmhorst, Bullerberg und Bottel bereits absolvirt.

Während ich sodann mit den Messungen auf der Brüttendorfer Höhe beschäftigt war, liess ich durch zwei meiner Gehülfen die Gegend von Bremervörde, Basdahl, Gnarrenburg, Hambergen bis zum Weiherberge untersuchen, aber alle Bemühungen, einen Platz aufzufinden, der mit dem Litberg und Brüttendorf, oder mit Brüttendorf und Bremen zu einem neuen Dreiecke verbunden werden könnte, blieben völlig fruchtlos. Da ich nun gegen die Mitte des Julius die Messungen auf der Brüttendorfer Höhe in Beziehung auf die in das Dreieckssystem aufgenommenen Punkte vollendet hatte, hielt ich für das Beste, hier für jetzt nicht länger zu verweilen, sondern sofort erst die Messungen in Bremen anzufangen. Zugleich liess ich eine Recognoscirung im Hoyaischen vornehmen, in der Hoffnung, hier die Möglichkeit des Fortschreitens auf der Südseite um Bremen herum, ausfindig zu machen. Allein auch diese Versuche blieben durchaus ohne Erfolg, da das ganz flache mit Wald durchschnittene Land nirgends einen dominirenden Punkt darbot.

Es würde also jetzt um die weitere Fortsetzung sehr misslich gestanden haben, wenn ich nicht zum Glück auf dem Ansgariusthurm eine unerwartete Bemerkung gemacht hätte, die nemlich, dass daselbst die Spitze des Thurms von Zeven noch eben sichtbar wird. Dieser Thurm war 1823 und 1824 zu wiederholten malen von meinen Gehülfen besucht und für unbrauchbar für die Messungen erklärt, da nach keiner Seite hin etwas Entferntes sichtbar gewesen war. Allein jetzt war entschieden, dass auf dem Thurm von Zeven der Ansgariusthurm gesehen werden könne, und eine jetzt gleich wiederhohlte Untersuchung jenes Thurms gab dazu das nicht minder wichtige und unerwartete Resultat, dass auch der Wilseder Berg dort sichtbar war. Man würde Unrecht thun, die frühere Nichtbeachtung dieser wichtigen Umstände einer Fahrlässigkeit der Gehülfen bei den Recognoscirungen zuzuschreiben; der habituell dunstige Zustand der Atmosphäre erklärt sie hinlänglich.

Es ergab sich nun die Möglichkeit eines neuen Planes, der in der beigefügten Karte mit stärkern Linien gezeichnet ist. Zeven liess sich mit dem Bottel nicht verbinden (wegen zu hohen zwischenliegenden Terrains), wohl aber vermittelst eines bedeutenden Durchhaus mit dem Steinberg, der seinerseits, gleichfalls vermittelst eines grossen Durchhaus, mit Wilsede zu verknüpfen war. Die Richtung vom Steinberg nach Bremen war offen und die von Zeven zum Litberge liess sich mit geringer Mühe öffnen. Die Messungen, welche sich auf die Plätze Bullerberg, Bottel und Brüttendorf beziehen, könnte man jetzt gewissermaassen wie unnöthig betrachten, wenigstens würde ich sie nicht gemacht haben, hätte die Möglichkeit des neuen Planes gleich anfangs ausgemittelt werden können*). Einmahl gemacht aber, dürfen sie bei dem heutigen mathematischen Zustande der Höhern Geodäsie nicht unterdrückt werden, sondern müssen nach bestimmten Principien mit dazu beitragen, die Genauigkeit der Endresultate zu vergrössern.

Nachdem alles in Beziehung auf die beiden neuen Plätze eingeleitet war, wurden abermalige Recognoscirungen zum weitern Fortbauen auf die Seite Bremen-Zeven veranstaltet. Es fand sich ein schicklicher Punkt in Brillit, und späterhin ein zweiter auf dem hohen Rücken der Garlster Haide, welche auf dieser Seite den Horizont von Bremen begrenzt und das unmittelbare Anknüpfen eines entferntern Platzes unmöglich macht.

Während nun alle diese Punkte von Bremen aus eingeschnitten wurden, war die Jahreszeit so weit vorgerückt, dass ich höchstens noch hoffen konnte, die Messungen auf den sechs noch nicht besuchten Stationen, Garlsterhaide, Brillit, Zeven, Steinberg, Litberg und Wilsede in diesem Jahre zu absolviren. Ich durfte daher in Bremen die Resultate neuer Recognoscirungen, während welcher die Messungen selbst hätten ruhen müssen, nicht abwarten, sondern, indem ich einem meiner Gehülfen eine vorläufige Bereisung des Oldenburgischen von Wildeshausen bis Langwarden aufgab, fing ich selbst am 22. August an, die Messungen an den gedachten sechs Plätzen der Reihe nach vorzunehmen. An den fünf ersten wurde ich auch noch leidlich, auf dem Wilseder Berge aber so wenig vom Wetter begünstigt, dass ich daselbst während eines dreiwöchentlichen Aufenthalts die nöthigen Messungen nicht ganz zu meiner Zufriedenheit vollenden konnte, und wegen des immer winterlicher werdenden Wetters die Messungen für dies Jahr schliessen musste. In einer günstigern Jahreszeit würde ein nochmaliger Aufenthalt von wenigen Tagen auf diesem Berge hinreichen, das noch fehlende zu ergänzen.

---

*) Indessen, selbst in diesem Fall, hätte ich die beiden grossen und kostbaren Durchhaue nicht *ausführen können*, ohne vorher durch anderweitige wohl fast eben so viele Zeit kostende Messungen die gegenseitige Lage der Plätze schon mit grosser Genauigkeit ausgemittelt zu haben, und nicht *ausführen dürfen und wollen*, ohne vorher die andern Möglichkeiten erschöpft zu haben.

In dem Landstrich, welcher meine äussersten Dreieckspunkte noch von den Krayenhof[f]schen und vom Meere trennt, sind zwar eben so grosse, wo nicht grössere Hindernisse von Seiten des Terrains und der Atmosphäre zu erwarten, wie in demjenigen, welcher der Schauplatz der Messungen von 1824 gewesen ist; doch wird die genäherte Kenntniss der Lage vieler Punkte, welche sich aus den zwar wenig genauen ältern Oldenburgischen Vermessungen schöpfen lässt, das Auffinden schicklicher Dreieckspunkte, wo es solche gibt, bedeutend erleichtern. Einige wichtige Notizen haben mir meine eignen Messungen bereits dazu geliefert, namentlich die Sichtbarkeit der Thürme von Bremerlehe und Varel auf der Garlster Haide. Sollten sich, was freilich noch ungewiss ist, jene beiden Plätze auch unter einander, und Bremerlehe (vermittelst eines, wahrscheinlich bedeutenden Durchhaus) mit Brillit verbinden lassen, so wären schon zwei neue schöne Dreiecke ausfindig gemacht, und mit ihnen ein grosser Schritt zur Vollendung geschehen. Ob die Hoffnung nicht zu kühn ist, Bremerlehe unmittelbar mit Neuwerk zu verbinden, ist noch unentschieden, aber die Ausführbarkeit des Dreiecks Neuwerk-Wangeroog-Helgoland ist gewiss*). Auf alle Fälle darf ich mir schmeicheln, dass die grössten Schwierigkeiten jetzt bereits überwunden sind, und dass Alles der wichtigen Unternehmung einen glücklichen Ausgang verspricht.

Zur Erläuterung dieses Berichts füge ich noch eine im Verhältniss von $\frac{1}{400000}$ der natürlichen Grösse gezeichnete Karte bei[**)], welche die Messungen vom Jahre 1824 ganz, ferner einen Theil meiner frühern, und einen Theil der Krayenhof[f]schen und Schumacherschen Dreiecke darstellt. Die holländischen und dänischen Dreiecke sind roth, die hannoverischen schwarz gezeichnet, und zwar die vom Jahre 1824 mit vollen, die frühern mit punktirten Linien; die

*) Sowie auch die des Dreiecks Helgoland-Neuwerk-Eiderstedt, dessen Messung aber nicht zu meinem Ressort gehören würde, sondern dem Dänischen Astronomen überlassen bleiben müsste.

[**) Das Original der Karte misst 83,5 × 57 cm, es wurde zum Zweck der Reproduktion photographisch verkleinert. Die im Original farbig gezeichneten Linien sind in der Reproduktion wie folgt wiedergegeben: die roten Linien durch —·—·—, die grünen vollen Linien durch ++++++, die grünen punktierten Linien durch ▷▷▷▷▷▷. Die schwarzen Linien des Originals sind unverändert geblieben. Die Basis bei Lüneburg ist im Original durch eine rote Doppellinie bezeichnet. Die Ortsnamen wurden orthographisch getreu nach dem Original abgeschrieben.]

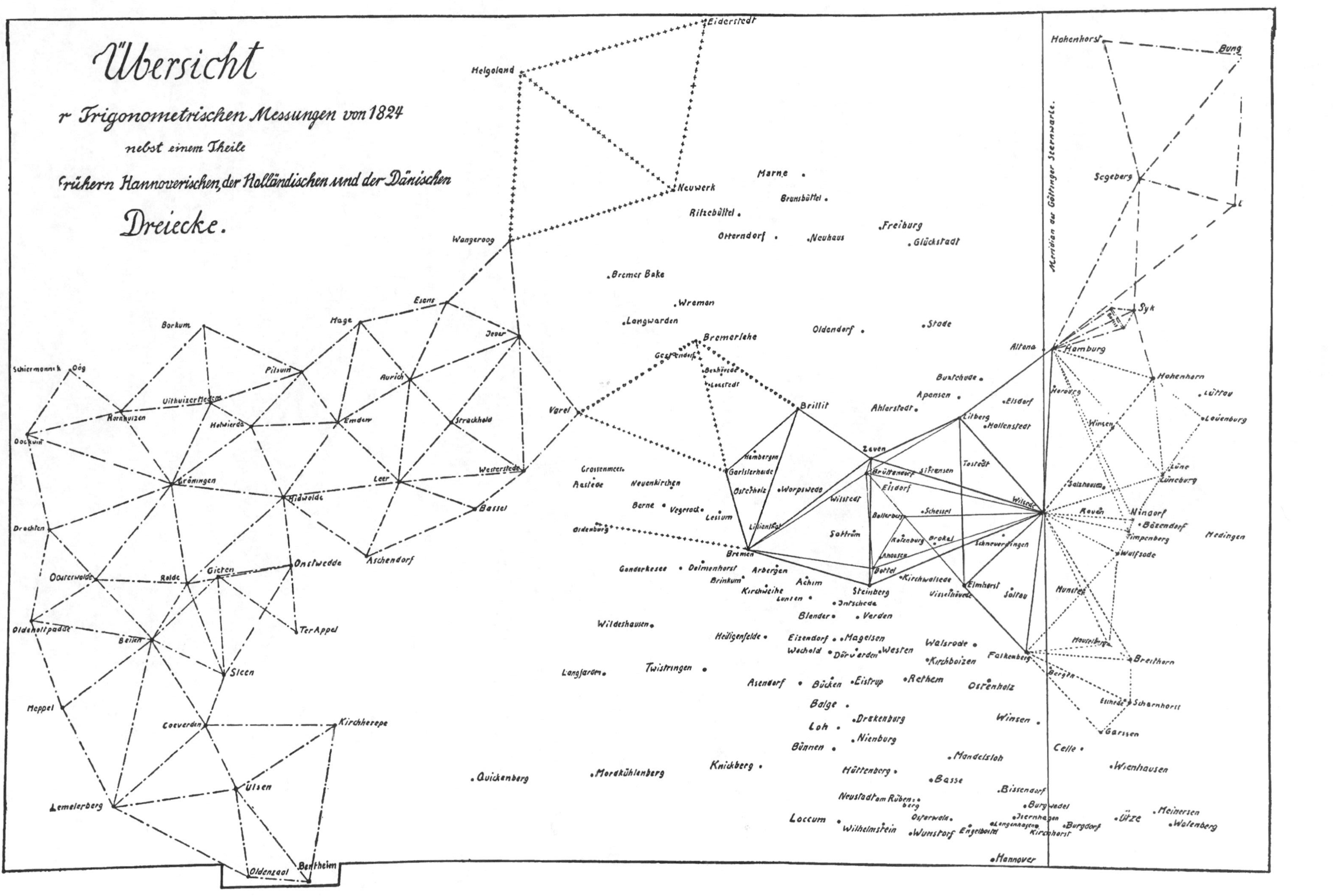
Übersicht
r Trigonometrischen Messungen von 1824
nebst einem Theile
frühern Hannoverischen, der Holländischen und der Dänischen
Dreiecke.
Meridian der Göttinger Sternwarte.
Helgoland
Eiderstedt
Neuwerk
Wangeroog
Marne
Brunsbüttel
Ritzebüttel
Otterndorf
Neuhaus
Freiburg
Glückstadt
Bremer Bake
Wremen
Langwarden
Bremerlehe
Oldendorf
Stade
Hohenhorst
Bung
Segeberg
Syk
Altona
Hamburg
Hohenhorn
Lauenburg
Lüne
Lüneburg
Buxtehude
Apensen
Ahlerstedt
Elsdorf
Litberg
Hollenstedt
Brillit
Zeven
Tostedt
Wilsede
Varel
Jever
Esens
Hage
Borkum
Pilsum
Aurich
Emden
Strackhold
Westerstede
Leer
Bassel
Aschendorf
Oog
Schiermonnik
Rottumer
Uithuizermeden
Holwierde
Groningen
Midwolde
Onstwedde
Dokkum
Drachten
Oosterwolde
Rolde
Gieten
Ter Appel
Oldeholtpade
Beilen
Sleen
Meppel
Coevorden
Kirchherepe
Ülsen
Lemelerberg
Oldenzaal
Bentheim
Quickenberg
Mordkühlenberg
Knickberg
Grossenmeer
Rastede
Neuenkirchen
Berne
Vegesack
Lesum
Oldenburg
Garlstedt
Osterholz
Worpswede
Wilstedt
Lilienthal
Bremen
Ganderkesee
Delmenhorst
Brinkum
Arbergen
Kirchweihe
Achim
Sottrum
Steinberg
Verden
Elmhorst
Soltau
Wildeshausen
Langförden
Twistringen
Heiligenfelde
Eizendorf
Westen
Walsrode
Kirchboitzen
Falkenberg
Rethem
Ostenholz
Winsen
Celle
Wienhausen
Nienburg
Drakenburg
Balge
Loh
Bünnen
Hüttenberg
Mandelsloh
Basse
Loccum
Wilhelmstein
Wunstorf
Engelbostel
Burgwedel
Bissendorf
Burgdorf
Kirchhorst
Hannover
Uetze
Meinersen
Wolfenberg
Breithorn
Scharnhorst
Garssen
Munster
Hingorf
Bözendorf
Wulfsode
Medingen
Lüttau

einfachsten Übergänge sind durch starke Linien, die andern durch schwache ausgedrückt. Noch sind die projectirten Combinationen grün vorgestellt, wobei die vollen Linien offene Verbindungen anzeigen, die punktirten solche, deren Ausführbarkeit noch ungewiss ist. Die sonst in die Karte eingetragenen Örter können dienen, sich von der Lage der Dreieckspunkte, deren Namen sonst grossentheils unbekannt sein möchten, und von der Reichhaltigkeit der Ausbeute der Messungen für die Geographie des Königreichs einen Begriff zu machen, indem die Lage aller dieser Örter durch Nebendreiecke, und bei den meisten von mir selbst, bestimmt ist.

C. F. GAUSS.

Göttingen, den 17. Februar 1825.

BEMERKUNGEN.

Zum Vorstehenden vergleiche man ausser dem Aufsatz von A. GALLE, *Über die geodätischen Arbeiten von Gauss* (Werke XI 2, Abh. I) auch den Briefwechsel zwischen GAUSS und OLBERS (W. OLBERS, *Sein Leben und seine Werke II, 1, 2*), im besonderen die Briefe von OLBERS an GAUSS vom 9. Juni 1822, 6. Februar und 5. April 1823, von GAUSS an OLBERS vom 24. Juli, 24. Oktober, 29. Dezember 1822, 6. Februar und 10. April 1823, sowie viele spätere Briefe.

In dem Briefe vom 9. Juni 1822 regt OLBERS zuerst die Verbindung der Hannoverschen mit den KRAYENHOFFschen Dreiecken an, indem er sagt: »Aber .... wenn gleich Ihre Gradmessung durch die MÜFFLINGischen Triangel schon im Süden mit der französischen zusammenhängt, so wäre es doch für Geographie und in so vielfacher Rücksicht höchst interessant, wenn auch das nördliche Ende derselben sich an die KRAYENHOFFschen Dreiecke anschliessen liesse. Vorläufig wollte ich also nur bitten, wenn es irgend Zeit und Gelegenheit erlaubt, von den Stationen Winsen, Falkenberg, Wilsede und Hamburg oder Steinbeck auch die noch sichtbaren entferntesten westlichen Punkte mit zu beobachten. Es würde dann darauf ankommen, wie nahe diese westlichen Punkte unserm Bremen kommen möchten, und ob es möglich sei, von hier aus die Lücke durch einige Dreiecke auszufüllen.«

Die Verhandlungen wurden, ausser durch den unter 1. abgedruckten Bericht von OLBERS an den Bremer Senat, durch das in dem unter 2. abgedruckten Brief erwähnte Schreiben von OLBERS an HOPPENSTEDT eingeleitet. HOPPENSTEDT erbat sich darauf GAUSS' Ansicht, die dieser in dem unter 2. abgedruckten Brief erstattet und schrieb daraufhin wiederum an OLBERS (vgl. die Briefe von GAUSS vom 6. Februar 1823 und von OLBERS vom 5. April 1823).

Die unter 1. und 3. abgedruckten Schriftstücke befinden sich im Original im Staatsarchiv der freien Hansestadt Bremen, das unter 2. abgedruckte eben dort in Abschrift. Eine erste Veröffentlichung ist durch Dr. C. H. W. FINKE in den *Bremer Nachrichten* vom 23. August 1924 erfolgt. Dank dem Entgegenkommen des Staatsarchivs konnten dem vorstehenden Abdruck die Handschriften zugrunde gelegt werden.

BRENDEL.

19. Zwei Briefe von Gauss an Joh. Georg Soldner.

[FRANZ JOHANN MÜLLER, *Johann Georg Soldner der Geodät,* München 1914, S. 149—155. Handschriften im Landesvermessungsamt zu München.]

[1.]

Wohlgeborner Herr Steuerrath.

Durch meine Messungen im vorigen Sommer ist die Verknüpfung meiner Dreiecke mit den SCHUMACHERschen, soweit solche zu meinem Ressort gehören, ganz vollendet, und nur auf einem oder ein Paar Dänischen Punkten werden die Messungen von einigen dritten Winkeln nochmals zu wiederhohlen sein. Dies wird aber keinen merklichen Einfluss auf die Anknüpfung von Altona an meine Dreiecke mehr haben können. Es trifft sich gerade, dass die kleine Sternwarte des Hrn. Prof[essor] SCHUMACHER in Altona, welche mit trefflichen Instrumenten versehen ist, nur 15 Meter von dem Meridian der Göttinger Sternwarte abliegt, nemlich von dem Meridiandurchschnitt, in welchem die REICHENBACHschen Instrumente aufgestellt sind. SCHUMACHER hat nun bereits seinen REICHENBACHschen Meridiankreis zu gebrauchen angefangen, und seine bisherigen Beobachtungen geben eine Polhöhe, die 5″ kleiner ist, als die durch meine Dreiecke aus der Polhöhe von Göttingen abgeleitete.

Obgleich SCHUMACHERS Messungen noch kein Definitivresultat geben können, so ist ihre Anzahl doch schon zu beträchtlich, als dass man annehmen dürfte, die spätern Beobachtungen würden diesen Unterschied grösstentheils wegschaffen.

Bei meinen Rechnungen habe ich die von WAHLBECK[*)] aus dem Ensemble aller brauchbaren Gradmessungen abgeleiteten Dimensionen der Erde

[*) H. JOH. WALBECK, *De forma et magnitudine telluris, ex dimensis arcubus meridiani definiendis,* Aboae 1819, wiederabgedruckt mit einer Einleitung in der Zeitschrift f. Vermessungswesen 1893, Bd. 22. S. 426—434].

zum Grunde gelegt, und Ewr. Wohlg. werden mir wohl glauben, wenn ich ohne viele Worte bloss versichere, dass in dem geodätischen und Calcultheile des Geschäfts nichts ist, was eine mit jenem Unterschiede im Verhältniss stehende Wirkung hervorbringen könnte.

So hätten wir denn beim Gebrauch REICHENBACHscher Meridiankreise in Deutschland ein ähnliches Phänomen, wie diejenigen, die in neuern Zeiten so oft besprochen sind.

Altona liegt in einer ganz flachen Gegend, noch ziemlich weit vom Meere entfernt; sehr bedeutende Bergmassen finden sich auch in der Nähe von Göttingen nicht.

Von dem oben angeführten Resultat bitte ich, vorerst noch gar keinen weitern Gebrauch zu machen, da ich nicht weiss, ob Hrn. Prof. SCHUMACHER dies nicht ungelegen sein könnte. Ich würde auch gegen Sie von einer noch unreifen Mittheilung nichts erwähnt haben, wenn nicht durch diesen Umstand bei mir wieder mit grosser Lebhaftigkeit der Wunsch sich aufgedrungen hätte, dass auch unsre beiden Sternwarten Bogenhausen und Göttingen durch Dreiecke verbunden seien, und diese dann auch nach denselben Principien wie die andern Dreiecke berechnet werden möchte[n].

Vielleicht ist der erste Wunsch im Grunde schon gewissermaassen erfüllt.

Ich habe nemlich im September und Oktober bei einem wiederholten Besuch mehrerer meiner Dreieckspunkte und unter Cooperation von GERLING die Hannöverschen Dreiecke mit den Churhessischen verknüpft.

Um Ihnen eine anschauliche Vorstellung zu geben, lege ich eine Zeichnung von dem Hessischen Triangelnetz und seiner Verbindung mit dem meinigen hier bei[*)]. Von meinem Dreieckssystem habe ich nur den südlichsten Theil gezeichnet, da Sie das übrige bis Hamburg (mit Ausnahme von einigen noch in diesem Jahre hinzugekommenen Punkten und Verbindungen) bereits aus SCHUMACHERS Astronomischen Nachrichten Nr. 24 I[**)] kennen.

Die hessischen Dreiecke sind zwar erst zum Theil wirklich executirt, liefern aber doch schon hinreichende Materialien, um den Taufstein und Feld-

[*) Der Massstab 1 : 1000000 ist der der GAUSSschen Originalzeichnung; die Wiedergabe auf S. 90 entspricht der in der MÜLLERschen Schrift und dürfte annähernd den Massstab 1 : 1500000 haben.

[**) Astron. Nachr. Bd. I, Nr. 24, 1822, S. 441—444, Werke IX, S. 397—400.]

berg an meine Dreiecke vorläufig anzuschliessen, mit Vorbehalt weiterer Ausfeilung, wenn die Dreiecke erst vollständig gemessen sein werden.

Taufstein und Feldberg sind aber zwei Bayrische Punkte in der Zeichnung, die Sie mir vor drei Jahren schickten[*)] unter der Bemerkung, dass Sie nicht wüssten, ob im damaligem Augenblick die Dreiecke schon wirklich gemessen seien oder nicht.

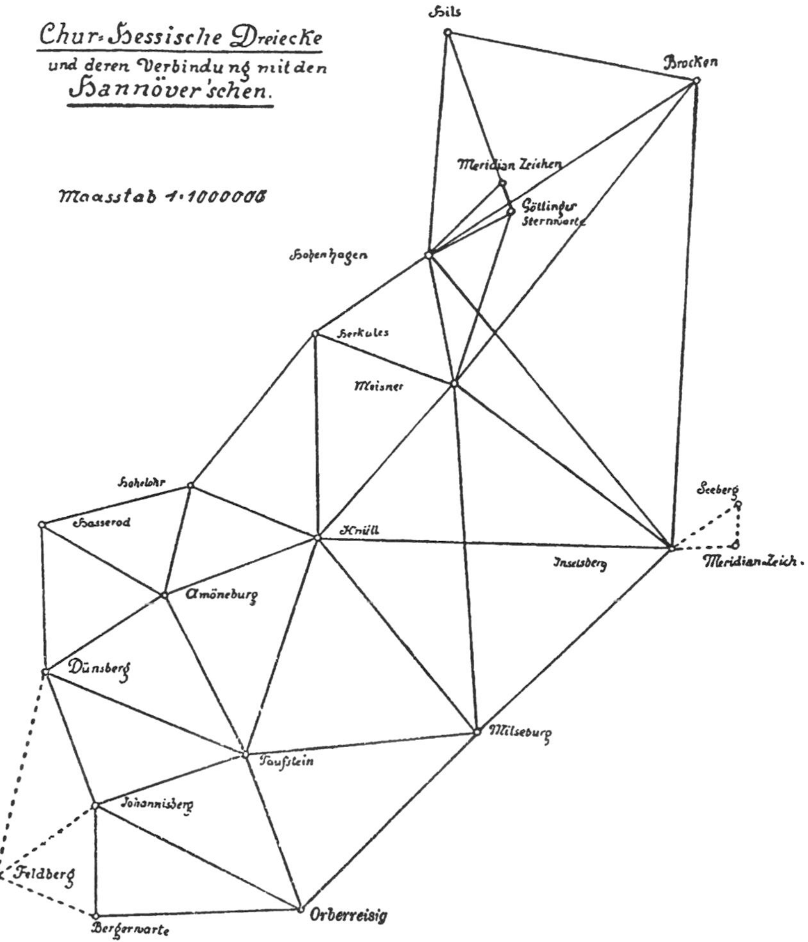

Wahrscheinlich ist dies doch, da seitdem 3 Sommer verflossen sind, wenigstens jetzt geschehen.

Ich habe daher keinen dringenderen Wunsch, als die sämmtlichen Bay-

[*) Vergl. SOLDNERS Brief an GAUSS vom 13. Mai 1821, abgedruckt in F. J. MÜLLERS oben genannter Schrift, S. 131—134.]

rischen Dreiecke, die von der N.-W. Landesgrenze bis Bogenhausen gehen, baldmöglichst mitgetheilt zu erhalten, und zwar wohl auf die resp. Centra reducirt, aber übrigens unverändert und ohne Ausgleichung. Ich zweifle nicht, dass das liberale Bayrische Gouvernement eine solche Mittheilung gern gutheissen wird, zumal da ich weiss, dass Hr. Prof[essor] BOHNENBERGER in den Besitz derjenigen Dreiecke gesetzt ist, die München und Tübingen verbinden Ich hoffe daher, dass eine ähnliche Gunst auch mir nicht abgeschlagen werden wird. Ich erbiete mich übrigens ad reciproca.

Sollten Ewr. Wohlgeboren nicht selbst im Besitz der Dreiecke sein und mir solche auch nicht ohne zu viele Mühe für Sie verschaffen können, so ersuche ich Sie wenigstens um einen Wink, auf welchem Wege ich dazu gelangen kann. Am allererwünschtesten würde es freilich sein, wenn das Bayrische Gouvernement bald eine Publication sämmtlicher Dreiecke erster Ordnung verfügte, und dadurch auch die andern Staaten, wo ähnliche Messungen mit guten Hülfsmitteln ausgeführt worden sind, zur Nachfolge anreizte. Je mehr alle diese Messungen nach und nach zur Verknüpfung unter sich gelangen, je mehr gehören sie dem ganzen gebildeten Europa, der Mitwelt und Nachwelt an, und sollten daher auch durch den Druck in dessen wirklichen Besitz gebracht werden.

Unsre Regierung ist nicht abgeneigt, die Hannöverschen Dreiecke nach Westen fortsetzen zu lassen, wodurch sie sich an die KRAYENHOFFschen (bekanntlich gedruckten) und dadurch an die französischen und englischen anschliessen werden. Die Preussischen Messungen sind zwar durch TRANCHOTS Dreiecke auch schon mit denen der franz[ösischen] Gradmessung verbunden, allein die TRANCHOTschen Dreiecke sind nicht bekannt gemacht, für das Publicum also so gut wie gar nicht vorhanden, und Gen[eral] VON MÜFFLING besitzt sie selbst nur in einer unvollständigen Form (wie es scheint nach DELAMBRES widerwärtiger Methode auf die Chordenwinkel reducirt und diese schon zur Summe 180^0 ausgeglichen; in ähnlicher Form besitze ich einige Dreiecke von EPAILLY in Ostfriesland gemessen), wodurch sie allen höhern wissenschaftlichen Werth verlieren. — Bei den Hessischen Messungen wird ein 12 z[olliger] Theodolith von ERTEL, ganz dem meinigen ähnlich, gebraucht. Bei unsern grossen Verbindungsdreiecken wurde bloss Heliotroplicht angewandt.

Über verschiedenes andere behalte ich mir vor, mich ein anderesmal mit

Ihnen zu unterhalten und füge nur noch die Versicherung der grossen Hochachtung bei, mit der ich bin Ihr gehorsamer Diener

Göttingen, den 12. November 1823. C. F. GAUSS.

[2.]

Göttingen, den 21. Januar 1824.

Ewr. Wohlgeboren gefällige vorläufige Mittheilungen[*)], die Bayrischen Messungen betreffend, sind mir sehr angenehm gewesen, und haben schon mehrfache Vergleichungen dargeboten, welche sehr befriedigend ausgefallen sind. Ich finde z. B. den Log[arithmus] der Seite Taufstein-Orb, aus der Dänischen Basis durch die ganze Reihe meiner u[nd[durch die GERLINGschen Dreiecke abgeleitet, in Toisen 4,2892383, nach Ihnen 4,2892335. Unterschied 0,0000048. Ferner das Azimuth des Feldbergs auf dem Taufstein, von der durch das P[assagen] I[nstrument] der Gött. Sternwarte erhaltenen Orientierung meiner Dreiecke abgeleitet, 60° 35′ 7,″976, nach Ihnen 60° 35′ 1,″5. Unterschied 6,″476. Ferner die Geogr[aphische] Lage aus meinen Messungen, Göttingen = 51° 31′ 48,″7 gesetzt

	Breite	Aus den Bayr. Mess.	Länge v. Göttingen	also München von Göttingen
Orberreisig	50° 11′ 25,″466	— 1,″966	— 0° 33′ 30,″979	+ 1° 37′ 51,″221
Taufstein	50 31 6,385	— 1,785	— 0 42 16,788	51,212
Feldberg	50 13 59,997	— 1,797	— 1 29 9,241	51,459
Kreuzberg	50 22 17,071	—	+ 0 2 14,943	—
Mannheim	49 29 15,530	— 2,090	— 1 29 0,298	51,402.

Die auf Mannheim sich beziehenden Zahlen habe ich aus den mir seit meinem letzten Briefe durch die Gefälligkeit des Hrn. ECKHARDT vollständig mitgetheilten Darmstädtschen Dreiecken abgeleitet, welche ich an die bloss aus den Hessischen Messungen gefolgerte Lage des Feldbergs und Dünsberges, also ohne alle Intervention der Preussischen Messungen, angeknüpft habe. Diese Rechnung gab zugleich den Logar[ithmus] der Darmstädtschen Basis Darmstadt-Griesheim in Toisen, aus der Dänischen Basis gefolgert 3,5994562,

[*) Siehe SOLDNERS Brief an GAUSS vom 26. Dezember 1823, abgedruckt bei F. J. MÜLLER a. a. O., S. 135—137.]

während die unmittelbare Messung 3,5994560 gab, Unt[erschied] = 0,0000002. Den Kreuzberg (Observatorium) hat GERLING vom Inselsberg und von der Milseburg aus geschnitten, obwohl nur wenige male, und darauf ist meine Rechnung gegründet, deren Resultat ich zu beliebiger Vergleichung mit dem Bayrischen beigesetzt habe.

Ich muss noch bemerken:

1. dass die Länge der Dänischen Basis erst provisorisch angegeben ist, da die Messstangen erst noch mit dem neuerdings aus Paris erhaltenen Toisen-Etalon verglichen werden sollten, auch ist sie noch nicht auf den Meereshorizont reducirt; letztere Reduction wird jedoch nur klein sein und vermuthlich den obigen Unterschied der Linie Taufstein-Orberreisig noch mehr vermindern.
2. Auch die Verbindung meines Dreieckssystems ist noch nicht vollkommen und wird es, wenn auf der Dänischen Seite noch einige Winkel gemessen sind, noch mehr werden.
3. In den benutzten Hessischen Dreiecken sind auch zum Theil erst 2 Winkel gemessen, namentlich sind die Stationen Meisner u[nd] Knill noch nicht besucht.

Sie sehen, dass, wenn sämmtliche Messungen erst vollendet sein werden, die Bayrischen Messungen mit den Nordischen in einen schönen Zusammenhang kommen. Die eigentliche Verbindungs-Seite ist Orb-Taufstein; der Feldberg ist eigentlich kein Churhessischer Standpunkt, sondern bisher nur von der Bergerwarte u[nd] dem Taufstein (nicht wie in meiner Zeichnung unrichtig angegeben von Johannisberg) geschnitten, und wird demnächst auch noch vom Dünsberg geschnitten werden. Es wäre zu wünschen, dass auch der Feldberg selbst noch zu einer Station gemacht und die Richtungen zum Dünsberg und Taufstein eingeschnitten werden möchten. Vielleicht haben dies indessen die Bayrischen Trigonometer bereits gethan, obgleich der Dünsberg nicht zu ihrem System gehört, da letztrer Punkt durch ein Signal sichtbar gemacht wird.

Die Verknüpfung meiner Messungen mit den Bayrischen macht nun mein Verlangen, bald in den Besitz der letztern[*)] zu kommen, um so leb-

[*)] In GAUSS' Nachlass befindet sich ein autographiertes Heft *Resultate des Hauptdreiecksnetzes über das Königreich Bayern* mit den Messungsergebnissen, dabei ein Blatt mit einer Zeichnung von GAUSS' Hand, überschrieben *Würtembergsche Dreiecke und deren Verbindung mit den Bayrischen und Badischen.*

hafter, da ich gern sämmtliche Messungen nach einerlei Methode und Grund-Quantitäten berechnen möchte. Sie machen mir Hoffnung dazu, und ich würde mich dadurch sehr verpflichtet halten. Meinen letzten Brief, der die Gründe meines Wunsches noch ausführlicher enthält, können Sie nach Gefallen zu diesem Zwecke produciren, da Prof[essor] SCHUMACHER bloss wünscht, dass öffentlich nicht eher von dem Unterschiede der berechneten und gemessenen Breiten die Rede sein möchte, als bis er selbst davon zu reden Gelegenheit nehmen wird.

Ich kenne den Umfang der Bayrischen Messungen nicht genug, um beurtheilen zu können, ob es von meiner Seite nicht zu unbescheiden sein würde, um eine Abschrift der Winkel der sämmtlichen Hauptdreiecke zu bitten. In diesem Falle schränke ich jetzt meinen Wunsch nur auf die westliche Hälfte ein, wodurch mit meinen Messungen theils die astron[omischen] Punkte Bogenhausen, Darmstadt u[nd] Tübingen, theils die sämmtlichen Würtembergschen Messungen in Verbindung kommen. Ich bitte bloss um die Winkel der Hauptdreiecke, wie sie wirklich gemessen sind, d. i. zwar auf Centra reducirt, aber nicht ausgeglichen. Auch verlange ich gar keine Rechnungen. Endlich wiederhole ich mein Anerbieten, Ihnen alles, was Sie von meinen eignen Messungen, die übrigens zu ihrer Zeit ausführlich bekannt gemacht werden sollen, zu haben wünschen, mit Vergnügen mitzutheilen. Bei meinen Rechnungen liegen die von WALBECK berechneten Dimensionen des Erdsphäroids zu Grunde.

Mit SCHUMACHER habe ich die correspondirenden Beobachtungen von etwa einem Dutzend Zenithalsternen verabredet. Indessen ist das Wetter bisher sehr ungünstig gewesen, und da diese Sterne bald bei Tage culminiren, so zweifle ich, dass wir eine zulängliche Anzahl Beobachtungen erhalten werden. BESSEL ist auch davon avertirt. In jenem Fall werden wir nachher eine neue Reihe vornehmen, und wenn Sie Neigung haben, auch an diesen Beobachtungen Antheil zu nehmen, werde ich Ihnen das Verzeichniss demnächst zusenden. Zenithalsterne beseitigen fast ganz die Zweifel, die sonst noch wegen Refraction und Flexion stattfinden können, und die Gleichzeitigkeit der Beobachtungen macht uns von den Ungewissheiten in der Aberration, dem Schwanken der Erdaxe, der Präcession u[nd] eignen Bewegung, sowie von der Furcht unabhängig, dass noch kleine unbekannte Anomalien vorhanden sein könnten.

Ich bin daher neugierig auf die Resultate. Die Beobachtungen mit dem Zenith-Sektor in Göttingen und Altona sollen erst noch künftig gemacht werden.

Ich glaube schon in meinem vorigen Briefe bemerkt zu haben, dass die Hannövrischen, Dänischen u[nd] Churhessischen Dreiecke mit ganz gleichen Instrumenten gemessen sind, d. i. 12zolligen ERTELschen Theodolithen; die Preussischen Messungen waren mit einem 8zolligen sogenannten astronomischen Theodolithen gemacht. Bei meinen Winkelmessungen finde ich im Durchschnitt den mittlern Fehler bei n Repetitionen $= \frac{3.''3}{\sqrt{n}}$, oder den sogenannten wahrscheinlichen Fehler $= \frac{2.''2}{\sqrt{n}}$. Bei der Churhessischen ist er etwas grösser. Über die Dänischen habe ich in dieser Rücksicht noch keine Prüfungen angestellt.

Das Wetter ist seit einigen Wochen hier überaus ungünstig, und ich habe den Cometen erst ein Paarmal gesehen (zuletzt nur auf Augenblicke den 16. abends) aber bisher noch nicht beobachten können. Bei günstigerm Wetter würde er sonst jetzt recht gut im Meridian in der untern Culmination und bald einige Tage in beiden Culminationen beobachtet werden können.

Ihrem freundschaftlichen Andenken empfehle ich mich gehorsamst

C. F. GAUSS.

BEMERKUNG.

Im GAUSSarchiv befinden sich 10 Briefe von SOLDNER an GAUSS aus den Jahren 1814—1823, die in der oben S. 88 genannten Schrift F. J. MÜLLERS S. 112—137 abgedruckt sind. Aus ihnen geht hervor (siehe a. a. O. S. 115, 122, 131, 135), dass GAUSS am 22. Dezember 1814, ferner vor dem 21. Januar 1820, vor dem 13. Mai 1821 und vor dem 26. Dezember 1823 Briefe an SOLDNER gerichtet hat. Von diesen vier Briefen ist nur der letzte (vom 12. November 1823 datierte) vorhanden; er wurde mit noch einem späteren um das Jahr 1914 unter den Akten des Katasterbureaus in München aufgefunden. Den vorstehenden Abdruck dieser beiden Briefe von GAUSS an SOLDNER hat O. PERRON mit den jetzt im Landesvermessungsamt zu München befindlichen Handschriften kollationiert.

SCHLESINGER.

20. Sechs Briefe an Friedrich Wilhelm Spehr über die Braunschweigische Landesvermessung 1828—1832.

[Handschriften in der Landesbibliothek in Wolfenbüttel.]

[1.]

Wohlgeborner Herr
Hochgeehrter Herr Professor.

Auf Ewr. Wohlgeboren geehrte Zuschrift erwiedere ich mit Vergnügen, dass ich Ihnen Behuf Ihrer Triangulirung des Herzogthums Braunschweig sehr gern aus den Resultaten meiner Gradmessungs-Triangulirungen sehr gern dasjenige mittheilen werde, was zu jenem Zweck nöthig sein wird.

Einstweilen schicke ich Ihrem Wunsche zufolge die auf Lichtenberg sich beziehenden Zahlen.

Ich finde: Azimuth von Lichtenberg im Centrum des Andreasthurms in Braunschweig (vom wahren Meridian des Andreasthurm an gezählt . . . . $44^0 35' 54'' 51$,

Entfernung . . . . 11737,39 Toisen.

Diese Zahlen beziehen sich auf den Dreieckspunkt Lichtenberg. Für das Centrum der in einiger Entfernung (gegen 300 Schritt) östlich davon liegenden Thurm-Ruine ist

Azimuth auf dem Andreasthurm . . . . . . $44^0 16' 37'' 8$,

Abstand . . . . 11656,8 Toisen.

Alle meine Resultate sind in einer durchaus andern Form, aus welcher obige Zahlen erst durch einige Rechnungen abgeleitet werden mussten, wozu ich nicht eher Zeit gefunden habe, daher einige Verspätung dieser Antwort.

Ich füge für jetzt noch folgende Bemerkungen bei. Ich habe auf Braunschweigschem Gebiete zwei Hauptdreieckspunkte gehabt; der eine ist der oben angegebne Lichtenberg; er wird durch ein steinernes Postament bezeichnet, und ist auf einem Berge, der den Namen Cruxberg führt und ungefähr dieselbe Höhe haben mag wie der Theil des Gebirges, wo die Ruine liegt (die beiden Plätze waren 1822 gegenseitig nicht sichtbar wegen des Holzes dazwischen, und es war nicht wichtig genug, deshalb eine Öffnung durch das Holz zu machen). — Der zweite Dreiecksp[un]kt war bei Ammensen auf dem östlichsten Theile des Hilsrückens, dort Amtmannshay genannt.

Hier war ein einige 30 Fuss hoher Signalthurm errichtet, und der eigentliche Dreieckspunkt war gleichfalls durch ein steinernes Postament bezeichnet. Jener Signalthurm ist vor ein Paar Jahren (vermuthlich um das Holz u[nd] Eisen zu stehlen) zerstört, eben so auch das Steinpostament. Allein im September d. J. habe ich durch einen der als Gehülfen mir beigegebnen Officiere das Stein-Postament neu aufrichten lassen und ist die Identität des Platzes auf 1—2 Zoll constatirt. Das Postament bei Lichtenberg stand wenigstens im vorigen Sommer noch unbeschädigt, nach einem Briefe des dortigen Reitenden Försters.

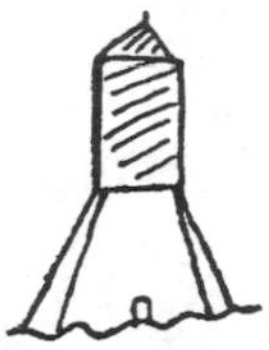

Diese zwei Punkte sind mit äusserster Schärfe niedergelegt, sie bilden die Seite von zwei Dreiecken, indem nemlich auf der einen Seite der Brockenhausthurm, auf der andern ein P[un]kt auf dem Deister damit verknüpft ist.

Ausserdem sind noch eine Anzahl anderer Punkte im Braunschweigschen theils bestimmt, theils aus den vorhandenen Messungen bestimmbar, obwohl, da dieselben nur gleichsam gelegentlich bestimmt sind, mit ungleicher Genauigkeit. Der Andreasthurm in Braunschweig, obgleich kein Hauptdreieckspunkt, auch kein Standpunkt für feinste Messungen, ist doch durch meine Schnitte von Brocken, Lichtenberg u[nd] Deister her beinahe mit derselben Schärfe bestimmt wie die Hauptdreieckspunkte, also wahrscheinlich auf einen Bruch[theil] eines Fusses sicher. Die Genauigkeit von 1—2 Fuss möchte auch mehrern Punkten beigelegt werden können, und viel ungenauer möchte auch die Ruine Lichtenberg nicht sein. Innerhalb etwa 5 Fuss genau werden sich recht viele Punkte ansetzen lassen und, wenn die Grenzen noch etwas weiter gesetzt werden, so möchten fast alle Thürme im Westlichen Theil der Nördlichen Hälfte des Herzogthums, d. i. was Westlich von den Strassen von Braunschweig nach Lutter am Bar[enberge] u[nd] Celle liegt, bestimmt oder bestimmbar sein. (Im südlichen Theile ist der neue Thurm von Naensen mit vieler Genauigkeit bestimmt.)

Ich möchte Ihnen hienach anheim geben, ob Sie vielleicht, den betreffenden Kreisämtern noch eine ganz besondere Sorgfalt für die Conservation der beiden Hauptplätze bei Lichtenberg u[nd] Ammensen zur Pflicht zu machen, veranlassen könnten, da Sie daran die allersichersten Anhaltspunkte finden. Für meine eignen Messungen haben sie fortan nur ein untergeordnetes Interesse, aber für Sie selbst sind sie von grosser Wichtigkeit.

Weitere Mittheilungen werden vorerst noch anstehen können, und wird dazu auch erforderlich sein, dass ich erst unterrichtet bin, in welchem Geist und mit welchen Mitteln Sie die Triangulirung auszuführen gedenken. Astronomische Beobachtungen können Sie ganz und gar entbehren, da ich Ihnen gern alles in dieser Hinsicht nöthige mittheilen werde, selbst mit viel grösserer Genauigkeit als es anderswo wie auf einer festen Sternwarte erreicht werden könnte. Allein bei den eigentlichen Hauptwinkelmessungen dürfte, nach meinem Urtheil, nichts gespart werden, um eine so grosse Genauigkeit zu erhalten, dass die Messung einen bleibenden Werth erhält. In der That werden die Kosten dadurch, vergleichungsweise, nicht so sehr erhöhet, und es wäre ewig Schade, wenn durch unzeitige Sparsamkeit die Messungen einen untergeordneten Charakter erhielten. Der Theodolith, womit ich alle meine Hauptwinkel gemessen habe, von Reichenbach, 12 Zoll im Durchmesser, gibt unter gehöriger Vorsicht die Winkel auf Theile der Secunde, kostete nur 800 Gulden (leicht Geld) und einige Abänderungen, die keinen wesentlichen Nachtheil, wohl aber wesentlichen Vortheil gewähren, würden selbst diesen Preis noch vermindern. Man richtet dafür mit einem guten Instrument in viel kürzerer Zeit dasselbe und mehr aus, wie mit einem schlechten in viel längerer oder nie.

Indem ich nochmals das Erbieten meiner Bereitwilligkeit, zur Vervollkommnung Ihrer Arbeit gern beizutragen*) wiederhohle, verharre ich mit vollkommner Hochachtung

Ewr Wohlgeboren

Göttingen, den 18. November 1828. ergebenster Diener

C. F Gauss.

*) Da behuf der Detailaufnahme mehrerer Landestheile des Hannoverschen noch mehrere Messungen in der Nähe der Grenzen vorzunehmen sind, so würden vielleicht selbst die beiderseitigen Messungen einander wechselseitig die Hand bieten können, wenn nemlich beide mit gleicher Genauigkeit ausgeführt werden.

[2.]

Wohlgeborner Herr
Hochzuehrender Herr Professor.

In Folge des Verlangens der Vermessungs-Commission und der mir von Ihnen zu erkennen gegebenen Wünsche habe ich gleich nach Ihrem Hiersein einen 12 zolligen Repetitions-Theodolithen, ganz demjenigen ähnlich, womit ich selbst die Hauptwinkel bei meiner Triangulirung gemessen habe, bei dem mechanischen Institut von H[errn] Ertel in München bestellt. Da ich aus einer vor kurzen daher erhaltenen Antwort sehe, dass Sie jenes Instrument im Julius d. J. schon erwarten können (eben so wie ich ein ähnliches damals zugleich von mir bestelltes), so habe ich geglaubt, dass es Ihnen angenehm sein würde, diese Nachricht zu erhalten. H[err] Ertel meint, das Instrument gegen Ende Juni schon absenden zu können; inzwischen pflegen solche Überschläge selten genau zuzutreffen.

Ich wiederhohle bei dieser Gelegenheit nochmals, dass ich mit Vergnügen bereit bin, was von mir abhängt, zur Erleichterung und Vervollkommnung Ihrer Messung beizutragen. Auch werden bei meinen eignen Messungen noch mehrere Hauptstandpunkte in der Nähe der Braunschweigschen Grenze vorkommen, die sich mit den Ihrigen verknüpfen lassen können.

Hochachtungsvoll beharre ich

Ewr. Wohlgeboren

Göttingen, den 4. April 1829. ergebenster Diener

C. F. Gauss.

[3.]

Wohlgeborner Herr
Hochzuehrender Herr Professor.

Da Ewr. Wohlgeboren in Ihrem geehrten Schreiben den Wunsch ausdrücken, Krayenhoffs Werk[*)] zur Ansicht zu erhalten, und ich nicht weiss, ob die hiesige Bibliothek solches hat, so steht Ihnen mein eignes Exemplar

[*) C. R. Th. von Krayenhoff, *Précis historique des opérations géodesiques et astronomiques faites en Hollande*, La Haye 1815.]

mit Vergnügen auf einige Wochen zu Diensten und übersende ich dasselbe hiebei. Vielleicht ists Ihnen lieb auf eine merkwürdige Stelle p. 17, so wie auf die hin und wieder beigeschriebenen Änderungen, die K. zur Ausgleichung angebracht hat (u[nd] die aus Vergleichung mit dem *Tableau définitiv* zusammengelesen werden) aufmerksam gemacht zu werden. Einige Abänderungen sind sehr stark z. B. bei der Station Onstwedde p. 83.

Dieser Tage habe ich von München den schon im vorigen Jahre bestellten 8zolligen Theodolithen erhalten, der sehr schön ausgefallen ist. Den später, mit dem Ihrigen zugleich bestellten 12zolligen verspricht Ertel, so wie den Ihrigen, Ende Julii zu vollenden, falls er mit der Optik nicht zu sehr aufgehalten werde, d. i. falls er aus dem Utzschneiderschen Institut die Gläser zeitig genug erhält.

Es ist gegenwärtig einer der unter meiner Leitung arbeitenden Officiere im Hildesheimschen beschäftigt, wobei er auch einen oder ein Paar Plätze auf Braunschweigschen Gebiet zu Winkelmessungen nöthig hat. Einer ist auf dem Schildberge bei Seesen, wo er mit Erlaubniss des Eigenthümers einen mässigen Pfahl zur Bezeichnung des Platzes u[nd] Rückvisirung eingeschlagen hat. Er schrieb mir neulich er habe erfahren, dass der dortige Bürgermeister Dieterichs dies sehr anstössig gehalten habe u[n]d den Pfahl, auf fremdem Gebiet errichtet, habe ausreissen lassen wollen, aber durch Zureden von Freunden des Officiers noch davon abgehalten sei. So viel ich weiss, ist seinerseits dieser Pfahl von den andern Stationen auch schon wieder eingeschnitten; allein da es für Sie jedenfalls nützlich sein kann, dass dieser Platz, der sehr scharf bestimmt ist, conservirt werde, so könnten Sie oder die Vermessungs-Commission wohl veranlassen, dass dieser Pfahl dem Schutz des dortigen Magistrats besonders empfohlen werde. Ein zweiter Platz wird vielleicht noch in der Gegend von Gandersheim zu besetzen sein.

Hoffentlich haben Sie doch Ihre frühere Idee, einen Hauptplatz auf dem Elm zu wählen, nicht aufgegeben. Er würde mit Lichtenberg u[nd] dem Brocken (wo mein Platz nahe am Centrum des Thurms und seine Lage gegen die Peripherie bestimmt ist) ein gutes Dreieck bilde[n], u[nd] wahrscheinlich würde er wieder mit dem Brocken u[nd] einem Platz auf dem Schlossberge von Blankenburg ein schönes Dreieck formiren, dessen Winkel sich durch Heliotroplicht leicht messen lassen. In Huyseburg fürchte ich, werden Sie für die Aufstellung noch viel grössere Schwierigkeit finden, als auf dem Andreasthurm in Braunschweig.

Der Platz bei Broizen ist mir wohl bekannt; ich habe daselbst schon A[nn]o 1803—1805 mit einem Sextanten die Winkel gemessen, u[nd] kann Ihnen demnächst, wenn Sie mit dem Theodolithen eine reichere u[nd] genauere Erndte gehalten haben, alle sichtbaren Punkte namhaft machen, die entferntern auf der Ostseite etwa ausgenommen.

Ich selbst werde den grössten Theil des Sommers in Göttingen anwesend sein, vielleicht nur einmal Ende dieses oder im nächsten Monat einen Ausflug nach Westphalen auf 10—14 Tage, und im September einen etwas längern machen.

Hochachtungsvoll beharrend

Ewr. Wohlgeboren

Göttingen, den 18. Junius 1829.

ergebenster Diener

C. F. Gauss.

[4.]

Wohlgeborner Herr

Hochzuehrender Herr Professor.

Die Nachricht in Ihrem geehrten Schreiben von dem bevorstehenden wirklichen Anfange der trigonometrischen Vermessung des Herzogthums Braunschweig habe ich mit um so lebhafterm Vergnügen erfahren, je mehr die obwaltenden Umstände die Ausführung jetzt zweifelhaft zu machen schienen; ich wünsche Ihnen daher herzlich dazu Glück.

Mein Dreieckspunkt auf dem Brocken war die Mitte des Thurms auf dem Wirthshause, oder richtiger die Mitte der Marmorplatte, die oben den Dorn der Wendeltreppe bedeckt. Ich habe damals die Radien von diesem Centrum bis zu mehrern Punkten der äussern Peripherie gemessen; unglücklicherweise ist das Blatt, welches die Resultate darstellt, in diesem Augenblick verlegt — das Suchen danach hat meine Antwort etwas verzögert — ich bin indess gewiss, dass es noch vorhanden sein muss; jedenfalls lässt es sich aus den Originalabmessungen wiederherstellen und werde ich es Ihnen in der Folge mittheilen. Übrigens beträgt diese Abweichung des Centrum des Instruments vom Centrum des Thurms nur wenig über einen Zoll.

Es wird mir sehr erwünscht sein, von dem Fortgang Ihrer Messung weitere Nachricht und von den gemessenen Winkeln Mittheilung zu erhalten. Ich lasse in diesem Jahr die Messungen östlich von meinen Gradmessungsdreiecken anfangen. In diesem Gebiete werden ohne Zweifel mehrere Punkte sich finden, die sich vortheilhaft mit Ihrem Elmplatz verbinden liessen, daher mir demnächst die baldige Kenntniss der Winkel, die diesen Platz bestimmen, erwünscht sein würde. Ist daselbst ein Signal errichtet und von welcher Form?

Die Messungen des G[ene]ral v. Müffling fangen in der Gegend von Coblenz an, wo sie sich an Tranchots Dreiecke anschliessen; wie weit sie sich in diesem Augenblicke erstrecken, weiss ich nicht; ich besitze die Dreiecke bis Berlin. Der Brocken u[nd] der Nördliche Domthurm von Magdeburg sind die einzigen Punkte dieser Kette, die in dem Bereich Ihrer Messungen liegen.

Ich füge Ihnen die Azimuthe einiger Punkte von Brocken aus gesehen hier bei; es sind eigentlich nicht die wahren Azimuthe, sondern die Winkel mit einer Parallele mit dem Göttinger Meridian:

$5^0 10'$	Inselsberg Haus
18 7	Struth (Kirchth[urm] b[ei] Mühlhausen)
57.35	Hercules
63.15	Plesse
97. 8	Doppelthurm; damals für Gandersheim gehalten, ist aber nicht
97.11	Gandersheim (Ihrer Aufmerksamkeit empfohlen). Vielleicht Gittelde?
141.12	Sutmerthurm b[ei] Goslar
145.58	Otfresen
147.15	Lichtenberg Dreieckspunkt
171.45	Heiningen
171.53	Wolfenbüttel Kirchth[urm]
172.19	Braunschweig Andreas
172.26	Sehr hell leuchtendes Object (Ihrer Aufmerksamkeit empfohlen) vielleicht Fenster eines Treibhauses
176.53	Spitzer Thurm
235.13 *235.14	Huyseburg
241.42 241.43	Magdeburg

249.39 Halberstadt
270.54 Quedlinburg
*278.53 Hüttenrode
282.39 Petersberg b[ei] Halle.

Ich bemerke noch, dass ich die beiden mit * bezeichneten Richtungen sehr genau mit den Hauptrichtungen verbunden, oder wie ich es nenne, sie in mein Messungssystem aufgenommen habe; ich würde Ihnen daher anheim geben, dasselbe zu thun, um unsre Messungen desto besser vergleichbar zu machen. Meine Hauptrichtungen waren Inselsberg, Hohehagen, Hils u[nd] Lichtenberg, welche alle vier durch Heliotroplicht sichtbar gemacht werden mussten. Falls Sie also nicht auch etwa den D[reiecks]p[un]kt Lichtenberg durch Heliotroplicht einschneiden, würde, ohne Zuziehung von Huyseburg oder Hüttenrode, ein Verknüpfungspunkt unsrer Messungen fehlen, da ich Braunschweig nur mit einer geringen Anzahl von Repetitionen eingeschnitten habe. Allen Irrthum zu vermeiden, bemerke ich noch, dass bei Huyseburg der Mittelste der Thürme, oder der rechte Theil des Doppelthurms gemeint ist.

(aus dem Gedächtnis gezeichnet.)

Auch ich habe in den Jahren 1822—1825 einen sehr grossen Spiegel mit mir geführt, dem ich durch ein höchst einfaches Verfahren mit grösster Schärfe die erforderliche Richtung gab, und der mir besonders bei sehr grossen Entfernungen oder in den mit Moordampf angefüllten Gegenden oft gute Dienste geleistet hat. Sie werden nur sorgfältig darauf achten müssen, dass nicht nur vorher der Hülfsspiegel nach Verhältniss der beiden mathematischen Bedingungen, denen seine Stellung Genüge leisten muss, genau berichtigt sei, sondern auch, dass diese Berichtigung beim Transport nicht wieder derangirt werde. Vielleicht wäre es in dieser Beziehung vortheilhafter, wenn der grosse Spiegel von seinem Stell-Apparat ganz getrennt wäre, oder wenigstens beim Einpacken davon getrennt würde.

. . . .

Ich muss noch einmal auf die Brockenmessungen zurückkommen. Hier sind noch die Azimuthe (so verstanden wie oben) von einigen Plätzen des

Lieutenants HARTMANN von vorigem Jahre, an welchen Pfähle errichtet sind, die Sie (in sofern solche noch stehen, was doch wenigstens von einigen zu präsumiren ist) mit dem kräftigen Fernrohr des ERTELschen Theodolithen unter günstigen Umständen wohl werden einschneiden können. Auf dem Festberge steht ohnehin Ihr eignes Signal.

150° 36′	Hamberg bei Kniestedt (Platz nahe an der Braunschw[eigschen] Grenze, der eine sehr reiche Aussicht beherrscht)
181. 9½	Festberg } im Braunschweigschen
181.43	Vorberg } im Braunschweigschen
167.26	Harlysberg
168. 9	Platz am Hohen Wege bei Schladen
148. 0	Bärenkopf bei Liebenburg (äusserst reiche Aussicht).

Sehr hinderlich ist den Messungen auf dem Brocken die Seltenheit windstiller Tage. Ich habe fast immer einen oder ein Paar Schirme auf der Windseite aufgespannt halten lassen müssen.

Mit ausgezeichneter Hochachtung habe ich die Ehre zu beharren

Ewr. Wohlgeboren

Göttingen, den 9ten Junius 1830.

gehorsamster Diener

C. F. GAUSS.

[5.]

Wohlgeborner Herr

Hochzuehrender Herr Professor.

Eine fast unabsehbare Menge von Arbeiten hat mich in meiner ganzen Correspondenz ausserordentlich zurückgesetzt und ich bin noch auf eine grosse Anzahl von Briefen mit der Antwort im Rückstande. Entschuldigen Sie es daher, dass ich auf Ihren gütigen Brief so spät antworte.

Für die Mittheilung der von Ihnen gemessenen Winkel auf Lichtenberg und dem Festberge danke ich bestens. Ich finde, dass sie sehr gut zu den diesseitigen passen, mit Ausnahme des Schnitts von Barwede auf dem Festberge, welcher über einen Grad unrichtig ist. Allein dies liegt natürlich nur an einer Verwechslung des Objects, und es ist sogar nach den Untersuchungen, die mein Sohn in Barwede, obwohl nur bei einem kurzen Aufenthalt und unter sehr ungünstigen Witterungsumständen angestellt hat, sehr wahrscheinlich geworden, dass Barwede und Festberg gar nicht gegenseitig sichtbar sind, sondern dass ein Holz bei Möhrse (unweit Fallersleben) dazwischen liegt. Im nächsten Jahre werden darüber genauere Nachforschungen angestellt werden: Vorläufig ist aber der Platz von Bawerde schon sehr gut bestimmt.

Dann muss ich noch bemerken, dass bei den Schnitten auf dem Festberge, welche mein Sohn auf Ihren Wunsch maass, zum Theil unrichtige Namen gebraucht sind. Ich kann die Verbesserung jetzt mit Zuversicht machen, da die betreffenden Punkte bereits vor einem Jahre in Folge der Messungen des H[errn] Lieutenant HARTMANN von mir ausgemittelt sind. Es ist nemlich

$14^0 28' 27'',813$ der Winkel zwischen Brocken und Lengde (nicht Achim)
19 10 27,863 . . . . Bornum
15 36 9,688 (nicht 13 26 9,688 wie durch einen Schreibfehler in der Handschrift stand) W[inkel] zw[ischen] Brocken und Borsheim (nicht Hornburg).

Was die Bestimmungsstücke der Seite Lichtenberg-Brocken betrifft, so bin ich ungewiss, in welcher Form Sie solche wünschen. Ich gebe sie daher in doppelter, wie ich überhaupt die Berechnung der Gradmessungsdreiecke auf zwei ganz von einander unabhängige Arten geführt habe.

1) Der Logarithm der Entfernung Lichtenberg-Brocken, den Erdmeridian zu 40000000 Meter gerechnet und WALBECKS Erddimensionen zum Grunde gelegt (vergl. meine Breitenbest[immung] von Göttingen und Altona), ist

4,6015606.

Das Azimuth des Brockens auf Lichtenberg $327^0 30' 59'',257$.
Das Azimuth von Lichtenberg auf dem Brocken 147 46 36,286.
Ferner ist für

Brocken	Breite $51^0 48' 1'',999$	Lange östl. von Göttingen	$0^0 40' 23'',071$
Lichtenberg	52 7 22,171		0 20 33,348.

Dagegen

2) in meinem Verfahren, die Plätze der Punkte durch Coordinaten relativ gegen Göttingen anzugeben, wovon freilich die vollständige Theorie eine eigne Abhandlung erfordert, sind die Coordinaten

vom Brocken $x = -30310^m,087$, $y = -46418^m,626$
von Lichtenberg $x = -66001,353$, $y = -23458,424$.

Der Logarithm der geradlinigten Entfernungen zwischen beiden Punkten in dieser Projection ist aber 4,6015611;

ferner die Richtungswinkel dieser geraden Linie in der Projection gegen den Göttinger Meridian resp. 327° 14′ 48″,546
147 14 48,546.

Endlich sind die beobachteten Richtungen, die sich also nicht auf diese gerade Linie selbst, sondern auf die ersten Elemente der Projection der geodätischen Linie (oder auf die Tangenten an denselben in der Zeichnung beziehen) resp. 327° 14′ 45″,733
147 14 52,050,

da meine Projectionsart eine solche ist, wobei die Ähnlichkeit in den unendlich kleinen Theilen mit absoluter Schärfe bleibt. Die Formeln, nach denen die Reductionen von letzern auf erstere berechnet werden

diesmal + 2″,812
— 3,504,

stehen Ihnen auf Verlangen gern zu Dienste, so wie alles was Sie nur von den Resultaten meiner Messungen zu haben wünschen.

Die Coordinaten von Festberg sind	— 69406,765	— 47208,411
Braunschweig (Andr[eas]-Th[urm])	— 82417,632	— 39390,457
Wolenberg Signal	— 102753,813	— 31556,860
Barwede Signal	— 111021,4	— 56285,3.

. . . .

Für heute muss ich schliessen. Mein Sohn ist in diesem Augenblick noch hier, da er mir seit 6 Wochen bei Verarbeitung der Lüneburgischen und Westphälischen Messungen (die eine ungeheure Masse bilden) geholfen hat, wird aber nächstens nach Hannover zurück reisen, vielleicht auch zu den mobil gemachten Truppen mit abgehen müssen. Er lässt sich Ihnen bestens empfehlen.

Mit wahrer Hochachtung beharre ich

Ewr. Wohlgeboren

Göttingen, den 6. December 1830.

gehorsamster Diener
C. F. Gauss.

P. S. Ich brauche kaum zu bemerken, dass ich die Mittheilung Ihrer Schnitte (von Huyseburg, Regenstein, Olleberg p.) mit grösstem Dank erkenne u[nd] mit allem was Sie wünschen mögen erwiedern werde.

[6.]

Wohlgeborner Herr
Hochgeehrtester Herr Professor.

Mit Vergnügen erfülle ich Ihr Verlangen, indem ich Ihnen das mir zugesandte Blatt mit Ausfüllung der Coordinaten, die aus meinen oder meiner Gehülfen Messungen abgeleitet sind, zurückgehen lasse. Dic Unterschiede sind meistens klein, und ich habe nichts dagegen, in den meisten Fällen selbst den grössern Theil ihres Betrags auf meine Rechnung zu nehmen. Bei zwei Plätzen Wolfelbüttel Schlossthurm und Dungelbeck sind die Differenzen hingegen grösser; ich habe noch nicht Zeit gehabt, nachzusehen, auf welche Messungen meine Bestimmungen gegründet sind, und ob die Schnitte vielleicht der Art sind, dass eine solche Ungewissheit übrig bliebe. Abbenrode gehörte in eine solche Kategorie, da nur zwei einen sehr spitzen Winkel mit einander machende Schnitte vorhanden waren; gleichwohl ist auch hier der Unterschied klein. Noch über zwei Punkte habe ich etwas zu merken: nemlich Duttenstedt stand ursprünglich in meinem Verzeichniss mit —90575,2 —24625,7, ex post ist aber corrigirt —90854,3 —24139,6; ferner Königslutter habe ich —80083,2 —59506,0. Auch bei diesen beiden Punkten kann ich in diesem Augenblick die Ursache dieser Discrepanz nicht untersuchen, und habe die Coordinaten auf dem Blatt nicht mit angesetzt. In Königslutter sind, meine ich, mehrere Thürme.

Mit Verlangen sehe ich der gütigst versprochenen Mittheilung Ihrer vollständigen Coordinaten[*)] entgegen, wodurch ohne Zweifel auch viele von unsern Schnitten, über welche sich nichts mit Wahrscheinlichkeit conjecturiren liess ihre Benennung erhalten werden. Sehr oft findet sich dann auf solche Weise, dass wirklich manche Punkte zweimahl geschnitten sind, was man aber vorher keinen bestimmten Grund hatte anzunehmen.

Mit besonderer Hochachtung verharre ich stets

Ewr. Wohlgeboren

Göttingen, den 17. Februar 1832. gehorsamster Diener

C. F. Gauss.

[*) In Gauss' Nachlass befindet sich eine Abschrift des umfangreichen Ergebnisses »*Des weiland Professor Dr. Spehrs geodätische Messungen im Herzogthume Braunschweig*«.]

21. Flächeninhalt des grossen Oceans und einiger Länder.

[1.]

[Aus einer Besprechung des Werkes von E. A. W. v. ZIMMERMANN, *Australien und der Grosse Ocean*, Hamburg 1810, in BERTUCHS Allgemeinen geographischen Ephemeriden, Bd. 35, S. 48 *)].

{Der Verf[asser] sucht nun den grossen Ocean ..... zu begränzen, ... Dieses grosse Wasserbecken erstreckt sich demnach von .... bis ......, und beträgt nach den besten Karten, zu Folge der Berechnung des Prof. GAUSS, 2834000 geogr[aphische] □Meilen, folglich über $\frac{1}{4}$ der ganzen Erdoberfläche, wenn man diese KLÜGELS Berechnung zu Folge = 8400165 annimmt.}

[2.]

[E. A. W. v. ZIMMERMANN, *Australien und der Grosse Ocean*, Hamburg 1810. (Aus der Vorrede.)]

{Um kein Werk zu liefern, welches einem solchen Unternehmen gänzlich unwürdig wäre, suchte ich einige vorzügliche Männer auf, mir hierbei die Hand zu bieten. Der Herr Professor GAUS[s], dessen Name jede weitere Anpreisung unnütz macht, übernahm aus vieljähriger Freundschaft die Berechnung der Grösse mehrerer der wichtigsten Länder Australiens nach einigen der neuesten Karten. Er schuf sich hierzu eigene Methoden, worüber er gelegentlich etwas Bestimmtes bekannt machen wird.}

[*) Bei der Angabe des Oberflächeninhalts des grossen Ozeans im Text des v. ZIMMERMANNschen Buches S. 11 ist in einer Fussnote bemerkt, dass die Berechnung von GAUSS ausgeführt worden ist. Auch das Manuskript zu seinem Werk, *Frankreich und die Freistaaten von Nordamerika, Vergleichung beider Länder, ein Versuch*, Berlin 1795, liess v. ZIMMERMANN von GAUSS durchsehen; denn in einem im Braunschweigischen Landes-Hauptarchiv befindlichen Originalbrief von GAUSS an v. ZIMMERMANN vom 19. Oktober 1795 macht GAUSS auf eine Reihe von Irrtümern in den angegebenen statistischen Zahlen aufmerksam.]

22. Über ein neues Hilfsmittel für die magnetischen Beobachtungen.

Vorgelesen in der Sitzung der k. Societät am 19. Sept. 1837 [*)].

Zu der Feier der Georgia Augusta tritt unsere Societät, wie beim goldenen Feste der Mutter die Tochter erscheint, nicht, um in zierlicher Rede ihre Gefühle auszusprechen, sondern um die Freude des Hauses zu theilen, und eine bescheidene Gabe zu überreichen. Wohl bringt nach heimischer Sitte die Tochter eine einfache in nächtlichen Stunden gefertigte Arbeit ihrer Hände, oder eine im eignen Garten selbst gezeitigte Frucht. Aber die Gefühle der Tochter am Ehrentage der geliebten Mutter, der sie Dasein, Pflege und Gedeihen verdankt, die Gefühle dankbarer freudiger Rührung, sind zu sehr Eins mit ihrem Wesen, um der Worte zu bedürfen. Der Ehrentag der Mutter ist ja auch der Ehrentag der Tochter.

Indem mir die Ehre zu Theil wird, in diesem festlichen Moment und vor einer so glänzenden Versammlung die erste Sitzung unsrer Societät in den neuen Räumen in diesem Sinn mit einem Vortrage zu eröffnen, bin ich mir wohl bewusst, wie sehr ich dabei auf eine wohlwollende Nachsicht in mehr als Einer Beziehung rechnen muss. Ein Vortrag aus dem Gebiete der strengen Wissenschaften, an sich schon wenig verträglich, und jedenfalls unter meinen Händen unbekleidet mit dem Schmuck der Rede, kann im günstigsten Fall eine besondere Theilnahme nur bei denen erregen, die mit ähnlichen Bestrebungen selbst näher befreundet sind. Um so dankbarer wird es anzuerkennen sein, wenn auch solche, die von diesen Wissenschaften entfernter stehen, ihre ehrende Aufmerksamkeit einem Vortrage nicht versagen, von dem ich mehrere ihnen vielleicht trocken erscheinende Entwicklungen nicht wohl trennen kann, ohne oberflächlich, oder selbst unverständlich zu werden.

[*) Vergl. Werke V, S. 352—356.]

Der Gegenstand meines Vortrags ist ein neues Hilfsmittel für die magnetischen Beobachtungen.

[Von hier an ist der Wortlaut identisch mit dem der in Werke V, S. 357 ff. abgedruckten Abhandlung: *Über ein neues, zunächst zur unmittelbaren Beobachtung der Veränderungen in der Intensität des horizontalen Theils des Erdmagnetismus bestimmtes Instrument.*]

BEMERKUNG.

Die öffentliche Sitzung der Gesellschaft der Wissenschaften am 19. September 1837 fand zur Feier des hundertjährigen Bestehens der Universität Göttingen statt. E. SCHERING berichtet (Abhandlungen der Ges. d. Wiss. Bd. 34, 1887, Mathem. Classe, S. 1 ff., abgedruckt in SCHERINGS Werken II, S. 234), GAUSS habe den Vortrag in der öffentlichen Sitzung auf den ausgesprochenen Wunsch von ALEXANDER V. HUMBOLDT übernommen, der auch bei jener Sitzung anwesend war. Die vorstehend abgedruckten einleitenden Sätze des von GAUSS gehaltenen Vortrags sind der im GAUSSarchiv (Abteilung D, Manuskripte gedruckter Abhandlungen) befindlichen Originalhandschrift entnommen.

SCHLESINGER.

---

23. Extrait d'un mémoire, contenant une nouvelle theorie des attractions d'un corps homogene de figure spheroïdique elliptique: lequel paraitra dans le 2. Volume des Nouveaux Memoires de la Societé royale de Göttingen.

Je commence par établir trois théoremes generaux. Soit ∂s un element de la surface d'un corps de figure quelconque; PQ, PM, PX, PY, PZ des droites tirées de cet element, la premiere perpendiculairement à la surface et dans le sens de dehors, la seconde au point attiré M, la troisieme, quatrieme et cinquieme parallelement aux axes des coordonnées. Soit r la distance du point M à l'element ∂s, de plus MQ l'angle entre les droites PM et PQ, QX l'angle entre les droites PQ et PX et ainsi de suite, π le rapport de la peripherie au diametre, X l'attraction que le corps entier exerce sur le point M parallelement à l'axe des coordonnées x. On aura

$$\text{I.} \qquad \int \frac{\partial s . \cos MQ}{rr} = -4\pi \quad \text{ou} = 0$$

selon que le point M est interieur ou exterieur au corps.

II. $$\int \frac{\partial s \cdot \cos QX}{r} = X.$$

III. $$\int \frac{\partial s \cdot \cos MQ \cdot \cos MX}{r} = -X.$$

Les integrales doivent s'étendre par la surface entiere du corps. Je supprime la demonstration de ces théorèmes, qui est aisée à trouver.

Pour un spheroide elliptique, dont les trois axes principales sont A, B, C, les coordonnées x, y, z d'un point quelconque de la surface sont liées par l'equation

$$\frac{xx}{AA} + \frac{yy}{BB} + \frac{zz}{CC} = 1.$$

En designant le radical $\sqrt{\left(\frac{xx}{A^4} + \frac{yy}{B^4} + \frac{zz}{C^4}\right)}$ par ρ, on trouve aisément

$$\cos QX = \frac{x}{AA\rho}, \quad \cos QY = \frac{y}{BB\rho}, \quad \cos QZ = \frac{z}{CC\rho}.$$

De plus, a, b, c étant les coordonnées du point M, on a

$$r = \sqrt{(a-x)^2 + (b-y)^2 + (c-z)^2},$$

et

$$\cos MX = \frac{a-x}{r}, \quad \cos MY = \frac{b-y}{r}, \quad \cos MZ = \frac{c-z}{r}.$$

Enfin

$$\cos MQ = \frac{1}{\rho r}\left(\frac{(a-x)x}{AA} + \frac{(b-y)y}{BB} + \frac{(c-z)z}{CC}\right).$$

Pour exprimer ∂s, nous introduisons deux indeterminées p, q telles qu'on ait

$$x = A \cos p$$
$$y = B \sin p \cos q$$
$$z = C \sin p \sin q$$

où, pour embrasser la surface entiere, p doit s'étendre de 0 a 180^0 et q de 0 a 360^0. On trouvera, par des procedés connûs, qu'on doit faire

$$\partial s = \partial p \,.\, \partial q \,.\, ABC \,.\, \rho \,.\, \sin p.$$

Ainsi, nos trois théorèmes nous fournissent

(1.) $$\iint \frac{\partial p \,.\, \partial q \,.\, \sin p}{r^3}\left(\frac{(a-x)x}{AA} + \frac{(b-y)y}{BB} + \frac{(c-z)z}{CC}\right) = -\frac{4\pi}{ABC} \quad \text{ou} = 0,$$

selon que M est en dedans de l'ellipsoide ou en dehors.

$$(2.)\qquad \iint \frac{\partial p\ \partial q}{r}\cdot BC.\cos p \sin p = X$$

$$(3.)\qquad -\iint \frac{\partial p.\partial q.ABC.\sin p}{r^3}(a-x)\left(\frac{(a-x)x}{AA}+\frac{(b-y)y}{BB}+\frac{(c-z)z}{CC}\right) = X.$$

Les integrales (2) et (3) ne pouvant être obtenues par les méthodes connûes, j'y parviens de la maniere suivante. En faisant $X = ABC\xi$, nous avons

$$(4.)\qquad \xi = \iint \frac{\partial p.\partial q.\cos p.\sin p}{Ar}$$

$$(5.)\qquad \xi = -\iint \frac{\partial p.\partial q.\sin p}{r^3}(a-x)\left(\frac{(a-x)x}{AA}+\frac{(b-y)y}{BB}+\frac{(c-z)z}{CC}\right).$$

Maintenant je considere A, B, C comme des valeurs particulieres de trois variables α, β, γ, liées entre elles par la condition, que $\alpha\alpha-\beta\beta$, $\alpha\alpha-\gamma\gamma$ soient des quantités constantes. On conclut facilement de l'équation (4), que α croissant à l'infini, ξ diminuera continuellement: on a donc, pour α infini, $\xi = 0$. Je differentie l'équation (4) par rapport aux variables α, β, γ, d'où il s'ensuit, en emploïant la characteristique δ,

$$\alpha\delta\xi+\xi\delta\alpha = -\iint \frac{\partial p.\partial q.\cos p.\sin p.\delta r}{rr}$$

$$= \delta\alpha \iint \frac{\partial p.\partial q.x\sin p}{r^3}\left(\frac{(a-x)x}{\alpha\alpha}+\frac{(b-y)y}{\beta\beta}+\frac{(c-z)z}{\gamma\gamma}\right)$$

ou, mettant pour ξ sa valeur, tirée de l'équation (5),

$$\alpha\delta\xi = \delta\alpha.\iint \frac{\partial p.\partial q.a.\sin p}{r^3}\left(\frac{(a-x)x}{\alpha\alpha}+\frac{(b-y)y}{\beta\beta}+\frac{(c-z)z}{\gamma\gamma}\right).$$

Cette équation, comparée à l'équation (1), nous donne

$$(6.)\qquad \delta\xi = -\frac{4a\pi\delta\alpha}{\alpha\alpha\beta\gamma},$$

tandisque M est en dedans du corps, et

$$(7.)\qquad \delta\xi = 0,$$

tandisque M est en dehors du corps. L'équation (7) nous enseigne, que ξ reste constante, ou l'attraction proportionelle à la masse, pour tous les spheroïdes, dont les ellipses principales ont les mêmes foïers, pourvûque le point

M ne devienne pas interieur. Le probleme de l'attraction d'un spheroïde sur un point externe quelconque sc reduit donc à l'évaluation de l'attraction d'un autre spheroïde, decrit des mêmes foïers et passant par le point attiré. Pour la determiner, passons à l'autre cas, où le point attiré est interieur. Comme on a $\beta\beta = \alpha\alpha + BB - AA$, $\gamma\gamma = \alpha\alpha + CC - AA$, nous substituerons ces valeurs dans l'équation (6), en faisant en même tems $\frac{A}{\alpha} = t$. De la nous tirons

$$\delta\xi = \frac{4\alpha\pi tt\delta t}{A^3\sqrt{\left\{\left(1-\left(1-\frac{BB}{AA}\right)tt\right)\left(1-\left(1-\frac{CC}{AA}\right)tt\right)\right\}}},$$

ou en remettant la characteristique ∂

$$\xi = \frac{4\alpha\pi}{A^3}\int\frac{tt\partial t}{\sqrt{\left\{\left(1-\left(1-\frac{BB}{AA}\right)tt\right)\left(1-\left(1-\frac{CC}{BB}\right)tt\right)\right\}}},$$

l'intégral étant determiné de maniere, qu'il s'evanouisse pour $t = 0$ et étendu jusqu'à $t = 1$, pour le spheroïde determiné. On a donc

$$(8.)\qquad \mathrm{X} = \frac{4\alpha\pi BC}{AA}\int\frac{tt\partial t}{\sqrt{\left\{\left(1-\left(1-\frac{BB}{AA}\right)tt\right)\left(1-\left(1-\frac{CC}{AA}\right)tt\right)\right\}}}.$$

Cette équation donne donc l'attraction pour tous les points, qui ne sont pas exterieurs, et puisqu'elle doit être juste jusqu'à la surface même, est que l'attraction sur un point exterieur est deja reduite à l'attraction sur un point de la surface, **le problême est complettement resolu** *).

L'équation (8) montre de plus, que pour un point interieur, l'attraction de tous les spheroïdes **semblables** et semblablement posés est identique. En supposant donc un tel spheroïde partagé en couches, dont les surfaces exterieures et interieures soient semblables, il est évident que toutes les couches exterieures au point attiré produisent une attraction égale à zéro, de sorte qu'il ne reste que l'attraction du noïau, dont la surface passe par le point attiré.

Göttingen, le 5. Novembre 1812. Ch. F. Gauss.

---

*) Il est superflu de remarquer, que l'attraction parallele aux deux autres axes se trouve immediatement, en échangeant a, A en b, B ou en c, C.

BEMERKUNG.

Über die Entstehungsweise der vorstehend abgedruckten Notiz orientiert der Werke X, 1, S. 378, 379 wiedergegebene Brief von GAUSS an LAPLACE vom 5. November 1812, wo es in bezug auf die der Gesellschaft der Wissenschaften vorzulegende Abhandlung über die Attraktion eines elliptischen Sphäroïds (Werke V, S. 1 ff.) heisst: »J'ai l'honneur de vous offrir ici un Extrait de ce qui est essentiel au problème cité . . .« Diesen Auszug hat LAPLACE, dem Wunsche von GAUSS gemäss, den dafür interessierten Mitgliedern des Französischen Instituts mitgeteilt (siehe das Antwortschreiben von LAPLACE vom 20. November 1812, Werke X, 1, S. 380, 381); das Manuskript ist später in der Besitz von M. CHASLES übergegangen, der es dann J. BERTRAND geschenkt hat. Dieser berichtet nämlich in seinem *Éloge historique de Michel Chasles*, Paris 1892, das folgende: ... CHASLES m'apportait en échange un précieux autographe de GAUSS. C'était le résumé inédit, écrit pour LAPLACE, du beau mémoire sur l'attraction des ellipsoides. La démonstration est réduite au plus petit nombre de lignes qu'il soit possible; il semble que GAUSS ait voulu, à l'avance, vaincre en simplicité le mémoire tant admiré de CHASLES sur le même sujet [*)]. Ce petit chef-d'oeuvre calligraphié par son illustre auteur avec une sorte de coquetterie, se trouve aujourd'hui à Stockholm parmi les papiers laissés par Mme. DE KOWALEWSKI, qui l'avait admiré, et à qui j'en avait fait don«. Nach einer Mitteilung von G. MITTAG-LEFFLER an den Unterzeichneten vom 8. Okt. 1917 hat SOPHIE KOWALEWSKI das in Rede stehende Manuskript noch bei ihren Lebzeiten an MITTAG-LEFFLER weitergegeben, der es in seiner Bibliothek zu Djursholm aufbewahrt und die Güte hatte, für das GAUSSarchiv eine photographische Nachbildung davon anfertigen zu lassen. Diese Nachbildung ist dem vorstehenden, buchstabengetreuen Abdruck zugrunde gelegt worden.

SCHLESINGER.

---

24. Zwei Briefe von Gauss an Joh. Friedr. Benzenberg**)

[Handschriften in der Stadtbibliothek zu Bremen.]

[1.]

GAUSS an BENZENBERG. Göttingen, 25. August 1830.

Hochgeschätzter Herr Professor.

Die von Ihnen gütigst übersandte Schrift habe ich erhalten, und sage Ihnen meinen gehorsamsten Dank dafür. Ich habe die darin enthaltenen

[*) M. CHASLES, *Solution synthétique du problème de l'attraction des ellipsoides etc.*, Comptes rendus **6**, 1838, S. 902—915 auch LIOUVILLES Journal de Mathém. **5**, 1840, S. 465—488.]

[**) Vgl. hierzu die Anzeige von BENZENBERGS Schrift »*Über die Daltonsche Theorie*«, Göttingische Gelehrte Anzeigen, Dezember 1830, Werke V, S. 583—591.]

Zusammenstellungen mit Vergnügen, obwohl bisher nur sehr flüchtig, gelesen, wenn ich gleich mich mit der DALTONschen Hypothese nicht befreunden kann. Nach meiner Ansicht können barometrische Messungen von Berghöhen schwerlich etwas darüber entscheiden, weil die Rechnungsconstanten, welche bei Berechnung solcher Messungen zum Grunde gelegt werden sollten, eben aus solchen Messungen selbst erst abgeleitet werden müssen (wenigstens halte ich die andern Methoden durch Abwägen von Luft u[nd] Quecksilber nicht der gleichen Genauigkeit fähig). Ich dächte, die Erfahrung, dass wir Kanonenschüsse in bedeutenden Entfernungen nicht als 4 von einander ganz getrennte Knälle hören, sei eine vollständige Widerlegung von DALTONS Hypothese.

. . . .

Ihrem Verlangen zufolge habe ich mir von der hiesigen Universitätsbibliothek den Band des Journal de physique, worin D'AUBUISSONS Messungen [*)] stehen, für Sie auf 14 Tage ausgebeten und schicke solchen hierneben; bei der Zurücksendung wollen Sie sich bloss der Addresse

An die Königliche Sternwarte zu Göttingen

bedienen.

Ihren Unfall beklage ich mit herzlicher Theilnahme. Auch mich würden Sie seit den 9 Jahren, wo ich Sie mit Hrn. Prof. BRANDES hier sah, wol bedeutend verändert finden. Glücklich, bei wem nur die Gesetze der materiellen Welt das Altern beschleunigen.

Leben Sie wohl GAUSS.

Göttingen, den 25. August 1830.

Ich ersuche Sie das Paket unfrankirt zurückzusenden, wo es sicherer geht.

[*) J. F. D'AUBUISSON, *Mémoire sur la mésure des hauteurs à l'aide du baromètre.* Journal de physique, t. 70, janvier 1810, S. 434—475, t. 71, juin 1810, S. 1—42 ter.

[2.]

Gauss an Benzenberg. Göttingen, 27. Oktober 1830.

Hochzuehrender Herr Doctor.

Ich war eben im Begriffe, Sie an die Zurücksendung des Journal de physique zu erinnern, um welches ich, da ich es nur auf einige Wochen geborgt hatte, bereits gemahnt war, als ich das Paket erhielt. . . . .

Den zweiten Band des J[ournal] d[e] ph[ysique] hatte ich nicht mitgeschickt, um das Paket nicht unnützerweise zu vergrössern, da ich vermuthete, dass nur der erste, die Thatsachen enthaltende Theil besonderes Interesse für Sie haben könne. Da Sie jedoch so grossen Werth darauf zu legen scheinen, so habe ich es Ihnen nicht abschlagen wollen, Ihnen jetzt auch diesen Theil zuzufertigen, muss Sie aber dringend ersuchen, ihn baldmöglichst wieder zurückzusenden.

Übrigens darf ich Ihnen nicht verschweigen, dass ich bei genauerer Prüfung Ihrer Schrift Ihre Berechnung der Barometerhöhen in Daltons Hypothese unrichtig befunden habe, und dass diese Hypothese, von welcher Sie den H[errn] Dr. Olbers mit Unrecht für einen Anhänger halten, weit entfernt, die barometrische Höhe des Monte Gregorio der von d'Aubuisson gemessenen trigonometrischen näher zu bringen, sie sogar noch etwas weiter davon entfernt. Bei mässigen Höhen ist der Unterschied in Daltons Hypothese von der gewöhnlichen Rechnung ganz unmerklich und würde bei einer Höhe von 400 Fuss nicht $-0,9$ Fuss, sondern $+0,01$ Fuss betragen. Sie brauchen sichs also in dieser Rücksicht nicht gereuen zu lassen, Ihr Project mit dem Michaelisthurm aufgegeben zu haben.

Ich bin so sehr mit Arbeiten überhäuft, dass ich mich auf diese Anzeige jetzt einschränken muss, zumahl da ich nicht weiss, ob Ihnen die umständlichere Auseinandersetzung angenehm sein würde. Sollten Sie jedoch solche wünschen, und mir Ihren Wunsch bei Zurücksendung des Journal de physique zu erkennen geben, so bin ich dazu erbötig, sobald ich Zeit gewinnen kann, und zweifle nicht, Ihnen den Irrthum vollkommen evident zu machen.

. . . .

BEMERKUNG.

Bei Gelegenheit der im Jahre 1924 durch Vermittlung des Oberbibliothekars H. SCHNEIDER (damals an der Landesbibliothek zu Wolfenbüttel) geführten Verhandlungen mit dem Bremer Staatsarchiv wegen der oben S. 73 ff. abgedruckten Handschriften wurden wir durch das Staatsarchiv darauf hingewiesen, dass sich auch im Besitz der Bremer Stadtbibliothek einige GAUSShandschriften befinden. Es sind dies ausser den beiden vorstehend abgedruckten beiden Briefen an BENZENBERG noch ein Brief an Dr. CHRISTIAN FOCKE den Schwiegersohn von OLBERS) vom 2. Juni 1831 und die Originalhandschrift der Abhandlung *Summarische Übersicht der zur Bestimmung der Bahnen der beiden neuen Hauptplaneten angewandten Methoden* (Werke VI, S. 148 ff.); auf die letztgenannte Handschrift wird weiter unten noch zurückzukommen sein. Die Stadtbibliothek hat die Erlaubnis erteilt, dass von diesen Handschriften photographische Nachbildungen für das GAUSSarchiv angefertigt werden; diese sind dem Abdruck der beiden Briefe zugrunde gelegt worden.

SCHLESINGER.

---

25. Briefwechsel zwischen Gauss und Karl August v. Steinheil.

[1.]

STEINHEIL an GAUSS.

{München, den 3ten December 1835.

Ew. Hochwohlgeboren

beehre ich mich beifolgend die Variationsbeobachtungen des letzten Haupttermines, wie wir sie hier anzustellen im Stande waren, in Original zu übersenden.

Das Observationslocale war im Saale des phys[ikalischen] Staatscabinetes von nahe 50 Fuss Länge und 40′ Br[eite], im Gebäude der Kgl. Akademie gelegen. Die Erschütterungen, welche vorüberfahrende Wagen in den Mauern hervorbringen, sind sehr bedeutend; doch haben sie bei der von Ew. Hochwohlgeboren gewählten Aufhängung der Nadel auf diese keinen sichtbaren Einfluss, weil sie in verticaler Richtung wirken. Der Theodolit wurde so aufgestellt, dass er von dem Fussboden getrennt ist. Auch bei ihm wirken die Erschütterungen senkrecht, und ändern, wie sich aus den Beobachtungen ergab, das Azimut nicht. Der 4-pfündige Magnetstab wurde an einem Stahldraht von 15 Fuss Länge und 0,‴0937 Par[iser] Duod[ecimal] Linien Dicke mittels der Schraubensuspension aufgehängt, und bis auf wenige Minuten mit seiner mechanischen Axe horizontal gelegt, dann mit dem vor Luftzug schützenden Kasten umgeben. Die Scala am Stativtische des Theodoliten befestigt, ist $7^{m}_{,}3745$ (Scala-Mètre) von der Spiegelebene entfernt. Mittels des Theodoliten ergab sich der Werth eines Scalatheiles d. i. eines Scala-Millimètres = 13″,985 Bogen. Die optische Kraft des Theodolitenfernrohres war unter diesen Umständen zu gering, um mit Bequemlichkeit noch $^1/_{10}$ Scalatheil schätzen zu können. Desshalb wurde ein FRAUNHOFERsches Fernrohr von 29‴ Öffnung und 60 maliger Vergrösserung mit einer Theodoliten-Axe versehn, und benutzt. Der Planspiegel der Nadel ist so vollkommen, dass das Scalabild bei dieser starken Vergrösserung und bedeutenden Entfernung noch völlig scharf erscheint. Die Schwingungsdauer der Nadel betrug ohne aufgelegtes Gewicht, d. h. bloss Schiffchen und Spiegel tragend, 27″,49. Der grössern Bequemlichkeit beim Notiren der Zeit wegen, brachte ich durch Auflegen der virga transversalis und kleiner Gewichte die Schwingungszeit auf 29″,715 m[ittlere] Zeitsecunden. Dann wurde von 30″ zu 30″ die Lage der Scala notirt. Zur Beruhigung der Nadel habe ich eine eigene Vorrichtung getroffen, die sich als sehr zweckmässig bewährte. Ich befestigte nämlich einen 4-pfündigen Magnetstab mit hölzerner Klammer in seiner Mitte auf einer Axe, welche parallel mit der magnetischen Axe der Nadel liegt, so, dass sich der Magnetstab um diese Axe drehen lässt und dabei eine Ebene beschreibt, welche mit der Spiegelebene der Nadel parallel ist. Wird dieser Magnetstab vertical gestellt, so influenzirt er bekanntlich nicht auf die Nadel; er gewinnt aber um so grössern Einfluss, je mehr er nach beiden Seiten geneigt wird, bis er in horizontaler Lage sein Maximum erreicht. Man hat es daher völlig in seiner Gewalt, durch horizontale Lagen des Stabes grossen Schwingungen rasch entgegen zu wirken, in dem Maasse aber, in welchem die Schwingungen kleiner werden, durch kleine Neigungen des Stabes auch nur kleine magnetische Gegenkräfte zu benutzen. Die Drehungsaxe dieses Beruhigungsstabes liegt in der Colimations-Ebene, und ist an dem Stativtische des Theodoliten befestigt, so dass der Beobachter ohne mit dem Auge das Fernrohr zu verlassen, in jedem Augenblicke beruhigen kann. — Dass diess aber während der Beobachtungen nicht geschehen darf und auch nicht geschah, versteht sich von selbst. Noch habe ich zu bemerken, dass der Theodolit südlich von der Nadel aufgestellt ist, die Mire aber nördlich und etwas höher steht. Zur Beleuchtung der Scala bei Tag benützte ich einen Hohlspiegel von Glas, der 2 Fuss Durchmesser hat, und das Bild des nahe liegenden Fensters auf die Scala bringt. Dennoch ist nachts durch 2 grosse ARGAND'sche Lampen die Erleuchtung noch angenehmer. Ganz nahe zur rechten Seite des Beobachters ist eine LIEBHERR'sche Halbsecunden Uhr aufgestellt, deren Abfall sehr vernehmlich ist. So schien mir für Bequemlichkeit und Sicherheit gehörig gesorgt.

Ich forderte nun mehrere meiner Freunde und Leute des Faches zur Theilnahme an den Terminbeobachtungen auf, und sie entsprachen alle mit grosser Bereitwilligkeit. Doch waren nur wenige Tage zu Vorübungen gegeben und Manche des Beobachtens überhaupt noch unkundig. Jeden Falles wird es in Zukunft besser gehn. SIBER ist mein specieller College als Professor der Physik, zudem jetzt Prorector der Universität; er konnte daher nicht wohl umgangen werden. PAULI ist Director der Polytechnischen Schule dahier. LAMONT, wie Ew. Hochwohlgeboren bekannt, Conservator der Sternwarte in Bogenhausen; SCHRÖDER, HIERL, ZUCCARINI sind Professoren an hiesiger Hochschule. LIPPOLT ist mein Mechanikus, SCHLEICHER mein Cabinetsdiener, welche letzten beide während der ganzen Beobachtungszeit für den Nothfall oder unvorhergesehner Ereignisse wegen zugegen sein mussten.

Recht neugierig sind wir alle, die gleichzeitigen Beobachtungen an andern Orten zu sehn. Dürfte ich wohl Ew. Hochwohlgeboren bitten, mir durch Freund WEBER einen Abdruck der Curven, oder wenigstens der Göttinger Curve zukommen zu lassen?

Ich hoffe in Kurzem einen 2ten magnetischen Apparat auf dem Observatorio des hohen Peissenberges aufgestellt zu haben, wo ebenfalls an den Terminbeobachtungen Theil genommen werden soll. Zu absoluten Bestimmungen werde ich wohl erst in einiger Zeit kommen, so wie zu dem Versuche mit der autographischen Construction der magn[etischen] Abweichungen.

Bald werde ich auch Ew. Hochwohlgeboren eine kleine optische Arbeit zusenden können, worin ich zeige, dass man die Kugelaberration und Farbenzerstreuung der Fernröhren durch 3 Linsen mit 2 variabeln Abständen, empirisch in aller Schärfe heben kann, wenn die Linsen nur nahezu die von der analytischen Rechnung verlangten Krümmungshalbmesser haben. Für die Praxis — namentlich bei der Construction grosser Refractoren — scheint dieser Gegenstand von einigem Belang. In wenig Wochen wird das erste Fernrohr dieser Art vollendet sein. — Entschuldigen Ew. Hochwohlgeboren die Eile in diesen Mittheilungen.

Mit der Versicherung der unbegrenztesten Verehrung

Ew. Hochwohlgeboren

ergebenst gehorsamster

STEINHEIL.}

[2.]

GAUSS an STEINHEIL.

Hochwohlgeborner Herr
Hochgeehrtester Herr Professor.

Für die gütige Mittheilung der dortigen magnetischen Beobachtungen sage ich Ihnen meinen verpflichtetsten Dank. Ich kann nicht läugnen, dass es mich eben so sehr gewundert als gefreut hat, dass schon dieser erste Versuch so vortrefflich ausgefallen ist, obgleich Ihre Cooperatoren nur erst eine so kurze Anweisung genossen hatten. Machen Sie doch sämmtlichen Theilnehmern darüber mein dankbares aufrichtiges Compliment.

Nur einer geringfügigen Kleinigkeit will ich erwähnen. Sie zählen die Scalentheile als Centimeter, während wir hier, und eben so die Beobachter an allen andern Orten die Gewohnheit angenommen haben, die Millimeter zu zählen. Ich vermuthe, dass Sie sich eben so leicht an diese zweite Zählart oder Schreibart gewöhnen werden, und für uns, die wir oft die Beobb. von vielen Orten neben einander vor uns haben, würde dadurch die freilich nur sehr unbedeutende und nur durch ihre hundertfache Wiederkehr etwas fühlbare Mühe des Überspringens aus einem Register in ein anderes (wie LICHTENBERG so etwas einmahl nannte) erspart.

Hr. MEIERSTEIN wird Ihnen die Abschrift des Extracts aus den hiesigen Beobachtungen zugeschickt, und Sie werden daraus mit Vergnügen die ausserordentliche Übereinstimmung ersehen haben. Nur sind die absoluten Grössen in München meistens bedeutend kleiner, wie sich früher in ähnlichen Fällen auch immer schon gezeigt hat. Es scheint daher, dass die mysteriösen Ursachen solcher Phänomene grösstentheils im hohen Norden ihren Sitz haben mögen. Wie interessant wird es sein, wenn in Zukunft die Beobachtungen in Upsala zutreten. Diesmahl hatte unser Freund Svanberg seinen Apparat noch nicht aufstellen können, da erst einige Baueinrichtungen ausgeführt werden mussten. Hoffentlich werden diese fortan keine Verzögerung leiden. Auch ist Hoffnung, dass späterhin noch zwei andere nordliche Plätze zutreten werden, Helsingfors und Lund. — Für Hr. Airy, bisher in Cambridge, künftig in Greenwich, habe ich unlängst einen Apparat bei Hr. Meierstein bestellen müssen, wie Ihnen dieser vielleicht selbst gemeldet haben wird.

Vom letzten Termin sind ausser den Münchner Beobachtungen bisher nur noch die von Marburg und vom Haag (Obs. Dr. Wenkbach) eingelaufen. Erstere sind vortrefflich, und die vom Haag lassen zwar noch manches zu desideriren,, sind aber bei allem dem, als erster Versuch, und unter Berücksichtigung mehrerer nicht günstiger Umstände, schon sehr schätzbar. Hr. Wenkbach hatte nur eine Einpfündige Nadel, ein schwaches Fernrohr mit einem Menschenhaar im Focus, und wie es scheint keine Versicherungsmarke. Wegen des zweiten Umstandes sind immer nur ganze Scalentheile (Millimeter) ohne Bruch angesetzt, und der dritte Umstand scheint Schuld zu sein, dass verglichen mit den andern Örtern die Curve für Haag sich allmählig immer mehr herunter senkt, einmahl sogar unverkennbar plötzlich. Bei allem dem ist die Übereinstimmung im einzelnen zwischen allen vier Örtern überraschend gross. Ich bin nicht abgeneigt, diesen Termin lithographiren zu lassen, besonders wenn noch interessante Beobachtungen von andern Orten einlaufen, namentlich Copenhagen, Leipzig, Freiberg, Mailand und Sicilien. Das wird also erst noch eine Zeitlang abgewartet werden müssen.

Electromagnetische Versuche sind seit Ihrem Hiersein noch mehrere interessante vorgekommen. Die Inductionsstösse gingen, wenn der menschliche Körper, etwa mit angefeuchteten Händen, in die Kette gebracht war, auch durch diesen, wie das Magnetometer zeigte, aber ohne eine merkliche Empfindung. Es ergab sich aber zugleich, dass der Hauptwiderstand (der den Strom schwächt) an der Oberhaut war; denn die Stärke des Stroms war nach Ausweis des Magnetometers fast eben so gross, wenn er von einer Hand zur andern durch den Körper gehen musste, als wenn er an einem Punkte einer Hand eintrat und an einem andern Punkte derselben Hand wieder austrat. Daraus wurde geschlossen, dass der Strom viel stärker ausfallen würde, wenn Ein- und Austritt an solchen Theilen des Körpers geschähe, wo die Haut viel dünner ist. Dies bestätigte wieder das Magnetometer vollkommen, zugleich aber war nun auch die Empfindung sehr merklich. Am Zahnfleisch, Zunge oder Gaumen angebracht, sah man zugleich starke Blitze; an wundgelegten Stellen der Arme angebracht, war die Empfindung äusserst schmerzhaft. Die allerwichtigste Bemerkung aber scheint mir die zu sein, dass, an beiden Lippen angebracht, man auf das bestimmteste die Richtung des Stroms unterscheidet, was bei vielen hundert Versuchen nie gefehlt hat. Immer empfindet man den Strom an der Lippe, wo der negative Strom eintritt, und zwar an dieser Lippe allein, (etwa wie einen scharfen Wind), insofern der Strom eine mässige Stärke hat; oder wenigstens ganz überwiegend vorherrschend, falls der Strom sehr stark wird*). Höchst merkwürdig ist noch, dass, während die Wirkung auf die Magnetnadel fast ganz gleiche Grösse behält, man möge die Rolle schnell oder langsam bewegen, (wie solches der Theorie gemäss und von mir schon früher wiederholt öffentl[ich] ausgesprochen ist), die physiologische Wirkung von der Schnelligkeit der Manipulation wesentlich abhängt, so dass man nach Gefallen von völliger Unmerklichkeit bis zu unerträglicher Stärke steigen kann. Dadurch wird nun auch über das Verhalten der gewöhnlichen (Reibungs)electricität mehr Licht verbreitet. Wir haben über die electromagnetische Wirkung der letzteren auch viel experimentirt (bekanntlich hatte COLLADON[***)] zuerst [diese] Wirkung gesehen, die jedoch anfangs vielfach bezweifelt, aber später auch von FARADAY[†)] bestätigt ist). Unsere Experimente gelangen vortrefflich,

*) Man könnte diesen Umstand für die magnetische Telegraphie benutzen, so dass eine Depesche, anstatt in positiven u[nd] negativen Zuckungen gesehen zu werden, aufgeschmeckt werden könnte[**)]. Unter schicklichen mechanischen Einrichtungen könnte zu eben dem telegraphischen Zweck auch eine auf der folgenden Seite angeführte neue Bemerkung benutzt werden.

[**) Vergl. hierzu auch die Briefe von GAUSS an OLBERS vom 11. Nov. 1835, *Briefwechsel usw.*, II. Abt. S. 627, und an SCHUMACHER vom 13. Sept. 1835, *Briefwechsel usw.*, Bd. II, S. 417.]

[***) JEAN DANIEL COLLADON, *Déviation de l'aiguille aimantée par le courant d'une machine électrique ordinaire, et par l'électricité des nuages*, Annales de chimie et de physique t. XXXIII, 1826, S. 62—75.]

[†) M. FARADAY, *Experimental researches in electricity*, Series III, 1833, artt. 288—308; deutsch in *Ostwalds Klassikern* Nr. 86, S. 11 ff.]

und die Reibungselectricität geht (unter gehöriger Vorsicht) ebenso sicher durch unsere ganze Kette vom phys[ikalischen] Cab[inet] zur Sternwarte, und eben so ohne merklichen oder erheblichen Verlust, wie ein hydrogalvanischer oder ein Inductionsstrom.

Seit einigen Wochen habe ich nun meinen Inductor abermahls verstärken lassen (von 3537 Umwindungen auf etwa 6800), wo nun alles in noch helleres Licht tritt. Die physiologische Wirkung durch den Körper (von Hand zu Hand, ohne Wundlegung, bloss mit einiger Befeuchtung, ja bei Dr. GOLDSCHMIDT ohne alle Befeuchtung) ist nicht nur sehr merklich, sondern bei sehr schneller Bewegung fast unerträglich. Am interessantesten aber ist mir gewesen, dass es mir seit einigen Tagen gelungen ist, Funken zu erzeugen, indem eine sehr feine Nadelspitze einer Metallplatte gegenübersteht, in fester Distanz, was ich dem Gebrauch von Quecksilber vorziehe, insofern die Funken in demselben Saal hervorkommen sollen, wo die Inductionsbewegungen gemacht werden, weil dann durch diese das Quecksilber immer in einige Bewegung kommt. Daher gelingen die Versuche bei meiner Einrichtung, nachdem die Nadel Einmahl gestellt ist*), nachher jedesmahl unausbleiblich wieder (was beim Gebrauch des Quecksilbers nicht der Fall ist) bis etwa die Spitze der Nadel abgeschmolzen ist, was schon öfters vorgekommen. Der merkwürdigste Umstand aber bei diesen Versuchen ist, dass die Funken eine nach der Richtung des Stroms verschiedene Farbe haben, nemlich wenn der positive Strom durch die Nadel zur Platte geht, ist der Funken gelb oder gelbgrün; geht hingegen der negative Strom aus der Nadel zur Platte, so ist der Funken violett. Unter hunderten von Versuchen hat dies nicht ein einziges mahl gefehlt, wenn nur die Funken nicht gar zu schwach ausfielen.

Schliesslich noch eine Kleinigkeit die magnetischen Beob[achtungen] betreffend. Nemlich in den Nebenterminen wird hier und anderwerts von 3 zu 3 Minuten beobachtet, da gerade Hauptzweck dieser Nebentermine ist, die

*) Die Entfernung der Spitze von der Platte muss sehr klein sein, vermuthlich wenigstens unter $\frac{1}{1000}$ Zoll. Ich bewirke sie mit einer feinen Schraube, die $\frac{1}{8000}$ Zoll unmittelbar angibt, und hoffe ihre Grenzen künftig schärfer bestimmen zu können. Ich habe oben schon bemerkt, dass diese Versuche erst aus den letzten Tagen sind [**)].

[**) Diese Note ist im Original mit Bleistift geschrieben.]

Bewegungen in ihren kleinsten Details sorgfältig zu verfolgen. Ich bitte daher, es dort künftig eben so zu halten, und immer gerade zu den Nebenterminen die am meisten geübten Beobachter zu wählen.

Ich unterzeichne mich mit hochachtungsvoller freundschaftlicher Ergebenheit

Göttingen, 20. December 1835. GAUSS.

N. S. Sollten Sie von dem Inhalt dieses Schreibens etwas der k. Akademie, deren Mitglied ich zu sein die Ehre habe, mitzutheilen für angemessen halten, so steht dies ganz bei Ihnen.

[3.]

STEINHEIL an GAUSS.

{München, den 10ten Februar 1836.

Hochwohlgeborener Herr!

Hochverehrtester Herr Hofrath!

Der Vorstand unserer Akademie, Geheimrath VON SCHELLING, hat mich beauftragt, Ew. Hochwohlgeboren im Namen der Akademie den verbindlichsten Dank auszudrücken für die gefällige Mittheilung Ihrer so höchst interessanten und wichtigen Entdeckungen. Die math[ematisch-]physik[alische] Classe hat sich durch Dero Güte eben so sehr geschmeichelt, als von wissenschaftlichem Interesse ergriffen gefühlt, und erwartet mit wahrer Sehnsucht die letzten Apparate aus Göttingen, welche es möglich machen werden, auch hier Dero belehrende und anziehende Versuche zu wiederholen.

Empfangen Ew. Hochwohlgeboren auch meinen ergebensten Dank für die Güte Ihrer Mittheilung und die Nachsicht, womit unsere ersten Variationsbeob[achtungen] aufgenommen wurden, endlich aber ganz besonders für die gefällige Überlassung der beiden grossen Magnetstäbe, die hier glücklich angekommen sind und durch die Kraft, welche sie besitzen, vielseitiges Erstaunen erregt haben.

Ew. Hochwohlgeboren werden die Verspätung der beifolgenden letzten Terminbeobachtungen gütigst entschuldigen. Eine Verzögerung bei der Abschrift, die wir jedesmal hier zurückbehalten, ist Ursache daran. Ich habe mich auch sehr zu entschuldigen wegen einiger Versehn, welche vorgefallen sind. Es scheint, dass einige der Herrn Theilnehmer zu sehr auf die früher erlangte Übung bauten und die Sache diessmal leichter nahmen als sie zu nehmen ist. Hoffentlich kann diess in Zukunft vermieden werden.

Unter den neu hinzugetretenen Beobachtern habe ich Ew. Hochwohlgeboren die Studierenden Mielach und Recht, welche sich bis zum nächsten Termin wohl noch besser einüben werden, dann Herrn Pohrt zu nennen, welcher letztere bei Struve in Dorpat Gehülfe an der Sternwarte war und nun hier ist, um sich in der prakt[ischen] Mechanik bei Ertel auszubilden. Dieser junge Mann scheint mir sehr fähig und mit den nöthigen Eigenschaften zum Beobachter begabt. Desshalb habe ich ihm auch die Beobachtung der beiden Nebentermine anvertraut, und die Übereinstimmung der Beob[achtungen] unter sich scheint meine Wahl zu rechtfertigen. Ich habe bei dem Haupttermin die Uhr nahezu nach Göttinger Zeit gerichtet, um einen etwaigen Versuch der Längendifferenzbestimmung aus beiden Beobachtungsreihen zu erleichtern. Auffallend scheint mir die Abweichung der hiesigen Curve von der Göttinger zwischen 0^h und 2 Uhr. Wenn die übrigen Beobachtungsreihen hierüber keinen Aufschluss geben, so ist vielleicht bei uns der Grund zu suchen, indem sehr nahe bei der Akademie eine bedeutende Eisenhandlung ist, welche besonders Samstags ihre Speditions-Geschäfte macht.

Einen galvanischen Telegraphen habe ich hier im Kleinen jetzt zu Stande gebracht, und er dient wenigstens zur Erläuterung der Sache, um welche sich bereits hohe Herrschaften interessirt haben, so dass ich hoffe, meinen Plan wenigstens vorläufig zwischen hier und Augsburg mit dem Entstehn der neuen Eisenbahn in Ausführung zu bringen. Bei dieser Gelegenheit habe ich die Erfahrung gemacht, dass man den Magnetstab durch gehörige Anwendung des Commutators ungemein rasch und beinahe ebenso gut als mit dem 2ten Magnetstabe beruhigen kann. In 5 bis 6 Secunden bringe ich den Stab zum Stehn oder wenigstens zu Schwingungen, die nur einige Millimètres betragen. Ich lasse gegenwärtig in der Werkstätte des physikalischen Cabinetes (die ich allerhöchster Gnade verdanke) einen neuen Inductor ausführen, welcher durch Rotation zwischen Magnetstäben, wie ich erwarte, bedeutende galvanische

Ströme hervorbringen wird. Der Multiplicator ist um einen ringförmigen hohlen Körper gewunden, dessen äussere und innere cylindrische Fläche bei den feststehenden Magnetstäben vorübergeht und so den Strom erregt, etwa wie die Figur zeigt:

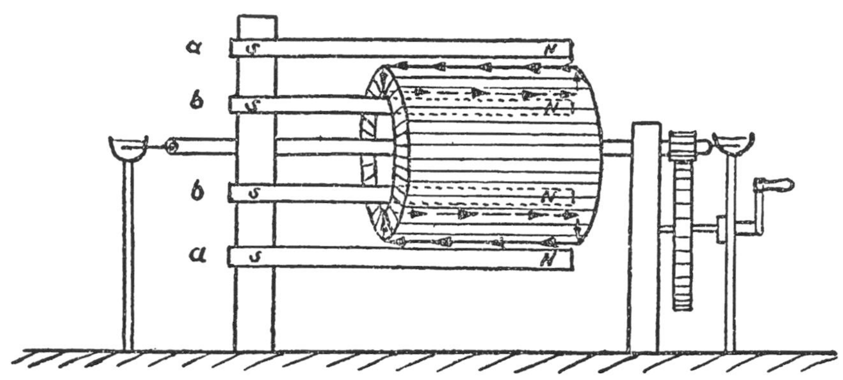

Die Axe des Multiplicators ist durchbrochen und zur Aufnahme der Enden bestimmt, welche als drehende Axe in Quecksilbergefässe geleitet werden. Statt der 2 Magnetstäbe *aa* kann ein ganzer Kranz von Stäben angebracht werden; eben so statt der Stäbe *bb*; auch kann eine 2te Multiplicatorrolle auf der Axe befestigt werden, welche im entgegengesetzten Sinne umwickelt ist und also durch Drehung an den südlichen Polen der Stäbe einen Strom derselben Richtung im Draht hervorbringt. Jede Rolle kann leicht 50000 Umgänge erhalten und dann noch in der Secunde etwa 20 Umgänge machen. Wenn also das magnetische Magazin gross ist, muss die Wirkung exorbitant werden. —

Das Fernrohr mit veränderlichen Abständen der Objectiv-Linsen, wovon ich Ew. Hochwohlgeboren das letzte mal sprach, ist gegenwärtig ausgeführt. Bei 28 Zoll Länge erträgt es 37 Linien Öffnung — selbst bei 150 mal[iger] Vergr[össerung] — vollkommen gut. Das Bild ist besonders in der Nähe der Axe so vollkommen scharf und achromatisch, dass es einen Vergleich mit einem vorzüglichen Fraunhofer von 42 Zoll Brennweite rühmlich besteht. Doch ist das Gesichtsfeld kleiner als bei Fraunhofer. Die Farbenzerstreuung ausser der Axe ist durch das Okular gehoben.

Entschuldigen Ew. Hochwohlgeboren, dass ich Dero kostbare Zeit so lange in Anspruch genommen habe. Mit der Versicherung der unbegrenztesten Hochachtung

Ew. Hochwohlgeboren

ergebenst gehorsamster

STEINHEIL.}

[4.]

GAUSS an STEINHEIL.

Ich kann unsern WEBER nicht nach München reisen lassen, ohne ihm einige Zeilen an Sie, mein hochgeschätzter Freund, mitzugeben. Zuvörderst meinen verbindlichsten Dank für Ihr letztes gütiges Schreiben und für die Mittheilung der Münchner Beobachtungen von dem Januartermin, wovon die Ausbeute alles, was früher vorgekommen, übertrifft. Wie herrlich die Beobachtungen von sieben Orten, Haag, Göttingen, Marburg, Leipzig, München, Mailand und Catania harmoniren, wird Ihnen WEBER ausführlicher sagen. Einmal (30. Jan. Nachm. 1^h) ist ein zwar nicht sehr beträchtliches, aber doch hinlänglich prononcirtes Herabsinken in München, was sich an den andern Orten nicht findet, und man möchte wirklich, nach Ihrer Vermuthung, darin den Einfluss der Wegführung einer bedeutenden Eisenmasse aus der Nachbarschaft des Beobachtungslocals zu erkennen geneigt sein.

Mit vielem Interesse habe ich die sinnreiche von Ihnen angegebene Vorrichtung, die Induction durch eine schnelle Rotationsbewegung kräftig hervortreten zu lassen, gelesen, und ich erwarte das Resultat der Versuche mit desto grösserem Verlangen, weil es zu einer Prüfung der Richtigkeit meiner Theorie dienen kann. Ist nemlich meine Theorie richtig, so müssen (insofern Sie nicht noch eine wesentliche Abänderung anbringen) die in den den Magnetpolen nächsten Drähten hervorgebrachten galvanischen Strömungen durch die in den gleichzeitig auf der andern Seite liegenden Drähten hervorgebrachten entgegengesetzten Strömungen vollkommen compensirt oder destruirt werden, also schlechterdings gar keine Wirkungen erfolgen [*)]. Jedenfalls hat die Idee etwas sehr captiöses. Sollte sie sich aber als noch mehr als captiös ausweisen, d. i. sollte wirklich eine erhebliche Wirkung erfolgen, so würde mir diess

[*) Am Rande steht die Bemerkung:] Verzeihung für die ungeschickte Einschachtelungs Construction, in Eile.

höchst wichtig sein, und ich bitte dann mich baldmöglichst von solchem Erfolg, besonders wo möglich mit allen quantitativen Verhältnissen erläutert, zu benachrichtigen. Meine Theorie ist mir allerdings werth, aber unendlich viel mehr: die Wahrheit.

Ganz vorzüglich begierig bin ich aber auf die Erfolge Ihrer höchst interessanten Versuche mit einer abgeänderten Einrichtung der achromatischen Fernröhre, und ich hoffe dass unser WEBER bei seiner Rückkehr mir davon recht viel berichten wird.

Da Sie, wie ich von Hr. Doctor GOLDSCHMIDT verstehe, so gütig sind, auch auf meine unbedeutenden Impressa einen Werth zu legen, so bitte ich Sie, das 1808 gedruckte und nicht in den Buchhandel gekommene Programm [*)], dessen Inhalt freilich höchst unbedeutend ist, in dem auf jene Veranlassung noch aufgesuchten Exemplare gütigst anzunehmen.

Mich Ihrem freundschaftlichen Andenken

Göttingen, d. 16. März 1836. bestens empfehlend

GAUSS.

[5.]

STEINHEIL an GAUSS.

{München, den 5ten April 1836.

Hochwohlgeborener Herr!

Hochverehrtester Herr Hofrath!

Empfangen Ew. Hochwohlgeboren vor Allem meinen innigsten Dank für Dero gütiges Schreiben, welches mir Freund WEBER bei seiner Ankunft überbrachte, so wie für das schöne und seltene Geschenk, womit mich Ew. Hochwohlgeboren erfreuten. Dass die Induction ohne Commutation nicht gehn würde, hat die Theorie vollkommen richtig vorausgesagt. Ich erhielt keine Spur von galvanischem Strome selbst dann, wenn bei 50 Umgängen in einer Secunde der Inductor in entgegengesetzten Richtungen während mehrern Minuten auf das Galvanometer wirkte. Wenn also die Theorie von Ew. Hochwohlgeboren noch einer fernern Bestätigung bedurft hätte, so wäre sie aus diesem Versuche auf glänzende Weise hervorgegangen. Jeden Falles aber

[*) *Methodum peculiarem elevationem poli determinandi explicat simulque praelectiones suas proximo semestri habendas indicat* D. CAROLUS FRIDERICUS GAUSS. Gottingae, MDCCCVIII, Werke VI, S. 37—49.]

habe ich um Entschuldigung zu bitten, dass ich Ew. Hochwohlgeboren einen so unreifen und falsch bedachten Gegenstand zur Vorlage brachte. Die März-Termine, welche ich die Ehre habe Ew. Hochwohlgeboren beifolgend in Abschrift zu überschicken, sind weniger interessant ausgefallen als die vorhergehenden. In der That bietet der Anblick der 7 gleichzeitig beobachteten Curven, die auch bis in die kleinsten Details grosse Ähnlichkeit und Analogie besitzen, ein höchst anziehendes und überraschendes Resultat. Gewiss tritt durch dieses Beispiel das Bedürfniss noch klarer hervor, diesen ganzen Reichthum von Ergebnissen in einer Schrift zur Publicität zu bringen, und ich habe daher mit ganz besonderem Interesse den schönen Vorschlag, für messende Physik eine eigene Schrift zu gründen, mit Freund WEBER besprochen und in Überlegung gezogen. Es braucht wohl kaum erwähnt zu werden, wie sehr ehrenvoll es für uns Südteutsche sein würde, wenn sich ein solches literarisches Band mit dem gelehrten Norden knüpfen würde. Auch haben wir von dem Vorstande der hiesigen Akademie nicht nur die Bezeugung des grössten Interessens vernommen, sondern auch die Zusicherung materieller Unterstützung, falls sie nöthig werden sollte, erhalten. Glaubten Ew. Hochwohlgeboren wohl, dass der Titel »Beiträge zur messenden Physik, herausgegeben von Mitgliedern der Kgl. Hannöverschen und Kgl. Bayerschen Akademie der Wissenschaften« geeignet wäre? Dürften wir Ew. Hochwohlgeboren um Dero gütige Ansicht hierüber bitten?

Die Absendung der Terminbeobachtungen hat sich um einige Tage verzögert, weil WEBER noch eine absolute Intensitäts-Messung und vorläufige Declinationsbestimmung für München beifügen wollte. Beide sind in dem Locale angestellt, wo die Variations-Beobachtungen gemacht werden. Wir hoffen später mit dem grössern Appar[at]e zuverlässigere Resultate zu erlangen.

Die Abänderung in der Form der Terminbeobachtungen — dass nämlich nur die Mittel angeführt sind — dann, dass sie für die Nebentermine von Minute zu Minute bestimmt wurden, hat Freund WEBER veranlasst, und daher toute auch die Verantwortung übernommen.

Mit der Versicherung der unbegrenztesten Hochachtung

Ew. Hochwohlgeboren

ergebenst gehorsamster

STEINHEIL.}

[6.]

Steinheil an Gauss.

{Hochwohlgeborner Herr!
Hochverehrtester Herr Hofrath!

Gestern haben wir mit der Legung der Drähte des galvanischen Telegraphen nach Bogenhausen begonnen. Wir können durch die ganze Stadt d. h. circa 6000 Fuss lang, unterirdische Wasserkanäle benutzen und werden von da aus die Drähte durchgängig unter die Erde legen. Ich habe Eisendraht gewählt, denselben ausglühen und mit Leinöhl abbrennen lassen, wodurch er einen Überzug bekömmt, der ihn wenigstens einige Jahre vor Oxydation schützen wird. Da der ganze Versuch einem grösseren Unternehmen dieser Art blos als belehrendes Beispiel vorangehen soll, so scheint die hiedurch erlangte Verminderung der Ausgabe zweckdienlich.

Bei dieser Gelegenheit hat sich eine Erscheinung gezeigt, welche mir so überraschend war, dass ich sie gleich im ersten Beginne Ew. Hochwohlgeboren mittheilen zu müssen glaube, und die eigentlich Veranlassung dieses Schreibens ist.

Ich liess die Arbeiter vor dem Hinweggehen die Kette schliessen, um durch Induktionsstösse zu erkennen, ob alle Verbindungen gehörig ausgeführt sind und wie gross der Kraftverlust sei. Da bemerkte ich, dass die Scala des Galvanometer um 10 Scala-Theile im Mittel anders steht, wenn die Kette in, als wenn sie ausser der Verbindung war. Beim Vertauschen der Multiplicatorsdrähte erhielt auch diese Abweichung das entgegengesetzte Zeichen. Als ich der Ursache dieses galvanischen Stromes, der nothwendig aus dem neugelegten Theil der Kette kommen musste, nachforschte, war mir die Nähe eines Blitzableiterdrahtes an den Drähten der Kette bemerklich.

Der Abstand betrug für den einen Draht nur circa 4 Zoll. Um zu untersuchen, ob die bemerkte Ablenkung von dieser Nachbarschaft herrühre, verband ich beide Drähte metallisch. In demselben Augenblick erhielt der Galvanometer eine so rasche Ablenkung, dass die Zahlen nicht mehr erkannt wurden und die Scala nicht mehr in's Gesichtsfeld zurückkehrte. Ich untersuchte den Blitzableiter (von vielfach gewundenem Messingdraht) in Bezug auf

Elektricität mittelst des sehr empfindlichen Bohnenbergerschen Elektroscopes. Allein es zeigte sich auch bei Anwendung des Condensators kaum die leiseste Spur von Elektricität. Solches wäre zu erwarten gewesen, da sich in Osten Gewitterwolken zeigten. Beim Wechseln der Kette verschwand die Scala im entgegengesetzten Sinne. Ich vermuthete thermo-magnetische Wirkungen; aber auch diese bestätigten sich bis jetzt nicht.

Dieselben Erscheinungen zeigten sich auch heute Morgen, nachdem die Kette von den Arbeitern zur Weiterführung geöffnet war. Um die Ablenkung messbar zu machen, sah ich mich genöthigt, dem Galvanometer einen Magnet so nahe zu bringen, dass die Schwingungszeit der Nadel des Galvanometers, die früher 32″ betrug, nun auf 14″ herunterkam. Dabei betrug die Ablenkung für den Polwechsel des Multiplicators circa 800 Scala Theile. Der Draht, welcher aus der Erde kömmt, entspricht dem der Zinkplatte, der Draht vom Blitzableiter dem der Kupferplatte einer galvanischen Batterie. Der Blitzableiterdraht, mit welchem die Communication hergestellt, ist einer von sechsen, die von dem Blitzableiter selbst zur Erde führen; wie der Draht, welcher zur Erde führt, ausgelöset und ebenfalls mit dem Blitzableiter verbunden wird, hört die Ablenkung auf.

Den ganzen Tag über habe ich die Erscheinungen beobachtet und ganz ähnliche momentane Störungen wahrgenommen wie bei den Termin-Beobachtungen. Nur waren die Ablenkungen weit grösser (ungeachtet des vorgelegten Magnetes) ja manche fast momentane Stösse von 30 Scala-Theilen und darüber.

Woher rührt dieser wie es scheint constante Quell so starker galvanischer Ströme bei nicht geschlossener Kette? Mir ist keine Beobachtung dieser Art bekannt und ich wünschte sehr, recht bald von Ew. Hochwohlgeboren Belehrung über diese die Aufmerksamkeit besonders reizende Erscheinung. Noch dürfte angeführt werden, was diesen Strom als galvanisch bezeichnet, dass er durch eine Wasserschichte von weniger als $\frac{1}{100}$ Linie Dicke fast gänzlich unterbrochen wurde.

Ich werde natürlich dieses Phänomen weiter modif[ic]iren und alles numerisch zu bestimmen suchen. Das Urtheil hierüber von Ew. Hochwohlgeboren zu vernehmen, bin ich auf das Äusserste gespannt.

Entschuldigen Ew. Hochwohlgeboren, dass ich, um Zeit für diese Beobachtungen zu gewinnen, heute dieselbe Hand wie bei den Helligkeits-Messungen zu dieser Mittheilung benutze.

Mit der Versicherung der unbegrenztesten Hochachtung verharre ich

Ew. Hochwohlgeboren

gehorsamst ergebener

München, den 18ten Juni 1836. STEINHEIL.}

[7.]

GAUSS an STEINHEIL.

Für die gütige Mittheilung Ihrer interessanten Beobachtung die Wirkung des mit Ihrem Multiplicator in Verbindung gebrachten Blitzableiters betreffend habe ich Ihnen, mein hochgeschätzter Freund, noch meinen verbindlichsten Dank abzustatten. Es würde schon früher geschehen sein, ohne die Hoffnung, Ihnen Erfolg von ähnlichen, längst beabsichtigten Versuchen über die atmosphärische Electricität mittheilen zu können, deren Anstellung jedoch bisher immer noch durch mancherlei andere Geschäfte gehindert ist. Vielleicht kann jedoch etwas der Art in Kürze vorgenommen werden. Einstweilen würde es mir sehr interessant sein, Theils über den weiteren Erfolg Ihrer Versuche, Theils über verschiedene damit in Zusammenhang stehende Umstände näheres zu erfahren, z. B. von wie vielen Spitzen die Luftelectricität in die Ableitung geführt wird, wie hoch über der Erde, ob das Dach selbst mit Metall gedeckt ist, ob mehrere Ableitungen an verschiedenen Stellen in die Erde geführt sind u. dergl. [*)].

Unser Haupttermin ist vollständig wahrgenommen. Am Sonnabend war der Verlauf fast ganz regelmässig, aber nach Mitternacht traten stärkere Anomalien ein u[nd] Sonntag Vormittags wurden recht schroffe beobachtet, besonders ein schnelles Steigen von $21^h 20'$ bis $21^h 35'$ und ein noch stärkeres Fallen von da bis $21^h 45'$, die sich vielleicht selbst zu genäherten Längenbestimmungen qualificiren werden. Recht sehr verlangt mich diesmal nach den Upsaler Beob[achtungen] wo vermuthlich das erste mahl der Haupttermin beobachtet sein wird. Die Nebentermine zum Mai hatte SVANBERG (wie SCHUMACHER mir schrieb) schon beobachtet, aber vermuthlich, weil darin gar nichts Besonderes vorge-

[*) Vergl. den weiter unten folgenden *Anhang* [a.] S. 136.]

kommen war, die Einsendung nicht der Mühe werth gehalten. Vielleicht haben Sie die Anzeige und Aufforderung des H[errn] v. Humboldt in der Preussischen Staatszeitung No. 209 gelesen, nemlich dass ein Franzose (dessen Namen ich vergessen habe) zu Reikiavik in Island die magnetische Variation 8 Tage hindurch von 15 Min[uten] zu 15 Minuten mit einem Gambeyschen Instrument beobachten wolle vom 10. August—18. August u[nd] dass H[err] v. H[umboldt] die Besitzer magnetischer Apparate an anderen Orten auffordert, dabei ein Paar Tage mitzuwirken. Schwerlich wird irgend jemand sich entschliessen, während dieser ganzen Zeit auf die nemliche Weise wie jener Franzose zu beobachten. Und wenn dagegen einige von unserm Verein nur zu Zeiten und ohne weitere Verabredung Aufzeichnungen machen wollten, so scheint mir, würde diess ziemlich ohne allen Nutzen sein. Durch eine verabredete Zusammenwirkung mehrerer Mitglieder unseres Vereins würde dagegen allerdings etwas Nützliches erreicht werden können, namentlich die Nothwendigkeit enger Beobachtungszeiten (die freilich für uns längst erwiesen ist) auch dem unkundigen noch einleuchtender zu machen.

Wir haben daher hier beschlossen noch einen Haupttermin extra abzuhalten und zwar übrigens genau in derselben Art wie wir es sonst thun (von 5′ zu 5′) und während 24 Stunden. Da hier bloss Angehörige der Universität beobachten, die an den andern Wochentagen sich schwerer vereinigen lassen, so bleiben wir auch hierin bei unserer gewohnten Einrichtung, Sonnabend Mittag anzufangen, zumahl da auch in Leipzig (wo gerade jene Einrichtung zuerst gewünscht war) u[nd] München, wahrscheinlich auch an andern Orten diese Tage die leichteste Ausführung gestatten werden. Nach diesen Prämissen bliebe also gar keine Wahl weiter. Der Tag würde gerade zwei Wochen nach unserm eben geendigten Haupttermin fallen müssen, nemlich von ♄ den 13. August bis ☉ den 14. August.

Ich lade Sie, mein werthester Freund, nun ein, auch in München die Beob[achtungen] einzuleiten und bitte nur, in dem unwahrscheinlichen Fall, dass es nicht angeht dort Theilzunehmen, uns bald Nachricht zu geben. Wir werden dieselbe Aufforderung und Bitte nach Leipzig gelangen lassen, und im Fall wir auch nur von Einem Orte guter correspondirender Beob[achtungen] gewiss sind, die Beobachtungen unfehlbar machen. Hoffentlich wird es aber an beiden geschehen, ja vermuthlich selbst an mehreren; wenigstens wird Weber auch nach Haag u[nd] Upsala die Aufforderung gelangen lassen. In Marburg wird wohl nicht beobachtet werden können, da Prof. GERLING diesen Sommer von da abwesend ist. Ob diesem Extra-Haupttermine auch noch ♂ u[nd] ☿ am 16. und 17. August Abends Nebentermine beigefügt werden, habe ich vergessen mit WEBER zu besprechen und will nicht gern diesen Brief einen Posttag aufhalten. Ich vermuthe, dass GOLDSCHMIDT es gern thun wird, und mögen Sie es also damit nach Gefallen halten. Von der einen Seite sind, meine ich, 24 Stunden zureichend das Beabsichtigte ins gehörige Licht zu setzen, von der andern ist auch am Ende zwei oder 4 Stunden Arbeit kein so grosses Object, dass man solches nicht allenfalls auch aufs Ungewisse wagen könnte. Vielleicht ist es am zweckmässigsten die Nebentermine noch nachzunehmen, in dem Fall, wo unglücklicherweise 13.—14. Aug. gar keine erhebliche Anomalien vorgekommen sein sollten, im entgegengesetzten es aber dabei bewenden zu lassen[*)].

Für das mir durch Freund WEBER übergebene Exemplar Ihrer schönen photometrischen Preisschrift[**)] habe ich noch meinen verbindlichsten Dank nachzuhohlen.

Dass in HUMBOLDTS Briefe an den Herzog v. SUSSEX unsere Termine ganz unrichtig angegeben sind, welcher Irrthum auch in BREWSTERS Übersetzung jenes Briefes übergegangen ist, brauche ich Ihnen nicht zu sagen. Zu SCHUMACHERS Astronomischen Nachrichten habe ich, (obwohl für alle Theilnehmer überflüssig), ein Paar Worte zur Berichtigung gegeben[***)].

Stets mit bekannter freundschaftlicher Gesinnung

Ihr ergebenster

Göttingen, den 1. August 1836. C. F. GAUSS.

Den Extract der hiesigen Terminsbeob[achtungen] werden Sie demnächst erhalten.

Darf ich um gütige Abgabe der Einlage bitten?

[*) Vergl. den Anhang [d.] und [e.], S. 137, 138.]

[**) C. A. STEINHEIL, *Elemente der Helligkeitsmessungen am Sternenhimmel*, Abhandlungen der mathem.-physikal. Classe der kön. bayr. Academie der Wissenschaften, Bd. 2, 1837, S. 1—140; vergl. auch GAUSS Werke XI, 1, S. 168—170.]

[***) Vergl. den Anhang [b.] und [c.], S. 136, 137.]

[8.]

GAUSS an STEINHEIL.

Für die gütige Mittheilung der Münchner Beobachtungen vom letzten magnetischen Termin, statte ich Ihnen, mein hochgeschätztester Freund, den verbindlichsten Dank ab. Von neuem bestätigt sich die schöne Übereinstimmung auch der Intensitätsbewegungen zwischen Göttingen, München und Leipzig, und sind starke Bewegungen in diesem Termin überall nicht vorgekommen. — Dagegen scheinen die von WEBER in London angeordneten (ohne seine Theilnahme aber — nach seiner Abreise — ausgeführten) Intensitätsbeobachtungen gänzlich misrathen zu sein.

Von Ihrer schönen Entdeckung, das starke galvanische Leitungsvermögen der Erde betreffend, hatte ich schon durch die Zeitungen etwas erfahren, und demzufolge selbst einen Versuch im Kleinen gemacht — soweit in dem Augenblick mein Drahtvorrath reichte — d. i. auf etwa 500 Fuss Entfernung mit gleichem Erfolge wie Sie. Die Sache ist mit der Theorie völlig harmonisch, und man braucht dem Erdreich nur ein kleineres Leitungsvermögen als Wasser hat beizulegen, um die Erscheinung zu erklären, obwohl Letzteres schon mehrere hunderttausendmahl kleiner ist, als das Leitungsvermögen der Metalle. Gleichermassen ist es der Theorie conform, dass wenn dem in Erde zwischen A und B gehenden Strome durch zwei andere ab, etwas abgefangen wird, so zwar

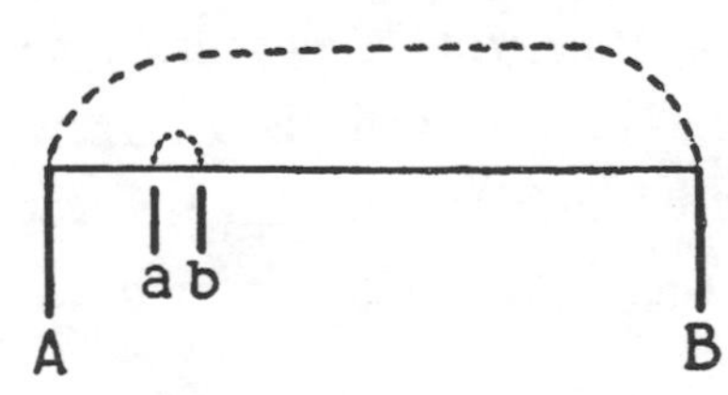

Dass 1) AB eine sehr grosse Entfernung
2) ab eine gegebene kleine
3) ab viel näher bei A als bei B eingesetzt werde
4) und so dass $AabB$ nahe in Einer Richtung (oder wenigstens Aab)

der partielle Strom, übriges gleichgesetzt, dem Quadrate der Entfernung des ab von A verkehrt proportional sein muss. Doch scheint mir, kann man bei diesen Versuchen schon wegen der Ungleichheit des Terrains in Beziehung auf Feuchtigkeit nicht viel Übereinstimmung erwarten, und die Übereinstimmung würde ohne Zweifel viel grösser werden, wenn Aab etwa in einem See, nicht gar zu nahe am Ufer eingesetzt würde.

Übrigens haben meine kleinen Versuche noch etwas anderes gelehrt, was mir sehr interessant scheint, nemlich dass wenn Platten von ungleichem Metall an den beiden Enden eingesetzt werden, ein kräftiger hydrogalvanischer Strom entsteht. Es ist doch überraschend, dass an die Stelle eines $\frac{1}{2}$ Linie dicken, mit gesäuertem Wasser getränktem Tuchlappens eine 500 Fuss dicke Erdschicht treten kann mit, wenn auch nicht gleich grossem, doch ganz ähnlichem Erfolg. Ich zweifle nicht, dass Sie bei Ihren viel grössern Entfernungen doch das gleiche finden werden. Da Freund WEBER so eben wieder zurückgekommen ist, so hoffe ich, dass auch wir die Versuche hier bald in etwas grösserem Maassstabe und mit lehrreichen Abänderungen werden machen können.

Stets mit aufrichtiger Hochschätzung
Göttingen, den 28. August 1838. und Freundschaft
C. F. GAUSS.

Anhang zu [7.]

Briefwechsel zwischen GAUSS und SCHUMACHER, III, Altona 1861, S. 73, 106.

[a.]

GAUSS an SCHUMACHER, Göttingen den 24. Juni 1836.

. . . . STEINHEIL führt jetzt (als Probeversuch für künftig weiter zu erstreckende magnetische Telegraphie) eine Drahtleitung von München nach Bogenhausen, bei welcher Gelegenheit er schon eine interessante Bemerkung gemacht hat — meinem Vermuthen nach in der atmosphärischen Electricität begründet, welche sich also an Magnetometern ausserordentlich stark sichtbar machen lässt. . . . .

[b.]

GAUSS an SCHUMACHER, Göttingen den 31. Julius 1836.

. . . . . . Dabei fällt mir noch eine der Unrichtigkeiten des HUMBOLDT-schen Aufsatzes ein, die ich freilich schon damals bemerkte, aber ihre Berichtigung der Mühe nicht werth hielt, indem ich glaubte, dass jeder der

Theilnehmer sie sogleich von selbst erkennen würde. Da jedoch der Irrthum jetzt weiter verbreitet wird, so überlasse ich Ihnen, ob Sie, gleichviel ob in Ihrem oder in meinem Namen, die auf der andern Seite stehende Berichtigung abdrucken lassen wollen, in dieser oder in irgend einer andern Fassung, was ich Ihnen selbst ganz überlasse. . . . . . .

P. S. Da ich BREWSTERS Journal nicht im Hause habe und vor Absendung des Briefes nicht nachsehen kann, so bemerke ich, dass ich nicht ganz gewiss bin, ob der eigentliche Titel *Philosophical Journal* oder *Philosophical magazine* heisst. Sie werden dies eventuell leicht verbessern können. Es ist eines der allerneuesten Stücke, ich glaube etwa Nr. 50 oder 51 oder 52.

[c.]

Berichtigung.

Astronomische Nachrichten, XIV. Band, Altona 1837, Nr. 316, Spalte 53, 54.

In Folge der seit November 1834 genommenen Verabredung fallen die Termine für die gemeinschaftlichen Beobachtungen der magnetischen Variation immer auf den letzten Sonnabend (von Mittag Göttinger M. Z. bis zum folgenden Mittag) in jedem ungeraden Monat des Jahrs, wie auch in den A[stronomischen] N[achrichten] Nr. 276 angezeigt ist. Unter ungeraden Monaten sind aber der erste, dritte, fünfte, siebente, neunte und eilfte verstanden, und nicht wie in dem Aufsatz von Herrn VON HUMBOLDT (A. N. Nr. 306) die Monate, die eine ungerade Anzahl Tage enthalten. Diese Berichtigung ist vielleicht nicht überflüssig, da das Missverständniss des Herrn VON HUMBOLDT auch in die englische Übersetzung übergegangen ist, welche in dem Philosophical Magazine, Julius 1836 von jenem Aufsatz gegeben ist.

GAUSS.

[Briefwechsel zwischen GAUSS und SCHUMACHER, III, Altona 1861, S. 407, 112.]

[d.]

SCHUMACHER an GAUSS. Altona den 5. August 1836.

{. . . . . . Unser König hat es mit Recht nicht gut aufgenommen, dass Herr v. HUMBOLDT und die Franzosen, ohne vorzufragen, ein magnetisches

Observatorium auf Island etabliert haben. So viel als er für Wissenschaften thut, hätte dies doch wohl einer vorläufigen Bitte bedurft, und eigentlich hätte man ihn ersuchen sollen, es selbst zu tun. . . . . .}

[e.]

GAUSS an SCHUMACHER, Göttingen den 17. August 1836.

. . . . . . Auf HUMBOLDTS Bitte, um Mitwirkung zu den isländer Beob[achtungen], habe ich einen Extratermin veranstaltet, der von heute Mittag bis morgen Mittag abgehalten wird; es nehmen daran auch Auswärtige Theil (vermuthlich 5). Ich habe eben 40′ hindurch in der Sternwarte beobachtet, aber nur kleine Bewegungen gefunden. Hoffentlich gibt es Abends u[nd] Nachts mehr. . . . .

BEMERKUNGEN.

Von dem vorstehend wiedergegebenen Briefwechsel zwischen GAUSS und CARL AUGUST V. STEINHEIL (1832—1849 ord. Professor der Physik und Mathematik an der Universität München, später Ministerialrat im bayr. Handelsministerium, Begründer der optisch-astronomischen Werkstätte C. A. STEINHEIL SÖHNE) sind die Briefe 1., 3., 5., 6. STEINHEILS an GAUSS nach den im GAUSSarchiv befindlichen Handschriften, die Briefe 2., 4., 7., 8. von GAUSS an STEINHEIL nach (durch SCHERING beglaubigten) Abschriften abgedruckt worden; jedoch war der gegenwärtige Inhaber der Firma STEINHEIL, Professor Dr. RUDOLF STEINHEIL in München so gütig, den Abdruck der vier Briefe von GAUSS mit den im Besitz der Firma befindlichen Originalhandschriften zu kollationieren.

Der Franzose, dessen Namen GAUSS vergessen hatte (oben S. 133), war V. CH. LOTTIN, Astronom der Corvette »la Recherche«, von dem es in der Nr. 209 der »Allgemeinen Preussischen Staatszeitung« ausdrücklich heisst, dass er die von GAUSS erwähnten Versuche in Reikiavik gemacht habe.

SCHLESINGER.

---

26. Ein Brief von Gauss an Christopher Hansteen.

Göttingen, den 29. Mai 1832.

Hochgeehrtester Herr Professor.

Ihr gütiges Schreiben vom 14. April hat mir viele Freude gemacht. Schon seit vielen Jahren habe ich an den Erscheinungen des Erdmagnetismus ein lebhaftes Interesse genommen, allein seit vorigem Winter ist dies Interesse durch mancherlei zufällige Umstände wieder besonders angeregt und vergrössert, wohin ich auch vorzüglich die freundliche Willfährigkeit rechne, mit der mir mein trefflicher College WEBER das Anstellen eigner Versuche erleichtert hat. Um so schätzbarer ist es mir nun, mit Ihnen in Verbindung zu treten, dem dieser Zweig der Naturkunde so ungemein viel verdankt, und der mit allen Thatsachen vertrauter ist, als irgend ein anderer.

Es scheint mir nicht, dass die OERSTEDTsche Entdeckung und deren weitere Entwickelungen uns berechtigen, noch weniger zwingen, von der Voraussetzung abzugehen, dass die Erscheinungen des Erdmagnetismus zur Hauptursache Anziehungen und Abstossungen haben, die von (sehr unregelmässig vertheilten) magnetisch polarisirten Molecules des festen Erdkörpers ausgehen und deren Intensitäten in Beziehung auf jedes Molecule dem Quadrate der Entfernung umgekehrt proportional sind. Meiner Meinung nach bestätigt sich dies Gesetz überall auf das schönste, und in seiner Art eben so gut wie das Gesetz der Gravitation in den astronomischen Phänomenen.

Wie unregelmässig nun auch jene Molecules vertheilt sein mögen, so weiset doch die Analyse gewisse Bedingungen oder Relationen nach, die zwischen den magnetischen Erscheinungen auf der Erdoberfläche Statt finden müssen, lediglich schon in Folge der Voraussetzung, dass jene Phänomene nur die Gesammtwirkung von Elementaren Anziehungen u[nd] Abstossungen nach obigem Gesetze sind. Ich werde weiter hin eine der schönsten aus diesen Relationen anführen, die in den Thatsachen nachzuweisen von ungemein grossem Interesse sein würde.

Meine Absicht geht nun dahin, die magnetischen Erscheinungen auf der Erdoberfläche bloss aus jenem Gesichtspunkte auf- u[nd] so zu sagen in Eine Formel zusammenzufassen, die freilich, um sich an alle solche Anomalien anzuschliessen, die nicht bloss örtlich, d. i. auf eine kleine Fläche beschränkt sind, viele Glieder wird enthalten müssen, ungefähr wie die Mondstafeln aus einer grossen Anzahl Gleichungen bestehen. Eine Hypothese von zwei oder vier Polen, die ich nach dem obigen nicht angemessen halten kann, wird also ausgeschlossen; aber das ganze Geschäft wird auf eine streng geregelte Art durchzuführen sein, so bald nur die Thatsachen in einer dazu bequemen Form vorliegen. Dies muss aber, zu diesem Zweck, die Form der drei partiellen

Kräfte (gegen Nadir, Nord- u[nd] Westpunkt jedes Orts) sein, wie ich bereits in meinem Briefe an SCHUMACHER [*)] angegeben habe. Eine graphische Darstellung ist zwar an sich nicht nothwendig, aber man wird doch schwerlich ohne solche das erhalten können, was um die Rechnung ausführbar zu machen nöthig ist. Nemlich um diese Rechnung zu führen, bedarf ich jene drei Elemente für eine bedeutende Anzahl regelmässig auf der Erde vertheilter Punkte, nemlich so dass sie sich in mehrere Systeme ordnen z. B. 1) alle Punkte im Äquator in gleichen Intervallen z. B. von 30^0 zu 30^0 Längendifferenz, 2) ähnliche Punkte für eine Anzahl anderer Parallelkreise wenigstens von 30^0 zu 30^0, also 30^0, 60^0 Nördl[ich] u[nd] Südlich. Insofern 60^0 südlich wohl bis jetzt noch zu dürftig ausfallen wird, ist zu wünschen, dass diejenigen Parallelkreise, für welche man die erforderlichen Zahlen ausmittelt, etwas enger als 30^0 liegen. — Freilich wird noch viel fehlen, für alle solche Punkte die erforderlichen Data mit Zuverlässigkeit anzugeben. Allein immerhin mag dabei vorerst einiges nach dem sonst kenntlichen Zuge der Linien supplirt werden. Übrigens bemerke ich, dass der Besitz der Data für die solchergestalt regelmässig vertheilten Punkte an sich nicht unumgänglich nothwendig, sondern dass es theoretisch betrachtet möglich ist, die Eliminationen aus einer grossen Zahl beliebig liegender Punkte zu führen; allein die Arbeit würde dann 100 mal grösser sein, und ich würde davon abstrahiren. Man hat vorerst nur auf jene Art gleichsam die erste Annäherung zu machen; die spätere Ansfeilung wird sich lediglich auf die einzelnen unmittelbar durch Beob[achtungen] bekannten Punkte stützen müssen.

Sehr zu wünschen wäre nun freilich, wenn Sie selbst eine solche Darstellung, wenn nicht von allen 3 Kräften, doch von Einer vornähmen. Kann dies aber für jetzt nicht geschehen, so könnte ich vielleicht einen Versuch dazu auf anderem Wege machen lassen, wenn nur die zuverlässigen Grunddata vorlägen. Dann können Sie sich also die Berechnung der 3 partiellen Kräfte ersparen, und hätte ich dann nur um Mittheilung der Grunddata zu bitten. Dabei brauche ich kaum zu bemerken, dass es zu diesem Zweck wenig Werth hat, aus irgend einem vergleichungsweise kleinen Theile der

[*) Vom 3. Mai 1832, im Auszug wiedergegeben Werke XI, 1. S. 73 ff., wo auch (bis S. 115) noch andere, aus derselben und späterer Zeit stammende Briefstellen über Erdmagnetismus zusammengestellt sind; man vergleiche auch die daselbst gegebenen Literaturnachweise.]

Erdoberfläche sehr viele Angaben zu haben, für ganz Europa werden z. B. drei oder vier recht zuverlässige hinreichend sein.

Vielleicht spricht Sie noch mehr als jene drei graphischen Darstellungen eine vierte auf einem andern Princip beruhende an, die ich schon lange gewünscht habe, und die mit einer oben angedeuteten Relation zusammenhängt, nemlich eine Darstellung einer Anzahl von Linien auf der Erdoberfläche, die an jedem Punkt den magnetischen Meridian senkrecht durchschneiden (also ein specieller Fall von loxodromischen Linien, die sich auf den magnetischen Meridian beziehen). Es lässt sich nemlich a priori (unter der oben angeführten Voraussetzung, dass der Erdmagnetismus das Aggregat von unendlich vielen partiellen Wirkungen ist, die von Punkt zu Punkt gehen, und deren Intensität nach einerlei Gesetz von der Entfernung abhängt, selbst wenn dies nicht das verkehrte der Quadrate wäre) beweisen:

1) dass jede solche Linie genau in sich selbst zurückkehren muss,

2) dass in einer (streng genommen unendlich schmalen) Zone zwischen zwei solchen Linien die Intensität des horizontalen Magnetismus verkehrt der Breite der Zone proportional ist, z. B. die Intensität zwischen A u[nd] B (am genauesten, wenn die Breite der Zone AB nicht unbeträchtlich ist, in der Mitte) verhält sich zu der zwischen C und D wie $\frac{1}{AB} : \frac{1}{CD}$.

Es wäre höchst interessant, diess in den Thatsachen nachzuweisen und ich sollte glauben, dass man wenigstens grosse Stücke solcher Linien zu ziehen viele hinlängliche Data müsste zusammenbringen können. Ich brauche nicht zu erinnern, dass wenn die Zeichnung nach Mercators (oder auch einer andern in den kleinsten Theilen ähnlichen) Darstellung gemacht wird, diese Linien mit den Erdparallelen überall solche Winkel machen, die der Declination gleich sind.

So viel heute über die theoretischen Ansichten. Über meine eignen praktischen Versuche könnte ich einen sehr langen Brief oder vielmehr schon ein kleines Buch schreiben; allein da ich noch nicht ganz mit meinen Einrichtungen fertig bin, so sehe ich alle meine bisherigen Versuche nur erst als provisorische an. Inzwischen denke ich bald jene Einrichtungen hinlänglich vollkommen zu haben, und werde Ihnen dann ausführliche Mittheilungen machen. Vorläufig heute nur noch ein Paar Worte über die absolute Intensität.

Ich habe es damit auf alle verschiedenen Arten versucht, und finde die Benutzung des Gleichgewichtszustandes vortheilhafter als die der Schwingungen, obwohl auch letztere nicht unbrauchbar sind. Eine Art den Gleichgewichtszustand zu benutzen war, eine bewegliche Nadel (über einen Gradbogen spielend) mit dem einwirkenden Stabe auf Einem Brett zu haben, letztern so zu legen, dass er rechtwinklich gegen denjenigen Radius des Gradbogens liegt, mit dem die Richtung der Nadel coincidirte, ehe der Stab hingelegt war, und dann das Ganze zu drehen bis die Nadel wieder auf denselben Punkt kommt. Die Drehung des Bretts muss gemessen werden, und man findet leicht Mittel, solches auf 1′ genau zu thun. Offenbar braucht auch kein Gradbogen sondern nur ein Index da zu sein. Man verdoppelt die Genauigkeit, wenn man den Stab in zwei entgegengesetzten Lagen auflegt (*N* u[nd] *S* vertauscht), wo man sich dann um die Stellung des Bretts, bei welcher die Nadel mit dem Index ohne Zuziehung des Stabs coincidirt, gar nicht zu bekümmern braucht; man vervierfacht die Genauigkeit, wenn man anstatt Eines Stabes zwei anwendet:

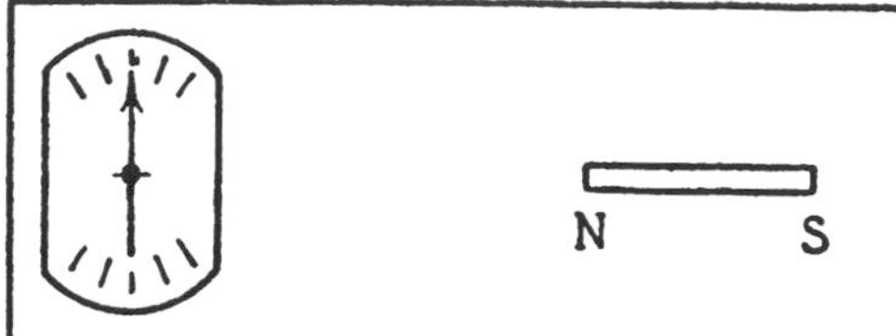

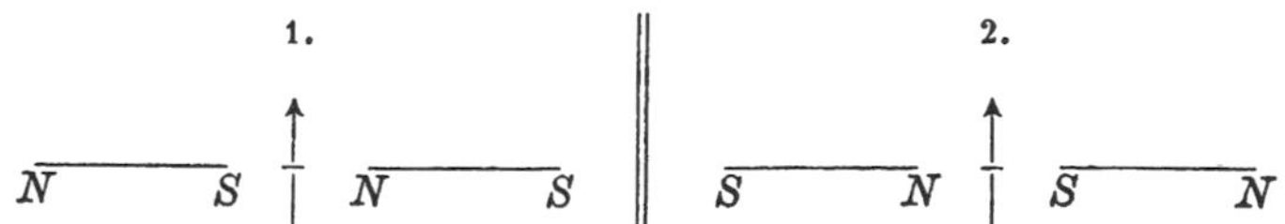

und man versechsfacht sie, wenn man vier Stäbe gebraucht:

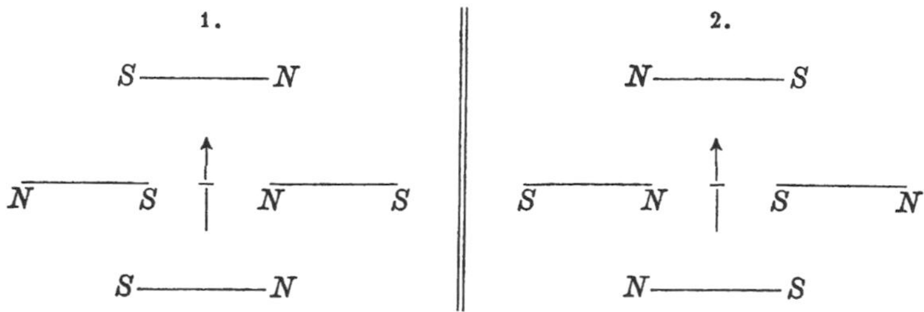

nemlich in gleichen Entfernungen wirkt ein südlich oder nördlich liegender Stab nur halb soviel als ein in Ost oder West liegender.

Die Versuche sind in verschiedenen Distanzen gemacht, die aber immer ein bedeutendes Vielfache der Längen der Nadel u[nd] der Stäbe sein müssen, und wobei die Wirkung, ganz comme il faut, dem Cubus der Entfernung verkehrt proportional wird.

Indessen habe ich jetzt die Sache etwas anders eingerichtet. Allein da meine Versuche bisher nur vorläufige sind, so behalte ich mir eine nähere Anzeige auf einen spätern Brief vor. Doch geben auch diese vorläufigen Versuche ein Resultat. das ich schon als sehr genähert betrachte, nemlich Intensität des horizontalen Erdmagnetismus in Göttingen $= \frac{1}{55}$, wenn man 1 Milligramm, 1 Millimeter und die Schwere in Göttingen als Einheit nimmt. Ich habe Ursache zu glauben, dass der Nenner 55 schwerlich mehr als eine Einheit ungewiss ist (zwei Versuche mit ganz verschiedenen Nadeln gaben der Eine 54, der andere 56*), auch sind noch, nicht alle kleinen Correctionen z. B. wegen der Torsion des Fadens, mit in Rechnung genommen, obgleich ich die Elemente dazu habe; denn wie gesagt, diese Versuche, die bei einer wenig soliden Aufstellung gemacht sind, nur um meine erste Neugierde zu befriedigen, werden künftig ganz cassirt, und ich hoffe mit Zuversicht, dann eine viel grössere Genauigkeit zu erhalten. Von H[errn] RIESSERS[**)] Zahlen in Berlin weicht dies toto coelo ab, und H[errn] ERMANNS[***)] Zahl gibt, auf meine Einheiten reducirt, einen Nenner, der fast um die Hälfte grösser ist.

Den Tadel, der gegen die Zulässigkeit Ihrer Annäherung in den Göttingischen Anzeigen gemacht ist, finde ich unpassend (der Verf[asser] jener Re[cension] ist leicht zu erkennen). Dagegen aber möchte ich die Zulässigkeit Ihrer Voraussetzung über die Vertheilung des Magnetismus in der Nadel ($\varphi x = xx$) bestreiten. COULOMBS Versuche geben eine Art logarithmischer Linien. Allein ich glaube nicht, dass man in allen Nadeln einerlei Vertheilung annehmen darf, auch wenn man sie auf gleiche Art gestrichen hat, und

*) Eine grosse Menge anderer vorläufiger Versuche mit weniger vollkommnen Einrichtungen und Nadeln von den allerungleichsten Dimensionen, gaben immer nur wenige Einheiten anders.

[**)] Gemeint ist wohl PETER RIESS, siehe L. MOSER und P. RIESS, *Über die Messung der Intensität des tellurischen Magnetismus*, POGGENDORFFS Annalen 18, 1830, S. 226.]

[***)] PAUL ERMAN, *Über die magnetischen Verhältnisse der Gegend von Berlin*, Abhandlungen der k. Akademie d. Wiss. zu Berlin für 1828, 1831, S. 97 ff.]

halte für unumgänglich nöthig, jedes Verfahren von der Kenntnis der Vertheilung so viel möglich unabhängig zu machen. Damit ist nun übrigens auch von selbst die Richtigkeit Ihrer Bemerkung über BIOTS Verfahren, aus COULOMBS Versuchen das Gesetz $\frac{1}{rr}$ zu deduciren, anerkannt.

Ich möchte wohl wissen, wo die Originalangabe Ihrer Bestimmung der thermometrischen Correction, die verschiedentlich z. B. von QUETELET gebraucht wird, und die ich nicht habe auffinden können, steht [*)]. Ich habe mir vorgesetzt, auch hierüber künftig Versuche zu machen, was ich eben auf den Winter verspare, wo man sich leichter grosse Temperaturverschiedenheiten verschaffen kann. Ich werde dann immer wenigstens zwei Nadeln gleichzeitig, die eine in einem warmen, die andere in einem kalten Locale schwingen lassen, und sie nachher umtauschen. Nur so, deucht mir, kann man die stündlichen Variationen (die bei meinen Versuchen ganz unabhängig von Temperaturänderungen auf das deutlichste hervortreten) von dem Einflusse der Temperatur trennen.

Sehr würde mich freuen, von Ihnen die im Anfang dieses Briefes angezeigten Mittheilungen zu erhalten. Ich möchte Ihnen aber zugleich anheim geben, ob es nicht gut wäre, von Zeit zu Zeit, etwa alle 5 oder 10 Jahre, gleichsam neue Ausgaben von den Tafeln zu geben, die wie in Ihrem Werke den Zustand unserer Kenntnisse von den zuverlässigsten Bestimmungen der 3 magnetischen Elemente darlegen, ungefähr so, wie alle Jahr in der Con[aissance] des T[ems] ein Verzeichniss der geographischen Positionen gegeben wird.

Ich schliesse mit dem Ausdruck meiner aufrichtigsten Hochachtung und Ergebenheit

C. F. GAUSS.

[*) Siehe CHR. HANSTEEN, *Über Beobachtungen der magnetischen Intensität bei Berücksichtigung der Temperatur, sowie über den Einfluss des Nordlichtes auf die Magnetnadel*, POGGENDORFFS Annalen 9, 1827, S. 161.]

27. Gauss an Carl Ludwig Harding.

Braunschweig, 28. November 1806.

. . . .

Wie gross setzen Sie die Declination der Magnetnadel zu Göttingen? Können Sie mir nicht die Declinationen für diejenigen Örter nachweisen, für die H[err] VON HUMBOLDT im Nov[emberheft] der M[onatlichen] C[orrespondenz] die Inclinationen gibt? Oder auch für einige von denen, wofür HUMBOLDT im IV. Bande der A[llgemeinen] G[eographischen] E[phemeriden] die Inclination angab? Declination und Inclination zugleich für eine beträchtliche Anzahl von Örtern auf sehr verschiednen Punkten der Erde, z. B. dem Kap, Batavia, in Südamerika, dem Südmeere, Nordamerika u[nd] Egypten würden für mich einen ungemein grossen Werth haben. Ich wünschte, dass jemand aus den vielen in den neuesten Zeiten gemachten Reisen Beobachtungen dieser Art in einem eignen Werke sammelte. Ich glaube, in diesem Felde werden sich noch höchst interessante Resultate ziehen lassen, die bisher noch ganz im Dunkeln liegen. Sobald die Göttingische Bibliothek die kleine v[on] HUMBOLDT angekündigte Schrift erhält, werden Sie mich sehr durch eine Mittheilung der darin enthaltenen numerischen Resultate verpflichten. . . . .

---

28. Zwei Briefe von Gauss an Johann Georg Repsold in Hamburg*).

[1.]

Braunschweig, den 30. Sept. 1807.

Auf Veranlassung eines Schreibens von Ihrem Herrn Onkel[**)] habe ich den KLÜGELschen Aufsatz über die Dimensionen eines Doppelobjectivs in HINDENBURGS Archiv[***)] durchgesehen: diesen Zweig der Mathematik habe ich

[*) Vergl. die Briefstellen GAUSS an SCHUMACHER Werke XI, 1, S. 145—149.]

[**) Cand. theol. G. C. BÖHMER, ein Bruder von REPSOLDS Mutter, der mit GAUSS bekannt war. Vgl. JOH. A. REPSOLD, *Vermehrte Nachrichten über die Familie Repsold u.s.w.* 2. Ausgabe, Hamburg, 1915.]

[***) G. S. KLÜGEL, *Angabe eines Doppelobjectivs, das von aller Zerstreuung der Strahlen frey ist,* Archiv der r. u. a. Mathematik, 6. Heft, 1797, S. 141—161.

zwar bisher noch zu keiner Hauptbeschäftigung gemacht, und mancherlei meine Zeit jetzt beschränkende Arbeiten verbieten mir, in diesem Augenblick tief in diesen Gegenstand einzugehen, indessen glaube ich doch Ihre Fragen, mein theuerster Herr Repsold, ziemlich befriedigend beantworten zu können.

Erstlich wenn die Dicke des vorhandnen Glases zu den von Klügel vorgeschriebnen Dimensionen nicht zureicht, so kann man allenfalls die Linsen so viel dünner schleifen*) und übrigens die Dimensionen der Krümmungen beibehalten. Klügel erklärt selbst S. 154, dass dadurch kein sehr bedeutender Fehler entstehen könne. Um aber nichts zu wünschen übrig zu lassen, habe ich für dünnere Linsen die Dimensionen eines Objectivs berechnet, von dem ich versichern kann, dass es völlig so gut ist als das von Klügel angegebne und in der Voraussetzung dass die Zerstreuungskräfte der beiden Glasarten den S. 151 angegebnen Datis entsprechen, sowohl die Abweichung wegen der Farben als die wegen der Gestalt vollkommen hebt.

Brennweite der Doppelobjektivs von der hintern Fläche an gerechnet	31938	Theile
Brennweite des Convexglases	9962	
Brennweite des Concavglases		
Halbmesser der Vorderfläche beim Convexglase	6943	
Hinterfläche	22712	
Halbmesser der Vorderfläche beim Concavglase	14938	
Hinterfläche	18709	
Dicke des Convexglases	100	
Ganze Öffnung des Convexglases	2055	
Dicke des Concavglases (in der Axe)	35	
Distanz der innern Flächen der beiden Gläser	80	

Der Theorie nach muss dies Glas für 8 Fuss Brennweite eine wirkliche Öffnung von $5\frac{1}{2}$ Zoll vollkommen vertragen. Schlimm ists nur, dass man schwerlich darauf rechnen kann, dass die Zerstreuungskräfte der beiden Glasarten vollkommen mit den vorausgesetzten Zahlen übereinstimmen, und dass

*) Wovon denn freilich die natürliche Folge ist, daß die Convexlinse eine verhältnissmässig kleinere Öffnung erhält.

man von der andern Seite die vorgeschriebnen Krümmungen nie aufs allerschärfste in der Praxis wird ausführen können. Gerade dieser Umstand aber gibt die Antwort

auf Ihre zweite Frage. An sich ist allerdings keineswegs nothwendig, dass die beiden Gläser durch einen Zwischenraum getrennt sind. Allein die Absicht warum bei der Rechnung einer gelassen ist, geht dahin um einigen Spielraum zu gewinnen, so dass man durch Verringerung oder Vergrösserung der Distanz demjenigen durch Probiren nachhelfen könne, was an der Beschaffenheit der Glasarten und der Ausführung der verlangten Krümmungen etwa noch fehlen kann. Die Engländer leisten dieses Nachhelfen nicht durch Verschieben der Gläser, sondern dadurch, dass sie aus einer sehr grossen Menge von Linsen diejenige aussuchen, die den besten Effect thut. Könnten Sie mir einerseits die Brechungs- und Zerstreuungsverhältnisse Ihrer Glasarten haarscharf angeben und zweitens gewiss sein, die vorgeschriebnen Krümmungen eben so haarscharf auszuführen, so wäre es ein leichtes die Dimensionen zu dem besten Objectiv, wo die Linsen sich berühren, anzugeben. Allein bei den kleinen doch immer unvermeidlichen Unvollkommenheiten ist es dem, der nicht unter Hunderten von Linsen aussuchen kann, nothwendig, sich gleichsam den Rücken frei zu erhalten, um wenigstens durch eine kleine Verschiebung der beiden Linsen das gefehlte wieder einzubringen zu suchen. Ob übrigens nach Hrn. Klügels Vorschriften schon ein Glas ausgeführt ist, weiss ich nicht: aber gewiss glaube ich, dass man durch zweckmässige Benutzung der Theorie vor der blossen Empirie einen sichern Vorsprung müsste erhalten können.

. . . .

Mit ausgezeichne[te]r Achtung und unter vielen Empfehlungen an Ihren Herrn Onkel verharre ich

Ihr ergebenster
C. F. Gauss.

[2.]

Göttingen, den 2. September 1809.

Mit vielem Vergnügen höre ich heute von Hrn. Dr. Schumacher, dass Sie, werthester Freund, mir bald über die Brechungs- und Zerstreuungsverhältnisse der beiden Glasarten die Resultate Ihrer eignen Versuche mittheilen wollen. Schon die mitgetheilten Dimensionen der zwei Fernrohre sind mir schätzbar, obwohl sie noch nicht zureichend oder nicht durchgehends genau genug sind, um die Verhältnisse daraus rückwerts abzuleiten. Ich habe so eben aus der mitgetheilten Brennweite des Kronglases bei dem grössern Fernrohre (21 Zoll) die ohne Zweifel für die mittlern Strahlen gilt? das correspondirende Brechungsverhältniss abgeleitet und finde wie 1 : 1,4918, welches doch wohl etwas zu wenig ist. Allein eine kleine Abänderung in der Brennweite ändert hier schon viel, und das Verhältniss würde schon merklich stärker ausfallen, wenn wie ich vermuthe jene Brennnweite etwa einen halben Zoll kleiner wäre. Es wäre also schon von Werth, wenn Sie die Brennweite sowohl des Convexglases für sich (die 21 Zoll) als die Brennweite des ganzen Objectivs (61 Zoll) nicht in runden Zollen, sondern in Theilen von Zollen bestimmen wollten, und allenfalls nach JEAURATS[*)] Manier zugleich für beide Fälle untersuchten, was erfolgte, wenn Sie nahe an der Stelle des Bildes durch ein vorgehaltnes rothes und ein violettes Blendglas die übrigen Strahlen separirten. Alsdann werde ich mit Vergnügen untersuchen, in wie fern bei der daraus folgenden Beschaffenheit der Gläser, das Objectivglas etwa noch vollkommner eingerichtet werden könnte und zweitens, wie es zu berechnen sei, damit das Concavglas die möglich kleinste Dicke erhalte. Sicherer wäre es freilich, an Ihrem eignen Glasvorrathe erst Versuche zu machen, weil doch vielleicht ein kleiner Unterschied Statt haben könnte. Die Brennweiten bitte ich immer so anzugeben, wie sie von der nächsten Glasfläche gemessen werden.

. . . .

Mit grösster Achtung und Ergebenheit

Ihr

gehorsamster Diener

C. F. GAUSS.

[*) E. S. JEAURAT, *Détermination de la réfraction et de la dispersion des rayons dans le crown-glass et le verre de Venise et dans le flint-glass ou cristal blanc d'Angleterre etc.*, Histoire de l'Académie royal des sciences, Paris 1770, S. 461 ff.]

29. Urteil über Kellners orthoskopisches Okular.

[1.]

[Handschriftliche Bemerkung von GAUSS auf dem Briefe von CARL KELLNER, Wetzlar, den 14. Januar 1850.]

Am MERZschen Fernrohr ist diess Ocular bei der Stellung 79 anzubringen. Gesichtsfeld 27′ 30″.

[2.]

GAUSS an SCHUMACHER. Göttingen, den 22. Februar 1850.

[Briefwechsel zwischen GAUSS und SCHUMACHER, VI, Altona 1865, S. 67. 68.]

. . . . . Wegen KELLNERS Ocular haben Sie mir nicht geantwortet[*)]. Ich habe eines, was recht gute Dienste leistet; am MERZschen Fernrohr 96-mal vergrössert. Das Gesichtsfeld hat 27½ Min[uten] Durchmesser und ist ziemlich in der ganzen Ausdehnung gleich deutlich. Das MERZsche Ocular von dieser Vergrösserung hat nur 18 Min. 25 Sec. Durchmesser. Wahrscheinlich wird letzteres bei einem 1½-mal weiteren Gesichtsfelde gegen den Rand zu merklich undeutlicher werden.

[3.]

CARL KELLNER an GAUSS. Wetzlar, den 12. März 1850.

{. . . . . Wie Ihnen bekannt sein wird, erscheint in Giessen ein *Jahresbericht über die Fortschritte der Chemie, Physik usw.* Der Professer der Mathematik daselbst, Dr. [FRIEDRICH GEORG CARL] ZAMMINER, der auch die Optik vorträgt, interessirt sich sehr für meine Arbeiten und will als Mitarbeiter obigen Jahresberichts mein Ocular in demselben anführen. Weil aber in dieser Sache nur das Urtheil grosser Astronomen Gewicht hat, so würde ich

[*) Siehe den Brief von GAUSS an SCHUMACHER vom 5. Februar 1850, *Briefwechsel* VI, S. 59; vergl. auch ebenda SS. 73, 80—83.]

Ihnen zum grössten Danke verpflichtet sein, wenn Sie mir Ihr Urtheil, soweit Sie es bis jetzt gefällt haben, gütigst mittheilen wollten. . . . . .}

[4.]

Gauss an Kellner. Göttingen, zwischen dem 14. und 17. März 1850.

[Jahresbericht über die Fortschritte der ... Chemie, Physik, Mineralogie und Geologie ... herausgegeben von Justus Liebig und Hermann Kopp. Für 1849. Giessen 1850. S. 134.]

. . . . . Das Ocular vergrössert, an das Merzsche Fernrohr angebracht, 96 mal und steht daher in dieser Beziehung ganz einem der vorhandenen Merzschen Oculare gleich. In der Deutlichkeit und Farblosigkeit des Bildes habe ich keine entschiedene Ungleichheit bemerken können. Aber Ihr Ocular hat ein Gesichtsfeld von 27′ 36″ Durchmesser, das Merzsche nur 18′ 25″ Es ist mithin die Fläche des Gesichtsfeldes bei Ihrem Ocular mehr als doppelt so gross, als unter gleicher Vergrösserung bei dem Merzschen. Die Deutlichkeit des Sehens ist bei Ihrem Ocular bis zum Rande des Gesichtsfeldes, wenn nicht ganz, doch gewiss fast gleich gut. . . . . .

[5.]

Carl Kellner an Gauss. Wetzlar den 19. März 1850.

{. . . . . Aus Ihrem mir sehr werthen Briefe, womit ich dieser Tage beehrt wurde, habe ich mit Freude ersehen, dass Sie mit den Leistungen des orthosk[opischen] Okulars wohl zufrieden sind. . . . Ihrem schwerwiegenden Rathe zufolge, hätte ich besser gethan, wenn ich die Berechnung meiner Okulare offen vorgelegt hätte. . . . .

Die gewünschte Quittung folgt einliegend.}

[6.]

Carl Kellner an Gauss. Wetzlar, den 13. Mai 1850.

{. . . . . Den richtigen Empfang der acht Thaler ergebenst anzeigend, verfehle ich nicht, . . . nochmals meinen innigsten Dank abzustatten. . . . und ich erfülle mit Vergnügen Ihren Wunsch, Ihnen Aufschluss über das Zusammenleimen der Linse zu geben. . . . .}

BEMERKUNG.

Über das in Rede stehende Okular vergl. *Das orthoscopische Ocular usw., eine verbesserte Construction der Objectivgläser, nebst Anleitung zu richtiger Beurtheilung und Behandlung optischer Instrumente* von C. Kellner, Optiker in Wetzlar; mit einem Anhang von M. Hensoldt . . ., Braunschweig 1849. — Im Gaussarchiv befinden sich die oben erwähnten vier Briefe Kellners an Gauss. — Die Handschriften der Briefe von Gauss an Kellner haben sich trotz dankenswerter Bemühungen des Chefs der Firma E. Leitz in Wetzlar — der Nachfolgerin C. Kellners — weder bei der Firma, noch bei den Nachkommen Kellners auffinden lassen; wir mussten uns daher damit begnügen, den bereits veröffentlichten Auszug [4.] und einige Stellen der Briefe von Kellner, in denen von dem Inhalt der Gaussschen Briefe die Rede ist, wiederzugeben.

Schlesinger.

30. Schreiben des Herrn Ministerialraths v. Steinheil an den Herausgeber [der Astronomischen Nachrichten].

Astronomische Nachrichten, Bd. 53, 1860, Spalte 305.

{Das neue (nahezu Gaussische*)) Objektiv $\frac{36'''}{46''}$ ist fertig und verglichen. Es ist entschieden achromatischer und schärfer als irgend ein Fraunhofer. Auch das Gesichtsfeld ist wenigstens ebenso gut, als bei Fraunhofers Construction. Die secundären Farben scheinen mir dünner, durchsichtiger. Ein künstlicher Stern (Sonnenreflex auf Stahlkugel 9''' Durchm[esser] und 60' Abstand) erscheint auf schwärzerem Grunde umgeben mit ganz feinen Lichtringchen. Es erträgt gut eine 300 malige Vergrösserung. Ich habe das Sonnenbild durch ein Prisma zerlegt und das Bild successive in allen Farben auf der Stahlkugel reflectirt. Zum deutlichsten Sehen ist keine Ocular-Verstellung erforderlich (eine Verstellung von 0,'''02 ist bemerklich). Ebenso behauptet das Ocular seine Stellung, wenn man bis auf 1 Zoll Öffnung diaphragmirt und excentrisch bis zum Rande des Objectivs mit der freien Öffnung fortwirkt. Es sind daher

*) S. Bohnenbergers Zeitschr. f. Astron. 4. Bd. XXX, p. 345—351 [vgl. Werke V, S. 504.]

Farben erster Ordnung und Kugelgestalt streng gehoben. Eine ringförmige Objectiv-Öffnung erträgt es ebensowenig, als der FRAUNHOFER. Offenbar ist Beugung des zerlegten Lichtes Ursache. Die Erscheinung verdient aber noch besonders studirt zu werden.

Ich konnte mir nicht versagen, Ihnen vorläufig diese Notiz zu geben, da es mir eine überaus grosse Freude macht, eine Arbeit von GAUSS, die bisher nicht verstanden und verkannt war, zur vollen Geltung zu bringen, woran ich nach dem vorliegenden Erfolge nicht mehr zweifeln kann.

Dieser erste Versuch zeigt, dass man das GAUSSische Objectiv ohne Abweichung für die Zwischenstrahlen ($\frac{2}{3}$ der Öffnung) herstellen kann. Da nun hier der mittlere und der farbige Strahl über die ganze Öffnung beisammen liegen, die Zwischenabweichung aber auch noch gehoben werden könnte, wenn sie viel grösser wäre, so bin ich der festen Meinung, dass es gelingen wird, das neue Objectiv mit weit grösserer Öffnung als das FRAUNHOFER'sche herzustellen, und ich habe deshalb ein zweites in Arbeit, welches 54 Linien Öffnung und nur 48 Zoll Brennweite bekömmt. Gelingt auch dieses, dann ist für die Dioptrik viel gewonnen. Dann werden wir alle grossen Objective so construiren müssen, auch schon wegen der Durchbiegung in verschiedenen Lagen, die hier wegen der starken Krümmung ($g' = \frac{1}{10}$ Brennweite) fast ganz unschädlich wird.

Ergänzend zu meiner letzten Mittheilung über Reflexe, habe ich noch beizufügen, dass eine Glaskugel ein Ocular bildet, welches ganz frei ist von Reflexen. Natürlich sind aber dabei die andern Bedingungen nicht erfüllt. Indessen zeigt die Kugel als Ocular in der Mitte des Gesichtsfeldes sehr scharf, so dass sie besonders bei starken Vergrösserungen und für das Filarmicrometer gewiss mit Vortheil angewendet werden kann.

München, 1860 Mai 20. C. A. STEINHEIL.}

31. Ein Brief von Gauss an Adolf und Georg Repsold in Hamburg.

Göttingen, den 23. September 1836.

Ewr. Wohlgeboren

beeile ich mich anzuzeigen, dass das Hannoversche Pfund des Herrn Etatsrath SCHUMACHER, welches Sie in dessen Auftrag hieher geschickt haben, wohlbehalten angekommen ist. Da unter allen meinen Gabeln, deren ich eine ziemliche Anzahl habe, keine für den Hals dieses Gewichts weit genug war, und Hr. MEIERSTEIN von einer Reise, auf der er begriffen ist, erst in ein Paar Tagen zurückkommen wird, so habe ich nur Einen Wägungsversuch einstweilen gemacht, wobei ich das Gewicht mit Handschuhen aufsetzte. Nach diesem vorläufigen Versuche war dieses Gewicht gegen 3 Milligramm leichter, als dasjenige preussische Pfund, welches ich aus Berlin erhalten habe. Da jedoch nach Hrn. Etatsrath SCHUMACHERS Angabe das specifische Gewicht jenes Pfundes bedeutend geringer ist, als nach meiner eignen Abwägung im Wasser das des letztern, und nach einem Überschlage jenes in der Luft etwa $2\frac{1}{2}$ Milligramme mehr verlieren muss als letzteres, so würde (so viel man aus einer einmaligen nicht unter günstigen Umständen gemachten Abwägung schliessen darf) das wahre (im Vacuum gedachte) Gewicht des von Ihnen verfertigten Pfundes kaum $\frac{1}{2}$ Milligramm von dem wahren Gewicht des aus Berlin erhaltenen differiren. Ich bin in der That neugierig, zu erfahren, nach was für einem Standard Sie jenes Pfund dargestellt und wie Sie haben justiren können, ohne dass an dem so überaus eleganten Kunstwerke eine Spur davon zu erkennen ist.

Was dann die von Ihnen schon vor einigen Monaten übersandte Wage betrifft, so habe ich es zwar höchst dankbar erkannt, dass Ihre überaus grosse Güte es mir überliess, ob ich sie käuflich oder borgweise annehmen wollte, und ich hätte Ihnen allerdings meinen Dank dafür sogleich selbst bezeugen sollen. Dass ich zuvörderst erst Hrn. Etatsrath SCHUMACHER damit beauftragte, wollen Sie gütigst mit der Verlegenheit entschuldigen, die daraus entsprang, dass ich damals ausser Stande war, wegen jener Alternative eine bestimmte

Erklärung abzugeben. Das Geschäft wobei ich die Wage brauche (in gar keinem Zusammenhange mit meiner Stelle als Professor oder Director der Sternwarte) und die Fonds, woraus die Kosten bestritten werden müssen, relevirt von einem ganz andern Ministerium, mit dem ich sogar nicht einmal direct, sondern nur durch Vermittlung einer Commission communicire. Da ich nun aber einerseits Ihre grosse Güte nicht missbrauchen wollte, und auch andererseits mir einige (ich weiss freilich noch nicht, ob gegründete?) Hoffnung mache, dass nach Vollendung des Geschäfts die Wage der Sternwarte geschenkt werden könnte, die nur eine (ohne Vergleich schlechtere) von RUMPF besitzt, so habe ich mir die Autorisation ausgewirkt, Ihre Wage käuflich zu behalten, und bitte in dieser Beziehung, dass Sie mir den Preis unter Anfügung der Kosten für die zwei Halbkilogramme, welche Sie durch Vermittlung des Hrn. Etatsrath SCHUMACHER für mich anzufertigen die Güte haben, melden, oder durch Hrn. Et[ats]r[ath] SCH[UMACHER] demnächst anzeigen lassen.

Übrigens wird Ihnen Herr Etatsrath SCHUMACHER gemeldet haben, dass nach meinen bisherigen Versuchen diese Wage eine Genauigkeit gibt, mit der ich auch völlig zufrieden sein kann, obgleich ich natürlich mir es gern gefallen lassen will, wenn Sie demnächst die Wage gegen eine andere umtauschen wollen. Bloss, auf dem Agatplättchen zeigt sich auf dem hintern Theile unter der Schneide ein schwacher Strich, vermuthlich dadurch entstanden, dass beim Transport der hintere Theil der Schneide aufgesessen hat. Ob die Harmonie der Wägungen, mit der ich wie gesagt auch jetzt völlig zufrieden sein kann, ohne diesen Strich noch grösser sein würde, wage ich nicht zu entscheiden.

Bei einer neuen Wage würde ich nur bei Einer Kleinigkeit eine Abänderung wünschen, nemlich dass das Ohr A in dem Hakenförmigen Theil worin vermittelst eines S jede Wagschale hängt, scharfe Kante hätte, während diese Kanten jetzt abgerundet sind. Früher hatte ich zwar auch den Wunsch, dass die Arme des Wagebalckens eine feine Eintheilung hätten, um ein Laufgewichtchen anbringen zu können, dessen Moment sich dadurch scharf evaluiren lassen würde; allein ich lege gegenwärtig darauf eben keinen Werth mehr, nachdem ich durch Erfahrung mich überzeugt habe, dass ich mir durch Golddraht, wovon 37 engl[ische] Fuss ein Gramm wiegen, kleine Gewichtchen mit grösster Leichtigkeit und Zuverlässigkeit verschaffen kann.

Mit grosser Hochachtung habe ich die Ehre zu beharren

Ewr. Wohlgeboren
ergebenster Diener
C. F. Gauss.

BEMERKUNG.

Der vorstehend (Nrn. 24—31) abgedruckten Auswahl von noch nicht veröffentlichten, physikalisch interessanten Teilen des Briefwechsels von Gauss reihen sich noch an: die im II. Bande der *Correspondance de H. C. Örsted avec divers savants* publiée par M. C. Harding, Copenhague 1920, auf S. 347—353 wiedergegebenen Briefe von Gauss an Örsted vom 10. November 1834, 21. Januar 1835 und 6. Juli 1837, deren Handschriften in der Universitätsbibliothek zu Kopenhagen aufbewahrt werden, sowie die ebenda auf S. 623—631 abgedruckten Briefe von Örsted an Gauss vom 3. November und 23. Dezember 1834, 31. Januar, 17. April und 14. Juli 1835 sowie vom 2. Februar 1837, deren Handschriften sich im Gaussarchiv befinden.

Schlesinger.

32. Deutscher Entwurf der Einleitung zur Theoria motus corporum coelestium.

Einleitung.

Nachdem KEPLER die Gesetze entdeckt hatte, nach denen sich die Planeten um die Sonne bewegen, wusste sein fruchtbares Genie sich auch Mittel zu schaffen, um die Elemente der Bahnen der einzelnen Planeten zu bestimmen. TYCHO BRAHE hatte die Beobachtungskunst zu einer bis dahin unbekannten Vollkommenheit gebracht; er hatte alle Planeten eine lange Reihe von Jahren hindurch sorgfältig und anhaltend beobachtet, und aus diesem reichen Schatze von Erfahrungen durfte KEPLER nur auswählen, was sein Scharfsinn zu seiner jedesmaligen Absicht am zweckmässigsten fand, wobei ihm überdiess die sehr genaue Kenntniss, die man von den mittlern Bewegungen der Planeten vermittelst der Beobachtungen der Alten bereits hatte, ungemein zu Statten kam.

So wie in den folgenden Zeiten die Beobachtuugen immer zahlreicher und immer vollkommner wurden, liessen sich die Planetenbahnen auch immer schärfer bestimmen. Diejenigen Astronomen, die sich nach KEPLER damit beschäftigten, hatten dieselben oder noch grössere Vortheile zu Gebote. Sie brauchten nicht ganz unbekannte Elemente von Anfang auszumitteln, sondern nur schon ziemlich genau bekannte Elemente schärfer zu bestimmen, und zwar mit Hülfe von Beobachtungen, die sie, wie es ihnen am bequemsten war, auswählen konnten.

NEWTON entdeckte das Princip der allgemeinen Schwere, aus welchem a priori folgte, dass die Bewegungen aller Himmelskörper, insofern sie nur unter dem Einflusse der Sonne stehen, den KEPLERschen Gesetzen, mit geringen Modificationen, unterworfen sein müssen. KEPLER hatte gefunden, dass die Bahnen der Planeten Ellipsen sind, dass die Sonne in einem Brennpunkte derselben stehe, dass die von einem Planeten um die Sonne beschriebenen Flächenräume im Verhältnisse der Zeiten stehen, endlich dass die Quadrate der Umlaufszeiten in verschiedenen Ellipsen sich wie die Würfel der halben grossen Axen der Bahnen verhalten. Nach dem Princip der allgemeinen Schwere müssen alle Weltkörper, durch den Einfluss der Sonne gelenkt, überhaupt Kegelschnitte beschreiben, die nur unter den Umständen, worin sich die Planeten befinden, Ellipsen werden, unter andern Umständen hingegen eben so gut Parabeln oder Hyperbeln werden können; dass die Sonne allemal in einem Brennpunkte des Kegelschnitts sich befindet; dass die Flächenräume, die Ein und derselbe Weltkörper um die Sonne in verschiedenen Zeiten beschreibt, diesen Zeiten proportional sind; endlich dass die Flächenräume, die verschiedene Weltkörper in einerlei Zeiten um die Sonne beschreiben, sich wie die Quadratwurzeln aus den halben Parametern ihrer Bahnen verhalten: dieses letztere Gesetz, das sich auch bei Parabeln und Hyperbeln anwenden lässt, wo von Umlaufszeit nicht die Rede sein kann, ist für Ellipsen mit dem letztgenannten KEPLERschen identisch. Jetzt war der Leitfaden gefunden, an den man sich bei Untersuchung der bis dahin unerklärlich gewesenen Bewegungen der Kometen zu halten hatte. Bei allen Kometen, von denen man hinreichende Beobachtungen hatte, fand man nach angestellter Prüfung, dass man nur voraussetzen dürfe, ihre Bahnen seien Parabeln, um ihre beobachteten oft sehr bizarren Bewegungen mit den KEPLERschen Gesetzen in vollkommener Übereinstimmung zu finden. Dadurch wurde NEWTONS grossen Entdeckungen die Krone aufgesetzt; die aus dem Princip der allgemeinen Schwere abgeleiteten Lehren erhielten die schönste Bestätigung. Nach gleichen ewigen Gesetzen sah man die Planeten in ihren Ellipsen und die Kometen in ihren Parabeln um die Sonne laufen, und die bisher so widerspenstig gewesenen Erscheinungen der letztern schmiegten sich unterwürfig dem Calcül.

Die Bestimmung der parabolischen Bahnen der Kometen aus ihren beobachteten Erscheinungen war nun hauptsächlich deswegen bei weiten schwerer als die Berechnung der Planetenbahnen, weil jene nur eine kurze Zeit sichtbar sind, und man die Beobachtungen nicht so wie bei den Planeten seiner Bequemlichkeit nach auswählen kann, sondern sie so nehmen muss, wie gerade die Lage desjenigen Stücks ihrer Bahnen, worin sie sichtbar gewesen sind, gegen die gleichzeitigen Örter der Erde und andere zufällige Umstände es mit sich bringen. NEWTON selbst, der erste Geometer seines Jahrhunderts, erkannte die Schwierigkeit dieses Problems an, und wusste sie zu besiegen. Viele Geometer haben sich, seit NEWTON, mit eben diesem Probleme mit mehr oder weniger Glück beschäftigt, und gegenwärtig ist die Auflösung desselben zu einem verhältnissmässigen Grade von Leichtigkeit gebracht, der nicht viel zu wünschen übrig lässt.

Inzwischen muss bei dieser Aufgabe ein Umstand nicht übersehen werden, der viel dazu beiträgt, sie einfacher und leichter zu machen; der nemlich, dass Ein Element (die halbe grosse Axe, die unendlich gross ist) schon als bekannt angesehen wird. Alle möglichen Parabeln, abgesehen von ihrer Lage, unterscheiden sich bloss durch den verschieden[en] Abstand des Brennpunkts vom Scheitel: hingegen findet unter Kegelschnitten überhaupt eine unendlich grössere Mannichfaltigkeit Statt. Man war zwar nicht berechtigt zu behaupten, dass die Bahnen der Kometen im strengsten Sinn wirklich Parabeln sind: im Gegentheil hatte man alle Ursache, dies für höchst unwahrscheinlich zu halten. Allein man wusste, dass die Erscheinungen eines Weltkörpers, der sich in einer Ellipse oder Hyperbel von einer im Verhältniss gegen den Parameter sehr langen grossen Axe bewegt, in der Nähe des Periheliums wenig von den Erscheinungen verschieden sind, die die Bewegung in einer Parabel von demselben Abstande des Brennpunkts vom Scheitel darbietet, und um so genauer damit übereinstimmen, je länger jene grosse Axe ist. Wenn man also fand, wie dies wirklich fast bei allen Kometen der Fall war, dass zwischen den Erscheinungen, wie man sie in der Voraussetzung einer parabolischen Bahn berechnet hatte, und den beobachteten eben keine grösseren Unterschiede sich äusserten, als man aus den unvermeidlichen und bei Kometen ohnehin gewöhnlich ziemlich beträchtlichen Fehlern der Beobachtungen erklären konnte, so schloss man mit Recht, dass die vorhandenen Hülfsmittel durchaus nicht hinreichten, zu entscheiden, ob und in wie fern die Bahn von einer Parabel verschieden sei, und begnügte sich demnach mit der gefundenen Parabel. Der HALLEYsche Komet macht davon eine Ausnahme. Durch seine zu oft wiederholten malen beobachtete Wiederkehr zur Sonnennähe war man zur Kenntniss seiner Umlaufszeit gelangt; die Berechnung der elliptischen Elemente hatte nun aber, da die halbe grosse Axe bereits bekannt war, im Grunde wenig mehr Schwierigkeit, als die Berechnung von parabolischen Elementen.

Man hat freilich auch bei einigen andern Kometen, deren Sichtbarkeit von etwas längerer Dauer als gewöhnlich gewesen war, aus den Beobachtungen zu bestimmen versucht, in wie fern die Bahn von einer Parabel abwiche. Allein immer lag doch bei den zu dieser Absicht ersonnenen und angewandten Methoden die Voraussetzung zum Grunde, dass diese Abweichung nicht sehr beträchtlich sei, daher man bei diesen Versuchen die schon vorher berechnete Parabel und die dadurch erlangte schon ziemlich genaue Kenntniss von den übrigen Bestimmungsstücken der Bahn benutzen konnte. Überdies muss man noch hinzusetzen, dass eigentlich alle diese Versuche noch bei keinem einzigen Kometen (man müsste denn den von 1770 ausnehmen) etwas entschiedenes gelehrt haben.

Sobald man den 1781 entdeckten Uranus für einen Planeten erkannt hatte, berechnete man seine Bahn zuerst in der Voraussetzung, dass sie ein Kreis sei. Dies führt auf sehr leichte und einfache Rechnungen. Glücklicherweise ist wirklich die Bahn dieses Planeten nicht sehr excentrisch; man konnte daher die aus dieser Hypothese gefolgerten Resultate immer schon als eine brauchbare Annäherung bei der späterhin berechneten elliptischen Bahn benutzen. Ausserdem waren hier die sehr langsame Bewegung des Planeten und die sehr geringe Neigung seiner Bahn gegen die Ekliptik in mehr als Einer Rücksicht günstige Umstände. Sie erleichterten nicht allein die Rechnung sehr und verstatteten die Anwendung von Methoden, die man in andern Fällen nicht hätte anwenden können; sie schützten auch, verbunden mit dem ziemlich hellen Lichte dieses Planeten vor der Besorgniss, durch seine Unsichtbarkeit von einem Jahre zum andern seine Spur zu verlieren, daher man mit der Berechnung der elliptischen Elemente füglich warten konnte, bis ein Vorrath von Beobachtungen vorhanden war, aus dem man zu dieser Rechnung solche auswählen konnte, die die meiste Bequemlichkeit darboten.

Man sieht, dass in allen Fällen, wo man die Bahnen von Himmelskörpern berechnete, Umstände obwalteten, die die Anwendung von speciellen Methoden begünstigten: der Umstand vornehmlich, dass man durch hypothetische Voraussetzungen immer schon zu einer genäherten Kenntniss von einigen Elementen hatte gelangen können, ehe man die Berechnung einer elliptischen Bahn unternahm. Daher scheint es gekommen zu sein, dass dem allgemeinen Problem

Die wahre Bahn eines Weltkörpers, ohne weitere hypothetische Voraussetzungen, als dass er sich nach den Keplerschen Gesetzen um die Sonne bewege, unmittelbar aus Beobachtungen zu bestimmen, die einen zu kurzen Zeitraum umfassen, als dass man solche aus ihnen auswählen könnte, die specielle Vortheile darbieten (z. B. lauter Oppositionen)

bis zu Ende des vorigen Jahrhunderts gar keine ernstliche Bearbeitung gewidmet worden ist, so viel Anziehendes dasselbe auch schon von analytischer Seite hat. In der That hielt man bis dahin dafür, dass dies durch eine kurze Reihe von Beobachtungen zu erreichen unmöglich sei, eine freilich ganz falsche Meinung, da man jetzt weiss, dass bei der Vollkommenheit unsrer heutigen praktischen Astronomie die Beobachtungen eines Himmelskörpers während eines Zeitraums von wenigen Wochen, worin er einen heliocentrischen Bogen von wenigen Graden beschrieben hat, hinreichend sein können, eine genäherte Kenntniss von allen Bestimmungsstücken seiner Bahn ohne irgend eine hypothetische Voraussetzung zu geben.

Es war im Sommer 1801, als ich auf die ersten Grundideen zu der im gegenwärtigen Werke vorgetragenen Auflösung des gedachten Problems kam, und zwar bei Gelegenheit einer ganz andern Beschäftigung. Nicht selten lässt man in einem solchen Falle Ideenverbindungen, die näher ins Auge gefasst fruchtbar an wichtigen Folgen sein könnten, ungenützt vorbeigehen, um nicht von einer interessanten Untersuchung zu weit abgezogen zu werden. Auch jene Grundideen hätten vielleicht ein solches Schicksal gehabt, wären sie nicht ganz zufällig in einen Zeitpunkt gefallen, der für ihre Erhaltung nicht günstiger hätte sein können. Gerade um diese Zeit kamen nemlich die ersten genauern Nachrichten über den von Piazzi am 1. Januar 1801 entdeckten neuen Planeten ins Publikum. Noch niemals war in der Astronomie ein Fall eingetreten, wo das Bedürfniss einer von allen Hypothesen unabhängigen Methode, die Bahn eines Planeten aus einer kurzen Reihe von Beobachtungen mit möglichster Genauigkeit zu bestimmen, so fühlbar und so dringend gewesen wäre als damals, wo nach einer ansehnlichen Zwischenzeit die Wiederauffindung und fernere Erhaltung eines äusserst kleinen, nur durch gute Fernröhre sichtbaren Planetenatoms nur von einer schon sehr genäherten Kenntniss seiner Bahn abhing. Keinen entscheidendern Probirstein konnte ich folglich für die Wichtigkeit und praktische Brauchbarkeit meiner Ideen finden, als wenn ich davon eine Anwendung auf die Bestimmung der Bahn der Ceres machte, die in den wenigen Wochen ihrer ersten Sichtbarkeit eine nur drei Grad betragende geocentrische Bewegung gezeigt hatte, und nun ein Jahr nachher in einer ganz verschiedenen Himmelsgegend aufgesucht werden musste. Diese erste Anwendung der Methode wurde im October 1801 gemacht, und die Ceres wurde in der ersten heitern Nacht, wo man sie mit Hülfe der daraus abgeleiteten Resultate aufsuchte, wiedergefunden*). Ein zweiter, ein dritter und ein vierter neuer Planet haben nicht lange darauf die allgemeine Brauchbarkeit der Methode von neuen zu bewähren Gelegenheit gegeben.

Bald nach der Wiederauffindung der Ceres wurde ich von mehrern geschätzten Astronomen aufgefordert, die von mir gebrauchten Methoden öffentlich bekannt zu machen; allein theils mancherlei andere Abhaltungen, theils der Wunsch, diesen Gegenstand mit Ausführlichkeit zu behandeln, theils endlich die Hoffnung, dass die fortgesetzte Beschäftigung mit diesen Arbeiten Gelegenheit geben würde, die verschiedenen Theile der Methode zu einem höhern Grade von Vollkommenheit, Allgemeinheit und Leichtigkeit zu bringen, sind die Ursachen, dass ich dem Wunsche dieser Freunde erst jetzt Genüge leiste. Ich schmeichle mir, dass man mit dieser Verspätung nicht unzufrieden zu sein Ursache haben wird. Ich habe in dieser Zwischenzeit nach und nach so vieles an meinen zuerst gebrauchten Methoden abgeändert, so manches hinzugesetzt, und für manche Theile ganz neue Wege eingeschlagen, dass sich zwischen der Art, wie ich Anfangs die Planetenbahnen wirklich berechnete und der im gegenwärtigen Werke vorgetragenen nur noch geringe Ähnlichkeit finden würde. Obgleich es nun freilich nicht in meinem Plane lag, von allen diesen meinen Untersuchungen eine vollständige Nachricht zu geben, so habe ich doch auch manche meiner frühern, nachher mit andern vertauschten Methoden nicht ganz unterdrücken zu müssen geglaubt, zumal wenn sie die Auflösung von besonders interessanten Aufgaben betrafen. Vielmehr habe ich neben den eigentlich leichtesten und brauchbarsten Auflösungsmethoden des gedachten Hauptproblems, von allem was ich bei meiner nun schon ziemlich langen Beschäftigung mit den die Bewegung der Himmelskörper betreffenden Rechnungen merkwürdig und praktisch bewährt gefunden habe, hier zusammen-

*) Den 7. December 1801 durch H[err]n von Zach.

gestellt. Jedoch habe ich hiebei das mir Eigenthümliche immer ausführlicher behandelt und das schon bekannte nur in so fern es zur Vollständigkeit des Ganzen nothwendig war, berührt.

Auf diese Weise zerfällt dieses Werk von selbst in zwei Abtheilungen. Die erste ist dazu bestimmt, alle die interessantesten und brauchbarsten Relationen zwischen den verschiedenen Grössen zu untersuchen, die auf die Bewegung der Himmelskörper um die Sonne nach [den] KEPLERschen Gesetzen Bezug haben. Diese Untersuchungen geben unter andern auch zu mehrern eigenthümlichen Verfahrungsarten Anlass, die geocentrischen Erscheinungen aus den Elementen abzuleiten. Diese Erscheinungen sind das Resultat einer künstlich verwickelten Combination der Elemente, und man muss sich daher erst eine vertraute Bekanntschaft mit allen einzelnen Verflechtungen in diesem Gewebe erwerben, ehe man die einzelnen Fäden wiederum zu entwirren, und das Ganze in seine ursprünglichen Bestandtheile glücklich zu zerlegen hoffen darf. In der zweiten Abtheilung wird es dann um so leichter, dieses umgekehrte Problem aufzulösen, nemlich die Elemente aus den Erscheinungen abzuleiten, da der grösste Theil der hiezu erforderlichen einzelnen Operationen bereits aus dem ersten Theile bekannt ist, und es nur hauptsächlich darauf ankommt, sie zu sammeln, zu ordnen und zu einem Ganzen zu verbinden.

Ich habe die meisten Aufgaben mit Beispielen begleitet, und zwar, wo es geschehen konnte, mit solchen, die von wirklichen Fällen hergenommen sind. Dies wird hoffentlich dazu dienen, die praktische Brauchbarkeit der Auflösungen zu bewähren und anschaulicher zu machen, und durch die vergrösserte Leichtigkeit, womit auch weniger geübte sich mit dem Ganzen werden vertraut machen können, die Zahl der Freunde dieser Berechnungen zu vermehren, die einen der vornehmsten und schönsten Theile der theorischen Astronomie ausmachen.

BEMERKUNGEN.

Im Herbst 1806 begann GAUSS mit der Ausarbeitung seiner »*Theorie der Bewegung der Himmelskörper nach den Keplerschen Gesetzen*« und etwa im April 1807 war das Werk in deutscher Sprache vollendet (vgl. die Briefe an OLBERS vom 29. September 1806 und vom 28. April 1807); einen Verleger für das Werk hatte er noch nicht. OLBERS wandte sich in dieser Sache an den Buchhändler PERTHES in Hamburg, der erst ablehnte, dann aber sich zur Herausgabe des Werkes in lateinischer Sprache bereit erklärte (vgl. die Briefe von OLBERS an GAUSS vom 21./22. April und vom 6./7. Mai 1807). GAUSS wurde mit PERTHES einig und begann sogleich mit der Übersetzung (vgl. den Brief an OLBERS vom 26. Mai 1807). Im November 1807 begann der Druck (vgl. den Brief an OLBERS vom 29. Oktober 1807), der indessen nur langsam vonstatten ging und erst im Juni 1809 vollendet wurde (vgl. den Brief an OLBERS vom 27. Juni 1809).

Von der ursprünglichen Handschrift in deutscher Sprache ist nur noch die *Einleitung* vorhanden, die vorstehend abgedruckt ist.

BRENDEL.

---

33. Zusatz zu der Abhandlung „Summarische Übersicht der zur Bestimmung der Bahnen der beiden neuen Hauptplaneten angewandten Methoden" *).

Beilagen.

Verschiedene Formeln zur theoretischen Astronomie gehörig, die bisher nicht bekannt zu sein scheinen.

Reduction der Länge in der Bahn $= v$ auf die Länge in der Ekliptik $= \lambda$. Neigung der Bahn $= i$, Knoten $= \Omega$, Breite $= \beta$.

$$\sin(v-\lambda) = \operatorname{tg}\tfrac{1}{2}i \,.\, \operatorname{tg}\beta \,.\, \cos(v-\Omega)$$
$$= \operatorname{tg}\tfrac{1}{2}i \,.\, \sin\beta \,.\, \cos(\lambda-\Omega).$$

Herr SCHUBERT sucht in seiner *Astronomie*[**)] die Tangente der Reduction, die er durch eine Reihe ausdrücken muss.

Für die grösste Mittelpunktsgleichung ist folgendes eine sehr bequeme Näherung, solange die Eccentr[icität] nicht gar zu gross ist.

Eccentricität $= \sin\varphi$

Äq[uatio] Centr[i] Max[ima] $= \varphi + e + \frac{3}{8}(\varphi - e)$[***)]

e wird in Sekunden ausgedrückt, d. i. mit 206265 multiplicirt.

Um aus der mittlern Anomalie die wahre $= A$ zu finden, bediene ich mich stets der indirecten Methode, die ich ohne Vergleich bequemer finde

*) Siehe Werke VI, S. 148 ff.

[**) FR. TH. SCHUBERT, *Theoretische Astronomie*, St. Petersburg und Riga 1798, II. Theil, § 80.]

***) Die Handschrift hat, wohl infolge eines Schreibfehlers: $\varphi + e + \frac{3}{8}(\varphi + e)$, vgl. Werke VII, S. 291.]

als irgend eine andere. Zumal wenn man viele Örter berechnet, kann man immer den Unterschied der eccentrischen Anomalie $= E$ von der mittl[ern] auf 1 oder ein Paar Sekunden voraus wissen. Die gewöhnl[ichen] Formeln wären hier [*)]

$$E = m - e\sin E$$

$$\operatorname{tg}\tfrac{1}{2}A = \operatorname{tg}\tfrac{1}{2}E \,.\, \sqrt{\frac{1-e}{1+e}} = \operatorname{tg}\tfrac{1}{2}E \,.\, \operatorname{tg}(45 - \tfrac{1}{2}\varphi)$$

$$r = \frac{k}{1 - e\cos A}.$$

Ich habe folgende, theils weil sie bei gleich genau geführter Rechnung schärfer sind, oder um gleiche Schärfe zu erhalten weniger Genauigkeit in der Rechnung erfordern, theils weil sie bequemer scheinen und wegen der leichten Kontrole vor Rechnungsfehlern eher schützen, vorgezogen:

$$E = m - e\sin E, \qquad \frac{r}{a} = 1 + e\cos E$$

$$\sin\tfrac{1}{2}(E - A) = \frac{\sin E \,.\, \sin\tfrac{1}{2}\varphi}{\sqrt{\frac{r}{a}}}.$$

Zur Kontrole dient

$$\frac{\sin E}{\frac{a}{r}} = \frac{\sin A}{\cos\varphi}.$$

Oben kommt die umgekehrte Aufgabe vor, wo aber r schon bekannt ist; da stehen die Formeln so

$$\sin\tfrac{1}{2}(E - A) = \sin A \,.\, \sin\tfrac{1}{2}\varphi \,.\, \sqrt{\frac{r}{k}}.$$

Zur Kontrole: $$\sin A \cdot \frac{r}{k} = \frac{\sin E}{\cos\varphi},$$

$$m = E + e\sin E.$$

BEMERKUNGEN.

Wie bereits S. 117 bemerkt worden ist, befindet sich im Besitz der Stadtbibliothek zu Bremen eine Handschrift des Aufsatzes »*Summarische Übersicht der zur Bestimmung der beiden neuen Hauptplaneten angewandten Methoden*«, der in der »Monatlichen Correspondenz zur Beförderung der Erd- und Himmelskunde«, September 1809 (Werke VI, S. 148) abgedruckt ist.

[*) Die Anomalien sind vom Aphel gezählt.]

Uber die Entstehung und das Schicksal dieser Handschrift geben die folgenden Briefstellen Aufschluss: GAUSS an OLBERS am 6. August 1802: »Ich habe daher einige Stunden angewandt, um einen ganz summarischen Abriss derselben zu Papier zu bringen. Sie finden indess darin alles Wesentliche; was bei der Entwicklung der Rechnung fehlt, werden Sie leicht ergänzen, und was ich sonst noch bei meinen Rechnungen Eigenthümliches habe, ist von geringerer Bedeutung. Ich habe, um Sie noch in Rehburg zu treffen, so sehr geeilt, dass ich mir nicht die Zeit genommen habe, es nochmals ins Reine zu schreiben. Sie verzeihen es der Ursache der Eile, dass ich Ihnen also ein blosses Brouillon schicke, das ich mir künftig einmal, wenn ich an eine ausführliche Bearbeitung denken kann, zurück erbitten werde.« OLBERS an GAUSS am 2. November 1805: Hier erhalten Sie den vortrefflichen kleinen Aufsatz über die Bestimmung der Planetenbahnen, für den ich nochmals recht herzlich danke, zurück. Zwar hat Herr BESSEL ihn mir abgeschrieben, aber als ein Andenken von Ihrer Hand möchte ich ihn doch gerne, wenn Sie ihn garnicht mehr brauchen, zurückhaben.« Den Abdruck in der Monatlichen Correspondenz begleitet der Herausgeber, v. LINDENAU, mit den Worten: »Als ich vor einiger Zeit die persönliche Bekanntschaft des Hrn. Prof. GAUSS zu machen zu Glück hatte, sah ich unter dessen Papieren den hier folgenden, schon vor mehreren Jahren entworfenen und noch nirgends bekannt gemachten Aufsatz, der die frühere Methode des Verfassers zu Bestimmung der Planetenbahnen enthält.«

Die Bremer Handschrift, die uns von dem Direktor der Bremer Stadtbibliothek, Dr. KNITTERMEYER, freundlichst zur Verfügung gestellt wurde, trägt den Vermerk: »am 21. Februar 1840 durch Herrn Dr. med. WILHELM OLBERS der Bibliothek geschenkt. Nach desselben Erklärung eigenhändig verfertigtes Manuskript des Verfassers Professor GAUSS, und Geschenk desselben an Herrn Dr. OLBERS. E. MEYER, Bibliothekar.« Eine Vergleichung der Handschriften in Verbindung mit den angeführten Briefstellen lässt aber keinen Zweifel, dass es sich hier nicht um die Originalhandschrift von GAUSS, sondern um die BESSELsche Abschrift handelt, umsomehr als das Schriftstück sehr sorgfältig und sauber geschrieben ist und keineswegs als ein »blosses Brouillon« bezeichnet werden kann. Dieses letztere dürfte vielmehr in den Händen v. LINDENAUS geblieben sein. Man vergleiche auch den Aufsatz über GAUSS astronomische Arbeiten, Band XI, 2. Die oben abgedruckten »Beilagen« befinden sich am Schluss der Bremer Handschrift und werden hier zum ersten Male veröffentlicht.

BRENDEL.

---

34. Über einen Brief von Gauss an J. Bertrand, betreffend eine Stelle in der Theoria Motus.

[Comptes rendus de l'Académie des Sciences, tome 40, p. 1082, Paris 1855.
Lettre de M. J. BERTRAND.]

{M. VALSON, professeur au lycée de Marseille, vient de soumettre au jugement de l'Académie un Mémoire intéressant sur un cas d'exception que présente la méthode à l'aide de laquelle M. GAUSS détermine l'orbite d'une planète[*)]. J'avais indiqué ce cas d'exception dans une lecon au Collège de France, en signalant à mes auditeurs le passage du *Theoria motus*, auquel M. VALSON fait allusion, comme une tache regrettable dans un ouvrage aussi parfait.

Ayant eu, peu de temps après, occasion d'écrire à M. GAUSS, je crus pouvoir lui soumettre les doutes que j'avais conçus sur l'exactitude du paragraphe 160 de son livre. L'illustre géomètre a bien voulu répondre à mon objection par une Lettre datée du 22 janvier 1855. Je crois devoir transmettre à l'Académie un passage de cette Lettre, qui peut-être est la dernière que GAUSS ait écrite.}

»..... Vous mentionnez des scrupules concernant un cas exceptionnel dans le *Theoria motus corporum coelestium*, dans lequel les méthodes exposées dans cet ouvrage cessent d'être applicables. Je parle[**)] du cas où une orbite devrait être déterminée par trois lieux géocentriques dont le troisième coïncide avec le premier. Comment avez-vous pu me prêter l'idée absurde que, dans ce cas, l'orbite deviendrait indéterminée en elle-même? Il n'est question dans le lieu cité que de la solution du problème: trouver une première approximation, et il est clair comme le jour que, dans ce cas, la méthode générale ne donne rien: mais il n'en est pas moins vrai que les data ne laisseraient pas l'orbite indéterminée, et le problème de la déterminer aurait beaucoup d'intérêt pour la théorie, quoique peut-être assez peu pour la pratique; du moins, je présume que, généralement, il existe deux solutions peu différentes et énormément affectées des erreurs inévitables des observations.

Je reçus votre Lettre dans un temps où l'état de ma santé fut très-maladif, ce qui me disposa à en différer la réponse de semaine en semaine; mais mes espérances d'une restauration prompte ne se sont pas accomplies; au contraire, ma santé se détériorant de plus en plus, j'ai cru devoir ne plus tarder à me purger d'une accusation tout à fait injuste.«

{On voit par ces dernières lignes quelle importance M. GAUSS attachait à ne pas être soupçonné d'une erreur même légère et portant sur un point

[*) Ein Auszug der Abhandlung von VALSON: *Examen de la méthode de M. Gauss pour la détermination des orbites planétaires* ...... befindet sich in dem gleichen Bande der Comptes rendus, p. 1023.]

[**) Werke VII, S. 217].

secondaire de son oeuvre. Cette préoccupation chez un homme aussi éminent n'a rien qui doive surprendre. M. Gauss se distinguait, en effet, entre les géomètres du premier ordre, par le soin qu'il a toujours eu de ne livrer au public que des ouvrages longuement médités. Aussi, tout en sachant que des inadvertances de détail n'auraient rien ôté à l'admiration qu'inspirait son rare génie, on concoit qu'il se montrât cependant jaloux de joindre au mérite d'avoir fait tant d'immortels travaux, le mérite beaucoup moindre, quoique fort rare, de ne s'être jamais trompé.}

BEMERKUNG.

In einem »Paris 2 mai 1877« datierten Briefe schreibt J. Bertrand an E. Schering: »J'ai recu moi même trois lettres de C. F. Gauss mais deux d'entre elles ont été brûlées dans l'incendie de la commune en 1871 en même temps qu'une lettre adressée à Arago qui était entre mes mains. L'une des trois lettres qui m'ont été adressées est entre les mains de M. Chasles à qui je l'ai donnée, mais il ne l'a pas encore retrouvée et à l'age de 84 ans sa mémoire lui fait souvent défaut. Je m'empresserai dès qu'il l'aura retrouvée de vous en envoyer la copie. Une des lettres que Gauss m'a fait l'honneur de m'écrire a précédé sa mort de quelques semaines seulement et elle était relative à une inadvertance que j'avais cru remarquer dans le *theoria motus corporum coelestium* et contre laquelle il proteste energiquement. Je l'ai inserée dans les comptes rendus de l'académie des sciences tome 40, 1855 en supprimant seulement ce qui n'était pas relatif à la science.«

Hieraus geht mit ziemlicher Sicherheit hervor, dass die Handschrift des Briefes, den Gauss am 22. Januar 1855 an Bertrand gerichtet hatte, zu denen gehört, die beim Brande im Jahre 1871 vernichtet worden sind. Dies wird auch in einer Mitteilung des Sohnes von J. Bertrand, Colonel J. Bertrand, an N. E. Nörlund vom 12. Juli 1927 als sehr wahrscheinlich bezeichnet.

Brendel. Schlesinger.

---

35. Ein Brief von Gauss an W. v. Struve.

Göttingen, 2. März 1820.

. . . .

Der nächste Zweck meines heutigen Schreibens ist, Sie zur Theilnahme an gewissen Mondsbeobachtungen einzuladen, die ich mit den Herren En[c]ke, Nicolai und Soldner verabredet habe, und die auch bereits seit einiger Zeit im Gange sind. Wir vergleichen die Rectascension des Mondes mit verabredeten nahe stehenden Sternen, um die Längendifferenzen unsrer Sternwarten hiedurch zu bestimmen. Obgleich die Bestimmung von Einem Tage derjenigen, die durch eine gut beobachtete Sternbedeckung erhalten wird, an Genauigkeit nicht ganz gleich kommt, so hat doch dagegen jenes Verfahren wieder mehrere bedeutende Vorzüge vor dem andern, die Unabhängigkeit von nicht ganz aufs Reine gebrachten Rechnungselementen und von den doch an vielen Stellen sehr ansehnlichen Ungleichheiten des Mondsrandes, und die Leichtigkeit, womit man, im Besitz eines guten Mittagsfernrohrs, in kurzer Zeit nach jenem Verfahren eine grosse Menge Bestimmungen erhalten kann. Bisher haben wir uns fast ganz auf den ersten Mondsrand beschränkt, in den Sommermonaten werden wir aber auch einige Nächte nach dem Vollmonde hinzunehmen. Um Ihr Vertrauen für diese Methode zu gewinnen, setze ich Ihnen von den bisher berechneten Unterschieden die zwischen Göttingen und Mannheim, und die zwischen Göttingen und Bogenhausen her:

Längenunterschied

Göttingen-Mannheim				Bogenhausen-Göttingen		
1819	Sept.	28	.... 353″,5	Sept.	28	.... 399″,2
	Oct.	1	 357,1	Oct.	1	 403,7
		2	 354,0		2	 406,7
1820	Jan.	22	 355,4	Jan.	21	 404,9
		23	 347,9		23	 406,1
		24	 354,0		24	 401,7
		25	 351,2		25	 406,7
	Febr.	22	 357,2		26	 400,8
		23	 354,1	Mittel		 403,7
	Mittel		 353,5			

Sie sehen, dass bei Mannheim der grösste Unterschied vom Mittel nur 5″,6 und bei Bogenhausen nur 4″,5 ist; jener setzt einen Unterschied der in Göttingen und Mannheim beobachteten Ascensionaldifferenzen, wenn sie auf Einen Zeitpunkt reducirt wären, von 3″ Bogen voraus, so dass jeder Beobachter nur 0″,75 in Bogen bei Mond und Sternen in entgegengesetztem Sinn gefehlt zu haben braucht, um dies zu erklären.

Ich schicke Ihnen beigehend das Verzeichniss der von Herrn Nicolai für die Monate März und April ausgewählten Sterne und hoffe, dass es früh genug in Dorp[a]t ankommen wird, dass Sie, wenn Sie anders Lust dazu haben, auch noch die erstern, wenigstens zum Theil, werden beobachten können. Auch Bessel schicke ich dieses Verzeichniss. Für May und Junius wird nächstens auch H[er]r En[c]ke die Sterne auswählen. H[er]r Nicolai hat bisher die Arbeit der Berechnung der gemachten Beobachtungen über sich genommen, und Sie können demnächst die Ihrigen an ihn oder an mich oder H[er]rn En[c]ke einsenden. Das Verzeichniss ist übrigens von selbst verständlich; die Zahlen der ersten Columne enthalten die ungefähre AR. des ersten Mondsrandes für Göttingen; bei Ihnen wird sie ein Paar Zeitminuten kleiner sein. Vielleicht setzen wir ein ähnliches Verzeichniss für alle Monate des Jahrs 1821 in das nächste astronomische Jahrbuch, um die Mühe des öftern Abschreibens zu ersparen, und vielleicht noch einige andere Astronomen zur Theilnahme zu veranlassen. Bei Einsendung Ihrer Beobachtungen können Sie die Reductionen, die von der Stellung des Instruments u[nd] dem Gange der Uhr abhangen, selbst machen, so dass nur die Unterschiede der wahren Culminationszeiten nach wahrer Sternzeit angegeben werden; Sie werden aber gebeten, bei jedem Stern u[nd] dem Mond die Anzahl der Fäden anzugeben; beim Mond selbst werden Sie, insofern es irgend möglich ist, suchen, keinen Faden zu verfehlen, weil die Reduction der einzelnen Fäden sonst leicht einige Unsicherheit behält, indem die dazu nöthigen Elemente mit der Genauigkeit, wie sie hiezu erforderlich sind, nicht ohne einige Weitläuftigkeit erhalten werden können.

. . . .

Hochachtungsvoll

Ihr ganz ergebenster

C. F. Gauss.

---

36. Prüfung eines von dem Uhrmacher Herrn I. C. Hanneke zu Bremerlehe verfertigten Chronometers.

[Mittheilungen des Gewerbe-Vereins für das Königreich Hannover, Jahrgang 1844—1845, Hannover 1845, S. 63.]

{Dieses Chronometer, dessen oben in der Rubrik »Angelegenheiten des Vereins« gedacht wurde, ist von H[er]rn Hofrath Gauss in Göttingen auf seinen Gang untersucht worden, der darüber folgenden Bericht erstattete:}

Ich beehre mich, hierneben das mit den nöthigen Erläuterungen begleitete Register über den Gang des von Hanneke in Bremerlehe angefertigten Chronometers zu übersenden. Da die Vergleichungen einen Zeitraum von fast dritthalb Monaten umfassen, so scheint es nicht nöthig, sie noch länger fortzusetzen.

Es ergibt sich daraus, dass der Gang des Chronometers zunächst nach seiner Ankunft fast genau mittlere Zeit hielt, aber fortwährend, so lange es in geheitztem Lokal aufbewahrt wurde, sich beschleunigte, so dass die Uhr zuletzt täglich 8 bis 9 Sekunden gewann. In nicht geheitztem Lokale zeigte sich der Gang sofort um ein Paar Sekunden langsamer, und wurde dann täglich langsamer, so dass er am Schluss ungefähr wieder auf den ursprünglichen, der mittlern Zeit konformen Gang zurückgekommen war.

Es ist also zwar nicht zu verkennen, dass das Chronometer während dieser Zeit nicht geleistet hat, was Chronometer von erster Güte von den ersten Künstlern wie Kessels, Dent u. A. leisten, die aber auch bekanntlich einen etwa dreimal so grossen Preis haben wie den, welchen Hanneke für sein Chronometer angesetzt hat; allein die Allmäligkeit in den Veränderungen des Ganges lässt einerseits vermuthen, dass daran nicht sowohl das Werk, als eine äussere Ursache, und wahrscheinlich das Oel hauptsächlich Schuld hat; anderseits aber ist ein Chronometer, welches solche doch immer geringe und ohne Sprünge ganz allmälig eintretende Veränderungen des Ganges zeigt, für die meisten Anwendungen fast ebenso brauchbar, wie ein noch vollkommeneres, selbst für die nautischen Anwendungen, wenn nur die eigentlich chronometrischen Längen-Bestimmungen, nach grösseren Zeit-Intervallen, ausgenommen werden.

Es wäre daher dem wackern Künstler eine Aufmunterung wohl zu wünschen.

Register über Stand und täglichen Gang eines Chronometers von HANNEKE.

1844 Mittag	Stand gegen mittlere Göttinger Zeit	Täglicher Gang	1844 Mittag	Stand gegen mittlere Göttinger Zeit	Täglicher Gang
Januar 12	−9′ 11″2	+0″5	Februar 17	−6′ 52″9	+6″5
13	9 10.7	0.0	18	6 46.4	6.0
14	9 10.7	0.8	19	6 40.4	6.2
15	9 9.9	0.7	20	6 34.2	6.4
16	9 9.2	0.9	21	6 27.8	7.7
17	9 8.3	2.3	22	6 20.1	6.6
18	9 6.0	3.3	23	6 13.5	7.0
19	9 2.7	3.0	24	6 6.5	8.3
20	8 59.7	3.1	25	5 58.2	7.2
21	8 56.6	3.6	26	5 51.0	7.3
22	8 53.0	3.7	27	5 43.7	5.9
23	8 49.3	3.8	28	5 37.8	6.4
24	8 45.5	3.8	29	5 31.4	7.4
25	8 41.7	3.9	März 1	5 24.0	6.3
26	8 37.8	4.1	2	5 17.7	7.4
27	8 33.7	4.1	3	5 10.3	7.5
28	8 29.6	4.2	4	5 2.8	7.7
29	8 25.4	4.4	5	4 55.1	7.6
30	8 21.0	4.4	6	4 47.5	7.5
31	8 16.6	4.4	7	4 40.0	7.7
Februar 1	8 12.2	4.6	8	4 32.3	8.2
2	8 7.6	4.9	9	4 24.1	8.9
3	8 2.7	4.9	10	4 15.2	8.4
4	7 57.8	4.7	11	4 6.8	8.0
5	7 53.1	4.9	12	3 58.8	8.2
6	7 48.2	4.3	13	3 50.6	5.5
7	7 43.9	4.9	14	3 45.1	4.7
8	7 39.0	5.1	15	3 40.4	4.5
9	7 33.9	5.3	16	3 35.9	3.8
10	7 28.6	4.8	17	3 32.1	3.6
11	7 23.8	4.9	18	3 28.5	3.3
12	7 18.9	5.2	19	3 25.2	2.6
13	7 13.7	4.8	20	3 22.6	2.3
14	7 8.9	5.5	21	3 20.3	1.3
15	7 3.4	4.9	22	3 19.0	0.0
16	6 58.5	5.6	23	3 19.0	0.5
17	6 52.9		24	3 18.5	

Bemerkungen. Das Chronometer wurde jeden Tag zwei Mal, nämlich Vormittags 9 Uhr und Nachmittags 3 Uhr, verglichen: das Mittel aus beiden Vergleichungen ist in vorstehender Tafel als der Stand im Mittage angesetzt. Das Minuszeichen (—) bei dem Stande bedeutet, dass das Chronometer während des ganzen Zeitraums gegen die mittlere Zeit der Sternwarte zurück war; das Pluszeichen (+) bei dem Gange hingegen, dass es schneller ging als nach mittlerer Zeit.

Während der ersten zwei Monate, oder genauer bis Mittag den 13. März, wurde das Chronometer in einem geheitzten Zimmer aufbewahrt und die Temperatur an dem Platze, wo es stand, wird immer nahe auf 15^0 Reaumur zu schätzen sein, mit Ausnahme der späteren Nachtstunden, wo sie einige Grade tiefer herabgegangen sein mag. In eine tiefere Temperatur kam das Chronometer nur während der wenigen Minuten, wo es zur Vergleichung mit der Hauptuhr der Sternwarte in diese gebracht wurde.

Vom 13. März an hingegen blieb das Chronometer ununterbrochen in der Sternwarte, wo die Temperatur während des betreffenden Zeitraums (bis 24. März) sich immer sehr nahe auf 3^0 gehalten hat.

Aufgezogen wurde das Chronometer jeden Tag zu gleicher Stunde.

---

37. Über den d'Angosschen Kometen.

[1.]

Gauss an Schumacher, Göttingen den 30. Mai 1846.

Briefwechsel zwischen Gauss und Schumacher, V, Altona 1863, S. 163, 159.

.... Seit langer Zeit habe ich vielfältigst erfahren, dass bei brieflichen Discussionen über Streitfragen selten etwas herauskommt, als der Verdruss, Zeit und Mühe verschwendet zu haben. ..... Eine mir unvergessliche Ausnahme machte unser Olbers, mit dem ich sehr oft solche kleine Scharmützel gehabt habe, die allemahl (den Fall von Dangos Betrug abgerechnet, den

OLBERS als durch ENCKE erwiesen ansah, ich nur wie zu einem gewissen Grade von Wahrscheinlichkeit gebracht, weit entfernt von Gewissheit .....) auf eine befriedigende Art zum Ziele kamen. .....

[2.]

Astronomische Nachrichten, Bd. 66, 1866, Nr. 1574, Spalte 219—222.

Schreiben des Herrn C. BEHRMANN an den Herausgeber.

{In N. 1555 der Astron. Nachrichten[*)] findet sich ein Aufsatz über den zweiten Cometen von 1784 von Herrn Prof. D'ARREST. In einer Anmerkung[**)] thuen Sie der GAUSSschen Ansicht Erwähnung, wie derselbe sich in einem Briefe an SCHUMACHER[***)] in dieser Sache geäussert. Es wird vielleicht Ihnen und den Lesern der Astronomischen Nachrichten angenehm sein, im folgenden kleinen Aufsatze etwas Näheres über die GAUSSsche Ansicht zu erfahren. Es stammt diese Schrift aus dem letzten Decennium seines Lebens und scheint ganz zum Drucke oder zu sonstiger Mittheilung fertig zu sein; irgend ein unbekannter Umstand muss ihn von der Veröffentlichung abgehalten haben. Ich theile Ihnen das Manuscript hier wörtlich mit:}

Über den Dangosschen Cometen.

In von ZACHS Correspondance Astronomique T. 4 p. 456ff. hat ENCKE gezeigt[†)], dass um DANGOS angebliche Beobachtungen mit dessen parabolischen Elementen in Übereinstimmung zu bringen, ein allgemeiner Rechnungsfehler vorausgesetzt werden müsse, der alle Distanzen des Cometen von der Sonne zehnfach vergrössert habe.

ENCKE führt zugleich seine vergeblichen Versuche an, die Beobachtungen durch eine parabolische, elliptische oder hyperbolische Bahn zu erklären, und zieht daraus den Schluss, dass die Beobachtungen garnicht gemacht, sondern

[*) Astronomische Nachrichten, Bd. 65, herausgegeben von C. A. F. PETERS, 1865, Spalte 288—296.]

[**) a. a. O. Spalte 295, 296.]

[***) Siehe die vorstehend unter 1. abgedruckte Briefstelle.]

[†) *Imposture astronomique grossière du Chevalier D'Angos.* Dévoilée par J. F. ENCKE à Gotha. Correspondance astronomique, géographique, hydrographique et statistique du BARON DE ZACH, vol. IV, 1820, S. 456—469, Notes S. 470—474. Der Teil des ENCKEschen Aufsatzes, der einen Brief von OLBERS wiedergibt, ist abgedruckt in OLBERS *Werken* Bd. I, 1894, S. 185—189. Vgl. auch ebenda, S. 189, 190.]

die Positionen nur nach willkürlich angenommenen Elementen berechnet, und zum Unglück des Falsarius, unrichtig berechnet seien.

In Folge dieser Discussion hat OLBERS in seinem 18.. gedruckten Cometenverzeichniss[*)] den in Rede stehenden Cometen als eine schändliche Erdichtung des Ritter D'ANGOS bezeichnet, welcher Ausdruck auch buchstäblich in GALLES Cometentafel von 1847 aufgenommen ist.

Ich gestehe, dass mir immer durch das, was von ENCKES Untersuchung vorliegt, eine solche vernichtende Brandmarkung eines längst verstorbenen Astronomen nicht hinlänglich gerechtfertigt geschienen hat. Immerhin mag durch jene, zumal in Verbindung mit andern aus D'ANGOS Persönlichkeit geschöpften Umständen, ein solches Urtheil auf einen überaus hohen Grad von Wahrscheinlichkeit gebracht sein. Aber um dasselbe in so schneidender Entschiedenheit aussprechen zu können, musste doch die absolute Unmöglichkeit, die bekannt gemachten Beobachtungen durch eine wirkliche Bahn in richtiger Rechnung zu erklären, in ein viel helleres Licht erst gesetzt sein, als durch ENCKES Aufsatz geschehen ist.

Dass D'ANGOS Elemente dies nicht leisten, kann als gewiss betrachtet und ENCKES Nachweisung eines Rechnungsfehlers darf garnicht bezweifelt werden. Aber das ist gar kein Beweis für eine Erdichtung, sondern nur ein Indicium. Denn in der That, wie oft hat man wahre Facta durch falsche Hypothesen erklärt. Weiset man in einer solchen Erklärung einen wesentlichen Fehlschluss nach, so folgt daraus zunächst nur die Verwerflichkeit der Hypothese, und noch nicht die der Thatsachen selbst. Um diese für erdichtet erklären zu können, muss erst ihre Unverträglichkeit mit feststehenden Wahrheiten nachgewiesen werden.

Alles was ENCKE von seinen in dieser Absicht geführten Rechnungen mittheilt, besteht nur in der Andeutung von 5 verschiedenen von ihm berechneten Bahnen, wobei er für die Distanz von der Erde am 15. April die Werthe 0,42, 0,25, 0,15, 0,051, 0,0013, successive annimmt, und dazu solche correspondirende Distanzen für den 29. April bestimmt, dass der an die Positionen dieser beiden Tage sich anschliessende Kegelschnitt die Länge des 22. April darstelle; die Abweichungen in der Breite werden in diesen 5 Bahnen 16, 14, 13, 12, 2½ Minuten. Die beiden ersten Bahnen sind Hyperbeln, die drei

[*) *Astronomische Abhandlungen* herausg. von SCHUMACHER I, 1823, S. 50.]

letzten Ellipsen. Dass eine Bahn mit so grosser Annäherung an die Erde, wie die letzte, unzulässig ist, mag durch das was ENCKE darüber beibringt als hinlänglich erwiesen erscheinen. Wenn er aber sagt, »dass aus jener Übersicht erhelle, dass mit Vergrösserung der Distanz auch der Fehler in der Breite zunehme«, so ist doch klar, dass dieser Schluss nur so weit gültig ist, als die Versuche reichen und man bleibt ganz im Ungewissen, ob nicht bei weiterer Vergrösserung der Distanz jener Breitenfehler wieder abnehmen und vielleicht bei irgend einer Distanz auf 0 kommen könne.

Um hierüber bessere Einsicht zu erlangen, habe ich Herrn GOULD veranlasst, eine unabhängige Bahnbestimmung nach der allgemeinen Methode zu versuchen. Seine auf die Beobachtungen vom 10., 16., 22. April gegründete Rechnung führte zu der Hauptgleichung:

$$(9.9616862)\sin z^4 = \sin(z + 19^0 37' 39''12)$$

welche nur die beiden reellen Auflösungen zulässt:

$$z = 159^0 35' 51''646$$
$$z = 340\ 57\ 57{,}288$$

beide unbrauchbar, da $\delta' = 100^0 35' 16''21$.

Die Grösse $\frac{\sin z^4}{\sin(z + 19^0 37' 39''1)}$ hat einen Maximalwerth bei $z = 97^0 12' 31''$, dessen Logarithm $= 0{,}03$.

Es fehlt demnach nicht viel daran, dass hier noch eine oder zwei reelle Wurzeln stattfinden, die eben der grossen Annäherung an die Erde entsprechen würden.

Was die Hypothese grosser Distanzen betrifft, so dient folgendes dazu, sie ins Licht zu setzen. Bei solchen müsste die geocentrische Bahn gegen den hel[iocentrisch]en Ort der Erde concav sein; sie ist aber den Beobachtungen zufolge convex. Der grösste Kreis durch die Örter vom 10. und 22. April trifft die Ekliptik in $270^0 33' 58''$ mit Neigung $42^0 56' 23''$. Die Breite in diesem grössten Kreise bei Länge $296^0 48' 41''$ wird $30^0 36' 56''$, also Fehler $- 5' 5''$.

Ein grösster Kreis durch die Örter vom 10. April und 1. Mai trifft die Ekliptik in $270^0 57' 24''21$ mit Neigung $43^0 4' 32''57$, log tang ... 9,9708064. Für die Längen der übrigen Tage werden die correspondirenden Breiten in diesem grössten Kreise:

April 14	315° 3′12″	33° 2′52″65	— 8′47″35
15	312 31 1	31 48 37,51	—10 32,59
16	310 3 24	30 31 36,31	—10 24,69
17	307 39 49	29 11 57,14	—11 10,86
18	305 23 48	27 52 7,63	—11 52,37
22	296 48 41	22 10 57,52	—11 3,48
23	294 41 2	20 37 2,67	—11 47,33
25	290 59 59	17 46 3,93	— 8 54,07
26	289 12 21	16 19 10,37	— 7 39,63
28	285 47 48	13 28 1,07	— 4 57,93
29	284 11 31	12 4 57,60	— 3 27,40
30	282 37 17	10 42 17,36	—13 23,64

Der Ort der Erde war (nach Herrn Gould):

April 10	201° 49′ 20″5
16	207 43 4,4
22	213 33 2,8

woraus also ersichtlich ist, dass die Convexität der geocentrischen Bahn dem heliocentrischen Ort der Erde zugekehrt war.

Nimmt man an, die Bahn sei geradlinig in unendlicher Entfernung, die die Längen vom 10., 22., 31., darstellt, so ist Perihel:

April 18,65700, in Arg. der Breite 43° 24′ 44″.

Für eine andere Zeit: $\tan v = [8{,}64187]\,(t - 18{,}65700)$.

f	Ber. Arg. der Breite	Länge	Error
10,60619	19° 26′ 24″	325° 53′ 15″	0
16,63819	5 33 28	310 28 15	+24′51
22,62407	350 8 3	296 47 56	0
26,66678	340 39 4	289 1 20	—11 1
31,61826	330 23 38	281 7 58	0

Göttingen, 1866 Febr. 10.

C. Behrmann.

38. Astronomische Antrittsvorlesung.

Es wird nicht unzweckmässig sein, — wenn ich gleich bei Eröffnung dieser Vorlesungen mich über den Gesichtspunkt erkläre, aus dem ich sie betrachte, damit Sie im Voraus wissen, was Sie davon zu erwarten haben. Die Kenntnisse, deren Inbegriff die Astronomie ausmacht, sind die Ausbeute von mehr als 2000jährigen Arbeiten über einen der allerreichhaltigsten Gegenstände des menschlichen Wissens, wobei die ersten Köpfe aller Zeiten alle Ressourcen des Genies und des Fleisses aufgeboten haben: selten oder nie hat man in diesem grossen Geschäfte Rückschritte gemacht; sogar die dunkeln Jahrhunderte des Mittelalters, wo die Wissenschaften doch bei den Arabern einen Zufluchtsort fanden, waren für das Fortschreiten der Astronomie nicht ganz verloren, und besonders in den beiden letztern Jahrhunderten, wo so vieles sich vereinigte, die Riesenschritte der Wissenschaft zu beschleunigen, ist sie zu einer solchen Höhe gestiegen, dass es kaum noch Einem Menschen möglich ist, ihrer in ihrem ganzen Umfang Meister zu sein. Es versteht sich also von selbst, dass wir in den wenigen Stunden, die wir in diesen Vorlesungen der Astronomie widmen, nicht dasjenige erschöpfen können, wozu kaum ein Menschenleben zureicht; dass wir nicht darauf ausgehen können, das ganze grosse Gebiet der Astronomie nach allen Details aufs vollständigste und genaueste kennen zu lernen; dass Sie nicht erwarten können, nach Anhörung dieser Vorlesungen, und wenn Sie auch kein Wort davon verlören, nun von allem, was der menschliche Geist zu Tage gefördert hat, ganz au fait zu sein. Überdiess gründen sich auch besonders die feinern Untersuchungen auf so viele und so tiefe Vorkenntnisse der reinen Mathematik, die ich wohl noch nicht durchgängig bei Ihnen voraussetzen dürfte, und endlich ist es auch nicht Ihr Zweck, sich gerade zu eigentlichen Astronomen von Profession zu bilden, was begreiflich auch hier eben so wenig oder vielmehr noch weniger als bei andern Wissenschaften durch Vorlesungen geschehen kann. — Lassen Sie uns also die Absichten, die man bei Anhörung astronomischer Vorlesungen haben kann, etwas näher ins Auge fassen. Ich stelle mir vor, dass man in dieser Rücksicht vorzüglich drei Klassen von Zuhörern unterscheiden kann. Einige wünschen, von den allgemein interessantesten Wahrheiten der Astronomie eine deutliche Einsicht zu erhalten, weil es eines gebildeten Menschen unwürdig ist, ganz Fremdling darin zu sein, weil diese Wahrheiten für eine sehr natürliche Wissbegierde einen so hohen Reiz haben; es fehlt ihnen aber zu sehr an tiefern mathematischen Vorkenntnissen, als dass sie in das Innere der Untersuchungen eindringen könnten, und sie sind daher zufrieden, von solchen Nachforschungen, deren Detail ihnen unzugänglich ist, nur die Hauptresultate zu wissen und eine Idee von der Art zu erhalten, wie sie haben gefunden werden können. Die Forderungen und Wünsche dieser Klasse, welche man die Klasse der th[eoretischen] Dilett[anten] nennen könnte, werden hauptsächlich auf eine recht klare und ausführliche Behandlung der Elementargegenstände und auf die Auswahl von solchen Wahrheiten und Lehren gehen, die interessant sind, ohne schwer zu sein, so wie auf die Weglassung von allem, was ihnen unverständlich und also unnütz sein würde. Zu einer zweiten Klasse rechne ich diejenigen, die sich nicht bloss auf das theoretische Wissen des Allgemein Interessantesten einschränken, sondern sich zugleich zu einer gewissen praktischen Thätigkeit vorbereiten wollen, ohne darum weder eigentliche praktische Astronomen werden, noch die tiefsten Geheimnisse der Theorie ergründen zu wollen. Dies wären die praktischen Dilettanten. Unter praktischer Thätigkeit verstehe ich hier nicht das blosse indolente Besehen der eclatantesten Gegenstände des Himmels, als des Mondes und seiner Flecken, der Planeten, der Sonne, der Nebelsterne u. dergl. durch Fernröhre, denn dies wäre noch mehr die Sache des bloss theoretischen Dilettanten, indem dazu weiter eben keine besondern Kenntnisse oder Fertigkeiten gehören, sondern ich verstehe darunter die Beschäftigungen mit solchen Beobachtungen, die zu einem gewissen Zwecke führen, und die selbst für den Astronomen ihren Werth, und manchmal einen grossen Werth haben können, wozu also wenigstens gehört, dass man im Stande sei, genaue Zeitbestimmungen zu machen, die Polhöhe zu bestimmen, genaue Mittagslinien zu ziehen, auch wohl Planeten- und Kometenörter zu beobachten u. dergl., ferner dass man es im astronomischen Kalkül so weit gebracht habe, um die gemachten Beobachtungen selbst berechnen und Resultate daraus ziehen zu können. Wer sich zu dieser Klasse zählt, wird nun auch schon tiefer einzudringen und von viel mehrern Gegenständen gründlich belehrt zu sein wünschen: die meisten

Theile der sphärischen Astronomie werden ihm unentbehrlich sein, wenn er bei seinen Beschäftigungen nicht bloss mechanisch zu Werke gehen, sondern auch die Gründe seiner Operationen gehörig einsehen will. Er wird zugleich wünschen, die brauchbarsten astronomischen Werkzeuge, ihre Einrichtung und Behandlungsart nicht bloss theoretisch, sondern auch praktisch kennen zu lernen: es muss ihm also Gelegenheit gegeben werden, selbst Hand anzulegen, selbst zu beobachten und aus der Beobachtung durch den Kalkül Resultate zu ziehen. Um sich aber auch Fertigkeit in solchen praktischen Beschäftigungen zu erwerben, ist freilich die Zeit eines Kollegiums, das alle Haupttheile der Astronomie befassen soll, viel zu kurz, und begreiflich kann jene nur nach und nach durch fortgesetzte Übung erlangt werden. Zu der dritten Klasse endlich werden diejenigen zu rechnen sein, die sich selbst bei ihrem Studium der Astronomie keine Schranken setzen, und sich also nicht scheuen, sich alle nötigen Hülfskenntnisse zu erwerben, um von allen Theilen der Astronomie eine möglichst gründliche und vollständige Kenntniss zu erhalten. Nach dem, was ich gleich anfangs erklärt habe, wird diess nur durch anhaltend fortgesetztes eignes Studium geschehen können, und nicht durch blosse Vorlesungen. Der mündliche Unterricht soll bloss zum Wegweiser bei den ersten Schritten dienen, soll verhüten, dass sich irrige Ansichten nicht anfangs festsetzen und dass man nicht unrechte und unzweckmässige Wege einschlage, soll Gelegenheit geben, das mathematische Vorstellungsvermögen und das eigene Nachdenken zu üben, mit einem Worte, der mündliche Unterricht soll bis dahin führen, von wo aus man durch eignes Studium weiter fortgehen kann. Über einen gewissen Punkt hinaus ist in den mathematischen Wissenschaften der mündliche Unterricht nicht bloss überflüssig, sondern sogar schädlich: man muss nicht von Anfang bis zu Ende seiner Bahn einen Hofmeister nöthig haben, sondern mit der Zeit selbst mündig werden; gewiss ist es hundertmal mehr werth, wenn man sich eine Schwierigkeit durch eigne Anstrengung löset, als wenn man immer und immer fremder Zurechtweisung bedarf, eben so wie die gelungenen Resultate des eignen Nachdenkens immer hundertmal mehr werth sind, als alle erborgte fremde Weisheit. Freilich muss man auch von der andern Seite sich nicht zu früh der Nothwendigkeit mündlicher Belehrung überhoben glauben: so lange man bei dem Studium von Schriften, die nicht notorisch fehlerhaft, dunkel und undeutlich geschrieben sind, noch oft anstösst und Schwierigkeiten findet, die man sich nicht selbst heben kann, ist die mündliche Belehrung immer noch unentbehrlich.

Der Lehrer der Astronomie, der bloss Zuhörer aus einer dieser Klassen von ganz gleichen Vorkenntnissen und von gleichen Absichten hat, wird nun leicht die Auswahl der Gegenstände den Wünschen und Bedürfnissen derselben gemäss treffen und den Vortrag danach einrichten können. Inzwischen lassen sich zwischen jenen Klassen noch vielerlei Abstufungen denken, und bei einem gemischten, wenn auch nicht zahlreichen Auditorium wird nicht bei allen eine völlige Gleichheit in Vorkenntnissen und Übung vorauszusetzen sein. Der Lehrer, der ohnehin hierüber nicht genau unterrichtet sein kann, wird also suchen müssen, nach Möglichkeit allen Genüge zu leisten, aber eben deswegen muss auch jeder einzelne Zuhörer billig genug sein, den Vortrag nicht bloss nach seinen individuellen Wünschen eingerichtet zu verlangen. Der Geübtere muss sich gefallen lassen, dass auch öfters Gegenstände ausführlich entwickelt werden, die er vielleicht schon nach einigen Winken fasst oder schon weiss; der weniger Geübte darf nicht verlangen, dass schlechterdings alle Untersuchungen ausgeschlossen werden, die über seine Zwecke hinaus liegen, oder dass diejenigen nur oberflächlich behandelt werden, wozu ihm die Vorkenntnisse fehlen[*)].

Dies m[eine] H[erren] sind meine Ansichten über den Vortrag der Astronomie überhaupt, und ich werde den meinigen so anzuordnen suchen, wie es mir nach dem, was ich von Ihren Absichten und Vorkenntnissen weiss, am zweckmässigsten scheint. Sie haben alle in den mathematischen Vorkenntnissen schon einen guten Grund gelegt, und ich werde daher nicht nöthig haben, weder bei den leichtern Gegenständen gar zu ausführlich, noch bei den schwierigern gar zu furchtsam zu sein, und darin bei oberflächlichem Halbwissen stehen zu bleiben. Bei unsrer beschränkten Zeit werden freilich viele Untersuchungen nur summarisch vorgenommen werden können; in solchen Fällen werde ich Sie immer mit den besten Schriften bekannt machen, und solche, die ich in meiner eigenen Sammlung habe, selbst vorlegen, damit Sie sich, wenn Sie Zeit und Lust haben, künftig selbst weiter unterrichten können. Sollte ich hie und da Sätze voraussetzen müssen, die Ihnen nicht allen be-

[*) Der hier endende, mit den Worten »Der Lehrer der Astronomie« beginnende Absatz ist in der Handschrift mit der Bemerkung »fällt weg« versehen.]

kannt oder geläufig wären, oder sollte Ihnen sonst in meinem Vortrage etwas dunkel und unverständlich gewesen sein, so rechne ich darauf, dass Sie mir es anzeigen, und immer werde ich mir ein Vergnügen daraus machen, Ihnen die nöthigen Erläuterungen zu geben.

Zunächst ist diese Vorlesung eigentlich freilich nur der theoretischen Astronomie gewidmet; inzwischen sollen Sie doch die Erscheinungen des Himmels nicht bloss vom Hörensagen sondern durch eigene Anschauung kennen lernen; auch würde selbst die theoretische Einsicht mangelhaft bleiben, ohne einige Bekanntschaft mit der Einrichtung u[nd] Theorie derjenigen Messwerkzeuge, die nach dem heutigen Zustande der Astronomie die brauchbarsten sind, und da Ihre Anzahl so klein ist, so wird es füglich angehn, dass Sie sich durch eigenes Handanlegen mit dem Gebrauch der Instrumente noch bekannter machen. Um sich aber für die eigentliche Praxis zu bilden, ist wie Sie begreifen, die Zeit in diesem Kollegio viel zu kurz und dazu bedarf es nothwendig einer länger fortgesetzten Übung.

Ich habe bisher von den Zwecken gesprochen, die man durch astronomische Vorlesungen überhaupt und durch die gegenwärtige insbesondere zu erreichen erwarten kann; hieran schliesst sich nun sehr natürlich die Frage, welches ist die zweckmässigste Ordnung, in der die verschiedenen Haupttheile der Astronomie vorgetragen werden können? Um dies zu entscheiden, werden wir also den Anfang mit den Fragen machen müssen: was ist die Astronomie überhaupt und welches sind die verschiedenen Haupttheile der Astronomie?

Der Gegenstand der Astronomie oder Sternkunde sind die sämmtlichen Weltkörper, insofern wir eine wissenschaftliche Kenntniss von ihnen haben. Die Definition würde zu vermessen sein, wenn wir unbedingt sagen wollten, alle Weltkörper seien der Gegenstand der Astronomie, denn es ist nicht bloss möglich, sondern höchst wahrscheinlich, dass es manche Weltkörper von ganz eigener Art geben kann, deren Existenz uns ganz unbekannt bleibt. Also nach dem heutigen Zustande der Wissenschaft beschäftigt sie sich mit der Sonne, mit den 10 Hauptplaneten, wozu auch unsere Erde selbst, insofern sie den übrigen Hauptplaneten ganz ähnlich ist, als der 11-te kommt, dem Monde, den Monden oder Trabanten der andern Planeten, den Saturnsringen, den Kometen, den Fixsternen und Nebelflecken. Von allen diesen

Weltkörpern gehört nun aber eigentlich in die Astronomie nur das, was wir wirklich wissen, was auf zuverlässige Beobachtung gegründet, durch reiflich durchdachtes Raisonnement und strengen Calcül daraus gefolgert und durch vollkommene, niemals gestörte Übereinstimmung unwidersprechlich bestätigt ist. Nicht aber schlecht begründete Vermuthungen, müssige Träume und aus der Luft gegriffene Hypothesen. Über die natürliche Beschaffenheit der Weltkörper wissen wir aber im Grunde nur sehr wenig, und die Astronomie als exacte Wissenschaft kann daher von den Vermuthungen darüber nur wenige und nur solche aufnehmen, die mit grosser Vorsicht den Regeln der Analogie gemäss gebildet sind. Das Meinen in der Astronomie hört erst da auf und das eigentliche Wissen fängt bei den Gegenständen an, die einer mathematischen Behandlung fähig sind: und das sind die Grösse und Gestalt der H[immels-]K[örper], ihre Entfernungen, ihre gegenseitigen Lagen und ganz vorzüglich die Veränderungen in den gegenseitigen Lagen oder mit andern Worten, die Bewegungen. In der That, ist die Untersuchung der Bewegung der H[immels-]K[örper] verglichen mit dem, was wir sonst von ihnen wissen, von einem solchen überwiegenden Umfange, dass einige Schriftsteller dadurch veranlasst sind, die Astronomie schlechthin als die Wissenschaft von der Bewegung der H[immels-]K[örper] zu definiren, nach dem Grundsatze, a potiori fit denominatio. Diese Definition ist nun freilich für unsere heutige Astronomie zu enge, indess bei der Alten Astronomie war dies weniger der Fall, da wir unsre Kenntnisse von der Grösse und Gestalt der W[elt-]K[örper] nur der Erfindung der Fernröhre verdanken, die den Alten unbekannt waren. Die Alten mussten sich also bloss auf die Bewegung der W[elt-]K[örper] und die Erforschung ihre Gesetze einschränken, daher auch der Name Astronomie sehr schicklich gewählt war. Der Name Sternkunde ist auch sehr gut gewählt, insofern das Wort Sterne in weiterer Bedeutung genommen wird und alle H[immels-]K[örper] darunter verstanden werden. Der deutsche Sprachgebrauch ist hier etwas unbestimmt; im engern Verstande braucht man sonst Stern nur für Fixstern, und dann pflegt man für den allgemeinern Begriff das Wort Gestirn zu gebrauchen; indess ist der Sprachgebrauch auch hierin schwankend und manche verstehen unter Gestirn den Inbegriff gehörig nahe zusammenstehender Fixsterne, oder was man sonst ein Sternbild nennt*).

*) Französisch: astre, étoile; lateinisch: sidus, stella.

Insofern nun die Bewegungen der H[immels-]K[örper] der Hauptgegenstand der Astronomie sind, ist klar, dass diese Wissenschaft uns auf folgende 3 Fragen die Antwort geben muss:

1. Welches sind die Bewegungen der Himmelskörper und nach was für Gesetzen geschehen sie,
2. Welches sind die Ursachen dieser Bewegungen und wie sind sie es;
3. Was für Erscheinungen haben diese Bewegungen zur Folge.

Wenn es bloss die Absicht wäre, die Lehren der Astronomie oder die Antwort, die sie auf diese 3 Fragen gibt zu wissen, so würde es am zweckmässigsten sein, diese drei Fragen entweder in derselben Ordnung, wie ich sie aufgestellt habe vorzunehmen oder auch statt der ersten, mit dem 2ten Theile anzufangen, nämlich von dem Princip der allgemeinen Schwere (welches eben die Antwort der zweiten Frage ist) auszugehen, zu zeigen, was für Bewegungen hieraus nothwendig erfolgen müssen und endlich zu untersuchen, was für Phänomene diese Bewegungen uns darbieten müssen, insofern wir sie aus einem selbst bewegten Standorte betrachten. Diese Ordnung, welche man die synthetische nennen könnte, ist auch wirklich von verschiedenen Schriftstellern gewählt: indess ist es aus zwei Gründen nicht rathsam, sie beim ersten Unterrichte zu befolgen. Einmal weil dann gerade bei den ersten Schritten schon sehr feine mathematische Kenntnisse nöthig sind, noch mehr aber zweitens deswegen, weil man auf diesem Wege nicht sieht, auf welche Art man zu den Kenntnissen gelangt ist und also auch von ihrer Wahrheit keine recht vollständige und lebendige Überzeugung erhält. Zur Erreichung dieses Zwecks wird es vortheilhafter sein, ein gerade umgekehrtes also analytisches Verfahren zu befolgen: Man wird also 1) von den Phänomenen der scheinbaren Bewegungen ausgehen, und zwar von solchen, welche das Resultat der einfachsten Beobachtung sind, ohne sich durch eine zu scrupulöse und detaillirte Erschöpfung aller etwaigen kleinen Anomalien oder Modificationen zu zerstreuen; hiernächst 2) durch eine sorgfältige Zergliederung dieser scheinbaren Bewegungen, die wahren Bewegungen und ihre Gesetze entwickeln, durch deren genaue Kenntniss man dann im Stande sein wird, die vorher nur in unvollkommenen Umrissen bekannten scheinbaren Bewegungen vollständiger und schärfer zu bestimmen, und also durch stets fortgesetzte Vergleichung der Theorie und der beobachteten Erscheinung jene (die Theorie) zu prüfen, immer neu zu bestätigen und so auf den Gipfel der Gewissheit zu bringen: endlich 3) wird man durch die Betrachtung der Gesetze, welche allen Bewegungen der H[immels-]K[örper] zum Grunde liegen, auf die Spur des grossen Princips geleitet werden, aus dem jene alle wie aus Einer Quelle abstammen, man wird sich zu dem allgemeinen Gravitations-Princip erheben, und darin den Ursprung nicht allein von allen Bewegungsgesetzen sondern auch von den kleinern Anomalien und Störungen erkennen, die die Beobachtung vorher wohl ahnen liessen, die aber solange ein Räthsel bleiben mussten, als man mit ihrer Quelle unbekannt war.

Das ist eine gedrängte Darstellung des zu befolgenden Ganges, welcher soviel als möglich derselbe sein wird, wie die Lehren der Astronomie entweder wirklich gefunden sind, oder wie sie hätten gefunden werden können, wenn man allemal den kürzesten und geradesten Weg eingeschlagen hätte: ein solches Verfahren ist natürlich am lehrreichsten und zugleich am angenehmsten, indem man dabei stets wenigstens etwas ähnliches von dem Gefühl der ersten Erfinder haben wird, dagegen das synthetische Verfahren, wo man ganz den Faden der Entdeckung verliert, und von der Menge und Grösse der Wahrheiten gleichsam erdrückt wird, etwas demüthigendes haben muss. Durch die Darstellung, die ich so eben gemacht habe, werden nun auch die Grenzen der 3 Haupttheile der Astronomie sichtbar werden. Die Phänomene der scheinbaren Bewegungen der Himmelskörper oder der Veränderungen in der relativen Lage der Himmelskörper gegen die Erde entstehen aus der Kombination der absoluten Bewegungen der H[immels-]K[örper] mit den Bewegungen der Erde. Diese letzteren sind aber, wie wir in der Folge sehen werden, oder vielmehr, wie Sie bereits wissen, zwiefach, nämlich eine tägliche Umwälzung um ihre Axe (Rotation) und eine progressive jährliche um die Sonne. Diejenigen Phänomene nun, die bloss in der täglichen Umwälzung der Erde um ihre Axe ihren Grund haben, und welche wegen der Schnelligkeit ihres Entstehens und Vergehens zuerst auch dem rohesten Beobachter in die Sinne fallen, sind Gegenstand der sphärischen Astronomie. Da werden also betrachtet der Aufgang und Untergang der Gestirne, ihre verschiedenen scheinbaren Bewegungen in Beziehung auf den Horizont und Meridian und die Umstände, wovon diese Bewegungen abhängig sind, oder wodurch sie modificirt werden. Unter diese Umstände gehören also die Polhöhe des Ortes, das Allgemeine von der Gestalt der Erde, die Parallaxe, die Refraction, die Lage der Himmelskörper gegen einander und gegen gewisse Ebnen, als den Äquator, folglich ihre gerade Aufsteigung und Abweichung, Länge und Breite, endlich die Anwendung jener scheinbaren Bewegungen zur Abmessung der Zeit.

Von denjenigen Erscheinungen der H[immels-]K[örper], die in der jährlichen Bewegung der Erde um die ⊙ und in der eigenen Bewegung der W[elt-]K[örper] selbst ihren Grund haben, nimmt die sphärische Astronomie nur ganz im Allgemeinen einige auf, ohne welche die ihr eigenthümlichen Lehren nicht wohl verständlich sein würden, als z. B. das allgemeine von der jährlichen scheinbaren Bewegung der Sonne. Die nähere Erörterung dieser Erscheinungen hingegen überlässt sie dem 2ten Theile der Astronomie, der theorischen Astronomie, weil das eigenthümliche Geschäft dieser, nämlich die Ausmittelung der wahren Bew[egungen] der H[immels-]K[örper] selbst, mit der Betrachtung der Erscheinungen, worauf sich jene gründen muss, gar zu genau verwebt ist. Der dritte Theil endlich, die physische Astronomie zeigt, wie die a posteriori aus den Erscheinungen abgeleiteten Gesetze der Bewegungen alle nur die Folgen Einer grossen, allgemein verbreiteten und überall auf gleiche Art wirkenden Naturkraft sind. Indem sie sich nicht darauf einlässt[*)] die Ursache dieser Kraft weiter erklären zu wollen, sondern bloss ihr Dasein als durch die Erscheinung unwidersprechlich bewiesen annimmt, ist ihr Geschäft die Wirkungen derselben mit Hilfe der feinsten Analyse zu entwickeln: zuerst die Bewegung der H[immels-]K[örper] in Kegelschnitten nach den Keplerschen, in der theorischen Astronomie gefundenen Gesetzen als die nothwendige Wirkung der wechselseitigen Anziehung 2er Weltkörper zu zeigen, sodann die Störungen in jenen Bewegungen, die eine Folge der wechselseitigen Anziehung mehrerer W[elt-]K[örper] sind zu bestimmen, also die Perturbationen der Hauptplaneten unter einander, die allmählige Vorrückung ihrer Bahnen, dic Ungleichheiten in der Bewegung des Mondes, endlich auch die Gestalt der Weltkörper, deren Theile sich nach den Gesetzen der wechselseitigen Anziehung in einen Zustand des Gleichgewichts gesetzt haben, [sowie] die Störungen der Rotation durch Veränderung der Lage der Ro-

[*) In der Handschrift steht einzulassen.]

tationsaxe zu entwickeln. Diese Untersuchungen sind der Triumph des menschlichen Verstandes, allein sie gehören zu den schwersten der Astronomie, erfordern die Anwendung der feinsten Kunstgriffe der Analyse und sind von einem solchen Umfang, dass uns schwerlich in unserem Collegio Zeit bleiben wird, in das innere derselben einzudringen.

Erlauben Sie mir nun noch, über die gegebenen Erklärungen einige Anmerkungen hinzuzufügen. Zuerst muss ich ein Paar Worte über den Ausdruck *scheinbar* sagen. Nach dem gewöhnlichen deutschen Sprachgebrauche hängt diesem Worte der Nebenbegriff des Irrthums an: man denkt bei scheinbar immer an Schein, an Täuschung; also das Scheinbare denkt man sich immer als im Widerspruch mit dem Wahren. Wer diesen Begriff mit dem Worte verbindet, muss sich billig wundern, wenn die Astronomen die sphärische Astr[onomie] als die Lehre von den scheinbaren Bewegungen und die theorische als die Lehre von den wahren Bewegungen definiren; er wird natürlich fragen, ob es denn durchaus nothwendig sei, sich den Weg zur Wahrheit durch den Irrthum zu bahnen, und noch mehr, ob es nothwendig sei, sogar eine ganze Hauptabtheilung bloss dazu zu widmen, den Irrthum zu lehren. Allein dies Räthsel löst sich sogleich durch die Bemerkung auf, dass die Astronomen mit dem Worte scheinbar den Nebenbegriff des Irrthums nicht verbinden; ihnen ist das Scheinbare an einem Phänomen, das, was unmittelbar durch die Sinne wahrgenommen wird, ohne Einmischung eines Urtheils, dagegen im gemeinen Sprachgebrauch darunter verstanden wird, das, was die Sinne wahrnehmen mit Einmischung eines Urtheils und zwar eines irrigen Urtheils: der Astronom braucht das Wort in seinem Sinn, weil die Sprache kein besseres hat. Die ausländischen Sprachen, die lateinische, französische, englische, italienische, sind hierin glücklicher, indem den Wörtern apparens etc. der Nebenbegriff des falschen nicht anklebt. Ist demnach z. B. von scheinbarer Bewegung die Rede, so wird damit nicht gesagt, wenigstens liegt es nicht in den Worten, dass die Bewegung nur Schein, nur eingebildet ist, sondern dass die Sinne eine Bewegung, d. h. hier bloss eine Veränderung der Lage gegen unsere Erde wahrnehmen; lediglich dies einfache Factum wird bezeichnet, ohne hier zu entscheiden, ob diese Erscheinung von wirklicher absoluter Bewegung des Gegenstandes oder von Bewegung der Erde oder von Bewegung beider herrühre; in sofern ist also hier von

Irrthum oder falschem Schein nicht die Rede, denn die Sinne urtheilen nie falsch, sondern gar nicht. Um also das Resultat dieser Bemerkung kurz zusammenzufassen, so versteht man in der Astr[onomie] unter scheinbar das, was und wie es erscheint, im gem[einen] Leben hingegen das, was bloss zu sein scheint.

Eine zweite Bemerkung betrifft die Grenzlinie zwischen der sphärischen und theorischen Astronomie überhaupt. Es ist zwar nicht zu leugnen, dass ganz scharfe Grenzen zwischen den verschiedenen Abtheilungen einer Wissenschaft nicht immer möglich sind, und wenn es auch möglich wäre, ganz scharfe Grenzen wirklich zu ziehen und genau zu bestimmen, wo diese Wahrheit in die eine und jene in eine andere Abtheilung zu setzen ist, so würde es doch wenigstens in einer rationellen Wissenschaft, wo immer ein Satz auf den andern gegründet werden muss, nicht immer ausführbar sein, solche Grenzlinien aufs strengste zu respectiren und in einer vorhergehenden Abtheilung durchaus nichts zu berühren, was eigentlich erst in eine spätere gehört. Aus diesem Grunde würde es also eine Art von Mikrologie sein, wenn man es mit diesen Abtheilungen gar zu genau nehmen wollte: wenn indessen viele Schriftsteller auch in Hauptpunkten nicht consequent und ihrer eigenen Definition nicht treu bleiben, so verdient dies wohl, dass man die Aufmerksamkeit einige Augenblicke darauf richte, zumal da durch dergleichen Betrachtungen die Begriffe selbst noch mehr aufgehellet und geordnet werden. Eine solche Inconsequenz finde ich nun beinahe bei allen Schriftstellern in den Erklärungen der sphärischen und theorischen Astronomie. Jene definiren sie nämlich als die Lehre von den scheinbaren Bewegungen, diese als die Lehre von den wahren Bewegungen. Da nun die wahren, d. i. absoluten Bewegungen durchaus kein Gegenstand der Beob[achtungen] sind, sondern bloss durch Schlüsse aus den scheinbaren Bewegungen, welche allein die Erfahrung hergibt, abgeleitet werden müssen, so muss man nach jener Definition natürlich schliessen, dass die sphärische Astronomie der wissenschaftlich geordnete Inbegriff alles dessen sei, was die Beobachtungen über die scheinbaren Bewegungen darbieten, dass sie so zu sagen den Stoff liefern, welchen nachher die theorische Astronomie als blosse rationelle Wissenschaft verarbeitet, um die Kenntniss der wahren Bewegungen daraus abzuleiten. Wenn Sie nun aber nach der Hand nachsehen, was alle Schriftsteller in der sphärischen Astronomie vortragen, so werden Sie finden, dass jene Voraussetzung gar nicht Statt hat. Allerdings beschäftigt sich die sph[ärische] A[stronomie] mit scheinbaren Bewegungen und bloss mit sch[einbaren] Bew[egungen], aber keineswegs umfasst sie vollständig das ganze Gebiet der sch[einbaren] Bew[egungen]; diejenigen die sie betrachtet, sind zwar allerdings die am meisten in die Augen fallenden (nämlich die, die mit der scheinbaren täglichen Bewegung zusammenhängen), aber doch im Grunde nur die allereinfachsten; hingegen um die viel intricateren und eben deswegen viel merkwürdigeren sch[einbaren] Bew[egungen], die von der eigenen Bewegung der H[immels-]K[örper] und von der jährlichen Bewegung der ♁ abhängen, als z. B. das scheinbare Vor- und Rückwärtsgehen und Stillstehen der Planeten, die bizarren scheinbaren Bewegungen der Kometen, die feineren Phänomene in den sch[einbaren] B[ewegungen] des ☾ und der ☉, bekümmert sie sich entweder gar nicht, oder entlehnt nur einige allgemeine Resultate davon, ohne welche die ihr eigenthümlichen Lehren unvollständig sein würden. Alle jene scheinbaren Bewegungen kommen erst in der theorischen Astronomie vor, aber nicht etwa als abgesonderte erste Abtheilung derselben (denn sonst würde ja nichts hindern, sie der Definition zu folge mit in die sphärische Astronomie zu nehmen) sondern in genauer Verbindung mit den daraus abgeleiteten wahren Bewegungen, so dass also die theorische Astr[onomie] halb Erfahrungs-Wissenschaft, halb rationelle Wissenschaft ist.

Durch diese Bemerkung wird die Erklärung, die ich vorhin von den drei Hauptabschnitten der Astr[onomie] gegeben habe, mehr ins Licht gesetzt[*)]; ich füge nun noch eine dritte Bemerkung hinzu, über den Ausdruck physische Astronomie. Nach meiner vorhin gegebenen Darstellung verstehen wir darunter die Entwicklung der wahren Bewegungen als Folgen des Princips der allgemeinen Schwere, und diesen Begriff verbinden mit jenem Ausdruck alle bessern Schriftsteller: indess findet man, dass einige Schriftsteller — freilich nur solche, denen jene phys[ische] Astron[omie] eine terra incognita ist — das Wort phys[ische] Astron[omie] in einem ganz und gar verschiedenen Sinne gebrauchen und darunter das wenige, was wir über die physikalische Beschaffenheit der Weltkörper selbst, ihre Oberfläche, Atmosphäre, über die Sonnen-

[*) Die Handschrift hat »setzen«.]

flecken etc., das wenige sage ich, was wir über diese Gegenstände wissen, und das viele, was darüber vermuthet und geträumt, erdichtet und gefaselt ist, verstehen. Es ist immer gut, diesen Solöcismus zu kennen, weil sonst leicht lächerliche Missverständnisse entstehen können.

Ich beschliesse diese Auseinandersetzung über die 3 Haupttheile der Astr[onomie] mit einem nicht übel gewählten Gleichnisse von SCHUBERT (Po-p[uläre] Ast[ronomie, Theil I], p. 152)[*)]. Dies Gleichniss ist allerdings ganz glücklich gewählt, indess freilich darf man bei der Ähnlichkeit zwischen der grossen H[immels-]Uhr und unsern Werkzeugen nicht zu sehr ins Einzelne gehn, sonst zeigt sich auch hier das Omne simile claudicat. Wir können, wenn ich in SCHUBERTS Metapher mich ausdrücken darf, die grosse Welten-Uhr und ihre einzelnen Räder nicht aus einandernehmen, wie unsere Taschen-Uhren, sondern wenn das Zifferblatt einmal die scheinbare Bewegung vorstellen soll, so ist dieses das einzige, was wir besehen dürfen, und woraus allein wir durch scharfsinnige Combinationen auf die Beschaffenheit der Räder schliessen können. Soll ich nun das Gleichniss weiter fortsetzen, so ist nachdem, was ich vorhin erklärt habe, die sphärische Astronomie nicht sowohl die Kenntniss des ganzen Zifferblattes, als vielmehr die Kenntniss von einem

[*) In FRIEDRICH THEODOR SCHUBERT, *Populäre Astronomie*, erster Theil, Hamburg, bei PERTHES & BESSER 1804 (neue wohlfeile Ausgabe 1834) S. 152 heisst es: »Die Himmels-Sphäre, mit den unzähligen Bewegungen, die in ihrem Innern verrichtet werden und sich uns nur an ihrer Oberfläche zeigen, ist die grosse Uhr des Universums, eine Maschine aus unzähligen Rädern zusammengesetzt, die in der That die einzige vollkommen gleichförmige Bewegung darbietet, wodurch wir die Zeit genau messen können: sie ist der grosse Regulator, nach dem alle von Menschen Händen verfertigten Uhren geprüft und berichtigt werden müssen. Die Oberfläche der Sphäre ist das Zifferblatt, die scheinbaren oder sphärischen Bewegungen sind die Zeiger, die durch ihren Umlauf Secunden, Minuten, Stunden, und Jahrtausende anzeigen: die wahren Bewegungen, die im Inneren dieser Maschine vorgehen, sind das Räderwerk, dessen einfachste und zweckmässigste Anordnung zur Erkenntniss des wahren Welt-Systems führt: die physische Kraft endlich, die alle diese Räder treibt, und dadurch den Zeiger in Bewegung setzt, ist die Schwere, der Pendel, oder die Federkraft der Uhr. Die sphärische Astronomie betrachtet bloss das Zifferblatt und den Gang der Zeiger, und lehrt, wie jede wahre Zeit dadurch angegeben wird: die theorische nimmt die Uhr auseinander, um die Zusammensetzung ihres Räderwerks zu untersuchen; die physische Astronomie findet endlich die erste, alles in Bewegung setzende Kraft der Schwere. Diese Vergleichung scheint am deutlichsten zu zeigen, nach welcher Ordnung der Mechanismus des Weltbaus studirt werden müsse. Wer den Bau einer Uhr untersuchen will, fängt mit dem Zifferblatt und der Bewegung der Zeiger an, betrachtet dann die Räder, die den Zeigern am nächsten sind, oder mit ihnen in unmittelbarer Verbindung stehen, und geht nach und nach zu den entferntern Rädern fort, bis er endlich durch diese analytische Methode zu dem letzten Rade kömmt, das unmittelbar vom Pendel in Bewegung gesetzt wird.«]

der Zeiger, der am schnellsten und regelmässigsten umläuft und am ersten in die Sinne fällt; die Betrachtung der kleinern und versteckten Zeiger, deren Bewegung weit künstlicher ist, gehört in die Theorische Astronomie, wo sie gleichsam den Schlüssel zur Enträthselung des Innern geben muss.

Sie erinnern sich, dass ich für den zweckmässigsten Vortrag der Theile der Astr[onomie] diejenige Ordnung erklärt habe, wie die Wahrheiten entweder gefunden sind, oder doch hätten gefunden werden können, indem immer das vorhergehende zur Begründung des folgenden dienen muss. Eine solche Ordnung werden auch wir nach Möglichkeit befolgen. Abweichungen davon werden wir uns freilich oft erlauben müssen, besonders im Praktischen; denn da ich wünsche, Sie mit den vornehmsten und merkwürdigsten Himmels-Erscheinungen durch eigene Ansicht bekannt zu machen, und diese sich da, wo man sie im Vortrage braucht, nicht nach Gefallen citiren lassen, so müssen wir die Gelegenheit wahrnehmen, wo wir sie finden; gibts z. B. an den Jupiterstrabanten etwas zu observiren, so werden wir nicht damit warten, bis wir in der Astr[onomie] selbst bis dahin gekommen sind, weil gegen die Zeit der ♃ vielleicht gar nicht mehr sichtbar sein möchte. Solche Abweichungen werden indess nichts zu bedeuten haben, da ohnehin die Hauptlehren der Astr[onomie] Ihnen nicht ganz fremd sein werden.

Verschiedene Verfasser astronomischer Systeme und Lehrbücher haben ihren Schriften einen kurzen Auszug aus denjenigen mathematischen Hülfskenntnissen vorausgeschickt, die sie beim Vortrage der Astr[onomie] selbst voraussetzen, natürlich blosse abgerissene Sätze ohne System, Verbindung und Beweis. Ich zweifle, dass ein solches Verfahren sonderlichen Nutzen haben kann; denn, wer mit diesen Hülfsmitteln schon vertraut ist, für den ist eine solche magere Darstellung überflüssig, und wer mit den Hülfswissenschaften noch ganz unbekannt ist, für den ist sie doch unzulänglich. Ich werde also ein solches Verfahren nicht nachahmen. Nur von diesen und jenen Formeln, die etwa häufig gebraucht werden und die vielleicht dem Gedächtnisse noch nicht geläufig sind, kann es vielleicht gut sein, eine gedrängte Zusammenstellung zu machen, damit man immer da, wo man sie braucht, sie gleich zur Hand habe; immer wird aber vorausgesetzt, dass man die Theorie, worauf sie beruhen, schon gefasst habe: Ich werde daher vielleicht zu seiner Zeit in der sph[ärischen] Astr[onomie], wo dergleichen Fälle am meisten vorkommen,

Ihnen eine solche erleichternde Übersicht von den Fundamentalformeln der sph[ärischen] Astr[onomie] mittheilen. In Ansehung anderer Hülfskenntnisse würde uns freilich ein solches Verfahren zu weit von unserm Hauptgegenstande abführen; ich werde aber alles weniger bekannte, was ich etwa entlehnen muss, so vortragen, wie ich glaube, dass es sich am leichtesten und natürlichsten an die Ihnen geläufigen Vorkenntnisse anschliesst. Hier beim Eingange mag es genug sein, die nöthigen Hülfskenntnisse nur summarisch aufzuzählen. Dass man in einer Wissenschaft, wo stündlich gerechnet oder gemessen wird, die Elementare Arithmetik und Geometrie, Fertigkeit im numerischen Kalkül gar nicht entbehren kann, springt von selbst in die Augen. Die Überschrift, die ein alter Philosoph über den Eingang seines Hörsaals setzte, Μητις αγεωμετρητος εισιτω lässt sich mit noch viel grösserm Rechte auf die Astronomie anwenden. Aber auch ohne die ebene und sphärische Trigonometrie, besonders die letztere, ziemliche Fertigkeit im trigonometrischen und analytischen Kalkül und mancherlei Kenntnisse der höhern Geometrie, kann man in dieser Wissenschaft nicht weit kommen. Die *tiefern* und *feinern* Untersuchungen besonders der phys[ischen] Ast[ronomie] setzen freilich noch weit mehr voraus, und sind daher nur denen zugänglich, die in das Heiligthum der Analyse eingedrungen sind. Bei dergleichen Untersuchungen aber tief ins Detail einzugehn, dazu wird natürlich in *unserm* Collegium ohnehin nicht der Ort sein. Eben so nöthig sind Kenntnisse in den optischen Wissenschaften, wenn man sich Einsicht in die Beobachtungsmethoden, und noch mehr wenn man sich praktische Fertigkeiten darin erwerben will. Mit der Dynamik muss man völlig vertraut sein, um in der physischen Astronomie fortkommen zu können.

In den Prolegomenis einer jeden Wissenschaft ist es so hergebracht, dass man sich auch mit der Frage beschäftigt hat, wozu nützt die Wissenschaft? Es ist kein gutes Zeichen von dem Geiste der Zeit, wenn man eine solche Frage oft und immer wieder aufwerfen hört. Es spricht sich darin theils ein unseliges Missverhältniss zwischen den nothwendigen oder für nothwendig gehaltenen Bedürfnissen des Lebens und den Ressourcen, ihnen Genüge zu leisten, aus: es ist ein stillschweigendes Eingeständniss eines wahrlich nicht ehrenvollen Grades von Abhängigkeit von jenen Bedürfnissen, wenn man *alles* auf unsere physischen Bedürfnisse beziehen zu müssen glaubt, wenn man für die

Beschäftigung mit einer Wissenschaft gleichsam eine Rechtfertigung verlangt und nicht begreifen kann, dass es Leute gibt, die studiren, bloss weil das Studiren selbst ihnen auch ein Bedürfniss ist. Aber nicht bloss unsere Armuth documentirt eine solche Art zu urtheilen, sondern zugleich eine kleinliche, engherzige und träge Denkungsart, eine Disposition, immer den Lohn jeder Kraftäusserung ängstlich zu calculiren, einen Kaltsinn und eine Gefühllosigkeit gegen das Grosse und den Menschen Ehrende. Man kann es leider sich nicht verheelen, dass man eine solche Denkungsart in unserm Zeitalter sehr verbreitet findet, und es ist wohl völlig gewiss, dass gerade diese Denkart mit dem Unglück, was in den letzten Zeiten so viele Staaten betroffen hat, in einem sehr genauen Zusammenhange steht; verstehen Sie mich recht, ich spreche nicht [von] dem so häufigen Mangel an Sinn für die Wissenschaften an sich, sondern von der Quelle, woraus derselbe fliesst, von der Tendenz überall zuerst nach dem Vortheil zu fragen, und alles auf physisches Wohlsein zu beziehen, von der Gleichgültigkeit gegen grosse Ideen, von der Abneigung gegen Kraftanstrengung bloss aus reinem Enthusiasmus für eine Sache an sich: ich meine, dass solche Charakterzüge, wenn sie sehr vorherrschend sind, einen starken Ausschlag bei den Katastrophen, die wir erlebt haben, gegeben haben können. Es gibt Wissenschaften, die bei einer solchen Denkungsart gar nicht gedeihen können, zu deren Studium man durch die Betrachtung von Nutzen im gewöhnlichen Sinne, durch die Aussicht von Vortheilen für die physische Existenz nicht aufgemuntert wird, zu denen man bloss durch eine reine, uninteressirte Freude am Studium selbst hingezogen werden muss. Die Astronomie gehört zwar nicht eigentlich unter diese Wissenschaften; man vergisst wohl zuweilen, aber es springt doch bei dem mindesten Nachdenken sogleich in die Augen, dass die menschliche Societät in einem kläglichen Zustande sein würde, wenn es gar keine Astronomie gäbe und nie gegeben hätte: allein ich behaupte, dass die wahre, ächte Wärme für die Wissenschaft nicht durch solche Betrachtungen hervorgebracht wird. Die glücklichen grossen Geister, die die Astronomie eben so wie die andern schönern Theile der Mathematik geschaffen und erweitert haben, wurden gewiss nicht durch die Aussicht des künftigen Nutzens angefeuert: sie suchten die Wahrheit um ihrer selbst willen und fanden in dem Gelingen ihrer Anstrengungen allein schon ihren Lohn und ihr Glück. Ich kann nicht umhin,

Sie hier an ARCHIMEDES zu erinnern, den seine Zeitgenossen am meisten nur wegen seiner künstlichen Maschinen, wegen der zauberhaft scheinenden Wirkungen derselben bewunderten, der aber auf alles dieses in Vergleichung mit seinen herrlichen Entdeckungen im Felde der reinen Mathematik, die an und für sich nach dem gewöhnlichen Sprachgebrauch wenigstens damals meistens gar keinen sichtbaren Nutzen hatten, einen so geringen Werth legte, dass er uns über jene nichts aufzeichnete, während er diese in seinen unsterblichen Werken mit Liebe entwickelt hat. Sie kennen gewiss alle das schöne Gedicht von SCHILLER [*Archimedes und der Schüler*]. Lassen Sie uns auch die erhabene Astronomie am liebsten aus diesem schönern Gesichtspunkte betrachten. Welches edlere Gemüth hat nicht schon früh beim Anblick des gestirnten Himmels den lebhaften Wunsch empfunden, mit diesem herrlichen Schauspiel näher bekannt zu werden, seine wunderbaren Phänomene und wo möglich selbst seine verborgenen Geheimnisse zu ergründen, so weit es wenigstens sein individueller Beruf und seine Verhältnisse verstatten: wer hat nicht beim Lesen der schönen OVIDschen Verse [P. OVIDII NASONIS *Fastorum* lib. I, 297 squ.]

Felices animos, quibus haec cognoscere primis,
Inque domos superas scandere cura fuit!
Credibile est illos pariter vitiisque locisque
Altius humanis exseruisse caput.
Non Venus et vinum sublimia pectora fregit,
[Officiumve fori, militiaeve labor.*)]
Nec levis ambitio, perfusaque gloria fuco,
Magnarumve fames sollicitavit opum.
Admovere oculis distantia sidera nostris,
Aetheraque ingenio supposuere suo.

von ganzem Herzen eingestimmt?

Dieser erhabene Genuss, den dies Studium der Astr[onomie] gewährt, die eigenthümliche Satisfaction, welche die Beschäftigung mit den ernsten Wissenschaften gibt, und welche sich nicht beschreiben sondern nur empfinden lässt, wenn man anders den Sinn dafür hat, das wohlthätige Abziehen von der

[*) Dieser Pentameter fehlt in der GAUSSschen Handschrift.]

manchmal nicht erfreulichen Aussenwelt durch stille, keine Leidenschaften aufregende Contemplation, endlich die Grösse und Erhabenheit der Gegenstände selbst, die unsre Weltansicht erweitert, und sovieles, was uns in dem feindseligen Treiben auf unserm unruhigen Planeten gross und wichtig dünkt, klein erscheinen lässt, und, warum wollten wir es nicht bekennen, die Beruhigung, in der wunderbaren Anordnung des Weltbaus immer die Spuren einer ewigen Weisheit wiederzufinden, die unsre Kurzsichtigkeit eben bei jenem feindseligen Treiben wohl manchmal aus dem Gesichte zu verlieren glaubt: dieses sind nach meinem Gefühl die würdigen Antworten auf die Frage, wozu nützt das Studium der Astronomie? Die Sonnen sind, um mich eines schönen Worts unseres unvergleichlichen Jean Paul zu bedienen, zu etwas Höherem da, als bloss um zu Schrittzählern und Wegweisern für zurückkehrende Pfefferflotten zu dienen, und die Bestimmung der Musen ist eine höhere, als die, bloss Mägde unserer Bedürfnisse zu sein.

Wenn diese Seite des Werths der Astronomie, von der ich sie Ihnen so eben vorgestellt habe, auch die schönere ist, wenn auch diese allein schon die Astronomie zu einem würdigen Gegenstande unseres Studiums macht, so wollen wir darum doch auch die andern Seiten derselben nicht übergehen, wo sich dieselbe auch in Ansehung ihres Einflusses auf das Wohl des physischen Menschen auf eine sehr glänzende Art zeigt. Manchen von diesen wohlthätigen Einflüssen haben wir freilich ganz zu schätzen verlernt, gerade dadurch, dass wir sie schon zu lange und immer geniessen, weil wir selten Veranlassung haben, uns in die Lage derer zu versetzen, die ihrer entbehren müssen. Dahin rechne ich vorzüglich die Befreiung von dem schimpflichen und ängstigenden Aberglauben, welchen die Unwissenheit so leicht erzeugt. Was für alberne Vorurtheile haben nicht manche alte Nationen, und haben nicht noch jetzt uncultivirte neuere von Sonnen- und Mondfinsternissen?

Wie manchmal haben Schlauköpfe solche Vorurteile benutzt, um die davon befangenen hinters Licht zu führen? Wie oft haben nicht Cometen, deren Erscheinung den Astronomen so willkommen ist, die Nichtunterrichteten in Angst und Schrecken gesetzt. Ja selbst in unsern Zeiten geben solche ungewöhnliche Erscheinungen dem aufmerksamen Beobachter noch oft Gelegenheit zu bemerken, wie sehr viel noch an der allgemeinen Verbreitung des Lichts der Wissenschaften fehlt, wie unsinnige Vorstellungen der grosse

Haufen und selbst solche, die sich zu den Gelehrten zählen, davon haben, und wie leicht es sein würde, noch heute eine solche terreur panique zu verbreiten, wie Lalande unschuldigerweise im Jahre 1773 in Paris erregte. — Erinnern wir uns also immer dankbar, dass nur die Aufklärungen des Astronomen es sind, die uns so schimpflichen und unwürdigen Besorgnissen entreissen können.

Ein zweiter Nutzen, den uns die Astr[onomie] täglich leistet, und den wir ebendeswegen hinnehmen, ohne ihn sonderlich zu schätzen, ist die Bestimmung der Zeit. Wir brauchen uns, um einen Tag der längst verflossenen Vergangenheit oder der spätesten Zukunft aufs unzweideutigste zu designiren, nur auf unsern Jedermann bekannten Kalender zu beziehen. Wir können, wenn uns daran liegt, mit Leichtigkeit erfahren oder bestimmen, ob an einem solchen Tage Vollmond oder Neumond u. s. w. gewesen ist oder sein wird: wir wissen dies einmal nicht anders, aber schaden kann es nicht, wenn wir uns einmal erinnern, dass die Völker des Alterthums, ehe die astronomischen Kenntnisse so weit ausgebildet waren, es nicht so gut hatten, als wir. Die meisten Nationen des Alterthums, die vielleicht gerade darum eine besondere Wichtigkeit darauf legten, die Erscheinung der ☾-Gestalten voraus zu bestimmen, weil es ihnen schwerer wurde als uns, hatten ☾-Monate angenommen und mussten also, da 12 ☾-Monate für ein Sonnenjahr zu kurz, und 13 zu lang sind, bald Jahre von 12, bald von 13 Monaten gebrauchen; dadurch wurde ihre Zeitrechnung sehr confus und willkürlich und in Griechenland, wo Meton endlich durch Erfindung seiner 19jährigen Periode das schwankende Jahr fixirte, wurde [er] als ein Mann gepriesen, der sich um ganz Griechenland höchst verdient gemacht hatte. Noch viel verworrener ging es bei den Römern her. Diese Nation, deren Grösse im Erobern und im Verderben der neben ihnen bestehenden Sta[a]ten bestand, die aber für die Wissenschaften wenig oder Nichts gethan hat, war viele Jahrhunderte hindurch in Ansehung astronomischer Kenntnisse in der krassesten Ignoranz. Romulus gab seinen Bürgern ein Jahr von 10 Monaten oder von 300 Tagen: eine solche Unwissenheit ist sogar bei einer grösstentheils aus Räubern zusammengesetzten Menschenmasse kaum begreiflich; Numa wurde als ein Weiser verehrt, dass er 2 Monate hinzusetzte und dem Jahr eine Länge von 354 oder 355 Tagen gab, wodurch es ein vollkommenes ☾-Jahr wurde: dass das Jahr auch so noch viel zu kurz war, musste freilich bald durch Vorrückung der Jahreszeiten sichtbar werden, man musste um dieser Inconvenienz abzuhelfen, von Zeit zu Zeit [Monate] einschalten; aber ganz charakteristisch für dieses nur im Kriege und als Bürger grosse, aber alle feinere Kultur verachtende Volk ist es, dass sie über 700 Jahr sich mit dieser höchst confusen Jahresrechnung begnügten und das Einschalten der Monate dem Gutdünken ihrer Priester überliessen. Wir wissen aus der Geschichte, dass diese oftmals ihre Einschaltungs-Monate für Geld feil hatten; Magistratspersonen, die gern noch etwas länger im Amte bleiben wollten, liessen sich von ihnen einen Monat einschalten, wenn nicht etwa die neuen Kandidaten durch grössern Kredit oder mehr Geld das Gegentheil bewirkten. Erst JULIUS CÄSAR machte dem Unwesen ein Ende, aber mit fremder Hilfe: ein Egypter, SOSIGENES, musste ihm einen verbesserten Kalender angeben, den wir noch unter seinem Namen als den Julianischen kennen.

Aber nicht bloss die grosse Abtheilung der Zeit in Jahre, auch die kleinere Abtheilung des Tages in Stunden verdanken wir lediglich der Astronomie. Die Alten hatten keine Uhren wie wir, sie hatten bloss höchst unvollkommene Wasseruhren. In Rom hatte man eine solche Wasseruhr auf dem Markte, wohin man einen Sklaven schickte, wenn man wissen wollte, welche Stunde es sei. Erst da die Sonnenuhren bekannt wurden, konnte man in die für das bürgerliche Leben so nothwendigen und wichtigen Zeitabtheilungen eine etwas grössere Genauigkeit bringen.

In Rom wurden diese etwa um 300 J. vor Ch. durch PAPIRIUS CURSOR bekannt, in Griechenland hatte man sie 250 Jahre früher. Noch zu PLAUTUS Zeiten muss die allgemeine Verbreitung der Sonnenuhren ziemlich neu gewesen sein, wie man aus dem Fragment eines seiner Lustspiele sieht, wo ein Parasit sich darüber auf eine sehr possirliche Art beklagt ([J. F.] MONTUCLA, [*Histoire des Mathématiques*, nouvelle édition, an VII] I, p. 718)[*]. Dass die

[*) MONTUCLA zitiert a. a. O. das Fragment *Boeotia* des PLAUTUS, wo es heisst:

Ut illum dii perdant, primus qui horas repperit,
Quique adeo primus statuit hic solarium,
Qui mihi comminuit misero articulatim diem!
Nam me puero venter erat solarium,
Multo omnium istorum optumum et verissumum.
Ubi is te monebat, esses, nisi quom nihil erat;
Nunc etiam quod est non estur, nisi Soli lubet.

Theorie der Sonnenuhren oder die Gnomonik eine bloss astronomische Wissenschaft ist, liegt in der Natur der Sache. Wir sind nun freilich durch Erfindung der Pendeluhren im Besitz der Mittel einer viel genauern Zeitbestimmung, allein begreiflich kann die Stellung und Berichtigung derselben immer wieder nur durch Sonnenuhren oder durch andere astronomische Beobachtungen geschehen.

Auch für die historische Chronologie ist die Astronomie von grosser Bedeutung. Die alten Geschichtsschreiber sind in ihrer Zeitrechnung so nachlässig, und ausserdem ist die Anzahl der verschiedenen Zeitrechnungen bei den verschiedenen Völkern so gross, dass es nicht möglich sein würde, Licht hineinzubringen, wenn nicht zugleich manche Himmelsbegebenheiten, besonders Finsternisse, angeführt würden, nach denen wir noch jetzt zurückrechnen können, und so feste Punkte erhalten, woran sich Begebenheiten anreihen. Wir würden dieser Hülfe ganz entbehren, wenn es nicht schon im Alterthum Astronomen gegeben hätte, die solche Phänomene aufzeichneten, und wenn unsere heutige Astronomie nicht so vollkommen wäre, dass wir damit mehrere Jahrtausende zurückrechnen können.

Noch 2 der allerwichtigsten Anwendungen sind zurück, nämlich die Anwendung auf die Geographie und auf die Schifffahrt. Die Kenntniss von der Gestalt und Grösse der Erde verdanken wir lediglich der Astronomie. Dass wir jetzt von so vielen Ländern so genaue Karten besitzen, haben wir bloss der Vervollkomnung der Astronomie und der Beobachtungsmethoden, der Leichtigkeit, womit wir jetzt Längen- und Breitenbestimmungen machen, zu verdanken. Man braucht bloss einen Blick auf die ältern Karten zu werfen, die zu einer Zeit gemacht sind, wo die Beobachtungsmethoden noch nicht so vollkommen waren, um die Verzerrung und Entstellung ganzer Länder, ihre ganz unrichtig dargestellten Grössenverhältnisse sogleich zu bemerken. Auch nicht einmal eine kleine Specialkarte, deren Entwerfung sich etwa auf geometrische oder trigonometrische Vermessung gründet, kann man richtig orientiren, ohne astronomische Kenntnisse, ohne Ziehung einer genauen Mittagslinie. Von grossen Reichen, wie zum Beispiel das Russische, deren trigonometrische Vermessung unerschwingliche Summen kosten würde, erhält man

---

Itaque adeo iam oppletum oppidum est solariis:
Maior pars populi aridi reptant fame.

Der vorstehende Text nach T. Macci Plauti *Comoediae*, rec. Lindsay, t. II, Oxonii, s. d. a.]

durch zahlreiche astronomisch-geographische Bestimmungen mit geringen Kosten in kurzer Zeit brauchbare Karten, auf die man ohne jene ganz hätte Verzicht leisten müssen.

Und nun endlich, was wäre die Schifffahrt ohne Astronomie? Der Kompass und die Logleine sind schätzbare Hülfsmittel, aber sehr unzureichende bei weiten Seereisen. Die Sterne sind es, die den Schiffer durch das Meer von einem Welttheile zum andern leiten und immer sicher leiten. Wie sehr die Schifffahrt der Hülfe der Astronomie und zwar der feinsten Astronomie bedürftig ist, kann man schon aus den hohen Preisen schliessen, die die erste seefahrende Nation der Welt, die Britten, auf die Verbesserung der Methode zur Erforschung der Meereslänge gesetzt haben. Und jetzt sind denn auch diese Methoden zu einem solchen Grade von Vollkommenheit gebracht, dass wenig zu wünschen und fast nichts zu hoffen übrig bleibt. Die Mondtafeln, die Sternverzeichnisse, die Messwerkzeuge haben eine Stufe von Genauigkeit erreicht, die das non plus ultra zu sein scheint, wenn nicht in Zukunft noch ganz neue Mittel entdeckt werden, wovon wir jetzt noch gar keine Idee, gar keine Ahnung haben. Der wohlunterichtete Schiffer fährt, auf seinen Sextanten, auf seine Seeuhr, auf seine Ephemeriden sich verlassend, fast eben so sicher den geraden Weg über das Meer, wie der Fuhrmann seine Chaussee; wir haben Beispiele, dass Schiffe die ganze Erde umsegelt, unterwegs an mehr als einer Küste planmässig ihre Geschäfte gemacht haben und in weniger als einem Jahr in den europäischen Hafen zurück gekommen sind. Vergleichen Sie damit das unsichere Herumtappen bei ältern Seereisen, die Verzögerungen, Gefahren und das Unglück, dem sie so oft bloss aus Unkunde ihres eigentlichen Weges ausgesetzt waren, die tragikomischen Abentheuer, die man noch jetzt öfters von schlecht unterrichteten Schiffern hört, so werden Sie lebhaft fühlen, dass alle Staaten, die nicht ganz von Seehandel und Schifffahrt abgeschnitten sind, die grösste Ursache haben, die Fortschritte der Astronomie ihrer Aufmerksamkeit und ihrer Unterstützung auch aus diesem Gesichtspunkte sehr würdig finden [zu] müssen.

BEMERKUNGEN.

Die Handschrift des vorstehend abgedruckten Aufsatzes besteht aus 36 eng beschriebenen Kleinoktavseiten und gehört zu den im Besitz der Nachkommen von GAUSS ältestem Sohne, JOSEPH, befindlichen

Familienpapieren, die (wie z. B. auch das *Tagebuch*, vergl. Werke X, 1, S. 485) gemäss der Verfügung von CARL GAUSS (dem am 22. Januar 1927 in Hameln verstorbenen Sohne von JOSEPH G.) dauernd im GAUSS-archiv aufbewahrt werden. In der Handschrift folgen auf den oben wiedergegebenen Text noch Literaturangaben und einige Stichworte zur sphärischen Astronomie, deren Abdruck unterlassen wurde.

In Nr. 35 der Vierteljahrsschrift der Naturforschenden Gesellschaft in Zürich vom Jahre 1890 (S. 236 ff.) berichtet RUDOLF WOLF über ein Kollegheft, das PETER MERIAN aus Basel im Sommer 1815 nach einer Vorlesung von GAUSS über die *Elemente der Astronomie* nachgeschrieben hat. Der Geologe BERNHARD STUDER sei im Jahre 1816 mit MERIAN in Göttingen bekannt geworden und habe mit MERIANS Erlaubnis sich eine Abschrift des Kollegheftes angefertigt, die nach einer letztwilligen Verfügung STUDERS in der historischen Sammlung der Züricher Sternwarte aufbewahrt wird. Die von WOLF a. a. O. abgedruckten Stellen aus dem Heft decken sich inhaltlich zum Teil mit der vorstehend abgedruckten Handschrift. Man darf wohl annehmen, dass GAUSS diese für seine erste astronomische Vorlesung angefertigt und auch später bei seinen Vorlesungen über allgemeine Astronomie benutzt hat, woraus sich die Bezeichnung des Aufsatzes als »Antrittsvorlesung« rechtfertigen dürfte.

Nach den Ankündigungen der Vorlesungen in den Gött. Gelehrten Anzeigen hat GAUSS für das Sommersemester 1808, in dem er wohl zum ersten Male las, kurzweg *Astronomie* als einzige Vorlesung angekündigt, und im oben erwähnten Sommer 1815, *Theoretische Astronomie* ferner *Art und Weise, die Bewegungen der Kometen zu berechnen* und *Praktische Astronomie, privatissime.* Der Titel keiner dieser Vorlesungen deckt sich genau mit dem des MERIANschen Kollegheftes; doch ist anzunehmen, dass dieses sich auf die *Theoretische Astronomie* bezieht.

In Bezug auf das Zitat aus JEAN PAUL (oben S. 194 *)) ist es von Interesse, dass CHARLES DE VILLERS (der von 1811 bis 1814 Professor in Göttingen war) in einem Briefe an JEAN PAUL vom 2. Januar 1813, dessen Handschrift sich in der Preussischen Staatsbibliothek befindet, schreibt: »Unter Ihren wärmsten Anbetern hier ist auch zu zählen der Himmel- und Zahl- und Sideral-Mann, Prof. GAUSS. Der stille, sanfte, geistreiche GAUSS liest und liebt Sie beinahe so leidenschaftlich als ich; — diese gemeinschaftliche Neigung hat gegenseitige Neigung zwischen uns gestiftet und ich habe den Freund Ihnen zu danken, mit dem ich vielleicht sonst wenig Berührungspunkte gehabt hätte.« — Wir verdanken diese Briefstelle einer freundlichen Mitteilung von EDUARD BEREND in Berlin.

BRENDEL. SCHLESINGER.

---

*) Es heisst in JEAN PAULS *Hesperus*, zu Anfang des 13. *Hundposttages* (Sämmtl. Werke VII, Berlin 1926, S. 237): »... Diese Menschen ... ehren ... in der erhabenen Astronomie nur die Verwandlung der Sonnen in Schrittzähler und Wegweiser für Pfefferflotten ...«.

39. Gauss an Encke.

Göttingen, 25. Februar 1819.

. . . .

Ich beschäftige mich jetzt mit Untersuchungen aus der Wahrscheinlichkeitsrechnung, wodurch die sogenannte Methode der kleinsten Quadrate auf eine neue Art begründet wird, unabhängig von dem Gesetz der Fehler und der Voraussetzung einer grossen Zahl der Beobachtungen. Auf ersterm beruhete meine Begründung in der *Th*[*eoria*] *M*[*otus*] *C*[*orporum*] *C*[*oelestium*], auf der andern die Laplacesche. Ausserdem werde ich einige Untersuchungen weiter ausführen oder specieller behandlen, da ich bemerkt habe, dass häufig die Methode der kl[einsten] Quadrate auf eine Art angewandt wird, die dem eigentlichen Geiste nicht ganz gemäss ist. Eine Berichtigung eines bis jetzt ganz allgemeinen Irrthums will ich hier besonders anführen. Ich habe in der Z[eitschrift] f[ür] A[stronomie*)] gezeigt, wie man aus n wirklich begangnen Beobachtungsfehlern $\varepsilon, \varepsilon', \varepsilon'', \varepsilon'''\ldots$ den wahrscheinlichen (Littrow nennt ihn unpassend wahrscheinlichsten) Beobachtungsfehler ableiten kann, welcher $= 0{,}67\sqrt{\frac{\varepsilon\varepsilon + \varepsilon'\varepsilon' + \varepsilon''\varepsilon'' + \text{etc.}}{n}}$ wird. Dies hat seine Richtigkeit, wenn $\varepsilon, \varepsilon'$ etc. die wirklichen Beobachtungsfehler sind. Ich habe als solche in meinem Beispiel die Differenzen der jedesmaligen Beob[achtungen] von dem Mittel angenommen, und bei einer so grossen Anzahl Beob[achtungen] hat dies auch weiter nichts zu sagen. Aber streng ist es nicht. Nach der strengen Theorie muss man, wenn $\varepsilon, \varepsilon', \varepsilon''$ etc. nicht die Beobachtungsfehler, sondern die Differenzen zwischen den beobachteten Grössen und denjenigen, die aus den nach der M[ethode] d[er] kl[einsten] Q[uadrate] bestimmten Werthen der unbekannten Grössen, berechnet werden, bedeuten, nicht mit n sondern mit $n - m$ divi-

[*) Zeitschrift für Astronomie herausg. von B. von Lindenau und J. G. F. Bohnenberger, Bd. I, 1816, S. 185; Werke IV, S. 109 ff.]

diren, wenn n die Anzahl der Beobachtungen, m die Anzahl der unbekannten Grössen bedeuten. Dies Resultat ist eben so praktisch wichtig als es elegant ist. Man sieht, dass wenn m gegen n beträchtlich ist, durch das unrichtige Verfahren sehr unrichtige Resultate entstehen. So sind die wahrscheinlichen Fehler der Resultate bei Ihrem Cometen von 1812 jetzt in dem Verhältnisse von $\sqrt{2} : \sqrt{5}$ zu vergrössern. Übrigens ist dieses Resultat meiner Untersuchung, wenn nur eine kleine Modification im Ausdruck angebracht wird, auch von dem Fehlergesetz unabhängig. Allein die Bestimmung der dem wahrscheinlichen Fehler selbst beizulegenden Genauigkeit ist es nicht, dies ist auch eine nicht ganz leichte Aufgabe. Sehr merkwürdig aber ist, dass wenn die Formel e^{-hhxx} angenommen wird, jene Bestimmung des wahrscheinlichen Beobachtungsfehlers gerade eben so zuverlässig ist, als wäre sie auf $n-m$ wirklich bekannte Beobachtungsfehler gegründet. Sie sehen daraus zugleich, dass diese Zuverlässigkeit bei Ihrem Cometen aus den 5 Normalörtern nur sehr gering wird. — So sind unter andern auch die wahrscheinlichen Fehler der Bessel-schen Beobachtungen rücksichtlich der einzelnen Fadenantritte, welche Littrow bestimmt hat, in dem Verhältniss von $\sqrt{2} : \sqrt{3}$ zu vergrössern.

---

40. Zwei Briefe an Jakob Friedrich Fries.

[1.]

Wilhelm Weber an Fries. Göttingen, 12. Februar 1841.

{Verehrter Freund,

Ihren gütigen Brief vom 28ten v. M. habe ich sogleich Herrn Hofrath Gauss mitgetheilt, der die Güte hatte, über die Fragen, die Sie darin wegen der Wahrscheinlichkeitsrechnung vorlegen, sich ausführlich mündlich zu äussern. Ich werde versuchen, so gut ich kann, seine Meinung wiederzugeben.

Er gab Ihnen gleich von Anfang darin Recht, dass in den Anwendungen der Wahrscheinlichkeitsrechnung sehr gefehlt werden könne, wenn man nur auf die Zahlen bauet, welche wiederholte Beobachtungen geben, und nicht jeder andern Kenntniss, die man sich von der Natur der Sache und deren Verhältnissen verschaffen kann, ihr Recht widerfahren lässt, so schwer dies oft auch sei. In dieser Hinsicht könne nicht genug Vorsicht empfohlen werden. Die französischen Mathematiker hätten wohl diese Vorsicht nicht immer genug beobachtet; GAUSS hat diese Vorsicht bei allen Anwendungen, die er gemacht, nie aus dem Auge gelassen, und hat beim Vortrag immer vorausgeschickt: die Wahrscheinlichkeitsrechnung habe den Zweck, nur in solchen Fällen eine bestimmte Auskunft zu geben, wo man ausser den Beobachtungszahlen nichts weiter von der Sache wisse oder berücksichtigen wolle.

GAUSS erwähnte einen Fall, wo LAPLACE durch Mangel an jener Vorsicht einen Fehler begangen, der von Niemand bemerkt zu sein scheint. LAPLACE sucht nämlich die Wahrscheinlichkeit einer Ursache zu bestimmen, welche die Ebenen der Kometenbahnen den Ebenen der Planetenbahnen genähert habe. Er zählt die Kometen, deren Bahnen mit der Erdbahn einen Winkel zwischen 0^0 und 45^0 und zwischen 45^0 und 90^0 machen, findet ihre Zahl nahe gleich und schliesst daraus, dass keine solche Ursache wahrscheinlich Statt gefunden habe. LAPLACE hat dabei ausser Acht gelassen, dass, wenn jede Lage der Bahn gleiche Wahrscheinlichkeit besässe, die Wahrscheinlichkeit, dass eine Bahn mit der Erdbahn einen Winkel von 0^0 bis 45^0 mache, viel kleiner ist, als die eines Winkels von 45^0 bis 90^0. Zieht man nämlich vom Mittelpunkt einer Kugel senkrecht gegen die Kometenbahn eine gerade Linie nach der einen oder andern Seite, je nachdem die Bahn vorwärts oder rückwärts durchlaufen wird, und nennt den Durchschnittspunkt mit der Kugelfläche den Pol der Bahn, so würde, wenn man diese Fläche in gleiche Theile theilt, der Pol in jedem Theile mit gleicher Wahrscheinlichkeit vermuthet werden. Nun ist aber der Theil vom Pol der Erdbahn bis zu 45^0 Abstand nicht dem Theile von 45^0 bis 90^0 Abstand gleich, sondern es muss 60^0 statt 45^0 gesetzt werden, um beide Theile gleich zu machen. Berücksicht man dies geometrische Gesetz, so muss man das Gegentheil schliessen von dem, was LAPLACE.

In allen Fällen, welche Sie anführen als solche, wo die Wahrscheinlichkeitsrechnung keine Anwendung finde, stimmt GAUSS Ihnen im Wesentlichen bei und führt den Grund immer darauf zurück, dass Kenntnisse vorhanden sind, die in den der Rechnung zum Grunde zu legenden Beobachtungszahlen nicht enthalten sind: z. B. wenn es sich bei Leibrenten um eine bestimmte Person handelt, von deren Constitution und Lebensart wir im Vergleich zur Mehrzahl der Menschen eine gewisse Vorstellung haben.

Der hohe Werth der Wahrscheinlichkeitsrechnung besteht aber darin, dass sie gerade in den Fällen, wo gar keine andern Kenntnisse vorliegen, die uns leiten können, irgend eine Richtschnur an die Hand gibt: z. B. bei der Einrichtung einer Leibrentenanstalt.

Ebenso kann die Wahrscheinlichkeitsrechnung dem Gesetzgeber eine Richtschnur für die Bestimmung der Zahl der Zeugen und der Richter geben, wenn sie auch für den einzelnen Fall nichts lehrt. Sie gibt eine Richtschnur für Wetten, in welchem Verhältnis die wahren und unwahren Nachrichten in einem Zeitungsblatte sich verhalten werden, wenn Zählungen aus längerer Zeit vorliegen. Sobald es sich aber von einem bestimmten Fall handelt, so gilt von Zeugen dasselbe, wie von einer Zeitungsnachricht, die wir vor Augen haben, von der wir viel mehr wissen, als was jene Zählungen enthalten.

Eine Angabe kann durch Vermehrung der Beobachtungen, denen aus subjectiven Gründen gleiches Vertrauen geschenkt wird, der Wahrheit immer näher gebracht werden, d. h. demjenigen Werthe, welcher nach der angewandten Beobachtungsweise ohne Beobachtungsfehler erhalten werden würde. Ist aber die Beobachtungsweise irrig, was aus objectiven Gründen, z. B. nach den dabei in Betracht kommenden Naturgesetzen zu beurtheilen ist, so geht ein constanter Fehler durch alle Beobachtungen, welcher durch Wiederholung der Beobachtung nicht herauszubringen ist.

Bei der Wiederkehr des Sonnenaufgangs kommt nicht bloss die wiederholte Erfahrung in Betracht, sondern weit mehr noch die Kenntniss der Gesetze, welche macht, dass diese und ähnliche Fälle in der Natur ganz anders beurtheilt werden müssen, als die wiederkehrenden Erscheinungen in der organischen Natur, wo man von solchen Gesetzen nichts weiss. Dort folgt aus dem Ausbleiben einer erwarteten Erscheinung, dass man ein in der Natur wirkendes Element übersehen hat: wir würden also die Wahrscheinlichkeit eines solchen Übersehens vorher zu schätzen haben. Ganz anders verhält es sich z. B. mit der Verbindung der Thiere, aus der junge Thiere hervorgehen, man weiss nicht wie. Hier hält man sich bloss an die wiederholte Beobachtung des Factums, und die Wahrscheinlichkeit wächst mit der Wiederholung.

Der Erfahrene unterscheidet hier Wahrscheinlichkeiten, wo der Unerfahrene keinen Unterschied macht. Dort hält aber bloss der ungebildete Mann, der nichts von Gesetzen weiss, die künftige Wiederkehr der Sonne bloss der bisherigen Erfahrung wegen für wahrscheinlich.

Gauss hätte selbst wohl einige Zeilen beigelegt, wenn er etwas zu sagen gehabt, dessen Ausdruck, um nichts an Präcision zu verlieren, schwieriger gewesen wäre. Er lässt Sie vielmals grüssen. Eine Anzeige hat ihn mit Ihrer *Geschichte der Philosophie*[*)] bekannt gemacht, wodurch er sehr begierig geworden, sie näher kennen zu lernen, vorzüglich was die Verirrungen des menschlichen Geistes betreffe, welche neuerlich vorgekommen.

Mit der Bitte, mich Ihrer Frau Gemahlin gütigst zu empfehlen, verharre ich Ihr

ganz ergebener

Wilhelm Weber.}

[2.]

Gauss an Fries. Göttingen, 11. Mai 1841.

Verehrtester Herr Hofrath

Für die gewogentliche Übersendung Ihrer *Geschichte der Philosophie* und das gütige Schreiben, womit Sie dieselbe begleitet haben, bin ich Ihnen noch meinen herzlichsten Dank schuldig. Ich habe von jeher grosse Vorliebe für philosophische Speculation gehabt, und freue mich nun um so mehr, in Ihnen einen zuverlässigen Führer bei dem Studium der Schicksale der Wissenschaft von den ältesten bis auf die neuesten Zeiten zu haben, da ich bei eigner Lecture der Schriften mancher Philosophen nicht immer die gewünschte Befriedigung gefunden habe. Namentlich haben die Schriften mehrerer viel-genannter (vielleicht besser, sogenannter) Philosophen, die seit Kant aufgetreten sind, mich mitunter an das Sieb des Bockmelkers[**)] erinnert, oder, um anstatt des antiken ein modernes Bild zu gebrauchen, an Münchhausens

[*) J. Fr. Fries, *Geschichte der Philosophie*, 2 Bände, Heidelberg 1837—40.]

[**) Vergl. die Briefstelle Gauss an Schumacher vom 21. April 1836, Werke X 1, S. 467, wo Gauss davon spricht »was die Römer hircum mulcere nannten«, und die zugehörige *Bemerkung*, daselbst S. 468. — Zu der ganzen Briefstelle 2. vergl. Gauss an Schumacher vom 1. Dezember 1844, S. 62, 63 dieses Bandes.]

Zopf, woran er sich selbst aus dem Wasser zog. Der Dilettant würde nicht wagen, vor dem Meister ein solches Bekenntniss abzulegen, wäre es ihm nicht vorgekommen, als ob dieser nicht viel anders über jene Verdienste urtheilte. Ich habe oft bedauert, nicht mit Ihnen an Einem Orte zu leben, um aus der mündlichen Unterhaltung mit Ihnen über philosophische Gegenstände eben so viel Vergnügen als Belehrung schöpfen zu können.

Da Sie auch die Astronomie von Ihren Beschäftigungen nicht ausschliessen, so hat folgende Notiz für Sie einiges Interesse. Vor mehr als 50 Jahren glaubte HERSCHEL einen brennenden Vulkan im Monde zu wiederholten malen gesehen zu haben; in Deutschland wollte man aber nicht recht daran glauben. Die interessanteste Beobachtung dieser Art ist die, welche OLBERS am 5. Februar 1821 gemacht hat; aus einem Berichte darüber in einem Briefe an mich habe ich damals einen Auszug in den Göttingischen Gelehrten Anzeigen (1821, S. 449) gegeben[*)]; OLBERS hält das Phänomen für reflectirtes Erdenlicht von einer sehr glatten Felswand, vielleicht im oder in der Nähe vom Aristarch. KATER hatte dasselbe Phänomen beobachtet (Philosophical Transactions F. 1821, part I), und nennt es noch geradezu einen Mondvulkan. Ist OLBERS' Erklärung (wie wohl nicht zu zweifeln ist) die richtige, so hat man Grund, bei ähnlichen Librationsverhältnissen die Wiederkehr einer ähnlichen Erscheinung zu erwarten. Ich finde nun nach einem flüchtig gemachten Überschlage, dass die Librationsverhältnisse am Abend des 24. Mai d. J., und noch etwas mehr die vom 20. Junius, denen vom 5. Februar 1821 ziemlich nahe kommen. Es versteht sich von selbst, dass man auch schon einen Tag früher Acht geben mag, zumal da KATER schon am 4. Februar 1821 beobachtet hatte; seine Beschreibung weicht übrigens etwas von der des Dr. O[LBERS] ab, und am 5., wo er selbst abgehalten war und sein Fernrohr einigen Freunden überlassen hatte, scheint in London das Phänomen auch nicht ganz so markirt gewesen zu sein, wie in Bremen. Vielleicht lassen Sie sich durch diese Notiz anreizen, wenn das Wetter in Jena günstig ist, mit einem Fernrohr nach der immer seltenen Erscheinung auszuschauen.

Ihrem freundlichen Andenken mich

in hochachtungsvoller Ergebenheit empfehlend

Göttingen, 11 Mai 1841. C. F. GAUSS.

[*) Werke VI, S. 436.]

BEMERKUNGEN.

Der Brief [1.] ist die Antwort auf eine Anfrage, die J. FR. FRIES durch Vermittlung von W. WEBER an GAUSS richtete, als er mit den Vorarbeiten zu seinem *Versuch einer Kritik der Wahrscheinlichkeitsrechnung*, Braunschweig 1842, beschäftigt war. Die Briefe [1.] und [2.] sind bereits veröffentlicht in den *Abhandlungen der Fries'schen Schule*, Neue Folge, Heft III, Göttingen 1906, S. 434—439 durch LEONARD NELSON. Ebendort ist noch ein früherer Brief von GAUSS an FRIES abgedruckt, in dem GAUSS seinen Dank ausspricht für die Übersendung von FRIES' 1822 in Heidelberg erschienenem Werke *Mathematisehe Naturphilosophie.* Auf GAUSS' Urteil über dieses Werk bezieht sich eine Äusserung von M. J. SCHLEIDEN in dem Aufsatze *Über den Materialismus in der neueren deutschen Naturwissenschaft*, Leipzig 1863, wo man auf S. 43 folgendes liest: »Als ich (1830—1834) in Göttingen studirte, kam einer der gediegeneren Studenten zu GAUSS, sah auf dessen Tische das genannte Werk und sagte . . . . Aber Herr Professor, geben Sie sich denn auch mit dem confusen philosophischen Zeug ab? Worauf sich GAUSS sehr ernst an den Frager wendete mit den Worten: Junger Mann, wenn Sie es in Ihrem Triennium dahin bringen, dass Sie dieses Buch würdigen und verstehen können, so haben Sie Ihre Zeit bei weitem besser angewendet als die meisten Ihrer Commilitonen.« Vergl. auch L. KOENIGSBERGER, *Zur Erinnerung an Jacob Friedrich Fries*, Sitzungsberichte der Heidelberger Akademie der Wissenschaften, Mathem.-naturw. Klasse, Jahrgang 1911, 9. Abhandlung, S. 11 und 27.

Die Handschriften der Briefe [1.] und [2.] befinden sich im Nachlass von FRIES; sie waren uns unzugänglich.

SCHLESINGER.

---

41. Ein Brief von Gauss an Joh. Chr. Ludwig Hellwig.

[1.]

{Aus

J. H. UFLAKKERS *Exempelbuch für Anfänger und Liebhaber der Algebra*
erste Auflage 1793; zweite Auflage 1799;
dritte Auflage, nach dem Tode des Verfassers, des Pastors UFLAKKER zu Ohrum im Hildesheimschen, herausgegeben von JOH. CHR. LUDWIG HELLWIG, Prof. der Mathematik und der Naturgeschichte am Collegium Carolinum und am Catharinen-Gymnasium zu Braunschweig, 1804.
In der Schulbuchhandlung.

Aufgabe 250 [Seite 88 der dritten Auflage].

Ein Fleischer hat für 100 Thaler [100] Schaafe von dreierlei Sorte gekauft. Ein Stück von der mittleren Sorte kostet 24 Gr. 7 Pf. mehr als eins von der kleinen und die grössern kosten alle 2 Thlr. 21 Gr. weniger als die mittlern. Wie viel Stück hat er von jeder Sorte und wie theuer jedes Stück gekauft?

Antwort: Er kann unter andern gekauft haben:

33	grosse	zu	1 Thlr. 12 Gr.,	thun	44 Thlr.
43	mittlere	zu	1 Thlr. 3 Gr.,	thun	46 Thlr. 21 Gr.
24	kleinere	zu	14 Gr. 1 Pf.,	thun	9 Thlr. 15 Gr. [*)]
100	Schaafe		. . . .		100 Thlr.}

[2.]

Gauss an Hellwig. Braunschweig, 28. Juli 1800.

Den folgenden Bemerkungen über die Uflackerische Aufgabe muss ich sogleich die Entschuldigung vorausschicken, dass ich sie in grosser Eile niederschreibe, theils um Ihrem Verlangen, verehrungswürdigster Herr Professor, sogleich zu willfahren, theils weil ich selbst in diesen Tagen sehr pressirt bin, da nächsten Dienstag von meinen *Disquisitiones* eine Correctur kommt, der ich bei der Zurücksendung für einen Bogen neues M[anu]s[kri]pt beifügen muss, über eine Materie, die erst nach der Hand hinzugekommen und daher in meiner ersten Ausarbeitung des Werkes noch nicht enthalten ist. — Diess zur Entschuldigung, wenn Sie in dem Folgenden hin und wieder von derjenigen Ordnung und Klarheit, die man von ausgearbeiteten Aufsätzen verlangt, etwas vermissen, welches indess hier von keinem Belang sein wird, da Sie selbst darüber gearbeitet haben. Folgende Bemerkungen sollen Alles, was ich bei dem Problem, als H[err] Hildesheimer es mir zeigte, gedacht habe, enthalten (wenn nicht vielleicht irgend ein damals gebrauchter, weniger bedeutender Kunstgriff meiner Erinnerung entgeht), und in gewisser Rücksicht noch mehr, nnd es würde mich sehr freuen, wenn Sie darunter etwas finden, was Sie Ihrer Aufmerksamkeit nicht ganz unwerth halten.

Ich glaube, und auch Sie scheinen dieser Meinung zu sein, dass man eine unbestimmte Aufgabe, welche nur eine endliche Anzahl von Auflösungen zulässt, als aufgelöset ansehen kann, wenn man entweder aus Einer der vorgeschriebenen Bedingungen oder aus der geschickten Combi-

[*) 1 Thlr. = 36 Gr.; 1 Gr. = 8 Pf.]

nation mehrerer, Grenzen für jede der unbekannten Grössen hergeleitet hat, zwischen denen sie nothwendig enthalten sein müssen, oder durch irgend ein Mittel die Anzahl der zu machenden Versuche auf eine endliche Anzahl reducirt hat. Alles, was man ausserdem thun kann, ist nicht sowohl ad solvendum problema sondern nur ad melius soluendum oder ad contrahendam solutionem, und eines der zweckmässigsten Hülfsmittel ist in solchen Fällen, wenn man von den anzustellenden Versuchen sogleich einen Theil als untauglich ausschliessen kann.

Die einfachste Darstellung der Aufgabe, wenn man sie von dem Nichtmathematischen entkleidet hat, scheint mir diese zu sein: »Man sucht zwei ganze positive Zahlen x und y die folgenden drei Bedingungen Genüge thun:

I. $x+y<100$ oder $100-x-y$ eine positive Zahl $=z$ (eine ganze Zahl wird z von selbst wenn x u[nd] y es sind).

II. Der Werth von $\frac{29544-398y}{x+2y}$ soll gleichfalls eine ganze positive Zahl werden $=m$ (Preis eines Stückes von x).

III. Der Werth von $\frac{y(m+199)-744}{z}$ gleichfalls ganz u[nd] positiv $=A$*) Preis Eines Stückes von z).

Ich behalte geflissentlich für alle Grössen die von Ihnen gebrauchten Buchstaben bei. Diese drei Bedingungen erschöpfen das Problem ganz und enthalten auch nichts Überflüssiges; jede Auflösung der Aufgabe muss den Bedingungen Genüge thun, und umgekehrt, alle mit diesen Bedingungen übereinstimmende Werthe von x u[nd] y geben eine brauchbare Auflösung der Aufgabe.

Gewissermassen enthält nun schon die erste Bedingung die Auflösung;

---

*) Es kommt mir vor, als wenn die Art, wie Sie sagen, auf diese Bedingung Rücksicht genommen zu haben, doch noch nicht zureichend wäre; denn wenn gleich z, eben so wie x, y, m ganze Werthe bekommen, so kann doch ganz füglich A ein Bruch werden; der Gewohnheit der Rechenmeister nach scheint aber doch tacite bei der Aufgabe vorausgesetzt zu werden, dass auch die Preise jedes einzelnen Stücks keinen Bruch enthalten; wollte man sich dispensiren, A zu einer ganzen Zahl zu machen, so hätte man eben das Recht mit m, u[nd] dann liesse sich die ganze Auflösung mit ein Paar Worten abthun.

da nemlich die Summe der ganzen positiven Grössen x u[nd] y kleiner als 100 sein soll, so wird schon dadurch die Anzahl aller Werthe von x und y auf eine endliche Anzahl beschränkt; man könnte also dem x der Reihe nach alle Werthe von 1 bis 98 inclus[ive] beilegen, und für jeden derselben y nach und nach die Werthe 1, 2 ... bis $99-x$ incl[usive] geben, jede dieser Combinationen (deren Anzahl $= 4851$) mit den zwei übrigen Bedingungen zusammenhalten, diejenigen, die mit einer derselben oder beiden nicht zusammenstimmen, aussch[l]iessen, so würden die zurückbleibenden die vollständige Auflösung geben.

Diese Auflösungsart wird schon um ein Beträchtliches abgekürzt durch die aus II. folgende Bemerkung, dass $y < \frac{29544}{398} < 74\frac{46}{199}$, also höchstens $= 74$; legte man also der Reihe nach dem y die Werthe 1 ... 74, dem x aber, für jeden Werth von y, diese 1, 2, 3 ... $99-y$ bei, so würde die Anzahl der zu machenden Versuche auf 4551 gebracht. — Allein man sieht leicht, dass es nicht nöthig ist, bei einem bestimmten Werthe von y dem x alle Werthe zwischen jenen Grenzen beizulegen und sie mit den Bedingungen II., III. zusammenzuhalten; nach II. muss $x+2y$ ein Factor von $29544-398y$ werden; ferner muss $x+2y > 2y$ und $< x+2y+z$ d. i. $< 100+y$ sein, woraus man dann schliesst, dass, wenn man alle Factoren von $29544-398y$, welche zwischen den Grenzen $2y$ und $100+y$ liegen (exclus[ive]), der Reihe nach $= x+2y$ setzt und daraus x bestimmt, man alle Werthe von x und y, die den beiden ersten Bedingungen Genüge leisten, vollständig bekommen werde. Diess ist das Verfahren, was ich Ihnen als das kürzeste angegeben habe, wenn bloss die Bedingungen I., II. erfüllt werden sollen. Alle Auflösungen der Aufgabe lassen sich dann daraus ableiten, wenn man diejenigen Werthe von x u[nd] y allein zurückbehält, die auch der dritten Bedingung Genüge thun. — Übrigens lassen sich diejenigen Werthe von x u[nd] y, die bloss I., II. erfüllen, auch durch folgende Methoden finden, und ich glaube behaupten zu können, dass sich keine Methode erdenken lasse (immer abstractione facta a conditione tertia), die nicht mit einer derselben im Wesentlichen übereinstimmte.

Zweite Methode.

Man setze x der Reihe nach $= 1, 2, 3 \dots 98$; für jeden bestimmten $\left\{\begin{matrix}\text{geraden}\\\text{ungeraden}\end{matrix}\right\}$ Werth von x sammle man alle diejenigen $\left\{\begin{matrix}\text{geraden}\\\text{ungeraden}\end{matrix}\right\}$ respective Factoren der Zahl $29544+199x$, die zwischen den Grenzen $x+1$ und $x+149$ exclus[ive] liegen, und setze dieselben $= x+2y$ und bestimme daraus y.

Dritte Methode.

Man setze z der Reihe nach $= 1, 2, 3 \ldots 98$; für jeden bestimmten Werth von z sammle man alle Factoren der Zahl $69344-398z$, welche zwischen $100-z$ und $75-z$ excl[usive] liegen, wenn $z < 25$; oder zwischen $100-z$ und $100-2z$, wenn $z > 25$ (für $z = 25$ sind jene Grenzen diesen gleichgültig); setze dieselbe[n] $= t$ und bestimme daraus x und y vermittelst der Gleichungen $x = 200-t-2z$, $y = t+z-100$. Alle diese drei Methoden stimmen im Wesentl[ichen] überein; verschieden davon ist die

Vierte Methode.

Man lege der Grösse t nach und nach die Werthe $3, 4, 5 \ldots 173$ bei; für jeden $\begin{Bmatrix}\text{geraden}\\ \text{ungeraden}\end{Bmatrix}$ Werth von t bestimme man, wenn es möglich ist, einen $\begin{Bmatrix}\text{geraden}\\ \text{ungeraden}\end{Bmatrix}$ von x so, dass $29544+199x$ durch t theilbar werde*) und x zwischen die Grenzen

$$\begin{Bmatrix} 0 & \text{und} & t-1 \\ 0 & \text{und} & 199-t \\ t-149 & \text{und} & 199-t \end{Bmatrix}$$

exclusive liege, je nachdem die eine oder die andere Grenze am engsten sind, d. i. je nachdem t

$$\begin{Bmatrix} \text{zwischen} & 3 & \text{und} & 100 \\ \text{zwischen} & 100 & \text{und} & 149 \\ \text{zwischen} & 149 & \text{und} & 174 \end{Bmatrix}.$$

Aus x und t folgte dann y vermittelst der Gleichung $y = \frac{1}{2}(t-x)$. Diejenigen Werthe von t, bei welchen eine solche Bestimmung von x nicht möglich ist, werden weggeworfen.

Fünfte Methode.

Man mache wie vorher nach und nach $t = 3, 4, 5 \ldots 173$; bestimme, wenn es möglich, für jedes t, y so, dass $29544-398y$ durch t theilbar werde

*) Dieses Problem gehört in die Höhere Arithmetik, ist eines der leichtesten derselben; auch hat man das, worauf die Auflösung beruhet, schon im vorigen Jahrhunderte gewusst. Es kommt auch, wiewohl in andren Ausdrücken, in meinen *Disquis[itione]s* vor. Hier würde es zu weitläufig sein, mehr davon zu sagen.

und y zwischen den Grenzen

$$\left\{\begin{matrix} 0 & \text{und} & \tfrac{1}{2}t \\ t-100 & \text{und} & \tfrac{1}{2}t \\ t-100 & \text{und} & 75 \end{matrix}\right\}$$

liege, je nachdem die ersten, zweiten oder dritten die engsten sind oder je nachdem t zwischen

$$\left\{\begin{matrix} 3 & \text{und} & 100 \\ 100 & \text{und} & 150 \\ 150 & \text{und} & 173 \end{matrix}\right\};$$

x bestimmt sich alsdann durch die Gleichung $x = t - 2y$.

Sechste Methode.

Man mache wie vorher t nach und nach $= 3, 4 \ldots 173$; für jeden bestimmten Werth von t bestimme man z wo möglich so, dass $69344 - 398z$ durch t theilbar werde und z zwischen den Grenzen

$$\left\{\begin{matrix} 100-t & \text{und} & 100-\tfrac{1}{2}t \\ 0 & \text{und} & 100-\tfrac{1}{2}t \\ 0 & \text{und} & 175-t \end{matrix}\right\} \text{ liege, je nachdem } t \text{ zwischen } \left\{\begin{matrix} 3 & \text{und} & 100 \\ 100 & \text{und} & 150 \\ 150 & \text{und} & 173 \end{matrix}\right\};$$

x u[nd] y folgen aus t u[nd] z durch die bei der dritten Methode angegebenen Gleichungen.

Diese drei letzten Methoden stimmen wieder unter sich ganz überein; a priori ist klar, dass alle sechs nothwendig ganz einerlei Resultate geben müssen; die drei letzten könnte man für directer halten, als die ersten, weil dabei kein Aufsuchen von Factoren nöthig ist; auch gewähren sie den Vortheil, dass man aus ihnen mit Sicherheit schliessen kann, dass die Anzahl aller Auflösungen (die die Bedingung I., II. erfüllen) gewiss nicht grösser als 171 sein kann, weil aus Principien der Höhern Arithmetik folgt, dass für ein bestimmtes t entweder nur ein x oder gar keines gefunden werden kann, das die Eigenschaften in der 4ten Auflös[un]g hat. Weil es viele t gibt, wofür kein solches x gefunden werden kann, so ist die Anzahl beträchtlich kleiner. Hier sind die Auflösungen alle (Ihre Anzahl ist 100)

t	x	y	z	t	x	y	z	t	x	y	z	t	x	y	z	t	x	y	z
7	1	3	96	32	8	12	80	60	24	18	58	86	62	12	26	113	27	43	30
9	3	3	94	34	20	7	73	62	50	6	44	88	24	32	44	114	36	39	25
10	4	3	93	35	29	3	68	63	57	3	40	90	84	3	13	115	59	28	13
13	11	1	88	36	12	12	76	64	40	12	48	92	36	28	36	116	20	48	32
14	8	3	89	38	36	1	63	66	24	21	55	93	81	6	13	119	71	24	5
15	9	3	88	40	24	8	68	68	20	24	56	94	6	44	50	120	24	48	28
16	8	4	88	42	36	3	61	70	64	3	33	96	72	12	16	122	14	54	32
17	3	7	90	43	19	12	69	71	31	20	49	97	47	25	28	123	45	39	16
18	12	3	85	44	24	10	66	72	48	12	40	98	50	19	31	127	13	57	30
19	17	1	82	45	39	3	58	73	61	6	33	99	57	21	22	128	40	44	16
20	4	8	88	46	36	5	59	74	4	35	41	100	44	28	28	130	24	53	23
21	15	3	82	48	24	12	64	75	69	3	28	101	51	25	24	131	51	40	9
22	2	10	88	49	1	24	75	76	36	20	44	102	54	24	22	132	24	54	22
23	13	5	82	50	44	3	53	77	57	10	33	103	27	38	35	134	32	51	17
25	19	3	78	51	3	24	73	78	24	27	49	104	24	40	36	138	36	51	13
26	24	1	75	52	24	14	62	80	24	28	48	106	14	46	40	145	49	48	3
27	21	3	76	54	48	3	49	81	75	3	22	107	65	21	14	148	4	72	24
28	8	10	82	56	8	24	68	82	4	39	57	108	48	30	22	149	23	63	14
30	24	3	73	58	20	19	61	83	63	10	27	110	24	43	33	155	19	68	13
31	19	6	75	59	57	1	42	84	36	24	40	112	8	52	40	156	24	66	10

Es scheint auffallend dass die Anzahl gerade hundert ist; doch ist dies gewiss ein blosser Zufall.

Dies wäre also die vollständige Auflösung der zwei, mir von Ihnen vorgelegten Gleichungen. Von allen diesen 100[*)] Auflösungen sind aber nur diejenigen als Auflösungen der UFLAKKERschen Aufgabe anzusehen, die zugleich der dritten Bedingung gemäss sind. Diese will ich also etwas näher betrachten.

Wenn man in dem Werthe von A den von m substituirt, so wird

$$A = \frac{199xy - 744x + 28056y}{z(x+2y)};$$

setze ich $x + 2y = t$, so wird $x = 200 - t - 2z$, $y = t + z - 100$; daraus nach

[*) Die Handschrift hat hier versehentlich 98 statt 100.]

den gehörigen Substitutionen

$$A = \frac{-199tt - 597tz - 398zz + 88500t + 109144z - 6934400}{tz}.$$

Der Werth dieses Bruches muss also eine ganze Zahl sein. Diess ist nun gerade diejenige Seite der Aufgabe, wo sie mit wichtigern Untersuchungen in Verbindung steht. Es folgt sogleich daraus, dass der Zähler des Bruchs sowohl durch t als durch z theilbar sein muss; es muss also auch der Zähler, wenn man die Theile, die z enthalten, weglässt, noch durch z theilbar sein, also

$$199tt - 88500t + 6934400 = N$$

durch z theibar. Nun wird

$$199N = (199t - 44250)^2 - 578116900;$$

diess muss also durch z, und daher auch durch jeden Divisor von z theilbar sein. Hieraus lassen sich nach Principien der Höhern Arithmetik*) folgende wichtige Folgen ableiten, die mir vornehmlich gedient haben, die dem jungen HILDESHEIMER mitgetheilten Auflösungen zu finden:

1) Ist z gerade, so muss auch t gerade sein.

2) Ist z durch 3 theilbar, so darf t nicht durch 3 theilbar sein.

3) Wäre z durch 5 theilbar, so müsste auch t es sein; da nun aber (S. 6te Auflösung) $69344 - 398z$ durch t theilbar ist, so wäre es auch durch 5 theilbar, welches, wie man leicht sieht, nicht möglich ist. Daraus folgt also, dass z nicht durch 5 theilbar sein dürfe.

4) Ist z durch 7 theilbar, so muss entweder $t+2$ oder $t+3$ durch 7 theilbar sein.

5) Ist z durch 9 theilbar, so muss auch entweder $t+2$ oder $t+4$ es sein.

6) Ist z durch 4 theilbar, so muss t es auch sein.

7) Ist z durch 11 theilbar, so muss auch entweder t oder $t+6$ es sein.

8) Ist z durch 13 theilbar, so muss entweder $t+2$ oder $t+12$ es auch sein.

---

*) Eine nähere Entwickelung dieser Ableitung wäre hier ohne die grösste Weitläuftigkeit nicht wohl möglich, da dieser Abschnitt der Höhern Arithmetik seine eigenthümlichen Gründe hat. Ich habe ihm in meinen *Disquis[itione]s* ein eignes Kapitel [sectio quarta] gewidmet, das die quadratischen Reste der Zahlen, oder die Divisoren solcher Ausdrücke $xx - a$ betrifft. Es ist einer der interessantesten Theile dieser Wissenschaft.

Auf diese Art kann man für jeden Divisor von z (die H[öhere] A[rithmetik] lehrt, dass man nur auf solche Divisoren zu sehen braucht, die Primzahlen oder Potenzen von Primzahlen sind) die Bedingung finden, unter der

$$(199t-44250)^2-578116900$$

durch z theilbar sein kann, und so diejenigen Werthe[*)] von t u[nd] z, die diesen Bedingungen nicht gemäss sind, sogleich übergehen. — So bleiben z. B. von obigen 100 Auflösungen nur folgende 39[**)] übrig, wenn man diejenigen, die einer der vorhergehenden 8 Bedingungen nicht gemäss sind, weglässt:

t	x	y	z	t	x	y	z	t	x	y	z	t	x	y	z
10	4	3	93	44	24	10	66	64	40	12	48	110	24	43	33
14	8	3	89	46	36	5	59	68	20	24	56	115	59	28	13
16	8	4	88	48	24	12	64	74	4	35	41	116	20	48	32
28	8	10	82	50	44	3	53	77	57	10	33	128	40	44	16
30	24	3	73	51	3	24	73	80	24	28	48	130	24	53	23
34	20	7	73	52	24	14	62	82	4	39	57	131	51	40	9
36	12	12	76	54	48	3	49	88	24	32	44	132	24	54	22
40	24	8	68	56	8	24	68	96	72	12	16	134	32	51	17
42	36	3	61	58	20	19	61	98	50	19	31	145	49	48	3
43	19	12	69	60	24	18	58	104	24	40	36				

Ich entwickele noch einige Bedingungen für solche Divisoren von z, die hier mehrere male vorkommen:

Ist z theilbar durch	so ist es auch
17	$t+9$ oder $t+11$
19	$t+16$ oder $t+18$
23	$t+3$ oder $t+8$
31	$t+5$ oder $t+25$

Ferner zeigt die H[öhere] Arithmetik, dass z durch 73 nicht theilbar sein kann; lässt man die Auflösungen weg, die hienach wegfallen, so bleiben

[*) Die Handschrift hat »denjenigen Werthen«.]

[**) Die Handschrift hat 40 statt 39.]

folgende 29:

t	x	y	z	t	x	y	z	t	x	y	z	t	x	y	z
14	8	3	89	48	24	12	64	77	57	10	33	128	40	44	16
16	8	4	88	50	44	3	53	80	24	28	48	130	24	53	23
28	8	10	82	54	48	3	49	88	24	32	44	131	51	40	9
40	24	8	68	58	20	19	61	96	72	12	16	132	24	54	22
42	36	3	61	60	24	18	58	104	24	40	36	145	49	48	3
43	19	12	69	64	40	12	48	110	24	43	33				
44	24	10	66	68	20	24	56	115	59	28	13				
46	36	5	59	74	4	35	41	116	20	48	32				

Es ist nicht der Mühe werth, noch andre Bedingungen, wie vorher, aufzusuchen, sondern am bequemsten, diese 29 Auflösungen der Reihe nach zu prüfen, ob sie ein ganzes A geben. Lässt man alsdann diejenigen weg, wo A ein Bruch wird, so bleiben folgende 11 Auflösungen, deren Bedeutung durch das erste Schema dargestellt wird:

z	A		88	8		68	90		69	124		48	131		56	198
y	$m+199$		4	1946		8	858		12	775		12	586		24	493
x	m		8	1747		24	659		19	576		40	387		20	294

36	346		33	384		13	716		23	576		9	1264		3	4088
40	330		43	312		28	359		53	264		40	303		48	271
24	131		24	113		59	160		24	65		51	104		49	72

Welche von diesen elf Auflösungen, die das ganze Problem erschöpfen, bei den zehn, welche ich H[errn] HILDESHEIMER gegeben habe, fehlt, weiss ich nicht, da ich keine Abschrift zurückbehalten habe.

Übrigens war ich, als ich das Problem zum ersten male auflösete, einen etwas verschiedenen Weg gegangen. Ich hatte damit angefangen, eine weit grössere Anzahl solcher Bedingungen zu entwickeln, wie ich oben einige angegeben habe; dann legte ich dem z nach und nach alle Werthe bei von 1—98, diejenigen ausgeschlossen, die einer der Bedingungen nicht gemäss waren (z. B. die durch 5 theilbaren Zahlen, die Zahl 73 und noch einige andere]; für jedes dieser z untersuchte ich auf der Stelle (nach der dritten

Methode oben), ob es ein t gebe, was sowohl den bei jener Methode angegebenen Bedingungen, als den speciellen Bedingungen, die aus den Prim-Divisoren von z folgten, gemäss sei; bei denen es der Fall war, berechnete ich A, welches dann in den meisten Fällen schon von selbst eine ganze Zahl wurde. Dass ich damals nur 10 Auflösungen fand, muss von einem Versehen hergerührt haben.

Schwerlich wird also eine nähere Erwähnung meiner Verfahrungsart in Ihren Plan passen. Vielleicht wäre es am zweckmässigsten, eine der erstern drei Methoden zu erklären; die daraus entspringenden 100 Auflösungen entweder selbst aufzuführen (freilich in einer andern Ordnung, wie die gewählte Methode sie gäbe), oder nur ihre Anzahl mit einem Worte anzuzeigen und dann hinzuzusetzen, dass sich aus der Zusammenhaltung derselben mit der dritten Bedingung ergebe, dass von jenen 100 nur die 11, welche selbst hinzuzufügen vielleicht nicht unpassend wäre, vollständige Auflösungen der Aufgabe sei[e]n.

Verzeihen Sie gütigst, dass diese Blätter so schlecht und mit vielen Änderungen geschrieben sind; ich habe alles, der grossen Eile wegen, gleich hinschreiben müssen, ohne vorher einen Brouillon machen zu können. Ich verharre mit vollkommenster Verehrung

Ihr

ganz gehorsamster Fr[eund] u[nd] Diener

C. F. Gauss.

Br[aunschweig] 28 Jul. 1800.

BEMERKUNG.

Die Handschrift des vorstehend abgedruckten Briefes ist im Besitz der Treptow-Sternwarte zu Berlin und besteht aus 9 eng beschriebenen Quartseiten. Auf dem Umschlag lautet die Anschrift: »Sr. Wohlgeboren Hrn. Professor Hellwig, gehorsamst«. Eine mit freundlicher Genehmigung der Direktion der Treptow-Sternwarte angefertigte photographische Nachbildung der Handschrift befindet sich im Gauss-archiv; sie liegt dem vorstehenden Abdruck zu Grunde. In dem von Hellwig verfassten, aber anonym erschienenen Werke

Allgemeine und besondere Auflösungen der in Uflakkers algebraischem Exempelbuche vorkommenden Aufgaben, denen noch andere beygefügt worden. Braunschweig bey Carl Reichard 1801.

liest man auf S. 183 in Bezug auf die hier behandelte Aufgabe aus Uflakker das folgende:

»[Aufgabe] 250.

Es sey die Anzahl der kleinern Sorte $= x$; ein Stück koste m Pfennige, also alle mx.
die Anzahl der mittlern[*)] Sorte $= y$; ein Stück koste $m + 199$ Pf., also alle $(m + 199)y$.
die Anzahl der grössern Sorte $= z$; alle kosten $(m + 199)y - 744$ Pf.

Daher ein Stück $\frac{(m+199)y-744}{z}$.

Nach der Aufgabe ist ferner $x + y + z = 100$ I.
und $mx + (my + 199y) + (my + 199y - 744) = 28800$ II.

. . . .

Bey allen Hülfsmitteln, deren man sich in Anwendung dieser Methode auf die vorliegende Aufgabe bedienen kann, schien dem Herausgeber dieser Auflösungen doch der Weg, den er hiernach gehn sollte, zu lästig. Er legte sie daher dem Herrn D[octor] GAUSS vor, dem die feinsten Kunstgriffe der Analysis so sehr zu Gebote stehn, wovon er, in einem bald erscheinenden Werke, der Welt die schönsten Beweise vorlegen wird. Er hatte die Gütigkeit, mir sechs Methoden mitzutheilen. Die bereits angegebene war von der zweyten und dritten Methode nicht wesentlich verschieden; die vierte, fünfte und sechste Methode stimmen wiederum im wesentlichen überein. Da sie aber die Gründe der höhern Arithmetik voraussetzen, so wird man von selbst einsehen, dass hier nicht der Ort sey, sie beyzubringen. . . . . [Es folgen die oben, S. 215 von GAUSS angegebenen 11 Auflösungen], von welchen nur die Resultate aus [der] VII. in UFLAKKERS *Algebraischem Exempelbuche* angegeben worden.«

SCHLESINGER.

[*) In dem Buche steht hier noch einmal »kleinern«.]

42. Preisaufgaben.

A. Für die Philosophische Fakultät.

[Briefwechsel zwischen GAUSS und SCHUMACHER, Bd. IV, S. 53, 67; Bd. VI, S. 17.]

[1.]

GAUSS an SCHUMACHER. Göttingen 25. Januar 1842.

. . . .

Die Veranlassung, die mich auf die Aufgabe den geom[etrischen] Ort betreffend [*)] führte, war der Umstand, dass bald an mir die Reihe sein wird, Preisfragen für unsere Studirenden abseiten der philos. Facultät vorzuschlagen; jetzt zum 3ten mahle. Ich liebe nicht, historische Aufgaben zu stellen, sondern mag lieber die eigne Thätigkeit beschäftigen. Aus diesem Gesichtspunkte waren meine Aufgaben von 1829 u[nd] 1834 [**)] gestellt, die resp. GOLDSCHMIDT u[nd] DEAHNA gewonnen haben. Ich dachte an die in Rede stehende Aufgabe, nicht wissend, ob sie schon sonst behandelt sei; allein, da ich hinterdrein fand, dass es möglich ist, sie auf Einer, oder ein Paar Seiten erschöpfend abzumachen, so qualificirt sie sich nicht zu jenem Zweck. Können Sie mir einige geeignete Fragen vorschlagen, so werden Sie mich verpflichten; es wird gerade keine Verwerflichkeit sein, wenn dieselben schon einmahl in Kopenhagen aufgegeben wären, da solche Schriften doch nicht ins Publicum kommen. . . .

[*) Siehe die Briefe GAUSS an SCHUMACHER vom 29. Dezember 1841, SCHUMACHER an GAUSS vom 3. Januar 1842, GAUSS an SCHUMACHER vom 6. Januar 1842, Werke VIII, S. 292—294.]

[**) Vergl. weiter unten. Dass GAUSS, der am 9. Juli 1807 zum Professor der Astronomie ernannt worden war, in den ersten 20 Jahren seiner Tätigkeit keinen Anteil an den Geschäften der Fakultät nehmen, also auch keine Preisaufgaben stellen konnte (vergl. in dem Brief an BESSEL vom 10. Februar 1811, *Briefwechsel*, S. 136 »Ich selbst bin nicht in der Fakultät, habe also keine Stimme . .«) lag daran, dass er erst am 3. November 1828 zum wirklichen Mitglied der Fakultät ernannt worden ist.]

[2.]

GAUSS an SCHUMACHER. Göttingen, 8. April 1842.

. . . . Bei den Preisfragen für unsre Studenten ist es fast ausschliesslich Sitte, historische Aufgaben zu stellen; ich glaube, die beiden 1829 u[nd] 1834 von mir gestellten, wo es umgekehrt nur galt, einige Selbstthätigkeit zu zeigen, sind vielleicht die einzigen Ausnahmen gewesen. Die letztere Art hat allerdings die Inconvenienz, dass man nicht immer sicher ist, ob die Aufgabe nicht irgendwo gedruckt schon gelöset ist, oder während der Zeit öffentlich gelöset wird. Eine ganz artige Aufgabe ist mir noch eingefallen, ich bitte aber, falls Sie sie etwa Hrn. CLAUSEN mittheilen, zugleich aus obigem Grunde ihn zu ersuchen, sie, falls sie hier als Preisaufgabe gestellt würde, nicht öffentlich zu behandeln. Man soll ein sphärisches rechtwinkliges ungleichschenkliches [Dreieck] angeben, dessen übrige 5 Stücke alle rationale Sinus und Cosinus haben, nach einer Methode, die auch fähig ist, unendlich viele solche ΔΔ zu liefern. Eine ganz allgemeine, alle möglichen Beantwortungen direct liefernde Methode wird schwerlich zu erreichen sein[*)].

Übrigens muss der Proponent immer mehrere Aufgaben vorschlagen, in der Regel wenigstens 3, aus denen die übrigen Mitglieder der Facultät eine auswählen. . . .

[3.]

GAUSS an SCHUMACHER. Göttingen, 17. April 1849.

. . . .

P. S. Können Sie mir nicht ein oder einige Sujets vorschlagen, die sich zu Preisfragen für Studenten eignen? Es ist wieder die Reihe an mir, nächstens solche vorzulegen und diejenigen, welche mir bisher eingefallen sind, lassen wenig Aussicht, dass sie eine genügende Beantwortung finden würden. Die letzte von mir aufgegebene Frage war die das Pentagon betreffende, für deren Beantwortung WICHMANN den Preis erhielt[**)].

[*) Vergl. weiter unten 1842, Mai 23, 1).]
[**) Vergl. weiter unten 1842, Mai 23, 2).]

[4.]

Von Gauss vorgeschlagene Preisaufgaben.

[Ein Zettel in R Personalia.]

1830, Mai 6.

1. Eruatur criterium generale resolubilitatis trinomii differentialis

$$p\,dx^2 + 2q\,dx\,dy + r\,dy^2$$

in duos factores quorum uterque sit differentiale completum.

2. Gewählt.

[Determinetur inter lineas duo puncta data iungentes ea, quae circa axem datam revoluta gignat superficiem minimam*).]

3. Exponatur indoles curvae, in qua radius curvaturae ubique reciproce proportionalis sit longitudini curvae.

4. Describantur progressus atque status hodiernus cognitionum nostrarum circa stellas periodice variabiles, adiectis earum, quae forte recentioribus temporibus neglectae sunt, observationibus propriis, quatenus nudis oculis instituí possunt.

5. Demonstretur per methodos rigorosas atque concinnas aequalitas quae intercedit inter seriem infinitam

$$1 + \left(\frac{1}{2}\right)^3 x + \left(\frac{1.3}{2.4}\right)^3 xx + \left(\frac{1.3.5}{2.4.6}\right)^3 x^3 + \left(\frac{1.3.5.7}{2.4.6.8}\right)^3 x^4 + \text{etc.}$$

atque quadratum seriei infinitae

$$1 + \left(\frac{1}{4}\right)^2 x + \left(\frac{1.5}{4.8}\right)^2 xx + \left(\frac{1.5.9}{4.8.12}\right)^2 x^3 + \left(\frac{1.5.9.13}{4.8.12.16}\right)^2 x^4 + \text{etc.}\,[**)].$$

1834, Mai 21.

1. Gewählt.

[Eruantur singulorum quinque corporum regularium momenta inertiae respectu axis cuiuslibet per centrum transeuntis***).]

[*) Nach Vol. 113, 1830, der Akten der Philosophischen Fakultät zu Göttingen, vergl. Göttingische Gelehrte Anzeigen 1830, 106. Stück, 8. Juli, S. 1051. Den Preis erhielt C. W. B. Goldschmidt; die Preisschrift *Determinatio superficiei minimae* etc. ist 1831 in Göttingen gedruckt.]

[**) Vergl. Werke X, 1, S. 273, Fussnote; im art. 9. einer aus der Scheda Ac (1799) abgedruckten Abhandlung, Werke X, 1, S. 191—193, gibt Gauss zwei verschiedene Beweise für die in Rede stehende Reihenidentität.]

[***) Nach Vol. 117, 1833/34 der Fakultätsakten, vergl. Gött. Gel. Anz. 1834, 106. St., 3. Juli, S. 1054. Den Preis erhielt H. W. F. Deahna; die Preisarbeit *Momenta inertiae* etc. wurde 1835 in Göttingen gedruckt.]

2. Enarrentur variae methodi, problema KEPLERI solvendi, imprimis per series infinitas, revoceturque gradus convergentiae, quam hae offerunt, ad mensuram accuratam [*)].

3. Dieselbe wie oben [1830,] 3.

1842, Mai 23.

1. Doceantur methodi ad inveniendum quot libuerit triangula sphaerica rectangula talia, quorum latera et anguli habeant sinus et cosinus rationales.

2 Evolvantur proprietates maxime insignes quas sistit tum pentagonum sphaericum cuius singulae quinque diagonales quadranti sunt aequales, tum eiusdem proiectio centralis in planum [**)].

3. (Gleich mit 1830, 4, jetzt so ausgesprochen:)

Delineentur e fontibus progressus atque status hodiernus cognitionum nostrarum circa stellas periodice variabiles.

1849, Mai 6.

1. Evolvantur radices aequationum algebraicarum e ternis terminis constantium, puta quae sunt formae

$$x^{m+n} + ax^m + b = 0,$$

in series infinitas, ita quidem, ut methodus ad omnes radices talium aequationum inveniendas pateat, series semper sint convergentes, et secundum legem perspicuam procedant [***)].

2. wie 1, 1830.

3. Exponatur indoles methodorum praecipuarum ad determinandas orbitas stellarum duplicium circa centrum gravitatis commune hactenus propositarum, adiecto recensu succinto elementorum quae hucusque inde redundaverunt.

[*) Vergl. Werke X 1, S. 445 Fussnote †).]

[**) Wurde gewählt, Vol. 125 für 1841/42 der Fakultätsakten, vergl. Gött. Gel. Anz. 1843, 113. St., 17. Juli, S. 1123; im gedruckten Text heisst es: Ut evolverentur proprietates maxime insignes pentagoni sphaerici, cuius singulae diagonales quadranti aequales sunt, eiusque projectionum in planum tum centralis, tum stereographicae. Den Preis erhielt M. L. G. WICHMANN; die Preisarbeit *Proprietates maxime insignes* etc. ist 1843 in Göttingen gedruckt. Zu dem Thema vergl. Werke III, S. 481—490 und VIII, S. 106.]

[***) Gewählt, Vol. 132, 1848/49 der Fakultätsakten, vergl. Nachrichten von der Georg-August-Universität etc. 1849, Nr. 5, Mai 28, S. 67. Den Preis erhielt J. G. WESTPHAL; die Preisarbeit *Evolutio radicum* etc. wurde 1850 in Göttingen gedruckt.]

B. Für die Gesellschaft der Wissenschaften.

[Mehrere Zettel in R Personalia.]

[1.]

Vorschläge von 1819 Oct[ober] 7.

1) Unsre Kenntniss der Lage des Sonnenaequators und der Rotationsperiode der Sonne hat seit geraumer Zeit keine neue Berichtigung erhalten. Obgleich der Umstand, dass manche Sonnenflecken ihren wirklichen Platz auf der Sonnenoberfläche und ihre Gestalt ändern, der Genauigkeit solcher Bestimmungen gewisse Grenzen setzt, so scheint es doch, dass jetzt, bei der Vervollkommnung der Werkzeuge und der Rechnungsmethoden, zuverlässigere Resultate, oder wenigstens bestimmtere Aufklärungen über jene Veränderungen zu erreichen sind. Die königl. Societät setzt daher zur Preisfrage:

> Eine auf neue, hinlänglich genaue und zahlreiche Beobachtungen von Sonnenflecken gegründete und dem gegenwärtigen Zustande des mathematischen Calcüls angemessene Bestimmung der Lage des Aequators und der Rotationszeit der Sonne.

2) Die mathematische Theorie der Abweichung des Loths von der senkrechten Lage, wenn das Gewicht nur zum Theil in eine in ein Gefäss eingeschlossene Flüssigkeit eingetaucht ist.

3) Eine Hauptbedingung bei Entwerfung der Charten ist, dass das Bild in den kleinsten Theilen der abgebildeten Fläche ähnlich sei. Bei der Darstellung von Theilen der Kugelfläche auf einer Ebene thun bekanntlich die stereographische und die Mercatorsche Projection dieser Bedingung Genüge, auch ist für diesen Fall die allgemeine Auflösung, welche diese beiden Projectionsarten mit unter sich begreift, längst bekannt. Die königl. Societät wünscht diese Aufgabe zur höchsten Allgemeinheit gebracht zu sehen, indem sie verlangt:

> die allgemeine Auflösung der Aufgabe, eine gegebene Fläche auf einer andern gegebenen Fläche so abzubilden, dass die Abbildung dem Abgebildeten in den kleinsten Theilen ähnlich sei, so dass

jede Art, dieser Bedingung Genüge zu leisten, unter der Auflösung begriffen sei[*)].

4) Gewählt. [Siehe Werke XI 1, S. 405.]

[2.]

GAUSS an OLBERS. Göttingen, 31. Januar 1829.

[W. OLBERS, *Sein Leben und seine Werke*, Bd. II, 2, S. 516—520.]

. . . .

[**)] Die im November v[origen] J[ahres] von hiesiger Societät aufgegebene Preisfrage[***)] ist von HARDING. Allerdings war an ihm die Reihe; allein so wie er seit seiner Aufnahme in die Societät sich nie als Mitglied gerirt hat, so war er auch, so oft sonst die Reihe, Preisfragen vorzuschlagen, an ihm gewesen wäre, von der Zumuthung frei geblieben. Allein diesmahl bestand BLUMENBACH darauf, und da H[ARDING] sich dadurch in grosse Verlegenheit gesetzt fand, u[nd] mich dringend bat, ihm Fragen anzugeben, so habe ich ihm bloss solche an die Hand geben können, die von seinen eignen Beschäftigungen nicht zu entfernt zu liegen schienen. Auch hat er das Verdienst der Einkleidung ganz allein. Es ist mir jetzt lieb, dass es so gekommen ist; wäre es mir wieder zugeschoben, so hätte ich unter andern gerade die Fragen der Capillaraction betreffend mit vorgeschlagen, zu deren eigner Bearbeitung ich nun freie Hände behalten habe. Die Reihe des Aufgebens wird nun erst 1831 an mich kommen, wenn ich nicht früher dahin abberufen werde, wo höhere Fragen gelöset werden.

. . . .

[*) Vergl. den Brief von GAUSS an SCHUMACHER vom 5. Juli 1816, Werke VIII, S. 370 (auch IX, S. 345). Die Bemerkung von GAUSS] »Bei der hiesigen [Societät] kommt die Reihe des Aufgebens [von Preisfragen] nur alle 12 Jahre an mich« [bestätigt sich; er hat 1819, 1831, 1843 und 1854 Aufgaben gestellt. Eine Lösung der Aufgabe 3) enthält die Kopenhagener Preisschrift von GAUSS, Werke IV, S. 189—216.]

[**) Die der nachfolgend wiedergegebenen Stelle unmittelbar vorangehenden Teile dieses Briefes sind Werke XI, 1, S. 20—22 abgedruckt.]

[***) Siehe Göttingische Gelehrte Anzeigen 189. Stück vom 24. November 1828, S. 1886—7; der dort befindliche Text der »Preisfrage für den November 1829 von der mathematischen Classe« stimmt wörtlich mit dem Werke XI, 1, S. 168 abgedruckten Wortlaut der für November 1831 gestellten Aufgabe überein.]

[3.]

[Der Text der Aufgabe, auf deren Beantwortung für den November 1831 der »Hauptpreis« gesetzt war, und das Urteil über die eingegangenen beiden Bewerbungsschriften ist abgedruckt Werke XI, 1, S. 168—170.]

[4.]

GAUSS an W. v. STRUVE (Pulkowa). Göttingen, 14. August 1843.

Hochverehrter Freund,

. . . .

Der Umstand, dass Sie von einer Anzahl junger rüstiger unterrichteter und geschickter Astronomen umgeben sind, veranlasst mich, noch einen Gegenstand vertraulich gegen Sie zu berühren. Die Preisfragen, welche die gelehrten Gesellschaften aufgeben, besonders aus den exacten Wissenschaften, finden nicht oft eine genügende Beantwortung, häufig gar keine. Auch bei unserer Societät ist dies oft der Fall gewesen[*)]. Die Preise sind in der That nicht erheblich genug, als dass sie zur Unternehmung einer viel Arbeit kostenden Untersuchung sonderlich anreizen könnten, zu der man nicht schon vorher, ehe sie zur Preisfrage gestellt war, sich hingezogen fühlte. Wo aber eine solche specielle Hinneigung zu einer bestimmten Untersuchung sich schon vorher vorfindet, kann wohl eine Preisaufgabe den Ausschlag geben.

Es würde mir sehr angenehm sein, wenn auf diese Weise die von der mathem[atischen] Classe der hiesigen Societät in Kurzem zu stellende Preisfrage irgend eine der Astronomie wichtige Arbeit befördern könnte. Sollten Sie mir also einen oder einige passende Gegenstände vorschlagen können, von denen Sie Ursache hätten anzunehmen, dass einer Ihrer jüngern Astronomen sie mit Liebe zu bearbeiten geneigt wäre, so würde ich solche bei den der Societät demnächst zu machenden Vorschlägen mit Vergnügen berücksichtigen. Es versteht sich von selbst, dass Sie mir bloss die Sujets, nicht aber die Astronomen nennen, von denen Sie praesumiren, dass sie sich einlassen würden. Doch möchte ich wünschen, Ihre etwaigen Winke bald zu erhalten. . . . .

[*) In der Handschrift steht »gegeben«.]

Genehmigen Sie die Bezeugung der unwandelbaren freundschaftlichen Ergebenheit

Göttingen, 14. August 1843. Ihres C. F. Gauss.

[5.]

November 1843.

1) Die Lehre von dem Gleichgewicht und den schwingenden Bewegungen schwimmender Körper sind zwar von Geometern ersten Ranges so ausgebildet, dass in mathematischer Beziehung wenig zu wünschen übrig bleibt: aber die feinern theoretischen Untersuchungen sind bisher für die Ausübung wenig fruchtbar gewesen. Zur Vermittlung einer engern Verbindung zwischen Theorie und Praxis würden zunächst Methoden wünschenswerth sein, nach welchen für die einfachen Oscillationen schwimmender Körper von kleinen und grossen Dimensionen die Dauer und die Weite der Schwingungen durch Versuche mit einer ähnlichen Schärfe bestimmt werden könnten, wie für andere Arten von Schwingungen erreichbar ist. Die königl. Societät stellt daher als Gegenstand einer Preisfrage, die Angabe dazu dienlicher Methoden, die Bewährung ihrer Brauchbarkeit durch angemessen sorgfältige und zahlreiche Versuche, namentlich auch an Schiffen in stillem Wasser, verbunden mit der Entwicklung der Art, wie solche Versuche zur genauern Bestimmung derjenigen Umstände benutzt werden können, von welchen die Stabilität schwimmender Körper abhängt.

2) Unter den Methoden, den genäherten Werth eines einfachen Integrals zwischen gegebenen Grenzwerthen der Veränderlichen zu bestimmen, oder was dasselbe ist, eine krummlinige Figur zu quadriren, zeichnen sich durch Bequemlichkeit und Schärfe besonders zwei aus: die vermittelst der sogenannten Cotesischen Quadraturcoefficienten, und die ihr verwandte, im dritten Bande der Commentationes recentiores der königl. Societät entwickelte [*)]. Es wird verlangt, für die genäherte Bestimmung doppelter Integrale, oder für die Cubatur, Methoden anzugeben, welche jenen analog sind [**)].

[*) *Methodus nova integralium valores per approximationem inveniendi,* Werke IV, S. 163—196.]

[**) Anscheinend wurde keine von diesen beiden Aufgaben gewählt.]

[6.]

[Für November 1855.]

[1)] Obgleich wir über den Einfluss der Temperatur auf die Elasticität fester Körper einige auf Schallschwingungen beruhende Versuche besitzen, so bleibt hier doch ein weites Feld für die Forschungen übrig. Die königl. Societät wünscht daher, dass dieser Gegenstand auch auf andern Wegen sorgfältig bearbeitet werde, namentlich bei festen Körpern im Zustande der Biegung und der Torsion durch Methoden, welche die Veränderungen der Elasticitätscoefficienten bei veränderten Temperaturen mit grosser Schärfe erkennen lassen. Die Versuche sollen nicht über den Zust[and] der vollk[ommenen] Elastic[ität] hinausgehen, allein sie müssen zahlreich und mannigfaltig genug sein, dass über das gleichmässige Fortschreiten der Werthe des Elasticitätscoefficienten mit der Temperatur, und über den Grad der Zuverlässigkeit der Resultate mit Bestimmtheit geurtheilt werden könne. Endlich wird gewünscht, dass ausser den einer vollkommenen Elasticität fähigen Metallen auch das Glas den geeigneten Versuchen unterworfen werde.

[2)] Die königl. Soc[ietät] wünscht neue Versuche über die Menge des von ebenen, gut polirten Flächen fester Körper und von der Oberfläche flüssiger, zurückgeworfenen Lichts, im gleichen über die Menge des durch durchsichtige Körper durchgehenden Lichts. Die Versuche haben sich auf unpolarisirtes Licht zu beschränken; es wird aber erwartet, dass sie mit derjenigen Sorgfalt, und in so grosser Mannigfaltigkeit (rücksichtlich der verschiedenen anzuwendenden Körper) und zahlreicher Wiederholung angestellt werden, wie gegenwärtig von allen Versuchen über quantitative, zu einem Abschluss zu bringende Verhältnisse gefordert werden.

BEMERKUNGEN.

Von den beiden vorstehenden Aufgaben, die GAUSS für 1855 vorgeschlagen hatte, wurde die erste gewählt; siehe Nachrichten von der Georg-August-Universität und der königl. Gesellschaft der Wissenschaften zu Göttingen, 1854, Nr. 14, S. 207, wo der deutsche Text der Aufgabe, von dem obigen etwas abweichend, wie folgt lautet:

Für die nächsten Jahre sind von der Königlichen Gesellschaft der Wissenschaften folgende Preisfragen bestimmt:

Für den November 1855 von der mathematischen Classe:

Obgleich wir über den Einfluss der Temperatur auf die Elasticität fester Körper einige auf Schallschwingungen beruhende Versuche besitzen, so bleibt hier doch noch ein weites Feld für die Forschung übrig. Die Königliche Societät wünscht daher, dass dieser Gegenstand auch auf andern Wegen sorgfältig bearbeitet werde, namentlich bei festen Körpern im Zustande der Biegung und der Torsion, durch Anwendung von Methoden, welche die Veränderungen der Elasticität bei veränderten Temperaturen mit grosser Schärfe erkennen lassen. Die Versuche dürfen nicht über die Grenzen der Elasticität hinausgehen, müssen aber zahlreich und mannigfaltig genug sein, um über das gleichmässige Fortschreiten der Werthe des Elasticitätscoefficienten mit der Temperatur, und über den Grad der in den Resultaten erreichten Zuverlässigkeit ein bestimmtes Urtheil zu begründen. Es wird gewünscht, dass ausser den einer vollkommenen Elasticität fähigen Metallen auch das Glas den geeigneten Versuchen unterzogen werde. . . . .

Die Preisaufgabe wurde gelöst von A. TH. KUPFFER, dessen mit dem Preise gekrönte Arbeit unter dem Titel: *Über den Einfluss der Wärme auf die elastische Kraft der festen Körper und insbesondere der Metalle* (lu le 3 déc. 1852) in den Mémoires de l'Académie de St. Pétersbourg, Sciences math. et phys. 6. Sér. t. VI, 1857, S. 399—494 erschienen ist. KUPFFER hatte schon früher über diesen Gegenstand gearbeitet. So befindet sich eine Note *Recherches expérimentales relatives à l'élasticité des métaux* par A. T. KUPFFER (lu le 1 déc. 1848) aus dem t. VII, No. 19 des Bulletin de la Classe physico-mathém. der Petersburger Akademie im Nachlass von GAUSS und dieser Note sind beigelegt 13 von GAUSS' Hand geschriebene Kleinoktavseiten »Notate zu der Preisschrift«; auf der 14. Seite heisst es:

»KUPF[F]ERS Endresultat: Die Nachwirkung nimmt immer mit der Temperaturerhöhung zu; nach vorübergehender Erhitzung findet sich gewöhnlich die Nachwirkung vermindert, wenn die Glühhitze nicht erreicht ist; sonst bei wenigen Metallen vermehrt«.

Man vergl. auch den Werke XI, 1, S. 48 abgedruckten Brief von GAUSS an OLBERS.

SCHLESINGER.

43. Nachträge zu den gedruckten Briefwechseln.

I. Zum Briefwechsel Gauss-Bessel.

Gauss an Bessel. Göttingen, 28. Oktober 1843.

Nr. 188a.

. . . . . Goldschmidt hat eine ziemliche Anzahl Uranusrectascensionen vor u[nd] nach der letzten ☍ beobachtet, die von den mir von Rümcker mitgetheilten, alle in einerlei Sinn, durchschnittlich 0″20 in Zeit abweichen. Da Rümcker, so viel ich weiss, einige Gehülfen hat, so wäre es möglich, dass in Hamburg ♅ und ***[*)] von verschiedenen Beobachtern beobachtet wären, woraus sich die Sache am leichtesten erklären liesse. Ich werde nun zwar deswegen Erkundigungen einziehen, würde Ihnen jedoch dankbar sein, wenn Sie mir auch die vielleicht in Königsberg gemachten Uranusbeobachtungen gütigst mittheilen wollten. . . . . . .

Bei Inspicirung der Goldschmidtschen Beobachtungen finde ich, dass unter den Zeitbestimmungs-Sternen zwei sind, die immer in einerlei Sinn von den andern abweichen, nämlich Sirius und Castor, wo die Beobachtung immer grössere Rectascensionen gibt, als Enckes *Jahrbuch.* Werden Sie uns nicht auch bald mit einer neuen Edition der Rectascensionen der Fundamentalsterne beschenken?

Der Ihrige

Göttingen, den 28. October 1843. C. F. Gauss.

BEMERKUNG.

Die vorstehend wiedergegebene Briefstelle entstammt einer Handschrift, die Ende Mai 1927 als »Briefausschnitt« von einer Berliner Auktionsfirma angezeigt und durch einen Privatsammler erworben wurde. Dieser, H. v. Socher in Berlin, hatte die Freundlichkeit, dem Gaussarchiv eine photographische Nachbildung der Handschrift zu überlassen. — Der Brief, aus dem dieses Bruchstück herrührt, fehlt in der von der Preuss. Akademie der Wissenschaften veranstalteten Ausgabe des *Briefwechsel zwischen Gauss und Bessel* (Berlin 1880) auf S. 559, wo er zwischen den Nummern 188 und 189 seinen Platz haben sollte.

Schlesinger.

[*) Die Zeichen bedeuten: Uranus und die Anschlusssterne.]

II. Zum Briefwechsel Gauss-Wolfgang Bolyai.

[1.]

Gauss an Bolyai. Göttingen, 18. Juli 1798.

Nr. IIa.

Deinen Äusserungen nach scheinst Du die physikalische Gesellschaft für etwas Orden-artiges zu halten, für eine Sache, womit nichts zu thun zu haben Du Dich bei Deiner Immatrikulation verbindlich gemacht hast. Ob ich gleich von dieser Gesellschaft weder gutes noch Böses weiss, so bin ich doch überzeugt, dass das nicht der Fall ist, und dass Du ohne Bedenken dieselbe frequentiren kannst. Ich weiss, das Fulda (von welchem ich einige mal bei Dir mit Eichhorn sprach) und der nicht bloss ein Mensch von gutem Kopf u[nd] vielen Kenntnissen, sondern auch gutem Herzen war, Mitglied derselben war: auch glaube ich ist der Persoon darin. Der einzige Grund, weswegen Du Bedenken tragen könntest, wäre also, dass es Dich vielleicht an Zeit u[nd] Geld mehr kosten würde, als die Sache werth wäre, denn ich muss freilich gestehen, dass ich glaube, dass die Physik von allen Wissenschaften gerade die ist, die von einer solchen Verbindung junger Leute am wenigsten gewinnen könne. Indess Geldausgaben, wenn es überall welche gibt, woran ich zweifle, da zu der Versamml[un]g kein besonderer Saal gemietet ist, können höchstens sehr unerheblich sein und Zeitaufwand gleichfalls, da Du als extraordinäres Mitglied nicht verpflichtet sein wirst, an jeder Zusammenkunft Theil zu nehmen oder zu bestimmten Zeiten Aufsätze mit beizutragen. Ich sollte denken, dass Du wenigstens manche literarische Neuigkeit da erfahren könntest, u[nd] ich rathe also, gleich der heutigen Zusammenkunft beizuwohnen.

Wenn du kannst, so sei um 2 Uhr zu Hause. Ich habe eben einen Brief von Zimmermann u[nd] zugleich einen Korrekturbogen, weswegen ich auch noch auf die Bibliothek muss, u[nd] einen Brief, den ich an KAESTNER abgeben soll. Ich habe daher von heute Nachmittag höchstens eine halbe Stunde zu meiner Disposition. Den *Telemac* habe ich nicht.

GAUSS.

[2.]

GAUSS an BOLYAI. Göttingen, ohne Datum.

Nr. IIb.

Lieber BOLYAI

Ich machte den dummen Streich, das Couvert zu erbrechen, ehe ich wusste, was ich damit machen sollte. Ich schliesse also ein andres Couvert mit der verlangten Aufschrift bei, worin du den Brief legen kannst.

GAUSS.

P. S. Das Couvert, das ich machen wollte, ist zu klein ausgefallen, ich schicke dir gleich ein anderes, weil ich deine Antwort nicht zu lange aufhalten will.

[3.]

GAUSS an BOLYAI. Braunschweig, 11. März 1799.

Nr. VIIIa.

Was STOIKOWITSCH Dir von NEGENBORN gesagt hat, ist nur halb wahr, nemlich:

1) Schickt NEGENBORN keine Mumme[*)] weg, ohne vorher die Bezahlung bekommen zu haben.

2) Kann er nicht immer versprechen, sie binnen 8 Tagen nach G[öttingen] zu liefern, sondern es kann zuweilen länger als 14 Tage dauern.

Das ist gerade der gegenwärtige Fall. Es fährt nur Ein Fuhrmann regelmässig nach Göttingen und dieser war gerade an dem Tage von hier abgefahren, als ich NEGENBORN deinen Brief übergab.

Wie man in dem Hause, wo der Fuhrmann einkehrt, sagt, soll er künf-

[*) Eine Art Bier, das in Braunschweig gebraut wird.]

tigen Sonntag, d[en] 17-ten wieder kommen u[nd] den 19-ten wieder abfahren: allein ich weiss aus eigener Erfahr[un]g, dass man sich auf dergleichen Bestimmungen niemals verlassen kann. Da es also sein könnte, dass du die Mumme erst nach Ostern bekommen könntest, so weiss ich nicht, ob es dann nicht schon zu spät sein würde.

Du wirst also am besten thun (wenn Du anders alsdann noch welche haben willst), wenn Du Dich selbst nach dem Fuhrmann dort erkundigst (er heisst SALGE, aus Steinlage u[nd] logirt in MICHAELIS Hause gegen der Jacobi-Kirche über, nicht weit von der Post, oder wenn er da nicht logiren sollte, wirst Du doch in diesem Hause sein Logis leicht erfahren können), wenn er wieder von Cassel zurückkommt, und selbst mit ihm sprichst (das musst Du aber gleich thun, wenn Du diesen Brief bekommst, nemlich diesen Dienstag). Wenn er Dir dann verspricht, früh genug für dich von Braunsch[weig] nach Gött[ingen] zurückzukommen, u[nd Du] die Mumme hab[en] willst, so gibt es drei Wege:

1) Du gibst das Geld dem Fuhrman SALGE im Voraus.

2) Du machst mit SALGE aus, dass er hier bezahlt u[nd] Du ihm bei Überliefer[un]g das Geld wiedergibst, oder

3) Du schreibst mir, dass ich es hier bezahlen soll.

Übrigens beträgt das Geld für Mumme u[nd] Fass 2 Thaler 2 gg (Zwei Thaler, zwei Gutegroschen), ausserdem muss[t] Du noch die Fracht beza[h]len, die auch wol einen halben Thaler oder einen Guld[en] betragen könnte. — (Auf der Post es zu schicken ist aus mehrer[n] Gründen nicht thunlich, das Porto würde vielleicht über 2 T. kommen u[nd] Du riskirtest in ungleich höherm Grade, dass das Fass verunglückte).

Grüsse mein[e] Bekannte. G.

In grosser Eile.

[4.]

GAUSS an BOLYAI. Braunschweig, 5. April 1799.

Nr. IXa. Braunschweig, d[en] 5-ten April 1799.

Ich bitte dich, gleich nach Empfang dieses zu dem Kaufmann KNIERIEM in Göttingen zu gehen, ihm zwanzig Gute Groschen auszuzahlen und ihm zu sagen, dass er dafür mit der nächsten fahrenden Post (also den Sonntag) an den H[er]r[n] Hofrath v. Zimmermann hieselbst die Farbe zum Reinigen des Leders nebst zugehöriger Bürste zu schicken. Ich brauche Dir bloss zu sagen, dass Du dadurch dem Hofrath Z[immermann] und eo ipso mir einen sehr grossen Gefallen thust; er würde das Geld gleich selbst schicken, wenn reitende Posten Geld annähmen, und wartete er bis zur nächsten fahrenden, so bekäme er die Farbe 8 Tage später.

Die 20 gg. wird dir Ide, der schon künftige Woche zurückreiset, wieder mitbringen. Ich würde Dir jetzt mehr schreiben, wenn nicht die Post gleich abginge u[nd] ich hoffte, Deinem Versprechen gemäss Dich recht bald zu sehen. Gauss.

Empfiel mich bei Seyffer u[nd] danke ihm in meinem Namen für die Bekanntschaft des H[er]r[n] Lieb.

BEMERKUNGEN.

Wolfgang Bolyai schreibt in einem an W. Sartorius von Waltershausen am 13. Juli 1855 gerichteten Briefe (siehe *Briefwechsel zwischen C. F. Gauss und Wolfgang Bolyai*, herausgegeben von Franz Schmidt und Paul Stäckel, Leipzig 1899, S. 147—155) in bezug auf die Briefe, die er (Bolyai) von Gauss empfangen hatte (a. a. O., S. 153) das folgende:

»Das hiemit geschickte ist:

. . . .

5. Seine Briefe; ausgenommen die blos comissionell, nichts interessantes enthalten und einen interessanten [vom 6. März 1832], den ich dazumal meinem Sohne [Johann Bolyai] hingab, welcher jetzt zur Sauerbrunnenkur abwesend ist. . . . Den Brief gab ich dazumal meinem Sohne . . . . weil er zugleich seines Werkes Recension enthielt, welches ich als eine *Appendix* des ersten Bandes meines *Tentamen* [*)] drucken liess.«

Und in dem Briefe an denselben Empfänger vom 26. August 1855 schreibt W. Bolyai (a. a. O. S. 158):

»Mein Sohn (vom Bade zurückgekommen) hat den Brief [vom 6. März 1832] abgeschrieben und die Copie schicke ich hiemit — der Brief ohngefähr von 1802 oder 1803 könnte in obiger Hinsicht [**)] Bescheid geben, aber er ist nebst vielem andern bey dem barbarischen Einsturz [1848] verbrannt, kaum habe ich das übrige retten können.«

---

*) Das *Tentamen juventutem studiosam in elementa matheseos . . . . introducendi* erschien anonym zuerst 1832, dann in zweiter Ausgabe 1897—1904; eine Auswahl in deutscher Übersetzung gibt P. Stäckel im II. Teil seines Werks über die beiden Bolyai (Leipzig 1913), ebenda findet sich auch eine zum grossen Teil von Johann Bolyai selbst herrührende deutsche Fassung seiner im Text erwähnten *Appendix scientiam spatii absolute veram exhibens*.

**) Es handelt sich um die Geschichte der Entdeckung der Methode der kleinsten Quadrate (vergl. Werke VIII, S. 136—141 und X, 1, S. 373—374 und 380).

Die von BOLYAI zurückbehaltenen »comissionellen« Briefe und auch die Urschrift des Briefes vom 6. März 1832 haben sich im Nachlasse des 1905 verstorbenen Professors am reformierten Kollegium zu Klausenburg (Siebenbürgen) SAMUEL SZABÓ gefunden, der sie wahrscheinlich nach dem Tode von JOHANN BOLYAI (1860) in Verwahrung genommen hatte. Sie wurden von PETER SZABÓ (dem Sohne SAMUELS) zuerst im 25. Bande des »Mathematikai es Természettudományi Értesitö« (Budapest 1907, S. 326—338) und dann im 25. Bande der »Mathematischen und Naturwissenschaftlichen Berichte aus Ungarn« 1909, S. 226—240 veröffentlicht; eine photographische Nachbildung des Briefes vom 6. März 1832 liegt diesen Veröffentlichungen bei. Im Bande VIII der Werke ist S. 220—224 der auf die *Appendix* bezügliche Teil des letztgenannten Briefes nach der von JOHANN BOLYAI 1855 angefertigten Abschrift (die auch dem Abdruck im *Briefwechsel* zugrunde lag) wiedergegeben; die Vergleichung mit der Urschrift gibt als einzige bemerkenswerte Abweichung, dass es S. 223 von Bd. VIII im »VII. Lehrsatz« heissen muss »Der Flächeninhalt eines Dreiecks Z«. In den *Bemerkungen* STÄCKELS, a. a. O. S. 225, wäre also der vorletzte Absatz zu berichtigen; auch muss es ebenda im dritten Absatz (Zeile 10 des Textes) statt »Maros-Vásárhely« heissen »Hermannstadt«.

Die Stellen, wo die wiederaufgefundenen Briefe in den *Briefwechsel* einzureihen wären, sind die folgenden: 1. und wahrscheinlich auch 2. hinter S. 4, zwischen den Briefen II. und III.; 3. hinter S. 17, zwischen den Briefen VIII. und IX.; 4. hinter S. 18, zwischen den Briefen IX. und X. — Die Datierung des Briefes [1.] ergibt sich aus der (bei PETER SZABÓ a. a. O., S. 232 abgedruckten) Einladung der Physikalischen Gesellschaft an W. BOLYAI, in der es heisst: »Die nächste Versammlung ist kommenden Mittewochen d. 18. Jul.«.

Die Handschriften hat P. SZABÓ im Jahre 1909 dem GAUSSarchiv zum Geschenk gemacht, so dass dieses jetzt den gesamten Briefwechsel zwischen GAUSS und W. BOLYAI — mit Ausnahme des 1848 vernichteten Briefes von GAUSS (siehe oben) — besitzt.

SCHLESINGER.

III. Zum Briefwechsel Gauss-Olbers.

[1.]

Gauss an Olbers. Göttingen, 12. März 1811.

[ЖУРНАЛ ЧИСТОГО И ПРИКЛАДНОГО ЗНАНИЯ, ОТДЕЛ ФИЗИКО-МАТЕМАТИЧЕСКИХ И ТЕХНИЧЕСКИХ НАУК, ТОМ I-ВЫПУСК I, Odessa 1921, S. 3, 4.]

Nr. 239a. Göttingen, d. 12. März 1811.

Ich bin Ihnen, mein theuerster und verehrtester Freund, noch für Ihre zwei letzten lieben Briefe und für Ihr Memoire über die Cometen den verbindlichsten Dank schuldig und ich kann die Gelegenheit der Abreise Ihres H[er]rn Sohnes nicht vorbeigehen lassen, ohne mich an Ihr freundschaftliches Andenken zurückzurufen. Welchen lebhaften Antheil ich an dem Ereignisse, das das Schicksal von Br[emen] bestimmt hat, genommen habe, brauche ich Ihnen nicht zu sagen: ich habe selbst gesehen, wie glücklich Sie sich in Ihrer bisherigen Verfassung fühlten, und kann es lebhaft denken, mit welchen Empfindungen Sie diese Katastrophe erfahren. Möchte der wunderbare Lauf der Weltbegebenheiten in Zukunft von andern Seiten Ersatz dafür darbieten können.

Von meinen Untersuchungen über die Störungen der Pallas werden Sie in unsern gel[ehrten] Anz[eigen*)] und im Januarhefte der M[onatlichen] C[orrespondenz**)] gelesen haben. Mit der allgemeinen Theorie habe ich einen kleinen Anfang gemacht; aber es ist abschreckend, wie wenig dies noch gegen das Ganze ist. Sehr fleissig bin ich freilich noch nicht daran gewesen; aber wenn ich nur e b e n s o fortführe und dann dem angefangenen Plane nach mich ausdehnte, so

[*) Siehe Werke VI, S. 61—64, 322—324.]

[**) Siehe Werke VI, S. 325, Gauss an von Lindenau.]

würden leicht zwei Jahre bis zur Vollendung erforderlich sein können. Vielleicht liesse sich aber in der Folge, wenn die Resultate sich erst mehr übersehen lassen, vieles streichen. Auf alle Fälle denke ich meine Arbeit soweit fortzuführen, dass ich die allgemeine Theorie der Störungen der mittlern Bewegung aufstellen, und eben dadurch dann die wirkliche mittlere Bewegung mit grosser Schärfe angeben, also vielleicht entscheiden kann, ob sie grösser oder kleiner ist, als die der Ceres. Meine Methode hat, wie ich Ihnen schon gesagt habe, das Besondere, dass man nicht wohl einzelne Resultate (über Säcularänderungen z. B.) geben kann, ohne die ganze Theorie, oder doch einen grossen Theil derselben entwickelt zu haben: ich kann ungefähr ein Drittel derselben als vollendet ansehen, ehe ich es dahin bringe die mittlere Bewegung angeben zu können. Aber gewiss bin ich, auf dem gewählten Wege alle nur irgend merkliche Gleichungen, die von der ersten Potenz der störenden Masse abhängen, zu erhalten: ich fürchte aber, dass auch die Quadrate derselben, wenigstens beim ♃, noch beträchtliche Gleichungen gäben, die schwer zu finden sein werden. 4 000 000 Ziffern mögen wohl geschrieben werden müssen, ehe die Arbeit vollendet ist.

Haben sie die Bedeckung von α Tauri am 1. März beobachtet? Ich nur den Austritt, aber die Bedeckung von o Leonis am 7. März vollständig[*)].

1811 März	1	$9^h 47' 16'',4$	M. Z.	Austritt α Tauri
	7	11 42 43,8	. .	Eintritt o Leonis
	»	12 52 58,2	. .	Austritt . . . . .

Die Connaissance des tems 1812 ist mir noch nicht zu Gesichte gekommen. Haben Sie sie schon? Wie ich höre soll Hr. Delambre meine *Theoria* darin angegriffen haben.

Ich habe in diesem Winter ein Paar geschickte und fleissige junge Leute zu Zuhörern gehabt, besonders einen Hamburger Namens Gerling, den ich wohl der Astronomie erhalten zu sehen wünschte. Ein Bessel ist er freilich nicht, die sind selten, aber ein geschickter und brauchbarer Mann kann er werden.

Die Nothwendigkeit, zur Zeitbestimmung oft correspondirende Sonnenhöhen zu nehmen, hat mich schon vor längerer Zeit zur Berechnung einer besondern Hülfstafel veranlasst, da die gewöhnlichen Tafeln mit doppelten

[*) Werke XI, 1, S. 272.]

Eingängen sehr beschwerlich sind. H[er]rn von Zachs Tafeln gefallen mir nicht; seine beiden Hülfswinkel, die gar keine Bedeutung haben, sind ohne alle Noth herbeigezogen. Nach meiner Tafel rechnet man sehr bequem, wenn man eine Ephemeride für das Jahr hat Ich habe sie jetzt durch H[er]rn Gerling mit mehr Detail neu berechnen lassen und an H[er]rn von Lindenau geschickt. Letztern erwarte ich in Kurzem hier zu einem Besuch. Er wird mir ein Stativ für den Sextanten mitbringen, welches ich im Winter habe machen lassen.

Von der Pal[l]as und Ceres habe ich ganz gute Beob[achtungen]. Für die ☍ [der] Vesta hat H[er]r von Lindenau auch schon beobachtet, wie er schreibt, aber die Juno nicht finden können.

Mit Bessels Promotion geht es doch vielleicht noch nach Wunsch.

Leben Sie wohl, theurer Olbers, und erfreuen Sie bald wieder mit einem Briefe

Ihren C. F. G.

[2.]

Gauss an Olbers. Göttingen, 20. März 1812.

Nr. 256a. Göttingen März 20, 1812.

Ich kann Ihren Sohn, theuerster Freund, nicht abreisen lassen, ohne Ihnen meine Theilnahme an Ihrer Freude auszudrücken, die Ihnen seine Rückkehr und seine vielseitige Ausbildung machen muss: allgemein wird hier der Abgang dieses liebenswürdigen Jünglings bedauert werden. Ihnen danke ich zugleich für Ihren letzten gütigen Brief, wodurch Sie mir eine grosse Freude gemacht haben. Da Sie noch immer unsre gel[ehrten] Anz[eigen] nicht erhalten, so schicke ich Ihnen hier ein Paar Blätter davon, zugleich einen Abdruck der Abhandlung über die Pallas[*)], die ich bei Ihrem zu flüchtigen Hiersein Ihnen zu überreichen bloss vergessen haben muss: ich hatte in der That geglaubt, sie Ihnen damals gegeben zu haben, und sehe nur aus der Anführung des Auszuges in der M[onatlichen] C[orrespondenz], dass diess nicht der Fall gewesen ist. Die Abhandlung über die Transsc[endenten] Functionen[**)] ist noch nicht abge-

[*) *Disquisitio de elementis ellipticis Palladis* etc., Werke VI, S. 1—24.]

[**) *Disquisitiones generales circa seriem* etc., Werke III, S. 123—162.]

druckt: die Tafel für $\log \Pi z$ und für Ψz ist mit grösster Sorgfalt, jene auf 20 Decimalen von mir, diese auf 18 Decimalen von H[er]rn NICOLAI unter meiner Leitung berechnet, und beide gehen, nicht wie in den gel[ehrten] Anz[eigen*)] durch einen Druckfehler steht, von $z = 1$ bis $z = 2$, sondern von $z = 0$ bis $z = 1$. Die Rechnungen waren schon meistens vollendet, als ich durch einen Brief von unserm BESSEL erfuhr, dass auch er eine ähnliche Tafel für $\log \frac{\Pi z}{\sqrt{\pi}}$ berechnet habe, obwol nur auf 10 Decimalen; die grössere Ausdehnung der meinigen und der Wunsch, zugleich H[er]rn NICOLAIS Tafel abdrucken zu lassen, bestimmten mich, unsre Tafeln nicht zu unterdrücken. Sobald der Druck vollendet ist, werde ich bei erster Gelegenheit das Vergnügen haben, Ihnen ein Exemplar zu übersenden.

Seit der Vollendung dieser Arbeit habe ich mich wieder an die Störungen der Pallas gemacht und darin bereits grosse Fortschritte gethan. Ich habe Ihnen bereits gemeldet, dass ich vor einem halben Jahre zwei Elemente, nemlich Neigung und Knotenlänge abgethan, und dafür zusammen einige 80 Gleichungen [**)] gefunden hatte: seitdem habe ich wieder zwei Elemente vollendet, die mittlere Distanz und die Excentricität, und bin mit dem Erfolg zufrieden; für jene habe ich 60, für diese 70 Gleichungen[**)], ohne die Säculargleichung der letztern, die sehr beträchtlich ist, und in einer jährlichen Abnahme des Winkels φ von $11''\!,13$ besteht. Besonders die Untersuchungen über die mittlere Distanz haben mir schon einige sehr merkwürdige Resultate geliefert. Ich finde den mittlern Werth, log ·· = 0,4426282. Ich halte es also 1) für entschieden, dass die mittlere Bewegung der Pallas langsamer ist, als die der Ceres. Zweitens wird eine grosse Gleichung von etwa 50′ Statt haben, die von 5♃ — 2⚴ abhängt, und deren Periode etwa 82 Jahr ist[**)]. Drittens ist die 7fache mittlere Bewegung der Pallas der 18fachen des Jupiter fast genau gleich. Es muss daher also *entweder* eine ungeheure Gleichung, von 7⚴ — 18♃ abhängig, entstehen, *oder* beide werden vollkommen gleich sein[***)]. Ich halte das letztere für *viel* wahrscheinlicher (ungefähr so, wie man ähnliche Phänomene an der Rotation des Mondes und an den Jupiterstrabanten

[*) Werke III, S. 197—202; daselbst S. 202 ist der im weiteren Brieftext gerügte Druckfehler berichtigt.]

[**) Vergl. Werke VII, S. 518—524.]

[***) Vergl. Werke VII, S. 421 und 557.]

hat); allein entscheiden werde ich erst dann darüber können, wenn meine Arbeit noch einmal mit verbesserten Elementen in doppelter Ausdehnung ausgeführt ist. Diess letztere ist übrigens durchaus unerlässlich und ich werde daher meine bisherige Arbeit, die in 2 Monaten vollendet sein wird, wenn ich dabei bleiben kann, (um noch die Länge des Perihels und die Epoche hinzuzusetzen, welche Elemente noch weit mehr Arbeit machen, als die 4 bisher bearbeiteten Elemente) nicht an das Institut schicken: ob ich aber zu jener Wiederhohlung in doppelter Ausdehnung mich werde entschliessen können, weiss ich noch nicht, eine solche Arbeit[*)] ist in der That ein grosses Opfer, wofür der ausgelobte Preis kein Ersatz[**)] ist, und zu dem man nur durch das Interesse an der Sache selbst aufgemuntert werden kann. Die Hülfe, die ich bei diesen Rechnungen von den H[e]rr[e]n NICOLAI, GERLING und HARDING haben kann, macht verhältnissmässig doch nur einen sehr kleinen Theil des Ganzen: ich habe diese Herren dazu gebraucht, die numerischen Werthe der Störungen der 2 genannten Elemente für die 7 bisher beobachteten Oppositionen zu berechnen, und sie damit fast 14 Tage beschäftigt, hätte ich die von mir selbst gemachten Rechnungen unter sie vertheilen wollen, so würden sie bloss für die mehrgedachten Elemente jeder einiger Monate bedurft haben. Den geschicktesten, H[er]rn NICOLAI, entbehre ich auch jetzt ganz, da er auf 6 Wochen verreiset ist, so wie auch H[er]r WACHTER, der sonst auch etwas helfen könnte; es bleibt mir also, da HARDING so unsicher rechnet, dass ich doch selbst alles nachrechnen und 10 p[ro] C[ent] corrigiren muss, und ihn also zu Rechnungen, deren Theile nicht ganz unabhängig von einander sind, gar nicht brauchen kann, nur H[er]r GERLING, der zwar gut rechnet und willig ist, aber dem ich doch nur von Zeit zu Zeit solche mechanische, an sich nicht instructive Rechnungen zumuthen kann. Hätte ich ein Bureau von einem Dutzend solcher jungen Leute wie GERLING und NICOLAI, über deren Zeit ich ganz disponiren könnte, so wollte ich mich anheischig machen, die sämmtlichen Störungsgleichungen der Pallas durch Jupiter, deren Zahl nahe an 400 betragen wird, binnen einem Viertel Jahre zu liefern.

Der geringe Unterschied zwischen der mittlern Bewegung der ⚳ und ⚴

[*) Diese zweite Rechnung der Pallasstörungen hat GAUSS tatsächlich ausgeführt; sie ist aus dem Nachlass Werke VII, S. 529—561 veröffentlicht.]

[**) Über den Pariser Preis vergl. Werke VII, S. 413, 415, 416, 419—420, 426, 427 (!), 433.]

wird in den Bewegungen beider Planeten eine Störung hervorbringen, deren Periode etwa 2000 Jahre betragen wird; theoretisch betrachtet wird man, wenn ihre Werthe durch Beobachtungen nach 2000 Jahren ausgemittelt werden können, daraus die Massen der Pallas und Ceres bestimmen können; allein ob diess praktisch möglich sein wird, lasse ich noch dahingestellt sein, denn wenn die Massen dieser Planeten etwa nur $\frac{1}{1000000}$ so gross wären wie die des ♃, so würden die Gleichungen vielleicht kaum 1″ betragen können, allein, wie gesagt, ich müsste erst etwas genauere Überschläge machen, um darüber mit mehr Bestimmtheit sprechen zu können.

An unsrer Sternwarte wird jetzt wieder gebauet, die Mauern stehen beinahe und die Einschnitte sind fertig; der Architect denkt nachgerade an die Kuppel. Hier ist er nun in einer Verlegenheit, worüber ich Sie, theuerster Freund, um Ihren gütigen Rath bitte. Er weiss nemlich noch nicht, auf welche Weise der Verschluss des Spalts in dem Drehdache am zweckmässigsten zu bewerkstelligen sein wird. Ich habe an einen Schieber gedacht, der

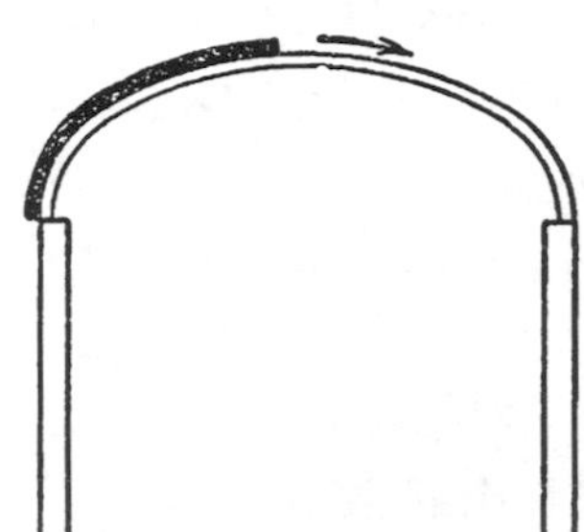

sich seiner Länge nach bewegte. Wahrscheinlich haben Sie die Einrichtungen, die in dieser Hinsicht auf den Pariser Sternwarten sind, so wie die ganze Art, die Kuppel zu drehen, besehen, und Sie verbinden uns daher sehr, wenn Sie uns Ihren Rath darüber mittheilen. Die Kuppel soll nicht halbkugelförmig werden, um wegen der Grösse des Durchmessers, (den ich gern um ein Drittel kleiner gewünscht hätte, wenn nicht schon die ganze ursprüngliche Einrichtung des Fundaments auf eine so grosse Kuppel berechnet gewesen wäre) das Gewicht wenigstens etwas zu vermindern. Sollte also meine Idee in Ansehung der Klappe ausführbar sein, so dürfte der Bogen der Kuppel nicht elliptisch, sondern müsste ein Kreissegment sein.

Noch einmal auf die Pallas zurückzukommen: ich bin äusserst begierig zu sehen, wie die Ephemeride diess Jahr übereinstimmen wird, bisher hat aber das unerträglich schlechte Wetter die Aufsuchung noch nicht erlaubt. Sollten Sie bald einmal vom Wetter besser begünstigt werden und eine Viertelstunde daran wenden wollen, so würden Sie mich sehr durch baldige Mittheilung der Beobachtung verpflichten. Ich hoffe, dass die Ephemeride nicht viel über eine Minute abweichen kann.

Ich habe das Vergnügen, Ihnen noch einen Abdruck der WACHTERschen Tafel für die Sonnencoordinaten zu überschicken, da Sie doch das Januarheft der M[onatlichen] C[orrespondenz] erst später erhalten. Ich hoffe, dass Ihnen der Gebrauch derselben Vergnügen machen wird.

Sie haben einmahl die Güte gehabt, mir Ihre Abhandlung *de Mutationibus Oculi Internis* zu schenken, leider aber bin ich durch den seitdem verstorbenen Professor HEYER in Braunschweig darum gekommen. Sollten Sie noch ein Exemplar davon übrig haben, das Sie mir bei Gelegenheit einmal schicken könnten, so würde ich Ihnen sehr verpflichtet sein.

Leben Sie wohl, mein theuerster Freund, und erfreuen Sie bald wieder mit einem Briefe

Ihren treuergebensten

C. F. GAUSS.

P. S. So eben habe ich mit den Störungen der Länge des Perihels den Anfang gemacht, und zwar zuvörderst die Säcularbewegung berechnet. Ich finde sie sehr klein, und zwar (siderisch) jährlich = — 2,"096 in der Bahn, oder — 8,"22 nach gewöhnlicher Manier dargestellt. So kann man also jetzt schon mit ziemlicher Genauigkeit berechnen, wie viel die kleinste Distanz der Ceresbahn von der Pallasbahn sich jährlich ändert, ob sie zu- oder abnimmt. Ich sehe so eben mit Erstaunen, wie enorm CARLINIS, wahrscheinlich nach LAPLACE's Methoden berechnete, Säcularänderungen*) von den meinigen abweichen. Ob er falsch gerechnet hat, oder ob die Schuld an der Methode liegt — was sehr wohl sein könnte — kann ich nicht entscheiden: aber für meine Resultate, wenigstens in Beziehung auf Knoten, Neigung und Excentricität, kann ich einstehen.

	GAUSS	CARLINI
Neigung	+ 4,"98	+ 0,81
Knoten	— 35,23	— 57,2
φ	— 11,"13	— 1,"4
Perihelium	— 2,10	+ 56,1
	— 8,22.	

*) M[onatliche] C[orrespondenz], XVI, [1812, S.] 549.

[3.]

Gauss an Olbers. Göttingen, 31 März 1812.

Nr. 258a.

Recht vielen Dank, theuerster Olbers, für Ihren gütigen Brief vom 28. Ich freue mich über die Aufmerksamkeit, die Sie meiner *Disqu*[*isitio*] *de el*[*ementis*] *P*[*alladis*] geschenkt haben, und danke Ihnen für die Mittheilung Ihrer Methode, die Gleichungen aufzulösen. Es ist mir sehr klar, dass Sie bei deren Anwendung schneller zum Ziele kommen, aber, mein allertheuerster Freund, es ist mir nicht so klar, dass durch dieses Verfahren der Bedingung der kleinsten Summe der Quadrate Genüge geleistet wird. Nehme ich nur zwei Gleichungen und Eine unbekannte Grösse

$$n+ap=0, \quad n'+a'p=0,$$

so gibt mein Verfahren $$p=-\frac{an+a'n'}{aa+a'a'},$$

das Ihrige $$p=-\frac{a'n+an'}{2aa'}$$

Also letzteres, wenn die Grössen a, a' sehr ungleich sind, und beiden Gleichungen nicht genau Genüge geleistet werden kann, ein sehr verschiednes Resultat von dem erstern. Ich gestehe Ihnen, dass ich, da Sie selbst sagen, »es sei klar, dass durch Ihr Verfahren jener Bedingung Genüge geschehe«, fürchte, letztres nicht recht verstanden zu haben, und bitte daher angelegentlichst um Belehrung hierüber, da auch ich fast täglich jene Methode anzuwenden Gelegenheit habe, und es mir also sehr erwünscht sein würde, an die Stelle meines Verfahrens ein noch kürzeres setzen zu können.

Mit der Säcularbewegung des Perihels der Pallas hängt es so zusammen:

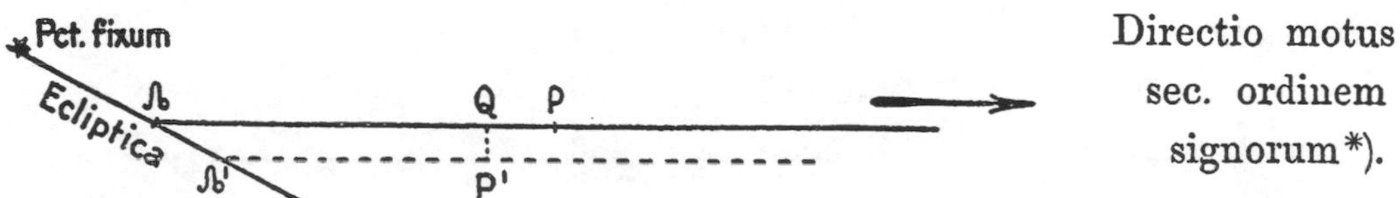

*) Die Figur sollte für die wirkliche Pallas eigentlich so gezeichnet sein:

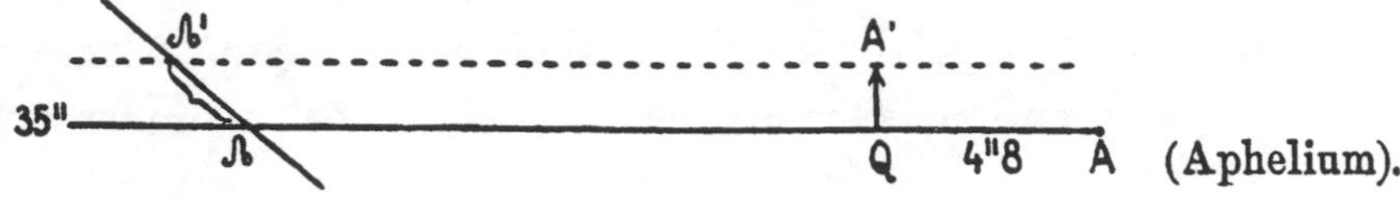

Man betrachtet erst die Ebne der Pallasbahn für sich und stellt sie durch einen grössten Kreis ☊P.. vor. Ist das Perihel jetzt in P, die Ebne kommt nach einem Jahre in die Lage der Punctirten Linie, das Perihel ist dann in P', und $P'Q$ senkrecht auf ☊P, so nenne ich PQ das absolute Rückwärtsgehen des Perihels, welches $= -4'',787$ ist. Allein die gewöhnliche Art, die Lage des Perihels anzugeben, geschieht durch die Beziehung auf die Ekliptik, also durch den Ausdruck ∗☊ + ☊P, und nach einem Jahre durch ∗☊′ + ☊′P'. Nun ist, ☊☊′ = ∂☊ gesetzt, ☊′P' = ☊$Q - \cos i . \partial$☊, also die Änderung der Länge des Perihels in Einem Jahre

$$= -4'',787 + (1 - \cos i)\,\partial\,☊,$$

also, weil

$$\partial\,☊ = -35'',227$$
$$1 - \cos i = \quad 0,1768,$$

motus annuus perih. sider. $= -4'',787 - 6'',228 = -11'',015$
und die tropische Bewegung $= +39'',1$.

Seit meinem letzten Briefe habe ich die Rechnungen mit grosser Anstrengung fortgesetzt und das Perihel ganz abgethan, ich habe 85 Gleichungen, die über 1″ gehen, die grösste ist 785″ [*)]. Ausserdem habe ich auch schon die Störungen der Epoche ungefähr zur Hälfte vollendet, wofür ich etwa 120—130 Gleichungen erhalten werde, die sich aber in etwa 66 werden verschmelzen lassen,

also dann	Neigung	41
	Knoten	41
	grosse Axe	60
	Excentricit[ät]	71
	Perihel	85
	Epoche	66
		364

Ich habe aber in den Vorbereitungen (die übrigens der grössere Theil der Arbeit waren u[nd] mich ungefähr ½ Jahr beschäftigten) meinen Zuschnitt nur so gemacht, dass ich nicht mit Genauigkeit diejenigen Gleichungen berechnen

[*) Vergl. Werke VII, S. 520.]

kann, die von der mehr als 11fachen ♃ Länge abhängen, und doch sind solcher Gleichungen, die von der 11fachen ♃ Länge abhängen, noch 5 beim Perihel gewesen, u[nd] bei ☊ und Neigung war ich nur bis zur 8fachen ♃ Länge fortgeschritten. Ich bin daher gewiss, dass bei einer vollständigern Rechnung die Anzahl aller Gleichungen über 400 gehen wird, auch selbst, wenn man bei dem Perihel diejenigen unterdrückt, die unter 2″ sind — (zwischen 1″ und 3″ hatte ich 27). Binnen 8 Tagen hoffe ich nun so weit zu sein, dass ich allenfalls auf 100 Jahre voraus oder zurück, einen Pallasort auf ein Paar Minuten genau berechnen könnte. Die einzelnen Gleichungen werden sich freilich bei einer zweiten Rechnung nach verbesserten Elementen zum Theil noch bedeutend ändern, und die Störungen von ♄ und ♂ mögen auch nicht ganz unbedeutend sein. Die grosse von 5♃—2⚴ abhängende Gleichung, deren Periode 83 Jahr ist, steigt auf 56′ und ich bin jetzt beinahe so gut wie gewiss, dass 18♃ und 7⚴ genau gleich sind. Mir scheint diess eine der merkwürdigsten, in unserm Sonnensystem seit einiger Zeit gemachten Entdeckungen zu sein, die ich aber noch ganz für sich zu behalten bitte. Meine Rechnungen geben mir[*)]

mot. med. diurn. sid. ⚴ 769″20208
7fach 5384,41455
18♃ 5384,39227,

sie könnten 100mal mehr verschieden ausfallen, und doch würde sich durch die Einwirkung [von] ♃ die vollkommene mittlere Gleichheit von selbst herstellen müssen, wenn mein Überschlag richtig ist. Mit Ungeduld erwarte ich daher die Wiedererscheinung der ⚴ in diesem Jahre, um die mittlere Bewegung aus den Beobachtungen noch schärfer zu bestimmen.

Worin besteht denn Bessels Entdeckung? Ich weiss davon kein Wort. Ich sehe aus Piazzis Katalog[**)], dass 61 Cygni von Flamsteed 10′ anders als von P[iazzi] angesetzt ist: haben also die Bradleyschen Beobachtungen vielleicht gezeigt, dass dies kein Fehler, sondern Folge einer starken eignen Bewegung ist? Doch hierin kann die Entdeckung wol nicht bestehen, wenigstens nicht allein, da man ja auch schon andere Sterne von starker eigner Bewegung

[*) Vergl. Werke VII, S. 604.]

[**) G. Piazzi, *Praecipuarum stellarum inerrantium positiones mediae, ineunte seculo* XIX; *ex observationibus habitis in specula panorm. ab* 1791 *ad* 1802. Panormi 1803.]

31*

hat, wie eben BESSEL dies, so viel ich weiss, von mehr als einem Sterne in der Cassiopea aus BRADLEYS Beobachtungen geschlossen hat. Ich bitte Sie also recht sehr, theuerster Freund, mir recht bald etwas mehr darüber mitzutheilen.

Noch einmal auf die Pallas zu kommen: meine Bemerkung wird in der Folge die Einrichtung der Tafeln sehr abzukürzen dienen können, denn alle Gleichungen, vom ♃ herrührend, werden Perioden haben, die submultipla von 83 Jahren sind, und man kann daher für jedes Element sämmtliche Gleichungen durch Eine einzige Tafel darstellen, zu der noch eine Variatio saecul[aris] kommen muss. Ist diese Tafel einmal da (wozu aber eine vieljährige Arbeit, wenn Eine Person sie herstellen soll, nöthig sein wird), so kann man auf mehrere 1000 Jahre die Pallasörter (abgesehen von den ♄ und ♂ Störungen) fast eben so schnell berechnen, als nach rein elliptischen Elementen. Aber welch eine mehr als herkulische Arbeit, erst dahin zu gelangen! [*)]

Den Cometen habe ich seit dem 2. Febr[uar] nicht wieder gesehen. Im März war es einmal heiter, aber ich war nicht im Stande, an dem Platze, welchen ihm die Ephemeride anwies, oder in der Nähe, eine Spur des Kometen wahrzunehmen.

Zu meiner Abhandlung *de elem[entis] ell[ipticis] P[alladis]* hatte ich noch etwa ein halb Dutzend Druckfehler bemerkt, die ich H[er]rn v. LINDENAU mittheilte; er hat aber unterlassen, sie in der M[onatlichen] C[orrespondenz] besonders anzuzeigen, und nur in seinem Auszuge Gebrauch davon gemacht. Falls also in diesem nicht neue Druckfehler eingeschlichen sind, so wird dessen Vergleichung, in Rücksicht der Formeln, mit der Abhandlung zur Verbesserung der letztern dienen können.

Leben Sie recht wohl, theuerster OLBERS, und erfreuen Sie doch recht bald wieder mit einigen Zeilen Ihren ganz eigenen

C. F. G.

P. S. Soeben sehe ich noch in PIAZZIS Catalog, dass 61 Cygni ein Doppelstern ist. Hat vielleicht BRADLEY den Nebenstern mitbeobachtet, und ist dieser mit fortgerückt? also HERSCHELS Hypothese, dass mehrere Fixsterne zusammengehören können, bestätigt? Habe ich recht gerathen? Dann wäre ich sehr neugierig auf die relative Bewegung des Comes gegen 61. Ich warte

[*) Vergl. Werke VII, S. 565 ff.]

mit Verlangen auf nähere Nachricht, und werde, da in 19 Jahren die eigne Bewegung von 61 sehr merklich sein muss, sobald es heiter wird, nachsehen, ob die Sterne jetzt eben so gegen einander stehen, wie *Hist. Cel.* [*)] p. 14. Schade, dass PIAZZI, der nicht mit *Hist. Cel.* zu stimmen scheint, das Jahr seiner Beobachtungen nicht angemerkt hat. Eilig.

Hat BESSEL vielleicht auch eine jährliche Parallaxe von 61 gefunden?

Mein armer GERLING ist jetzt in grosser Verlegenheit, dass er mit zur Nationalgarde gezogen werde. Könnte ihm doch davon geholfen werden!

[4.]

GAUSS an OLBERS, Göttingen 20. April 1812.

Nr. 259a.

Mit der lebhaftesten Theilnahme habe ich durch H[er]rn VON LINDENAU die Nachricht erhalten, dass Sie mein allertheuerster Freund zum Mitgliede des französischen Gesetzgebungs Corps ernannt sind; empfangen Sie dazu meinen herzlichen Glückwunsch. Aus einem Briefe Ihres H[er]rn Sohns an HARDING schliesse ich, dass Sie schon in diesem Sommer dadurch zu einer Reise nach Paris veranlasst werden: richten Sie es dann doch ja so ein, dass Sie Ihre Rückreise über Göttingen nehmen, und sich einige Zeit bei uns aufhalten. Erfüllen Sie mir doch ja diesen sehnlichen Wunsch, lieber OLBERS! Erlauben es dann meine Amtsgeschäfte, so begleite ich Sie bis Bremen.

Für die Mittheilung Ihrer Pallasbeobachtung danke ich sehr. Auch ich hatte sie am 4. April aufgefunden, aber erst am 9. und auch nur unvollständig beobachtet. Sind Sie gegen die Zeit der Opposition noch in Bremen, so verpflichten Sie mich sehr, wenn Sie bei Gelegenheit einige Beobachtungen machen: mit festen Instrumenten wird sie, wie ich wegen ihres schwachen Lichts fürchte, schwerlich diess Jahr beobachtet werden, und für unser Local kommt sie in den kurzen Sommernächten zu hoch.

Es ist mir eben nicht wahrscheinlich, dass ausser der Pallas auch die andern neuen Planeten in Rücksicht ihrer mittlern Bewegung ein rationales

---

[*) JOS. JÉRÔME DE LALANDE, *Histoire céleste francaise, contenant les observations faites par plusieurs astronomes français,* Paris 1801.]

Verhältniss zur Jupitersbewegung haben. Bei der Ceres wird die Gleichung von 7⚳ — 18♃ abhängig schwerlich Eine Secunde betragen; vielleicht ist bei der Juno etwas ähnliches, dass 7⚵ = 19♃, aber wahrscheinlich ists nicht, und es müsste erst eine Arbeit von einem Jahre ausgeführt werden, um darüber etwas zu entscheiden. Vielleicht unternimmt der junge NICOLAI unter meiner Aufsicht die Störungen der Juno durch Jupiter.

Einen kleinen Anfang, d. i. eine Arbeit von 15 Tagen, täglich etwa 8 Stunden, habe ich mit der zweiten Störungsrechnung [*)] gemacht, aber jetzt, wo ich wieder Collegia lesen muss, werde ich sie liegen lassen müssen. Ich müsste alle andern Arbeiten liegen lassen, wenn sie in einem Jahre vollendet werden sollte; so werden vielleicht 2 oder 3 Jahre darüber hingehen, oder sie bleibt ganz liegen und ich mache nur die Methode bekannt. An meiner Vorlesung über die Reihe [$F(\alpha, \beta, \gamma, x)$] wird jetzt gedruckt.

Auf Ihre Bemerkungen über die Methode der kleinsten Quadrate muss ich noch folgendes erwidern. Sie nehmen drei Bestimmungen, durch gleich gute Beobachtungen, von einer und derselben Grösse an:

$$x = n$$
$$2x = n'$$
$$3x = n''.$$

Es fragt sich nun, soll man

$$x = \frac{n + n' + n''}{6} \quad \text{oder} \quad x = \frac{n + 2n' + 3n''}{15}$$

setzen? Es ist klar, dass die Genauigkeit der drei Werthe n, $\frac{1}{2}n'$, $\frac{1}{3}n''$ in dem Verhältnisse der Zahlen 1, 2, 3 steht, aber mein theuerster Freund, ich sehe nicht ein, worauf Sie die Folgerung stützen, dass man wirklich den wahrscheinlichsten Werth erhalte, wenn man jene Werthe mit diesen Zahlen multiplicirt, und mit deren Summe die Summe der Producte dividirt. Sie nehmen diess stillschweigends gleichsam als Axiom an, aber als ein solches ist es mir nicht einleuchtend, sondern mir deucht, um zu entscheiden, welcher Werth wirklich der wahrscheinlichste sei, müsse man tiefer in die Theorie der Wahrscheinlichkeit der Ursachen aus den Erfolgen eindringen, und dann auch nothwendig das Gesetz der Wahrscheinlichkeit der grössern und kleinern

[*) Vergl. Werke VII, S. 529 ff.]

Fehler kennen. Aber in Concreto werden wir ein solches mathematisch genau richtiges Gesetz nie kennen; und wenn meine Theorie im III. Abschnitt des II. Buches der *Th*[*eoria*] *M*[*otus**)] richtig ist, so kann die Vorschrift

»Wenn mehrere Werthe Einer Grösse, N, N', N'' etc. die relative Genauigkeit α, α', α'' etc. haben, so ist der wahrscheinlichste Werth

$$\frac{\alpha N + \alpha' N' + \alpha'' N'' + \text{etc.}}{\alpha + \alpha' + \alpha'' + \text{etc.}}«$$

nicht bestehen, sondern steht mit sich selbst in Widerspruch. Denn lässt man sie, wie ich gethan habe, für $\alpha = \alpha' = \alpha''$ etc. gelten, so setzt man eben dadurch ein solches Gesetz der Wahrscheinlichkeit der Fehler, woraus allgemein der wahrscheinlichste Wert im obigen Falle

$$\frac{\alpha\alpha N + \alpha'\alpha' N' + \alpha''\alpha'' N'' + \text{etc.}}{\alpha\alpha + \alpha'\alpha' + \alpha''\alpha'' [+ \text{etc.}]} \text{**)}$$

folgt.

Wollen wir die Frage nicht so streng von der Seite der Wahrscheinlichkeit betrachten, sondern fragen nur nach Zweckmässigkeit, so zeigt vielleicht folgende Betrachtung, dass es auch nicht so zweckmässig sei, im Allgemeinen die Regel zu geben $\frac{\alpha N + \alpha' N' + \cdots}{\alpha + \alpha' + \cdots}$ als die $\frac{\alpha\alpha N + \alpha'\alpha' N' + \cdots}{\alpha\alpha + \alpha'\alpha' + \cdots}$. Nehmen wir an, man habe drei Bestimmungen der Algolsperiode N, N', N'', die erste aus 10 Intervallen, die zweite und dritte jede aus Einem Intervall. (Ich setze noch voraus, dass sie getrennt und unabhängig von einander beobachtet werden, z. B. an 3 verschiednen Orten gemacht, deren Längenunterschied ganz unbekannt sei, denn sonst müssten sie auf eine andre Art in Rechnung genommen werden.) Soll man nun

$$\frac{10N + N' + N''}{12} \text{ oder } \frac{100N + N' + N''}{102}$$

nehmen? Mir scheint klar, dass man sich bei der ersten Formel in einem auffallenden Grade der Gefahr aussetzt, den Werth N, anstatt ihn zu ver-

---

[*) Vergl. Werke VII, S. 238, wo die im Text weiter unten folgende richtige Formel angegeben ist.]

**) Nimmt man ein anderes Gesetz für die Wahrscheinlichkeit der Fehler an, so kommen auch andere Resultate, aber kein Gesetz kann die Formel

$$\frac{\alpha N + \alpha' N' + \alpha'' N'' [+ \text{etc.}]}{\alpha + \alpha' + \alpha'' [+ \text{etc.}]}$$

geben.

bessern, zu verderben. Ist z. B. bei N' und N'' ein Fehler von 15′ noch möglich und allenfalls noch etwas mehr, so ist bei N der Fehler von $1\frac{1}{2}'$ gerade eben so leicht möglich, und man hat dann zu besorgen, dass

$$\frac{10N + N' + N''}{12}$$

vielleicht doch um $3\frac{3}{4}'$ unrichtig wäre. So scheint also, auch ohne in die Probabilitätsrechnung tiefer einzudringen, die Multiplication mit Coeffizienten in grösserm Verhältnisse als dem der relativen Genauigkeit, sich rechtfertigen zu lassen, obwol man, wie mich dünkt, ohne jene nicht weit kommt. LAPLACE hat zu dieser Theorie neulich den schönen Zusatz gemacht, dass wenn die Anzahl der Beobachtungen sehr gross ist, das Resultat, was die Methode der kleinsten Quadrate gibt, das wahrscheinlichste ist, das Gesetz der Wahrscheinlichkeit der Fehler sei welches es wolle.

Den CHRISTIAN MAYER[*)] werde ich in der BECKMANNschen Auction für Sie kaufen.

Unser GERLING wird vielleicht in unserm Königreiche eine Anstellung als Lehrer der Mathematik bei einem Lyceum erhalten.

Leben Sie wohl, mein theuerster Freund, und erfreuen Sie bald wieder mit einigen Zeilen Ihren ganz eigenen

C. F. G.

Göttingen, 20 April 1812.

Über Ihr Pathgen will meine Frau noch ein Paar Worte beifügen.

[**)] Recht dankbar bin ich meinem Mann, dass er für mich in diesem Brief etwas Raum liess, um Ihnen selbst meinen herzlichen Glückwunsch zu Ihrer Ernennung — als Mitglied des Gesetzgebungs Corps — zu sagen. Ich darf es Ihnen aber nicht verhehlen, dass eigenes Interesse diese Freude noch sehr vermehrt hat, denn ich schmeichle mich der angenehmen Hoffnung, dass uns Ihre, dadurch veranlasste Reise nach Paris das Glück verschafft, Sie diesen Sommer auf einige Tage bei uns zu sehen; und glauben Sie es mir, dass die Erfüllung dieses Wunsches uns einen höchst glücklichen Sommer bereiten würde. Ich sage Ihnen daher auch nichts über Ihr kleines Pathgen, Sie

[*) CHRISTIAN MAYER, *Gründliche Vertheidigung neuer Beobachtungen von Fixsterntrabanten* usw. Mannheim 1779, vergl. den Brief Nr. 258 OLBERS an GAUSS vom 29. März 1812.]

[**) Von hier an Handschrift von Frau GAUSS.]

müssen selbst kommen und sehen, dass es ein kleines liebes Wesen ist, die mit ihren schönen blauen Augen alles für sich einnimmt. Wüssten Sie nun nicht schon durch GAUSS, wer sich erdreistet hat, durch diese Zeilen Ihnen einige Augenblicke zu rauben, dann sollten Sie rathen, und schwerlich würden Sie der grossen MINNA diese Kühnheit zu trauen.

[5.]

GAUSS an OLBERS. Göttingen, 25. Mai 1812.

Nr. 260 a.

Indem ich Ihnen, theuerster Freund, für Ihren so eben erhaltenen Brief vom 12 Mai verbindlichst danke, eile ich, mit der heutigen bald abgehenden Post, Ihrem Wunsche gemäss, ein Paar Stücke von der Ephemeride der Pallas und Juno abzuschreiben. Ceres lasse ich weg, weil doch ohne Zweifel BODES Jahrbuch für 1812 oder [die] Mailänder Ephemeriden in Paris sein werden (wie kommts, dass das Jahrbuch für 1814 oder die Mon[atliche] Corr[espondenz] 1811 nicht in Paris ist?), und Vesta, weil die Ephemeride erst mit dem 16. Julius anfängt und die ☍ erst gegen Ende Octobers eintritt.

Mittern. in G.	Pallas		Juno	
Mai 29	264° 43′	24° 35′ Nord.	283° 27′	5° 1′ Südl.
Juni 2	263 54	24 50	282 54	4 51
6	263 4	25 1	282 17	4 43
10	262 13	25 6	281 36	4 37
14	261 22	25 6	280 50	4 32
18	260 31	25 2	280 2	4 30
22	259 41	24 52	279 12	4 30
26	258 54	24 38	278 20	4 33
30	258 10	24 20	277 27	4 38
Jul. 4	257 28	23 57	276 34	4 45
8	256 50	23 31	275 41	4 54
12	256 17	23 0	274 50	5 6

⚴ ☍ vom Herrn NICOLAI im vorigen Jahre berechnet

1812 Jun. 10. 3^u 27′ 35″ M. Z. Göttingen 259° 28′ 51″ Länge,
48 16 36 Geoc. Breite

Die Pallas habe ich dreimal beobachtet und mit PIAZZIschen Sternen verglichen. Die Elemente geben die AR am 2. und 4. Mai um 53″ zu gross, die Declination, nach einer Beob[achtung] 5″ zu klein, nach der andern, weniger zuverlässigen einige Secunden zu gross. Juno habe ich erst einmal gesucht, konnte aber nichts thun, als ein Paar Dutzend Sterne bis zur 11. u[nd] 12. Grösse in ein kleines Kärtchen tragen, und seitdem ist es noch nicht wieder heiter gewesen, daher ich gar nicht weiss, wie viel die Ephemeride fehlt. Ich zweifle auch, dass man sie dies Jahr mit festen Instrumenten wird sehen können. Nach der Ceres habe ich mich noch gar nicht umgesehen, wünsche aber sehr, dass BOUVARD sie auch beobachten möge.

Dass Sie mir so wenig Hoffnung geben, hier einen etwas längeren Aufenthalt zu machen, schlägt mich sehr nieder, um so mehr, da die Möglichkeit, Sie nach Bremen zu begleiten, wegfallen wird, wenn Ihre Rückreise ausser unsrer Ferienzeit fällt. Wenigstens vor Anfang Septembers würden mir zwei Collegia, die ich diesen Sommer zu lesen habe, keine Entfernung erlauben.

Diese Pfingstferien bin ich sehr thätig an den Pallasstörungen gewesen, obgleich 8 Tage immer nur ein Tropfen im Ocean sind. Nach einem Überschlage werden die Störungen durch Jupiter, insofern sie nur von der ersten Potenz der störenden Masse abhangen (aber dann alle diese in einer Vollständigkeit, die ich absolut nennen kann) bei meiner Art zu rechnen, wo mehr als die Hälfte im Kopfe geschieht, etwa 1 Million Zahlen zu schreiben erfordern (wenn die Vergleichung mit sämmtlichen 8 Oppositionen durch meine Schüler ausgeführt und also abgerechnet werden kann — leider verliere ich aber meinen GERLING bald, der als Lehrer der Mathematik ans Lyceum in Cassel kommt), davon sind bis jetzt etwas über 100 000 geschrieben. — Die Differenz der Elemente in diesem Jahre von 50″ schreibe ich hauptsächlich den noch vernachlässigten Saturns u[nd] Mars Wirkungen zu. Erstere werde ich auch berechnen [*)], da sie nicht $\frac{1}{10}$ so viel Arbeit kosten wie die vom ♃, aber zu den vom ♂ herrührenden, die sehr viel Arbeit machen und doch, weil die ♂ Masse unbekannt ist, noch wenig lehren, habe ich keine Lust[**)]; das mögen nachher andere thun. Ich glaube, die neuen Planeten und besonders Vesta werden uns die beste Auskunft über die ♂ Masse in Zukunft geben.

[*) Vergl. den folgenden Brief und Werke VII, S. 578 ff.]

[**) Diese von GAUSS doch unternommene, allerdings unvollendete Arbeit siehe Werke VII, S. 587 ff.]

Meine Vorlesung über die transsc[endenten] Functionen ist schon seit einiger Zeit abgedruckt, ich möchte sehr gern den Pariser Geometern Exemplare davon schicken, wenn ich nur Gelegenheit finde. Die Tafel für

$$\log \Pi x \ (\Pi x = 1\,.\,2\,.\,3\,.\,\ldots\,x) \text{ auf 20 Decimalen und für } \frac{d\Pi x}{\Pi x\,.\,dx}$$

auf 18 Decimalen ist, glaube ich, eine verdienstliche Arbeit. Der zweite Theil der Abhandlung, welchen auszuarbeiten ich aber vorerst nicht Zeit habe, wird noch mehr interessante Wahrheiten über diese Gegenstände enthalten.

Es ist hohe Zeit zu schliessen. Empfehlen Sie mich den dortigen Geometern und Astronomen angelegentlichst und denken auch in Paris zuweilen

an Ihren ganz eigenen

Göttingen, den 25 Mai 1812. C. F. Gauss.

[6.]

Gauss an Olbers. Göttingen, 6.—11. September 1812.

Nr. 263a.

Recht herzlichen Dank, theuerster Freund, für Ihre beiden gütigen Briefe, wovon ich den letzteren vom 18. Jul[ius], erst heute erhalten habe. H[er]r Palm hat sich wider seine Absicht einen Monat in Frankfurt aufgehalten. Verzeihen Sie, dass ich nicht früher geantwortet habe, die Ursache war lediglich, dass ich nach Ihrem ersten Briefe (der von Paris bis Göttingen zu kommen 18 Tage gebraucht hatte) es für unwahrscheinlich halten musste, dass meine Antwort Sie noch in Paris antreffen würde. Seitdem wurde hier mehreremale versichert, dass Sie nächstens zurückkommen würden, ja einmal hatte Harding schon die Nachricht, dass Sie bereits wieder in Bremen angekommen wären. So erwartete ich also posttäglich, von Ihnen selbst aus Bremen einen Brief und unterliess das Schreiben. Für die Pallasbeobachtungen sage ich Ihnen und H[er]rn Burckhardt recht herzlichen Dank. Eine kleine Notiz über die Resultate [Werke VI, S. 357] finden Sie beiliegend. Juno habe ich selbst 4 mal beobachtet; es ist kein Wunder, dass sie sonst nirgends beobachtet ist, sie hatte nur die 11. Grösse und war in einer sehr sternereichen Gegend. Die Resultate werde ich nächstens H[er]rn von Lindenau schicken; die letzten Elemente weichen um $\frac{1}{2}$ Min[ute] ab.

Laplace bitte ich vorläufig für das schöne Geschenk des *Traité des probabilités* meinen besten Dank zu sagen, den ersten Band habe ich noch nicht, erwarte ihn aber nebst andern Büchern von H[er]rn von Lindenau, der seit wenigen Tagen wieder in Gotha ist.

Mit dem grössten Vergnügen höre ich von H[er]rn Palm, dass Sie doch Ihre Rückreise über Göttingen machen werden. Ich denke doch, dass Sie mir wenigstens einige Tage bei mir zuzubringen nicht abschlagen werden.

Ihre Gründe aus der Wahrscheinlichkeitsrechnung, dass bei der grossen Neigung der Pallasbahn ausserordentliche Umstände mitgewirkt haben müssen, scheinen mir in der That auch von grossem Gewicht. Ich habe, da jetzt die Säcularänderungen der ⚴ u[nd] ⚳-Bahn bekannt sind, vor einigen Tagen die Radien der ⚴ u[nd] ⚳ in der gemeinschaftlichen Knotenlinie und ihre Säcularänderungen durch einen sehr geschickten Schüler von mir, H[er]rn En[c]ke, berechnen lassen; er findet

			808	1808	3475
☊ der ⚳ bahn auf der ⚴ bahn	R[ad.] V[ect.] der	⚳	2,37780	2,40346	2,49163
		⚴	2,67612	2,59569	2,57987
☋ der ⚳ bahn auf der ⚴ bahn	R[ad.] V[ect.] der	⚳	2,70322	2,84945	2,95743
		⚴	2,82294	2,92427	2,95374

Hiernach würden sich also die (mittleren) Bahnen im ☋ etwa im Jahre 3397 wirklich schneiden; der Zerspringungszeitpunkt nach Ihrer Hypothese müsste demnach gewiss schon vor ein Paar Myriaden von Jahren Statt gefunden haben, denn ein Paar Tausend Jahre hindurch müssen doch die jetzigen Säcularänderungen wenigstens als Näherungen gelten können. —

An den Störungen der Pallas durch ♃ habe ich diesen Sommer viel beschickt; kann ich im nächsten Winter auch Zeit darauf wenden, so denke ich im Frühjahr 1813 fertig zu werden. Ich mache mir oft über die schöne Zeit, die ich mit diesen mechanischen Rechnungen tödte, Vorwürfe, aber ich bin schon zu weit vorgerückt, um sie ganz liegen zu lassen. Nicolai soll inzwischen die Störungen durch ♄ berechnen, aber die durch ♂ werden noch beträchtlicher u[nd] weit mühsamer zu berechnen sein, als die durch ♄, die mögen dann andere nachholen. Sie wissen, dass ich die Elemente als variabel behandle; für den ☊, der jetzt zu meiner völligen Zufriedenheit abgethan ist, habe ich 103 Gleichungen, die über 0″1 gehen, alle Elemente werden etwa 800—1000 Gleichungen fourniren. Die numerische Berechnung aller Gleichungen für alle 8 Oppositionen ist für Einen Menschen eine Arbeit von 2 Monaten. Ich halte mich übrigens überzeugt, dass keine andere Methode die 1000 Gleichungen so vollständig u[nd] so scharf in so kurzer Zeit (von 1 Jahre) geben kann, wie die meinige.

Die Beobachtung des H[er]rn SCHÜBLER in Stuttgardt würde sehr interessant sein, obwohl ich mit Ihnen ihre Zuverlässigkeit zu bezweifeln noch geneigt sein möchte. Ich bin überaus begierig auf Ihre Erklärung durch 4 magnetische Pole der Erde. Zu meiner grossen Beschämung muss ich indess bekennen, dass ich selbst nicht einsehe, wie man durch Zusammensetzung zweier Nadeln (vorausgesetzt, dass sie Eine gerade Linie bilden) jede Declination hervorbringen kann; ich begreife wohl, dass eine solche Nadel weniger magnetische Intensität haben, also langsamere Schwingungen machen muss, aber woher eine andere Inclination oder Declination erfolgen müsse, ist mir nicht recht klar. Da Sie jetzt an der Quelle unserer bewährtesten Kenntnisse von der Richtung der Magnetnadel sind, so würden Sie mich unendlich verpflichten, wenn Sie mir eine Anzahl **vollständiger** und recht zuverlässiger, ungefähr gleichzeitiger Bestimmungen an sehr voneinander entlegenen Punkten der Erde durch H[er]rn v. HUMBOLDT oder BIOT verschaffen könnten, wäre es auch nur ein halbes Dutzend. Aber Vollständigkeit (Decl[ination] u[nd] Inclination zugleich) ist die Hauptsache. Ich habe einige besondere Ideen über diesen Gegenstand, die ich auf diese Weise gern prüfen möchte, aber das Zusammensuchen würde mir erst sehr viele Arbeit kosten. Wird denn die schon so lange versprochene Arbeit von BIOT über diesen Gegenstand nicht bald erscheinen, oder ist sie vielleicht schon erschienen?

Wenn Sie sich gelegentlich einmal nach der Bewegung u[nd] hauptsächlich nach dem Verschluss der Drehdächer auf den Sternwarten in Paris umsehen wollen, so erzeigen Sie uns damit eine sehr grosse Gefälligkeit.

Über den Kometen, den H[er]r BOUVARD entdeckt haben soll, weiss ich noch nichts näheres, wir haben hier einige Nächte im Luchs herumgesucht, ohne etwas zu finden.

<u>Vom 11. Sept.</u>

Durch einen Zufall war die Absendung des Vorstehenden nach Paris einige Tage verschoben, was mir jetzt sehr lieb ist, nachdem ich Ihren Brief aus Bremen so eben erhalten habe. Meinen herzlichen Glückwunsch zu Ihrer Zurückkunft. Dass Sie nicht über Göttingen haben zurückreisen können, bedaure ich jetzt um so mehr, da ich LINDENAU, der auch seit kurzem von seiner Reise zurück ist und mich sehr angelegentlich zu einem Besuche nach Gotha eingeladen hatte, bereits vor Empfang Ihres Briefes zugesagt hatte und also diesmal wieder Ihre gütige Erlaubniss, Sie in Bremen zu besuchen, nicht benutzen kann. Sind nächste Ostern keine dringenden Abhaltungen, so behalte ich mir diesen Besuch auf die Frühlingsferien vor, die dann glücklicherweise schon in eine angenehme Jahrszeit fallen.

Den 8. Sept[ember] habe ich auch, nachdem ich durch LINDENAU von der Bewegung des Kometen etwas näheres erfahren hatte, diesen zum erstenmale beobachtet. Indess ist diese Beobachtung noch nicht reducirt, was nothwendig mit Rücksicht auf Refraction geschehen muss. Ungefähr war

Sept. 8. $15^h 40'$ AR. $128^0 13'$ D. $+14^0 55'$.

Ich werde wol die Beobachtungen meistens andern überlassen, da er zu einer gar zu unbequemen Zeit sichtbar ist, zumal für einen Astronomen, der nicht in seiner Sternwarte selbst wohnt. Eine einzige Beobachtung kostet mich einen ganzen Tag, da ich in Abwesenheit meiner geübtesten Schüler alle Reductionen selbst machen muss.

Das Blatt von den G[öttinger] G[elehrten] Anzeigen[*)] lege ich zwar noch bei, es wird Ihnen aber jetzt überflüssig sein, da eine umständlichere Nachricht bereits im August Heft der M[onatlichen] C[orrespondenz**)] abgedruckt ist. H[er]r Dr. GERLING, dessen Probeschrift über die bei uns ringförmige ⊙finsternis von 1820 jetzt abgedruckt ist[***)], kommt als Lehrer der Mathematik an das Lyceum zu Cassel und wird diese Stelle auf Michaelis antreten.

Ich muss eilig schliessen, da der König noch heute Morgen hier ankommt. Leben Sie wohl, verehrtester theuerster Freund, und erfreuen bald wieder mit einem Briefe

Ihren ganz eigenen

C. F. GAUSS.

[*) Werke VI, S. 356—357.]

[**) Werke VI, S. 354—356.]

[***) CHR. L. GERLING, *Methodi proiectionis orthographicae usum ad calculos parallacticos facilitandos explicavit* . . ., Göttingen, 1812.]

BEMERKUNG.

Die Handschrift des vorstehend unter [1.] abgedruckten Briefes wurde im Jahre 1921 durch D. GRAWE und seinen Assistenten A. A. KARAMISCHEW in einem Buche der Bibliothek der Kiewer Sternwarte aufgefunden. Den Kern dieser Bibliothek bildet eine Sammlung von Büchern, die aus dem Nachlass von OLBERS stammen und von den Erben an die Sternwarte zu Kiew verkauft worden sind. GRAWE hat den Brief in dem in Odessa erscheinenden *Journal für reine und angewandte Wissenschaft, Abteilung für die physikalischen, mathematischen und technischen Wissenschaften,* Band I, Heft 1, 1921, S. 3, 4 zuerst veröffentlicht. — Die Handschriften der Briefe [2.] bis [6.] wurden im Mai 1925 durch Frau Professor SATTLER geb. FOCKE, eine Ururenkelin von OLBERS, in einer bis dahin verschlossen gewesenen kleinen Brieftasche unter Familienpapieren aufgefunden und durch Vermittlung von Dr. H. SCHNEIDER (damals Direktor der Landesbibliothek zu Wolfenbüttel) von Frau SATTLER der Universitätsbibliothek zu Göttingen geschenkt. — In der SCHILLING-KRAMERschen Ausgabe des Briefwechsels GAUSS-OLBERS (W. OLBERS, *Sein Leben und seine Werke,* Band II, 1, 2 fehlen die vorstehenden 6 Briefe im Bande II, 1 an folgenden Stellen: 1. auf S. 466 zwischen den Nrn. 239 und 240; 2. auf S. 496 zwischen den Nrn. 256 und 257; 3. auf S. 500 zwischen den Nrn. 258 und 259; 4. auf S. 502 zwischen den Nrn. 259 und 260; 5. auf S. 504 zwischen den Nrn. 260 und 261; 6. auf S. 510 zwischen den Nrn. 263 und 264.

Die Mitteilungen über GAUSS' Berechnung der Störungen der Pallas in den vorstehenden Briefen befinden sich in voller Übereinstimmung mit den aus dem Nachlass im VII. Band der Werke ausführlich zusammengestellten Rechnungen und Ergebnissen. Im besonderen bestätigt sich, nach dem Briefe vom 31. März 1812 (S. 243), die in Band VII (S. 604) abgedruckte Überschlagsrechnung über das rationale Verhältnis der mittleren Bewegungen von Jupiter und Pallas, über die weitere Untersuchungen von GAUSS nicht vorliegen.

BRENDEL, SCHLESINGER.

IV. Zum Briefwechsel Gauss-Schumacher.

[1.]

GAUSS an SCHUMACHER. Göttingen, 3. November 1823.

Nr. 189a.

Nur mit zwei Worten zeige ich Ihnen heute nochmals an, theuerster Freund, dass ich unter dem heutigen Dato einen Wechsel auf 4^{m}/M. Gold a vista zahlbar an die Ordre des H[er]rn Archivraths G. KESTNER in Hannover*) zahlbar ausgestellt habe, und bitte nochmals um Entschuldigung, dass ich Ihnen dadurch bis zum Empfang des Geldes für die Medaille einen kleinen Vorschuss zugemuthet habe.

Ganz der Ihrige

Göttingen 3. Nov. 1823. C. F. GAUSS.

[2.]

GAUSS an SCHUMACHER. Göttingen, 23. December 1824.

Nr. 228a.

Seit langer Zeit habe ich keine so betrübte Überraschung gehabt, wie vorgestern Abend durch den jungen KLAUSEN. Er wurde mir angemeldet als ein Fremder, der mich allein zu sprechen verlange. Er meldete mir, er sei von Ihnen entlassen, wisse gar nicht, was er anfangen solle, und sei nach Göttingen gekommen, meinen Rath zu erhalten. Meine erste Frage betraf natürlich die Ursache seiner Entlassung; er gestand dann, dass er das Unglück gehabt habe, das FORTINsche Barometer zu zerbrechen. Allein so empfindlich dieser Verlust Ihnen auch sein muss, so war ich doch überzeugt, dass

*) ein Sohn von Werthers Lotte.

dies unmöglich die einzige Ursache sein konnte, und drang also in ihn, vollkommen aufrichtig und vollständig mir alles zu sagen, da ich sonst gar nicht rathen könne. Er bekannte dann ein Paar Vorfälle mit Prof. HANSTEEN, die freilich verriethen, dass er wol oft seine Stellung vergessen und bei seinem gänzlichen Mangel an Weltbildung und Lebensart Ihnen wol manche harte Gedultsprobe aufgelegt haben mag. Übrigens aber meinte er, sei er sich nicht bewusst, jemals etwas Schlechtes gethan zu haben. Von Ihren Verdiensten um ihn sprach er dagegen mit dankbarer Rührung.

Da ich gar keine Möglichkeit sah, wie er auf längere Dauer hier seine Subsistenz hätte finden können, so schien es mir nicht rathsam zu veranlassen, dass er so lange hier bliebe, bis auf einen Brief an Sie eine Antwort einlaufen könnte. Als ich aber diesen Punkt auch nur zu berühren anfing, erklärte er, dass dies gar nicht seine Meinung sei, vielmehr wolle er auf der Stelle wieder zurück; es sei sein sehnlichster Wunsch, nur Ihre Gewogenheit wieder zu gewinnen, und dass er in seiner Rathlosigkeit mich nur um mein Fürwort hätte bitten wollen.

Nachdem ich diese Umstände überlegt hatte, sagte ich ihm, dass wenn seine Erzählung aufrichtig gewesen sei, ich hoffe, sein Fall würde nicht beyond redress sein, und dass ich ihm verspreche, meine Bitte mit der seinigen zu vereinigen. Zugleich aber schärfte ich ihm auf das Nachdrücklichste ein, dass er gewiss nicht auf die Dauer auf die Erneuerung Ihres Wohlwollens rechnen könne, wenn er in Zukunft nicht sich zusammennähme und über sich wachte, jenes immer zu verdienen u[nd] seine Stellung nie aus den Augen zu setzen. Dies hat er mir denn auch angelobt, indem er selbst bemerkte, wie sehr er fühle, dass schon die Dankbarkeit ihn dazu verpflichte, und er ist abgereiset u[nd] wird sich wol bald nach Eingang dieses Briefes Ihnen vorstellen, um sein Urtheil zu empfangen. Ich habe Ihnen alles erzählt, was ich selbst weiss. Da ich ihn in Apensen und hier nur eine so kurze Zeit gesehen habe, so kann ich natürlich über ihn nicht so gründlich urtheilen, wie Sie selbst, doch vielleicht in so fern unbefangener, als Sie wol oft durch seinen Mangel an Bildung zu leiden gehabt haben und ich nicht. Mir schien er ein argloses ungebildetes Naturkind zu sein, auch hat er mir gar keine Spur von Arroganz und Dünkel gezeigt. Dass er ausgezeichnete Talente hat, darüber sind wir beide einig. Ob er damit Charakter[-]Energie verbindet, werden Sie am besten wissen.

Lieber SCHUMACHER! Sie haben sich bisher seiner wahrhaft väterlich angenommen, ist es also möglich, so lassen Sie ihn nicht sinken. Ohne Ihren Beistand möchten seine Anlagen für die Wissenschaft wol ganz verloren gehen.

Indessen, wenn Sie, wie ich hoffe, ihn auch jetzt wieder annehmen, so bin ich doch in Sorge, was einmahl künftig aus ihm werden soll. Die Geschichte mit dem Barometer, die vielleicht nicht die einzige ist, lässt mich fürchten, dass es ihm an Geschick für praktische Astronomie fehlt. Diese aber u[nd] der Lehrstand sind ja jetzt in Europa fast das Einzige, wie ein Mathematiker, der keine eignen Mittel hat, seine Subsistenz sichern kann. Sie wissen, wie unsre Akademien jetzt beschaffen sind, u[nd] nur wenn er etwas ganz Eminentes leistete, wäre einige Hoffnung, dass er einmahl in einer Akademie eine Versorgung finde, und selbst dann ist 99 gegen 1 zu wetten, dass das nicht glückt. Ob er nun einmahl ein Professoramt bekleiden kann, weiss ich nicht; Sie werden dies besser beurtheilen können. Fürchten Sie aber, dass er auch dazu sich nicht eignet, so weiss ich nicht, ob er nicht am besten thäte, irgend einen andern Beruf zu erwählen, z. B. als Militär oder sonst, und dann seine Musse nach Gefallen der Mathematik widmete. In der That, wenn man einmahl einen Brotberuf dabei nöthig hat, so ist es ziemlich einerlei, welcher es ist, ob man Anfängern das abc der Wissenschaften vorträgt, oder Schuhe macht. Die Frage bleibt eigentlich nur, bei welcher Arbeit man die meiste und sorgenfreieste Zeit übrig behält.

Nur das Eine will ich noch hinzusetzen, dass wenn Züchtigung Besserung hervorbringen kann, die 2 oder 3 für ihn gewiss sehr harten Wochen ihm auf immer eine Lection sein werden.

Um heute die Post nicht zu verfehlen, muss ich schliessen und kann nur noch weniges hinzufügen. Meinen letzten Brief haben Sie hoffentlich erhalten. Ihre Kinder haben, hoffe ich, damals die Masern glücklich überstanden. Jetzt ist mein 2-ter Sohn davon befallen, u[nd] es steht zu erwarten, dass auch meine beiden jüngsten Kinder sie bekommen. Am meisten beunruhigt mich der Umstand, dass auch meine Frau sie noch nicht gehabt hat.

Es ist nun entschieden, dass ich nicht nach Berlin gehe. Mehr davon ein andermahl

von Ihrem stets treu ergebenen

Göttingen den 23. Dezember 1824. C. F. G.

[3.]

GAUSS an SCHUMACHER. Varrel, 23 Jun[ius] 1825.

Nr. 253a.

Zu meinem Verdruss bemerke ich erst jetzt, mein theuerster Freund, dass ich Ihnen die Richtung von Neuwerk nach Langwarden ganz unrichtig angegeben habe. Ich hatte die Azimuthe in Beziehung auf eine Parallele mit dem Göttinger Meridian angesetzt:

159.6 Langwarden
191.3 Eiderstedt
263.50 Marne
351.48 Bremerlehe

und daraus Ihnen die Richtungen vermuthlich in folgender Form angegeben:

0 Langwarden
31.57 Eiderstedt — immer von der linken
104.44 Marne — zur rechten zählend
192.42 Bremerlehe.

Allein das Azimuth von Langwarden ist durch Versehen ganz unrichtig und [es] soll[t]e das Complement zu 180^0 stehen, also

20.54 Langwarden
191.3 Eiderstedt
263.50 Marne
351.48 Bremerlehe.

Also, von Langwarden aus gezählt sollte sein:

0 Langwarden
170.9 Eiderstedt
242.56 Marne
330.54 Bremerlehe.

Das Wetter ist mir hier erstaunlich ungünstig; in den 3 Tagen seit meinem letzten Briefe habe ich für die Hauptwinkel nicht das allergeringste machen können. Vor dem 27. kann ich also nicht in Langwarden sein, und dann auch nur in dem Fall, wenn von jetzt an das Wetter gut wird. Die Nächte sind oft hell und die Vormittage, wo aber nichts gescheites zu sehn ist, die Nachmittage aber fast beständig trübe.

Mit meinem Befinden noch wenig besser. Dass es Ihnen besser gehe wünscht herzlich Ihr ganz eigener

C. F. G.

[4.]

GAUSS an SCHUMACHER. Ohne Datum, etwa 20. Januar 1830.

Nr. 374a.

Anliegend übersende ich Ihnen, mein theuerster Freund, denn auch das Blatt, welches mir TYCHSEN über die Inschrift auf dem Armbande zugestellt hat. Es ist ganz unnöthig, das Armband selbst zu sehen, da Ihre Versicherung, dass die Copie mit Genauigkeit gemacht ist, zureicht. Ich weiss hier in Göttingen keinen andern Orientalisten, von dem eine Entzif[f]erung erwartet werden konnte.

Recht sehr danke ich für die gefällige Übersendung der Cambridge-Probleme und des Microscops[*)]. Bis jetzt habe ich mit letzterm keinen ordentlichen Versuch anstellen können, da ich theils in der letzten Zeit sehr mit Geschäften überhäuft gewesen bin, theils das Wetter immer sehr trübe gewesen ist. Dem letztern Umstande schreibe ichs zu, dass ich bei einem Versuche (an dem Tage, wo ich es empfing u[nd] wo es auch schon sich der Dämmerung etwas näherte) keine Bewegung der Theilchen bemerken konnte. Beim ersten kräftigen Tageslichte will ich aber den Versuch wiederhohlen.

Es ist mir sehr lieb, dass Sie Ihre Messungen bis an den Sund ausdehnen wollen. Damit wir uns in Beziehung auf Ihre Fragen meine Methode betreffend verstehen, muss ich bemerken, dass ich meine Hauptdreiecke auf zwei unter sich ganz und gar verschiedene Arten berechnet habe, die mir beide eigenthümlich sind, die eine wenigstens rücksichtlich der Rechnungsmethoden, die andere auch ihrem ganzen Wesen nach. Es handelt sich nemlich von der Frage, wie man die eigentlichen Resultate der Messungen darstellen soll, d. i. durch was für zwei Grössen man den Platz eines jeden vorkommenden Punkts ausdrücken soll. Es liesse sich hier eine grosse Mannigfaltigkeit von Arten angeben, die alle ihren besondern Werth haben, so dass zu einem Zweck diese,

[*) Vergl. SCHUMACHER an GAUSS vom 30. Dezember 1829 und 5. Januar 1830, Werke XI, 1, S. 53, 54; es handelte sich um ein Mikroskop zur Sichtbarmachung der BROWNschen Molekularbewegungen.]

zu einem andern eine andere vortheilhafter sein kann. Die zwei Arten, die ich bei meinen Dreiecken vollständig durchgeführt habe, sind

I) Darstellung eines jeden Punktes durch seine Länge und Breite,

II) Darstellung eines jeden Punktes durch zwei Zahlen x, y, die als Coordinaten in plano aufgetragen, eine in den kleinsten Theilen dem Original ähnliche Figur geben. — Diese letztere Bedingung lässt sich bekanntlich auf unendlich viele Arten erfüllen. Für meine Zwecke war es am meisten angemessen, die Willkür so zu bestimmen, dass Ein gegebener Meridian 1) durch eine gerade Linie und 2) nach seiner ganzen Länge in einerlei Maassstab dargestellt werden soll. Unter andern Umständen würde ich eine andere Auflösung gewählt haben.

Was nun Sie betrifft, so hängt die Frage, ob es vortheilhafter für Sie ist I und II zu wählen (falls Sie nemlich nicht beide anwenden wollen), davon ab,

ob Sie es bloss mit den Hauptdreieckspunkten zu thun haben und jedenfalls von allen diesen Punkten Länge und Breite haben wollen,

oder ob sie es bloss mit den Hauptdreieckspunkten zu thun haben, aber bloss Längen und Breiten eines Theils derselben ein Interesse haben, z. B. der letzten,

oder ob sie es auch noch mit manchen anderen Punkten zu thun haben, an deren Länge und Breite Ihnen gar nichts gelegen ist.

Im ersten Fall wäre die Methode I allein anzurathen und es wäre thöricht, Nro II anzuwenden.

Im zweiten Fall wird es ziemlich gleichgültig sein, welche von beiden Sie wählen, und im dritten wird die Methode II um so entschiedener den Vorzug haben, je grösser die Anzahl der Punkte ist, an deren Länge und Breite Ihnen nichts gelegen ist.

Die Behandlung der Messungen nach der Methode II ist fast eben so leicht, als ob alles wirklich in Einem Plano wäre, insofern jene sich nicht gar zu weit von dem Fundamental[-]Meridian nach Ost oder West erstrecken. Wird der Göttingen-Altonasche Meridian gewählt, so liegt Copenhagen noch nicht zu weit östlich (circa 166000 Meter) (meine westlichsten, Bentheim etc., liegen weiter, ohne dass die Rechnung aufgehört hätte, bequem zu sein). Die Modificationen beruhen auf sehr einfachen Formeln, die ich Ihnen demnächst gern mittheilen werde. Eben so ist auch die Berechnung der Länge u[nd] Breite eines Orts und des Winkels, welchen dessen wirklicher Meridian mit der Abscissenlinie macht, aus den Coordinaten, so wie die Berechnung der wirklichen Länge einer Dreiecksseite (die in der Darstellung (unvermeidlich) immer desto mehr vergrössert wird, je mehr man sich vom Grundmeridian entfernt) nach meinen Methoden ganz leicht, sobald man die erforderlichen Hülfstafeln*) construirt hat. Ich habe dergleichen für Walbecks Abplattung zu meinem Gebrauch berechnet und berechnen lassen, werde sie aber mit der Zeit für Schmidts neueste Abplattung umarbeiten.

Eben so gehören auch zu meiner Methode I einige Hülfstafeln, von denen das vorige gilt. Allein ich muss zugleich bemerken, dass diese Hülfstafeln in ihrer Ausdehnung nur in so fern nöthig sind, als man geodätische Messungen aus meinem Gesichtspunkte betrachtet. Ich sehe nemlich als Ideal-Ziel an, dass die gegenseitige Lage so genau dargestellt werden soll, als es nur heut zu Tage der Zustand der Kunst verstattet, in so fern ist aber bei Länge und Breite die Rücksicht auf diejenige Genauigkeit, die man durch astronomische Beobachtung erreichen kann, eine völlige Verrückung des Gesichtspunktes, und gibt einen ganz falschen Maassstab. Der Astronom ist zufrieden, wenn er Breite auf 1″ höchstens 0″5, Länge auf 3″—5″ bestimmen kann, weiter gehn seine Mittel nicht. Das wäre aber eine Barbarei bei dem Geodäten. Mein Princip ist, wenn Längen und Breiten zur Darstellung der Plätze gewählt sind, so müssen diese so scharf berechnet werden, dass man aus ihnen wieder rückwerts die Messungen wenigstens eben so genau berechnen könnte, als sie angestellt sind. Also z. B. aus Länge und Breite $\lambda, \beta; \lambda', \beta'; \lambda'', \beta''$ von drei Plätzen, etwa so weit von einander entfernt, wie die kleinern Seiten in grossen Dreieckssystemen zu sein pflegen, soll man rückwerts wieder die Winkel des Dreiecks wenigstens auf eine halbe oder viertel Secunde genau berechnen können. Zu dem Zweck aber müssen Längen und Breiten wenigstens auf 3 bis 4 Decimalen genau mit Sicherheit berechnet werden können;

*) die bloss von der Abplattung abhängen, d. i. nicht mit von der absoluten Grösse des Erdsphäroids.

wenigstens erfordert die Würde der Theorie, dass die Mittel dazu vorhanden sind (und wo möglich mit Leichtigkeit angewandt werden können). Das leisten meine Methoden*); wer sich aber mit einer Decimale in Länge und Breite begnügen will**), wird aller oder der meisten solcher Hülfstafeln ganz entbehren können.

Besitzt man die Resultate in der Form II, so ist von der Projectionsart einer Carte natürlich keine Frage mehr; man hat die Data unmittelbar, und braucht nur etwa noch die Coordinaten von einem Dutzend Kreuzungspunkten des Längen und Breitennetzes zu haben, die sich leicht berechnen lassen (wieder mit Hülfstafeln, wenn es sehr scharf sein soll). Hat man aber die Resultate in der Form I, so wird man eine beliebige Projection wählen; im Allgemeinen ist die Stereographische jeder andern vorzuziehen; aber bei einer kleinen Fläche werden alle Projectionen die homöomör sind (in den kleinsten Theilen ähnlich) auf dem Papier sich gar nicht von einander unterscheiden.

Stets und ganz
der Ihrige
C. F. G.

P. S. Noch eine Anfrage: Vor einigen Tagen war einer Namens Dunker aus Hamburg bei mir u[nd] berief sich auf eine Empfehlung, die Sie mir seinethalben geschrieben hätten. Ich erinnere mich einer solchen nicht. Was ist an diesem Dunker?

[5.]

Gauss an Schumacher. Göttingen, 3. September 1830.

Nr. 383a.

Theuerster Schumacher.

Ich eile Ihnen anzuzeigen, dass der Aufenthalt meines Sohnes entdeckt ist. Er ist in Nienburg. Er ist nicht ganz so tief gesunken, wie Sie viel-

---

*) D. i. der Gebrauch ist immer leicht, aber die ächte Ableitung der Formeln beruhet grossentheils auf sehr subtilen Untersuchungen.

**) oder mit einer Genauigkeit nicht viel grösser als die der sonst üblichen Methoden.

leicht aus meinem Briefe schliessen konnten; allein seine Existenz in Europa ist verscherzt, gründliche Besserung ist nur möglich, wenn er in fremdem Welttheile ohne den Rückhalt der Hoffnung, dass ich mich seiner weiter annehmen werde, bloss auf sein eigenes Betragen angewiesen ist.

Ich bin im Begriff, ihn selbst nach Bremen zu bringen, als dem nächsten Orte, wo ich eine baldige Überfahrt nach Nordamerika, gleichviel nach welchem Orte, für ihn hoffen kann. Ich würde vielleicht gleich nach Hamburg mit ihm gegangen sein, wo solche Gelegenheiten ohne Zweifel noch häufiger sind, wenn ich nicht ängstlich gewesen wäre, dass Sie vielleicht gar nicht mehr dort oder in der Nothwendigkeit sein könnten, bald abzureisen, und ohne Ihre kräftige Mitwirkung und Rath würde ich in Hamburg ganz verlassen gewesen sein. Immer aber bitte ich Sie, eventualiter auf den Fall, dass in Bremen Gelegenheiten der Art gar zu selten sein sollten, sich in Hamburg nach dem Erforderlichen umzuhören. Sehr wichtig würde mir, insofern ich Auswahl hätte, auch die Persönlichkeit des Kapitains oder der sonstigen Schiffsgesellschaft sein — doch wozu das Einzelne! Sie denken sich vielleicht in meine Lage und die obwaltenden Bedürfnisse hinein. Wenn Sie mir schreiben, so adressieren Sie an OLBERS.

Mit zerrissenem Herzen

der Ihrige

den 3. September 1830. G.

[6.]

GAUSS an SCHUMACHER. Göttingen, 6. Mai 1836.

Nr. 533a.

Von Herrn PETERS habe ich heute, mein theuerster Freund, die magnetischen Probebeobachtungen erhalten.

Ich sehe, dass diese darin bestehen: dass immer sechs mahl von 20″ zu 20″ der Stand aufgezeichnet, dann aus allen das Mittel genommen und als der für das Mittel der Zeiten giltige Stand betrachtet ist.

Weitere, zur Sache nöthige Erklärungen sind nicht beigefügt.

Dieses Verfahren ist aber schlechthin unzulässig.

1) Das Beobachten von 20″ zu 20″ ist nur dann erlaubt, wenn wirklich

die Schwingungsdauer der Nadel 20″ oder nur einige Zehntel einer Secunde davon verschieden ist.

Die Schwingungsdauer hat aber H[err] PETERS gar nicht mitgetheilt.

Früher war sie, wie ich mich erinnere, viel kleiner und es ist nicht wahrscheinlich, dass sie so viel zugenommen hat. Auch finde ich bei näherer Discussion der Beob[achtungen] innere Gründe genug, um durchaus nicht für glaublich zu halten, das 20″ die Schwingungsdauer ist.

Das Aufzeichnen in Intervallen, die von der Schwingungsdauer erheblich verschieden sind, gibt aber Resultate, die schlechterdings unbrauchbar sind.

Mit der wenigstens ziemlich scharfen Bestimmung der Schwingungsdauer muss, ehe irgend sonst etwas geschehen kann, der Anfang gemacht werden. Es versteht sich von selbst, dass man zu diesem Zweck die Nadel grosse Schwingungen machen lassen und die Vorübergänge vor einem, nahe bei der Mitte des Bogens liegenden Theilstrich beobachten muss. Die Behandlung ist dann diese: Wären solche Vorübergänge z. B.

a steigend	so würde, Beobachtung als absolut genau betrachtet,	
b fallend	$\frac{1}{2}(a+b)$	
a' steigend	$\frac{1}{2}(b+a')$	in arithmetischer Progession
b' fallend	$\frac{1}{2}(a'+b')$	fortgehen, deren Differenz die
a'' steigend	$\frac{1}{2}(b'+a'')$	verlangte Schwingungsdauer ist.
etc.	etc.	

Aus dem ersten halben Dutzend sucht man aber nur den genäherten Werth, überlässt dann die Nadel sich selbst, geht nach $\frac{1}{4}$ oder $\frac{1}{2}$ Stunde wieder dabei, macht ähnliche Aufzeichnungen, deren Resultate man dann leicht an die ersten anknüpfen, d. i. beurtheilen kann, wieviel Schwingungen dazwischen gewesen, woraus sich dann die Dauer Einer Schwingung schärfer ergibt.

Ist θ die Schwingungsdauer, oder vielmehr die nächste runde Zahl an Secunden oder Uhrschlägen (wenn man nicht an einer Secunden Uhr beobachtet), so sind zu den Terminsbeob[achtungen], die zur Bestimmung des Standes für die Zeit T dienen sollen, die Aufzeichnungen in den Momenten

$T-\frac{5}{2}\theta$		α	
$T-\frac{3}{2}\theta$	anzustellen,	β	
$T-\frac{1}{2}\theta$	welche Scalen-	γ	bezeichnen will.
$T+\frac{1}{2}\theta$		δ	
$T+\frac{3}{2}\theta$	theile ich mit	ε	
$T+\frac{5}{2}\theta$		ζ	

2) Müssen aber auch diese Aufzeichnungen selbst anders behandelt werden. Man setzt nämlich

$$\begin{aligned} \tfrac{1}{2}(\alpha+\beta) &= p \\ \tfrac{1}{2}(\beta+\gamma) &= q \\ \tfrac{1}{2}(\gamma+\delta) &= r \\ \tfrac{1}{2}(\delta+\varepsilon) &= s \\ \tfrac{1}{2}(\varepsilon+\zeta) &= t \end{aligned}$$

und hat dann das Endresultat

$$= \frac{p+q+r+s+t}{5}.$$

Die partiellen Mittel p, q, r, s, t dürfen, ausserordentliche Fälle abgerechnet, von einander nicht mehr als einige Zehntel differiren, sonst hat man schlecht beobachtet.

Wenn ich die eingesandten Beob[achtungen] auf diese Art behandle, so zeigen sich zuweilen enorme Differenzen, z. B. von $10^h 15' 43'' \ldots 10^h 17' 23''$

$$\begin{aligned} 441.0 &= \alpha \\ 477.0 &= \beta \\ 441.5 &= \gamma \\ 474.8 &= \delta \\ 455.3 &= \varepsilon \\ 479.0 &= \zeta \end{aligned} \qquad \begin{aligned} 459.0 &= p \\ 459.25 &= q \\ 458.15 &= r \\ 465.05 &= s \\ 467.15 &= t\text{[*)]} \end{aligned}$$

Man kann bei so ungeheuren Differenzen wie hier zwischen r und t (falls nicht grobe Schreibfehler gemacht sind) kaum zweifeln. dass 20″ nicht die rechte Schwingungsdauer gewesen.

[*) In der Handschrift ist die Zahl für ε in 435.3, die für s in 455.05 und die für t in 457.65 mit Bleistift korrigiert und an den Rand, ebenfalls mit Bleistift, eine zusammenfassende Klammer mit der Zahl 457.82 geschrieben. Diese Bleistiftzahlen scheinen von SCHUMACHERS Hand herzurühren.]

Sehen Sie, wie die nahe gleichzeitigen Beobachtungen für das Moment quaest[ionis] hier harmoniren. Ich sage nahe gleichzeitigen Beobachtungen, insofern der Stand der Uhr $-1'27''96 \ldots 1'21''32$ [war], was ich so verstehe, dass die Uhr zu wenig gezeigt hat.

Göttingen für 10^h 18.

$$\left.\begin{array}{l} p = 651.50 \\ q = 651.35 \\ r = 651.15 \\ s = 651.25 \\ t = 651.25 \end{array}\right\} \text{Mittel } 651.30$$

Eine Abschrift aller hiesigen Resultate machen zu lassen, wäre diesmahl ganz unnöthig*), da die dortigen Beob[achtungen], wenn eine falsche Schwingungsdauer zum Grunde liegt, als nicht vorhanden angesehen werden müssen, da sich gar nichts daraus schliessen lässt.

Es ist endlich auch dafür zu sorgen, dass die Nadel keine so sehr grossen Schwingungen macht, wie in dem angeführten Beispiel. 36 Scalentheile ist weit über dem erlaubten. Kommen durch Zufälle grössere Schwingungen in die Nadel, so muss solc heerst mit einem Hilfsstabe beruhiget werden. Dies ist aber allerdings eine Kunst, die gelernt sein will, und sich nicht in einem kurzen Briefe entwickeln lässt. Ich brauche dazu bei meinen mündlichen Vorträgen immer ein Paar Stunden. Stets der Ihrige

Göttingen, den 6. Mai 1836. C. F. Gauss.

Äusserst eilig.

[7.]

Schumacher an Gauss. Altona, 22. September 1836.

Zu Nr. 564, [Briefwechsel, Band III, S. 123, Nachschrift.]

{Rümcker schickt mir eben ein artiges Problem, welches ich nicht kannte. Ist es sonst schon bekannt?

---

*) Ich lege doch noch die eben von Dr. Goldschmidt erhaltene Abschrift des Extracts bei.

Es ist eine Ellipse und in ihrer Ebene ein Punkt ausserhalb gegeben. Aus dem Punkte Tangenten an die Ellipse zu ziehen, ohne einen Zirkel zu gebrauchen

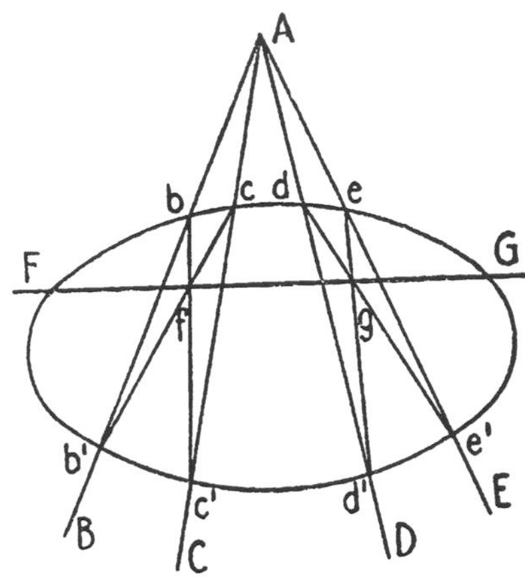

A sei der Punkt, man ziehe 4 beliebige, die Ellipse schneidende Linien durch den Punkt A

$$AB,\ AC,\ AD,\ AE,$$

verbinde dann die Punkte $bc' - b'c - de' - d'e$ mit Linien, die sich in f, g schneiden. Eine Linie durch f, g gezogen schneidet die Ellipse in den gesuchten Berührungspunkten F, G. Ich möchte glauben, dass es von ihm selbst wäre; denn offenbar hat er eine Linie zuviel gezogen und kann mit 3 Linien durch A, welche die Ellipse schneiden, ausreichen.}

[8.]

GAUSS an SCHUMACHER. Göttingen 28. September 1836.

Nr. 564a.

Für die Mittheilung des artigen RÜMCKERschen Satzes danke ich ergebenst, ich erinnere mich nicht, ihn sonst wo gelesen zu haben.

Sie bemerken mit Recht, dass R[ÜMCKER] zu viel Linien zieht, und dass man anstatt mit 4 Linien, mit dreien ausreiche.

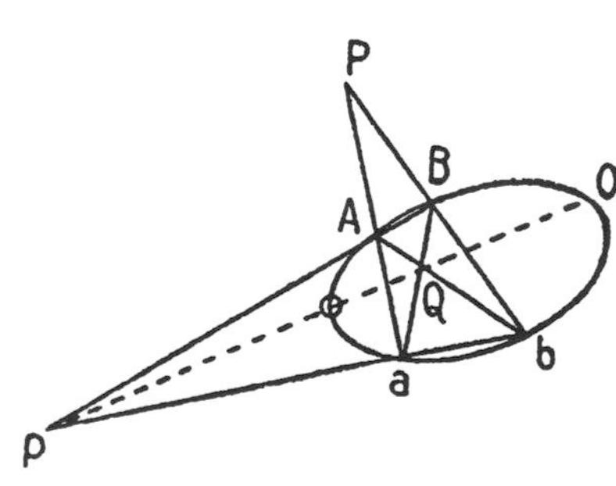

Ich bemerke dazu noch, dass auch das noch zuviel ist und dass man mit zweien ausreicht. Sind diese PAa und PBb, ferner p der Durchschnitt von AB und ab, Q der Durchschnitt von Ab und Ba, so sind o, O (die Durchschnitte der Ellipse mit PQ) die gesuchten Punkte.

Mit herzlichen Grüssen

Göttingen 28. September 1836. G.

[9.]

SCHUMACHER an GAUSS. Altona, 5. Januar 1838.

Zu Nr. 603, [Briefwechsel, Band III, S. 191 am Anfang ist einzufügen:]

{Ich war grade bei dem Empfange Ihres letzten Briefes, mein theuerster Freund, im Begriff einen Brief an Herrn v. HUMBOLDT zu senden, mit dem ich jetzt wegen einer unangenehmen Streitsache in Correspondenz bin, habe aber den Brief nach reiferer Überlegung cassirt und von neuem geschrieben. Dies hat meine Antwort an Sie verzögert. Die Streitsache betrifft BESSEL und ENCKE. Der letzte hat gegen den ersten seit einiger Zeit sein Betragen auf eine auffallende Art verändert. Sie wissen, dass er seine Anstellung in Berlin hauptsächlich BESSELN verdankt. Er verdankt ihm noch mehr, denn ich war bei meiner vorletzten Anwesenheit in Berlin selbst bei einer Unterredung zugegen, in der BESSEL den damaligen Plan, ARGELANDERN mit ENCKE vereint an der Berliner Sternwarte anzustellen (den einen für Beob[achtungen], den andern für Rechnungen) auf das heftigste bestritt und darauf drang, dass ENCKE allein die Direction haben müsse. Dem ohnerachtet behauptet ENCKE, BESSEL habe ARGELANDERN an der Berliner Sternwarte anbringen wollen, er wolle ihn (ENCKEN) unterdrücken, behandele ihn mit Superiorität u. s. w. Da Sie BESSEL kennen, so werden Sie leicht einsehen, dass ENCKE sich irrt. Superiorität ist allerdings auf BESSELS Seite, aber die Sucht, sie fühlen zu lassen, hat BESSEL gewiss nicht. Der eigentliche Grund mag wohl darin liegen, dass BESSEL die Nothwendigkeit eines Fluidums im Weltraume (Herr v. HUMBOLDT nennt dies Fluidum sehr treffend ENCKES Lebens-Fluidum) nicht anerkennt und die Erscheinungen auch aus andern Gründen erklären zu können glaubt, ohngefähr wie Sie mir einmal sagten, DANGOS Cometenbeob[achtungen] liessen sich gegen ENCKES Behauptung, dass er sich in der Kennziffer eines Logarithms geirrt habe, vertheidigen[*)]. Bisher blieben die Äusserungen dieser Verstimmung nur in Privatbriefen und Privatmittheilungen, jetzt hat ENCKE aber im Jahrbuch für 1839[**)] BESSEL öffentlich angegriffen, und behauptet, eine ihm von BESSEL mitgetheilte Erklärung des Mangels an Festigkeit der REPSOLDschen Passageninstrumente (dieser Mangel an Festigkeit lag nicht in

[*) Vergl. oben Nr. 37, S. 172ff.]

[**) Astronomisches Jahrbuch für 1839, Berlin 1837, S. 269.]

dem Instrumente, sondern in der Art, wie BESSEL es aufstellte und verschwand als er sein früheres Verfahren änderte) scheine ihm inneren Widerspruch zu enthalten, ohne dabei BESSELS Erklärung zugleich mit der Anklage bekannt zu machen. BESSEL konnte zu einer solchen Beschuldigung nicht schweigen und hat mir einen Aufsatz für die astron[omischen] Nachrichten gesandt, der jene Erklärung enthält und ein paar nicht eben verbindliche Schlussworte für ENCKE hat.

Herr v. HUMBOLDT und ich haben uns alle Mühe gegeben, ENCKEN zu einer Erklärung zu bewegen, dass er sich geirrt habe, aber bisher, und wohl auch für immer, ohne Erfolg, obgleich es scheint, dass er einsieht, dass in B[ESSELS] Erklärung kein Widerspruch lag, und so wird denn BESSELS Aufsatz wohl gedruckt[*)]. Das ist der Gegenstand meiner jetzigen Correspondenz mit Herrn v. HUMBOLDT. Er schreibt mir, dass er sich Stundenlang mit ENCKEN Mühe gegeben habe, aber

»der raisonnirte, halb philosophische Ingrimm sei der unbezwinglichste«.}

[10.]

SCHUMACHER an GAUSS. Altona, 8. Januar 1838.

Zu Nr. 605, [Briefwechsel, Band III, S. 195, vor dem letzten Absatz ist einzufügen:]

{. . . . BESSELS Brief enthält noch einen andern Punkt, über den ich mir eine vertrauliche Antwort erbitte. Ich schrieb Ihnen in meinem vorigen Briefe von der Spannung zwischen ihm und ENCKE. Er meldet mir in diesem, er habe Beweise, dass ENCKE verstümmelte Äusserungen aus seinen früheren Gesprächen mit ihm benutzt habe, um ihm in Berlin Feinde zu machen, und er glaube auch, dass er dasselbe bei Ihnen gethan habe, vorzüglich in Bezug auf Ihre magnetischen Einrichtungen, denen er im Anfang, weil er sie zu wenig kannte, nicht die verdiente Wichtigkeit beigelegt habe. Alles übrigens, was er damals darüber gesagt haben könne, sei natürlich nur von der Art gewesen, dass er es in seinem Zusammenhange in Ihrer Gegenwart hätte sagen können, es sei aber sehr leicht möglich, dass einzelne Äusserungen aus

[*) F. W. BESSEL, *Eine Bemerkung über die Aufstellungsart beweglicher Instrumente,* Astronomische Nachrichten Bd. 15, 1838, Nr. 344, Spalte 121—126.]

dem Zusammenhang gerissen, einen ganz andern Charakter anzunehmen scheinen. Nun vermuthe ich, dass BESSEL, durch irgend einen Berliner Correspondenten gereizt, sich irrt und ENCKEN Unrecht thut, und es ist grade in dem Falle, wenn meine Vermuthung richtig ist, dass ich Sie bitte, meine Ansicht zu bestätigen. Ich bin dann im Stande, BESSELN zu versichern, dass ENCKE unschuldig sei, und so wenigstens einen Stein des Anstosses wegzuräumen. Hat BESSEL dagegen Recht, so erwarte ich weder, dass Sie, Ihnen im Vertrauen gemachte Äusserungen mir mittheilen sollten, noch würde eine solche Mittheilung mir von Nutzen sein, da ich, weit entfernt das Feuer anzuschüren, nichts mehr wünsche, als es löschen zu können.}

[11.]

GAUSS an SCHUMACHER. Göttingen, 15. Januar 1838.

Zu Nr. 608, [Briefwechsel, Band III, S. 198, vor dem vorletzten Absatz ist einzufügen:]

Wenn ich nicht im Irrthum bin, so ist in E[NCKES] Briefen an mich seit vielen Jahren selbst B[ESSELS] Name nie vorgekommen, wenigstens kann ich mit Gewissheit sagen, dass er nie Privatgespräche gegen mich erwähnt, noch weniger entstellt hat, wozu er gewiss ganz unfähig ist. Es nimmt mich Wunder, dass B[ESSEL] solchen Klatschereien sein Ohr leihet.

[12.]

SCHUMACHER an GAUSS. Altona, 28. März 1838.

Nr. 609a.

{Ich habe Sie, mein theuerster Freund, um Ihre Entscheidung zu bitten. auf die compromittirt ist.

Der unglückliche Streit zwischen ENCKE und BESSEL hätte mich fast mit dem letztern entzweit, obgleich sich niemand mehr Mühe gegeben hat als ich, wenigstens den öffentlichen Ausbruch zu verhüten. BESSEL meint, ich hätte ENCKES Aufsatz[*)] gar nicht aufnehmen sollen. ENCKE habe ihn angegriffen (im Berl[iner] Jahrbuch) nicht er ENCKEN. Er habe sich gegen den An-

[*) J. F. ENCKE, *Über einige Äusserungen von Bessel* usw., Astronomische Nachrichten, Bd. 15, 1838, Nr. 346, Spalte 173—178.]

griff vertheidigt, und damit hätte ich die Sache als geschlossen betrachten und Enckes weitere Erklärungen zurückweisen sollen. Ich antwortete ihm, dass ich es als die einfachste Forderung der Gerechtigkeit betrachte, dem, gegen den etwas in meinem Journale gesagt ist (und das war gegen Encke von Bessel geschehen) auch in demselben Journale einen Platz zur Antwort einzuräumen, und dass es in dieser Hinsicht einerlei sei, wer den Streit angefangen habe. Übrigens würde ich gerne als Redacteur manche Veränderungen in Enckes Aufsatz gemacht haben, dessen Fassung ich keineswegs billige, wenn nicht Encke ausdrücklich und dringend unveränderten Abdruck verlangt habe. Meine Gründe haben ihn freilich nicht überzeugt, dass Enckes Aufsatz überhaupt hätte gedruckt werden sollen, aber doch soviel bewürkt, dass er mir es nicht zur Last legt, bei dem Abdrucke meiner Überzeugung gefolgt zu sein.

Wenn so dieser Differenzpunkt als beseitigt zu betrachten ist, so bleibt noch ein anderer nach, über den wir noch verschiedener Meinung sind. Bessel glaubt, er könne es nicht mit seiner Ehre vereinigen, in ein Journal, in dem grade »auf seine Ehre niederträchtige Angriffe geführt seien«, künftig wieder seine Arbeiten einzurücken. Ich habe ihm darauf geantwortet, dass ich allerdings Grund zu einem solchen Entschlusse sähe, wenn der Herausgeber direct oder indirect an diesen Angriffen Theil genommen habe, nicht aber, wenn er statt dies zu thun, alles was in seiner Macht stand gethan habe, um den Angriff zu verhüten (Humboldt ward von mir sogar dazu aufgefordert, bemühte sich aber vergebens), und nur die Einrückung nicht verweigert habe, weil er es als unerlässliche Pflicht betrachtete, sie zu gestatten. Man kann dagegen freilich sagen, dass das Publikum diese Umstände nicht kennt und dass es also Bessels Ehre erfordert, die Sache nicht wie sie ist, sondern wie man sie allgemein aufnimmt zu betrachten; indessen scheint mir auch dieser Einwurf nicht haltbar. Wir sind also übereingekommen, die Sache Ihrer und Olbers Entscheidung anheimzustellen, um die ich Sie bitte, nachdem ich Ihnen die Exposition so treu und unpartheiisch als ich kann gemacht habe. Wenn Ihre Antwort so eingerichtet wäre, dass ich Sie Besseln im Original zusenden könnte, würde es mir um so lieber sein. Ich muss noch bekennen, dass Bessel in seinem Zurücktreten eine Aufopferung sieht, weil er dadurch der Mittel beraubt wird, seine Arbeiten bekannt zu machen, und dass ich diesen Entschluss als einen Schaden betrachtete, den die astronomischen Nachrichten erleiden, und der Meinung bin, dass er immer noch Mittel genug habe, um seine Arbeiten in die Welt zu bringen.

Hansen ward durch den Lauf der Diligencen verhindert nach Göttingen zu kommen, und hat Ihnen Kessels Antwort mit der Post zugesandt, was in der That nicht der Mühe werth war. Es ist nichts als ein Scherz, den man vielleicht bei Gelegenheit mittheilt, der sich aber zu keiner eignen Versendung eignet. Die Zeitungen sagen, dass Ewald in Tübingen angestellt sei; ich bin aber so gewohnt, darin nur Unwahrheiten zu lesen, dass ich auch diesmal keine besondere Rücksicht darauf genommen habe.

Von Herzen Ihr

Altona 1838, März 28. Schumacher.}

[13.]

Gauss an Schumacher. Göttingen 30. März 1838.

Nr. 609 b.

Ich kann Ihnen, mein theuerster Freund, in der bewussten Sache keinen für B[essel] ostensiblen Brief schreiben. Namens meiner können Sie ihm bloss melden, dass ich, in einem Zeitpunkte, wo für mich selbst so wichtige Lebensfragen, Lebensfragen vielleicht im buchstäblichen Sinn, auf dem Spiele stehen, mich leider gar zu weit von dem ruhigen Gemüthszustand entfernt fühle, um ein Schiedsrichteramt zu übernehmen, dass ich aber nichts herzlicher wünsche, als dass er uns andern die gewohnte Mittheilung seiner stets willkommenen Arbeiten nicht entziehen möge.

Ihnen selbst aber, obwohl nur natürlich im engsten Vertrauen, will ich nicht anstehen, meine Ansicht mitzutheilen.

Zuerst muss ich bekennen, dass ich die Zeilen in En[c]kes Jahrbuch 1839[*)], die Bessel als einen Angriff betrachtet, zu seiner Zeit gelesen habe, ohne im Mindesten Arges dabei zu denken. Ich hatte sie rein und gänzlich vergessen, als ich später durch Ihre Briefe, die die Empfindlichkeit Bessels darüber erwähnten, wieder darauf geleitet wurde. Ich habe aber auch dann

[*) Siehe die Fussnote **) auf S. 269.]

durchaus nichts beleidigendes darin gefunden, sondern nur in so fern unpassendes, als es für keinen Menschen ein Interesse haben konnte, zu lesen, dass Bessel in einem Briefe an E[ncke] etwas behauptet habe, worin E[ncke] einen innern Widerspruch finde, und worüber man das Nähere nicht kannte. Der richtige Gang der Sache damals wäre also der gewesen, dass B[essel] ganz ruhig und ohne alle Anzüglichkeit lediglich die Frage selbst abgehandelt und den Astronomen überlassen hätte, auf wessen Seite das Recht sei. Das hat aber B[essel] nicht gethan, sondern am Schluss seines Aufsatzes[*)] in einem Tone gesprochen, den er sich vielleicht in seinem Verkehr mit seinen Untergebenen angewöhnt hat, und dessen Unziemlichkeit gegen einen Mann wie En[c]ke er nicht genug fühlt, den aber ich mir gegen Niemand, der selbst weit unter En[c]ke stünde, erlauben würde. Ich wünschte, Sie hätten sich bestimmt geweigert, jenen Aufsatz in dieser Form aufzunehmen; nachdem es aber einmahl geschehen war, haben Sie meiner Meinung nach nur gethan, was Ihre Pflicht war, indem Sie auch En[c]kes Antwort aufnahmen[**)]. Wollen Sie mir die freie Äusserung meiner Meinung nicht übelnehmen, so setze ich hinzu, dass wenn Sie jetzt einen neuen Artikel von B[essel] in dieser beklagenswerthen Sache aufnähmen, Sie auch E[ncke] das letzte Wort nicht werden verweigern dürfen.

Zweierlei will ich noch dabei bemerken

1) En[c]ke hat mir bis diese Stunde auch nicht Eine Zeile diese Sache betreffend geschrieben; ja auch früher enthalten seine Briefe auch nicht eine Zeile, woraus ich nur hätte ahnen können, dass er in einem andern, als dem freundschaftlichsten Verhältnisse zu B[essel] stehe.

2) Die Äusserung von E[ncke] über die jetzt so häufigen Lobhudeleien sind mir selbst aus der Seele geschrieben. Natürlich sage ich diess nicht in Beziehung auf Repsold, den ich nach allem, was ich von ihm weiss, für einen ganz vortrefflichen Künstler halte (wenn ich auch gerade die Einrichtung an den Fussplatten des Passage-Instruments, die zu dem jetzigen Streite Anlass gegeben hat, nicht sonderlich billigen möchte) — sondern hauptsächlich auf literarische Lobhudeleien. Mir scheint, dass B[essel] davon durchaus nicht frei zu sprechen ist. **Unter uns** z. B. scheint mir die Arbeit von Argelander

[*) Siehe die Fussnote *) auf S. 270.]

[**) Siehe die Fussnote *) auf S. 271.]

über die eigene Bew[egung] der Sterne mit einer unverantwortlichen Nachlässigkeit gemacht zu sein. Sie wissen vielleicht, dass ich selbst schon vor 16 Jahren manche Rechnung über diesen Gegenstand gemacht habe, auf die ich jetzt, eben durch ARGELANDERS Buch [*)] veranlasst, zurückgekommen bin. Bei dieser Gelegenheit finde ich, dass das Tableau S. 33—38 von Rechnungsfehlern wimmelt. Auf Verlangen steht Ihnen ein Extract zu beliebiger eigener Prüfung zu Dienste. Da jedoch A[RGELANDER] selbst an den ungebührlichen Lobhudeleien, die STRUVE und BESSEL über ihn ausgegossen haben, ganz unschuldig ist, so werde ich, falls ich demnächst meine eigne Arbeit bekannt mache, ihn gewiss solches nicht entgelten lassen, sondern die Sache auf die schonendste Art berühren.

Die Nachricht von E[WALD] ist zwar bis jetzt nicht buchstäblich wahr; aber wenn nicht ein Deus ex machina dazwischen kommt, habe ich doch wenig oder keine Hoffnung mehr, meine T[ochter] hier zu behalten. Verliere ich dann auch meinen geliebten W[EBER] — welchen zu erhalten, die Verhältnisse wieder complicirter u[nd] schwieriger als je geworden sind, — so sehe ich hier einer höchst trostlosen Zukunft entgegen.

Ewig der Ihrige

Göttingen, den 30. März 1838. C. F. G.

[14.]

SCHUMACHER an GAUSS. Altona, 5. April 1838.

Nr. 609c.

{Ich danke Ihnen, mein theuerster Freund, für Ihren letzten Brief, aus dem ich das, was die Sache betrifft, BESSELN mittheilen werde. Da Sie sich blos darin mit dem Gesichtspunkt beschäftigen, unter dem ein Leser der astron[omischen] Nachrichten das Ausbleiben von BESSELS Aufsätzen betrachten würde,

---

[*) FR. ARGELANDER, *Über die eigene Bewegung des Sonnensystems, hergeleitet aus den eigenen Bewegungen der Sterne*, Mémoires présentés à l'Académie de St. Pétersbourg par divers savants, St. Petersburg 1837, 45 p. Vergl. den Brief von GAUSS an ARGELANDER vom 16. Februar 1838, Werke XI, 1, S. 433—437 und die zugehörige Bemerkung von O. BIRCK, ebenda, S. 501.]

(»dass ich aber nichts herzlicher wünsche, als dass er uns andern die gewohnte Mittheilung seiner stets willkommenen Arbeiten nicht entziehen möge«)

so wird er wahrscheinlich daraus schliessen, Sie hätten den Punct, ob es mit seiner Ehre verträglich sei, noch seine Beiträge zu liefern, — und dies ist der eigentliche Fragepunct, — absichtlich nicht berührt, weil sie es selbst bezweifelten. Er kann freilich sich sagen, dass Sie unmöglich etwas herzlich wünschen können, wodurch er prostituirt werde, ich weiss aber nicht, ob er sich diesen Einwurf nicht auch durch irgend eine Subtilität wegerklären kann. Was mich betrifft, so will ich ruhig den Erfolg erwarten. Ich kann weiter nichts thun, als ihm offen, wie es gegen einen Freund gebührt, meine Meinung sagen, nämlich, dass ich seine Ehre dabei auch nicht im geringsten für compromittirt halte, und dann ruhig den Erfolg erwarten. Seine Briefe sind übrigens seit einiger Zeit mit einer so krankhaften Reizbarkeit geschrieben, dass ich ernstlich für seine Gesundheit fürchte. Wie es damit steht, werde ich bald aus eigener Ansicht beurtheilen können. Er ist schon in Berlin und ich reise dahin den 14ten ab (leider kann ich nicht eher), um mit ihm die letzten Operationen zur Ausgleichung unseres Fussmaasses zu machen. Wenn ich in 14 Tagen alles beendigen kann, so würde ich sehr gerne über Göttingen zurück gehen. Muss ich aber länger in Berlin bleiben, so sehe ich keine Möglichkeit, meinen Wunsch auszuführen. Ich soll nämlich noch vor der Reise des Königs nach Jütland (Anfang Juni) nach Kopenhagen und ihm dort allerhand die Messungen und das Maasssystem betreffendes vortragen, und seine Entscheidungen erhalten.

Wenn Sie den ganzen Zusammenhang der Sache zwischen Encke und Bessel kennten, so würden Sie wahrscheinlich den Schluss seines Aufsatzes nicht so unerklärlich finden als jetzt; allein diese Exposition ist für einen Brief zu weitläuftig und ich muss sie mir, wenn Sie sonst Interesse daran finden, bis auf die Zeit vorbehalten, wo ich die Freude habe, Sie zu sehen; nur, was mich selbst betrifft, erlaube ich mir ein paar Bemerkungen.

Bessels Antwort hatte erst einen noch heftigeren Schluss als der, der gedruckt ist. Ich bewog ihn, den zu ändern. So entstand nach einiger Correspondenz der abgedruckte. Als ich hier nicht weiter Aussicht sah, etwas zu ändern, bat ich Besseln alles zu unterdrücken, wenn Encke in ein paar

Worten erkläre, er habe sich geirrt, wenn er früher in Bessels Erklärung einen inneren Widerspruch zu sehen geglaubt habe. Jetzt wandte sich auf meine Bitte Humboldt an Encke und that sein Möglichstes, ihn zu einer Erklärung zu bewegen, die den öffentlichen Ausbruch des Streits unterdrückt hätte, und die er unbedenklich geben konnte, da, Bessels Erklärung mag richtig oder unrichtig sein, in ihr selbst kein innerer Widerspruch ist. Ich meine, Jeder soll, wo er sich geirrt hat, auch den Muth haben, es zu sagen.

Encke schlug aber alles ab, er wünsche, sagte er, nach Humboldts Brief, im Gegentheil, dass Bessels Antwort gedruckt werde. Was Bessel sage, sei ihm einerlei u. s. w. u. s. w.

Sie sehen, mein theuerster Freund, dass ich, nachdem alle meine Mühe, den Scandal zu unterdrücken, vergeblich war, nichts thun konnte, als das zu erlauben, was zu verhindern nicht in meiner Macht stand. Bessels zweite Antwort finden Sie im nächsten Stücke[*)]. Ich habe wiederum bei dieser correspondirt, um ihr eine ruhigere Fassung zu geben, und diesmal mit mehr Glück. Mir scheint, dass Encke nichts darauf zu erwidern hat, und in dieser Überzeugung habe ich ihn gebeten, wenn er dennoch etwas sagen wolle, dies in seinem Jahrbuch zu thun. Bessel sagt darin weiter nichts als: Encke halte es für seine (Bessels) Pflicht, sich über seine Arbeit zu erklären, er erkläre also hiemit, dass er die Berliner Pendelbeob[achtungen] für eine seiner besten Arbeiten halte. Er selbst halte es aber für Pflicht, auf keine ferneren Angriffe des Herrn Professors zu antworten. Ich glaube Sie werden mir Recht geben, wenn ich damit die Sache als für die astronomischen Nachrichten geschlossen betrachte. Übrigens wäre dies nach der ursprünglichen Fassung ganz anders geworden. Im Original stand »des würdigen Herrn Professors«.

Sollten Sie, mein theuerster Freund, mir nach Berlin schreiben, so bitte ich es unter Couvert des Geheimenraths W. Beer, Heilige Geiststrasse zu thun. Ich weiss noch nicht recht, wo ich logiren werde.

Von ganzem Herzen Ihr

Altona 1838, April 5. Schumacher.}

[*) Siehe Astronomische Nachrichten Bd. 15, 1838, Nr. 349, Spalte 231, 232.]

[15.]

GAUSS an SCHUMACHER. Göttingen 18. April 1838.

Zu Nr. 611, [Briefwechsel, Band III, S. 200, nach dem ersten Absatz ist einzufügen:]

Ich möchte Sie wohl vertraulich um einen Dienst ersuchen. Ich weiss nicht, ob Sie den dortigen Prof[essor HEINRICH WILHELM] DOVE sonst schon kennen. Aber jedenfalls wird es Ihnen nicht schwer sein, in Erfahrung zu bringen, theils was seine Persönlichkeit betrifft, theils ob er wohl auf WEBERS hiesige Stelle reflectirt oder eventuell sie annehmen würde, oder aber vielleicht in eine Unterhandlung sich im Grunde nur deshalb einlassen würde, um sich in Berlin selbst dadurch Vortheile zu verschaffen. Ich muss aber ausdrücklich hinzufügen, dass Ihr etwaiges auf den Busch schlagen in dieser Beziehung keinen Schein von Absichtlichkeit haben dürfte, noch viel weniger dürften Sie sich merken lassen, dass ich Sie dazu veranlasst habe. Ich würde Ihnen in der That die Bitte gar nicht stellen, wenn ich nicht überzeugt wäre, dass Sie die zuletzt genannten Theile derselben buchstäblich erfüllen, natürlich also auch in Ihren etwanigen Erkundigungen nicht weiter gehen, als damit verträglich ist. Zugleich muss ich aber noch die Bitte hinzufügen, dass Sie hieraus vor der Hand gar keine Schlüsse ziehen, indem diejenigen, die Ihnen am nächsten zu liegen scheinen könnten, vielleicht gerade ganz falsch sein möchten.

Weniger leicht möchte es wohl sein, dass Sie mir auch ganz ähnliche Nachrichten in Beziehung auf den Professor [LUDWIG FRIEDRICH] KÄMTZ in Halle mitbringen könnten. Ich erwähne es aber, da Sie doch vielleicht zufällig in B[erlin] einige Gelegenheit dazu finden. Übrigens steht dieser Wunsch ganz unter denselben Restrictionen, wie der erste.

Die nähern Erklärungen darüber, die sich nicht wohl für gegenwärtigen Brief eignen, behalte ich mir mündlich vor.

[16.]

SCHUMACHER an GAUSS. Altona, 25. August 1838.

Nr. 613a.

{Ich muss noch einmal, mein theuerster Freund, auf eine alte Sache zurückkommen. Es ist im vorigen Jahre mit COTTA regulirt, dass er für die

Aufsätze im Jahrbuche von 1838 an ein Honorar von 10 Thalern pr. Bogen bezahlt. Dabei hat er mich jetzt ersucht, Sie zu fragen, oder eigentlich zu bitten, ob Sie nicht erlaubten, dass er Ihnen dies Honorar auch für Ihren Aufsatz im Jahrbuche 1836[*)] bezahle, der bekanntlich, nicht blos nach der chronologischen Folge, der erste von allen in den Jahrbüchern gedruckten Aufsätzen ist. Da Sie von mir keine Erstattung annehmen wollten, oder richtiger gesagt kein Zeichen des Wunsches, Erstattung geben zu können, so möchte dies gegen Cottas Bitte zu sprechen scheinen; ich hoffe aber, dass Sie einen Buchhändler, den das Gewissen rührt, nicht gleich von vorne herein in seinen guten Vorsätzen durch eine abschlägliche Antwort stören werden.

Ist gar keine Hoffnung, dass Sie Ihren alten Freund, der nun schon mehreremale bei Ihnen gewesen ist, auch einmal besuchen? Wäre namentlich es nicht möglich, dass Sie die Herbstferien dazu benutzten, und dass wir beide am 11. October einen Abstecher nach Bremen machten, um vielleicht den letzten Geburtstag unsers vortrefflichen Olbers bei ihm zu feiern?

Ihr

Altona 1838, August 25. Schumacher.}

[17.]

Gauss an Schumacher. Göttingen, 28. August 1838.

Nr. 613b.

Ihrer gütigen Einladung zu einem Besuche bei Ihnen, mein theuerster Freund, kann ich in den bevorstehenden Ferien nicht Folge leisten, da während dieser Zeit meine Tochter aus Tübingen mich mit einem Besuche erfreuen wird.

Der Ausarbeitung des Aufsatzes in Ihrem Jahrbuche hatte ich mich, wie Sie wissen, nur aus Gefälligkeit für Sie unterzogen. Zur Antwort an H[errn] Cotta wird wohl am angemessensten sein, wenn Sie ihm erwidern, dass Sie nicht glauben, mir das in Rede stehende Honorar anbieten zu können.

Stets der Ihrige

Göttingen 28. August 1838. C. F. Gauss.

[*) *Erdmagnetismus und Magnetometer,* Jahrbuch für 1836 herausgegeben von Schumacher, Stuttgart und Tübingen 1836; Werke V, S. 315—344.]

[18.]

SCHUMACHER an GAUSS. Altona, 2. September 1838.

Zu Nr. 614, [Briefwechsel, Band III, S. 203, am Anfang ist einzufügen:]

{Ihr letzter Brief, mein theuerster Freund, ist so kurz, dass ich fast befürchte, Sie haben es Ihrem alten und treuen Freunde übel genommen, dass er Ihnen COTTAS Anerbieten nur mitgetheilt hat. Ich würde es gewiss nicht gethan haben, wenn ich diesen Erfolg hätte voraus sehen können. Mir schien das Factum, dass ein Buchhändler Honorar anbietet, wo er nicht dazu verbunden ist, doch der Erwähnung zu verdienen. Ich weiss sehr wohl, dass das angebotene als solches nicht als auch eine nur grobe Näherung angesehen werden kann, aber ich hoffte, Sie würden nur auf die Bedingungen der Aufgabe sehen, wie sie einmal festgesetzt sind. Auf jeden Fall bitte ich Sie herzlich um Verzeihung, wenn ich Ihnen, gewiss nicht mit Absicht, einen verdriesslichen Augenblick gemacht habe, und füge noch die Bitte hinzu, mir zu erlauben, an COTTA, der wohl auch keine schlimme Absicht gehabt hat, nichts weiter zu schreiben, als dass Sie den Aufsatz nur für Ihren Freund geschrieben hätten und sein Anerbieten nicht annehmen könnten.

Meine Bitte in Bezug auf Ihren Besuch nehme ich sogleich zurück, wenn Sie Ihre Frau Tochter erwarten, aber ich behalte es mir vor, wiederkommen zu dürfen.

[19.]

GAUSS an SCHUMACHER. Göttingen, 7. März 1839.

Nr. 630 a.

Ihren Auftrag, mein theuerster Freund, an Herrn Dr. PETERS kann ich nicht ausrichten. Ich wundere mich, dass er Ihnen vorigen Sommer als er von Flensburg nach Göttingen zurückkehrte, sein mit Herrn SARTORIUS eingegangenes Engagement nicht angezeigt hat. Sie sind (wenn ich mich recht erinnere, im September v. J.) nach Italien abgereiset. Wo sie in diesem Augenblick sind, kann ich nicht sagen; im December v[origen] Jahres hat mir H[er]r SARTORIUS aus Catania geschrieben. Seitdem sind auch sonst keine Briefe meines Wissens von ihm hier angekommen.

Sie erwähnen meines letzten Briefes und der darin enthaltenen Bitte nicht; hoffentlich wird Ihnen derselbe richtig zugekommen sein.

Stets der Ihrige

Göttingen 7. März 1839. C. F. GAUSS.

[20.]

GAUSS an SCHUMACHER. Göttingen, 13. April 1840.

Nr. 691a.

Mit vielem Bedauern habe ich aus Ihrem letzten Briefe, mein theuerster Freund, die Zurücknahme der frühern Zusage, dass H[er]r REPSOLD das Inclinatorium vor Ende Junii liefern werde, entnommen. Ich habe Ihnen schon früher den einzig zulässigen Gesichtspunkt angegeben, dass ich in dem laufenden Rechnungsjahr eine extraordinaire Summe auf Anschaffung verwenden könne; in einem Briefe lässt sich nicht näher auseinandersetzen, dass ich dies nur benutzen, aber ohne mich in eine falsche Stellung zu bringen, keinerlei Modificationen erbitten kann. Das höchste, was ich auf mich nehmen könnte, wäre, die Eingabe meiner Rechnung um 4 Wochen zu verzögern. Könnte also H[er]r REPSOLD mit Gewissheit, oder an solche grenzende Wahrscheinlichkeit, versprechen, bis dahin das Inclinatorium abzuliefern, so würde ich gern bei der Bestellung beharren. Im entgegengesetzten Fall würde ich zwar sehr gern sehen, wenn H[er]r REPSOLD ein Inclinatorium unternimmt, aber als bestimmt für mich bestellt könnte es nicht angesehen werden, weil ich später über bestimmte Mittel nicht mit Gewissheit zu disponiren habe. Jedenfalls aber müsste ich auch im ersten Fall eine Erklärung haben, weil ich sonst, um die Gelegenheit nicht ganz unbenutzt zu lassen, doch bald auf eine oder die andere sonstige Anschaffung denken müsste.

Unter den von BOGUSLAWSKY geschickten Instrumenten ist vermuthlich auch ein s[o]g[enanntes] Verticalforce Magnetometer gewesen. Haben Sie es wohl näher angesehen u[nd] können Sie mir nicht eine nähere Beschreibung geben? Ich hatte SABINE schon vor 3 Monaten in einem durch Ihre Hände gegangenen Briefe um eine solche Beschreibung und um Angabe der Leistungen, die bisherige Erfahrungen ergeben haben, gebeten, aber bis dato noch keine Antwort erhalten.

Für die Porcellan-Tafeln werde ich Ihnen, wenn Sie sie selbst gar nicht brauchen, sehr dankbar sein. Grössere, als ich schon eine habe, sind mir ganz recht. Es will mich übrigens bedünken, als ob, nachdem ich letztere vielleicht ein Dutzend mahl voll geschrieben, das Wegwischen immer schwerer würde, und als ob ich immer stärker reiben müsste, als anfangs. Sollte sich vielleicht der Graphit bei längern Gebrauch gleichsam mehr einfressen? Oder liegt es an dem Schwamme, womit ich abreibe? obwohl ich denselben jedesmahl sorgfältig wieder auswasche. Mit gehörig starkem Reiben bringe ich aber übrigens doch die ursprüngliche Weisse vollkommen wieder hervor.

Das Verlangen des H[errn] STRUVE will ich zwar nicht unbedingt abweisen, allein jedenfalls muss mir Zeit vergönnt werden. Ich lebe in dieser Zeit in grosser Bekümmerniss wegen Krankheit meiner Tochter, die schon einige Wochen bettlägerig ist und bin daher und aus mancherlei andern Gründen jetzt nicht aufgelegt, einem Maler zu sitzen. Der hiesige Professor OSTERLEY gilt für einen der ausgezeichnetsten Maler unserer Zeit, und gibt sich auch wohl mit Porträtmalen ab. Nach einigen Aussagen soll er auch gut treffen — nach andern nicht allemahl. Ich selbst habe keine Porträts von ihm gesehen. Vermuthlich setzt er sehr hohe Preise, wonach ich mich gelegentlich erkundigen werde. Seine historischen Stücke werden immer mit Hunderten von Louisdor bezahlt. Wird auch Rahmen verlangt, u[nd] was für einer?

Stets der Ihrige

Göttingen, 13. April 1840.

C. F. GAUSS.

P. S. Durch die Bearbeitung der trigonometrischen Messungen, welche MÜLLER im vorigen Jahre im Bremischen gemacht hat, und womit ich jetzt beschäftigt bin, habe ich die Plätze der 5 ersten Punkte der Hamburger Telegraphenlinie bestimmen können (1. bei Cuxhafen, Leuchtthurm; 2. Otterndorf; 3. Fahlberg N. O. der Wingst; 4. Bülteberg-Johannisberg-Loomühlen; 5. Östl. unweit Stade, auf oder nahe dem Schwarzenberg). Nr. 6, welcher vermuthlich unweit Wedel liegt, ist bloss einseitig von Stade aus geschnitten. Besitzen Sie vielleicht Schnitte vom rechten Elbufer her für diesen 6ten Telegraphen, so bitte ich um die Mittheilung.

[21.]

Gauss an Schumacher. Göttingen, 20. Juni 1840.

Nr. 697 a.

Beigehend, mein theuerster Freund, schicke ich Ihnen den Clausenschen Aufsatz zurück. Ich habe ihn mit Vergnügen gelesen, wenn gleich derselbe, seinem wesentlichen Gehalt nach nur eine analytische Einkleidung desjenigen Prinzips ist, welches ich im letzten (24.) Artikel meiner Schrift von 1799 in geometrischer Form angedeutet habe, so wie ich auch dort (Ende des 23. Art.) bemerkt habe, dass der Nerv davon eigentlich mit dem d'Alembertischen Prinzip coincidirt. Indessen macht die Tournure die H[err] Clausen ihm gegeben hat, ihn der Aufnahme in die A[stronomischen] N[achrichten] zweifelsohne vollkommen würdig. Ganz befriedigend und dem Rigor antiquus genügend ist übrigens die Ausführung nicht, indem daraus allein, dass eine Grösse [sich] unaufhörlich in einerlei Sinne ändert, z. B. wie bei Clausen eine reale negative, die immer noch weiter (absolut) abnehmen kann, noch nicht evident ist, dass sie jeden auf dem Wege liegenden Werth wirklich erreichen kann, also in Clausens Falle den 0 Werth erreichen. Ich habe diesen Umstand in den letzten Zeilen jener Schrift selbst angemerkt, so wie zugleich, dass er sich allerdings heben lässt, aber gerade weil diess im Geiste des Rigor antiquus, nicht ohne einige Umständlichkeit geschehen kann, habe ich später dieses Verfahren nicht selbst ausgeführt[*)]. Sehr nett ist, was Sie in Ihrem Briefe über den Bruch der Bernoullischen Zahlen anführen; nehmen Sie doch ja diesen Artikel (versteht sich mit gehöriger Begründung) auf.

Ihrem Rathe gemäss habe ich Robinson aufgegeben, das Inclinatorium an H[er]r[n] Repsold zu adressiren, und bitte ich Sie also, diesen in meinem Namen um gefällige Besorgung des Weitern zu bitten.

Das Überlegen der zweckmässigsten Art, die Inclinationsbeobachtungen zu benutzen, hat mich zu einigen Wünschen veranlasst, die vermuthlich an dem Robinsonschen nicht erfüllt sein werden; es würde mir aber lieb sein, wenn H[er]r Repsold sie an dem seinigen berücksichtigte, falls es noch Zeit ist.

Erstlich wünsche ich, dass die Theilungszahlen von 0 bis 360° fortlaufen und nicht zweimal, vorwärts und rückwärts, von 0 bis 90°, wie vermuthlich

[*) Soweit ist der Brief schon in Werke X, 1, S. 108 abgedruckt.]

sonst bei allen Inclinatorien üblich ist. Jenes dient zu grösserer Bequemlichkeit, wenn man sich nicht begnügt, immer nur aus correspondirenden Zahlen das Mittel zu nehmen (wie man allgemein gethan hat), sondern wenn man im Geiste der neuern Beobachtungskunst verlangt, dass alle Zahlen einzeln berücksichtigt werden und ihnen ihr Recht wiederfahre, und dann ist es natürlich bequem, wenn die einzelnen Quadranten sich von selbst unterscheiden, ohne dass man nöthig hat, dieses durch Umschweife zu thun.

Zweitens ganz aus demselben Grunde wünsche ich, dass an jeder Nadel sowohl die eine Spitze von der andern, als der eine Zapfen von dem andern unterschieden werden u[nd] danach also das Protocoll in dieser Beziehung ohne Zweideutigkeit geführt werden könne. Natürlich ist es nicht nöthig, diese Unterscheidung an den Spitzen und Zapfen selbst zu haben, sondern z. B. irgend ein kenntliches Merkmal auf Einer Seitenfläche der Nadel ist zureichend, also z. B. ein feines Pünktchen, wodurch zugleich Eine Spitze von der andern und ein Zapfen von dem andern unterschieden wird.

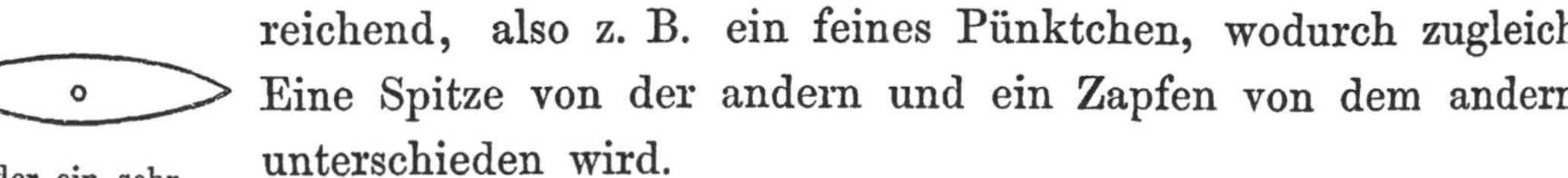

(oder ein sehr schwacher Feilstrich)

Bietet zufällig eine Nadel schon irgend ein solches Merkmal dar, z. B. ein bläuliches Fleckchen, welches nicht zugleich symmetrisch auf den drei übrigen Halbflächen sich befindet, so ist natürlich alles weitere unnöthig. Aber dasein muss etwas. Ein Dinte, oder Farbepünktchen dürfte wohl nicht gut gebraucht werden, weil es beim Ummagnetisiren sich abreiben könnte.

Dass Ihre Reise nach Copenhagen zu Ihrer Zufriedenheit ausgefallen ist, hat mir grosse Freude gemacht.

Stets der Ihrige

Göttingen 20. Junius 1840. C. F. Gauss.

Sollte übrigens H[er]r Repsold die Zahlen bereits auf eine andere Art gravirt haben, so ist auch so viel nicht daran gelegen, und mag es dann bleiben wie es einmahl ist.

Von H[er]r[n] Merz habe ich einen Cometensucher erhalten und zugleich eine 15 mahlige Vergrösserung, welche letztere gar nicht zu gebrauchen ist. Sie muss auf einer falschen Berechnung beruhen, denn sie gibt gar kein Bild. Nehme ich auch das Collectivglas heraus (was doch wohl eigentlich nicht die beabsichtigte Art sein kann, mit der Vergrösserung zu wechseln), so fehlt auch bei völligem Einschieben der Ocularröhre noch sehr viel daran, dass auch nur ein ganz weitsichtiges Auge deutlich sehen könnte, noch viel mehr also für ein kurzsichtiges. Es ist unbegreiflich, wie H[er]r MERZ so etwas absenden kann. Auch bei der schwachen Vergrösserung ist für ein kurzsichtiges Auge die Einschiebbarkeit bei Tage kaum zureichend und noch weniger bei Nacht, wo ich bedeutend kurzsichtiger bin als bei Tage. Diesem Fehler, den ich übrigens auch früher bei FRAUNHOFERschen K[ometen-]Suchern wohl angetroffen habe, wird sich indessen leicht abhelfen lassen, wenn ein wenig von der Hülse, in der die Ocularröhre schiebt, abgenommen wird.

[22*).]

SCHUMACHER an GAUSS. Altona, 26. September 1842.

Zu Nr. 789, [Briefwechsel Band IV, S. 90, vor der Unterschrift ist einzufügen:]

{Ich habe noch über einen andern Punct Ihnen ganz im Vertrauen zu schreiben. WEBER und ich fanden es während seiner Anwesenheit hier angemessen, dass LAMONTS Anmaassungen und falsche Behauptungen etwas näher beleuchtet würden. Demzufolge schrieb WEBER einen Aufsatz für die A[stronomischen] N[achrichten]. Dieser Aufsatz kommt mir nun, je länger ich ihn betrachte, nicht klar und bestimmt genug, ich möchte fast sagen, etwas schwach vor, so dass ich ihn auf meine eigene Autorität allein nicht abzudrucken wage. Unglücklicherweise bin ich mit den magneticis zu wenig bekannt, um ihn ganz umarbeiten zu können, was schon an einigen Stellen mit WEBERS Einwilligung geschehen ist, und wodurch er vielleicht, was den Styl betrifft, etwas gewinnen könnte. Erlauben Sie, dass ich ihn Ihnen zur Durchsicht sende, und wollen Sie mir dann sagen, ob ich ihn so drucken kann? Unser vortrefflicher Freund darf von meiner Bitte, die eigentlich nur sein Bestes zum Grunde hat, nichts wissen. Es muss ihm selbst im Grunde angenehm sein, wenn ein Aufsatz, über dessen einzelne Stellen er chicanirt**) werden könnte, nicht gedruckt

[*) Die Briefstellen bezw. Briefe 22. bis 32. beziehen sich auf eine Polemik zwischen W. WEBER und J. LAMONT. Sie sind, wie so vieles mehr persönliche, in dem gedruckten Briefwechsel weggelassen. Vergl. auch die Anmerkung hinter der Nr. 32.]

**) Ich meine das Chicaniren nur insoweit, als man vielleicht, weil WEBER nicht bestimmt genug gesprochen hat, seinen Worten einen andern Sinn, als den er ihnen giebt, beilegen könnte. Dass das, was er sagen will, richtig sei, bezweifle ich nicht.

wird, und ebenso ist nichts wünschenswerther, als dass er gedruckt werde, wenn gegen den Aufsatz nichts zu erinnern ist, aber dennoch könnte er vielleicht meine Besorgnisse übel nehmen.}

[23.]

Gauss an Schumacher. Göttingen, 12. Oktober 1842.

Nr. 790 a.

Ich habe Ihnen, mein theuerster Freund, noch meinen besten Dank abzustatten für die gefälligen Mittheilungen über W[eber]. Ich habe übrigens über die Angelegenheit nichts weiter gehört und wird also vermuthlich wol alles nur auf einem Missverständnis beruhen. Es hat dagegen H[er]r Littrow mich mit einem Briefe beehrt, worin er sehr weitläuftig seine Klagen über Kreill und Ettingshausen ausschüttet, ohne mir den Zweck, warum er mir diese Mittheilungen macht, klar zu stellen. Er nimmt darin auch Bezug auf die vor länger als einem Jahre geschehene Ernennung des H[errn] Kreill zum Correspondenten der hiesigen Societät, welche in der That mit jener Angelegenheit in gar keiner Verbindung steht, da ich erst durch Sie im August d. J. etwas von Kreills u[nd] Littrows Bewerbung um die Stelle an der Wiener Sternwarte etwas erfahren habe. Jene Ernennung war weiter nichts, als eine Anerkennung des von K[reill] bewiesenen rühmlichen Eifers für magnetische Beobachtungen.

Was Sie mir von W[eber]s Aufsatze schreiben, setzt mich einigermaassen in Verlegenheit. Aus einem dreifachen Grunde kann ich die Hiehersendung desselben wenigstens jetzt nicht wünschen.

1) weil etwas Verletzendes für W[eber] darin liegt nach meinem Gefühl, welches damit nicht beruhigt wird, dass W[eber] ja nichts davon wisse.

2) weil es durchaus gegen meine Grundsätze ist, mich in irgend eine Polemik einzulassen, die mehr oder weniger meine eignen Arbeiten berührt; ich muss also auch eine solche Mitwissenschaft vermeiden, die mich in den Fall setzen könnte, selbst Abänderungen aus meiner eignen Feder mit beizumischen zu müssen, die mich also zu einem Theilnehmer machen würden.

3) weil es mir gegenwärtig durchaus an der Zeit fehlt, die für solche

eventuelle Umarbeitung nöthig sein würde, ja auch nur an der, um die LAMONTschen Sachen vollständig lesen zu können.

Ich dächte übrigens, dass wohl jedenfalls der Abdruck keine besondere Eile hat, und dass, wenn Sie den Aufsatz nicht ganz zurücklegen, doch wenigstens eben nichts daran liegt, ob er ein Paar Monat früher oder später gedruckt wird.

Für alles, was Sie zur Beschleunigung der Ablieferung des Prismenkreises thun, werde ich Ihnen sehr dankbar sein.

Unter herzlichen Wünschen für Ihr Wohlbefinden

stets

Göttingen 12. October 1842. Der Ihrige

C. F GAUSS.

[24.]

SCHUMACHER an GAUSS. Altona, 4. Dezember 1842.

Zu Nr. 798, [Briefwechsel, Band IV, S. 101, vor der Unterschrift ist einzufügen:]

{Ich habe in dieser Zeit WEBERS Aufsatz noch einmal durchgelesen, und es scheint mir, dass bei genauerer Durchsicht meine früheren Bedenklichkeiten mehr und mehr verschwinden. Dies würde beweisen, dass der Aufsatz für einen Laien nicht gleich die Deutlichkeit hat, die man bei fortgesetzter Überlegung würklich darin findet. Da nun der Aufsatz eigentlich nicht für Laien geschrieben ist, so sehe ich nicht, dass etwas seiner Publication entgegenstünde, und denke ihn, wenn Sie nichts dagegen haben, drucken zu lassen. Am besten wäre es immer, dass Sie ihn vorher sähen, aber da Sie dies nicht wünschen, und es mir jetzt nicht absolut nothwendig scheint, kann er, meine ich, auch so gedruckt werden. Indessen soll er liegen bleiben, bis ich Ihre Meinung weiss.}

[25.]

GAUSS an SCHUMACHER. Göttingen, 11. Dezember 1842.

Zu Nr. 800, [Briefwechsel, Band IV, S. 103, Zeile 3 ff. ist einzufügen:]

1) Ob Sie WEBERS Aufsatz gegen LAMONT abdrucken oder nicht abdrucken lassen wollen, muss ich ganz Ihrem eignen Ermessen überlassen. WEBER

selbst hat dieses Aufsatzes gegen mich nie erwähnt, es scheint aber, dass er GOLDSCHMIDT davon gesprochen hat, und aus einigen Äusserungen des letztern schliesse ich, dass WEBER selbst glaubt, damit eine scharfe Zurechtweisung des p. LAMONT gegeben zu haben, womit eine frühere Äusserung von Ihnen im Widerspruch zu stehn scheint; ich sage scheint, denn WEBER ist eine so milde Natur, dass er selbst wohl schon glauben kann, mit Schärfe gerichtet zu haben, da wo andere nur unverdiente Schonung erkennen [*)].

[26.]

SCHUMACHER an GAUSS. Altona, 14. Dezember 1842.

Zu Nr. 801, [Briefwechsel, Band IV, S. 105, vor der Unterschrift ist einzufügen:]

{WEBERS Aufsatz soll, nachdem ich Ihre Ansicht darüber kenne, gedruckt werden. Zuviel hat er gewiss nicht gesagt.}

[27.]

SCHUMACHER an GAUSS. Altona, 28. Dezember 1842.

Zu Nr. 803, [Briefwechsel, Band IV, S. 108, nach der Anrede ist einzufügen:]

{Ich sende Ihnen sogleich einen Abdruck des WEBERschen Aufsatzes, und bekenne Ihnen dabei, dass jetzt da ich ihn gedruckt sehe, Alles mir zu weich und zu unbestimmt vorkommt. Er macht fast den Eindruck, als ob W[EBER] seiner Sache nicht sicher sei, und man muss W[EBER] kennen, um zu wissen, dass das ein ganz falscher Eindruck ist. Woher es kommen mag, dass man oft dasselbe, wenn es gedruckt ist, anders lieset, als vorher, da es geschrieben war, weiss ich nicht.

Ich leide seit einer Woche an Unterleibsbeschwerden (die freilich auch auf mein jetziges Urtheil über W[EBERS] Aufsatz Einfluss haben können)...}

[*) Die folgenden, im gedruckten Briefwechsel mit 1) 2) bezeichneten Absätze tragen in der Handschrift die Bezeichnungen 2) 3).]

[28.]

SCHUMACHER an GAUSS. Altona, 29. Dezember 1843.

Zu Nr. 804, [Briefwechsel, Band IV, S. 109—110 ist einzufügen:]

[Am Anfang, Seite 109] {Mein theuerster Freund,

Ihr Brief vom 27sten kam heute, nachdem ich gestern den mit WEBERS Aufsatz abgesandt hatte.

[Am Schluss, Seite 110 oben]

Ich hatte WEBERN die Stelle aus HERSCHELS Astronomie, auf die er sich bezieht, angegeben, aber es scheint mir, dass er sie nicht mit gehöriger Deutlichkeit benutzt hat. H[ERSCHEL] erzählt, dass er auf die Idee gekommen sei, die Schwerkraft, (statt Pendel zu gebrauchen) an verschiedenen Stellen der Erde, durch die grössere oder geringere Ausdehnung einer mit einem constanten Gewicht belasteten Spiralfeder zu messen, dass er aber diese Idee wegen der Unvollkommenheiten der Federn und des Einflusses der Temperatur auf ihre Elasticität aufgegeben habe. Dasselbe sagen freilich die von WEBER angeführten Worte HERSCHELS, aber die Einleitung ist mir nicht natürlich und deutlich genug.}

[29.]

GAUSS an SCHUMACHER. Göttingen, 23. Januar 1843.

Zu Nr. 805, [Briefwechsel, Band IV, S. 111, 112, vor der Unterschrift ist einzufügen:]

WEBERS Aufsatz habe ich doch schärfer gefunden, als ich nach Ihren Äusserungen erwartet hatte. Ich meine, es heisst scharf, wenn ich jemand sage, er habe vergessen, de tourner le feuillet, wie einst ZACH dem DELAMBRE sagte (oder war es umgekehrt?) und ziemlich ähnliches sagt doch WEBER dem LAMONT. Sobald durch Eine solche Stelle der Tonschlüssel des Stücks indicirt ist, findet man in dem Ganzen eine leicht verschleierte und darum desto wirksamere Ironie. Die von mir oben erwähnte Stelle ist jedenfalls schärfer als alles, was ich vor fast 30 Jahren in einer Recension der C[onnaissance] des temps (G. G. A. 1815, S. 392[*)] über eine Hypothese von ARAGO gesagt

[*) Werke VI, S. 581 ff., siehe insbesondere S. 585, 586.]

habe, und was dieser jetzt noch (Comptes rendus Nro. 21) als séverité bezeichnet.

[30.]

SCHUMACHER an GAUSS. Altona, 8. Februar 1843.

Zu Nr. 808, [Briefwechsel, Band IV, S. 118. Der weggelassene Text des Briefes lautet:]

{Ich sende Ihnen, mein theuerster Freund, einen Brief von LAMONT, den ich natürlich nicht abdrucken werde, und meine Antwort (die ich mir mit dem Briefe zurückerbitte), um zu erfahren, ob Sie sie billigen.

Einmal habe ich bei LAMONTS Brief gelächelt, nämlich da, wo er sagt, er wolle keine Terminbeob[achtungen] mehr machen. Er sieht voraus, dass man sie nicht beachten würde. Sie können, wenn Sie es passend finden, beide Actenstücke an WEBER zeigen.}

[31.]

GAUSS an SCHUMACHER. Göttingen, 13. Februar 1843.

Zu Nr. 810, [Briefwechsel, Band IV, S. 119, nach der Überschrift ist einzufügen:]

Ich schicke Ihnen hieneben den LAMONTschen Aufsatz u[nd] Ihre Antwort zurück, die ich Ihrem Wunsche zufolge WEBER communicirt habe: er billigt dieselbe vollkommen, u[nd] es versteht sich so wohl von selbst, dass ich in demselben Falle bin.

Aus LAMONTS Erklärung, er wolle fortan keine Terminsbeobachtungen mehr machen, habe ich erst erfahren oder geschlossen, dass er bisher welche gemacht habe. Hätte er solche früher hiehergeschickt, so würde sich daraus durch Vergleichung mit den Beob[achtungen] von andern Orten schon haben erkennen lassen, ob seine Instrumente Vertrauen und wie viel verdienen oder nicht.

Sollte er später Ihnen neue, gegen WEBERS Aufsatz gerichtete Artikel schicken, die Sie nicht sofort als weiterer Beachtung unwerth erkennten, so wird es wohl, um WEBERS Urtheil und eventuell Replik einzufordern, das kürzeste sein, wenn Sie es ihm direct nach Leipzig schicken, wohin er nun in Kurzem abgehen wird.

[32.]

SCHUMACHER an GAUSS. Altona, 15. Mai 1843.

Zu Nr. 834, [Briefwechsel, Band IV, S. 150, vor der Unterschrift ist einzufügen:]

{Ich weiss nicht, ob ich Ihnen gemeldet habe, dass unmittelbar auf meine Antwort an LAMONT, dieser Herr mich mit einem ziemlich unartigen Briefe beehrt hat, in dem er mir Partheilichkeit vorwirft, und nichts in seiner Entgegnung gegen WEBER ändern zu wollen erklärt. Ich habe ohne ein Wort zu antworten alles ad acta gelegt, und werde nun wohl bald in irgend einem Journal mit etwas Koth beworfen werden. Ich sage etwas, denn WEBER wird wohl das Meiste erhalten. Man hat ein dänisches Sprüchwort: wenn es auf den Priester regnet, so tröpfelt es auf den Küster (Naar det regner paa Prästen, saa dropper det paa Degnen), was aber nur wenn es Geld regnet, gebraucht wird, und das ich also eigentlich gegen den Geist der Sprache auf den eventuellen Kothregen LAMONTS anwende.}

BEMERKUNG ZU DEN NRN. [22] BIS [32].

Der vorstehende Meinungsaustausch zwischen SCHUMACHER und GAUSS — hauptsächlich sind es Äusserungen von SCHUMACHER, während GAUSS sich im allgemeinen zurückhält — ist veranlasst durch eine Veröffentlichung LAMONTS über das von ihm auf der Münchener Sternwarte errichtete magnetische Observatorium, die in Band 19, 1842, Nr. 444, Spalte 211—216, der »Astronomischen Nachrichten« erschienen ist. Eine ausführlichere Publikation LAMONTS über denselben Gegenstand findet sich in der besonders erschienenen Abhandlung LAMONTS: *Über das magnetische Observatorium der königlichen Sternwarte bei München* (München 1841, Druck von Franz Seraph Hübschmann).

In diesen beiden Aufsätzen berichtet LAMONT mit vollkommener Sachlichkeit u. a. über Abänderungen, die er an der GAUSS-WEBERschen Apparatur für zweckmässig befunden habe. In der Hauptsache handelt es sich um die Frage der Dimensionierung der Magnete, die GAUSS und WEBER sehr gross wählten (25 pfündige Magnete), während LAMONT bis zu 2 g schweren Magnetchen herunterging. Darin hat die weitere Forschung LAMONT durchaus recht gegeben; kleinere Dimensionen sind vorteilhafter, was auch schon vor LAMONT von englischen Forschern geäussert worden war.

Die Erwiderung W. WEBERS, um die es sich in den vorstehenden Briefstellen handelt, ist abgedruckt in Band 20, 1843, Nr. 464, Spalte 121—124, der »Astronomischen Nachrichten« (auch W. WEBERS Werke, Band IV, S. 635). Sie ist — ganz abgesehen vom sachlichen Inhalt — ausserordentlich scharf und sarkastisch abgefasst; bei WEBER eine grosse Seltenheit. Nach den Äusserungen SCHUMACHERS darf man wohl annehmen, dass er für die Tonart die Verantwortung zu tragen hat. GAUSS hat sich im allgemeinen zurückgehalten, was sich in diesem Falle, da er Partei war, von selbst verstand, während es SCHUMACHER nicht zum Bewusstsein gekommen ist, in welch' peinliche Lage er GAUSS versetzte.

Auf diesen Aufsatz WEBERS hat LAMONT in den »Astronomischen Nachrichten« zu antworten versucht. SCHUMACHER hat aber, wie aus dem obigen Briefwechsel hervorgeht, die Aufnahme in seine Zeitschrift abgelehnt, mit Billigung von WEBER und GAUSS, der an dieser Stelle die bisher innegehaltene Zurückhaltung vermissen lässt. Die Schlussbriefe SCHUMACHERS (Nr. 808 und 834) sind für SCHUMACHERS Stellungnahme äusserst charakteristisch. Dass er zu Gunsten von GAUSS parteiisch war, was LAMONT in einem Schreiben an SCHUMACHER ihm offenbar vorgeworfen hat, kann wohl kaum bestritten werden. Ob LAMONTS Erwiderung an anderer Stelle erschienen ist, hat sich nicht feststellen lassen.

CL. SCHAEFER.

[33.]

GAUSS an SCHUMACHER. Göttingen, den 1. April 1843.

Nr. 822a.

Die in meinem letzten Briefe an Sie, mein theuerster Freund, vorkommende Abschätzung der Genauigkeit von Elementen, so weit sie von grössern oder kleinern Zwischenzeiten abhängt, bedarf einer kleinen Berichtigung, die freilich in dem vorliegenden Fall ganz unbedeutenden Einfluss hat. Zwei Systeme von Elementen, aus gleich zuverlässigen Beobachtungen, das eine von α und β Tagen Zwischenzeit, das andere mit den Zwischenzeiten α' und β' Tage, haben, wenn die Zwischenzeiten überhaupt nur kurz sind, eine Genauigkeit, die man den Grössen

$$\frac{\alpha\beta(\alpha+\beta)}{\sqrt{\alpha\alpha+\alpha\beta+\beta\beta}} \text{ und } \frac{\alpha'\beta'(\alpha'+\beta')}{\sqrt{\alpha'\alpha'+\alpha'\beta'+\beta'\beta'}}$$

proportional setzen kann, also in dem vorliegenden Fall von 1 ; 1 und 5 ; 3 Tagen, den Grössen $\frac{2}{\sqrt{3}}$ und $\frac{120}{7}$, oder sie verhalten sich wie $1 : 15\sqrt{\frac{48}{49}}$. Hätten also die von mir gebrauchten Schätzungen gerade $\frac{1}{15\sqrt{\frac{48}{49}}}$ so viel Genauigkeit wie die von GALLE angewandten, so würde die Zuverlässigkeit der Resultate gleich stehen. Was man sonst Gewicht nennt, ist bekanntlich dem Quadrate der Genauigkeit proportional. Wenn also auch die GALLEschen Beobachtungen viel mehr als 15 mahl so viel Genauigkeit haben mögen, als die von mir gebrauchten Schätzungen, so scheint doch durch einen solchen Überschlag ein Zweifel an der Zuverlässigkeit der GALLEschen Elemente natürlich zu werden; die ganze Frage ist freilich in so fern eine sehr müssige, als sehr bald hinlänglich zuverlässige Bestimmungen da sein werden, vermuthlich von Herrn Galle selbst schon gemacht sind.

Bei den von Ihnen mitgeteilten Galleschen Elementen vermisse ich noch die Angabe, in welcher Ortszeit der Durchgang durch die Sonnennähe angesetzt ist. Bei denjenigen Rechnungen, die ich damit angestellt habe, habe ich angenommen, dass Berliner Zeit gemeint ist.

[Der hier folgende Teil des Briefes ist Werke VI, S. 191—193 und VII, S. 371—373 abgedruckt.]

Ich habe geglaubt, dass diese Mittheilung Ihnen, mein theuerster Freund, lieb sein werde, und habe nichts dagegen, wenn Sie dieselbe in die A[stronomischen] N[achrichten] aufnehmen wollen (nicht aber das, was ich über die etwaige Unzuverlässigkeit der Galleschen Elemente gesagt habe, weil diese Discussion, wie schon bemerkt, jetzt nur eine müssige wäre). Ich behalte mir vor, Ihnen ein andermahl eine kleine Abkürzung, die ich bei der ersten Berechnung einer Cometenbahn mit Vortheil gebrauche, mitzutheilen. Es gehört dazu eine kleine Hilfstafel[*)], die ich zu meinem Privatgebrauch vorlängst berechnet habe, und zwar auf sieben Decimalen, obwohl sie für jenen Zweck nur auf 5 nöthig ist. Da aber in der Tafel, wie ich Sie habe, die 7te Zif[f]er um mehr als eine halbe Einheit schwankend sein kann, und ich auch in Kleinigkeiten gern eine Vollendung erreiche, so werde ich in sonst müssigen Stunden sie erst so neu berechnen, dass überall die letzte Zif[f]er, d. i. die 7te, wirklich auf eine halbe Einheit zuverlässig wird, und Ihnen demnächst mittheilen.

Stets der Ihrige

Göttingen, 1. April 1843. C. F. Gauss.

N. S. Sollte wirklich Galles Sonnennähe-Abstand wenigstens der Wahrheit nahe kommen, so möchte man glauben, dass durch die grosse Hitze in der Sonnennähe der grösste Theil des Kerns in den Schweif hinein verflüchtigt ist, und daraus die Winzigkeit des Kopfs erklären, der schwerlich auf einem Raum von einer Anzahl von Quadratminuten so viel Licht hat, wie ein Stern 8ter Grösse. Wäre diess aber der Fall, so würde ich mich gerade nicht sehr wundern, wenn sich die Bewegung des Kopfes gar nicht mit den Keplerschen Gesetzen vereinigen liesse. In dieser Beziehung könnte also der

---

[*) Vergl. Werke VII, S. 331 und die *Bemerkungen*, ebenda S. 374.]

Komet vielleicht besonders interessant werden; hoffentlich werden wir wenigstens aus der südlichen Hemisphäre, vom Kap, der Insel Helena oder aus Brasilien oder Neuseeland u[nd] Vandiemensland eine lange Reihe von Beobachtungen erhalten.

[34.]

Gauss an Schumacher. Göttingen, 2. Januar 1844 [*)].

Nr. 265a.

[Der Anfang dieses Briefes ist abgedruckt Werke XI, 1, S. 279.]

Da die von H[er]rn Petersen gemachten Versuche, die Bewegung mit einer parabolischen Bahn zu vereinigen, kein genügendes Resultat ergeben hatten, so veranlasste ich Herrn Dr. Goldschmidt, eine von [jeder] Hypothese unabhängige Bahn zu berechnen. Er hat die Beobachtungen vom 24. November, 1. Dec[ember], 9. Dec[ember] zum Grunde gelegt und folgende elliptische Elemente erhalten

Epoche der m[ittleren] Länge 1843 December 2,11876 m[ittlere] Berliner Zeit
58° 31′ 39″ (scheinb. Aequin.)

mittlere tägliche Bewegung	535″7079
Perihel	52° 32′ 55″
Excentricitätswinkel	31° 29′ 39″
log der halben grossen Axe	0,5473857
Knoten	208° 21′ 20″
Neigung	10° 58′ 58″

Bewegung rechtläufig.

Wenn diese auf eine so kurze Zwischenzeit von 15 Tagen gegründeten Elemente schon als eine Annäherung gelten dürfen, so kommt die Bahn dieses Kometen der kreisförmigen viel näher, als die irgend eines andern bekannten, und mit sehr lichtstarken Fernröhren wird man ihn vielleicht in allen oder den meisten Oppositionen beobachten können. Die Vergleichung der Elemente mit den bisherigen Beobachtungen steht nach H[er]rn Dr. Goldschmidts Rechnung so

[*] Dieser Brief ist abgedruckt in den Astronom. Nachrichten, Bd. 21, 1844, Nr. 494, Spalte 221—222.]

Abweichung der Rechnung
+ wenn die Rechnung zu gross angibt.

		AR	Decl.	Beobachtungsort
1843 Nov.	24	— 0″.4	— 4″.4	Paris
	26	— 21.4	+ 6.8	—
	27	— 13.6	+ 7.3	—
	28	— 12.4	— 11.8	—
	29	+ 3.7	+ 1.1	—
Dec.	1	+ 3.6	+ 5.6	Altona
	2	+ 0.3	— 5.5	Paris
	4	+ 5.4	— 0.2	Altona
	9	— 9.6	— 4.9	—
	—	— 5.1	— 10.2	— (Merid. Beob.)
	10	— 13.5	— 20.1	—
	—	— 9.3	— 24.8	— (M. B.)
	11	— 33.3	— 30.9	Paris
	—	— 14.0	— 24.7	Altona
	—	— 14.4	— 22.4	— (M. B)
	12	— 25.8	— 38.4	Paris
	13	— 7.3	— 27.0	Altona
	—	— 23.1	— 22.8	Göttingen.

Seit dem 13. December ist es bis heute hier beständig trübe gewesen.

Stets der Ihrige

C. F. G.

Jetzt eben 5^h N[ach] M[ittag] schneit es.

[35.]

Gauss an Schumacher. Göttingen, 1. Juni 1844.

Nr. 906a.

Beigehend übersende ich Ihnen, mein theuerster Freund, die hiesigen Beobachtungen der gestrigen Mondfinsterniss [*)], die durch einen ununterbrochen

[*) Diese Beobachtungen sind Werke VI, S. 466 abgedruckt.]

heitern Himmel begünstigt wurden. Ich beobachtete mit dem 6 füssigen MERZ, Dr. GOLDSCHMIDT mit [dem] 10 f[üssigen] HERSCHEL.

Die sehr beengte Zeit erlaubt mir heute weiter nichts hinzuzufügen, als dass durch ein Versehen bei den Austritten Aristarch vor Keppler geschrieben ist, welchen Fehler gegen die chronologische Ordnung Sie, wenn Sie es der Mühe wert halten, beim Abdruck gefälligst verbessern wollen[*)].

Stets der Ihrige

Göttingen, 1. Junius 1844. C. F. GAUSS.

[36.]

GAUSS an SCHUMACHER. Göttingen, 28. Juli 1844 [**)].

Nr. 915a.

Da die bisher mir bekannt gewordenen Elemente des jetzt sichtbaren Cometen alle nur auf sehr kurze Zwischenzeiten gegründet sind, so habe ich Herrn Doctor GOLDSCHMIDT aufgefordert, auch seinerseits die Berechnung der parabolischen Elemente auszuführen; er hat dazu die Pariser Beobachtungen vom 7., die Hamburger vom 16., und die meinige vom 23. Julius zum Grunde gelegt und folgende Elemente gefunden

Durchgang durch die Sonnennähe	1844, Oct. 17,3537 m. Berliner Zeit
Aufsteigender Knoten	$31^0 45' 13''$
Neigung der Bahn	48 38 23
Länge der Sonnennähe	180 17 50
Logarithm des Abstandes in der Sonnennähe	9,9309242
Bewegung	rückläufig.

Diese Elemente, die erste und letzte Beobachtung genau darstellend, weichen von der Berliner Beobachtung vom 11., von der Hamburger vom 16. und der Hamburger vom 17. ab, in gerader Aufsteigung $+7''$, $+24''$, $+15''$, in der Abweichung $-6''$, $-1''$, $+1''$.

Eine kleine, nach diesen Elementen berechnete, hier beifolgende Ephe-

[*) Ist auch Werke VI, S. 466 verbessert.]

[**) Abgedruckt Astronomische Nachrichten, Bd. 22, 1844, Nr. 512, Spalte 115, 116; Werke VI, S. 467 nur erwähnt.]

meride wird, obwohl zur Auffindung unnöthig, doch zu einiger Erleichterung der Vorbereitungen zu den jedesmaligen Beobachtungen dienen können. Die Lichtstärke ist fortwährend im Zunehmen und am 1. September = 1,72, wenn sie für den Tag der Entdeckung = 1 gesetzt wird.

Stets der Ihrige

C. F. GAUSS.

eilig.

[37.]

GAUSS an SCHUMACHER. Göttingen, 8. August 1844.

Nr. 915 b.

[Der Anfang dieses Briefes ist abgedruckt Werke VI, S. 467.]

Von ihnen, mein theuerster Freund, habe ich seit Ihrem Briefe vom 21. Julius keine Nachricht, auch sonst ist nichts über den Cometen zu meiner Kenntniss gekommen.

Von den A[stronomischen] N[achrichten] ist mir dieser Tage Nro. 510 zugekommen, aber Nro. 509 habe ich noch nicht erhalten.

Stets der Ihrige

Göttingen, 8. August 1844. C. F. GAUSS.

[38.]

GAUSS an SCHUMACHER. Göttingen, 10. August 1844.

Nr. 915 c.

[Der Text dieses Briefes ist abgedruckt Werke VI, S. 467.]

Stets der Ihrige

Göttingen, 10. August 1844. C. F. GAUSS.

Ich bin nicht ganz gewiss, ob ich in meinem letzten Briefe das Zeichen der Differenz von GOLDSCHMIDTS Elementen für August 7 richtig angegeben habe. Die Rechnung gab, eben so wie gestern, die AR grösser, die Declination kleiner als die Beobachtung.

[39.]

GAUSS an SCHUMACHER. Göttingen, 18. August 1844.

Nr. 918a.

In der Hoffnung, dass Sie mein theuerster Freund, jetzt vollkommen wiederhergestellt sind, schicke ich Ihnen

[Der weitere Text dieses Briefes ist abgedruckt Werke VI, S. 467—468.]

Stets der Ihrige

Göttingen, 18. August 1844. C. F. GAUSS.

A[stronomische] N[achrichten] Nro. 509 habe ich jetzt erhalten, auch bereits 511 Spätere fremde Beobachtungen, als die darin enthaltenen, habe ich noch keine gesehen (woran*) mir übrigens auch nicht viel gelegen ist).

[40.]

GAUSS an SCHUMACHER. Göttingen, 1. September 1844.

Nr. 918b.

[Abgesehen von der Unterschrift gedruckt Werke VI, S. 468.]

[41.]

GAUSS an SCHUMACHER. Göttingen, 3. September 1844.

Nr. 918c.

[Mit Weglassung weniger Worte abgedruckt Werke VI, S. 468—469.]

[42.]

GAUSS an SCHUMACHER. Göttingen, 6. September 1844.

Nr. 919a.

[Der Anfang dieses Briefes ist abgedruckt Werke VI, S. 469.]

In meinem letzten Briefe habe ich erwähnt, dass die seit 50 Jahren gemachten Beobachtungen von P[IAZZI] 13,194 und P[IAZZI] 13,208[**)] den Rect-

---

*) i. e. daran, ob ich fremde einige Wochen früher oder später zu sehen bekomme.

[**) In dem Briefe vom 3. September 1844, Werke VI, S. 468, 469, sind die in Rede stehenden beiden Sterne mit XIII, 194 und 208 bezeichnet, das bedeutet: Stern Nr. 194 bezw. Nr. 208 in 13^h Rektaszension.]

ascensionsunterschied immer wachsend erscheinen lassen; erinnere ich mich aber recht, so habe ich hinzugesetzt, dass die jährliche Praecession des ersten um ein Paar Hunderttheile einer Secunde grösser ist als des zweiten. Dies ist zwar ganz richtig; es hätte aber wohl, um augenblickliche Missdeutung zu verhüten, gesagt werden sollen, ein Paar Hunderttheile einer Bogensecunde, da der Rectascensionsunterschied der Sterne selbst, wenn ich nicht irre, in Zeitsecunden angesetzt war. Es ist aber auch möglich, dass in meinem Briefe schon ein Paar Hunderttheile einer Bogensecunde gestanden hat[*)]. — Wahrscheinlich wird es nun mit den Cometenbeobachtungen nächstens vorbei sein.

Stets der Ihrige

Göttingen, 6. September 1844. C. F. GAUSS.

[43.]

GAUSS an SCHUMACHER. Göttingen, 15. August 1847.

Nr. 1171a.

Das Herrn MEIERSTEIN für Sie, mein theuerster Freund, mitgegebene Paket werden Sie wohl schon erhalten haben, oder ungefähr gleichzeitig mit diesem Briefe erhalten. Ich erinnere mich nicht mit Gewissheit, ob ich in dem jenem Paket beigefügten Briefe[**)] meine erste Neptunsbeobachtung Ihnen schon mitgetheilt habe, und will deshalb dieselbe hier zugleich mit den beiden folgenden aufführen.

[Die Beobachtungen sind abgedruckt Werke VI, S. 472.]

GOLDSCHMIDT ist von seiner Badereise noch nicht zurück, auch habe ich seit langer Zeit keine Nachricht von ihm.

Stets der Ihrige

Göttingen, 1847 Aug. 15. GAUSS.

[*) Ist tatsächlich der Fall; siehe Werke VI, S. 469, Zeile 2.]

[**) Vom 13. August 1847, Briefwechsel Bd. V, S. 340—342.]

[44.]

GAUSS an SCHUMACHER. Göttingen, 20. Januar 1848.

Nr. 1222a.

Mit vielem Danke schicke ich Ihnen, mein theuerster Freund, die Briefe von OLDE u[nd] BUSCH zurück. Es würde früher geschehen sein, wenn ich nicht gehofft hätte, eine neue Beobachtung der Flora beifügen zu können, welche Hoffnung durch die[*)] um die Zeit jedesmahl schlechte Witterung vereitelt ist. Einige spätere Beob[achtungen] von RÜMCKER geben die Abweichnng der GOLDSCHMIDTschen Elemente

1848 Jan.	6	$+24''$	$-3''5$
	7	$+25.1$	-1.7
	8	$+21.1$	$+2.3$

Wie ich dabei zugleich erfahre, sind in Bonn die Beob[achtungen] discontinuirt, weil man den Planeten nicht hatte finden können; ich bedaure daher, dass die schon vor längerer Zeit Ihnen eingesandte GOLDSCHMIDTsche Ephemeride (so wie seine Elemente) noch nicht gedruckt ist.

Auf den Ausgang der Tracasserien in Pulkowa bin ich neugierig. Dass in bez[ug] auf Königsberg, JACOBI gegen den von EN[C]KE ausgegangenen Vorschlag ist, wundert mich nicht, da jener nach Allem, was Sie mir früher mitgetheilt haben, gegen E[NCKE] wenig freundlich gesinnt ist. GALLE empfiehlt sich vielleicht auch durch ein gewandtes sociales Benehmen, wenigstens ist mir so, als hätte ich gelesen, er werde immer in den Soireen der Prinzessin von Preussen eingeladen, welche letztere bekanntlich auch die Stiffterin der öffentlichen Wintervorlesungen in der Singakademie über diverse Sujets ist.

Die hiebei zurückkommende Note des p. DE GASPARIS könnten Sie, glaube ich, auch dann ungedruckt lassen, wenn sie Ihnen bloss handschriftlich zugeschickt wäre.

Stets der Ihrige

Göttingen, den 20. Januar 1848. C. F. GAUSS.

[*) Die Handschrift hat »das«.]

[45.]

GAUSS an SCHUMACHER. Göttingen, 31. October 1848 [*)].

Nr. 1239 a.

Ich danke Ihnen, mein verehrter Freund, für die gütige Übersendung des Circulars mit der Entdeckung des Cometen durch H[er]rn Dr. PETERSEN, dem seine oft bewährte Wachsamkeit zur Ehre gereicht. Prof. GOLDSCHMIDT hat zwei Nächte vergeblich danach ausgesehen, da der Himmel in der betreffenden Gegend bedeckt blieb.

Es ist lange, dass ich von Ihrem Befinden und Ergehen ohne Nachricht bin. Während des Kriegsgetümmels und so lange bei Ihnen Alles auf der Spitze stand, habe ich immer mit Unruhe an Sie denken müssen, wobei jedoch das ununterbrochene Forterscheinen Ihrer Astronomischen Nachrichten, ausgestattet mit so reichem Inhalt wie je in der friedlichsten Zeit, mich bei guter Hoffnung erhielt. Jetzt, wo dort wieder ein geordneter Zustand eintritt, geleitet von Männern, die, wie ich von mehrern gut unterrichteten Personen berichtet werde, allgemeine Hochachtung geniessen, gebe ich mich gern dem zuversichtlichen Vertrauen hin, dass auch Sie, Ihre Anstalt, und Ihre für die ganze astronomische Welt so wichtige, oder, wie ich füglich sagen kann, unentbehrliche Wirksamkeit sich der Früchte der geregelten Zustände und desselben Schutzes wie unter der Dänischen Regierung erfreuen werden.

Mehrere Dänische Monarchen, wenn man auch einige Jahrhunderte zurückgeht, haben durch ihr Verhalten gegenüber den astronomischen Bestrebungen Plätze in den Annalen dieser Wissenschaft erhalten, und man kann sich nicht enthalten, eine hervortretende Parallele zu ziehen. König FRIEDRICH 2 [1558—1588] förderte TYCHOS Arbeiten in so grossartigem Styl, wie niemahls vorher oder nachher geschehen ist; sein Nachfolger CHRISTIAN 4 [1588—1648], oder vielmehr sein Minister, dessen Namen LALANDE an eine Schandsäule heftete, liess sichs angelegen sein, jene Schöpfung zu zertrümmern. Der flüchtige Astronom fand zuerst gastliche Aufnahme und Unterstützung

[*) Mit einigen andern Briefen, die sich SCHUMACHER im Herbst 1848 von den bedeutendsten Astronomen hatte schreiben lassen, um den Fortbestand der durch die politischen Umwälzungen in ihrer Existenz bedrohten Altonaer Sternwarte sichern zu helfen, wurde auch dieser Brief von GAUSS in einer sehr kleinen Anzahl von Exemplaren gedruckt und an geeignete Persönlichkeiten verschickt.]

seiner Arbeiten in Ihrem engern Vaterlande Holstein, und bald nachher (gerade jetzt genau vor ein Viertel-Tausend Jahren) wurde er mit offenen Armen von dem Haupt des Deutschen Reichs, Kaiser RUDOLF 2 [1576—1611] aufgenommen. Ein Contrast, der lange, sehr lange den Dänen ein Gegenstand der Beschämung, und uns Deutschen als ein Gegenstand des Stolzes gedient hat, und wenn man auch wohl auf die allgemeine niedrige Culturstufe des damaligen Zeitalters — verglichen mit unsrer jetzigen (wahren oder vermeintlichen) Höhe hingewiesen hat, so wird dadurch doch, soviel an der Dänischen Schuld weggenommen wird, eben unserm Triumph zugelegt. König FRIEDRICH 6 [1808—1839] hat die Scharte auf eine edle Art ausgewetzt. Er gründete in Deutschland und durch einen deutschen Astronomen eine Anstalt, die ohne Luxus aber auf solider Basis, wie ein Centralpunkt und ein Bindungsmittel für alle astronomischen Arbeiten auf der ganzen Erde, seit etwa 30 Jahren so wohlthätige Wirksamkeit ausgeübt, und der Nachfolger CHRISTIAN 8 [1839—1848] hat die Pflege der Anstalt nicht verkümmert. Unmöglich kann jetzt eine rein Deutsche Verwaltung eine solche Zierde des Landes sinken lassen, solange Sie noch der Träger derselben sein können!

Dass EWALD hier wieder eingesetzt ist, werden Sie schon seit längerer Zeit aus öffentlichen Nachrichten wissen; über WEBER hat ähnliches auch wohl verlautet, noch ehe es eigentlich fest stand: jetzt ist aber seine Wiedereinsetzung vollkommen festgestellt, und Ostern 1849 wird er wieder hier eintreten.

BESSELS Briefe an mich werde ich gegen die Zeit, wo Sie sie nöthig haben, zusammensuchen, und behalte mir dann das weitere vor.

Möchte doch bald recht erfreuliche Nachrichten von Ihrem Befinden erhalten Ihr stets treu ergebenster

Göttingen 31. October 1848. C. F. GAUSS.

[46.]

GAUSS an SCHUMACHER. Göttingen, 8. Mai 1850.

Nr. 1283 a.

Mein theuerster Freund.

In dem mir gütigst mitgetheilten Briefe des Herrn Prof. PETERS, den ich so eben erhalten habe, und hieneben zurück schicke, äussert dieser, es sei ihm anfangs nicht klar gewesen, warum ich den Unterschied zwischen (1) dem Azimuthe des grössten Kreises, der bei conformer Übertragung der Ellipse auf die Kugel zwei Punkte AB verbindet, und (2) dem des ersten Elemente[s] an A von der Übertragung der geodätischen Linie suche, da doch eigentlich anstatt (2) des letztern, die (3) Neigung der Ebene, die durch die Verticallinie des Beobachtungsplatzes und den beobachteten Punkt geht, gegen die Meridianebene des Beobachtungsplatzes das geltende sei, [und] erklärt sich am Ende diess so, dass er meint, ich habe die Ungleichheit von (2) und (3) ihrer Kleinheit wegen vernachlässigt.

Hierin ist Herr Prof. Peters ganz im Irrthum.

Ich habe bei meinen eignen Dreiecken (Seitenanzahl = 75) diesen Unterschied nicht vernachlässigt, sondern durchgehends auf das sorgfältigste berechnet. Allerdings wäre es der Mühe nicht werth gewesen, denn die grösste dieserhalb zu machende Reduction war bei der Seite (Hohehagen-Inselsberg) nur 0″00750. Wenn ich nicht irre, hat auch Bessel irgendwo in den A[stronomischen] N[achrichten] dieses Unterschiedes erwähnt und Formeln dafür gegeben, ich habe eben keine Zeit danach zu suchen, und weiss daher nicht, ob seine Formeln mit den meinigen übereinstimmen.

Es gibt aber ausser dieser Reduction noch eine andere, theoretisch eben so nothwendige, die, so viel ich mich erinnere, Bessel nicht erwähnt hat, und die zwar auch nur sehr klein bleibt, aber doch [bei] meinen Dreiecken fast auf das 6 fache von jenem Maximum steigt. Die grössten Werthe in meinem System sind

Standpunkt		Zielpunkt		Reduction
Standpunkt	Hils	Zielpunkt	Lichtenberg	+ 0″01700
	Hils		Brocken	— 0,01815
	Hohehagen		Inselsberg	— 0,03690
	Hohehagen		Brocken	+ 0,04230

Diese Reduction hängt von der Höhe des Zielpunkts über derjenigen Fläche[*] ab, auf welche man sich alle Punkte projicirt denkt (an sich gleichgültig; ich nehme die Meeresfläche). Da nemlich die Verticallinien zweier Punkte, z. B. Hils u[nd] Lichtenberg, nach unten verlängert nicht zusammenstossen (was nur dann Statt findet, wenn beide Plätze entweder [in]

[*) Am Rande steht: Couche de Niveau.]

einerlei Meridian oder in einerlei Parallel liegen), so erscheinen dem Auge in Hils die verschiedenen Punkte derjenigen Geraden, die in Lichtenberg Eine (dortige) Verticale bildet, nicht in Einerlei Azimuth; daher die Reduction.

Die Formeln für beiderlei Reductionen setze ich nicht her, da H[er]r Prof. PETERS sie sich leicht selbst entwickeln kann.

Dass aber der Unterschied zwischen (2) und (3) in meiner Abhandl[ung*)] nicht erwähnt ist, hat seinen Grund nicht darin, weil ich ihn vernachlässige, sondern weil eine Erwähnung gar nicht dorthin gehörte. H[er]r PETERS hätte eben so gut Anstoss daran nehmen können, dass ich des etwaigen Centrirens nicht erwähnte. Ich sehe jene beiden Reductionen (falls man nicht ihrer Kleinheit wegen sie ignoriren will) eben so gut wie das Centriren, wie nothwendige vorgängige Vorbereitungen an, die schon gemacht sein müssen, ehe man die Winkel wie fertig betrachten darf. In meiner Abhandlung sollte gelehrt werden, was mit den fertigen Winkeln (worunter ich eben die Winkel zwischen den ersten Elementen der geodätischen Linien verstehe) weiteres geschehen soll, nicht aber was vorher geschehen sein muss. Diess wäre dem Geist der Abhandlung eben so fremdartig gewesen, als wenn man bei Lösung einer Aufgabe der sphärischen oder theorischen Astronomie immer erst lehren wollte, wie man gemessene Zenithdistanzen von der Refraction befreien müsse.

Soviel für Heute nur in grosser Eile

Stets der Ihrige

Göttingen 8. Mai 1850. C. F. GAUSS.

Nach dem Kometen habe ich wegen immer bedeckten Himmels mich noch nicht umsehen können.

[47.]

SCHUMACHER an C. A. F. PETERS. Altona, 6. Juni 1850.

Nr. 1289 a.

{GAUSS scheint, mein bester Herr Professor, nicht ganz mit Ihren Bemerkungen zufrieden. In einer Antwort, die ich erst heute (Juni 5) erhalten habe, bemerkt er, Sie würden wahrscheinlich keine Antwort erwarten, denn

[*) *Untersuchungen über Gegenstände der höhern Geodaesie,* Werke IV, S. 259 ff.]

die Frage käme ungefähr darauf zurück, warum man sich gerade mit einem und nicht mit einem anderen Gegenstande beschäftige? Er fährt fort:}

»Es scheint mir am natürlichsten, davon auszugehen, dass bei einer grossen Messung ein System von Dreiecken gebildet ist, welches man auf allerlei Wegen weiter behandeln kann. Das vor aller künstlichen Behandlung als schon vorhanden gedachte Dreieck kann, wenn es auf der Fläche des Sphäroids liegen soll, kein anderes sein als das der kürzesten Linien, wenigstens wird jede andere Art etwas ganz willkürliches enthalten müssen.

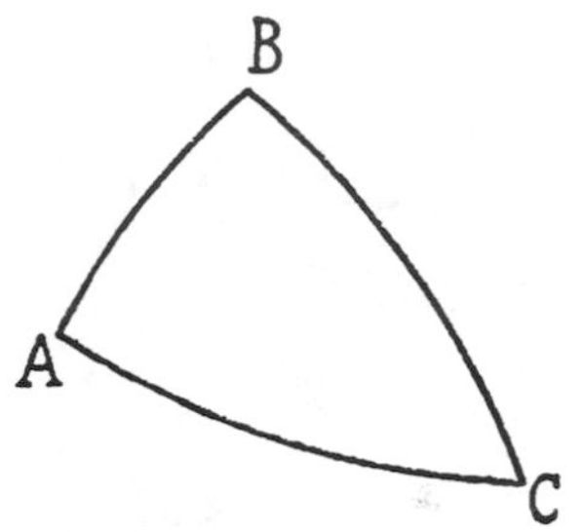

Dass man in A unmittelbar nur den diedrischen Winkel zwischen den beiden Verticalebenen misst, in denen einerseits A und B, anderseits A und C liegen, ist bekannt; aber es ist zugleich klar, dass so kein Dreieck entsteht*), denn die Verticalebene in A, in welcher B liegt, und die Verticalebene in B, in welcher A liegt, sind nicht einerlei, sondern schneiden die Ellipsoidfläche in zwei verschiedenen elliptischen Bögen. Ohne die geodätischen Linien zu Seiten des ursprünglichen Dreiecks zu nehmen, würde die ganze Untersuchung gleichsam ihre Reinlichkeit**) verlieren.

Nur insofern kann ich Herrn Peters Äusserung verstehen, als er auf dem Sphäroid selbst gar keine Dreiecke dulden will, sondern nur Systeme von Puncten. Erst nachdem man von diesen eine conforme Darstellung auf die Kugelfläche getragen hat, sollen die so dargestellten Puncte durch grösste Kreisbögen zu Dreiecken verbunden werden. Dass mir meine ganze Auffassung besser gefällt, ist Geschmacksache, und beruhet zum Theil auch darauf, dass jene conforme Übertragung nur eine von unzählich vielen möglichen Behandlungsarten ist, und dass ich gerade darum fordere, dass das zu Behandelnde schon in einer gewissen Substantialität auftrete. Endlich kann noch angeführt werden, dass jene Dreiecksseiten auf dem Sphäroid als kürzeste Entfernungen allemal mit zu den Grössen gehören, deren Bestimmung gefordert wird.«

*) {Sie könnten vielleicht antworten: „eben weil kein Dreieck entsteht, will ich lieber Puncte behandeln".}

**) {Es ist dies für das, was G[auss] meint, ein glücklich gewählter Ausdruck. Ein Wort steht statt einer langen Umschreibung.}

{Ich bekenne Ihnen offen, mein bester Herr Professor, dass ich GAUSS' Geschmack theile, glaube aber nicht, dass wir gut thun, die Discussion weiter fortzuführen, da sie nichts Wesentliches betrifft und es schwer hält, sich über Geschmackssachen, selbst wenn sie sich nur auf Formen beziehen*), zu vereinigen.

. . . .

Mit herzlichen Grüssen — Ihr

Altona 1850, Jun. 6. — SCHUMACHER.}

BEMERKUNGEN.

Verzeichnis der Stellen, an denen die vorstehend abgedruckten Briefe in dem von C. A. F. PETERS herausgegebenen

Briefwechsel zwischen C. F. Gauss und H. C. Schumacher
Bde. I bis VI, Altona 1860 bis 1865

einzureihen wären.

1.	Bd. I, S. 336	zwischen Nr.	189	und	190
2.	S. 418	»	228		229
3.	II, S. 23	»	253		254
4.	S. 224	»	374		375
5.	S. 251	»	383		384
6.	III. S. 56	»	533		534
7.	S. 123	gehört zu Nr.	564		
8.	S. 123	zwischen Nr.	564	und	565
9.	S. 191	gehört zu Nr.	603		
10.	S. 195	»	605		
11.	S. 198	»	608		
12.	S. 199	zwischen Nr.	609	und	610
13.	S. 199	»	609		610
14.	S. 199	»	609		610
15.	S. 200	gehört zu Nr.	611		
16.	S. 203	zwischen Nr.	613	und	614
17.	S. 203	»	613		614
18.	S. 203	gehört zu Nr.	614		
19.	S. 226	zwischen Nr.	630	und	631
20.	S. 369	»	691		692
21.	S. 380	»	697		698
22.	IV, S. 90	gehört zu Nr.	789		
23.	S. 91	zwischen Nr.	789	und	790
24.	S. 101	gehört zu Nr.	798		

*) Bei Weinen ist es noch schwerer.

25.	S. 103	gehört zu Nr. 800		
26.	S. 105	»	801	
27.	S. 108	»	803	
28.	S. 109/10	»	804	
29.	S. 111/2	»	805	
30.	S. 118	»	808	
31.	S. 119	»	810	
32.	S. 150	»	834	
33.	S. 135	zwischen Nr.	822	und 823
34.	S. 202	»	865	866
35.	S. 263	»	906	907
36.	S. 281	»	915	916
37.	S. 281	»	915	916
38.	S. 281	»	915	916
39.	S. 282	»	918	919
40.	S. 282	»	918	919
41.	S. 282	»	918	919
42.	S. 284	»	919	920
43.	V, S. 342	»	1171	1172
44.	S. 424	»	1222	1223
45.	VI, S. 4	»	1239	1240
46.	S. 75	»	1283	1284
47.	S. 81	»	1289	1290.

Diese Briefe zerfallen in drei verschiedene Sorten. Die Briefe 1. bis 6., 8., 19. bis 21. und 44. bis 47. waren anscheinend zur Zeit als der *Briefwechsel* gedruckt wurde nicht bekannt. Die Briefe bezw. Briefstellen 9. bis 14. beziehen sich auf einen Streit zwischen BESSEL und ENCKE, 15. auf zwei Physiker, die wohl 1838 als Ersatz für WILHELM WEBER in Frage kamen, 16. bis 18. auf ein Honorarangebot des Verlegers COTTA, 22. bis 32. auf den Streit zwischen LAMONT und WILHELM WEBER und sind mit Rücksicht auf die damals noch lebenden Beteiligten von PETERS unterdrückt worden (vergl. das Vorwort des Herausgebers, *Briefwechsel* Bd. I, S. IV). Endlich sind die Briefe 33. bis 43., die im wesentlichen Beobachtungsergebnisse enthalten, von SCHUMACHER in den Astronomischen Nachrichten veröffentlicht worden und mit Ausnahme der Briefe 34. und 37. im Bande VI der Werke wiederabgedruckt. Im vorstehenden sind die Briefe 34. und 37. und von den übrigen die von SCHUMACHER weggelassenen Stellen wiedergegeben.

Die Handschriften der Briefe, mit Ausnahme der zu den Nummern 3., 4., 34. und 43. gehörigen, befinden sich im GAUSSarchiv. Die Handschriften der Briefe 34. und 43. sind im Besitz der Erben von C. F. A. PETERS dem Abdruck liegen von PAUL STÄCKEL angefertigte Abschriften zugrunde. — Ferner befindet sich eine Reihe von Briefen von GAUSS an SCHUMACHER im Archiv der Dänischen Gradmessung zu Kopenhagen*). Es sind dies zunächst die Briefe vom 22. 12. 1827 (abgedruckt im *Briefwechsel Gauss-Schumacher*, Band II, S. 141—145), vom 7. 1. 1828 (abgedruckt ebenda, S. 145—150), vom 28. 1. 1828 (abgedruckt ebenda, S. 152—155), vom 17. 5. 1831 (abgedruckt ebenda, S. 258—261) und vom 25. 6. 1831 (abgedruckt ebenda, S. 263—266). Des weitern ist in Kopenhagen der Brief vom 28. 11. 1824 (abgedruckt ebenda, S. 1—4), und von dem Briefe vom 10. 12. 27 (abgedruckt ebenda, S. 135—139) der erste Teil (im Abdruck S. 135—137,

---

*) Vergl. auch das *Vorwort des Herausgebers* C. A. F. PETERS in Bd. I des *Briefwechsels*, S. III.

Zeile 10, endend mit den Worten »subtrahiren«), während die Urschrift des zweiten Teils (S. 137—139 des Abdrucks) sich im GAUSSarchiv befindet. Endlich aber besitzt die Dänische Gradmessung noch den Brief vom 23. 6. 1825 und einen undatierten Brief, die beide im Abdruck fehlen und die daher oben unter 3. und 4. wiedergegeben sind. Die Vergleichung mit den Briefen Nrn. 371—376 des Abdrucks zeigt, dass der undatierte Brief am 21. oder 22. Januar 1830 in SCHUMACHERS Hände gelangt ist. Im Jahre 1920 sind durch die Güte des damaligen Direktors der Dänischen Gradmessung F. A. BUCHWALDT, dem GAUSSarchiv photographische Nachbildungen aller dieser Briefe zum Geschenk gemacht worden.

Die von SCHUMACHERS Erben durch Vermittlung von P. STÄCKEL im Jahre 1898 für das GAUSS-archiv erworbene Sammlung der Briefe von GAUSS an SCHUMACHER wurde später durch die in den Akten der Redaktion der Astronomischen Nachrichten aufgefundenen Briefe 33. bis 42., 45., 46. und 47. ergänzt; die Handschrift des in dem Briefe 47. von SCHUMACHER an PETERS auszugsweise wiedergegebenen Briefes von GAUSS ist anscheinend verloren.

SCHLESINGER.

V. Zum Briefwechsel Gauss-Dirichlet.

GAUSS an P. G. LEJEUNE DIRICHLET. Göttingen, 2. November 1838.

Nr. Va.

Ich habe Ihnen, mein hochgeschätztester Freund, noch meinen verbindlichsten Dank abzustatten, sowohl für die gefällige Mittheilung Ihrer schönen Abhandlungen, als für die freundlichen Zeilen, womit Sie solche begleitet haben. Beklagen muss ich aber, dass die mir gemachte Hoffnung Sie hier zu sehen für diessmahl vereitelt ist, desto mehr, je mehr ein Zusammensein mit Ihnen in dieser trüben Zeit auch zu meiner eignen Aufheiterung beigetragen haben würde.

Sie erwähnen dabei der früher dem Herrn KRONE von mir gemachten Mittheilung und der ihm auferlegten Discretion. Ich wünsche, dass Sie das letztere nicht ausdeuten mögen und explanire deshalb, dass ich, indem ich von vorne her ihm die Erwartung anzeigte, dass davon nichts öffentlich bekannt gemacht werde, weder unmittelbar, noch mittelbar in Folge weiterer Mittheilung an andere, nur mir die Möglichkeit habe conserviren wollen, meine Untersuchungen selbst zu publiciren, welche Möglichkeit wegfällt, sobald die Ausarbeitung für mich allen Reiz verloren hat. Mit Vergnügen würde ich Ihnen dieselben Gegenstände entwickeln, wozu sich aber jedenfalls zwei Umstände verbinden müssten: von Ihrer Seite ein etwas längerer Aufenthalt und von der meinigen hinlängliche Musse (und Heiterkeit), um die Gegenstände in die zur Mittheilung erforderliche Ordnung zu bringen, was um so schwieriger ist, da weniges, und gar nichts Geordnetes von mir darüber niedergeschrieben vorliegt. Ich kann Ihnen indessen versichern, dass ich selbst sehnlich wünsche, dass die Umstände mir die Ausarbeitung bald verstatten mögen.

Zu allernächst werde ich freilich die wenige Zeit, die mir von andern Geschäften, die ich nichtwissenschaftlich nennen muss, übrig bleibt, für die Vollendung einer andern Untersuchung verwenden müssen, die inzwischen auch für Sie vielleicht nicht ohne alles Interesse sein wird.

Indem Sie in Ihrem Briefe mehrere Gegenstände der Höhern Arithmetik erwähnen, thut mir das Herz weh. Denn je höher ich diesen Theil der Mathematik über alle andern setze und von jeher gesetzt habe, um so schmerzhafter ist es mir, dass — unmittelbar oder mittelbar durch die äussern Verhältnisse — ich so sehr von meiner Lieblingsbeschäftigung entfernt bin. Meine Theorie der Anzahl der Classen der quadratischen Formen, welche ich bereits 1801 besass, und auf deren Ausarbeitung ich mich als auf ein besonders reizendes Geschäft im Voraus freuete, habe ich von einer Zeit zur andern hinausschieben müssen. Vor etwa 2 oder 3 Jahren glaubte ich aber die rechte Zeit gefunden zu haben, und habe damals wirklich schon ein Stück ausgearbeitet, bei welcher Gelegenheit sich mir mehreres Interessantes, ganz Neues darbot (nicht in Beziehung auf den Bestand der Theorie selbst, welcher seit 1801 vollständig ist, sondern in Beziehung auf die dazu führenden oder einleitenden Wahrheiten). Allein leider musste ich das Geschäft wieder abbrechen und habe es bisher noch nicht wieder aufnehmen können, so schmerzlich mir diess auch gewesen ist. Gewiss wissen Sie übrigens auch selbst aus vielfacher eigner Erfahrung, was dergleichen Wiederaufnehmen sagen will; es ist damit nicht wie mit Tagelöhnerarbeiten, in denen man jeden Augenblick abbrechen und jeden Augenblick wieder anfangen kann. Es gehört dann immer erst viel Anstrengung u[nd] viel freie Zeit dazu, um alles wieder in die vorige Frische zu bringen.

Was Sie von Streitigkeiten Poinsots oder Poissons über die Attraction der elliptischen Sphäroide schreiben, ist mir unbekannt geblieben. Ich habe allerdings beim Durchblättern der Com[p]tes Rendus bemerkt, dass von einem solchen Streite die Rede war, aber diese Blätter überschlagen, da mir dergleichen Gezänk zuwider ist. In der That, so wie mir nichts erfreulicher ist, als wenn ich bemerke, dass jemand die Wissenschaft nur um ihrer selbst willen cultivirt, so ist mir nichts widerlicher, als wenn Personen, die ich sonst wegen Ihrer Talente hochschätze, ihre Kleinlichkeit des Charakters zur Schau tragen.

Indem ich Ihnen von unserm geliebten WEBER herzliche Grüsse bestelle, empfehle ich mich Ihrem freundlichen Andenken

Ganz ergebenst

Göttingen den 2. November 1838. C. F. GAUSS.

BEMERKUNGEN.

Der vorstehend wiedergegebene Brief befand sich unter anderen zum Nachlass von DIRICHLET gehörigen Papieren im Besitz des im Oktober 1927 verstorbenen Göttinger Professors LEONARD NELSON, eines Urenkels von DIRICHLET, der kurz vor seinem Ableben dem einen von uns von dem Vorhandensein dieses Briefes Mitteilung machte und seinen Abdruck in GAUSS' Werken genehmigte. Eine Photographie der Handschrift befindet sich jetzt im GAUSSarchiv. — Der Brief gehört als Antwort auf DIRICHLETs Schreiben an GAUSS vom 9. September 1838 in dem Abdruck des *Briefwechsels zwischen Lejeune Dirichlet und Gauss* im II. Bande von *G. Lejeune Dirichlets Werken* (Berlin, 1897), S. 371—387, auf S. 383, zwischen die Briefe V. und VI; vergl. ebenda S. 371 die Fussnote des Herausgebers L. FUCHS.

BRENDEL. SCHLESINGER.

VI. Zum Briefwechsel Gauss-A. v. Humboldt.

[1.]

GAUSS an ALEXANDER v. HUMBOLDT. Göttingen, 13. Juni 1833.

Nr. 22a.

Schon längst hätte ich Ihnen, mein innigst verehrter Freund, für Ihren so überaus gütigen Brief und die mir so ehrenvolle Bemühung, die Sie sich mit dem Artikel in den hiesigen G[elehrten] A[nzeigen*)] gemacht haben, meinen wärmsten Dank abstatten sollen. Ich habe damit gezögert, weil ich wünschte, damit eine gewisse Nachricht von dem hiesigen magnetischen Observatorium verbinden zu können. Es wurden dem Bau desselben (obwohl schon im Januar genehmigt) von Seiten der Stadt einige Schwierigkeiten in den Weg gelegt (der gewählte Platz streitig gemacht): jetzt sind dieselben beseitigt, der Bau hat begonnen und wird hoffentlich in kurzer Zeit beendigt werden. Dass von der Übersetzung, deren Sie den gedachten Artikel gewürdigt haben, in Paris ein öffentlicher Gebrauch gemacht sei, ist mir noch nicht bekannt geworden. Inzwischen ist die Abhandlung selbst, obwohl sie erst in den 8-ten Band der Commentationes kommt (und der 7-te ist noch nicht ausgegeben, obwohl fertig), doch ausnahmsweise bereits gedruckt, und ich bitte Sie, das angeschlossene Exemplar mit dem Wohlwollen, woran Sie mich gewöhnt haben, aufzunehmen.

Dass die unbedeutenden Versuche, die ich vor 5 Jahren bei Ihnen zu machen das Vergnügen hatte, mich der Beschäftigung mit dem Magnetismus

[*) Siehe den Brief A. v. HUMBOLDTS an GAUSS vom 17. Februar 1833, *Briefe zwischen A. v. Humboldt und Gauss*, herausgegeben von K. BRUHNS, Leipzig 1877, S. 22—26. Es handelt sich um die Anzeige der Abhandlung *Intensitas vis magneticae terrestris ad mensuram absolutam revocata*, vom 24. Dezember 1832, Werke V, S. 293—304. Die Abhandlung selbst erschien in den Commentationes soc. reg. sc. Gott. recentiores, vol. VIII, Werke V, S. 79—118.]

zugewandt hätten, kann ich zwar nicht eigentlich sagen, denn in der That ist mein Verlangen danach so alt, wie meine Beschäftigung mit den exacten Wissenschaften überhaupt, also weit über 40 Jahr; allein ich habe den Fehler, dass ich erst dann recht eifrig mich mit einer Sache beschäftigen mag, wenn mir die Mittel zu einem rechten Eindringen zu Gebote stehen u[nd] daran fehlte es früher. Das freundschaftliche Verhältniss, in welchem ich zu unserm trefflichen Weber stehe, seine ungemein grosse Gefälligkeit, alle Hülfsmittel des Physik[alischen] Cabinets zu meiner Disposition zu stellen und mich mit seinem eignen Reichthum an praktischen Ideen zu unterstützen, machte mir die ersten Schritte erst möglich, und den ersten Impuls dazu haben doch wieder Sie gegeben, durch einen Brief an Weber, worin Sie (Ende 1831) der unter Ihren Auspicien errichteten Anstalten für Beobachtung der täglichen Variation erwähnten.

Im gegenwärtigen Jahre habe ich meine Apparate hauptsächlich für den Electromagnetismus gebraucht, ferner für die Induction, die sich damit auf das schönste messbar machen lässt. In der allerletzten Zeit sind wir beschäftigt mit galvanomagnetischen Versuchen in Grossem Maassstabe. Eine Drahtverbindung zwischen der Sternwarte u[nd] dem Physikalischen Cabinet ist eingerichtet; ganze Drahtlänge circa 5000 Fuss. Unser Weber hat das Verdienst, diese Drähte gezogen zu haben (über den Johannisthurm und Accouchirhaus) ganz allein. Er hat dabei unbeschreibliche Geduld bewiesen. Fast unzähligemale sind die Drähte, wenn sie schon ganz oder zum Theil fertig waren, wieder zerrissen (durch Muthwillen oder Zufall). Endlich ist seit einigen Tagen die Verbindung, wie es scheint, sicher hergestellt; statt des frühern feinen Kupferdrahts ist etwas starker Eisendraht (gefirnisst) angewandt. Die Wirkung ist sehr imponirend, ja sie ist jetzt zu stark für meine eigentlichen Zwecke. Ich wünsche nämlich zu versuchen, sie zu telegraphischen Zeichen zu gebrauchen, wozu ich mir eine Methode ausgesonnen habe; es leidet keinen Zweifel, dass es gehen wird u[nd] zwar wird mit Einem Apparat Ein Buchstabe weniger als 1 Minute erfordern. Will man mehrere Apparate u[nd] Ketten anstellen, so wird man durch Theilung des Geschäfts jede beliebige Geschwindigkeit erlangen können. Ein ganz ähnliches Princip wandte ich neulich zu telegraphischen Zeichen mit dem Heliotrop an, wobei Herr Professor Weber beobachtete. Obgleich wir beide noch wenig eingeübt waren, wurde doch eine Phrase von 21 Buchstaben binnen etwa 7 Minuten transmittirt u[nd] zwar so, dass durchaus keine Zweideutigkeit Statt fand. Das Telegraphiren mit dem Heliotrop ist auf jede noch so grosse Distanz (wo nur die Erde offene Aussicht darbietet) anwendbar, aber freilich vom Sonnenschein abhängig. Allein dasselbe würde bei Nacht mit Lampen geschehen, und gern Distanzen von 6 oder mehr Meilen angewandt werden können. Dagegen wäre das Telegraphiren mit dem Electrogalvanismus von Wetter u[nd] Tageszeit gänzlich unabhängig und ich bin geneigt zu glauben, dass man mit Einem Schlage ungeheuere Distanzen anwenden könnte. Wäre nur zu den Kosten Rath zu schaffen, so meine ich, würde man unmittelbar von Göttingen nach Hannover correspondiren können. Ich habe selbst den Einfall gehabt, ob man in Zukunft, wenn erst Eisenbahnen allgemeiner sind, nicht die Gleise selbst (wobei man freilich zwischen den einzelnen Schienen sich dauernder metallischer Berührung versichern müsste) anstatt der Leitungsdrähte gebrauchen könnte. Freilich ist wohl zu besorgen, dass wenn diese Gleise lange Strecken feuchter Erde berühren, ein grosser Theil, wo nicht fast alles vom Strom sich unterwegs zerstreut; inzwischen kann doch nur erst Erfahrung im Grossen hierüber entscheiden. Einige Versuche, die eine ähnliche Tendenz haben, werden wir bald anstellen.

Ich schreibe diesen Brief eben inmitten einer Reihe von Versuchen, wo H[err] Professor Weber im Kabinet in vielfachen Combinationen (von Metallen u[nd] Flüssigkeiten) galvanische Ströme durch unsre Drahtkette schickt, um deren Stärke an meinem Apparate zu messen. Ein Halbdutzend sind angestellt, die alle (Eine ausgenommen) das Messungsvermögen meines Apparats weit übersteigen, d. i. Ausschläge von wenigstens 1000 Scalentheilen zu geben scheinen, während mein Apparat nur von -640 bis $+640$ geht. Nun, einem solchen Fehler wird schon abzuhelfen sein (mein Multiplicator hat 160 Windungen; ich brauche nur eben einen von 50 oder 30 zu substituiren). Während dieser Versuche bemerke ich indessen eine ungewöhnlich starke Schwankung der Nadel; die Declination hat in $\frac{1}{4}$ Stunde (von $6\frac{1}{2}$—$6\frac{3}{4}$ Uhr, ♃ [Donnerstag] Jun. 13) c[ir]ca 20 Scalentheile (etwa 7′20″) abgenommen; also irgendwo ein magnetisches Gewitter; eine Nachwirkung der galvanischen Ströme ist es nicht (die ich überhaupt für eine Einbildung halten möchte), denn meine beiden

Apparate zeigen dasselbe. Ich sehe (etwas später $7^h \ldots 7\frac{1}{4}^h$), dass die Nadeln fast eben so schnell wieder umkehren.

Vielleicht ist Ihnen nicht uninteressant, wenn ich hinzufüge, dass für jene Versuche gar keine starken Säulen nöthig sind; ja heute Mittag wurde ein Versuch mit Einem Plattenpaare von nur 1 Zoll Durchmesser gemacht, wo doch der Erfolg noch immer viel zu stark war. Übrigens ist dieser letzte Umstand nicht so wunderbar, wie er anfangs scheint, denn da hier die grosse Drahtlänge den bei weitem grössten Theil des Widerstandes ausmacht, so ist dagegen der Widerstand in der Flüssigkeit auch bei sehr kleinen Platten nur ein Bruch davon und die Wirkung daher wenig stärker, wenn man auch noch so grosse Platten nehmen wollte. Anders verhält es sich aber, wenn man mehrere Paare (als Säule) verbindet, da ist die Wirkung beinahe der Anzahl der Plattenpaare proportional.

Soeben hat mir WEBER angezeigt, welche Combinationen er gemacht hat (übrigens allemahl kleine Zink u[nd] Kupferplatten). In vier Versuchen war der Erfolg für mich unmessbar gross; dabei waren genommen:

1)	10	Plattenpaare	mit	10 p[ro]	c[ent]	Salzwasser
2)	20	—	—	10 p.	c.	—
3)	10	—	—	20 p.	c.	—
4)	5	—	—	20 [p.	c.]	—

Dagegen in einem fünften Versuch war die Wirkung zwar anfangs auch noch zu stark, aber nach einigen Minuten hatte die Kraft soweit abgenommen, dass sie messbar wurde: sie betrug 602 Scalentheile ($3^0 40'$), hiebei waren genommen

5) 5 Plattenpaare mit 10 p. c. Salzwasser.

Am merkwürdigsten war der sechste Versuch, wobei der Ausschlag nur mässig war, aber seltsam genug die Intensität beständig wuchs von 80 bis 160 Scalentheilen ($\frac{1}{2}$ Grad—1 Grad). Bei diesem Versuch waren 10 Plattenpaare gebraucht, aber die ganz neuen Tuchscheiben nur mit destillirtem Wasser getränkt. Morgen werden wir diese Versuche fortsetzen, auch einen neuen Modus des Telegraphirens, der mir inzwischen eingefallen ist, versuchen. Doch ich darf Sie nicht länger mit meinen zum Theil noch der Reife mangelnden Gedanken ermüden und schliesse mich der Fortdauer Ihres Wohlwollens angelegentlichst und gehorsamst empfehlend:

Göttingen den 13. Junius 1833. C. F. Gauss.

[2.]

Gauss an Alexander v. Humboldt. Göttingen, 9. Juli 1845.

Nr. 35a.

Hochverehrtester Freund und Gönner!

Da ich durch das Rundschreiben der Königlich Preussischen Ordens-Commission vom 7. Junius d. J. aufgefordert bin, bis zum 14. d. M. ein consultatives Votum in Beziehung auf die Wiederverleihung des pour le mérite Ordens an die Stelle des verstorbenen Professors A. W. v. Schlegel abzugeben: so verfehle ich nicht, dazu

den Herrn Professor Dirichlet in Berlin

in Vorschlag zu bringen. Derselbe hat zwar meines Wissens noch gar kein grosses Werk publicirt, und auch seine einzelnen Abhandlungen füllen noch gerade kein grosses Volumen. Aber sie sind Juwele, und Juwele wägt man nicht mit der Krämerwaage.

Die Aufforderung injungirte zwar, die Vorschläge unabhängig von jeder Rücksicht abzugeben; allein aus dem Zusammenhange scheint doch zu folgen, dass damit zunächst gemeint ist, der neue Ritter könne ganz wohl einem ganz andern Fache angehören als der abgegangene. Sollte jene Injunction aber ganz buchstäblich genommen werden müssen, nemlich unabhängig von jeder Rücksicht, also auch von der, ob einige Aussicht sei, dass dem Vorschlage, wie ungewöhnlich er auch sei, Folge gegeben werden könne, so bekenne ich, dass mir die Wahl zwischen H[er]r[n] Dirichlet und H[errn] Eisenstein schwer geworden sein würde, da die Arbeiten des letztern in vollem Maasse dasselbe Prädicament verdienen, wie die des erstern. Ich habe aber geglaubt, dieses Bekenntniss jedenfalls hier aussprechen zu müssen, um damit diejenige Empfehlung, mit welcher Sie den hochbegabten jungen Mann vor einem Jahr nach Göttingen begleiteten[*)], jetzt zu erwidern.

[*) Siehe A. v. Humboldts Brief vom 14. Juni 1844, *Briefe zwischen A. v. Humboldt und Gauss*, herausgegeben von K. Bruhns, Leipzig 1877, S. 51.]

Seit jenem Empfehlungsbriefe habe ich von Ihnen, mein verehrter Freund, keine directen Nachrichten gehabt, aber öfter in öffentlichen Blättern Ihrer grössern Reisen erwähnt gefunden, woraus ich freudig auf Ihr fortwährendes Wohlbefinden geschlossen habe. Von mir kann ich nicht ganz dasselbe rühmen. Gern hätte ich die Reise nach Cambridge gemacht, es hielt mich aber (freilich auch neben andern Gründen) die Sorge um meine Gesundheit davon ab, und ich freue mich jetzt dieser Verleugnung, da der heurige Sommer so furchtbar heiss ausfällt, dass er mir auch, wo ich zwischen meinen vier Pfählen bleiben darf, fast unerträglich wird. Das in der vergangenen Nacht hier eingetretene Gewitter scheint einige Linderung zur Folge zu haben. Weber hat, seitdem er 1843 Göttingen verlassen hat, mich schon oft, zuletzt vor einem Monat, mit einem Besuche erfreut. Aber für seine verlorene herumirrende Anwesenheit ist das kein Ersatz und meine Beschäftigungen mit dem mir früher so lieb gewordenen Zweige der Naturwissenschaften sind seit jener Zeit sehr beschränkt oder suspendirt.

Gegenwärtig bin ich ohnehin mit einer ganz heterogenen Arbeit beschäftigt, die für den Geist wenig Reizendes hat und einen sehr grossen Zeitaufwand erfordert, welchen ich aber doch gern bringe, da er sich auf ein wichtiges Institut der Universität [*)] bezieht, der ich seit 38 Jahren meine äussere Stellung schuldig bin.

Bewahren Sie ferner freundliches Andenken

Ihrem

innigen Verehrer

Göttingen 9. Julius 1845. C. F. Gauss.

[3.]

Gauss an Alexander v. Humboldt. Göttingen, 28. Februar 1851.

Nr. 39a.

Verzeihen Sie, mein hochverehrter Freund, die Verspätung meiner Antwort auf Ihr gütiges Schreiben. Ich habe erst auf unsrer Bibliothek nach

[*) Es handelt sich um die Professorenwitwenkasse zu Göttingen. Siehe das *Votum* von Gauss bei der schriftlichen Abstimmung im Universitätssenat vom 9. Januar 1845, abgedruckt Werke IV, S. 119—125 und die *Untersuchung des gegenwärtigen Zustandes der Professorenwitwenkasse zu Göttingen*, abgedruckt ebenda S. 125—188.]

dem bewussten Buche suchen lassen, obwohl, zu meinem grossen Bedauren, vergeblich [*)]. Es ist bei unsrer Bibliothek Grundsatz, keine Übersetzungen solcher Werke anzuschaffen, wovon sie die Originale besitzt, und [es] wird davon nur selten abgewichen. Eben so erfolglos sind bisher meine Bemühungen gewesen, das Buch in einer Privatsammlung aufzutreiben. Vielleicht würden Versuche in Leipzig oder Wittenberg mehr Hoffnung geben.

Hohe Freude gewährt mir die Nachricht von Ihrem stets ungestörten Wohlbefinden. Wer könnte eines solchen seltnen Glücks würdiger sein, als Sie. Ich selbst kann nicht dasselbe von mir sagen. Zwar habe ich seit vielen Jahren keine eigentliche Krankheit gehabt. Dagegen habe ich eben so lange allerlei kleine Übel immer mehr wachsen sehen, u. a. eine fast absolut gewordene Schlaflosigkeit. Verknüpft damit ist die immer gebieterischer werdende Nothwendigkeit der äussersten Schonung und der aller einförmigsten Lebensweise und die grösste Reizbarkeit gegen äussere Einflüsse, psychische vor allem mitgerechnet. So bin ich durch die zwei in den letzten zwei Monaten erlittenen Verluste von SCHUMACHER und GOLDSCHMIDT [**)] sehr gebeugt und weiss nicht, ob ich für letztern einen Ersatz werde finden können.

Bewegt hat mich doch auch das mit letzterm fast gleichzeitige Abscheiden JACOBIS [***)], obgleich dieser mir viel weniger nahe gestanden. Ich habe seine Stellung in der Wissenschaft stets für eine sehr hohe gehalten. Ihnen muss es jedenfalls ein angenehmes Gefühl sein, dass Sie es gewesen sind, der sein Talent zuerst hervorzog und ihm in so manchen Wechselfällen (wobei ich seine Verirrungen in den letzten Jahren gern vorzugsweise auf Rechnung seines krankhaften Zustandes setze) eine wirksame Stütze sein konnten. Einigen Antheil lasse ich auch mir selbst nicht nehmen und denke noch mit Vergnügen daran, dass ich den damals 21 jährigen jungen Mann Ihnen zuerst empfohlen habe, wie ich denn noch (unter sämtlichen übrigen) auch Ihren

---

[*) Am Rande steht von ALEXANDER v. HUMBOLDTS Hand:] Ich wollte wegen des albernen Planetengesetzes von TITIUS und BODE eine Übersetzung von [CHARLES] BONNET [*Contemplation de la Nature*, Amsterdam 1764—65] durch TITIUS von 1772 haben.

[**) H. C. SCHUMACHER starb am 28. Dezember 1850 in Altona, C. W. B. GOLDSCHMIDT, Observator an der Sternwarte und a.o. Professor an der Universität Göttingen, daselbst am 15. Februar 1851.]

[***) C. G. J. JACOBI starb am 18. Februar 1851 in Berlin.]

im Anfang 1827 geschriebenen Brief[*)] aufbewahre, worin Sie mir dafür danken, dass ich Sie auf diess aufkeimende Talent aufmerksam gemacht habe.

Nach einem solchen Abtreten kann ich unmöglich unterlassen, an ein ganz ähnliches und gewiss nicht geringeres Talent zu denken. Wahrscheinlich bietet doch jenes die erleichterte Möglichkeit dar, dem jungen EISENSTEIN eine bessere Stellung zu geben, und ich würde Sie gewiss auf das allerdringendste bitten, sich kräftigst für ihn zu verwenden, wenn ich nicht glauben müsste, dass dies ganz überflüssig sein würde. Denn ich weiss ja, dass Sie früher Ihr Wohlwollen diesem hochbegabten jungen Mann reichlich zuwandten, und ich halte es für unmöglich, dass dasselbe in späterer Zeit durch irgend etwas habe geschwächt werden können.

Wenn Sie ganz wüssten, wie sehr der Empfang jeder directen Mittheilungen mich erquickt und beglückt, so würden Sie bald wieder einen solchen Festtag bereiten

Ihrem treu anhänglichen

Göttingen 28. Februar 1851. C. F. GAUSS.

BEMERKUNGEN.

Die Handschriften des ersten und dritten der drei vorstehenden Briefe sind im Besitze der Staatsbibliothek zu Berlin, photographische Nachbildungen befinden sich im GAUSSarchiv; dagegen ist von dem zweiten nur eine aus dem Nachlass C. G. J. JACOBIs stammende Abschrift bekannt. In den von K. BRUHNS zum hundertjährigen Geburtstage von GAUSS am 30. April 1877 herausgegebenen *Briefen zwischen A. v. Humboldt und Gauss*, Leipzig 1877, wären die vorstehenden Briefe an den folgenden Stellen einzufügen: 1. auf S. 26 zwischen den Nrn. 22 und 23; 2. auf S. 51 zwischen den Nrn. 35 und 36; 3. auf S. 59 zwischen den Nrn. 39 und 40. — Während in der genannten Briefsammlung 30 Briefe A. v. HUMBOLDTs an GAUSS wiedergegeben sind, beträgt die Anzahl der Briefe von GAUSS an A. v. HUMBOLDT nur 4, so dass mit den hier zum ersten Male veröffentlichten im ganzen jetzt 7 Briefe von GAUSS an A. v. HUMBOLDT bekannt sind. BRUHNS sagt darüber in seinem *Vorwort*: »Die geringe Anzahl der Briefe von GAUSS an A. v. HUMBOLDT hat darin ihren Grund, dass HUMBOLDT alle Briefe an sich, die er nicht unmittelbar als Manuskript gebrauchte, vernichtete.«

BRENDEL. SCHLESINGER.

[*) Siehe den Brief A. v. HUMBOLDTs an GAUSS vom 16. Februar 1827, *Briefe zwischen A. v. Humboldt und Gauss*, herausgegeben von K. BRUHNS, Leipzig 1877, S. 19, 20.]

VII. Zum Briefwechsel Gauss-W. v. Humboldt.

Gauss an Wilhelm v. Humboldt. Göttingen, 24. Mai 1810.

Nr. 5a.

Hochgeborner

Höchstverehrter Herr Geheime Staatsrath.

Vor allen Dingen muss ich mich bei Ewr. Excellenz entschuldigen, dass ich Ihr[e] mir in so vielfacher Rücksicht höchst angenehme Schreiben so spät beantworte. Eine Reise, die ich gegen Ende Aprils antrat, von der ich erst seit wenigen Tagen zurückgekommen bin und während welcher ich mir keine Briefe nachschicken liess, weil ich anfangs ihre Dauer viel kürzer gedacht hatte, wird mich darüber bei Ihnen rechtfertigen[*)].

Ich wünschte Worte zu finden, um Ihnen ganz sagen zu können, wie theuer mir theils die ehrenvolle Meinung, die Sie von mir haben, theils der in Ihrer Zuschrift gemachte Antrag sind. So wie von jeher das eigne Arbeiten in meinen Lieblingswissenschaften mein höchster Genuss war, so war es von jeher mein höchster Wunsch, in einer Lage zu sein, wo ich ganz und ungestört von Nebengeschäften, die ich immer als eine Art von Opfer betrachtet habe, mich meiner Neigung hingeben könnte. Die Lage, die Sie mir in Berlin anbieten, würde meine Wünsche ganz erfüllen. Ich sage, ich wünschte Worte zu finden, die es ganz ausdrückten, wie tief ich das eben gesagte empfinde, um von Ihnen nicht falsch beurtheilt zu werden, wenn ich hinzusetzen muss, dass für den gegenwärtigen **Augenblick** in meinen persönlichen Verhältnissen Umstände liegen, die mir den Wunsch abnöthigen, die Entscheidung, ob ich meine liebste Hoffnung erfüllt sehen soll, noch zu verschieben.

[*) Gauss war in der Zeit zwischen etwa dem 20. April und dem 15. Mai in Braunschweig.]

Unter diesen Verhältnissen möchte dasjenige, in welchem ich zu unserm Gouvernement stehe, wol nicht so schwer zu lösen sein. Ich habe über dasselbe nicht zu klagen; erst vor kurzen hat es mir bei Gelegenheit einer andern Vocation theils solche Verbesserungen, theils solche Zusicherungen gemacht, dass ich, wenn letztre erst zur Ausführung gekommen sein würden, durch das, was ich unmittelbar von Seiten der Regierung geniesse, noch etwa 100 ₰ besser stehen würde, als in Berlin nach den gemachten Anerbietungen. Nehme ich nun dazu, dass erstlich der Aufenthalt in Berlin gewiss kostspieliger ist als der hier, und zweitens, dass mir hier von Anfang an ein sehr bedeutender Witwengehalt (300 ₰ Cassemünze) zugesichert ist, der, im Fall ich mit Tode abgehe ohne eine Witwe zu hinterlassen, auf meine noch unerwachsnen Kinder übergeht: so würde ich es bei unsrer Regierung jetzt nicht gut verantworten können[*)], wenn ich darauf bestände, G[öttingen] zu verlassen, um mich in gewisser Rücksicht zu verschlechtern. Diese Schwierigkeiten würden sich aber nach den Winken, die Sie mir gegeben haben, so wie zweitens bei der Langsamkeit, mit der, wie ich fürchte, die oben angedeuteten Zusicherungen (Bau unsrer neuen Sternwarte) in Erfüllung gehen werden, nach einiger Zeit wol heben lassen, wo vielleicht eben diese Langsamkeit einen Theil meiner Rechtfertigung ausmachen würde. Ich muss hinzusetzen, dass die praktisch-astronomischen Beschäftigungen zwar einen ungemein hohen Reiz für mich haben, indess immer nur einen viel geringern, als die theoretischen Arbeiten.

Eine zweite Schwierigkeit liegt in meinen persönlichen Familienverhältnissen[**)]. Es ist mir peinlich, da Sie mich von Seiten meiner Denkart gar nicht kennen, dass ich nicht weiss, ob Sie meiner Aufrichtigkeit glauben werden, wenn ich versichere, dass nach aller menschlichen Wahrscheinlichkeit diese Verhältnisse, die ich freilich nicht näher berühren kann, meiner Trennung von Göttingen gar nicht absolut im Wege stehen, sondern vielmehr nach einiger Zeit vielleicht gar dazu mitwirken werden. Es kann sein, dass dieser Zeitpunkt sehr bald eintritt; aber ich würde zu viel auf das Spiel setzen, wenn ich schon jetzt die Entscheidung wagen wollte.

Bei dem hohen Reiz, den für mich persönlich die Lage in B[erlin] haben

[*) Die Handschrift hat könnte.]

[**) GAUSS war damals mit MINNA WALDECK, seiner nachmaligen zweiten Gattin, verlobt. Vergl. *Carl Friedrich Gauss und die Seinen*, herausgegeb. von HEINRICH MACK, Braunschweig 1927, S. 65 ff.]

würde, werden Sie mir leicht glauben, dass ich, wenn Sie jetzt keine entscheidende Antwort verlangen, und fortwährend mir Ihre gütigen Gesinnungen bewahren, ich alles, was ich kann und darf, thun werde, um mir die Erfüllung meiner Wünsche vorzubereiten.

Sehr schmeichelhaft nicht nur würde es für mich sein, sondern es würde schon eine Art von Band zwischen mir und der Akademie werden, wenn diese einstweilen mich zu ihrem auswärtigen Mitgliede aufzunehmen geneigt wäre.

Empfangen Sie nochmals den Ausdruck meiner höchsten Verehrung und des lebhaftesten Dankes von

Ewr. Excellenz

unterthänigstem Diener

Göttingen den 24 Mai 1810. C. F. Gauss.

BEMERKUNG.

Der vorstehende Brief, dessen Original sich in der Sammlung Darmstädter der Staatsbibliothek zu Berlin befindet (das Gaussarchiv besitzt eine photographische Nachbildung), stellt die Antwort von Gauss auf die beiden Briefe Wilhelms v. Humboldt vom 25. und 27. April 1810 dar, die in der Sammlung *Briefe zwischen A. v. Humboldt und Gauss,* Leipzig 1877, als Nrn. 4 und 5, S. 3 bis 5 abgedruckt, und deren Originale im Gaussarchiv vorhanden sind.

Der Brief Nr. 5 vom 27. April 1810 ist von W v. Humboldt eigenhändig geschrieben, während der vom 25. April (Nr. 4), die »Inlage« des ersteren, das offizielle Schreiben der »Sektion für den öffentlichen Unterricht im Ministerio des Innern«, von der Hand eines Kanzelisten geschrieben und von Humboldt nur unterzeichnet ist. — In dem Abdruck des Briefes Nr. 5, a. a. O., S. 4, 5, finden sich mehrere Abweichungen von der Handschrift, die offenbar auf Lesefehlern beruhen und die, da sie sinnstörend sind, hier berichtigt werden mögen.

Auf S. 4 müssen die Zeilen 12, 13 des eigentlichen Brieftextes lauten:
»zu gewinnen, brauche ich nicht zu rechtfertigen [statt »entschuldigen«]; er ist zu gerecht in jeder Rücksicht. Aber [statt »Meine«] Pflicht ist es Ihnen zu sagen, warum«.

Auf S. 5 muss es in den Zeilen 14, 15 heissen:
an mich zu wenden. Sie können sicher überzeugt sein, dass was auch immer [statt »es nie und nimmer«] geschehen könnte, von mir [statt »und nie«] geschehen würde. Doch«

und Zeile 22 derselben Seite:
»hochschätze, wäre es mir [statt »nie«] an sich unmöglich anders zu reden [statt »uneins zu werden«], und«

Brendel. Schlesinger.

Nachtrag zu der Nr. 29.

GAUSS an CARL KELLNER. Göttingen, 14. März 1850.

Wohlgeborner
Hochzuverehrender Herr.

Ich darf doch wohl nicht länger verschieben, Ihnen den richtigen Empfang des von Ihnen anhero gefälligst geschickten Oculars anzuzeigen, obwohl die Ursachen, die eine Verzögerung einer solchen Anzeige veranlasst haben, auch jetzt noch fortdauern. Ich beruhigte mich selbst über diese unwillkürliche Verzögerung etwas leichter, weil mir wahrscheinlich ist, dass Sie die richtige Ankunft bereits auf eine indirecte Art erfahren haben. Ich hatte nemlich dem H[er]rn Confer[enz-]Rath SCHUMACHER in Altona gelegentlich ein Paar Worte über die Wirkung, so weit ich sie erprobt, geschrieben, und schloss aus seiner Antwort, dass er vermuthlich auch eine Probe sich von Ihnen kommen lassen werde.

Die Ursachen meiner verzögerten Antwort sind übrigens folgende. Ich liess zuerst eine Fassung machen, um Ihr Ocular an das 6füssige MERZsche Fernrohr anschrauben zu können, und die Vollendung dieser Fassung zog sich mehr in die Länge, als ich erwartet hatte. Sodann ist unsere ungünstige Winter-Witterung in diesem Jahre fast noch anhaltender gewesen, als ich mich aus einem frühern Jahre erinnern kann, und dauert noch jetzt fort. Dazu gegen den Schluss des Winterhalbjahrs das Drängen von mancherlei Geschäften, die erst in den Ferien mir erst etwas mehr freie Zeit (obwohl auch schon im Voraus durch vielfach-zurückgesetztes occupirt) verstatten werden.

So ist es gekommen, dass ich ausser einer Probe an einem irdischen Gegenstande nur erst Einmahl eine am Himmel habe vornehmen können, am

Monde, noch dazu unter ungünstigen Umständen, nemlich bei sehr hohem Stande und wallender Luft. Was ich gefunden habe besteht in folgendem: Das Ocular vergrössert, an dieses Fernrohr angebracht, 96 mahl, und steht also in dieser Beziehung ganz dem einen vorhandenen MERZschen Ocular gleich. In der Deutlichkeit und Farblosigkeit des Bildes habe ich keine entschiedene Ungleichheit bemerken können. Aber Ihr Ocular hat ein Gesichtsfeld von 27′ 30″ Durchmesser, das MERZsche nur 18′ 25″. Es ist mithin die Fläche des Gesichtsfeldes bei Ihrem Ocular mehr als doppelt so gross, als unter gleicher Vergrösserung bei dem MERZschen. Die Deutlichkeit des Sehens ist in Ihrem Ocular bis zum Rande des Gesichtsfeldes, wenn nicht ganz, doch gewiss fast ganz gleich gut. Dasselbe muss ich allerdings auch von dem MERZschen sagen; allein man darf wohl mit Sicherheit voraus setzen, dass, wenn bei letzterm ein Diaphragma von einer solchen Öffnung angebracht wäre, dass das Feld auch 27′ 30″ Durchmesser hätte, die Deutlichkeit u[nd] Farblosigkeit gegen den Rand zu eine bedeutende Abnahme zeigen würde.

Dieses ist alles, was ich bisher über Ihr Ocular sagen kann. Ich wünsche dasselbe für die Sternwarte zu behalten, zu welchem Zweck es übrigens nothwendig ist, dass Sie mir eine förmliche Quittung schicken:

»dass Sie für ein der Königl. Sternwarte z[u] G[öttingen] geliefertes »orthosk[opisches] Ocular den Preis mit . . . von mir ausbezahlt erhalten »hätten.

Falls Sie nicht eine andre Einziehungsart dieses Preises vorziehen, habe ich dann auch nichts dagegen, dass Sie ihn durch Postvorschuss entnehmen.

Späterhin liesse sich vielleicht auch noch auf weitere Benutzung Ihrer Einrichtung an andern Instrumenten denken, namentlich bei solchen, wo ein sehr vergrössertes Gesichtsfeld besondere Wichtigkeit hat (also vorzüglich bei Cometensuchern).

Dass Sie übrigens die Zusammensetzung der Doppellinse zur Zeit noch geheim halten, ist zwar etwas, wozu man Ihnen die Berechtigung nicht absprechen kann; ich zweifle aber, ob es gerade zu Ihrem Vortheil gereicht. Denn Einmahl möchte dadurch mancher eher zu einem Misstrauen bewogen werden, und zweitens kann es auch gar nicht schwer sein, diese Zusammensetzung herauszubringen, wenn man ein Exemplar besitzt, auch ohne die zusammengesetzte Linse zu trennen. In der That hatte ich selbst die Halbmesser der 4 zugänglichen Flächen gleich nach Empfang gemessen, u[nd] eben so die Brennweiten der beiden Linsen einzeln und die des Ganzen; ich wollte die Zahlen Ihnen zu beliebiger Vergleichung schicken, kann aber das Blatt in diesem Augenblick nicht finden. Man wird nun leicht durch Rechnung bestimmen können, wie, jene Grössen als gegeben betrachtet, die zusammengesetzte Linse an der Scheidungsfläche gekrümmt sein muss, um die möglich beste Wirkung zu thun. Für jetzt fehlt es freilich mir dazu an Zeit.

Hochachtungsvoll beharre ich Ew. Wohlgeboren

ergebenster Diener

Göttingen den 14. März 1850. C. F. Gauss.

BEMERKUNG.

Unter den im Gaussarchiv befindlichen Briefen von Gauss »an unbekannte Empfänger« fand sich, nachdem die Nr. 29 der *Varia* (siehe oben S. 149—151) bereits ausgedruckt war, eine von E. Schering angefertigte Abschrift des vorstehenden Briefes, der, da er die oben S. 150 unter [4.] aus dem Giessener Jahresbericht für 1849 wiedergegebene Stelle (mit einigen kleineren Abweichungen) enthält, aber auch seinem sonstigen Inhalte nach unzweifelhaft an C. Kellner in Wetzlar gerichtet war. Über den Verbleib der Handschrift hat sich nichts feststellen lassen.

Brendel. Schlesinger.

Register zu den Varia.

ATLAS

DES

ERDMAGNETISMUS

NACH DEN ELEMENTEN DER THEORIE ENTWORFEN.

SUPPLEMENT

ZU DEN

RESULTATEN AUS DEN BEOBACHTUNGEN DES MAGNETISCHEN VEREINS

UNTER MITWIRKUNG VON C. W. B. GOLDSCHMIDT

HERAUSGEGEBEN

VON

CARL FRIEDRICH GAUSS

UND

WILHELM WEBER.

LEIPZIG,

WEIDMANN'SCHE BUCHHANDLUNG.

LONDON: BLACK AND ARMSTRONG. — PARIS: BROCKHAUS ET AVENARIUS. — STOCKHOLM: FRITZE UND BAGGE. — MAILAND: TENDLER UND SCHAEFER. — ST. PETERSBURG: W. GRAEFF.

1840.

Vorrede.

Aus welchem Gesichtspunkte ich den numerischen Theil meiner im dritten Jahrgange der Resultate des magnetischen Vereins bekannt gemachten *Allgemeinen Theorie des Erdmagnetismus* [*)] von Anfang an selbst betrachtet habe, ist an verschiedenen Stellen jener Abhandlung ausgesprochen. Mein nächster Zweck war, die von allen früher eingeschlagenen Wegen ganz abweichende Methode zu erläutern: von den numerischen Resultaten selbst erwartete ich mehr nicht als eine entfernte Annäherung, da der erste Versuch auf grossentheils höchst dürftige und unzuverlässige Data gegründet werden musste. Indessen hat der Erfolg meine Erwartungen sehr übertroffen. Die in jener Schrift mitgetheilte [**)] und gegenwärtig mit neuen Erweiterungen wieder abgedruckte Tafel der Vergleichungen zwischen den an mehr als hundert Örtern aus allen Theilen der Erde gemachten Beobachtungen und der nach der Theorie geführten Rechnung bietet einen so hohen und allen billigen Erwartungen genügenden Grad von Übereinstimmung dar, dass man die Theorie als der Wahrheit sehr nahe kommend betrachten darf und lebhaft wünschen muss, diese Theorie nicht blos in den zwar inhaltschweren, aber nicht unmittelbar zu den Sinnen sprechenden Zahlenelementen, sondern auch nach allen ihren Beziehungen für die ganze Erdoberfläche in einer anschaulichen Übersicht dargestellt zu sehen.

Mein verehrter Freund, Herr Professor Weber, der keine Aufopferung scheuet, wo es gilt, der Wissenschaft einen Dienst zu leisten, unternahm es, eine solche Versinnlichung durch eine Anzahl von Karten zu veranstalten, die in grösster Vollständigkeit alle magnetischen Verhältnisse für die ganze Erd-

[*) Werke V, S. 119—193.]

[**) Werke V, S. 158—161.]

oberfläche, so wie jene Theorie sie ergiebt, graphisch darstellen. Er vereinigte sich zu diesem Zweck mit Hrn. Doctor GOLDSCHMIDT, der mit nicht minder rühmlichem Eifer Rechnung und Zeichnung für die Karten I—IV, IX, X, XV—XVIII ausgeführt hat. Auch muss die gefällige Beihülfe der Herren DRASCHUSSOF und HEINE dankbar erwähnt werden, die einen Theil der für die Karten VII und VIII nöthigen Rechnungen übernommen haben, so wie letzterer auch die Zeichnung der Karten V und VI besorgt hat. Die übrige, für die Blätter V—VIII nöthige Arbeit, ingleichen die ganze für die Blätter XI—XIV hatte Hr. Prof. WEBER selbst auf sich genommen, so wie die Anordnung und Überwachung des Drucks der Zahlentafeln; auch ist von ihm die ganze folgende Erklärung der Karten abgefasst mit Ausnahme der Paragraphen 21—25, welche von Hrn. Doctor GOLDSCHMIDT herrühren. Diese Erklärung erschöpft alles, was zum Verständniss der Karten und zur Beurtheilung des Nutzens, welchen sie leisten können, nöthig ist, so vollständig, dass mir nichts hinzuzusetzen übrig bleibt als der Wunsch, dass diese mühsame und verdienstliche Arbeit bei den Freunden der Naturwissenschaften gerechte Anerkennung finden möge.

Göttingen im Mai 1840.

GAUSS.

Erklärung der Karten und Zahlentafeln.

§ 1. Einrichtung der Karten.

In den vorliegenden Karten ist die Oberfläche der Erde immer in drei Abtheilungen zerlegt worden, deren erste, nach MERCATORS Projection, den ganzen Erdgürtel zwischen 70^0 nördlicher und 70^0 südlicher Breite (den Meridian von Greenwich, von wo die Länge gerechnet wird, in der Mitte), die zweite und dritte, nach stereographischer Projection, die nördliche und südliche Polargegend bis zum 65sten Breitengrade vorstellt. Die erste Abtheilung ist für sich auf einer Tafel, die zweite und dritte Abtheilung sind auf einer andern zusammen; die ganze Erdoberfläche also ist auf zwei Tafeln gezeichnet. Auf diese Weise ist die Oberfläche der Erde neunmal dargestellt worden, um eine Übersicht zu geben:

1) von den magnetischen Potenialen[*)] $\frac{V}{R}$, deren Bedeutung später erklärt werden wird (Erste Karte für die Werthe von $\frac{V}{R}$, Taf. I. II.);

2) von der idealen Vertheilung der magnetischen Fluida (Zweite Karte: Ideale Vertheilung des Magnetismus auf der Erdoberfläche, Taf. III. IV.);

3) 4) und 5) von den drei rechtwinkligen Componenten der magnetischen Kräfte (Dritte Karte für die berechneten Werthe der nörd-

[*) Nach der von GAUSS gegebenen Definition ist nicht $\frac{V}{R}$, sondern $-V$ das magnetische Potential; man liest in bezug auf dieses Verschen WEBERS auf S. 36 der Originalausgabe die folgende Bemerkung:]

Im Text ist immer $\frac{V}{R}$ mit dem Namen des § 25 erklärten magnetischen Potentials bezeichnet worden; man verstehe aber darunter $-V$, d. i. das Product von $\frac{V}{R}$ in den Erdhalbmesser mit entgegengesetztem Vorzeichen. Siehe darüber Resultate 1839, S. 4, Art. 3 [Werke V, S. 199, 200] und vergleiche Resultate 1838, S. 8, Art. 4 [Werke V, S. 127, 128].

lichen Intensität X, Taf. V. VI. — Vierte Karte für die berechneten Werthe der westlichen Intensität Y, Taf. VII. VIII. — Fünfte Karte für die berechneten Werthe der verticalen Intensität Z, Taf. IX. X.);

6) von der horizontalen Intensität (Sechste Karte für die berechneten Werthe der horizontalen Intensität, Taf. XI. XII.);

7) von der Declination durch die isogonischen Linien (Siebente Karte für die berechneten Werthe der Declination, Taf. XIII. XIV.);

8) von der Inclination durch die isoklinischen Linien (Achte Karte für die berechneten Werthe der Inclination, Taf. XV. XVI.);

9) von der (ganzen) Intensität durch die isodynamischen Linien (Neunte Karte für die berechneten Werthe der ganzen Intensität, Taf. XVII. XVIII.).

§ 2. Magnetische Pole der Erde.

Bezeichnet man mit dem Namen der magnetischen Pole der Erde diejenigen Puncte der Erdoberfläche, wo die horizontale magnetische Kraft verschwindet, und wo also die ganze magnetische Kraft nur vertical sein kann, so gibt es nur zwei Pole, nämlich einen nördlichen und einen südlichen, jenen im Norden von Amerika

73° 35′ N. Breite
264° 21′ Länge (östlich von Greenwich),

diesen im Süden von Van-Diemensland

72° 35′ S. Breite,
152° 30′ Länge.

Ein durch beide Pole gehender grösster Kreis schneidet den Äquator unter einem Winkel von 75° 53′ in 25° 46′ und 205° 46′ Länge; die sie verbindende Chorde überspannt 161° 13′; ein dieser Chorde paralleler Diameter schneidet die Erdoberfläche nördlich in 75° 52′ N. Breite, 299° 32′ Länge, südlich in 75° 52′ S. Breite, 119° 32′ Länge. Man findet diese Pole sehr leicht in folgenden Karten: Taf. II. XII. XIV. XVI., wo sie durch die Gestalt der magnetischen Curven sehr kenntlich sind; denn theils schneiden sich diese Curven in ihnen, wie Taf. XIV., theils werden sie von den Curven ringsum eingeschlossen, wie Taf. II. XII. XVI. — Beiläufig mag erinnert werden, dass mit diesen Polen weder die Puncte der grössten Anhäufung des Magnetismus, welche Taf IV., noch die Puncte der grössten Intensität der magnetischen Kraft, welche Taf. XVIII. besonders hervortreten, verwechselt werden dürfen. —

Nach Cap[itain JAMES CLARK] ROSS's Beobachtung[*)] fällt der nördliche magnetische Pol in

$70^0\ 5'$ N. Breite $263^0\ 14'$ Länge,

also etwa $3^0\ 30'$ südlicher als auf unsrer Karte, auf eine Stelle, wo nach Taf. XVI. die Inclination $1^0\ 12'$ kleiner ist als am Pole. — In der Nähe des südlichen magnetischen Pols fehlt es an Beobachtungen; jedoch wird durch eine Beobachtung in Hobarttown, als dem am nächsten liegenden Beobachtungsorte, die Vermuthung begründet, dass der südliche magnetische Pol etwa in der Gegend von

66^0 S. Breite 146^0 Länge

zu suchen sei, an einer Stelle, wo nach Taf. XVI. die Inclination $4^0\ 56'$ kleiner als am Pole ist.

»Von einigen Physikern**) ist die Meinung aufgestellt, dass die Erde zwei magnetische Nordpole und zwei Südpole habe: es scheint aber nicht, dass vorher der wesentlichsten Bedingung genügt und eine präcise Begriffsbestimmung gegeben sei, was man unter einem magnetischen Pole verstehen wolle. Wir werden mit dieser Benennung jeden Punct der Erdoberfläche bezeichnen, wo die horizontale Intensität $= 0$ ist: allgemein zu reden ist daselbst die Inclination $= 90^0$; es ist aber auch der singuläre Fall (wenn er vorkäme) mit eingeschlossen, wo die ganze Intensität $= 0$ ist. Wollte man diejenigen Stellen magnetische Pole nennen, wo die ganze Intensität einen Maximumwerth hat (d. i. einen grösseren, als ringsum in der nächsten Umgebung), so darf man nicht vergessen, dass diess etwas von jener Begriffsbestimmung ganz verschiedenes ist, dass letztere Puncte mit jenen weder dem Orte noch der Anzahl nach einen nothwendigen Zusammenhang haben, und dass es zur Verwirrung führt, wenn ungleichartige Dinge mit einerlei Namen benannt werden.«

[*) J. C. ROSS, *On the position of the north magnetic pole*, Philosophical Transactions of the Roy. Soc. 1834, Part. I, S. 47.]

**) Resultate 1838, S. 14, 15 [Werke V, S. 134, 135].

»Sehen wir von der wirklichen Beschaffenheit der Erde ab und fassen die Frage allgemein auf, so können allerdings mehr als zwei magnetische Pole existiren; es scheint aber noch nicht bemerkt zu sein, dass, sobald z. B. zwei Nordpole vorhanden sind, es nothwendig zwischen ihnen noch einen dritten Punct geben muss, der gleichfalls ein magnetischer Pol, aber eigentlich weder ein Nordpol noch ein Südpol oder, wenn man lieber will, beides zugleich ist.«

Von den verschiedenen hiernach möglichen Fällen (über welche die *Allmeine Theorie des Erdmagnetismus* in den Resultaten 1838, S. 15 bis 18 [Werke V, S. 135—137] nachgelesen werde) ist derjenige, wo es nur einen nördlichen und einen südlichen magnetischen Pol giebt, der einfachste.

»Wir können behaupten*), dass etwas ins Grosse gehende Abweichungen von dem Typus des einfachsten Falls auf der Erde nicht Statt finden. Aber locale Abweichungen sind sehr wohl denkbar, wo nahe unter der Erdoberfläche magnetische Massen sich befinden, die zwar in etwas beträchtlicher Entfernung keine merkliche Wirkung mehr ausüben, aber in der unmittelbaren Umgebung doch eine so starke, dass die in regelmässiger Fortschreitung wirkende erdmagnetische Kraft davon ganz überboten und unkenntlich gemacht wird.«

§ 3. Magnetische Axe der Erde.

»Wenngleich man**) den beiden Puncten auf der Erdoberfläche, wo die horizontale Kraft verschwindet, und die man die magnetischen Pole nennt, wegen ihrer Beziehung auf die Gestaltung der Erscheinungen der horizontalen Kraft auf der ganzen Erdfläche eine gewisse Bedeutsamkeit wohl beilegen mag, so muss man sich doch hüten, dieser Bedeutsamkeit eine weitere Ausdehnung zu geben; namentlich ist die Chorde, welche jene beiden Puncte verbindet, ohne alle Bedeutung, und es würde ein unpassender Missgriff sein, wenn man diese gerade Linie durch die Benennung magnetische Axe der Erde auszeichnen wollte. Die einzige Art, wie man dem Begriffe der magnetischen Axe eines Körpers eine allgemein gültige Haltung geben kann, ist die im 5. Artikel der *Intensitas vis magneticae* [Werke V, S. 89, 90] festgesetzte, wonach

*) Resultate 1838, S. 18 [Werke V, S. 137].

**) Resultate 1838, S. 44. 45 [Werke V, S. 163, 164].

darunter eine gerade Linie verstanden wird, in Beziehung auf welche das Moment des in dem Körper enthaltenen freien Magnetismus ein Maximum ist.« Zur Bestimmung der magnetischen Axe in diesem Sinn dient, dass ihr magnetischer Nordpol nach Süden gekehrt ist und dass ihre Richtung dem Erddiameter von 77° 50′ N. Breite 296° 29′ Länge nach 77° 50′ S. Breite 116° 29′ Länge parallel ist. Sie macht hiernach mit der beide Pole verbindenden Chorde oder mit einem damit parallelen Erddiameter (welcher von 75° 52′ N. Breite 299° 32′ Länge nach 75° 52′ S. Breite 119° 32′ Länge geht) einen Winkel von 2° 5′.

§ 4. Magnetisches Moment der Erde.

»Nach der*) in der *Intensitas vis magneticae* festgesetzten absoluten Einheit des magnetischen Moments wird das magnetische Moment der Erde durch eine Zahl ausgedrückt, deren Logarithme = 29,93136, oder durch 853800 Quadrillionen. Nach derselben absoluten Einheit wurde das magnetische Moment eines einpfündigen Magnetstabes nach den im Jahre 1832 angestellten Versuchen = 100877000 gefunden (*Intensitas*, Art. 21 [Werke V, S. 109, 110]); das magnetische Moment der Erde ist also 8464 Trillionen mal grösser. Es wären daher 8464 Trillionen solcher Magnetstäbe, mit parallelen magnetischen Axen, erforderlich, um die magnetische Wirkung der Erde im äusseren Raume zu ersetzen, was bei einer gleichförmigen Vertheilung durch den ganzen körperlichen Raum der Erde beinahe acht Stäbe (genauer 7,831) auf jedes Cubikmeter beträgt. So ausgesprochen, behält dieses Resultat seine Bedeutung, auch wenn man die Erde nicht als einen wirklichen Magnet betrachten, sondern den Erdmagnetismus blossen beharrlichen galvanischen Strömen in der Erde zuschreiben wollte. Betrachten wir aber die Erde als einen wirklichen Magnet, so sind wir genöthigt, durchschnittlich wenigstens**) jedem Theile derselben, der ein Achtel Cubikmeter gross ist, eine eben so starke Magneti-

*) Resultate 1838, S. 46 [Werke V, S. 164, 165].

**) »In so fern wir nämlich nicht befugt sind, bei allen magnetisirten Theilen der Erde durchaus parallele magnetische Axen vorauszusetzen. Je mehr an solchem Parallelismus fehlt, desto stärker muss die durchschnittliche Magnetisirung der Theile sein, um dasselbe magnetische Totalmoment hervorzubringen.«

sirung beizulegen, als jener Magnetstab enthält, ein Resultat, welches wohl den Physikern unerwartet sein wird.«

§ 5. Maximum- und Minimum-Werthe der magnetischen Intensität auf der Erdoberfläche.

Es ist § 2 unterschieden worden zwischen den magnetischen Polen der Erde oder denjenigen Puncten der Erdoberfläche, wo die horizontale Intensität verschwindet, und den Maximum-Werthen der ganzen magnetischen Intensität oder denjenigen Puncten der Erdoberfläche, wo die Wirkung des Erdmagnetismus am grössten ist. Es ist erwähnt worden, dass diese Puncte mit jenen Polen weder dem Orte noch der Anzahl nach einen nothwendigen Zusammenhang haben. Wirklich giebt es nur, wie § 2 angeführt worden ist, zwei magnetische Pole der Erde, einen Nordpol und einen Südpol; dagegen drei Maximum-Werthe der magnetischen Intensität, deren zwei auf der nördlichen und einer auf der südlichen Hemisphäre liegen, nämlich jene

54^0 32′ N. Breite 261^0 27′ Länge,
71^0 20′ N. Breite 119^0 57′ Länge,
dieser 70^0 9′ S. Breite 160^0 26′ Länge.

Hiernach fällt der erste 19^0 3′ südlich vom nördlichen magnetischen Pole in Nordamerika, der zweite in die Gegend von Sibirien, wo Hansteen einen zweiten Pol vermuthete, der dritte 2^0 26′ nördlich und 7^0 56′ östlich vom südlichen magnetischen Pol, südlich von Van-Diemensland, wie Taf. XVII. und XVIII. zeigt.

Die Intensität in diesen drei Puncten beträgt nach der in der *Intensitas vis magneticae* festgesetzten absoluten Einheit

im ersten 6,1614,
im zweiten 5,9113,
im dritten 7,8982.

Hierbei muss bemerkt werden, dass allen Karten und Zahlentafeln nicht die in der *Intensitas vis magneticae* festgesetzte absolute Einheit zum Grunde liegt, sondern die bisher gewöhnlich gebrauchte willkührliche Einheit, wonach in London die ganze Intensität durch die Zahl 1,372 ausgedrückt wird, die zur Vermeidung von Brüchen noch mit der Zahl 1000 multiplicirt worden ist. Die danach ausgedrückten Werthe der Intensität können aber leicht auf jene absolute Einheit durch den Reductionsfactor 0,0034941 gebracht werden. Dieser Reductionsfactor ist durch Vergleichung der Intensität in Göttingen nach jener willkührlichen und dieser absoluten Einheit erhalten worden, die sich wie 1,357 : 4,7414 verhielten*). Daher kommt es, dass man statt obiger Werthe nach absoluter Einheit in den Karten und Zahlentafeln nach jener willkührlichen Einheit die Werthe

1763,4
1691,8
2260,5

als die Intensität in obigen drei Puncten angegeben findet. Die Intensität in den magnetischen Polen beträgt dagegen

	nach absoluter Einheit	nach der Karte
im nördlichen Pole	5,9433,	1701,
im südlichen Pole	7,8720,	2253.

Die Minimum-Werthe der magnetischen Intensität auf der Erdoberfläche liegen in der Nähe des Äquators. Es giebt deren zwei:

$5^0\ 7'$ N. Breite $178^0\ 28'$ Länge,
$18^0\ 9'$ S. Breite $350^0\ 12'$ Länge.

Die Intensität beträgt daselbst

nach absoluter Einheit	nach der Karte
3,2481,	929,6,
2,8281,	809,4,

Man sehe Taf. XVII.

§ 6. Ideale Anhäufungen von Magnetismus auf der Erdoberfläche.

Es giebt keinen Punct auf der Erde oder darin, und kann keinen geben, wo aller Magnetismus concentrirt gedacht werden dürfte, in der Art, wie alle Masse der Erde in ihrem Mittelpuncte concentrirt vorgestellt werden kann. Es kann aber Puncte geben, wo man sich besonders viel Magnetismus con-

*) Nach einer in Göttingen 1834 am 19. Julius gemachten absoluten Intensitätsmessung war die horizontale Intensität 1,7748, woraus mit der Inclination $68^0\ 1'$ die ganze Intensität nach der absoluten Einheit = 4,7414 folgt.

centrirt vorstellen kann. Diese Puncte darf man aber nicht mit den magnetischen Polen (§ 2) verwechseln, mit denen sie weder der Zahl noch der Lage nach in einem nothwendigen Zusammenhange stehen. Wirklich ergiebt sich, dass, während nur zwei magnetische Pole existiren, der Magnetismus an drei Orten der Erdoberfläche am meisten aufgehäuft gedacht werden könne, der Südmagnetismus an zweien, der Nordmagnetismus an einem, nämlich in

$55^0\,26'$ N. Breite $262^0\,54'$ Länge,
$70^0\,51'$ N. Breite $115^0\,38'$ Länge,
$70^0\,28'$ S. Breite $159^0\,13'$ Länge.

Diese drei Orte liegen sehr nahe an den Stellen, wo die (ganze) Intensität ihre Maximum-Werthe hat. Man findet sie in Taf. III. und IV. angegeben.

Wo der meiste Magnetismus aufgehäuft vorgestellt werden darf, braucht aber nicht wirklich der meiste Magnetismus zu sein, sondern es ist möglich, dass an jenen Orten nur wenig oder gar kein Magnetismus sich befindet, gerade so, wie im Mittelpunct der Erde sich wirklich wenig oder gar keine Masse zu befinden braucht, ungeachtet die Anziehungskraft der Erde nach aussen so beschaffen ist, dass alle Masse der Erde darin concentrirt gedacht werden kann. Wirkliche grosse Anhäufungen magnetischer Massen nahe an der Erdoberfläche werden selbst in geringer Entfernung sehr wenig wirken im Vergleich zum Magnetismus der ganzen Erde, folglich nur in engem Kreise einen Localeinfluss üben. Die Elemente der Theorie sind und werden aber lange noch nicht mit solcher Vollständigkeit und Schärfe bestimmt werden, wie nöthig sein würde, wenn solche Localeinflüsse mit umfasst werden sollten. Fände man eine solche Gegend, so könnten magnetische Specialkarten davon entworfen werden, und die Vergleichung derselben mit den vorliegenden allgemeinen Karten würde zu wahrscheinlichen Muthmassungen über Ort und Grösse der wirklich vorhandenen magnetischen Massen führen.

§ 7. Linien ohne Abweichung.

Es hat nie eine Zeit gegeben, wo die Magnetnadel überall auf der Erdoberfläche genau nach Norden gezeigt hätte; es hat aber immer einzelne Gegenden gegeben, wo dies der Fall war. Diese Gegenden sind mit der Zeit verschoben worden. Die Declinationskarte Taf. XIII. und XIV. giebt Aufschluss darüber, wie diese Gegenden gegenwärtig liegen. Man übersieht ihre Lage sehr leicht in obiger Karte, wo die Linien, welche alle Puncte verbinden, in welchen die Declination Null oder $\pm 180^0$ ist, etwas stärker gezeichnet sind. Man findet zwei solche Linien, eine grössere und eine kleinere. Die erstere sieht man im Norden von Amerika vom magnetischen Südpol der Erde kommen und über Taf. XIII. bis 70^0 S. Breite fortgehen. Ihren weiteren Verlauf sieht man Taf. XIV. (3te Abtheilung). Sie geht nämlich durch den Südpol der Erde und darauf durch den magnetischen Nordpol hindurch (Taf. XIII.) nach Neuholland, durch Arabien, Persien und Russland (Taf. XIV. 2te Abtheilung) zum Nordpol der Erde, von wo sie zum magnetischen Südpol und zugleich in sich selbst zurückkehrt. Die andere Linie läuft auch in sich selbst zurück, ist aber auf einen viel engeren Raum beschränkt, in Ostsibirien, China und dem angrenzenden Meere. — Die erstere Linie zerfällt in 4 Abtheilungen, in zwei, wo die Boussole nach Norden zeigt, und zwei, wo sie nach Süden zeigt, d. i. wo der Nordpol der Nadel nach Süden gerichtet ist. Vom magnetischen Südpol (73^0 35′ N. Breite 264^0 21′ Länge) zum Südpol der Erde reicht die erste Abtheilung, wo der Nordpol der Nadel überall nach Norden zeigt; zwischen dem Südpol der Erde und dem magnetischen Nordpol (72^0 35′ S. Breite 152^0 30′ Länge) fällt der zweite Theil, wo der Nordpol der Nadel nach Süden zeigt; vom magnetischen Südpol bis zum Nordpol der Erde erstreckt sich der dritte Theil, wo die Nadel wiederum mit ihrem Nordpol nördlich zeigt; endlich vom Nordpol der Erde zum magnetischen Südpol läuft der vierte Theil unsrer Linie, wo die Nadel wiederum mit ihrem Südpol nach Süden zeigt. Taf. XIII. und XIV. ist die Declination in der ersten und dritten Abtheilung mit 0^0 bezeichnet, in der zweiten und vierten Abtheilung dagegen Taf. XIV. mit $\pm 180^0$. — In der anderen Linie zeigt überall die Nadel mit ihrem Nordpol nördlich, was Taf. XIII. dadurch angedeutet ist, dass die Declination mit 0^0 bezeichnet wird.

Dieselben zwei Linien findet man auch auf Taf. VII. und VIII., welche die Linien gleicher westlicher Intensität darstellen; denn es leuchtet von selbst ein, dass da, wo die Boussole genau nach Norden oder Süden zeigt (d. i. wo die Declination Null ist), auch die westliche (oder östliche) Intensität Null sein müsse. Sucht man daher in diesen Karten die Linien, wo die westliche (oder östliche) Intensität mit 0 angegeben ist, so erkennt man, dass sie genau dieselbe Lage und Gestalt haben, wie die Linien verschwindender Declination in Taf. XIII. und XIV. Es sind diese Linien die einzigen, welche diese Karten mit einander gemein haben, und keine andere Karte enthält diese Linien. Wenn man jedoch Taf. I. und II. bei allen dort dargestellten Curven alle die Puncte betrachtet, wo diese Curven genau von Osten nach Westen laufen, so erkennt man leicht, dass man durch Verbindung aller dieser Puncte dieselben Linien erhalten würde.

§ 8. Stetigkeit der magnetischen Curven.

Alle in diesen Karten dargestellten Linien, die wir kurz magnetische Curven nennen wollen, so verschieden sie sind, haben das gemein, dass sie stetig und ununterbrochen fortlaufen, nirgends plötzlich abbrechen oder endigen, dass sich nie zwei Linien in eine vereinigen oder eine Linie sich in zwei Aeste spaltet, sondern dass, wo zwei Linien in einem Punct zusammenstossen, sie sich durchkreuzen. Hierin zeigt sich die Gesetzmässigkeit in der Wirksamkeit der magnetischen Kräfte, welche nirgends einen Sprung gestattet, und wo selbst die Änderungen nur allmählig, nirgends plötzlich, eintreten. Unter allen 18 Tafeln sind 8, wo auch keine Kreuzung der Linien vorkommt, nämlich Taf. I. II. III. IX. X. XII. XV. XVI.

§ 9. Tafel XIII.
Karte für die isogonischen Linien nach Mercators Projektion.

Mit der Betrachtung der Declinationskarte wollen wir die Betrachtung der Tafeln im Einzelnen beginnen. Wir unterscheiden bei der Declinationskarte Taf. XIII., welche nach Mercators Projection den ganzen Erdgürtel von 70^0 nördlicher bis 70^0 südlicher Breite umfasst, und Taf. XIV., welche nach stereographischer Projection die nördliche und südliche Polargegend bis zum 65sten Breitengrade darstellt (§ 1). Wir betrachten Taf. XIII. zuerst. Man findet auf dieser Tafel einige isogonische Linien, so weit sie auf die Karte fallen, vollständig, andere unvollständig abgebildet, so weit sie nöthig waren, um den Übergang einer Linie zur andern deutlich zu machen. Jene entsprechen folgenden Declinationen

0^0, 10^0, 20^0, $22^0\,13'$, 25^0, 30^0, 40^0, 50^0, 60^0 westlich,

0^0, 5^0, 10^0, $10^0\,15'$, 12^0, 15^0, 20^0, 30^0, 40^0, 50^0 östlich.

Diese entsprechen folgenden Declinationen

2^0 westlich,

$1^0\,14'$, $2^0\,30'$, 6^0, $7^0\,30'$, $8^0\,46',5$ östlich.

Endlich sieht man zwei einzelne Puncte auf der Tafel mit folgenden Declinationen angegeben

$2^0\,30'$ westlich,

$5^0\,15'$ östlich.

Gegenden, wo die Declination westlich ist.

Die Gegenden, wo die Declination westlich ist, erkennt man in dieser Tafel daran, dass die Declination daselbst als positiv bezeichnet ist. Man findet zwei von einander getrennte Flächen, wo die Declination westlich ist, eine grössere und eine kleinere. Die grössere liegt zwischen 264^0 und 152^0 Länge und erstreckt sich der Breite nach über die ganze Tafel von 70^0 nördlicher bis 70^0 südlicher Breite. Sie umfasst die östlichen Theile von Nord- und Südamerika, Grönland, den atlantischen Ocean, das westliche Europa, ganz Afrika, Arabien und den westlichen Theil von Australien. Im Westen wird sie von der Linie verschwindender Declination begrenzt, welche vom magnetischen Südpol zum Südpol der Erde geht, im Osten von der Linie verschwindender Declination, welche vom Nordpol der Erde kommt und zum magnetischen Nordpol geht. Die kleinere Fläche liegt im östlichen Asien und umfasst einen Theil Sibiriens und des angrenzenden Meers. Sie wird umgrenzt von der in sich selbst zurücklaufenden Linie verschwindender Declination, welche nicht durch die Erdpole geht. Diese Grenze übersieht man leicht, weil die Linien verschwindender Declination stärker gezeichnet sind. In jeder Fläche giebt es eine Gegend, wo die Declination sich wenig ändert. In der ersteren Fläche liegt diese Gegend in Afrika (etwa 13^0 nördlicher Breite 4^0 Länge), in der zweiten in China (etwa 45^0 nördlicher Breite 130^0 Länge). Diese beiden Gegenden unterscheiden sich dadurch wesentlich von einander, dass in der ersteren ein Kreuzungspunct zweier Linien gleicher westlicher Declination liegt, nämlich zweier Linien, wo die Declination $+22^0\,13'$ beträgt, in der letzteren dagegen ein Maximum westlicher Declination von $2^0\ 30'$. Die Gegend um den Kreuzungspunct zerfällt in 4 Abschnitte. Nach NNW und SSO liegen zwei Abschnitte, wo die Declination etwas grösser als $22^0\ 13'$ ist, nach WWS und NNO zwei Abschnitte, wo sie etwas kleiner ist. In China ist rings um den Punct, wo $2^0\ 30'$ westliche Declination statt findet, die Declination etwas kleiner.

Gegenden, wo die Declination östlich ist.

Die Gegenden, wo die Declination östlich ist, erkennt man in unserer Tafel daran, dass die Declination daselbst als negativ bezeichnet ist. Man findet, dass diese Gegend eine einzige zusammenhängende Fläche bildet, die nur auf unsrer Karte scheinbar in zwei Theile zerfällt, weil die in der That an einander grenzenden Länder diesseits und jenseits des 180sten Längengrades von einander gerissen sind, indem diese auf der linken, jene auf der rechten Seite der Karte liegen. Um jedoch den Zusammenhang der Linien gleicher Declination d. i. der isogonischen Linien in diesen Grenzgegenden besser zu übersehen, sind die ersten 20 Längengrade am Ende der Tafel wiederholt. Diese Fläche umfasst die ganze Tafel mit Ausnahme der beiden oben betrachteten Flächen, wo die Declination westlich war; sie umschliesst von diesen die kleinere und wird durch die in sich selbst zurücklaufende Linie verschwindender Declination, die nicht durch die Erdpole geht, davon geschieden. Diese Fläche enthält vier Gegenden, wo die Declination sich wenig ändert, nämlich bei

0^0 Breite	116^0 Länge	— $1^0\ 14'$	Declination,
0^0 Breite	177^0 Länge	— $10^0\ 15'$	Declination,
15^0 S. Breite	220^0 Länge	— $5^0\ 15'$	Declination,
6^0 N. Breite	260^0 Länge	— $8^0\ 46',5$	Declination.

In der ersten, zweiten und vierten liegen Kreuzungspuncte von zwei Linien gleicher Declination, durch welche jede derselben in vier Abschnitte getheilt wird, wo in zweien die Declination etwas grösser, in den beiden andern etwas kleiner als im Kreuzungspuncte ist. In der dritten Gegend liegt ein Punct, wo die östliche Declination ein Minimum ist, nämlich — $5^0\ 15'$, und ringsum grösser wird.

§ 10. Tafel XIV. Karte für die isogonischen Linien nach stereographischer Projection.

Die nach stereographischer Projection entworfene Karte der Linien gleicher Declination oder der isogonischen Linien stellt die beiden Polargegenden bis zum 65sten Breitengrade dar. Man findet die isogonischen Linien hier vollständig von 10^0 zu 10^0 dargestellt; unvollständig, zur Erläuterung des Übergangs von einer Linie zur andern, die 5^0, 12^0 und 15^0 östlicher Declination entsprechenden Linien. Da diese Polargegenden grossentheils unzugänglich sind, so hat diese Karte zwar ein geringeres praktisches Interesse als die vorige, indessen ist diese Karte wegen der eigenthümlichen Gestaltung ihrer Linien beachtungswerth. Zuerst fällt in die Augen, dass alle diese Linien, sowohl in der nördlichen als auch in der südlichen Polargegend, sich in zwei Puncten schneiden, alle in den nämlichen zwei Puncten. Diese Puncte sind in der nördlichen Polargegend der Nordpol der Erde und der magnetische Südpol, in der südlichen Polargegend der Südpol der Erde und der magnetische Nordpol. Die Declination ist der Winkel, den zwei Ebenen mit einander bilden, die Ebene des astronomischen Meridians mit der Ebene des magnetischen Meridians. Zieht man um den magnetischen Pol einen sehr kleinen Kreis, so ist der magnetische Meridian in allen Puncten auf ihn normal, oder der magnetische Meridian hat in den verschiedenen Puncten dieses Kreises alle möglichen Lagen. Für den magnetischen Pol ergiebt sich hieraus die Lage des magnetischen Meridians als unbestimmt, oder jede durch den Pol gelegte Verticalebene kann hier als magnetischer Meridian betrachtet werden. Mit allen diesen Verticalebenen bildet nun die Ebene des astronomischen Meridians alle möglichen Declinationen, und die Linien der verschiedensten Declinationen müssen sich also in den magnetischen Polen schneiden. — Im astronomischen Pole dagegen kann jede durch den Pol gelegte Verticalebene als astronomischer Meridian gelten, und die Ebene des magnetischen Meridians bildet hier mit allen diesen Verticalebenen alle möglichen Declinationen; es müssen daher auch hier die Linien aller verschiedenen Declinationen sich schneiden.

Jede der beiden Polargegenden zerfällt in zwei Flächen, in der einen ist die Declination überall westlich, in der andern östlich. Man erkennt sie in unsrer Tafel daran, dass die Declinationen dort als positiv, hier als negativ bezeichnet sind. Diese Flächen werden durch die einzige Linie verschwindender Declination geschieden, welche sich in jeder Polargegend findet, und die auf der Karte zwischen dem magnetischen und wahren Pole mit $\pm 180^0$, ausserhalb mit 0^0 bezeichnet sind. Diese Grenzlinie ist auch daran kenntlich, dass sie stärker ist als die andern und allein durch den wahren Pol hindurchgezogen ist, was, um Raum für die Bezeichnung des Pols zu gewinnen, bei den anderen unterblieben ist.

Bemerkenswerth ist der Unterschied, welcher sich in der Gestaltung dieses Systems von Linien gleicher Declination in der nördlichen und südlichen Polargegend zeigt. In der letzteren ist diese Gestaltung offenbar weit einfacher und nähert sich einem System von Kreisen, welche zwei Puncte gemein haben. In der nördlichen Polargegend weichen diese Linien von der Kreisform weit mehr ab und bilden besonders im nördlichen Sibirien unregelmässige Figuren, was der Vermuthung einige Wahrscheinlichkeit verleihet, dass der Sitz der magnetischen Kräfte in der nördlichen Polargegend der Oberfläche näher als in der südlichen liegen mag.

Die Betrachtung der isogonischen Linien in den Polargegenden stellt recht deutlich vor Augen, dass durch die willkürliche Einmischung des astronomischen Meridians in die bildliche Darstellung der Richtung der magnetischen Kräfte die der Natur entsprechende Einfachheit der bildlichen Darstellung verloren gehet; denn es erscheint in diesen Karten der astronomische Pol als ein besonders merkwürdiger Punct, ungeachtet in den rein magnetischen Verhältnissen daselbst gar nichts liegt, was dem entspräche. Denn die Nadel hat am Nordpol die Richtung desjenigen Meridians, welcher durch $247^0\ 51'$ Länge, am Südpol die Richtung desjenigen Meridians, welcher durch $337^0\ 49'$ Länge bestimmt wird. Weit einfacher und der Natur entsprechender würde die bildliche Darstellung von der Richtung der magnetischen Kräfte sein, wenn man statt eines Systems von Linien gleicher Declination die Richtungslinien der Magnetnadel selbst verfolgte, welche von einem magnetischen Pol zum andern durch ein System von Puncten des Äquators gingen, oder Linien, welche überall die Richtung der Nadel senkrecht schnitten und gleich Parallelkreisen um die Erde laufend durch ein System von Puncten irgend eines Meridiankreises gingen. Hiervon wird später bei der Betrachtung der beiden ersten Tafeln mehr die Rede sein.

§ 11. Tafel XV.
Karte für die isoklinischen Linien nach MERCATORS Projection.

Diese Tafel stellt die isoklinischen Linien, welche den von 10^0 zu 10^0 fortschreitenden Inclinationen entsprechen, so weit sie auf die Karte fallen, vollständig dar, wie auch die 85^0 Inclination entsprechende Linie. Wenn auch die Karte der isoklinischen Linien, d. i. der Linien gleicher Inclination, seltener praktischen Zwecken dienen kann, als die Karte der isogonischen Linien, d. i. der Linien gleicher Declination, so gewährt doch ihre Betrachtung an sich dadurch grösseres Interesse, dass sie von der Richtung der magnetischen Kräfte ein reineres, einfacheres und naturgetreueres Bild giebt. Befände sich in der Erde ein einziger kleiner, sehr kräftiger Magnet im Mittelpuncte, so würden die isoklinischen Linien auf der Oberfläche lauter Parallelkreise um die Axe jenes Magnets bilden. Es ist interessant zu sehen, wie in der Wirklichkeit die isoklinischen Linien sich jenem Parallelismus nähern oder davon entfernen. Man bemerkt auf unsrer Tafel, dass die isoklinischen Linien sich wirklich nirgends schneiden, so wenig wie jene Parallelkreise. In jenem besonderen Falle würde die Erdoberfläche in zwei Theile zerfallen, wo in dem einen die Magnetnadel überall mit ihrem Nordpol, in dem andern mit ihrem Südpol abwärts neigte, und beide Theile wären durch einen grössten Kreis geschieden, der auf der magnetischen Axe des kleinen Centralmagnets senkrecht stände. — In dieser Grenzlinie würde die Nadel sich gar nicht neigen. Wirklich sehen wir auf unsrer Karte die Erdfläche in zwei solche Theile zerfallen, die durch eine Linie verschwindender Inclination geschieden sind; auch kommt diese Grenzlinie einem grössten Kreise darin sehr nahe, dass sie den Äquator in zwei fast diametral gegenüber liegenden Puncten schneidet (nahe bei 8^0 und 188^0 Länge); sie weicht aber von einem grössten Kreise darin sehr ab, dass die beiden Puncte, wo sie sich am weitesten vom Äquator entfernt, einander nicht diametral gegenüber liegen, sondern ungefähr in

$14^0\, 43'$ N. Breite 52^0 Länge,

$15^0\ \ 4'$ S. Breite 320^0 Länge.

Nördlich von dieser Grenzlinie sieht man auf der Karte die Inclination überall als positiv, südlich davon als negativ bezeichnet. Jenes bedeutet, dass sich der Nordpol der Nadel, dieses, dass sich der Südpol der Nadel abwärts neige.

§ 12. Tafel XVI. Karte für die isoklinischen Linien nach stereographischer Projection.

Diese Tafel stellt die isoklinischen Linien dar, welche den von 5^0 zu 5^0 fortschreitenden Inclinationen entsprechen, und ausserdem die Linie für 88^0 in der nördlichen Polargegend. Es giebt blos einen Punct auf der ganzen Erde, wo die Neigungsnadel senkrecht steht und ihren Nordpol abwärts kehrt, so wie auch einen Punct, wo sie ihren Südpol abwärts kehrt und senkrecht steht. Jenen Punct findet man in unsrer Tafel in der nördlichen Polargegend mit $+90^0$, diesen in der südlichen Polargegend mit -90^0 bezeichnet. Diese Puncte sind die beiden magnetischen Pole der Erde, jener, der nördliche, ein magnetischer Südpol, dieser, der südliche, ein magnetischer Nordpol. Beide Puncte sind die nämlichen, welche wir § 2. und Taf. XIV. kennen gelernt haben, wie auch die Vergleichung beider Tafeln XIV. und XVI. zeigt.

Nach der Annahme eines einzigen Centralmagnets würden diese Puncte einander diametral gegenüber liegen und die Linien gleicher Neigung Kreise darum bilden. In der Wirklichkeit dagegen wird ein grösster durch jene Puncte gelegter Kreis durch sie in einen grösseren Bogen von $198^0\,47'$ und einen kleineren von $161^0\,13'$ getheilt, und die Linien gleicher Neigung entfernen sich besonders in der nördlichen Polargegend von der Kreisform. Wollte man den Bogen, den sie im nördlichen Sibirien bilden, für Kreisbogen nehmen, so würde man den Mittelpunct dieses Kreises etwas nördlich von Sibirien suchen und vielleicht einen zweiten magnetischen Pol daselbst vermuthen. Wie irrig eine solche Annahme oder Vermuthung wäre, zeigt unsere Karte durch die elliptische Gestalt der isoklinischen Linien in der nördlichen Polargegend.

§ 13. Tafel XVII.
Karte für die isodynamischen Linien nach Mercators Projection.

In dieser Tafel der isodynamischen Linien, d. i. der Linien gleicher Intensität, ist die Grösse der magnetischen Kraft durch eine Zahl nach der bisher üblichen willkührlichen Einheit angegeben, wonach die Intensität in London = 1,372 sein soll. Nur sind alle Zahlen zur Vermeidung von Brüchen mit 1000 multiplicirt worden. § 5 ist der Reductionsfactor zur Verwandlung aller dieser Angaben in Angaben nach der absoluten in der *Intensitas vis magneticae* festgesetzten Einheit gegeben worden, nämlich 0,0034941.

Diese Karte stellt die ganze Intensität, d. i. die Intensität nach der Richtung der Neigungsnadel dar, und muss von der nachher zu betrachtenden Tafel XI. wohl unterschieden werden, welche ein System von Linien gleicher horizontaler Intensität giebt. Man findet die isodynamischen Linien für alle von 100 zu 100 (nach obiger Einheit) fortschreitenden Intensitäten, ausserdem für die Intensitäten 825, 850, 950, 1044,4, 1650, unvollständig auch die für die Intensitäten 1055 und 1675; endlich drei einzelne Puncte mit folgenden Intensitäten: 809,4; 929,6; 1763,1.

Im Allgemeinen findet man in dieser Karte immer zwei ganz getrennte Linien für den nämlichen Werth der Intensität, deren jede in sich selbst zurückläuft, wovon die eine ganz oder grossentheils nördlich vom Äquator liegt, die andere ganz oder grossentheils südlich davon. Z. B. sieht man eine Linie, für welche die Intensität mit 1500 angegeben ist, ganz nördlich vom Äquator liegen, dem sie bei 280° Länge auf etwa 24° sich nähert, während sie sich bei 12° Länge fast 66° davon entfernt. Die andere Linie, für welche die Intensität ebenfalls mit 1500 angegeben ist, sehen wir ganz südlich vom Äquator fallen, dem sie sich bei 135° Länge etwa auf 26° nähert, bei 350° Länge aber etwa 68° sich davon entfernend. Dasselbe finden wir bei den Linien bestätigt, für welche die Intensität mit 1400, 1300, 1200 und 1100 angegeben ist. Die beiden Linien für 1100 sieht man an zwei Stellen einander sehr nahe kommen, nämlich bei 110° und 250° Länge, und die beiden Linien für 1055 stossen etwa bei 7° S. Breite und 252° Länge in einen Punct zusammen und bilden so die Figur einer 8. Von dieser Curve ist nur ein kleiner Theil (die Kreuzungsstelle) in der Karte dargestellt; doch kann man die fehlenden Theile leicht ergänzen, weil sie zwischen den Linien für 1100 und 1044,4 eingeschlossen sind und der letzteren sehr nahe liegen. Die obere Schleife der 8 wird von den beiden nördlichen, die untere von den beiden südlichen Ästen gebildet. Das Ganze gleicht einem Faden, der zweimal um einen Cylinder gewunden und mit den Enden zusammengebunden ist. Bisher wurde die Erdoberfläche durch zwei gleicher Intensität entsprechende Linien in drei Theile zerfällt, in einen nördlichen und südlichen, wo die Intensität grösser war, und in eine mittlere Zone, wo sie kleiner war. Von nun an vereinigen sich jene beiden Theile, indem der dritte aufhört, eine volle Zone rings um die Erde zu bilden. Jede isodynamische Linie für eine Intensität, welche kleiner als 1055 und grösser als 1044,4 ist, bildet eine einzige geschlossene Linie. Der umschlossene Raum wird aber bei 110^0 immer schmaler, bis endlich auch hier (in 6^0 N. Breite 111^0 Länge) die beiden Grenzen zusammenstossen und die ganze Linie die Form einer liegenden ∞ annimmt. Von nun an bleiben von der mittleren Zone kleinerer Intensitäten blos zwei Inseln übrig, von denen aber bald die eine verschwindet für die Intensität 929,6 (in $5^0\,9'$ N. Breite $178^0\,27'$ Länge). Die andere verschwindet in $18^0\,27'$ S. Breite $350^0\,12'$ Länge, wenn man zur Intensität 809,4 herabgeht. Diess ist die kleinste Intensität, welche auf der ganzen Erde vorkommt. Dieser Punct liegt nahe bei St. Helena. — Wir haben bisher die isodynamischen Linien für 1500 und kleinere Intensitäten betrachtet. Für grössere Intensitäten fallen diese Linien nicht mehr ganz auf unsere Karte, mit Ausnahme einer Linie für 1750 nördlich vom Äquator, die in engem Umkreise in sich selbst zurückläuft. In der umschlossenen Fläche ist ein Punct, wo die Intensität 1763,1 beträgt, d. i. mehr als in allen Puncten ringsherum. Diess ist also ein Maximum-Werth der Intensität, welcher in $54^0\,32'$ N. Breite $261^0\,27'$ Länge liegt.

§ 14. Tafel XVIII. Karte für die isodynamischen Linien nach stereographischer Projection.

Man sieht in dieser Karte in der nördlichen Polargegend die isodynamischen Linien für die von 50 zu 50 (nach der hier gebrauchten Einheit) fortschreitenden Intensitäten, und ausserdem die Linien für folgende Intensitäten:

1675, 1688,3, 1690, 1720;

in der südlichen Polargegend die isodynamischen Linien für die von 100 zu 100 fortschreitenden Intensitäten und ausserdem die Linie für 2250.

Die letzte von diesen Linien, für die Intensität 2250, liegt ganz auf unserer Karte, in der südlichen Polargegend, und umschliesst einen Punct, wo die Intensität 2260,5 ist, d. i. grösser als in allen Puncten ringsherum und überhaupt auf der ganzen Erde. Dieser Maximum-Werth der Intensität ist auf der Karte bei

$70^0\,9'$ S. Breite $160^0\,26'$ Länge

angegeben. In der nördlichen Polargegend ist die Gestalt der isodynamischen Linien weniger einfach. Die Linien für 1500, 1550, 1600, 1650 und 1675 Intensität bilden hier in sich selbst zurücklaufende Linien, welche grossentheils ausserhalb unsrer Tafel fallen. Der von ihnen umschlossene Raum, in welchem die Intensität grösser als in der Grenzlinie ist, verengert sich für den letzten Werth in 160° Länge; für den Werth 1688,3 stossen die Grenzlinien von beiden Seiten in einen Punct zusammen, und es bleiben dann von dem früher umschlossenen Raume grösserer Intensitäten zwei getrennte Inseln übrig, deren eine ganz auf unsrer Tafel liegt, die andere aber, grossentheils ausserhalb, bei der vorigen Tafel betrachtet worden ist. Für den Werth 1691,8 verschwindet die erstere in 71° 21′ N. Breite 119° 57′ Länge.

§ 15. Tafel V. Karte für die Linien gleicher nördlicher Intensität X nach MERCATORS Projection.

Die bisher betrachteten Karten der isogonischen, isoklinischen und isodynamischen Linien sind nach der von Herrn Hofrath GAUSS gegebenen Theorie des Erdmagnetismus (in den Resultaten aus den Beobachtungen des magnetischen Vereins im Jahre 1838 [*)]) entworfen worden. Diese Karten sind die einzigen, die man auch früher, ehe man den Leitfaden den Theorie besass, unmittelbar nach der Erfahrung zu entwerfen versucht hat, wobei freilich wegen Unvollkommenheit und Mangelhaftigkeit der Beobachtungen mannigfaltige Willkührlichkeiten nicht vermieden werden konnten. Man sehe die Vergleichung dieser Karten mit den unsrigen unten § 42. Hier möge nur darauf aufmerksam gemacht werden, dass man ohne den Leitfaden der Theorie keine andere Karte, als die genannten, zu entwerfen versucht hat, und dass alle übrigen Karten, die hier nach dem Leitfaden der Theorie entworfen sind, hier zum erstenmal erscheinen. Der Grund davon liegt nicht darin, dass jene Karten für praktisch wichtiger gehalten wurden, weil dieser Grund blos von der Declinationskarte gelten würde, sondern darin, dass man nur bei jenen Karten die unmittelbaren Beobachtungen benutzen konnte; denn alle Beobachtungen bestanden in Declinations-, Inclinations- und Intensitäts-Beobachtungen. Wenn nun dennoch bei der Ausführung jener Karten grosse Willkühr nicht zu ver-

[*) Werke V, S. 119 ff.]

meiden war, so leuchtete ein, dass bei andern Karten fast gar kein sicherer Anhalt vorhanden wäre (wodurch sie Vertrauen und Werth verloren); denn es hätten bei allen andern Karten nur solche Orte, wo alle drei Elemente beobachtet sind, deren es verhältnissmässig noch wenige gibt, benutzt werden können. Anders verhält es sich aber, wenn man der Leitung der Theorie folgt. Die Resultate, welche durch Vermittelung der Theorie aus der Erfahrung gewonnen werden, sind so allgemein, dass sie in alle Formen gegossen werden können und in allen Formen gleichen Werth besitzen und gleiches Vertrauen verdienen. Die Theorie befreiet daher von jenen engen Schranken und gestattet, diejenigen Formen der Darstellung aufzusuchen und in Ausführung zu bringen, welche der Sache und unsern Zwecken am gemässesten sind. Diess ist in den folgenden Karten geschehen. Schon der Analogie nach, wie andere Naturkräfte betrachtet und behandelt zu werden pflegen, liesse sich erwarten, dass sich die erdmagnetischen Kräfte an der Erdoberfläche am einfachsten betrachten lassen, wenn man sie in jedem Puncte nach den drei Dimensionen des Raums zerlegt, nämlich zuerst die ganze Kraft in eine verticale und horizontale, sodann die horizontale Kraft in eine nördliche (oder südliche) und in eine westliche (oder östliche). Diess wird durch die Theorie vollkommen gerechtfertigt, welche beweist, dass der gewöhnliche Ausdruck der magnetischen Kraft durch die drei Elemente: ganze Intensität, Inclination und Declination unmittelbar für tiefere Forschungen nicht geeignet ist, sondern dazu in die andere Form übersetzt werden muss. Von den durch jene Zerlegung erhaltenen Kräften aber weist die Theorie einen so einfachen Zusammenhang derselben unter sich und eine so einfache Art der Abhängigkeit von einer einzigen Function (des Potentials) nach, dass sie darum weit mehr geeignet sind, zur Grundlage der Theorie zu dienen. Von diesen Kräften geben nun die folgenden Karten eine bildliche Darstellung.

Zunächst betrachten wir Tafel V. für die Linien gleicher nördlicher (oder südlicher) Intensität, welche kurz mit X bezeichnet wird. Sie stellt den Erdgürtel von 70^0 nördlicher bis 70^0 südlicher Breite nach Mercators Projection dar. In den beiden Tafeln für die ganze Intensität wurde blos die Grösse der Kräfte verglichen, ihre Richtung gar nicht berücksichtigt. In den nun zu betrachtenden Karten von den drei rechtwinkligen Componenten der magnetischen Kräfte müssen ausser der Intensität die beiden entgegengesetzten

Richtungen, welche bei jeder Componente vorkommen können, z. B. bei der ersten X die nördliche und südliche Richtung, unterschieden werden. Für die nördliche Richtung (wenn X den Nordpol der Nadel nach Norden zieht) wird X als positiv, für die südliche Richtung als negativ bezeichnet. Hiernach findet sich, dass auf unsrer Taf. V, d. i. zwischen 70^0 nördlicher und 70^0 südlicher Breite, X überall positiv ist, wie folgendes Verzeichniss der Linien gleicher Werthe von X beweist, die auf der Tafel dargestellt sind. Es sind alle Linien vollständig gezeichnet für alle um 100 differirende Werthe, von $X = +100$ bis $X = +1000$ und für $X = +963$. Ausserdem sind unvollständig gezeichnet, zur Verdeutlichung der Übergänge, die Linien für $X = +495$, $X = +725$, $X = +816{,}9$, $X = +980$ und $X = +1030$.

Die grössten Werthe von X sieht man in der Nähe des Äquators und sie nehmen nach beiden Polen zu ab (bei der ganzen Intensität war es umgekehrt). Man findet daher auch hier meist doppelte Linien für denselben Werth von X, die eine nördlich, die andere südlich vom Äquator. Z. B. findet man für $X = +700$ eine Linie nördlich vom Äquator, dem sie sich bei 330^0 Länge auf $22^0\,30'$ nähert, während sie sich in 60^0 Länge über 49^0 davon entfernt; eine zweite südlich vom Äquator, dem sie sich bei 33^0 Länge auf 8^0 nähert, während sie zwischen 330^0 und 340^0 Länge über den 70sten Breitengrad hinausgeht. Dasselbe findet man auch für $X = +800$, nur dass die beiden Linien, welche diesem Werth von X entsprechen, in 357^0 Länge einander sehr nahe kommen. Für $X = +816{,}9$ stossen beide Linien bei 6^0 N. Breite 357^0 Länge in einem Puncte zusammen und bilden die Figur einer 8 (von der in der Karte die Kreuzungsstelle dargestellt ist). Bisher hatten die beiden Linien gleicher Werthe von X die Karte in drei Theile getheilt, in einen nördlichen und südlichen Theil von geringerer nördlicher Intensität und in eine mittlere Zone von grösserer nördlicher Intensität. Von nun an vereinigen sich die beiden ersten Theile an der oben bezeichneten Kreuzungsstelle. Betrachtet man z. B. die Linie für $X = +900$ (welche nur einfach vorhanden ist), so sieht man, dass sie einen Raum grösserer Intensitäten nahe am Äquator umschliesst, der nicht mehr die ganze Erde umschliesst, sondern von 321^0 durch 0^0 bis 27^0 Länge eine Lücke lässt. Für wachsende X verengert sich dieser Raum bei 160^0 Länge und für $X = +963$ stossen entgegengesetzte Theile der Begrenzungslinie bei 15^0 S. Breite 160^0 Länge in einem

Punct zusammen, so dass die Figur einer liegenden ∞ gebildet wird, die in der Karte vollständig gezeichnet ist. Von nun an bleiben von der mittleren Zone grösserer Intensitäten blos zwei Inseln übrig, deren eine für $X = +1050{,}6$ bei 12^0 N. Breite 104^0 Länge, die andere für $X = +1056{,}2$ bei 1^0 N. Breite 255^0 Länge verschwindet. In diesem letzten Puncte findet sich also die grösste nördliche Intensität auf der ganzen Erde.

In der bisherigen Beschreibung der vorliegenden Tafel V. fällt eine grosse Ähnlichkeit mit der § 13 gegebenen Beschreibung der Tafel XVII. der isodynamischen Linien auf, nur mit dem Unterschiede, dass in den Gegenden, wo dort Kreuzungspuncte, hier Minimum-Werthe, wo aber hier Kreuzungspuncte, dort Maximum-Werthe gefunden werden; doch steht die Lage jener Puncte mit diesen in keinem nothwendigen Zusammenhange und stimmt keineswegs genau überein.

Merkwürdig ist die Gestalt der Linien gleicher Werthe von X unter der Südspitze von Afrika, wo X schon 33^0 vom Äquator so abgenommen hat, dass sie blos $+500$ beträgt, während X denselben Werth bei derselben Länge (etwa 40^0) auch noch 70^0 vom Äquator besitzt. In der von der Linie für $X = +500$ dort gebildeten Bucht ändert sich der Werth von X nur sehr wenig.

§ 16. Tafel VI. Karte für die Linien gleicher nördlicher Intensität X nach stereographischer Projection.

In den beiden Polargegenden, welche diese Karte nach stereographischer Projection bis zum 65sten Breitengrade vorstellt, wollen wir unsere Aufmerksamkeit zuerst auf die beiden astronomischen und magnetischen Pole richten. Da in den magnetischen Polen die horizontale Intensität verschwindet (§ 2), so verschwindet auch die nördliche Intensität X, d. i. die Linie für $X = 0$ geht durch die magnetischen Pole. Unsre Karte bestätigt diess, wenn man diese Pole aufsucht in

$73^0\,35'$ N. Breite $264^0\,21'$ Länge,

$72^0\,35'$ S. Breite $152^0\,30'$ Länge.

Dieselbe Linie muss aber auch durch den astronomischen Pol gehen, weil dieser Punct demjenigen Meridian angehörend betrachtet werden kann, auf welchem die Magnetnadel dort senkrecht steht, wo dann die Intensität X in der Richtung dieses Meridians Null ist. Wirklich sieht man auf der Karte die Linien für $X = 0$ sowohl in der nördlichen als südlichen Polargegend durch den astronomischen Pol gehen. Dieser Punct kann aber auch demjenigen Meridian angehörend betrachtet werden, welcher mit der Richtung der Magnetnadel zusammenfällt, wo dann die Intensität X in der Richtung dieses Meridians der ganzen horizontalen Intensität in diesem Puncte gleichkommt, d. i. im Nordpol = 118,7, im Südpol = 453,0. Man übersieht hiernach leicht, dass durch jenen Punct alle Linien für $X < +118{,}7$ und $X > -118{,}7$, durch diesen Punct alle Linien für $X < +453$ und $X > -453$ gehen müssen, wenn man beachtet, dass nördlich und südlich auf entgegengesetzten Seiten des Poles ihre Bedeutung wechselt und daher die Intensität X in einer durch den Pol gehenden Linie, welche diesseits nördlich oder positiv hiess, jenseits als südlich oder negativ bezeichnet wird, und umgekehrt. Es ergiebt sich hieraus von selbst, dass in beiden Polargegenden Flächen vorkommen, wo die Intensität X südlich oder negativ ist, was in der vorigen Tafel zwischen 70^0 nördlicher und südlicher Breite nicht der Fall war, wo die Intensität überall nördlich oder positiv gefunden wurde. Hiernach sind nun auf unsrer Tafel die Linien für positive und negative Werthe von X in der nördlichen Polargegend für die von 50 zu 50 fortschreitenden Werthe mit Ausnahme der Werthe $+250$ und $+350$, in der südlichen Polargegend für die von 100 zu 100 fortschreitenden Werthe und ausserdem für den Werth $+650$ gezeichnet worden. Die Linie für $X = 0$ läuft in sich selbst zurück und umschliesst die Fläche der südlichen oder negativen Werthe von X. In dieser Fläche giebt es einen Punct, wo der Werth von X ein Minimum oder die südliche Intensität ein Maximum ist. Man bemerkt, dass dieser Punct nicht in der Mitte der Fläche, sondern am Rande, nämlich in dem Pole selbst liegt.

§ 17. Tafel VII. Karte für die Linien gleicher westlicher Intensität Y nach Mercators Projection.

Auf dieser Tafel sind die Linien zwischen 70^0 nördlicher und südlicher Breite für positive und negative Werthe von Y und zwar für die von 50 zu 50 fortschreitenden Werthe und ausserdem theilweise, zur bessern Übersicht der Übergänge, für folgende Werthe von Y:

+ 287,9; — 19,0; — 75,0; — 160,9; — 166,4

dargestellt worden.

Gleich beim ersten Blicke fällt eine grosse Ähnlichkeit in vielen Beziehungen zwischen dieser Tafel und Taf. XIII. für die isogonischen Linien in die Augen, wenn auch bei aufmerksamerer Betrachtung sehr wesentliche Verschiedenheiten sich ergeben. Beide Karten haben erstens drei Linien ganz gemein, weil die Linien verschwindender Declination auch Linien verschwindender westlicher Intensität sind (§ 7), wodurch vorliegende Tafel in dieselben Unterabteilungen wie jene zerfällt (§ 9), nämlich in zwei Unterabtheilungen, wo die Intensität Y westlich oder positiv ist, und in eine, wo sie östlich oder negativ ist. Ferner überall, wo die Declination gering ist, weichen die Linien für gleiche Werthe von Y von den isogonischen Linien sehr wenig ab. Im Allgemeinen gilt dies von den Gegenden nahe am Äquator, wo nur in Africa die Declination auf 22° steigt und darum dort auch die Gestalt beider Liniensysteme beträchtlich abweicht. Entfernter vom Äquator ist fast in ganz Asien die Declination gering, und man bemerkt daher dort eine sehr grosse Ähnlichkeit zwischen beiden Tafeln, besonders in der Nähe der in sich selbst zurücklaufenden Linie verschwindender Declination im östlichen Asien. Mit Ausnahme dieser Gegend nimmt die Ähnlichkeit beider Tafeln mit der Entfernung vom Äquator ab, und man kann im voraus erwarten, dass in den Polargegenden gar nichts von einer solchen Ähnlichkeit wahrgenommen wird. —

Wir bemerken noch ein Haupt-Maximum und Haupt-Minimum und ein Neben-Maximum und zwei Neben-Minima, so wie vier Kreuzungspuncte auf dieser Karte, nämlich

Haupt-Maximum	+ 339,7	in	5°	N. Breite	10°	Länge
Haupt-Minimum	— 224,5	»	41°	N. Breite	215°	Länge
Neben-Maximum	+ 33,7	»	41°	N. Breite	131°	Länge
Neben-Minimum 1.	— 90,8	»	15°	S. Breite	220°	Länge
Neben-Minimum 2.	— 87,5	»	30°	N. Breite	81°	Länge
Kreuzungspunct 1.	+ 287,9	in	34°	S. Breite	26°	Länge
Kreuzungspunct 2.	— 19,0	»	1°	N. Breite	118°	Länge
Kreuzungspunct 3.	— 160,9	»	9°	N. Breite	256°	Länge
Kreuzungspunct 4	— 166,4	»	4°	N. Breite	182°	Länge.

§ 18. Tafel VIII. [Karte] für die Linien gleicher westlicher Intensität Y nach stereographischer Projection.

Auf dieser Tafel sind in beiden Polargegenden die Linien für positive und negative Werthe von Y für die von 50 zu 50 fortschreitenden Werthe und ausserdem in der nördlichen zur Verdeutlichung der Übergänge die Linien für folgende Werthe von Y dargestellt worden:

$$+175;\ \pm 110;\ \pm 106{,}5;\ \pm 60;\ \pm 53{,}3.$$

Diese Tafel stimmt mit Tafel XIV. für die isogonischen Linien blos darin überein, dass durch jede Polargegend eine Linie verschwindender Declination und verschwindender westlicher Intensität geht, welche gleich sind. Diese Linie begrenzt hier, ähnlich wie dort, die Gegenden westlicher (positiver) und östlicher (negativer) Intensitäten. Auch schneiden sich in dieser Tafel im wahren Pole mehrere Linien, aber nicht alle, wie Taf. XIV., sondern nur diejenigen, für welche die Werthe von X den Werthen von Y in den auf Taf. VI. sich schneidenden Linien gleich sind. Sehr verschieden ist die nördliche und südliche Polargegend auf dieser Karte: diese wird von einem sehr regelmässigen, jene von einem sehr unregelmässigen Liniensysteme bedeckt. Auffallend ist besonders der Unterschied, dass in der südlichen Polargegend die grössern östlichen und westlichen Intensitäten vom wahren Pole unter rechtem Winkel gegen die 0 Linie sich verbreiten, beide Maxima aber in dem Pol zusammenfallen; in der nördlichen Polargegend fallen diese Maxima nicht im Pole zusammen, sondern in grosser Entfernung vom Pole ausserhalb unsrer Tafel, und wir haben ihre Lage bei der Betrachtung der vorigen Taf. VII. kennen gelernt. — In der nördlichen Polargegend sind noch zwei Kreuzungspuncte zu erwähnen, nähmlich

$$Y = -\ 53{,}3 \text{ in } 77^0 \text{ N. Breite } 94^0 \text{ Länge},$$
$$Y = -106{,}5 \text{ in } 84^0 \text{ N. Breite } 181^0 \text{ Länge}.$$

§ 19. Tafel XI. Karte für die Linien gleicher horizontaler Intensität nach Mercators Projection.

Ehe zu der Karte der letzten der drei rechtwinkligen Componenten übergegangen wird, nämlich zu der Karte für die Linien gleicher verticaler Intensität, mögen hier erst einige Betrachtungen über die Karte für die Linien gleicher horizontaler Intensität eingeschaltet werden, wegen ihrer näheren Beziehungen zu den vorhergehenden Karten, welche auch Linien gleicher horizontaler Intensität, aber gesondert nach nördlicher und westlicher Richtung darstellten.

Tafel XI. für die Linien gleicher horizontaler Intensität von 70^0 nördlicher bis 70^0 südlicher Breite nach Mercators Projection ist der entsprechenden Taf. V. für die Linien gleicher nördlicher Intensität in vielen Beziehungen so ähnlich, dass die Beschreibung dieser (§ 15) grossentheils auch auf jene passt. Daher bedarf es hier nur weniger ergänzender Bemerkungen. Erstens, so ähnlich beide Karten sind, so haben sie doch weder eine Linie noch einen Punct mit einander gemein, insbesondere liegen zwar die Maxima und Kreuzungspuncte auf beiden Karten sehr nahe, aber fallen doch nicht zusammen. Zweitens, wie in Taf. V. die Lage der Maxima und Kreuzungspuncte der Lage der Kreuzungspuncte und Minima in Taf. XVIII. für die isodynamischen Linien entsprach, so lässt sich nun etwas Ähnliches erwarten, wenn man Taf. XI. und XVIII. vergleicht, was durch folgende Zusammenstellung der Lage dieser Puncte in allen drei Karten bestätigt wird.

	Breite	Länge	
Ganze Intensität	$+5^0$	178^0	Minimum 1 . . . 929,6
Horizont. Intens.	-13^0	155^0	Kreuzungspunct . 975,25
Nördl. Intensität	-15^0	160^0	Kreuzungspunct +963,0
Ganze Intensität	-18^0	350^0	Minimum 2 . . . 809,4
Horizont. Intens.	$+2^0$	345^0	Kreuzungspunct . 869,6
Nördl. Intensität	$+6^0$	357^0	Kreuzungspunct +816,9
Ganze Intensität	-7^0	252^0	Kreuzungspunct 1055,0
Horizont. Intens.	$+1^0$	257^0	Maximum. . . +1068,3
Nördl. Intensität	$+1^0$	255^0	Maximum. . . +1056,2
Ganze Intensität	$+6^0$	111^0	Kreuzungsp. 2 . 1044,4
Horizont. Intens.	$+13^0$	103^0	Maximum. . . . 1051,25
Nördl. Intensität	$+12^0$	104^0	Maximum. . . +1050,6

Endlich drittens ist noch hervorzuheben, dass in Taf. XI. der horizontalen

Intensität noch ein Maximum, ein Minimum und zwei Kreuzungspuncte sich finden, welche in den beiden andern Tafeln fehlen, nämlich ein

Maximum	993	in 23^0 S. Breite	188^0 Länge
Minimum	560	in 36^0 S. Breite	48^0 Länge
Kreuzungspunct 1.	987,8	in 17^0 S. Breite	207^0 Länge
Kreuzungspunct 2.	581,5	in 48^0 S. Breite	69^0 Länge.

§ 20. Tafel XII. Karte für die Linien gleicher horizontaler Intensität nach stereographischer Projection.

Ganz anders als mit dem in voriger Karte dargestellten Erdgürtel von 70^0 nördlicher bis 70^0 südlicher Breite verhält es sich mit den auf vorliegender Karte bis zum 65sten Breitengrade dargestellten Polargegenden. Hier zeigen die Linien gleicher horizontaler Intensität mit den Linien gleicher nördlicher Intensität gar keine Ähnlichkeit. In letzterer Karte schnitten sich fast alle Linien im astronomischen Pole, in der vorliegenden Karte findet nicht allein keine Schneidung im Pole, sondern überhaupt nirgends statt. Dort gab es eine in sich selbst zurücklaufende Linie, wo die nördliche Intensität Null war, und welche die Fläche der südlichen Intensitäten umschloss, hier giebt es in jeder Polargegend nur einen Punct, wo die horizontale Intensität Null ist, und dieser Punct ist in der nördlichen Polargegend der magnetische Südpol, in der südlichen Polargegend der magnetische Nordpol. Negative Intensitäten kommen hier gar nicht vor, weil blos die Grösse und nicht die Richtung der Kraft hier in Betracht kommt. — Man findet auf der Karte alle Linien, in denen der Werth der horizontalen Intensität von 100 zu 100 fortschreitet.

§ 21. Tafel IX. Karte für die Linien gleicher verticaler Intensität Z nach Mercators Projection.

Diese Tafel enthält die Linien gleicher verticaler Intensität Z von 70^0 nördlicher bis 70^0 südlicher Breite nach Mercators Projection. Die Werthe von Z, für welche auf unsrer Karte die Linien gezogen sind, schreiten von -2200 bis $+1600$ von 200 zu 200 Einheiten fort. Ausserdem sind noch die Linien für $+1700$ und $+1730$ angegeben, so wie der Punct, in welchem die positiven Werthe von Z ihr Maximum erreichen. Das positive Vorzeichen deutet an, dass der verticale Theil des Erdmagnetismus den Nordpol der Magnetnadel, das negative, dass er den Südpol derselben nach unten zieht. In der Linie, für welche $Z = 0$, ist die Richtung der magnetischen Kraft horizontal. Diese Linie fällt mit derjenigen, wo die Inclination Null ist (auf Taf. XV.), ganz zusammen, und man wird überhaupt eine grosse Ähnlichkeit zwischen dem mittleren Theile unserer Karte, dem ohne Rücksicht auf das Zeichen kleine Werthe von Z entsprechen, und dem correspondirenden Theile der Inclinationskarte (Taf. XV.) finden. Mit der Entfernung von der Linie, für welche $Z = 0$ ist, wird diese Ähnlichkeit nach und nach geringer und verliert sich zuletzt ganz; dafür tritt eine Ähnlichkeit mit den Linien für gleiche Werthe der ganzen Intensität hervor, die sowohl in der Lage des Puncts, wo ein Maximumwerth Statt findet, als auch in der Gestaltung der Linien, welche diesen Punct zunächst umgeben, sich erkennen lässt. Auf unsrer Karte fällt der Punct, wo die verticale Intensität positiv und ein Maximum ist, in $58^0 41'$ nördl. Breite und $262^0 4'$ Länge, der grösste Werth selbst findet sich $+1747,92$. Die diesen Punct zunächst umgebenden Curven haben eine elliptische Form, deren grosse Axe von Nord-West nach Süd-Ost geht. In Taf. XVII. finden wir den correspondirenden Punct, wo die ganze Intensität ein Maximum ist, in $54^0 26'$ nördl. Breite und $261^0 27'$ Länge, und die ihn zunächst umgebenden Curven haben eine ähnliche Lage und Gestalt, wie die für Z.

§ 22. Tafel X. [Karte] für die Linien gleicher vertikaler Intensität Z nach stereographischer Projektion.

Tafel X. giebt die Polargegenden in derselben Ausdehnung und Form wie früher. Die zweite Abtheilung enthält die Linien, welchen folgende Werthe von Z angehören: $+1500$, $+1600$, $+1650$, $+1675$, $+1700$, $+1725$, so weit diese Linien zwischen dem Pole und 65^0 nördlicher Breite liegen. Die für die nördlichen Theile der ersten Abtheilung angedeutete Ähnlichkeit mit Taf. XVII. tritt auch hier mit Taf. XVIII. zweite Abth., wenn auch minder in die Augen fallend, hervor. In Taf. XVIII. zeigte sich ein Maximum bei $71^0 21'$ nördl. Breite und $119^0 57'$ Länge und ein Kreuzungspunct. Beide fehlen auf Taf. X., doch ist eine Tendenz zum Maximum und zu einem Durchschnittspunct nicht zu verkennen.

Die dritte Abtheilung enthält von 200 zu 200 Einheiten fortschreitend die den verticalen Intensitäten von —1400 bis —2200 entsprechenden Linien und ausserdem die Linie für —2250. Der Punct, in welchem die verticale Intensität den grössten negativen Werth erreicht, fällt auf diese Abtheilung und zwar in $70^0\,50'$ südlicher Breite und $158^0\,22'$ Länge. Der Werth dieses Maximums selbst ist —2258,76. Die ganze Intensität zeigte in der entsprechenden Abtheilung ein Maximum bei $70^0\,9'$ Breite und $160^0\,26'$ Länge. Die Gestalt der Linien, welche beide Maximumpuncte umgeben, zeigt wieder einen grossen Grad von Ähnlichkeit.

§ 23[*)]. Tafel III. Karte für die ideale Vertheilung der magnetischen Fluida auf der Erdoberfläche nach MERCATORS Projection.

In den bisher betrachteten Karten ist die Gesammtheit der Wirkungen des Erdmagnetismus auf der Erdoberfläche vollständig dargestellt worden, und zwar auf dreifache Weise:

erstens, durch Declination, Inclination und Intensität,
Tafel XIII. bis XVIII.;

zweitens, durch nördliche, westliche und verticale Intensität,
Tafel V. bis X.;

drittens, durch horizontale und verticale Intensität und Declination,
Tafel IX. bis XIV.

Es würde sehr interessant sein, wenn auch die Ursachen durch eine bildliche Darstellung auf eine einfache und verständliche Weise vor Augen gestellt werden könnten. Eine solche Darstellung ist nach Anleitung der Theorie wirklich möglich und wird hier in der Karte Taf. III. und IV. gegeben, welche mit den Worten überschrieben sind:

»Ideale Vertheilung des Erdmagnetismus auf der Erdoberfläche«.

[*) Von diesem Paragraphen ab sind in der Originalausgabe die Nummern um 1 zu gross; auf dieses Versehen wird in einer »Verbesserung« auf S. 36 der Originalausgabe hingewiesen.]

Der Erdmagnetismus ist die Ursache der auf der Erdoberfläche beobachteten magnetischen Erscheinungen, und eine Darstellung dieser Ursachen besteht in der Angabe der Vertheilung jenes Magnetismus.

Man erinnere sich hierbei*), dass man sich unter Magnetismus überhaupt zwei feine Stoffe, welche magnetische Fluida heissen (um ihre leichte Beweglichkeit im weichen Eisen zu bezeichnen), vorzustellen habe, die man durch die Zusätze nördliches und südliches Fluidum unterscheidet. Von diesen magnetischen Fluidis, die man sich in der Erde wie in allen Magneten verbreitet denkt, nimmt man an, dass sie auf einander wirken, die gleichnamigen abstossend, die ungleichnamigen anziehend, und zwar wissen wir jetzt aus scharfen Versuchen, dass die Stärke dieser Abstossung oder Anziehung zwischen zwei Theilchen solcher Flüssigkeiten im umgekehrten Verhältniss des Quadrats der Entfernung steht. Unter Erdmagnetismus versteht man die in der Erde verbreiteten magnetischen Fluida, und die Kenntniss der Menge, welche von jedem dieser beiden Fluida in der Erde enthalten ist, und die Kenntniss ihrer Vertheilung bilden zusammen die vollständige Kenntniss der Ursachen aller erdmagnetischen Erscheinungen.

Nun ist es aber unmöglich, eine solche vollständige Kenntniss dieser Ursachen zu erlangen, auch wenn man alle Wirkungen im ganzen äussern Weltenraume erforscht hätte; denn man kann z. B. von dem im Innern der Erde wirklich befindlichen Magnetismus nach Belieben mehr oder weniger oder allen so auf der Oberfläche vertheilen, dass die Wirkungen im ganzen Weltenraume gar keine Änderungen dadurch erleiden. Für eine bildliche Darstellung der Ursachen ist es daher am zweckmässigsten, allen Magnetismus hiernach auf der Erdoberfläche zu vertheilen, weil die Vertheilung auf einer Fläche bildlich darstellbar ist, was von der Vertheilung in einem körperlichen Raume nicht gilt. Weil man aber von dieser Vertheilung nicht behaupten kann, dass sie die wirkliche sei, sondern nur, dass sie im ganzen Weltenraume die nämlichen Wirkungen hervorbringe, so wird sie als eine ideale bezeichnet. Da jene wirkliche Vertheilung anzugeben unmöglich ist, so kann man nicht mehr verlangen, als diese ideale, wenn man nach den Ursachen der erdmagnetischen Erscheinungen fragt.

*) Man sehe SCHUMACHERS Jahrbuch für 1836 [Werke V, S. 315—344, besonders S. 320.]

Diese ideale Vertheilung ist auf Taf. III. und IV. bildlich vorgestellt, indem durch Linien alle Puncte der Erdoberfläche verbunden sind, in welchen der Theorie nach die Dichtigkeit des magnetischen Fluidums gleich gross angenommen werden muss. Zur Bestimmung der Grösse der Dichtigkeit ist jeder Linie eine Zahl beigeschrieben worden, welche sie zwar nach einem willkührlichen Maasse ausdrückt (dem das übliche willkührliche Maass der magnetischen Intensität zum Grunde liegt), die aber durch den § 5 angegebenen Reductionsfactor 0,0034941 leicht auf ein absolutes Maass gebracht werden kann.

Betrachten wir zunächst den Erdgürtel zwischen 70^0 nördlicher und 70^0 südlicher Breite, wie er nach MERCATORS Projection Tafel III. dargestellt ist. Es sind hier die Linien, welche den Dichtigkeiten -175 bis $+250$ entsprechen, von 25 zu 25 Einheiten fortschreitend angegeben, ausserdem noch die Linien für $-198{,}2$, -203, -207 und für $+270$. Die Linie, durch welche die Puncte verbunden sind, in denen die Dichtigkeit des magnetischen Fluidums Null ist, schneidet den Äquator in 6^0 und 185^0 Länge; nördlich entfernt sie sich bis auf 16^0, südlich bis $15\frac{1}{2}^0$ von demselben. Ausserdem ist noch ein zweites Maximum der Breite von $7^0\,48'$ bei 140^0 Länge und ein Minimum von 7^0 bei 115^0 Länge vorhanden. Nördlich von dieser Linie ist die Dichtigkeit negativ angegeben, südlich davon ist sie überall positiv, wodurch angezeigt werden soll, dass man sich den nördlichen Theil der Erdoberfläche mit südlichem magnetischen Fluidum, den südlichen Theil mit Nordmagnetismus bedeckt denken muss. In der Gestalt der nördlicheren Linien sehen wir die grössten nördlichen Entfernungen vom Äquator rasch zunehmen, während der kleinste Abstand viel langsamer wächst. In $55^0\,26'$ nördlicher Breite und $262^0\,54'$ Länge ist ein Punct, wo die Anhäufung des südlichen magnetischen Fluidums ein Maximum ist. Die Dichtigkeit beträgt hier 209,1 der von uns gewählten Einheiten. Dieser Punct fällt mit demjenigen, wo die Intensität ein Maximum war ($54^0\,32'$ Breite[*)] und $261^0\,27'$ Länge), nicht zusammen, liegt indessen in seiner Nähe.

Die Linien, auf denen man sich das nördliche magnetische Fluidum gleich vertheilt denken kann, liegen südlich von der Linie, wo die Dichtigkeit Null

[*) Im § 21, oben S. 366, ist die nördliche Breite des Punktes, wo die ganze Intensität ein Maximum ist, zu $54^0\,26'$ angegeben.]

ist; ihre Gestalt wird nach Süden zu regelmässiger, indem die Wellenform, welche bei den nördlichen Curven immer stärker hervortrat, nach und nach sich ganz verliert. — Endlich möge noch auf die grosse Ähnlichkeit aufmerksam gemacht werden, welche zwischen dem Liniensystem dieser Karte und dem der gleichen Werthe der verticalen Intensität Taf. IX. Statt findet, welche hier blos angedeutet werde, weil wir im folgenden §, nach der Betrachtung der Taf. IV. dargestellten Polargegenden, darauf zurückkommen werden.

§ 24. Tafel IV. Karte für die ideale Vertheilung der magnetischen Fluida auf der Erdoberfläche nach stereographischer Projection.

Die zweite Abtheilung Taf. IV. enthält die Linien, denen die Dichtigkeiten —175, —180, —185, —190, —194, —196, —198,19, —200 und —203 entsprechen, welche sämmtlich nur einmal vorhanden sind. Die beiden Zweige der Linien für geringere Dichtigkeiten als —198,19 kommen sich bei 180° Länge immer näher und für —198,19 treffen sich die beiden Zweige und bilden einen Kreuzungspunct in 78° 31′ nördl. Breite und 177° 9′ Länge, wodurch zwei isolirte Räume entstehen, in denen die Dichtigkeit grösser als 198,19 ist. In jedem dieser beiden Räume ist ein Maximum der Dichtigkeit des Südmagnetismus. Das eine derselben haben wir bei der Betrachtung der ersten Abtheilung schon kennen gelernt; das zweite fällt auf diese Abtheilung und zwar in 70° 51′ N. Breite und 115° 38′ Länge. In diesem Puncte beträgt die Dichtigkeit 199,95. Auch dieser Punct fällt mit demjenigen, wo die ganze Intensität in derselben Gegend einen Maximumwerth erreicht, nicht zusammen, sondern liegt 31′ südlicher und 4° 19′ östlicher als dieser. Alle Linien, denen eine Dichtigkeit zwischen —198,19 und 199,95 entspricht, sollten sich doppelt in jedem der beiden inselförmigen Räume finden, wir haben sie jedoch nur einfach, nämlich für die Werthe von — 199,0 und — 199,5 auf der kleineren Insel angegeben und haben sie auf der grösseren Insel deswegen weggelassen, weil sie den Linien für die Werthe von —198,19 und —200 dort zu nahe gekommen wären. —

Die dritte Abtheilung Taf. IV. giebt für die südliche Polargegend unserer Karte die Linien für die Dichtigkeitswerthe von +140 bis +260 von 20 zu

20 Einheiten, ausserdem noch die Linien, welche den Werthen +272 und +275 entsprechen. Der Punct, in welchem die grösste Anhäufung von nordmagnetischem Fluidum auf der Erdoberfläche gedacht werden kann, liegt 70° 28′ S. Breite und 159° 13′ Länge. Die Dichtigkeit beträgt dort +277,66. Dieser Punct liegt nicht weit von demjenigen, wo die ganze Intensität ein Maximum ist, nämlich 70° 9′ S. Breite und 160° 26′ Länge.

Wir haben in den vorhergehenden §§ häufig auf die Ähnlichkeiten aufmerksam gemacht, welche zwischen den der Reihe nach betrachteten Karten in manchen Gegenden Statt fanden. Diese Ähnlichkeiten unter jenen Karten konnten keine Verwunderung erregen, weil sie nicht zufällig sind, sondern in einfachen und bekannten Relationen ihren Grund haben. In jenen Karten waren nämlich alle dargestellten Gegenstände Elemente der magnetischen Kräfte, von denen aber viel mehr, als zur vollständigen Bestimmung der letzteren nöthig sind, graphisch dargestellt wurden. Zur vollständigen Bestimmung der magnetischen Kräfte sind bekanntlich nur 3 Elemente nöthig; es sind aber 7 Elemente in den Tafeln V.—XVIII. graphisch dargestellt worden. Zwischen diesen 7 Elementen finden daher sehr viele und bekannte Relationen Statt, und es liess sich vermuthen, dass manche von den vielen Verwandtschaften jener 7 Elemente unter einander sich durch Ähnlichkeiten in ihren graphischen Darstellungen zu erkennen geben würden, was auch die nähere Prüfung bestätigt hat. Die Ähnlichkeiten, auf welche bei jenen Karten aufmerksam gemacht worden ist, konnten daher keine Verwunderung erregen*).

---

*) Die oben erwähnten Ähnlichkeiten und Verwandtschaften in den Karten von jenen 7 Elementen, die sich alle auf die Größe und Richtung der magnetischen Kräfte beziehen, wollen wir zur Übersicht hier nochmals kurz zusammenstellen und dabei jedesmal andeuten, wie der Grund davon in bekannten Relationen einfach und leicht nachzuweisen sei.

Bezeichnen wir der Kürze halber die Declination, Inclination, horizontale und ganze Intensität durch δ, i, ω und ψ, so ist

$$\operatorname{tang}\delta = \frac{Y}{X}, \qquad \omega = \sqrt{(XX+YY)},$$
$$\operatorname{tang} i = \frac{Z}{\omega}, \qquad \psi = \sqrt{(ZZ+\omega\omega)}.$$

Ist $Y = 0$, so ist auch $\delta = 0$; die Linien ohne Abweichung auf der Declinationskarte werden also mit den Linien, für welche die west-

Anders verhält es sich aber mit unserer gegenwärtigen Karte im Vergleich zu allen früheren. Hier haben wir nicht mit verwandten Elementen derselben

---

liche Intensität Null ist, zusammenfallen. Kleine Änderungen von δ hängen mit den correspondirenden Änderungen $\triangle X$ und $\triangle Y$ von X und Y so zusammen, dass der Zuwachs von δ der Grösse $X\triangle Y - Y\triangle X$ proportional ist. Die Änderungen von Y sind in der Nähe der Puncte, wo $Y = 0$ ist, sehr gross, und wenn X bedeutend ist und die Änderungen von X nicht sehr gross sind, so wird die Änderung von δ derjenigen von Y nahe proportional sein, und gleichen Werthen von $\triangle Y$ werden nahe gleiche Werthe von δ entsprechen.

Es sind daher die Linien, die gleichen, nicht zu bedeutenden Werthen der westlichen Intensität entsprechen, im Allgemeinen den Linien gleicher Declination in derselben Gegend sehr ähnlich. In der Nähe der magnetischen Pole zeigt sich indessen diese Ähnlichkeit nur in geringem Maasse, weil hier auch X sehr kleine Werthe hat. —

Ist $X = 0$, so ist $\delta = 90^0$, *die Linien, für welche die nördliche Intensität Null ist, fallen daher mit denjenigen, wo die Declination 90⁰ beträgt, zusammen.*

Da X nur in der Gegend der magnetischen Pole, wo auch Y sehr klein ist, den Werth Null erhält, so wird hier die Ähnlichkeit zwischen den Linien für X und für δ nur in sehr geringer Ausdehnung Statt finden.

Die Änderungen der horizontalen Intensität sind der Grösse $X\triangle X + Y\triangle Y$ nahe proportional. Ist $Y = 0$, so ist $\omega = X$, $\triangle\omega = \triangle X$. *In den Gegenden, wo die westliche Intensität gering, die nördliche dagegen bedeutend ist, werden die Linien gleicher Werthe der horizontalen Intensität viel Ähnlichkeit mit den Linien gleicher nördlicher Intensität haben.* Diese Ähnlichkeit findet sich in Taf. V. und Taf. XI. in den dem Äquator nahe liegenden Gegenden. In der Lage der Puncte indessen, wo ein Maximum von X oder ein Kreuzungspunct Statt findet, darf man keine grosse Übereinstimmung zwischen beiden Karten erwarten, weil hier die Änderungen von X sehr gering sind, während sie für Y sehr bedeutend sein können.

Da die Werthe von Y nur in den Polargegenden, in geringer Ausdehnung, grösser sind, als die Werthe von X, und hier im Allgemeinen die Änderungen von X bedeutender sind, als diejenigen von Y, so *findet zwischen den Karten für die westliche Intensität und für die horizontale Intensität nirgends Ähnlichkeit Statt.*

Ist zu gleicher Zeit $X = 0$ und $Y = 0$, so ist $\operatorname{tang}\delta = \frac{0}{0}$ und $\omega = 0$; die Puncte, wo dieses der Fall ist, sind die magnetischen Pole der Erde. In ihnen ist also die Declination unbestimmt, indem die Declinations-Nadel in jeder horizontalen

Kräfte, sondern mit Gegenständen zu thun, welche gar keine Ähnlichkeit oder Verwandtschaft mit einander haben. In allen früheren Karten wurden Kräfte

---

Richtung im Gleichgewicht ist, die horizontale Intensität ist aber Null. Die magnetischen Pole zeichnen sich also sowohl auf der Declinationskarte, als auf der Karte für die horizontale Intensität als merkwürdige Puncte aus. Gemeinschaftliche Linien haben beide Karten nicht.

Gehen wir jetzt zu den Beziehungen zwischen verticaler und horizontaler Intensität einerseits und Inclination und ganzer Intensität andererseits über. Wo $Z = 0$ ist, muß auch $i = 0$ sein; die Linien verschwindender verticaler Intensität und die Linien ohne Neigung sind daher dieselben. In der Nähe dieser Linien ist ω gross und ändert sich langsam, wogegen Z sich sehr stark ändert. Daher findet in der Nähe der Linie verschwindender verticaler Intensität und der Linie ohne Neigung eine grosse Ähnlichkeit zwischen dem Laufe der Linien gleicher Werthe von Z und gleicher Neigungen Statt.

Nach den magnetischen Polen zu wächst Z, während ω abnimmt. In den Polen selbst ist $\omega = 0$, also die Neigung $= 90^0$, also zeigen sich die magnetischen Pole auch auf der Neigungskarte als ausgezeichnete Puncte. In der Nähe dieser Puncte ist ω sehr klein im Verhältniss zu Z, und die Änderungen von ω werden ebenfalls bald bedeutender als die Änderungen von Z. Hieraus folgt eine grosse Übereinstimmung zwischen der Gestalt der Linien gleicher horizontaler Intensität und gleicher Neigung in der Nähe der magnetischen Pole.

Die Karte für die ganze Intensität hat mit derjenigen für die horizontale Intensität keine Ähnlichkeit, weil von den zwei Bedingungen, welche für diese Ähnlichkeit erforderlich sind, nur eine erfüllt ist. Die horizontale Intensität hat in dem Theile von Taf. XI., dem geringe Breiten entsprechen, ihre grössten Werthe, während Z wenig von Null verschieden ist, dagegen ändert sich ω hier sehr wenig, während die Änderungen von Z sehr bedeutend sind.

In den von dem Äquator entfernteren Gegenden ist Z sehr gross im Vergleich mit ω, und das Verhältniss zwischen den gleichzeitigen Änderungen von Z und ω ist im Allgemeinen viel größer als das von ω zu Z. Daher findet sich eine grosse Ähnlichkeit zwischen dem Laufe der Linien für gleiche Werthe von Z und gleiche Werthe der ganzen Intensität in den den Polen näheren Gegenden, die sich jedoch nicht auf die Räume erstreckt, wo die ganze Intensität einen Maximumwerth hat, oder wo zwei Linien gleicher Intensität sich schneiden, weil hier die Änderungen von Z zu gering sind, im Vergleich mit den Änderungen von ω.

ihrer Richtung und Grösse nach dargestellt, in der vorliegenden Karte dagegen magnetische Fluida (nach einer idealen Vertheilungsweise) ihrer Dichtigkeit nach. Je verschiedenartiger diese Dinge erscheinen, desto überraschender ist es, eine wirklich sehr grosse Ähnlichkeit zwischen der letzteren Karte und einer von den 7 früheren zu finden, nämlich mit der Karte der verticalen Intensitäten, um so mehr, weil man unmittelbar gar keinen Grund einsieht, warum die verticale Intensität vor den übrigen 6 Elementen einen Vorzug habe, deren graphische Darstellungen eine solche Ähnlichkeit mit unserer Karte durchaus nicht zeigen. Diese Ähnlichkeit bezieht sich nicht blos auf eine oder wenige Gegenden, sondern erstreckt sich über die ganze Erdoberfläche. Bei dem mittleren Erdgürtel haben wir am Schluss des vorigen § schon darauf aufmerksam gemacht. Der Augenschein bestätigt es auch in Beziehung auf die Polargegenden bei Vergleichung von Tafel IV. und X., denn selbst in der nördlichen Polargegend (d. i. in der zweiten Abtheilung dieser Karte) zeigt sich diese Ähnlichkeit offenbar, wenn man von der Stelle absieht, wo in der nördlichen Polargegend das zweite Maximum der Dichtigkeit sich befindet, dem kein Maximum der verticalen Intensität entspricht. Doch auch diese Unähnlichkeit erscheint bei näherer Prüfung von geringer Bedeutung deswegen, weil überhaupt in der Nähe von Maximis und Minimis sehr kleine reelle Verschiedenheiten sehr grosse Verrückungen der graphisch dargestellten Linien hervorbringen können.

Es ergiebt sich hieraus im Voraus die Vermuthung, dass, wenn kein unmittelbarer, doch ein mittelbarer Zusammenhang zwischen den auf beiden Karten dargestellten, ihrer Bedeutung nach so verschiedenartigen Gegenständen Statt finden müsse, und dieser mittelbare Zusammenhang wird wirklich in dem auf der letzten noch zu erklärenden Karte dargestellten Gegenstande gefunden, dem die folgenden §§ gewidmet sind.

§ 25. Tafel I.
Karte für die Werthe von[*)] $\frac{V}{R}$ nach Mercators Projection.

Nach diesen mannichfaltigen Darstellungen vom Erdmagnetismus und seinen Wirkungen bleibt zu betrachten übrig, ob noch eine von den bis-

[*) In der Originalausgabe heisst es, abweichend von der Überschrift der Tafel I., »Karte der magnetischen Potentiale $\frac{V}{R}$....« Man vergl. auch für das folgende die Fussnote auf S. 339 oben.]

herigen wesentlich verschiedene möglich oder nützlich sei. Es lässt sich die Frage aufwerfen, ob nicht, statt die Vertheilung der magnetischen Fluida selbst, oder statt deren Wirkungen (d. h. die magnetischen Kräfte) unmittelbar darzustellen, etwas Drittes, von beiden ganz verschiedenes, aber innig damit verbundenes, dargestellt werden könne, wodurch beide mittelbar ausgedrückt und zugleich ihr gesetzlicher Zusammenhang veranschaulicht würde.

Ein solches darstellbares Drittes giebt es wirklich, wie die Theorie beweist; es führt den Namen des

magnetischen Potentials

und wird bezeichnet (wenigstens für die Erdoberfläche, für die es hier allein vorkommen wird) mit

$$\frac{V}{R},$$

wie man es in den Überschriften Taf. I. und II. angegeben findet.

Hätte dieses magnetische Potential auch weiter keine physische Bedeutung und wäre nur etwas Ideelles, auf welches die Theorie führte, was man sich blos zur Erleichterung der Übersicht des physisch Existirenden vorstellte, so würde man sich dieses von der Theorie dargebotenen Hülfsmittels bedienen, weil kein Grund vorhanden ist, irgend ein Mittel zu verschmähen, wodurch man sich die Übersicht der Erscheinungen erleichtern kann. Um so mehr Grund hat man aber, jenes magnetische Potential zu beachten und zu benutzen, wenn es nicht blos etwas Ideelles ist, sondern wirklich eine physische Bedeutung hat und zwar eine sehr wichtige. — Im ersteren Falle wäre jenes Potential als eine Hülfsgrösse zu betrachten, welche für jeden Punct der Erdoberfläche (im Allgemeinen für jeden Punct des Weltenraums) einen bestimmten Werth besässe, der von dem Abstand dieses Punctes von allen Theilchen der in dcr Erde enthaltenen magnetischen Fluida abhängt, wofür die Art der Abhängigkeit in der Theorie genau bezeichnet ist, und es würde sich blos darum handeln, wie es den Zweck erfülle, die magnetischen Ursachen und Wirkungen und deren Verkettung am besten und leichtesten zu übersehen. — Im anderen Falle aber, wo das magnetische Potential eine physische Bedeutung hat, würde ausser der Erfüllung jenes Zwecks auch diese physische Bedeutung an und für sich selbst in Betracht kommen und eine genaue Erklärung desto mehr verdienen, je mehr daraus erhellet, dass man durch die Betrachtung der Potentiale den Zusammenhang der Erscheinungen an ihrer Wurzel fasse, wonach die Dienste, die sie zur Erreichung obigen Zweckes leisten, erklärlich werden. Es soll daher zuerst eine solche Erklärung von der

physischen Bedeutung der Potentiale

vorausgeschickt und sodann der Nutzen gezeigt werden, welchen ihre Betrachtung zur Übersicht der magnetischen Erscheinungen und ihrer Verkettung gewährt.

Auch unwahrnehmbaren Dingen kann physische Bedeutung d. i. physische Existenz und Wirksamkeit zugeschrieben werden; so wird z. B. nach der Theorie des Lichts dem Lichtäther eine sehr wichtige physische Bedeutung beigelegt. Wendet man diess auf unseren Fall an, so müssen wir den magnetischen Fluidis und den darin wirksamen Kräften auch eine physische Bedeutung zuschreiben. Diess vorausgesetzt denke man sich in C den Mittelpunct der Erde, und A sei ein Punct der Erdoberfläche, wo wir das Potential $\frac{V}{R}$ betrachten; man denke sich in A das verschlossene Ende einer Röhre, deren Querschnitt der Flächeneinheit (Quadratmillimeter) gleich ist, und denke, dass diese Röhre sich von A bis in sehr entfernte Räume erstrecke, wo die Wirkung des Erdmagnetismus verschwindet oder ganz unmerklich wird. Diese Röhre denke man sich mit nördlichem magnetischen Fluidum so erfüllt, dass jede Volumeneinheit ein Maass von dieser Flüssigkeit (nach dem in der *Intensitas vis magneticae* festgesetzten absoluten Maasse) enthält:

A C

> das erdmagnetische Potential $\frac{V}{R}$ im Puncte A bedeutet dann den Druck jener von der Erde angezogenen Flüssigkeit auf den Boden der Röhre.

Sollte dieser Druck negativ sein (d. h. die Flüssigkeit in der Röhre von der Erde abgestossen werden), so kann man sich die Röhre mit südlichem Fluidum gefüllt denken, wo dann das Potential $\frac{V}{R}$ im Puncte A den Druck bedeutet, welcher dem Druck der Flüssigkeit am Boden das Gleichgewicht hält. Nach Festsetzung eines absoluten Druckmaasses (nämlich des absoluten Kraftmaasses auf die Flächeneinheit gleichmässig vertheilt) kann jener Druck durch eine Zahl bestimmt werden, und diese Zahl ist der Werth von $\frac{V}{R}$ im Puncte

A nach absolutem Maasse. Über die Reduction solcher Werthe auf das unseren Karten und Zahlen zum Grunde gelegte willkührliche Maass braucht nichts beigefügt zu werden, als dass derselbe Reductionsfactor, der schon mehrmals angeführt worden ist, dazu dient. — Obige Bedeutung des Potentials kann endlich, wie man leicht sieht, über alle Puncte auch ausserhalb der Erdoberfläche erweitert werden, wobei wir aber hier nicht länger verweilen wollen. — Diese Erklärung von der physischen Bedeutung des magnetischen Potentials möge hier genügen. Es soll nun von den Potentialen auf der Erdoberfläche mit Hülfe der Tafeln I. und II. eine Übersicht gegeben und diese sodann benutzt werden zur tieferen und gründlicheren Einsicht in die Gesammtheit der erdmagnetischen Erscheinungen und deren Verkettung.

Zu dieser Absicht sollen zuerst die Karten Taf. I. und II. betrachtet werden, welche von den Werthen des magnetischen Potentials auf der Erdoberfläche eine bildliche Darstellung geben; sodann sollen die hauptsächlichsten Beziehungen entwickelt werden, welche zwischen den Karten dieses Potentials und allen bisher betrachteten Karten Statt finden.

Betrachtet man zuerst Taf. I. für die magnetischen Potentiale, welche nach Mercators Projection den Erdgürtel zwischen 70° nördlicher und 70° südlicher Breite vorstellt, so bemerkt man zuerst, dass alle in dieser Tafel gezeichneten Linien Linien gleicher Werthe von $\frac{V}{R}$ sind, welche kurz Gleichgewichtslinien heissen, ein Name, der sich aus der physischen Bedeutung des Potentials selbst rechtfertigt; zweitens, dass diese Linien sich nirgends schneiden; drittens, dass jede in sich selbst zurückläuft; viertens, dass die Werthe von $\frac{V}{R}$ von Süden nach Norden arithmetisch wachsen (diese Werthe sind für jede achte Linie am Rande bemerkt worden); fünftens, dass durch alle diese Linien, je nachdem sie sich nähern oder entfernen, eine Vertheilung von Schatten und Licht entsteht, welche mit der Vertheilung von Schatten und Licht vergleichbar ist, wodurch die Unebenheiten der Erdoberfläche dargestellt werden (würden noch Linien für mehrere Werthe von $\frac{V}{R}$ nach arithmetischer Progression interpolirt, so würde jene Vertheilung von Schatten und Licht noch deutlicher hervortreten); sechstens, dass die Richtung der Linien in der Nähe des Äquators fast von Osten nach Westen geht und nur in Afrika beträchtlich abweicht; dass die Gestalt der Linien in Russland und Sibirien ein wenig wellenförmig ist; dass endlich die grössten Krümmungen dieser

Linien im Norden um 264° Länge, im Süden um 152° Länge gefunden werden; siebentens, dass die schattenreichsten Partieen (die grösste Annäherung der Linien) nahe am Äquator, die lichtesten (die grössten Entfernungen der Linien) an den schon bezeichneten Stellen (nördlich in 264° Länge, südlich in 152° Länge) gefunden werden.

Diese Bemerkungen reichen hin, die Aufmerksamkeit auf das Eigenthümliche dieses Liniensystems in Gestalt und gegenseitiger Lage der Linien zu wenden. Eigentlich sollte dieses Liniensystem auf eine Kugelfläche übertragen werden und alle Linien dort gleiche Stärke erhalten. Um so viel wie möglich dieselbe Vertheilung von Licht und Schatten, die man dort erhalten würde, hier auf ebener Fläche wieder zu geben, sind die Linien nach Norden und Süden zu allmählig verstärkt worden, wie der Maassstab der Mercatorschen Projection wächst, wonach die Karte entworfen ist.

§ 26. Tafel II. Karte für die Werthe von[*)] $\frac{V}{R}$, nach stereographischer Projection.

In Beziehung auf Taf. II., welche die Linien für gleiche Werthe von $\frac{V}{R}$, d. i. die Gleichgewichtslinien in den Polargegenden nach stereographischer Projection bis zum 65sten Breitengrad darstellt, können meist dieselben Bemerkungen wie im vorigen § zu Taf. I. gemacht werden, dass nämlich auch hier diese Linien sich nirgends schneiden, dass die Werthe von $\frac{V}{R}$ von Linie zu Linie arithmetisch wachsen, und dass durch diese Linien (wenn nach arithmetisch wachsenden Werthen von $\frac{V}{R}$ noch mehrere interpolirt würden) eine Vertheilung von Licht und Schatten hervorgebracht wird, woran man die wechselseitige Annäherung und Entfernung der Linien erkennt. Im Vergleich zur vorigen Karte hätten noch zwischen je zwei Linien drei andere interpolirt werden müssen, was aber unterblieben ist, weil auch dadurch noch nicht die beabsichtigte Vertheilung von Licht und Schatten erlangt worden wäre. Daher ist es vorgezogen worden, diese Vertheilung von Licht und Schatten, wie man sie durch weiter fortgesetzte Interpolation von Linien erreichen könnte,

[*)] Auch hier heisst es in der Originalausgabe abweichend von der Überschrift der Tafel II. »Karte der magnetischen Potentiale $\frac{V}{R}$«.]

lieber durch eine leichter auszuführende Schraffirung zu ersetzen. — In dieser Schraffirung haben nicht die allmähligen Übergänge, sondern nur eine Reihe von Abstufungen gemacht werden können; doch sind diese Abstufungen so gemacht, dass sie im Mittel der Schattirung entsprechen, welche man durch fortgesetzte Interpolation von Linien nach arithmetisch wachsenden Werthen von $\frac{V}{R}$ erhalten würde.

Was die Gestalt der Linien in diesen Polargegenden betrifft, so fällt in die Augen, dass sie ellipsenförmig in sich selbst zurücklaufen und einen Punct umschliessen, den man leicht durch Vergleichung mit den früheren Karten als magnetischen Pol erkennt. Dabei bemerkt man, dass die Ellipsenform der Linien in der nördlichen Gegend länglicher ist als in der südlichen.

Was endlich die Vertheilung von Licht und Schatten betrifft, so fällt in die Augen, dass am magnetischen Pole gar kein Schatten ist, und dass der Schatten mit der Entfernung davon zunimmt. Vergleicht man beide Polargegenden mit einander, so findet man in der südlichen viel mehr Schatten als in der nördlichen. Übrigens muss auch hier bemerkt werden, dass man sich das Liniensystem eigentlich auf eine Kugel übertragen vorstellen muss.

§ 27. Beziehungen zwischen der Potential- und Declinations-Karte.

Die Tafeln I. und II. für die Gleichgewichtslinien sind darum entworfen worden, weil sie viele einfache und übersichtliche Beziehungen auf die Vertheilung des Magnetismus und auf alle Elemente seiner Kraftäusserungen haben.

Wir betrachten zunächst ihre Beziehungen auf die Declinations-Karte, weil diese praktisch die wichtigsten sind. In Beziehung auf die Declination können die Taf. I. und II. dargestellten Gleichgewichtslinien sehr einfach als Linien definirt werden, welche die Richtung der Boussole überall senkrecht schneiden. Weil nun alle jene Linien in sich selbst zurücklaufen, so folgt daraus der merkwürdige Satz, dass, wenn ein Schiff so die Welt umsegeln könnte, dass es immer senkrecht gegen die Richtung der Boussole führe, es zu derselben Stelle wieder hingelangen müsste, von der es ausgegangen ist, vorausgesetzt, dass in der Zwischenzeit der Erdmagnetismus ganz unverändert geblieben wäre.

Ein Erdglobus, auf welchem diese Linien aufgetragen wären, würde ferner dazu dienen, die Richtung der Boussole überall auf der Erdoberfläche zu finden; denn man braucht in irgend einem Puncte blos ein Perpendikel auf die durch diesen Punct gehende Linie zu fällen, so hat man die Richtung der Boussole in jenem Puncte. Im Wesentlichen hat die Declinationskarte den nämlichen Zweck; nun vergleiche man aber ihr verwickeltes Liniensystem in Taf. XIII. und XIV. mit dem so einfachen in Taf. I. und II., um den Vorzug des letzteren vor dem ersteren zu erkennen.

Betrachten wir Taf. I. und II. im Einzelnen, so kommen wir in Beziehung auf die Richtung der Boussole überall zu den nämlichen Resultaten, welche die Declinationskarte gab. Suchen wir z. B. die Orte auf der Erdoberfläche auf, wo die Boussole genau nach Norden zeigt (d. h. wo die Declination = 0 ist), so brauchen wir nur die Puncte zu suchen, wo die Richtung der Gleichgewichtslinien genau von Osten nach Westen geht. Eine erste Reihe von solchen Puncten findet man, wenn man in Karte I. von 70^0 nördlicher Breite 265^0 Länge herab zu 70^0 südlicher Breite 336^0 Länge geht; eine zweite Reihe, wenn man von 70^0 nördlicher Breite 40^0 Länge zu 70^0 südlicher Breite 150^0 Länge herabgeht; endlich eine dritte Reihe in Sibirien und China, wenn man die wellenförmige Gestalt der Linien in jener Gegend genau beachtet. Werden diese Puncte durch Linien verbunden, so überzeugt man sich leicht, dass diese Linien ganz dieselben sind, wie Taf. XIII. und XIV. die Linie verschwindender Declination.

Zwischen den beiden ersten Reihen von Puncten sieht man ferner, dass alle Linien von Südwest nach Nordost gehen, folglich ihre Perpendikel vom Meridian westlich abweichen, dass folglich in der ganzen dazwischen liegenden Fläche die Declination westlich sei, wie es die Declinationskarte durch das positive Vorzeichen der Declinationswerthe bestätigt. Eben so erkennt man, dass ausser diesem Raume überall, mit Ausnahme der kleinen von der dritten Punctreihe umschlossenen Fläche, unsere Linien von Nordwest nach Südost geneigt sind, ihre Perpendikel folglich vom Meridian östlich abweichen, zum Beweis, dass die Declination hier überall östlich sei, was die Declinationskarte durch negative Vorzeichen der Declinationswerthe bestätigt.

Wollte man endlich alle Puncte aufsuchen, wo die Tangenten unserer Linien (auf die Kugel übertragen) mit den Parallelkreisen irgend einen beliebigen Winkel, z. B. von 10^0 oder 20^0 oder 30^0 u. s. w. machen, so würde man alle Linien der Declinationskarte wiederfinden, kurz man könnte die Tafeln XIII. und XIV. aus den Tafeln I. und II. vollständig herleiten.

Der Nordpol der Boussole ist immer nach derjenigen Richtung des Perpendikels unserer Linien gekehrt, nach welcher die Werthe von $\frac{V}{R}$ wachsen.

Wie weit einfacher und übersichtlicher die Richtung der Boussole aus den Karten für die Linien gleicher Werthe von $\frac{V}{R}$, als aus den Karten für die Linien gleicher Declinationswerthe erkannt werde, zeigt sich besonders augenfällig bei Betrachtung der Polargegenden oder Vergleichung der Tafeln II. und XIV. Unsere Linien in den Polargegenden Taf. II. haben eine ellipsenförmige Gestalt, und es ist leicht, in beliebigen Puncten dieser Linien Perpendikel zu ziehen oder vorzustellen, welche die Richtung der Boussole geben. Man sieht, dass in der nördlichen Polargegend der Nordpol der Boussole überall nach dem Innern der Ellipse zeigt, weil in dieser Richtung die Werthe von $\frac{V}{R}$ wachsen, während in der südlichen Polargegend der Südpol der Boussole ins Innere der Ellipse zeigt, weil in dieser Richtung die Werthe von $\frac{V}{R}$ abnehmen. Man bekommt auf diese Weise eine allgemeine Übersicht und Anschauung von der Richtung der Boussole in beiden Polargegenden, welche aus der Declinations-Tafel XIV. zu entnehmen gewiss viel Mühe machen würde.

§ 28. Beziehungen zwischen der Potential- und horizontalen Intensitäts-Karte.

Bei der Beschreibung der Tafeln I. und II. für die Linien gleicher Werthe von $\frac{V}{R}$, § 25. 26., ist die Aufmerksamkeit besonders auf die Vertheilung von Licht und Schatten gerichtet worden, welche dadurch hervorgebracht wurde, dass die Linien in manchen Gegenden sich einander sehr nähern, in andern Gegenden von einander entfernen. Es ist diess geschehen, weil diese Vertheilung von Licht und Schatten sehr bedeutend ist in Beziehung auf die horizontale Intensität, was man leicht bemerken wird, wenn man jene Tafeln mit den Tafeln XI. und XII. für die horizontale Intensität vergleicht. Dem meisten Schatten entspricht die stärkste horizontale Intensität, dem meisten Licht die geringste horizontale Intensität. Auf Tafel I., welche den mittleren Erdgürtel von 70° nördlicher bis 70° südlicher Breite darstellt, lassen sich Stellen am Äquator wohl erkennen, wo der Schatten am stärksten ist, so klein auch der Unterschied ist und trotz der Unvollkommenheit der aus freier Hand gezogenen Linien. Die eine Stelle liegt westlich von Amerika, die andere in Ostindien, d. i. in den Gegenden, welche Taf. XI. von den in sich selbst zurücklaufenden Linien für die horizontale Intensität = 1000 umschlossen sind. Auch fällt in die Augen, wie langsam das Licht zunimmt, wenn man von Amerika südöstlich bis 70° südlicher Breite 340° Länge herabgeht, d. i. in der Gegend, wo die Linie der horizontalen Intensität 700 eine grosse Ausbeugung nach Süden macht. Dagegen nimmt das Licht weit schneller im südlichen Afrika zu, und die Gegend südöstlich von Afrika ist in grosser Ausdehnung fast gleich hell erleuchtet. Diess ist aber die Gegend, wo die Linie für die horizontale Intensität 600 eine Bucht nach Norden bildet. Endlich nach den beiden magnetischen Polen zu nimmt das Licht sehr schnell zu, weil der Abstand der Linien sehr schnell wächst. Es würde in diesen beiden Gegenden leicht sein, die Stellen herauszufinden, wo der Abstand der Linien gleich ist. Verbände man sie durch eine Linie, so erhielte man die auf der Karte XI. dargestellten Linien gleicher horizontaler Intensität. Überhaupt würde man sich durch einige solche Abmessungen bald überzeugen können (wenigstens wenn man das Liniensystem auf eine Kugel überträgt), dass die horizontale Intensität überall dem Abstande unserer Linien für gleiche Werthe von $\frac{V}{R}$ umgekehrt proportional ist, was desto richtiger ist, je dichter diese Linien interpolirt werden.

In den beiden Polargegenden Taf. II., wo die Vertheilung von Licht und Schatten, welche durch die Potentiallinien hervorgebracht werden kann, nur gradweise angedeutet ist, ist die Vergleichung mit der Karte der Linien für gleiche horizontale Intensität noch leichter; denn die Grenzen der gradweisen Abstufungen von Licht und Schatten sind selbst Linien gleicher horizontaler Intensität.

§ 29. Beziehungen zwischen der Potentialkarte und den Karten der Linien für gleiche nördliche und westliche Intensität.

Die Beziehungen, welche wir zwischen der Karte der Gleichgewichtslinien Taf. I. und II. und der Karte Taf. XIII. und XIV. der isogonischen Linien, so wie zwischen jener Karte und der Karte Taf. XI. und XII. der Linien gleicher horizontaler Intensität kennen gelernt haben, führen von selbst noch auf andere Beziehungen, welche zwischen jener Karte und der Karte Taf. V. bis VIII. der Linien gleicher nördlicher und westlicher Intensität Statt finden müssen und durch genauere Vergleichung der Karten leicht bestätigt werden können.

Nach § 27 ist die Richtung der Boussole überall senkrecht gegen die Richtung der Linien für gleiche Werte von $\frac{V}{R}$; nach § 28 ist die horizontale Intensität nach der Richtung der Boussole dem Abstand jener Linien umgekehrt proportional. Aus beiden Sätzen zusammen ergiebt sich von selbst:

1) dass die nördliche Intensität dem Abstand der Gleichgewichtslinien nach der Richtung des Meridians umgekehrt proportional sei;

2) dass die westliche Intensität dem Abstand der Gleichgewichtslinien nach der auf den Meridian senkrechten Richtung umgekehrt proportional sei*).

Auch diese Regeln sind desto richtiger und genauer, je mehr Linien nach dem Gesetze arithmetisch fortschreitender Werthe von $\frac{V}{R}$ interpolirt werden. Wir wollen daher jene Regeln durch die Betrachtung der den mittleren Erdgürtel darstellenden Tafeln erläutern, weil jene Bedingung hier (in Taf. I.) mehr erfüllt ist, als in Taf. II. von den Polargegenden.

Was die Taf. V. der Linien gleicher nördlicher Intensität betrifft, so haben wir ihre Ähnlichkeit im mittleren Erdgürtel mit der Karte Taf. XI. der Linien gleicher horizontaler Intensität § 19 kennen gelernt, was sich nun erklärt aus der Betrachtung der Karte Taf. I. der Gleichgewichtslinien, weil

---

*) n bezeichne die nördliche Intensität, $\frac{h}{a}$ bezeichne die horizontale Intensität, welche dem Abstand a der Potentiallinien umgekehrt proportional ist, δ bezeichne die Declination, N den Abstand der Potentiallinien nach der Richtung des Meridians, so ist

$$n = \frac{h}{a}\cos\delta, \quad N = \frac{a}{\cos\delta},$$

folglich $n = \frac{h}{N}$, d. i. die nördliche Intensität dem Abstande der Potentiallinien nach der Richtung des Meridians umgekehrt proportional.

Was für die nördliche Kraft und den nördlichen Abstand, gilt auch für die westliche Kraft und den westlichen Abstand, wenn $\sin\delta$ statt $\cos\delta$ gesetzt wird.

wir sehen, dass die Linien dieser Karte in der Nähe des Äquators im Allgemeinen wenig von der Richtung von Osten nach Westen abweichen. Die Abstände dieser Linien nach der Richtung des Meridians sind daher den directen Abständen (nach der Richtung der Boussole) nahe gleich, woraus sich erklärt, dass die diesen Abständen umgekehrt proportionale nördliche und horizontale Intensität sich hier wenig unterscheiden. Näher bei den magnetischen Polen finden sich aber Gegenden, wo die Linien in Taf. I. grössere Winkel mit der Richtung von Osten nach Westen machen, und daher bemerkt man dort auch eine grössere Verschiedenheit zwischen den Linien gleicher nördlicher und horizontaler Intensität, nämlich dass diese sich mehr krümmen als jene.

Was die Karte Taf. VII. für die Linien gleicher westlicher Intensität betrifft, so wurde § 17 zwischen ihr und der Karte Taf. XIII. für die Linien gleicher Declination eine grosse Ähnlichkeit bemerkt, wovon man nun in Karte Taf. I. den Grund leicht findet. Überall nämlich, wo die Linien der letzteren Karte genau von Osten nach Westen laufen, ist ihr Abstand nach dieser Richtung im Vergleich zum directen Abstand sehr gross (und würde verhältnissmässig noch grösser werden, wenn mehr Linien auf Taf. I. interpolirt würden), woraus nach dem Gesetze der umgekehrten Proportionalität dieser Abstände und der westlichen Intensität (welches desto richtiger ist, je dichter jene Linien in Taf. I. liegen) folgt, dass die westliche Intensität in allen diesen Puncten verschwindet. Nun verschwindet aber in allen diesen Puncten auch die Declination, weil die Boussole gerade nach Norden zeigt. Folglich müssen die Linien, welche alle jene Puncte verbinden, sowohl Linien verschwindender westlicher Intensität, als auch verschwindender Declination sein, wie schon § 7 und 17 gezeigt worden ist.

Wir wollen nur noch eine Gegend betrachten, wo die Karte Taf. VII. für die Linien gleicher westlicher Intensität von den Linien gleicher Declination Taf. XIII. beträchtlich abweicht, um ihre Verschiedenheit aus Karte Taf. I. zu erklären; nämlich in Afrika sehen wir in der einen Karte einen Kreuzungspunct zweier Linien gleicher Declination fast gerade an der nämlichen Stelle, wo in der andern Karte ein Maximum der westlichen Intensität liegt.

Betrachtet man zuerst den Raum zwischen 0^0 und 10^0 Länge von 70^0

nördlicher bis 70^0 südlicher Breite, so bemerkt man leicht, dass die Linien in Karte Taf. I. in diesem ganzen Raume fast gleiche Neigung haben und mit den Parallelkreisen Winkel von nahe 22^0 bilden, was damit übereinstimmt, dass in der Declinationskarte die Linie von 22^0 13′ Declination durch diesen Raum hindurchgeht. Nahe dieselbe Neigung der Linien in Taf. I. findet man auch in dem Raume, welcher zwischen zwei Linien liegt, die von 70^0 nördlicher Breite 250^0 und 260^0 Länge nach 70^0 südlicher Breite 140^0 und 150^0 Länge gezogen werden, was damit übereinstimmt, dass in der Declinationskarte auch durch diesen Raum eine andere Linie von 22^0 13′ Declination geht, welche die erstere in 13^0 nördlicher Breite 4^0 Länge schneidet. Gehen wir von dieser Gegend aus nach den vier Richtungen, wo die Linien in Taf. I. fast gleiche Neigung behielten, so bemerken wir leicht, dass der Abstand der Linien in Taf. I. desto mehr wächst, je mehr wir uns von jener Gegend entfernen, folglich nimmt die horizontale Intensität und (wegen gleichbleibender Declination) auch die westliche Intensität (welche der horizontalen Intensität und dem Sinus der Declination proportional ist) ab, und es erklärt sich hieraus, dass in jener Gegend ein Maximum der westlichen Intensität lag, eben so wie, dass dort ein Kreuzungspunct zweier Linien gleicher Declination lag, beides blos aus der Betrachtung der Linien in Taf. I.

§ 30. Beziehungen zwischen der Potentialkarte und den Karten für die Linien gleicher Dichtigkeit und gleicher verticaler Intensität.

Bei den mannichfaltigen sehr einfachen und sehr merkwürdigen Beziehungen, welche wir so eben zwischen der Karte der Potentiale und den meisten andern Karten kennen gelernt haben, könnte man nun auch noch ähnliche Beziehungen zwischen jener Karte und den beiden letzten damit noch nicht verglichenen erwarten, nämlich der Karte der verticalen Intensität und der idealen Vertheilung, und vielleicht hoffen, dadurch einen Aufschluss über die am Ende § 24 erwähnte sehr unerwartete Ähnlichkeit dieser beiden letzteren Karten untereinander zu gewinnen. Wenn gleich aber dort schon angekündigt ist, dass die Betrachtung der Potentiale wirklich über jenes merkwürdige Verhältniss Aufschluss gebe, so scheint doch hier dazu noch nicht der rechte Ort, weil wir uns hier auf die Betrachtung der graphischen Darstellung der Potentiale blos beschränken und daraus allein jenes merkwürdige Verhältniss nicht anschaulich erläutert werden kann. Man sehe vielmehr darüber weiter unten § 41, wo von der Zeichnung der Karte der idealen Vertheilung Rechenschaft gegeben wird, woraus der verlangte Aufschluss leicht erhalten werden kann.

---

§ 31. Einrichtung der Zahlentafeln.

Es sind auf der Oberfläche der Erde 1262 Puncte gewählt und für jeden nach der *Theorie des Erdmagnetismus* von GAUSS in den »Resultaten aus den Beobachtungen des magnetischen Vereins im Jahre 1838«[*)] folgende acht Grössen berechnet worden:

1) der Werth des Potentials $\frac{V}{R}$,
2) der Werth der nördlichen Intensität X,
3) der Werth der westlichen Intensität Y,
4) der Werth der verticalen Intensität Z,
5) der Werth der Declination,
6) der Werth der Inclination,
7) der Werth der ganzen Intensität,
8) der Werth der horizontalen Intensität.

Diese 10096 nach der Theorie berechneten Werthe sind hierauf in Tafeln zusammengestellt, und unmittelbar nach diesen Tafeln sind durch Interpolation 8 von obigen 9 Karten entworfen worden. Die Karte Taf. III. und IV. aber, welche nicht unmittelbar nach obigen Tafeln construirt werden konnte, ist mit Hülfe einer weiter unten § 41 anzugebenden Regel mittelbar entworfen worden.

Die Lage obiger 1262 Orte auf der Erdoberfläche wird dadurch bestimmt, dass sie 5 Breitengrade und 10 Längengrade abstehen, und dass die Länge von Greenwich aus genommen wird.

Um die Übersicht und den Gebrauch der Tafeln zu erleichtern, ist folgende Ordnung und Einrichtung getroffen worden. Es sind diejenigen Ele-

---

[*) Werke V, S. 119 ff.]

mente, welche für einen Punct oft zusammen gebraucht werden, für jeden Punct zusammengestellt worden. Diess gilt erstens von den Werthen der drei rechtwinkligen Componenten X, Y und Z der magnetischen Kraft und den Werthen des Potentials $\frac{V}{R}$, wovon sie abhängen. Zweitens gilt es von allen Elementen in derjenigen Form, wo sie unmittelbar mit der Erfahrung verglichen werden können, nämlich Declination, Inclination, horizontale und ganze Intensität. Die Werthe jener vier zu theoretischen Betrachtungen besonders geeigneten Elemente findet man in der ersten Tafel für jeden Punct zusammengestellt; die Werthe dieser vier zu empirischen Betrachtungen besonders geeigneten Elemente findet man eben so in der zweiten Tafel beisammen, wonach die Tafeln benannt sind:

1) Tafel für die berechneten Werthe von $\frac{V}{R}$, X, Y und Z,

2) Tafel für die berechneten Werthe der Declination, Inclination, der ganzen und der horizontalen Intensität.

Jede Tafel zerfällt in zwei Abtheilungen für die nördliche und südliche Hemisphäre: die erste von 90^0 bis 0^0 nördlicher Breite, die zweite von 0^0 bis 90^0 südl. Breite.

Übrigens ist die Einrichtung so, dass, wie in den nach Mercators Projection entworfenen Karten, der Eingang in die Tafel für die geographische Länge von oben, für die geographische Breite von der Seite ist. In jedem einer bestimmten Länge und Breite entsprechenden Felde der Tafel stehen vier Zahlen, als die Werthe der in der Überschrift der Tafel genannten vier Elemente, in der nämlichen Ordnung, wie sie in der Überschrift genannt und am Seiteneingange der Tafel angedeutet sind.

Für die Pole, d. i. für $+90^0$ und -90^0 Breite, war es nicht nöthig, alle Werthe für alle Längen anzugeben, weil die Werthe von

$$\frac{V}{R} \text{ und } Z$$

und für die

Inclination, ganze und horizontale Intensität

in den Polen für alle Längen dieselben sind; die übrigen Werthe aber, von

X und Y

und von der Declination

in den Polen von der Länge λ so einfach abhängen, dass es in den Polen übersichtlicher schien, diese Abhängigkeit anzugeben, als die Werthe für alle einzelnen Längen selbst aufzuführen.

§ 32. Tafel für die berechneten Werthe von $\frac{V}{R}$, X, Y und Z.

Diese Tafel nimmt den ersten Platz ein, weil die andere aus ihr abgeleitet ist. — Die Längengrade sind über und unter den Columnen bemerkt, sie laufen von 10^0 zu 10^0 fort von 0^0 bis 360^0. 0^0 im Anfang oder 360^0 am Ende der Tafel bezeichnet die Länge von Greenwich. Von 90^0 zu 90^0 sind Hauptabtheilungen gemacht zur leichteren Orientirung in der langen Reihe von Columnen. — Die Breitengrade sind am Rande links und rechts bemerkt, und zwar (in der ersten Abtheilung) die nördliche Breite als positiv, die südliche Breite (in der zweiten Abtheilung) als negativ. — Neben der Breitenbestimmung ist die Ordnung angegeben, nach welcher die Elemente in der Tafel aufgeführt sind, zu oberst nämlich steht der Werth von $\frac{V}{R}$, worauf der Reihe nach die nördliche Componente X, die westliche Y und zu unterst die verticale Z folgt. — Alle diese Werthe sind so ausgedrückt, dass 1000 der üblichen Einheit entspricht, nach welcher die ganze Intensität in London = 1,372 sein soll; alle sind mit dem Factor 0,0034941 zu multipliciren, wenn man Werthe nach dem in der *Intensitas vis magneticae* festgesetzten absoluten Maasse erhalten will[*)]. — Das positive Vorzeichen bedeutet vor X die nördliche, vor Y die westliche und vor Z die abwärts gerichtete Kraft, welche auf den Nordpol der Nadel wirkt, das negative Vorzeichen auf ähnliche Weise, dass diese Kraft südlich oder östlich oder aufwärts gerichtet ist.

§ 33. Tafel für die berechneten Werthe der Declination, Inclination, der ganzen und der horizontalen Intensität.

In dieser zweiten Tafel sind die Längengrade darüber und darunter, die Breitengrade am Rande links und rechts eben so wie in der ersten Tafel angegeben. Auch hier ist neben der Breitenbestimmung jedesmal die Ordnung bemerkt, nach welcher die Elemente in der Tafel aufgeführt werden, zu oberst

[*) Vergl. oben § 5, S. 344, 345.]

nämlich steht die Declination, darauf folgt die Inclination, beide in Graden und Minuten. Unter der Inclination steht die ganze Intensität und zuletzt die horizontale Intensität, die beiden letzten Werthe nach der üblichen Einheit, nach welcher die ganze Intensität in London = 1,372 gesetzt wird, jedoch beide zur Vermeidung zu vieler Brüche mit 1000 multiplicirt. Auch sie sind mit dem Factor 0,0034941 zu multipliciren, wenn man Werthe nach dem in der *Intensitas vis magneticae* festgesetzten absoluten Maasse erhalten will. — Declination und Inclination sind positiv oder negativ gesetzt, dort zur Unterscheidung westlicher und östlicher Declination, hier zur Unterscheidung der Neigung abwärts und aufwärts des Nordpols der Nadel.

§ 34. Zeichnung der Karten mit Hülfe der Tafeln.

Es ist leicht, mit Hülfe dieser Tafeln folgende Karten zu zeichnen, nämlich die Karten für die Linien

gleicher Werthe von $\frac{V}{R}$		. . . .	I. II.
—	—	der nördlichen Intensität X	V. VI.
—	—	der westlichen Intensität Y	VII. VIII.
—	—	der verticalen Intensität Z	IX. X.
—	—	der Declination	XIII. XIV.
—	—	der Inclination	XV. XVI.
—	—	der ganzen Intensität . .	XVII. XVIII.
—	—	der horizontalen Intensität .	XI. XII.

Blos die Karte der idealen Vertheilung des Magnetismus auf der Erdoberfläche [III., IV.] lässt sich nicht unmittelbar danach zeichnen; jedoch wird § 41 eine Regel mitgetheilt werden, wie sie mittelbar danach gezeichnet werden kann.

Zur Zeichnung der nördlichen Polargegenden braucht man für die Linien gleicher Werthe von $\frac{V}{R}$ und gleicher nördlicher, westlicher und verticaler Intensität blos die erste Abtheilung der ersten Tafel und zwar nur den oberen Theil von $+90^0$ bis $+60^0$ Breite. Zur Zeichnung der südlichen Polargegenden braucht man für dieselben Linien blos die zweite Abtheilung der ersten Tafel und zwar nur den unteren Theil von -60^0 bis -90^0 Breite. Zur Zeichnung des mittleren Erdgürtels braucht man für jene Linien zwar beide Abtheilungen der ersten Tafel, jedoch von der ersten nur den unteren Theil von $+75^0$ bis 0^0 Breite, von der zweiten nur den oberen von 0^0 bis -75^0 Breite. — Dasselbe gilt von der Zeichnung der Linien gleicher Declination, Inclination, ganzer und horizontaler Intensität in Bezug auf die beiden Abtheilungen der zweiten Tafel.

Zur Zeichnung einer Linie sucht man zuerst die nächst grösseren und kleineren Werthe in benachbarten Feldern der Tafel auf, zwischen welchen der Werth für die Linien enthalten ist. Z. B. wenn in der nördlichen Polargegend die Linie gezeichnet werden soll, in welcher $+800$ der Werth von $\frac{V}{R}$ ist, so findet man in der Tafel den Werth von $\frac{V}{R}$

No.	für	grösser	kleiner
1.	0^0 Länge	$+70^0$ Br.	$+65^0$ Br.
2.	10^0 —	$+70^0$ —	$+65^0$ —
3.	20^0 —	$+70^0$ —	$+65^0$ —
4.	30^0 —	$+70^0$ —	$+65^0$ —
5.	$+70^0$ Breite	30^0 L.	40^0 L.
6.	40^0 Länge	$+75^0$ Br.	$+70^0$ Br.
7.	50^0 —	$+75^0$ —	$+70^0$ —
8.	$+70^0$ Breite	60^0 L.	50^0 L.
9.	60^0 Länge	$+70^0$ Br.	$+65^0$ Br.
	u. s. w.	u. s. w.	u. s. w.

Darauf interpolirt man zwischen diesen grösseren und kleineren Werthen und findet zwischen je zweien einen Punct, für welchen der Werth von $\frac{V}{R} = +800$ ist und der folglich ein Punct der Linie ist. Diese Puncte kommen nahe genug zu liegen, dass eine durch alle Puncte frei hindurchgezogene Linie von der gesuchten Linie nicht merklich abweichen kann. Bei der Interpolation ist bald die Länge bekannt und blos die Breite wird gesucht (in obigem Beispiel z. B. für den 1. 2. 3. 4. 6. 7. 9ten Punct), bald ist die Breite bekannt und die Länge wird gesucht (in obigem Beispiele für den 5. und 8ten Punct).

§ 35. Interpolation zwischen den Werthen der Tafeln.

In der Regel kann man nach dem Gesetz der Proportionalität interpoliren, z. B. wenn man aus den Tafeln hat:

$$\frac{V}{R} = +794{,}1 \text{ in } 0^0 \text{ Länge } + 65^0 \text{ Breite}$$

$$\frac{V}{R} = +820{,}2 \text{ — } 0^0 \text{ — } +70^0 \text{ —}$$

und man sucht in 0^0 Länge die Breite, für welche

$$\frac{V}{R} = 800$$

ist, so findet man diese Breite durch Interpolation nach dem Gesetz der Proportionalität

$$+65^0 + \frac{5{,}9}{26{,}1} \cdot 5^0 = 66^0\, 8'.$$

In einzelnen Fällen genügt aber diese Regel nicht, insbesondere nahe bei Maximis, Minimis und Kreuzungspuncten. Dann ist es meist am bequemsten, nach einer sehr einfachen, von Herrn Hofrath Gauss gegebenen Regel, nach welcher noch die zweiten und dritten Differenzen berücksichtigt werden, in der Tafel zuerst für die Mitte der gegebenen Längen oder Breiten ein Glied zu interpoliren, sodann zwischen diesem neuen und einem der in der Tafel gegebenen Werthe blos nach dem Gesetz der Proportionalität zu interpoliren. Jene Regel möge in folgendem Beispiele dargestellt werden.

Es wird für Karte V. in 0^0 Breite die Länge gesucht, für welche der Werth von $X = +800$ ist. Die Tafel giebt für

20^0	Länge	$X = +789{,}9$	
			$+5{,}1$
30^0	—	$X = +795{,}0$	
			$+14{,}5$
40^0	—	$X = +809{,}5$	
			$+23{,}9$
50^0	—	$X = +833{,}4$	

wo die Ungleichheit der hinter dem Striche bemerkten Unterschiede beweist, dass die Interpolation nach dem Gesetze der Proportionalität nicht genügt.

Zuerst wird nun ein Glied für 35^0 Länge nach folgender Regel interpolirt: das Mittel aus den beiden mittleren Werthen vom Mittel aus den beiden äusseren Werthen um den 8ten Theil ihrer Differenz entfernt giebt den gesuchten Interpolationswerth.

Im vorliegenden Beispiele ist nun

+ 802,25 das Mittel aus den beiden mittleren Werthen,

+ 811,65 das Mittel aus den beiden äusseren Werthen.

Der 8te Theil ihrer Differenz $\left(\frac{9,4}{8} = 1,175\right)$ muss vom ersteren Mittel abgezogen werden, um es von dem anderen zu entfernen; folglich ist

$$+802,25 - 1,175 = +801,075$$

der gesuchte Interpolationswerth für 35^0 Länge.

Sodann wird nun zwischen diesem neuen und einem der beiden nächsten in der Tafel gegebenen Werthe nach dem Gesetz der Proportionalität interpolirt, also zwischen

$X = +795,0$ für 30^0 Länge und

$X = +801,075$ für 35^0 Länge,

und es ergiebt sich, dass in 0^0 Breite die gesuchte Länge, für welche $X = +800$,

$$35^0 - \frac{1,075}{6,075} \cdot 5^0 = 34^0\,7'$$

ist. Hin und wieder wurde eine nochmalige Halbirung des Intervalls nach obiger Regel vorgenommen. —

Schliesslich mögen noch einige Bemerkungen darüber Platz finden, wie die Lage einzelner merkwürdiger Puncte (Maxima, Minima und Kreuzungspuncte) aus den Tafeln gefunden worden ist.

Die Gegend, in welcher ein Element einen grössten Werth erreicht, zeichnet sich in der Tafel der berechneten Werthe desselben dadurch aus, dass hier eine Zahl grösser ist, als die sie zunächst umgebenden. Heben wir z. B. aus der Tafel für die berechneten Werthe von Z folgende Stelle heraus:

	250°	260°	270°
+ 70°	1722,64	1719,87	1710,08
+ 65°	1736,29	1737,84	1729,39
+ 60°	1739,64	1747,45	1742,18
+ 55°	1727,72	1742,99	1742,72
+ 50°	1695,60	1719,42	1725,75

so finden wir, dass in der Nähe von 60^0 nördlicher Breite und 260^0 Länge ein Maximum Statt finden muss. Um dieses Maximum und seinen Ort zu finden, suchen wir die grössten Werthe von Z in den drei diesem Maximum zunächst liegenden Meridianen von 250^0, 260^0, 270^0 auf. Wir stellen nämlich auf jedem derselben die Beziehung zwischen den Änderungen von Z in der Nähe seines grössten Werthes und den correspondirenden Differenzen der Breite von derjenigen, wo sich in unserer Tafel der grösste Werth von Z findet, durch eine Interpolationsformel dar. Bezeichnen wir die Änderungen von Z durch $\triangle Z$, die Änderungen der Breite φ durch $\triangle\varphi$, wobei wir 5^0 als Einheit betrachten, so erhalten wir für

$$\begin{aligned} 250^0 \text{ Länge } \triangle Z &= +4{,}3\,\triangle\varphi - 7{,}6\,\triangle\varphi^2, \\ 260^0 \text{ Länge } \triangle Z &= -2{,}6\,\triangle\varphi - 7{,}0\,\triangle\varphi^2, \\ 270^0 \text{ Länge } \triangle Z &= +8{,}2\,\triangle\varphi - 8{,}8\,\triangle\varphi^2. \end{aligned}$$

In den beiden ersten Meridianen liegt der grösste Werth am nächsten bei 60^0 Breite, in dem dritten bei 55^0. Nun sucht man das Maximum von $\triangle Z$ für jede dieser drei Formeln und findet für

$$\begin{aligned} 250^0 \text{ Länge } \triangle Z &= +1{,}54\,\triangle\varphi = +0{,}280 = +1^0, 40, \\ 260^0 \text{ Länge } \triangle Z &= +0{,}26\,\triangle\varphi = -0{,}186 = -0^0, 93, \\ 270^0 \text{ Länge } \triangle Z &= +1{,}91\,\triangle\varphi = +0{,}466 = +2^0, 33. \end{aligned}$$

Indem wir diese Werthe von $\triangle Z$ zu den grössten in unseren 3 Meridianen addiren, erhalten wir die Maxima auf denselben für

$$\begin{aligned} 250^0 \text{ Länge } Z &= 1740{,}98 \text{ in } 61^0{,}40 \text{ Breite,} \\ 260^0 \text{ Länge } Z &= 1747{,}71 \text{ in } 59{,}07 \text{ Breite,} \\ 270^0 \text{ Länge } Z &= 1744{,}63 \text{ in } 57{,}33 \text{ Breite.} \end{aligned}$$

Stellt man nun eine Formel auf für diese drei Werthe von Z und den zugehörigen Unterschieden der Längen von 260^0, indem man diese durch $\triangle\lambda$ bezeichnet und 10^0 als Einheit annimmt, so erhält man

$$Z = 1747{,}71 + 2{,}18\,\triangle\lambda - 5{,}35\,\triangle\lambda^2,$$

und der hieraus sich ergebende grösste Werth von Z ist das gesuchte Maximum. Man findet so $Z = 1747{,}93$ und $\triangle\lambda = +0{,}204 = +2^0{,}04$, die Länge selbst also $262^0{,}04$. Um endlich die correspondirende Breite zu erhalten, sucht man die Beziehung zwischen den Breiten, denen in unseren drei Meridianen die Maxima von Z entsprechen, und den Unterschieden der Längen von 260^0, bei welchen man wieder 10^0 als Einheit betrachtet, also in unserem Falle

$$\varphi = 59^0{,}07 - 2{,}03\,\triangle\lambda + 0{,}3\,\triangle\lambda^2.$$

Setzt man hier $\triangle\lambda = +0{,}204$, welchem Werth das absolute Maximum von Z entspricht, so erhält man $\varphi = 58^0{,}78$ als correspondirende Breite.

Ganz auf dieselbe Art verfährt man bei Bestimmung eines Minimums.

Ein Kreuzungspunct zeichnet sich dadurch aus, dass, wenn man durch ihn zwei auf einander senkrecht stehende Linien zieht und diese nicht etwa mit den sich kreuzenden Linien selbst zusammenfallen, dieser Punct auf der einen Linie einem grössten, auf der andern einem kleinsten Werthe der Function entspricht. Als zwei Linien dieser Art nehmen wir den Meridian und Parallelkreis des Punctes an. Die Betrachtung der Werthe der Function in dieser Gegend zeigt nun, ob dem Meridiane das Maximum und dem Parallelkreise das Minimum entspricht, oder ob das Umgekehrte Statt findet. Im ersten Falle sucht man, wie bei der Bestimmung eines Maximums, auf den drei nächsten Meridianen die Maxima und die ihnen zugehörigen Breiten, stellt dann eine Interpolationsformel zwischen diesen Maximis und den zugehörigen Längen auf und bestimmt aus dieser die Länge, welcher ein Minimum der Function entspricht, und dieses Minimum selbst. Das Minimum giebt dann den Werth der Function, für welchen ein Kreuzungspunct Statt findet, die gefundene Länge ist die ihm entsprechende. Seine Breite wird auf dieselbe Art gefunden, wie die Breite eines absoluten Maximums.

Auf ähnliche Art verfährt man, wenn der Punct im Meridiane ein Minimum, im Parallelkreise ein Maximum ist.

Auf diese Art werden die merkwürdigen Puncte aus den Werthen, welche die Function in neun ihnen nahe liegenden Puncten hat, bestimmt; in mehreren Fällen wurden sie aus 25 Werthen berechnet, indem man die Interpolationsformeln aus fünf Gliedern bestehen liess.

§ 36. Beziehungen der Werthe der Declination, Inclination und der ganzen und horizontalen Intensität in der zweiten Tafel auf die in der ersten Tafel enthaltenen Werthe von *X*, *Y* und *Z*.

Man bezeichne die Declination mit δ, die horizontale Intensität mit ω, so hat man bekanntlich folgende Beziehungen:

$$X = \omega \cos \delta, \quad Y = \omega \sin \delta,$$

wonach die in der zweiten Tafel enthaltenen Werthe der Declination δ und horizontalen Intensität ω aus den in der ersten Tafel enthaltenen Werthen von X und Y berechnet werden können und wirklich berechnet worden sind.

Bezeichnet man ferner die Inclination mit i, die ganze Intensität mit ψ, so hat man bekanntlich folgende Beziehungen:

$$\omega = \psi \cos i, \quad Z = \psi \sin i,$$

wonach die in der zweiten Tafel enthaltenen Werthe der Inclination i und der ganzen Intensität ψ aus den in der ersten Tafel enthaltenen Werthen von Z und aus den schon gefundenen Werthen der horizontalen Intensität ω berechnet werden können und wirklich berechnet worden sind.

Man sieht hiernach, wie alle in der zweiten Tafel enthaltenen Werthe, nämlich der Declination, Inclination und der ganzen und horizontalen Intensität, aus den in der ersten Tafel enthaltenen Werthen von X, Y und Z abgeleitet worden sind.

§ 37. Beziehungen der Werthe von *X* und *Y* zu den Werthen von $\frac{V}{R}$ in der ersten Tafel.

Es finden merkwürdige Beziehungen zwischen den Werthen von X und Y zu den Werthen von $\frac{V}{R}$ in der ersten Tafel Statt, welche Aufmerksamkeit verdienen, wenn man die Gesetzmässigkeit, welche in diesen Tafeln herrscht, übersehen will. Diese merkwürdigen Beziehungen entdeckt man leicht, wenn man die Differenzen der Werthe von $\frac{V}{R}$ für einerlei Länge und verschiedene Breiten oder für einerlei Breite und verschiedene Längen, jene mit den Werthen von X, diese mit den Werthen von Y vergleicht. Z. B. vergleiche man folgende einem Breitenunterschiede von 10^0 entsprechenden Differenzen der Werthe von $\frac{V}{R}$ mit den beigesetzten Werthen von X:

Länge	Breite	Differenzen	X	Verhältniss
0^0	$+65^0$	$+56,4$	323,4	1 : 5,73
0^0	$+60^0$	$+65,0$	371,8	1 : 5,72
0^0	$+55^0$	$+73,8$	422,2	1 : 5,72
0^0	$+50^0$	$+82,9$ [*)]	474,9	1 : 5,73

Man sieht, dass das zuletzt angegebene Verhältniss nahe constant ist, es ist das Verhältniss des Breitenunterschieds ($= 10^0$), für welchen die angegebenen Differenzen gelten, zum Halbmesser ($= 57^0,295\ldots$). Hiernach kann man also die Werthe von X aus den Differenzen der Werthe von $\frac{V}{R}$ näherungsweise berechnen, wenn man letztere durch die in Theilen des Erdhalbmessers angegebenen Breitendifferenzen dividirt; genau berechnet man die Werthe von X, wenn man Differentiale statt Differenzen nimmt.

Dieselben Beziehungen, wie zwischen den Werthen von X und den Differenzen oder Differentialen von $\frac{V}{R}$ bei veränderlicher Breite, gelten auch zwischen den Werthen von Y und den Differenzen oder Differentialen von $\frac{V}{R}$ bei veränderlicher Länge, was man sich durch eine ähnliche Betrachtung der Tafeln veranschaulichen kann.

§ 38. Ausdruck der Abhängigkeit des Potentials $\frac{V}{R}$ von Länge und Breite.

Die in der Tafel enthaltenen Werthe von X und Y sind nicht aus den in der Tafel enthaltenen Werthen von $\frac{V}{R}$ und deren Differenzen nach Breite und Länge abgeleitet worden, weil sie daraus nicht genau berechnet werden konnten, sondern sind auf eine ähnliche Weise berechnet worden wie $\frac{V}{R}$ selbst. Die

[*) Die Originalausgabe hat in der »Differenzen« überschriebenen Spalte die offenbar unrichtigen Zahlen

32,40; 371,8; 422,3; 474,9.

Die im Text von uns dafür eingetragenen Zahlen sind in der Weise berechnet, dass bei jeder der vier in Betracht kommenden Breiten $\varphi = 65^0, 60^0, 55^0, 50^0$ der Unterschied zwischen den in der ersten Tafel angegebenen Werten von $\frac{V}{R}$ für $\varphi + 5^0$ und $\varphi - 5^0$ genommen wurde. Dividiert man diese Zahlen jeweils durch den entsprechenden Wert von X, so erhält man in der Tat die in der letzten Spalte angegebenen Verhältniswerte. — In der Spalte der X hat die Originalausgabe an erster Stelle (für die Breite $\varphi = 65^0$) statt des in der ersten Tafel verzeichneten Wertes 323,4 den Wert 322,4.]

Theorie bot dazu den Ausdruck der Abhängigkeit von Länge und Breite für $\frac{V}{R}$ dar, welcher ausser Länge und Breite blos constante Zahlencoefficienten enthält.

Hat man einen solchen Ausdruck, so kann man erstens für jede gegebene Länge und Breite den Werth von $\frac{V}{R}$ selbst berechnen; zweitens kann man jenen Ausdruck in Beziehung auf die Breite differentiiren und erhält dadurch einen genauen Ausdruck der Abhängigkeit von Länge und Breite für X, welcher dazu dient, für jede gegebene Länge und Breite den Werth von X zu berechnen; drittens kann man jenen Ausdruck in Beziehung auf die Länge differentiiren und leitet daraus einen genauen Ausdruck der Abhängigkeit von Länge und Breite für Y ab, welcher dazu dient, für jede gegebene Länge und Breite den Werth von Y zu berechnen; viertens kann jener Ausdruck nach einer von der Theorie dargebotenen Regel endlich auch benutzt werden, um ausser den horizontalen Componenten X und Y auch die verticale Componente Z der erdmagnetischen Kraft in ihrer Abhängigkeit von Länge und Breite auszudrücken, und dieser Ausdruck von Z dient dazu, für jede gegebene Länge und Breite den Werth von Z zu berechnen. Siehe den folgenden §.

Hiernach können also alle magnetischen Kräfte auf der ganzen Erdoberfläche vollständig aus dem einzigen Ausdruck der Abhängigkeit von Länge und Breite, welchen die Theorie für das Potential $\frac{V}{R}$ darbietet, abgeleitet werden. Es ist aber bemerkt worden, dass dieser Ausdruck ausser der darin als variable Grössen vorkommenden Länge und Breite nur constante Zahlencoefficienten enthalte, wonach man also sagen kann, dass, wenn diese Zahlen bekannt sind, zuerst alle Werthe von $\frac{V}{R}$ für die ganze Erdoberfläche, ferner alle Werthe von X, Y und Z, und endlich hieraus alle Werthe der Declination, Inclination und der ganzen und horizontalen Intensität für jede beliebige Stelle der Erdoberfläche berechnet werden können, — kurz, dass man die vollständige Kenntniss aller magnetischen Kräfte auf der Erde durch die Kenntniss jener Zahlen erhält. Diese Zahlen — aus denen ursprünglich auch alle in den vorliegenden Tafeln enthaltenen Werthe abgeleitet sind — werden deshalb

die Elemente der Theorie des Erdmagnetismus

genannt.

§ 39. Elemente der Theorie des Erdmagnetismus.

Herr Hofrath GAUSS hat nun in seiner *Theorie des Erdmagnetismus* diese Elemente der Theorie des Erdmagnetismus aus der Erfahrung abgeleitet und nach der Wahrscheinlichkeitsrechnung folgende Werthe für sie gefunden [*)]:

1.	+ 925,782	13.	+ 0,493
2.	− 22,059	14.	− 73,193
3.	− 18,868	15.	− 45,791
4.	− 108,855	16.	− 39,010
5.	+ 89,024 [**)]	17.	− 22,766
6.	− 144,913	18.	+ 42,573
7.	+ 122,936	19.	+ 1,396
8.	+ 152,589	20.	+ 19,774
9.	− 178,744	21.	− 18,750
10.	− 6,030	22.	− 0,178
11.	+ 47,794	23.	+ 4,127
12.	+ 64,112	24.	+ 3,175

Dabei hat er zugleich angegeben, wie diese Zahlen mit der als variabele Grössen betrachteten Länge und Breite zu verbinden seien, um den gesuchten allgemeinen Ausdruck von $\frac{V}{R}$ zu erhalten. Man bezeichne die Länge mit λ, die Breite mit u und bilde daraus mit obigen Zahlen folgende Ausdrücke:

erstens:

$$+925{,}782 \sin u$$
$$+(89{,}024 \cos\lambda - 178{,}744 \sin\lambda) \cos u,$$

zweitens:

$$-22{,}059 (\sin u^2 - \tfrac{1}{3})$$
$$-(144{,}913 \cos\lambda + 6{,}030 \sin\lambda) \sin u \cos u$$
$$+(0{,}493 \cos 2\lambda - 39{,}010 \sin 2\lambda) \cos u^2,$$

[*) Werke V, S. 150.]

[**) Die Originalausgabe hat hier irrtümlich 98,024.]

drittens:

$$
\begin{aligned}
&-18{,}868\,(\sin u^3-\tfrac{3}{5}\sin u)\\
&+(122{,}936\cos\lambda+47{,}794\sin\lambda)(\sin u^2-\tfrac{1}{5})\cos u\\
&-(73{,}193\cos 2\lambda+22{,}766\sin 2\lambda)\sin u\cos u^2\\
&+(1{,}396\cos 3\lambda-18{,}750\sin 3\lambda)\cos u^3,
\end{aligned}
$$

viertens:

$$
\begin{aligned}
&-108{,}855\,(\sin u^4-\tfrac{6}{7}\sin u^2+\tfrac{3}{35})\\
&-(152{,}589\cos\lambda-64{,}112\sin\lambda)(\sin u^3-\tfrac{3}{7}\sin u)\cos u\\
&-(45{,}791\cos 2\lambda-42{,}573\sin 2\lambda)(\sin u^2-\tfrac{1}{7})\cos u^2\\
&+(19{,}774\cos 3\lambda-0{,}178\sin 3\lambda)\sin u\cos u^3\\
&+(4{,}127\cos 4\lambda+3{,}175\sin 4\lambda)\cos u^4.
\end{aligned}
$$

Bezeichnet man diese 4 Ausdrücke der Reihe nach mit

$$P^{\mathrm{I}},\ P^{\mathrm{II}},\ P^{\mathrm{III}},\ P^{\mathrm{IV}};$$

so giebt ihre Summe den gesuchten Ausdruck der Abhängigkeit von Länge und Breite für $\frac{V}{R}$ [*)]:

$$\frac{V}{R}=P^{\mathrm{I}}+P^{\mathrm{II}}+P^{\mathrm{III}}+P^{\mathrm{IV}}.$$

Ausser den Ausdrücken der Abhängigkeit von Länge und Breite, die man hieraus für die horizontalen Componenten X und Y ableitet, findet man auch nach Vorschrift der Theorie den Ausdruck der Abhängigkeit von Länge und Breite für die verticale Componente Z auf folgende einfache Weise [**)]:

$$Z=2P^{\mathrm{I}}+3P^{\mathrm{II}}+4P^{\mathrm{III}}+5P^{\mathrm{IV}}$$

§ 40. Berechnung der in der ersten Tafel enthaltenen Werthe von $\frac{V}{R}$, X, Y und Z.

Die wirkliche Ausführung der Rechnung nach den gegebenen Ausdrücken von $\frac{V}{R}$, X, Y und Z, indem man darin für Länge und Breite bestimmte Werthe substituirt (z. B. für die Länge die Werthe 0^0, 10^0, 20^0, 30^0, ... 350^0, für die Breite $+90^0$, $+85^0$, $+80^0$, $+75^0$, $+\cdots-90^0$), hat zwar an sich keine

[*) Vergl. Werke V, S. 151.]

[**) Vergl. Werke V, S. 152.]

Schwierigkeit, würde aber viele Mühe machen. Daher möge hier nur bemerkt werden, dass Herr Hofrath Gauss diese Rechnung durch Hülfstafeln sehr erleichtert hat, die er seiner *Theorie des Erdmagnetismus* (Resultate etc. 1838) beigefügt[*)] und zu deren Gebrauch er daselbst Anweisung gegeben hat, worauf zu verweisen hier genügt.

§ 41. Benutzung der in der ersten Tafel enthaltenen Werthe von $\frac{V}{R}$ und Z für die ideale Vertheilung des Magnetismus auf der Erdoberfläche.

Es ist oben § 23, 24 die Karte Taf. III. und IV. beschrieben worden, welche die ideale Vertheilung des Magnetismus auf der Erdoberfläche darstellt. Auch ist dort der Zweck und die Bedeutung dieser Karte erläutert worden. Es ist aber noch nicht erklärt worden, wie diese Karte entstanden ist. Von allen übrigen Karten wissen wir nach § 31ff., dass sie unmittelbar nach den für sie berechneten Zahlentafeln entworfen worden sind; für die Karte Taf. III. und IV. wurde aber auf diesen § verwiesen, wo eine Regel gegeben werden sollte, mit deren Hülfe auch diese Karte mittelbar nach jenen Tafeln construirt werden könnte. Herr Hofrath Gauss hat diese Regel in der *Allgemeinen Theorie des Erdmagnetismus* § 32[**)] (Resultate etc. 1838. S. 46, 47) angegeben, wo es heisst:

> »Die Art der wirklichen Vertheilung der magnetischen Flüssigkeiten in der Erde bleibt nothwendigerweise unbestimmt. In der That kann nach einem allgemeinen Theorem, welches bereits in der *Intensitas* Art. 2[***)] erwähnt ist und bei einer andern Gelegenheit ausführlich behandelt werden soll, anstatt jeder beliebigen Vertheilung der magnetischen Flüssigkeiten innerhalb eines körperlichen Raumes allemal substituirt werden eine Vertheilung auf der Oberfläche dieses Raumes, so dass die Wirkung in jedem Puncte des äussern Raumes genau dieselbe bleibt, woraus man leicht schliesst, dass einerlei Wirkung im ganzen äussern Raume aus unendlich vielen verschiedenen Vertheilungen der magnetischen Flüssigkeiten im Innern abzuleiten ist.«

[*) Werke V, S. 181—193.]
[**) Die Originalausgabe hat hier irrtümlich § 12; siehe Werke V, S. 165, 166.]
[***) Werke V, S. 87.]

»Dagegen können wir diejenige fingirte Vertheilung auf der Oberfläche der Erde, welche der wirklichen im Innern, in Beziehung auf die daraus nach Aussen entstehenden Kräfte, vollkommen äquivalirt, angeben, und sogar, wegen der Kugelgestalt der Erde, auf eine höchst einfache Art. Es wird nämlich die Dichtigkeit des magnetischen Fluidums in jedem Puncte der Erdoberfläche, d. i. das Quantum des Fluidums, welches der Flächeneinheit entspricht, durch die Formel

$$\frac{1}{4\pi}\left(\frac{V}{R} - 2Z\right)$$

ausgedrückt.«

Hiernach sieht man nun, dass es leicht ist, für die Dichtigkeit des magnetischen Fluidums die Werthe für eben so viele Puncte der Erdoberfläche zu erhalten, wie die Tafeln enthalten. In jedem Felde der ersten Tafel zieht man das Doppelte der letzten Zahl von der ersten Zahl ab und dividirt den Rest mit der bekannten Zahl 4π, so hat man für die Länge und Breite, denen dieses Feld entspricht, den Werth der Dichtigkeit des magnetischen Fluidums. Mit Hülfe aller dieser Werthe der Dichtigkeit des magnetischen Fluidums kann aber die Karte Taf. III. und IV. der idealen Vertheilung des Magnetismus auf der Erdoberfläche auf die nämliche Weise gezeichnet werden, wie nach § 34 alle andere Karten mit Hülfe der in den Tafeln unmittelbar enthaltenen Werthe. Beachtet man hierbei in den Tafeln, dass die Werthe von Z fast durchgehends, ohne Rücksicht auf die Vorzeichen, weit grösser als die Werthe von $\frac{V}{R}$ sind, so findet man darin den Grund, warum die Karte der idealen Vertheilung (Taf. III. IV.) der Karte der verticalen Intensität (Taf. IX. X.) sehr ähnlich ist, worauf § 24 [*)] aufmerksam gemacht wurde. Die obige Art der Abhängigkeit beider (der verticalen Intensität und der idealen Dichtigkeit) von den Potentialen giebt also den § 24 und 30 verlangten Aufschluss über das merkwürdige ähnliche Verhalten jener beiden Karten unter einander.

[*) S. 374, vergl. auch § 23, S. 370.]

§ 42. Vergleichung der Resultate der Theorie und der Erfahrung.

Die Vergleichung der Resultate der Theorie und der Erfahrung kann auf dreifache Weise ausgeführt werden: erstens können die Karten verglichen werden, welche mit Hülfe und ohne Hülfe der Theorie gezeichnet worden sind; zweitens können einzelne Beobachtungen in die mit Hülfe der Theorie gezeichneten Karten eingetragen und die Unterschiede graphisch dargestellt werden; drittens können in einer Tafel die berechneten und beobachteten Werthe der Declination, Inclination und Intensität für dieselben Puncte der Erdoberfläche zusammengestellt und deren Unterschiede beigeschrieben werden.

Was erstens die Vergleichung der Theorie und Erfahrung durch die Karten betrifft, welche mit Hülfe beider entworfen worden sind, so lässt sie sich leicht ausführen, und es bedarf dazu blos einer näheren Bezeichnung der dazu geeigneten Karten der letztern Art. Nicht jede der vorhandenen magnetischen Karten darf mit den vorliegenden Karten verglichen werden, sondern nur diejenigen, welche sich, wie diese, auf den magnetischen Zustand der Erde um das Jahr 1830 beziehen. Als solche können aber folgende drei Karten gelten:

1. Barlows Karte für die Declination, Philosophical Transactions 1833[*)].
2. Horners Karte für die Inclination, *Physikalisches Wörterbuch*, Bd. 6 [**)].
3. Sabines Karte für die ganze Intensität, Report of the British association for the advancement of science[***)].

Die Vergleichung dieser Karten mit den vorliegenden Tafeln XIII. bis XVIII. kann blos dazu dienen, die Vortheile anschaulich vor Augen zu stellen, welche durch die Theorie gewonnen worden sind, nicht aber dazu, die Theorie

[*) Philosophical Transactions of the Royal Society 1833, Part. I, S. 667ff. enthält die Abhandlung *On the present Situation of the Magnetic Lines of equal variation etc.* von Peter Barlow und in dieser zwischen S. 668 und 669 *A Chart of Magnetic Curves of equal variation* Plate XVII, XVIII.]

[**) Die Hornersche Karte findet sich in J. S. T. Gehlers *Physikalischem Wörterbuch*, Bd. 6, 2. Abtheilung, Leipzig 1836, Karte II und IV; vergl. daselbst S. 1117.]

[***) Report of the seventh meeting of the British association for the advancement of science, Vol. VI, 1837, S. 1 ff. enthält die Abhandlung *Report on the Variations of the Magnetic Intensity observed at different Points of the Earth's Surface* von Edward Sabine; zwischen S. 42 und 43 ist Plate 3: *Chart exhibiting the Observations of the Magnetic Intensity between the Latitudes of 60° N. & 60° S.* und am Schluss des Bandes *North Polar Chart exhibiting the Observations of Magnetic Intensity.*]

selbst einer Prüfung durch die Erfahrung zu unterwerfen; denn die genannten Karten sind theilweise wegen mangelhafter Beobachtungen sehr willkührlich gezeichnet worden. Auch können die hier vorliegenden Karten als eine auf Naturgesetze gegründete verbesserte Ausgabe jener Karten betrachtet werden, worin unzählige Widersprüche und Unmöglichkeiten beseitigt und eine der Natur entsprechende Harmonie und Stetigkeit in allen Theilen hergestellt und alle dort leer gelassenen Räume nicht willkührlich, sondern nach den Principien der Wahrscheinlichkeit ausgefüllt worden sind. Jene Karten taugen also nicht zur Prüfung der vorliegenden, sondern werden vielmehr von nun an in allen Beziehungen mit grossem Gewinn durch diese ersetzt. Ein Blick in diese und jene Karten lehrt übrigens, dass die neuen Karten im Wesentlichen Alles wiedergeben, was die alten enthielten, und weit vollständiger sind.

Zweitens, was die Vergleichung der Theorie und Erfahrung betrifft durch Eintragung einzelner Beobachtungen in unsere Karten und graphische Darstellung der Differenzen, so würde diese zwar nicht ohne Interesse sein, aber doch nur dann Nutzen schaffen, wenn die Beobachtungen zahlreich genug, zuverlässig und nahe gleichzeitig wären, wo dann diese Vergleichung die Grundlage einer Verbesserungsrechnung werden könnte. Dazu ist nicht erforderlich, dass diese Beobachtungen aus der Zeit (1830) herrühren, für welche der magnetische Zustand der Erde in den vorliegenden Karten bestimmt wird, aus welcher Zeit keine solchen Beobachtungen existiren; sondern diese Beobachtungen können erst künftig gemacht werden, und dennoch wird ihre Vergleichung mit der Theorie durch Eintragung in unsere Karten und graphische Darstellung der Differenzen zur Grundlage einer Verbesserungsrechnung dienen können, durch welche zwar der magnetische Zustand der Erde nicht mehr für die vergangene Epoche besser, sondern für die neue Epoche mit einer Genauigkeit bestimmt werden kann, welche die jetzt erreichbare weit übertrifft. — Es ist Hoffnung, dass ein solches vollständigeres und zuverlässigeres System gleichzeitiger Beobachtungen wirklich bald ausgeführt und der hier angedeutete Gebrauch davon wirklich bald gemacht werden wird.

Drittens aber, um zu prüfen, in wie weit es gelungen ist, mit den vorhandenen unvollständigen und unzuverlässigen Datis der Erfahrung die Elemente der Theorie des Erdmagnetismus schon jetzt näherungsweise zu bestimmen; dazu dient am besten eine Vergleichungstafel der berechneten und beobachteten Werthe der Declination, Inclination und Intensität für dieselben Puncte der Erdoberfläche mit Bemerkung der Unterschiede. Die folgende Tafel[*)] giebt eine solche Vergleichung für 103 Puncte aus allen Theilen der Erde. Nur Beobachtungen aus der neuesten Zeit (aus den letzten 20 Jahren) sind in die Vergleichung aufgenommen und vorzugsweise von solchen Orten, wo alle drei Elemente des Magnetismus beobachtet sind. Die Forderung einer genauen Gleichzeitigkeit konnte jetzt noch nicht gemacht werden, ohne die erfahrungsmässigen Data auf eine äusserst kleine Anzahl herabzusetzen. Wenn man bedenkt, dass einerseits der erste Versuch, die Elemente der Theorie des Erdmagnetismus zu bestimmen, mit höchst precären Mitteln, wie man sie jetzt besitzt, gewagt werden musste, wonach man wenig mehr als eine rohe Annäherung erwarten durfte (siehe darüber Resultate etc. 1838, S. 29[**)]), und dass andrerseits die Beobachtungen nicht allein aus etwa 20 Jahren gesammelt worden, sondern auch grossentheils so unzuverlässig sind, dass selbst in kurzen Zwischenzeiten die Resultate verschiedener Beobachter an dem nämlichen Orte oft bis auf 10 bis 15 Procent differiren (siehe darüber Resultate etc. 1838, S. 42. 43, Note[***)]), so überzeugt man sich, dass die Übereinstimmung in der folgenden Vergleichungstafel gewiss nicht grösser als sie ist, erwartet werden konnte. Das aus dieser Vergleichung zu ziehende Resultat ist also: die oben gegebenen Elemente der Theorie des Erdmagnetismus sind näherungsweise richtig befunden worden. Also ist jetzt der Erdmagnetismus zum ersten Male (wie Planeten- und Cometenbahnen durch ihre Elemente) durch seine Elemente vollständig bestimmt worden, nämlich durch die § 40 angegebenen 24 Zahlen.

Ähnliche Bestimmungen werden in der Folge wiederholt werden, wodurch die Veränderungen, welche mit der Erde in Beziehung auf ihren magnetischen Zustand im Ganzen eben so wie im Einzelnen vorgehen, erforscht und die erfahrungsmässigen Data zu einer Geschichte des Erdmagnetismus gewonnen werden, ein Ziel, was ohne Theorie durch blosse

---

[*) In der Originalausgabe befinden sich die beiden Tafeln »Vergleichung der Rechnung und Beobachtung« unmittelbar hinter dem Text, vor dem »Inhalt«. Hier wurden sie aus drucktechnischen Gründen hinter den »Inhalt«, vor die »Karten« gestellt.]

[**) Werke V, S. 148.]

[***) Werke V, S. 162.]

Erfahrung zu erreichen unmöglich war, weil blosse Erfahrungen zwar die Veränderungen vieler einzelner Wirkungen, nie aber die Veränderungen, welche das Ganze erleidet, kennen lehren. Der gegenwärtige Atlas des Erdmagnetismus eröffnet also die Reihe von Atlassen, welche in angemessenen Zwischenzeiten erscheinen sollen, um von nun an die Grunddata der Geschichte des Erdmagnetismus vollständig und übersichtlich vor Augen zu legen. Auf die Geschichte der vergangenen Zeit kann nicht zurückgegangen werden.

Inhalt.

[Tafeln.

Karten.

Zahlentafeln.

BEMERKUNG.

Der Wiederabdruck des *Atlas des Erdmagnetismus* von GAUSS und WEBER in den Werken ist bei der Herstellung des die Arbeiten zur Physik enthaltenden Bandes V der Werke unterblieben, »da«, wie der Herausgeber jenes Bandes, E. SCHERING, auf S. 177 bemerkt, »von diesem *Atlas* zur Zeit noch Exemplare in genügender Anzahl vorhanden« waren. Da gegenwärtig bei dem Verleger der Originalausgabe kein Exemplar mehr zu haben ist, wurde der Wiederabdruck des *Atlas* in dem vorliegenden Bande beschlossen. Der Text der Erklärungen der Karten und Zahlentafeln wurde nach sorgfältiger Revision neu gedruckt, dagegen sind die Tafeln zur Vergleichung der Rechnung und Beobachtung, sowie die Tafeln für die berechneten Werte von $\frac{V}{R}$, X, Y, Z, sowie der Deklination, Inklination, der ganzen und der horizontalen Intensität nach einem photomechanischen Verfahren unmittelbar aus der Originalausgabe wiedergegeben. Die Karten wurden nach den Tafeln der Originalausgabe neu gezeichnet und vom Stein gedruckt. Dabei haben sich geringe Abweichungen gegen das Original auch in den Punkten, in denen die Kurven das Gradnetz schneiden, nicht vermeiden lassen, weil die Koordinatenkurven in den Originaltafeln, wohl infolge Schrumpfens des feucht bedruckten Papiers, etwas deformiert erscheinen. Die Bedeutung der Karten als eines Veranschaulichungsmittels wird dadurch nicht beeinträchtigt; für quantitative Bestimmungen wird man doch immer auf die Zahlentafeln selbst zurückgreifen.

Alle in dem neugedruckten Text als erforderlich befundenen, irgendwie erheblichen Änderungen gegen die Originalausgabe sind als solche in Fussnoten kenntlich gemacht. Auch wurden alle auf S. 36 der Originalausgabe angegebenen »Verbesserungen« angebracht*). Dabei ist zu bemerken, dass entsprechend der Verminderung der Paragraphen-Nummern um Eins von § 24 der Originalausgabe, also § 23 des vorstehenden Abdrucks an (vergl. oben S. 367), wohl auch die in der »Vorrede« (oben S. 338) als von C. W. B. GOLDSCHMIDT herrührend bezeichneten Paragraphen nicht 21 bis 25, sondern 21 bis 24 sein dürften.

SCHLESINGER.

---

*) Auch die auf die letzte (vierte) Zahlentafel bezügliche. In der Überschrift dieser Tafel heisst es in der Originalausgabe auch irrtümlich »90° bis 0° nördl. Breite« statt »0° bis 90° südl. Breite«.

Vergleichung der Rechnung und Beobachtung.

		Breite	Länge	Declination			Inclination			Intensität		
				Berechn.	Beobacht.	Untersch.	Berechn.	Beobacht.	Untersch.	Berechn.	Beobacht.	Untersch.
1	Spitzbergen	+ 79°50′	11°40′	+ 26°31′	+ 25°12′	+ 1°19′	+ 82° 1′	+ 81°11′	+ 0°50′	1599	1562	+ 37
2	Auf dem Eise	+ 70°53′	170° 0′	- 16°47′	- 18°49′	+ 2° 2′	+ 79°27′	+ 81° 9′	- 1°42′	1675		
3	Hammerfest	+ 70°40′	36°46′	+ 12°23′	+ 10°50′	+ 1°33′	+ 77°19′	+ 77°15′	+ 0° 4′	1545	1506	+ 39
4	Magn. Pol. n. Ross	+ 70° 5′	263°14′	- 22°23′			+ 88°48′	+ 90° 0′	- 1°12′	1717		
5	Reikiavik	+ 64° 8′	338° 5′	+ 40°12′	+ 43°14′	- 3° 2′	+ 80°40′	+ 77° 0′	+ 3°40′	1527		
6	Jakutsk	+ 62° 1′	129°45′	+ 0° 5′	+ 5°50′	- 5°45′	+ 74°36′	+ 74°18′	+ 0°18′	1661	1697	- 36
7	Porotowsk	+ 62° 1′	131°50′	+ 0° 4′	+ 4°46′	- 4°42′	+ 74°27′	+ 74° 0′	+ 0°27′	1658	1721	- 63
8	Nothinsk	+ 61°57′	134°57′	- 0° 3′	+ 2°11′	- 2°14′	+ 74°12′	+ 73°37′	+ 0°35′	1653	1713	- 60
9	Tschernoljes	+ 61°31′	136°23′	0° 0′	+ 3°30′	- 3°30′	+ 73°48′	+ 73° 8′	+ 0°40′	1648	1700	- 52
10	Port Etches	+ 60°21′	213°19′	- 28°33′	- 31°38′	+ 3° 5′	+ 76°25′	+ 76° 3′	+ 0°22′	1678	1750	- 72
11	Lerwick	+ 60° 9′	358°53′	+ 27°10′	+ 27°16′	- 0° 6′	+ 73°46′	+ 73°45′	+ 0° 1′	1469	1421	+ 48
12	Petersburg	+ 59°56′	30°19′	+ 6°47′	+ 6°44′	+ 0° 3′	+ 70°25′	+ 71° 3′	- 0°38′	1469	1410	+ 59
13	Christiania	+ 59°54′	10°44′	+ 19°55′	+ 19°50′	+ 0° 5′	+ 72° 4′	+ 72° 7′	- 0° 3′	1456	1419	+ 37
14	Ochotsk	+ 59°21′	143°11′	- 0°18′	+ 2°18′	- 2°36′	+ 71°36′	+ 70°41′	+ 0°55′	1621	1615	+ 6
15	Stockholm	+ 59°20′	18° 4′	+ 15°22′	+ 14°57′	+ 0°25′	+ 70°52′	+ 71°40′	+ 0°48′	1451	1382	+ 69
16	Tobolsk	+ 58°11′	68°16′	- 7°19′	- 10°29′	+ 3°10′	+ 70°13′	+ 71° 1′	- 0°48′	1575	1557	+ 18
17	Tigil Fluss	+ 58° 1′	158°15′	- 4°20′	- 4° 6′	- 0°14′	+ 69°55′	+ 68°28′	+ 1°27′	1583	1577	+ 6
18	Sitka	+ 57° 3′	224°35′	- 28°45′	- 28°19′	- 0°26′	+ 76°30′	+ 75°51′	+ 0°39′	1697	1731	- 34
19	Tara	+ 56°54′	74° 4′	- 7°44′	- 9°36′	+ 1°52′	+ 69°46′	+ 70°28′	- 0°42′	1586	1575	+ 11
20	Catharinenburg	+ 56°51′	60°34′	- 5°20′	- 6°18′	+ 0°58′	+ 68°24′	+ 69°16′	- 0°52′	1535	1523	+ 12
21	Tomsk	+ 56°30′	85° 9′	- 7°21′	- 8°34′	+ 1°13′	+ 70°33′	+ 70°55′	- 0°22′	1613	1619	- 6
22	NishnyNowgorod	+ 56°19′	43°57′	+ 1°10′	- 0°27′	+ 1°37′	+ 67° 9′	+ 68°41′	- 1°32′	1469	1442	+ 27
23	Krasnojarsk	+ 56° 1′	92°57′	- 5°49′	- 6°40′	+ 0°51′	+ 70°24′	+ 71° 0′	- 0°36′	1638	1657	- 19
24	Kasan	+ 55°48′	49° 7′	- 1° 7′	- 2°22′	+ 1°15′	+ 67°13′	+ 68°25′	- 1°12′	1477	1433	+ 44
25	Moskwa	+ 55°46′	37°37′	+ 4°26′	+ 3° 2′	+ 1°24′	+ 66°45′	+ 68°57′	- 2°12′	1446	1404	+ 42
26	Königsberg	+ 54°43′	20°30′	+ 14°15′	+ 13°22′	+ 0°53′	+ 67°19′	+ 69°26′	- 2° 7′	1410	1365	+ 45
27	Barnaul	+ 53°20′	83°56′	- 7° 0′	- 7°25′	+ 0°25′	+ 67°50′	+ 68°10′	- 0°20′	1591	1605	- 14
28	Uststretensk	+ 53°20′	121°51′	+ 1°29′	+ 4°21′	- 2°52′	+ 68°32′	+ 68°11′	+ 0°21′	1609	1656	- 47
29	Gorbizkoi	+ 53° 6′	119° 9′	+ 1° 5′	+ 2°54′	- 1°49′	+ 68°32′	+ 68°22′	+ 0°10′	1611	1660	- 49
30	Petropaulowsk	+ 53° 0′	158°40′	- 3°34′	- 4° 6′	+ 0°32′	+ 65°31′	+ 63°50′	+ 1°41′	1521	1489	+ 32
31	Uriupina	+ 52°47′	120° 4′	+ 1°16′	+ 4° 4′	- 2°48′	+ 68°17′	+ 67°53′	+ 0°24′	1612	1667	- 55
32	Berlin	+ 52°30′	13°24′	+ 18°31′	+ 17° 5′	+ 1°26′	+ 66°45′	+ 68° 7′	- 1°22′	1391	1367	+ 24
33	Pogromnoi	+ 52°30′	111° 3′	- 0°38′	+ 0°18′	- 0°56′	+ 68°25′	+ 68° 8′	+ 0°17′	1616	1640	- 24
34	Irkuzk	+ 52°17′	104°17′	- 2°27′	- 1°38′	- 0°49′	+ 68°17′	+ 68°14′	+ 0° 3′	1616	1647	- 31
35	Stretensk	+ 52°15′	117°40′	+ 0°54′	+ 2°52′	- 1°58′	+ 67°55′	+ 67°38′	+ 0°17′	1606	1649	- 43
36	Stepnoi	+ 52°10′	106°21′	- 1°52′	- 1° 8′	- 0°44′	+ 68°12′	+ 68°10′	+ 0° 2′	1615	1663	- 48
37	Tschitanskoi	+ 52° 1′	113°27′	0° 0′	+ 1°13′	- 1°13′	+ 67°56′	+ 67°42′	+ 0°14′	1609	1668	- 59
38	NertschinskStadt	+ 51°56′	116°31′	+ 0°42′	+ 2°53′	- 2°11′	+ 67°43′	+ 67°11′	+ 0°32′	1604	1635	- 31
39	Valentia	+ 51°56′	349°43′	+ 30° 2′	+ 28°43′	+ 1°19′	+ 71°25′	+ 70°52′	+ 0°33′	1448	1409	+ 39
40	Werchneudinsk	+ 51°50′	107°46′	- 1°26′	- 0°24′	- 1° 2′	+ 67°55′	+ 68° 6′	- 0°11′	1612	1657	- 45
41	Orenburg	+ 51°45′	55° 6′	- 2°48′	- 3°22′	+ 0°34′	+ 63°14′	+ 64°44′	- 1°30′	1461	1432	+ 29
42	Argunskoi	+ 51°33′	119°56′	+ 1°22′	+ 3°44′	- 2°22′	+ 67°10′	+ 66°54′	+ 0°16′	1595	1655	- 60
43	Göttingen	+ 51°32′	9°56′	+ 20°28′	+ 18°38′	+ 1°50′	+ 66°43′	+ 67°56′	- 1°13′	1388	1357	+ 31
44	London	+ 51°31′	359°50′	+ 25°37′	+ 24° 0′	+ 1°37′	+ 68°54′	+ 69°17′	- 0°23′	1410	1372	+ 38
45	Nertschinsk Bw.	+ 51°19′	119°37′	+ 1°20′	+ 4° 6′	- 2°46′	+ 66°59′	+ 66°33′	+ 0°26′	1593	1617	- 24
46	Brüssel	+ 50°52′	4°50′	+ 23°23′	+ 22°19′	+ 1° 4′	+ 67°29′	+ 68°49′	- 1°20′	1393	1369	+ 24
47	Tschindant	+ 50°34′	115°32′	+ 0°34′	+ 2°14′	- 1°40′	+ 66°35′	+ 66°32′	+ 0° 3′	1592	1650	- 58
48	Charazaiska	+ 50°29′	104°44′	- 2° 9′	- 2°27′	+ 0°18′	+ 66°45′	+ 66°56′	- 0°11′	1599	1643	- 44
49	Zuruchaitu	+ 50°23′	119° 3′	+ 1°18′	+ 3°11′	- 1°53′	+ 66°12′	+ 66°13′	- 0° 1′	1584	1626	- 42
50	Troizkosawsk	+ 50°21′	106°45′	- 1°34′	- 0°12′	- 1°22′	+ 66°38′	+ 66°19′	+ 0°19′	1597	1642	- 45

Vergleichung der Rechnung und Beobachtung.

		Breite	Länge	Declination			Inclination			Intensität		
				Berechn.	Beobacht.	Untersch.	Berechn.	Beobacht.	Untersch.	Berechn.	Beobacht.	Untersch.
51	Abagaitujewskoi	+ 49°35′	117°50′	+ 1° 8′	+ 2°54′	− 1°46′	+ 65°33′	+ 64°48′	+ 0°45′	1577	1583	− 6
52	Altanskoi	+ 49°28′	111°30′	− 0°16′	+ 0°48′	− 1° 4′	+ 65°46′	+ 65°20′	+ 0°26′	1585	1619	− 34
53	Mendschinskoi	+ 49°26′	108°55′	− 0°56′	+ 0°12′	− 1° 8′	+ 65°48′	+ 65°31′	+ 0°17′	1587	1630	− 43
54	Paris	+ 48°52′	2°21′	+ 24° 6′	+ 22° 4′	+ 2° 2′	+ 66°45′	+ 67°24′	− 0°39′	1389	1348	+ 41
55	Chunzal	+ 48°13′	106°27′	− 1°30′	− 1° 6′	− 0°24′	+ 64°42′	+ 64°29′	+ 0°13′	1574	1612	38
56	Urga	+ 47°55′	106°42′	− 1°26′	− 1°16′	− 0°10′	+ 64°25′	+ 64° 4′	+ 0°21′	1571	1583	12
57	Astrachan	+ 46°20′	48° 0′	+ 1°40′	+ 1°12′	+ 0°28′	+ 56°59′	+ 59°58′	− 2°59′	1358	1334	+ 24
58	Chologur	+ 46° 0′	110°34′	− 0°20′	+ 0°49′	− 1° 9′	+ 62°31′	+ 61°54′	+ 0°37′	1545	1580	− 35
59	Ergi	+ 45°32′	111°25′	− 0° 6′	+ 1° 7′	− 1°13′	+ 61°58′	+ 61°22′	+ 0°36′	1539	1559	− 20
60	Mailand	+ 45°28′	9° 9′	+ 20°56′	+ 18°33′	+ 2°23′	+ 62°13′	+ 63°48′	− 1°35′	1331	1294	+ 37
61	Montreal	+ 45°27′	286°30′	+ 5°23′	+ 7°30′	− 2° 7′	+ 77°24′	+ 76°19′	+ 1° 5′	1713	1805	− 92
62	Sendschi	+ 44°45′	110°26′	− 0°20′	+ 0°30′	− 0°50′	+ 61°15′	+ 60°42′	+ 0°33′	1529	1530	− 1
63	Batchay	+ 44°21′	112°55′	+ 0°16′	+ 0°59′	− 0°43′	+ 60°46′	+ 60°18′	+ 0°28′	1520	1553	− 33
64	Scharabudurguna	+ 43°13′	114° 6′	+ 0°32′	+ 0°46′	− 0°14′	+ 59°32′	+ 59° 3′	+ 0°29′	1502	1538	− 36
65	Toulon	+ 43° 6′	5°55′	+ 22°26′	+ 19° 6′	+ 3°20′	+ 61°15′	+ 62°58′	− 1°43′	1320		
66	Neapel	+ 40°52′	14°16′	+ 18°53′	+ 15°20′	+ 3°33′	+ 56°26′	+ 58°53′	− 2°27′	1271	1271	0
67	Chalgan	+ 40°49′	114°58′	+ 0°42′	+ 1°13′	− 0°31′	+ 56°51′	+ 56°17′	+ 0°34′	1465	1459	+ 6
68	Peking	+ 39°54′	116°26′	+ 0°58′	+ 1°48′	− 0°50′	+ 55°43′	+ 54°49′	+ 0°54′	1448	1453	− 5
69	Terceira	+ 38°39′	332°47′	+ 25°17′	+ 24°18′	+ 0°59′	+ 68°34′	+ 68° 6′	+ 0°28′	1469	1457	+ 12
70	San Francisco	+ 37°49′	237°35′	− 16°22′	− 14°55′	− 1°27′	+ 64°14′	+ 62°38′	+ 1°36′	1592	1591	+ 1
71	Algier	+ 36°47′	3° 4′	+ 23°18′	+ 19°25′	+ 3°53′	+ 56°52′	+ 58°30′	− 1°38′	1267		
72	Zafarine (Ins.)	+ 35°11′	357°34′	+ 24°35′	+ 21° 7′	+ 3°28′	+ 57°32′	+ 58°34′	− 1° 2′	1283		
73	Oahu	+ 21°17′	202° 0′	− 12°19′	− 10°40′	− 1°39′	+ 37°36′	+ 41°35′	− 3°59′	1125	1140	− 15
74	Port Praya	+ 14°54′	336°30′	+ 16°17′	+ 16°30′	− 0°13′	+ 45°51′	+ 46° 3′	− 0°12′	1168	1156	+ 12
75	Madras	+ 13° 4′	80°17′	− 4° 1′			+ 4°14′	+ 6°52′	− 2°38′	1038	1031	+ 7
76	Panama	+ 8°37′	280°31′	− 6°44′	− 7°37′	+ 0°53′	+ 34°40′	+ 31°55′	+ 2°45′	1238	1190	+ 48
77	Galapagos Insel	− 0°50′	270°23′	− 8°57′	− 9°30′	+ 0°33′	+ 13°24′	+ 9°29′	+ 3°55′	1085	1069	+ 16
78	Ascension	− 7°56′	345°36′	+ 14°37′	+ 13°30′	+ 1° 7′	+ 5°32′	+ 1°39′	+ 3°53′	813	873	− 60
79	Pernambuco	− 8° 4′	325° 9′	+ 5°58′	+ 5°54′	+ 0° 4′	+ 13° 2′	+ 13°13′	− 0°11′	909	914	+ 5
80	Callao	− 12° 4′	282°52′	− 9°32′	− 10° 0′	+ 0°28′	− 4°39′	− 6°14′	+ 1°35′	1003	970	33
81	Keeling Insel	− 12° 5′	96°55′	+ 0°23′	+ 1°12′	− 0°49′	− 39°19′	− 38°33′	− 0°46′	1161		
82	Bahia	− 12°59′	321°30′	+ 3°12′	+ 4°18′	− 1° 6′	+ 3°59′	+ 5°24′	− 1°25′	883	871	+ 12
83	St. Helena	− 15°55′	354°17′	+ 19°27′	+ 18° 0′	+ 1°27′	− 14°52′	− 18° 1′	+ 3° 9′	811	836	− 25
84	Otaheite	− 17°29′	210°30′	− 5°45′	− 7°34′	+ 1°49′	− 27°26′	− 30°26′	+ 3° 0′	1113	1094	+ 19
85	Mauritius	− 20° 9′	57°31′	+ 11° 9′	+ 11°18′	− 0° 9′	− 54° 8′	− 54° 1′	− 0° 7′	1060	1144	− 84
86	Rio de Janeiro	− 22°55′	316°51′	− 1°11′	− 2° 8′	+ 0°57′	− 14°49′	− 13°30′	− 1°19′	879	878	+ 1
87	Valparaiso	− 33° 2′	288°19′	− 13°45′	− 15°18′	+ 1°33′	− 37°56′	− 39° 7′	+ 1°11′	1094	1176	− 82
88	Sydney	− 33°51′	151°17′	− 7°51′	− 10°24′	+ 2°33′	− 58°11′	− 62°49′	+ 4°38′	1667	1685	− 18
89	Vorg. d. g. Hoffn.	− 34°11′	18°26′	+ 27°24′	+ 28°30′	− 1° 6′	− 51° 4′	− 52°35′	+ 1°31′	981	1014	− 33
90	Monte Video	− 34°53′	303°47′	− 11°23′	− 12° 0′	+ 0°37′	− 35°34′	− 35°40′	+ 0° 6′	1022	1060	− 38
91	K. Georgs Sund	− 35° 2′	117°56′	+ 5°12′	+ 5°36′	− 0°24′	− 62°39′	− 64°41′	+ 2° 2′	1658	1709	51
92	Neu-Seeland	− 35°16′	174° 0′	− 11°10′	− 14° 0′	+ 2°50′	− 54°46′	− 59°32′	+ 4°46′	1616	1591	+ 25
93	Concepcion	− 36°42′	286°50′	− 14°43′	− 16°48′	+ 2° 5′	− 42°49′	− 44°13′	+ 1°24′	1147	1218	− 71
94	Blanco Bay	− 38°57′	298° 1′	− 12°57′	− 15° 0′	+ 2° 3′	− 42° 1′	− 41°54′	− 0° 7′	1103	1113	− 10
95	Valdivia	− 39°53′	286°31′	− 16°13′	− 17°30′	+ 1°17′	− 46°13′	− 46°47′	+ 0°34′	1145	1238	− 93
96	Chiloe	− 41°51′	286° 4′	− 16°56′	− 18° 0′	+ 1° 4′	− 48°14′	− 49°26′	+ 1°12′	1227	1313	− 86
97	Hobarttown	− 42°53′	147°24′	− 5°51′	− 11° 6′	+ 5°15′	− 66°57′	− 70°35′	+ 3°38′	1894	1817	+ 77
98	Port Low	− 43°48′	285°58′	− 17°32′	− 19°48′	+ 2°16′	− 50° 4′	− 51°20′	+ 1°16′	1257	1326	− 69
99	Port San Andres	− 46°35′	284°25′	− 19° 4′	− 20°48′	+ 1°44′	− 53° 0′	− 54°14′	+ 1°14′	1310		
100	Port Desire	− 47°45′	294° 5′	− 16°52′	− 20°12′	+ 3°20′	− 51°22′	− 52°43′	+ 1°21′	1263	1359	− 96
101	R. Santa Cruz	− 50° 7′	291°36′	− 18°23′	− 20°54′	+ 2°31′	− 53°49′	− 55°16′	+ 1°27′	1321	1425	−104
102	Falkland Insel	− 51°32′	301°53′	− 15°16′	− 19° 0′	+ 3°44′	− 52°46′	− 53°25′	+ 0°39′	1276	1367	− 91
103	Port Famine	− 53°38′	289° 2′	− 20°28′	− 23° 0′	+ 2°32′	− 57°38′	− 59°53′	+ 2°15′	1424	1532	−108

Vergleichung der Rechnung und Beobachtung.

		Breite	Länge	Declination			Inclination			Intensität		
				Berechn.	Beobacht.	Untersch.	Berechn.	Beobacht.	Untersch.	Berechn.	Beobacht.	Untersch.
1	Spitzbergen	+ 79°50′	11°40′	+ 26°31′	+ 25°12′	+ 1°19′	+ 82° 1′	+ 81°11′	+ 0°50′	1599	1562	+ 37
2	Auf dem Eise	+ 70°53′	170° 0′	- 16°47′	- 18°49′	+ 2° 2′	+ 79°27′	+ 81° 9′	- 1°42′	1675		
3	Hammerfest	+ 70°40′	36°46′	+ 12°23′	+ 10°50′	+ 1°33′	+ 77°19′	+ 77°15′	+ 0° 4′	1545	1506	+ 39
4	Magn. Pol. n. Ross	+ 70° 5′	263°14′	- 22°23′			+ 88°48′	+ 90° 0′	- 1°12′	1717		
5	Reikiavik	+ 64° 8′	338° 5′	+ 40°12′	+ 43°14′	- 3° 2′	+ 80°40′	+ 77° 0′	+ 3°40′	1527		
6	Jakutsk	+ 62° 1′	129°45′	+ 0° 5′	+ 5°50′	- 5°45′	+ 74°36′	+ 74°18′	+ 0°18′	1661	1697	- 36
7	Porotowsk	+ 62° 1′	131°50′	+ 0° 4′	+ 4°46′	- 4°42′	+ 74°27′	+ 74° 0′	+ 0°27′	1658	1721	- 63
8	Nothinsk	+ 61°57′	134°57′	- 0° 3′	+ 2°11′	- 2°14′	+ 74°12′	+ 73°37′	+ 0°35′	1653	1713	- 60
9	Tschernoljes	+ 61°31′	136°23′	0° 0′	+ 3°30′	- 3°30′	+ 73°48′	+ 73° 8′	+ 0°40′	1648	1700	- 52
10	Port Etches	+ 60°21′	213°19′	- 28°33′	- 31°38′	+ 3° 5′	+ 76°25′	+ 76° 3′	+ 0°22′	1678	1750	- 72
11	Lerwick	+ 60° 9′	358°53′	+ 27°10′	+ 27°16′	- 0° 6′	+ 73°46′	+ 73°45′	+ 0° 1′	1469	1421	+ 48
12	Petersburg	+ 59°56′	30°19′	+ 6°47′	+ 6°44′	+ 0° 3′	+ 70°25′	+ 71° 3′	- 0°38′	1469	1410	+ 59
13	Christiania	+ 59°54′	10°44′	+ 19°55′	+ 19°50′	+ 0° 5′	+ 72° 4′	+ 72° 7′	- 0° 3′	1456	1419	+ 37
14	Ochotsk	+ 59°21′	143°11′	- 0°18′	+ 2°18′	- 2°36′	+ 71°36′	+ 70°41′	+ 0°55′	1621	1615	+ 6
15	Stockholm	+ 59°20′	18° 4′	+ 15°22′	+ 14°57′	+ 0°25′	+ 70°52′	+ 71°40′	+ 0°48′	1451	1382	+ 69
16	Tobolsk	+ 58°11′	68°16′	- 7°19′	- 10°29′	+ 3°10′	+ 70°13′	+ 71° 1′	- 0°48′	1575	1557	+ 18
17	Tigil Fluss	+ 58° 1′	158°15′	- 4°20′	- 4° 6′	- 0°14′	+ 69°55′	+ 68°28′	+ 1°27′	1583	1577	+ 6
18	Sitka	+ 57° 3′	224°35′	- 28°45′	- 28°19′	- 0°26′	+ 76°30′	+ 75°51′	+ 0°39′	1697	1731	- 34
19	Tara	+ 56°54′	74° 4′	- 7°44′	- 9°36′	+ 1°52′	+ 69°46′	+ 70°28′	- 0°42′	1586	1575	+ 11
20	Catharinenburg	+ 56°51′	60°34′	- 5°20′	- 6°18′	+ 0°58′	+ 68°24′	+ 69°16′	- 0°52′	1535	1523	+ 12
21	Tomsk	+ 56°30′	85° 9′	- 7°21′	- 8°34′	+ 1°13′	+ 70°33′	+ 70°55′	- 0°22′	1613	1619	- 6
22	NishnyNowgorod	+ 56°19′	43°57′	+ 1°10′	- 0°27′	+ 1°37′	+ 67° 9′	+ 68°41′	- 1°32′	1469	1442	+ 27
23	Krasnojarsk	+ 56° 1′	92°57′	- 5°49′	- 6°40′	+ 0°51′	+ 70°24′	+ 71° 0′	- 0°36′	1638	1657	- 19
24	Kasan	+ 55°48′	49° 7′	- 1° 7′	- 2°22′	+ 1°15′	+ 67°13′	+ 68°25′	- 1°12′	1477	1433	+ 44
25	Moskwa	+ 55°46′	37°37′	+ 4°26′	+ 3° 2′	+ 1°24′	+ 66°45′	+ 68°57′	- 2°12′	1446	1404	+ 42
26	Königsberg	+ 54°43′	20°30′	+ 14°15′	+ 13°22′	+ 0°53′	+ 67°19′	+ 69°26′	- 2° 7′	1410	1365	+ 45
27	Barnaul	+ 53°20′	83°56′	- 7° 0′	- 7°25′	+ 0°25′	+ 67°50′	+ 68°10′	- 0°20′	1591	1605	- 14
28	Uststretensk	+ 53°20′	121°51′	+ 1°29′	+ 4°21′	- 2°52′	+ 68°32′	+ 68°11′	+ 0°21′	1609	1656	- 47
29	Gorbizkoi	+ 53° 6′	119° 9′	+ 1° 5′	+ 2°54′	- 1°49′	+ 68°32′	+ 68°22′	+ 0°10′	1611	1660	- 49
30	Petropaulowsk	+ 53° 0′	158°40′	- 3°34′	- 4° 6′	+ 0°32′	+ 65°31′	+ 63°50′	+ 1°41′	1521	1489	+ 32
31	Uriupina	+ 52°47′	120° 4′	+ 1°16′	+ 4° 4′	- 2°48′	+ 68°17′	+ 67°53′	+ 0°24′	1612	1667	- 55
32	Berlin	+ 52°30′	13°24′	+ 18°31′	+ 17° 5′	+ 1°26′	+ 66°45′	+ 68° 7′	- 1°22′	1391	1367	+ 24
33	Pogromnoi	+ 52°30′	111° 3′	- 0°38′	+ 0°18′	- 0°56′	+ 68°25′	+ 68° 8′	+ 0°17′	1616	1640	- 24
34	Irkuzk	+ 52°17′	104°17′	- 2°27′	- 1°38′	- 0°49′	+ 68°17′	+ 68°14′	+ 0° 3′	1616	1647	- 31
35	Stretensk	+ 52°15′	117°40′	+ 0°54′	+ 2°52′	- 1°58′	+ 67°55′	+ 67°38′	+ 0°17′	1606	1649	- 43
36	Stepnoi	+ 52°10′	106°21′	- 1°52′	- 1° 8′	- 0°44′	+ 68°12′	+ 68°10′	+ 0° 2′	1615	1663	- 48
37	Tschitanskoi	+ 52° 1′	113°27′	0° 0′	+ 1°13′	- 1°13′	+ 67°56′	+ 67°42′	+ 0°14′	1609	1668	- 59
38	NertschinskStadt	+ 51°56′	116°31′	+ 0°42′	+ 2°53′	- 2°11′	+ 67°43′	+ 67°11′	+ 0°32′	1604	1635	- 31
39	Valentia	+ 51°56′	349°43′	+ 30° 2′	+ 28°43′	+ 1°19′	+ 71°25′	+ 70°52′	+ 0°33′	1448	1409	+ 39
40	Werchneudinsk	+ 51°50′	107°46′	- 1°26′	- 0°24′	- 1° 2′	+ 67°55′	+ 68° 6′	- 0°11′	1612	1657	- 45
41	Orenburg	+ 51°45′	55° 6′	- 2°48′	- 3°22′	+ 0°34′	+ 63°14′	+ 64°44′	- 1°30′	1461	1432	+ 29
42	Argunskoi	+ 51°33′	119°56′	+ 1°22′	+ 3°44′	- 2°22′	+ 67°10′	+ 66°54′	+ 0°16′	1595	1655	- 60
43	Göttingen	+ 51°32′	9°56′	+ 20°28′	+ 18°38′	+ 1°50′	+ 66°43′	+ 67°56′	- 1°13′	1388	1357	+ 31
44	London	+ 51°31′	359°50′	+ 25°37′	+ 24° 0′	+ 1°37′	+ 68°54′	+ 69°17′	- 0°23′	1410	1372	+ 38
45	Nertschinsk Bw.	+ 51°19′	119°37′	+ 1°20′	+ 4° 6′	- 2°46′	+ 66°59′	+ 66°33′	+ 0°26′	1593	1617	- 24
46	Brüssel	+ 50°52′	4°50′	+ 23°23′	+ 22°19′	+ 1° 4′	+ 67°29′	+ 68°49′	- 1°20′	1393	1369	+ 24
47	Tschindant	+ 50°34′	115°32′	+ 0°34′	+ 2°14′	- 1°40′	+ 66°35′	+ 66°32′	+ 0° 3′	1592	1650	- 58
48	Charazaiska	+ 50°29′	104°44′	- 2° 9′	- 2°27′	+ 0°18′	+ 66°45′	+ 66°56′	- 0°11′	1599	1643	- 44
49	Zuruchaitu	+ 50°23′	119° 3′	+ 1°18′	+ 3°11′	- 1°53′	+ 66°12′	+ 66°13′	- 0° 1′	1584	1626	- 42
50	Troizkosawsk	+ 50°21′	106°45′	- 1°34′	- 0°12′	- 1°22′	+ 66°38′	+ 66°19′	+ 0°19′	1597	1642	- 45

Vergleichung der Rechnung und Beobachtung.

		Breite	Länge	Declination			Inclination			Intensität		
				Berechn.	Beobacht.	Untersch.	Berechn.	Beobacht.	Untersch.	Berechn.	Beobacht.	Untersch.
51	Abagaitujewskoi	+ 49°35′	117°50′	+ 1° 8′	+ 2°54′	- 1°46′	+ 65°33′	+ 64°48′	+ 0°45′	1577	1583	- 6
52	Altanskoi	+ 49°28′	111°30′	- 0°16′	+ 0°48′	- 1° 4′	+ 65°46′	+ 65°20′	+ 0°26′	1585	1619	- 34
53	Mendschinskoi	+ 49°26′	108°55′	- 0°56′	+ 0°12′	- 1° 8′	+ 65°48′	+ 65°31′	+ 0°17′	1587	1630	- 43
54	Paris	+ 48°52′	2°21′	+ 24° 6′	+ 22° 4′	+ 2° 2′	+ 66°45′	+ 67°24′	- 0°39′	1389	1348	+ 41
55	Chunzal	+ 48°13′	106°27′	- 1°30′	- 1° 6′	- 0°24′	+ 64°42′	+ 64°29′	+ 0°13′	1574	1612	38
56	Urga	+ 47°55′	106°42′	- 1°26′	- 1°16′	- 0°10′	+ 64°25′	+ 64° 4′	+ 0°21′	1571	1583	12
57	Astrachan	+ 46°20′	48° 0′	+ 1°40′	+ 1°12′	+ 0°28′	+ 56°59′	+ 59°58′	- 2°59′	1358	1334	+ 24
58	Chologur	+ 46° 0′	110°34′	- 0°20′	+ 0°49′	- 1° 9′	+ 62°31′	+ 61°54′	+ 0°37′	1545	1580	- 35
59	Ergi	+ 45°32′	111°25′	- 0° 6′	+ 1° 7′	- 1°13′	+ 61°58′	+ 61°22′	+ 0°36′	1539	1559	- 20
60	Mailand	+ 45°28′	9° 9′	+ 20°56′	+ 18°33′	+ 2°23′	+ 62°13′	+ 63°48′	- 1°35′	1331	1294	+ 37
61	Montreal	+ 45°27′	286°30′	+ 5°23′	+ 7°30′	- 2° 7′	+ 77°24′	+ 76°19′	+ 1° 5′	1713	1805	- 92
62	Sendschi	+ 44°45′	110°26′	- 0°20′	+ 0°30′	- 0°50′	+ 61°15′	+ 60°42′	+ 0°33′	1529	1530	- 1
63	Batchay	+ 44°21′	112°55′	+ 0°16′	+ 0°59′	- 0°43′	+ 60°46′	+ 60°18′	+ 0°28′	1520	1553	- 33
64	Scharabudurguna	+ 43°13′	114° 6′	+ 0°32′	+ 0°46′	- 0°14′	+ 59°32′	+ 59° 3′	+ 0°29′	1502	1538	- 36
65	Toulon	+ 43° 6′	5°55′	+ 22°26′	+ 19° 6′	+ 3°20′	+ 61°15′	+ 62°58′	- 1°43′	1320		
66	Neapel	+ 40°52′	14°16′	+ 18°53′	+ 15°20′	+ 3°33′	+ 56°26′	+ 58°53′	- 2°27′	1271	1271	0
67	Chalgan	+ 40°49′	114°58′	+ 0°42′	+ 1°13′	- 0°31′	+ 56°51′	+ 56°17′	+ 0°34′	1465	1459	+ 6
68	Peking	+ 39°54′	116°26′	+ 0°58′	+ 1°48′	- 0°50′	+ 55°43′	+ 54°49′	+ 0°54′	1448	1453	- 5
69	Terceira	+ 38°39′	332°47′	+ 25°17′	+ 24°18′	+ 0°59′	+ 68°34′	+ 68° 6′	+ 0°28′	1469	1457	+ 12
70	San Francisco	+ 37°49′	237°35′	- 16°22′	- 14°55′	- 1°27′	+ 64°14′	+ 62°38′	+ 1°36′	1592	1591	+ 1
71	Algier	+ 36°47′	3° 4′	+ 23°18′	+ 19°25′	+ 3°53′	+ 56°52′	+ 58°30′	- 1°38′	1267		
72	Zafarine (Ins.)	+ 35°11′	357°34′	+ 24°35′	+ 21° 7′	+ 3°28′	+ 57°32′	+ 58°34′	- 1° 2′	1283		
73	Oahu	+ 21°17′	202° 0′	- 12°19′	- 10°40′	- 1°39′	+ 37°36′	+ 41°35′	- 3°59′	1125	1140	- 15
74	Port Praya	+ 14°54′	336°30′	+ 16°17′	+ 16°30′	- 0°13′	+ 45°51′	+ 46° 3′	- 0°12′	1168	1156	+ 12
75	Madras	+ 13° 4′	80°17′	- 4° 1′			+ 4°14′	+ 6°52′	- 2°38′	1038	1031	+ 7
76	Panama	+ 8°37′	280°31′	- 6°44′	- 7°37′	+ 0°53′	+ 34°40′	+ 31°55′	+ 2°45′	1238	1190	+ 48
77	Galapagos Insel	- 0°50′	270°23′	- 8°57′	- 9°30′	+ 0°33′	+ 13°24′	+ 9°29′	+ 3°55′	1085	1069	+ 16
78	Ascension	- 7°56′	345°36′	+ 14°37′	+ 13°30′	+ 1° 7′	+ 5°32′	+ 1°39′	+ 3°53′	813	873	- 60
79	Pernambuco	- 8° 4′	325° 9′	+ 5°58′	+ 5°54′	+ 0° 4′	+ 13° 2′	+ 13°13′	- 0°11′	909	914	+ 5
80	Callao	- 12° 4′	282°52′	- 9°32′	- 10° 0′	+ 0°28′	- 4°39′	- 6°14′	+ 1°35′	1003	970	33
81	Keeling Insel	- 12° 5′	96°55′	+ 0°23′	+ 1°12′	- 0°49′	- 39°19′	- 38°33′	- 0°46′	1161		
82	Bahia	- 12°59′	321°30′	+ 3°12′	+ 4°18′	- 1° 6′	+ 3°59′	+ 5°24′	- 1°25′	883	871	+ 12
83	St. Helena	- 15°55′	354°17′	+ 19°27′	+ 18° 0′	+ 1°27′	- 14°52′	- 18° 1′	+ 3° 9′	811	836	- 25
84	Otaheite	- 17°29′	210°30′	- 5°45′	- 7°34′	+ 1°49′	- 27°26′	- 30°26′	+ 3° 0′	1113	1094	+ 19
85	Mauritius	- 20° 9′	57°31′	+ 11° 9′	+ 11°18′	- 0° 9′	- 54° 8′	- 54° 1′	- 0° 7′	1060	1144	- 84
86	Rio de Janeiro	- 22°55′	316°51′	- 1°11′	- 2° 8′	+ 0°57′	- 14°49′	- 13°30′	- 1°19′	879	878	+ 1
87	Valparaiso	- 33° 2′	288°19′	- 13°45′	- 15°18′	+ 1°33′	- 37°56′	- 39° 7′	+ 1°11′	1094	1176	- 82
88	Sydney	- 33°51′	151°17′	- 7°51′	- 10°24′	+ 2°33′	- 58°11′	- 62°49′	+ 4°38′	1667	1685	- 18
89	Vorg. d. g. Hoffn.	- 34°11′	18°26′	+ 27°24′	+ 28°30′	- 1° 6′	- 51° 4′	- 52°35′	+ 1°31′	981	1014	- 33
90	Monte Video	- 34°53′	303°47′	- 11°23′	- 12° 0′	+ 0°37′	- 35°34′	- 35°40′	+ 0° 6′	1022	1060	- 38
91	K. Georgs Sund	- 35° 2′	117°56′	+ 5°12′	+ 5°36′	- 0°24′	- 62°39′	- 64°41′	+ 2° 2′	1658	1709	51
92	Neu-Seeland	- 35°16′	174° 0′	- 11°10′	- 14° 0′	+ 2°50′	- 54°46′	- 59°32′	+ 4°46′	1616	1591	+ 25
93	Concepcion	- 36°42′	286°50′	- 14°43′	- 16°48′	+ 2° 5′	- 42°49′	- 44°13′	+ 1°24′	1147	1218	- 71
94	Blanco Bay	- 38°57′	298° 1′	- 12°57′	- 15° 0′	+ 2° 3′	- 42° 1′	- 41°54′	- 0° 7′	1103	1113	- 10
95	Valdivia	- 39°53′	286°31′	- 16°13′	- 17°30′	+ 1°17′	- 46°13′	- 46°47′	+ 0°34′	1145	1238	- 93
96	Chiloe	- 41°51′	286° 4′	- 16°56′	- 18° 0′	+ 1° 4′	- 48°14′	- 49°26′	+ 1°12′	1227	1313	- 86
97	Hobarttown	- 42°53′	147°24′	- 5°51′	- 11° 6′	+ 5°15′	- 66°57′	- 70°35′	+ 3°38′	1894	1817	+ 77
98	Port Low	- 43°48′	285°58′	- 17°32′	- 19°48′	+ 2°16′	- 50° 4′	- 51°20′	+ 1°16′	1257	1326	- 69
99	Port San Andres	- 46°35′	284°25′	- 19° 4′	- 20°48′	+ 1°44′	- 53° 0′	- 54°14′	+ 1°14′	1310		
100	Port Desire	- 47°45′	294° 5′	- 16°52′	- 20°12′	+ 3°20′	- 51°22′	- 52°43′	+ 1°21′	1263	1359	- 96
101	R. Santa Cruz	- 50° 7′	291°36′	- 18°23′	- 20°54′	+ 2°31′	- 53°49′	- 55°16′	+ 1°27′	1321	1425	-104
102	Falkland Insel	- 51°32′	301°53′	- 15°16′	- 19° 0′	+ 3°44′	- 52°46′	- 53°25′	+ 0°39′	1276	1367	- 91
103	Port Famine	- 53°38′	289° 2′	- 20°28′	- 23° 0′	+ 2°32′	- 57°38′	- 59°53′	+ 2°15′	1424	1532	-108

Karte für die

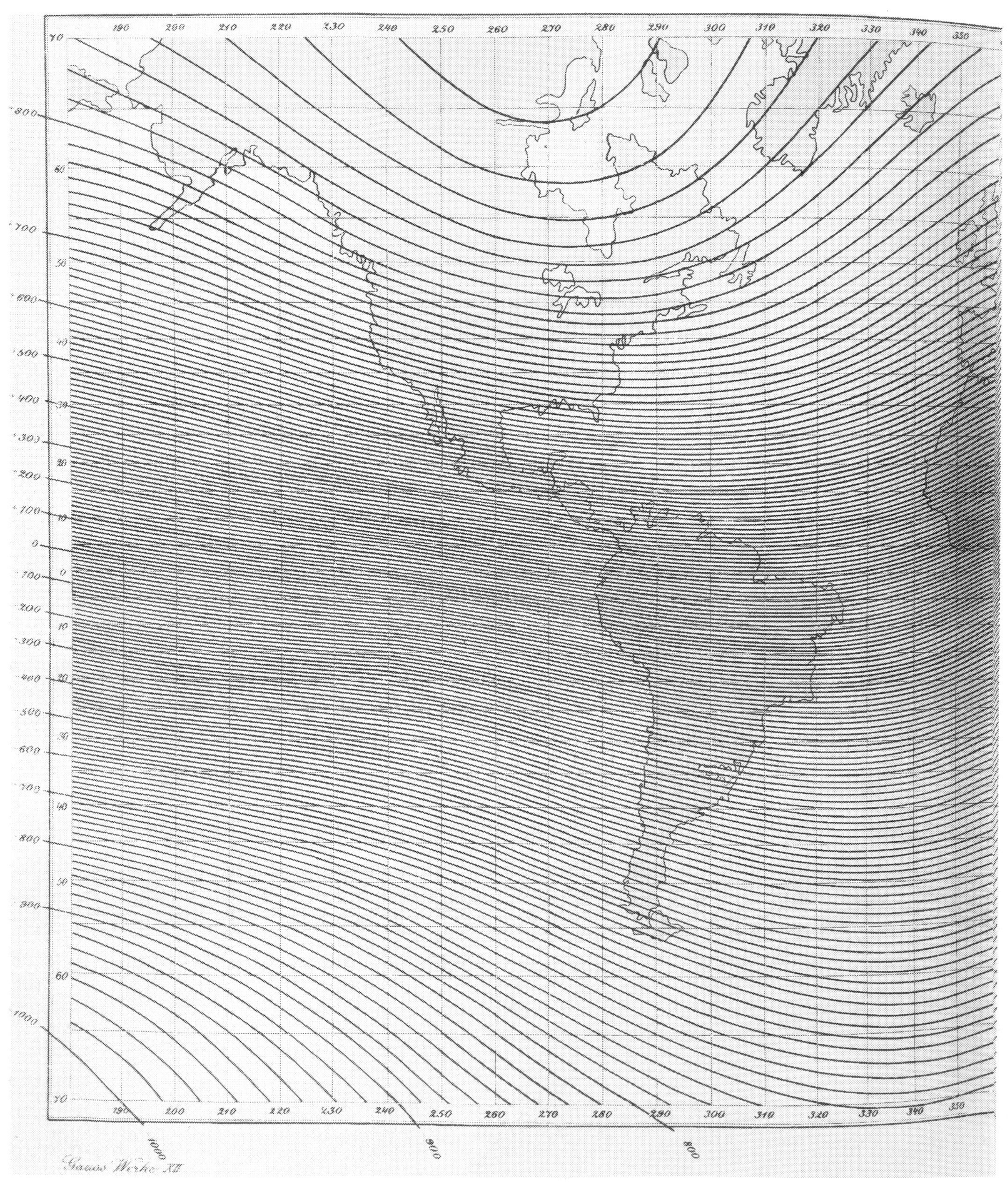

Werthe von $\frac{V}{R}$

1te Abtheilung

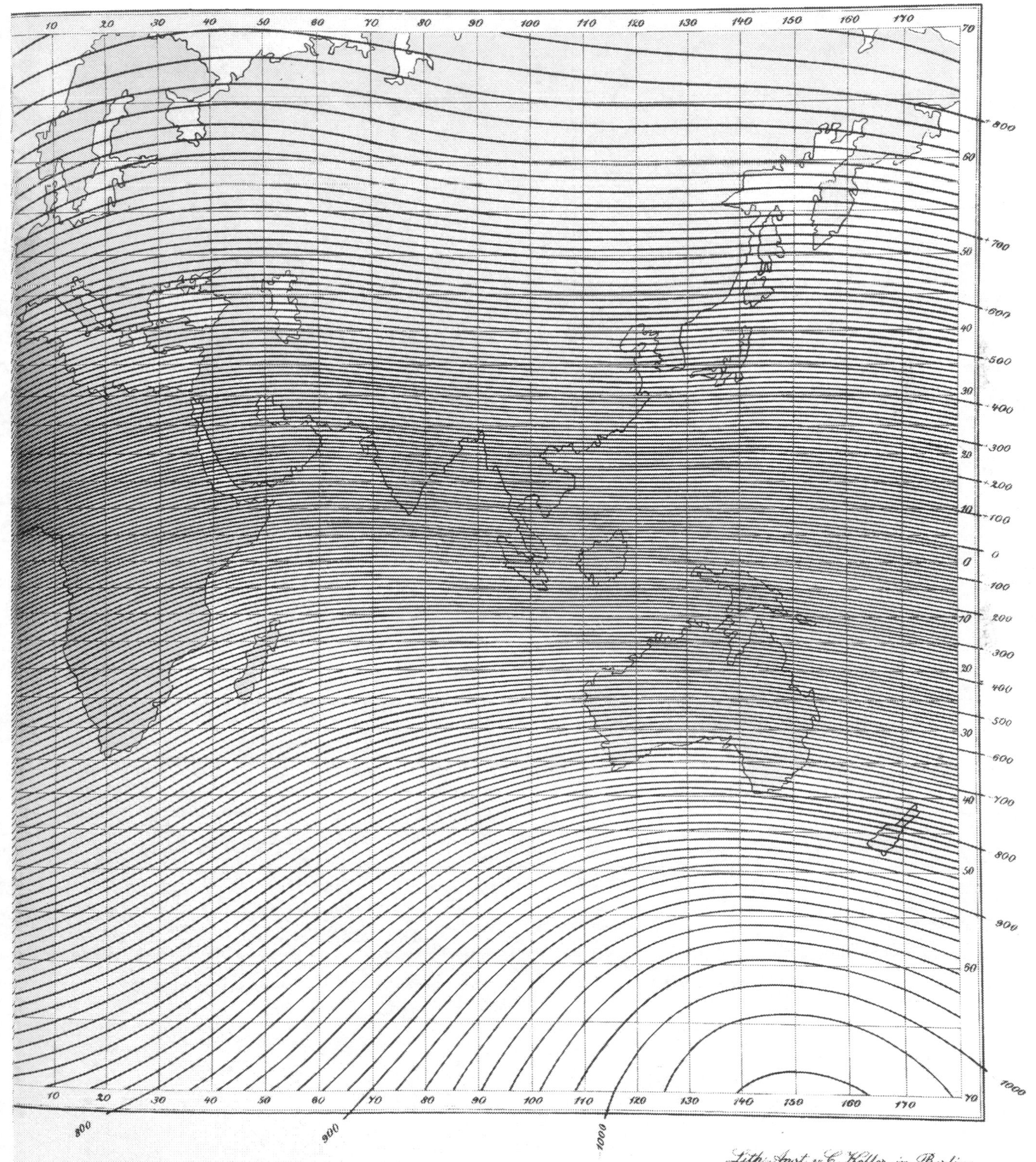

Lith. Anst. v. C. Keller in Berlin.

Karte für die

2te Abtheilung

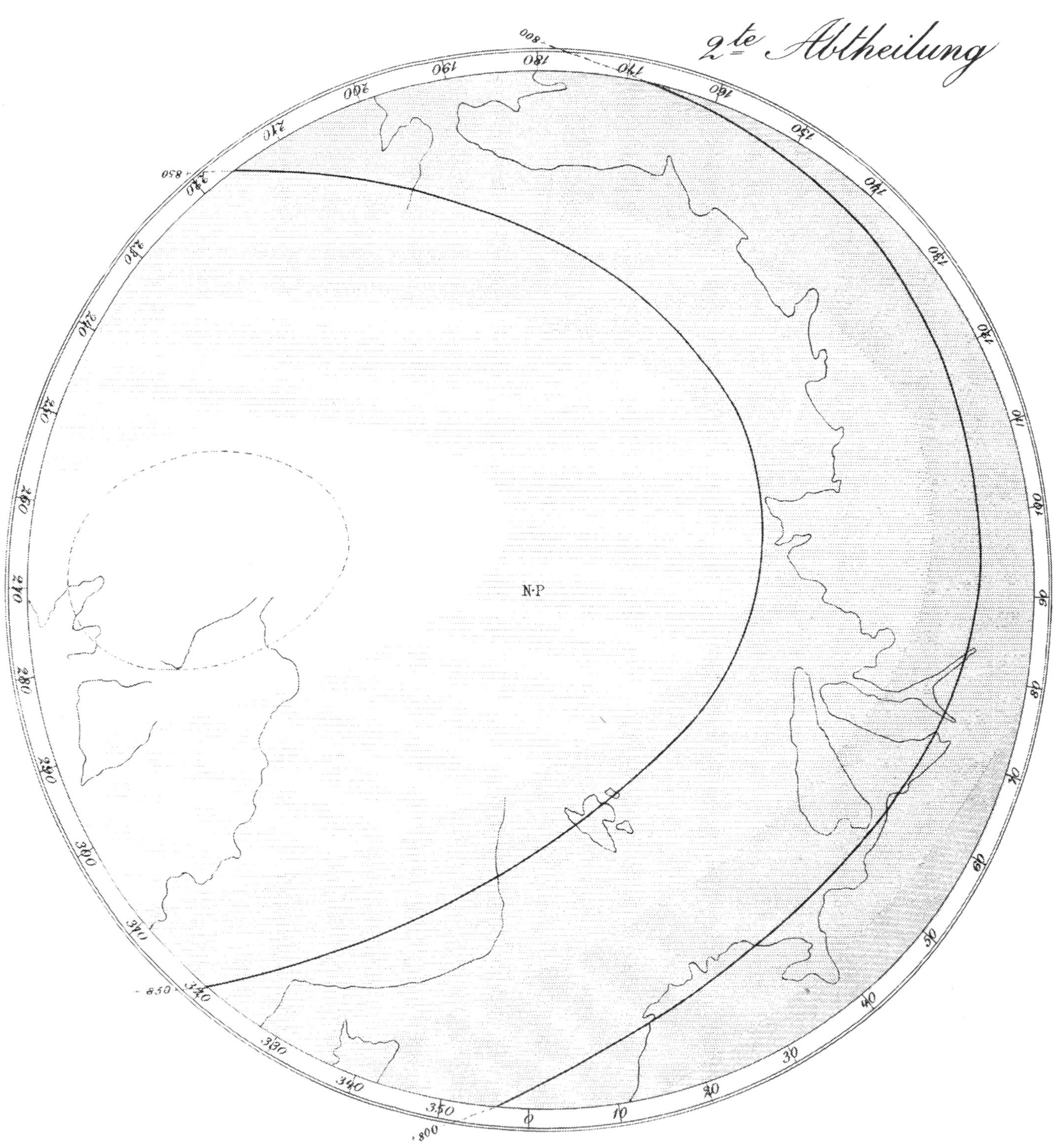

Werthe von $\frac{V}{R}$

3te Abtheilung

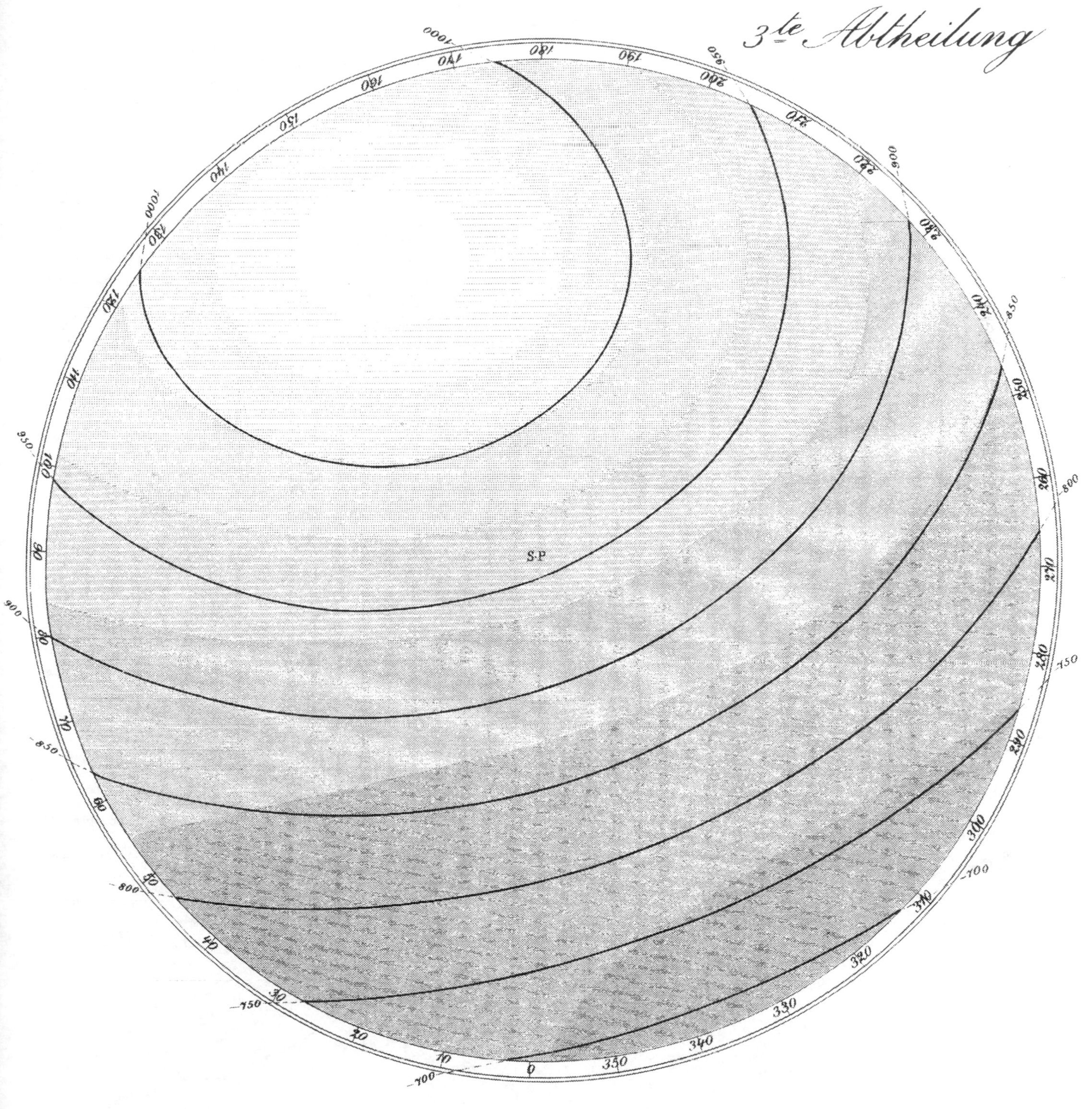

Ideale Vertheilung des Mag

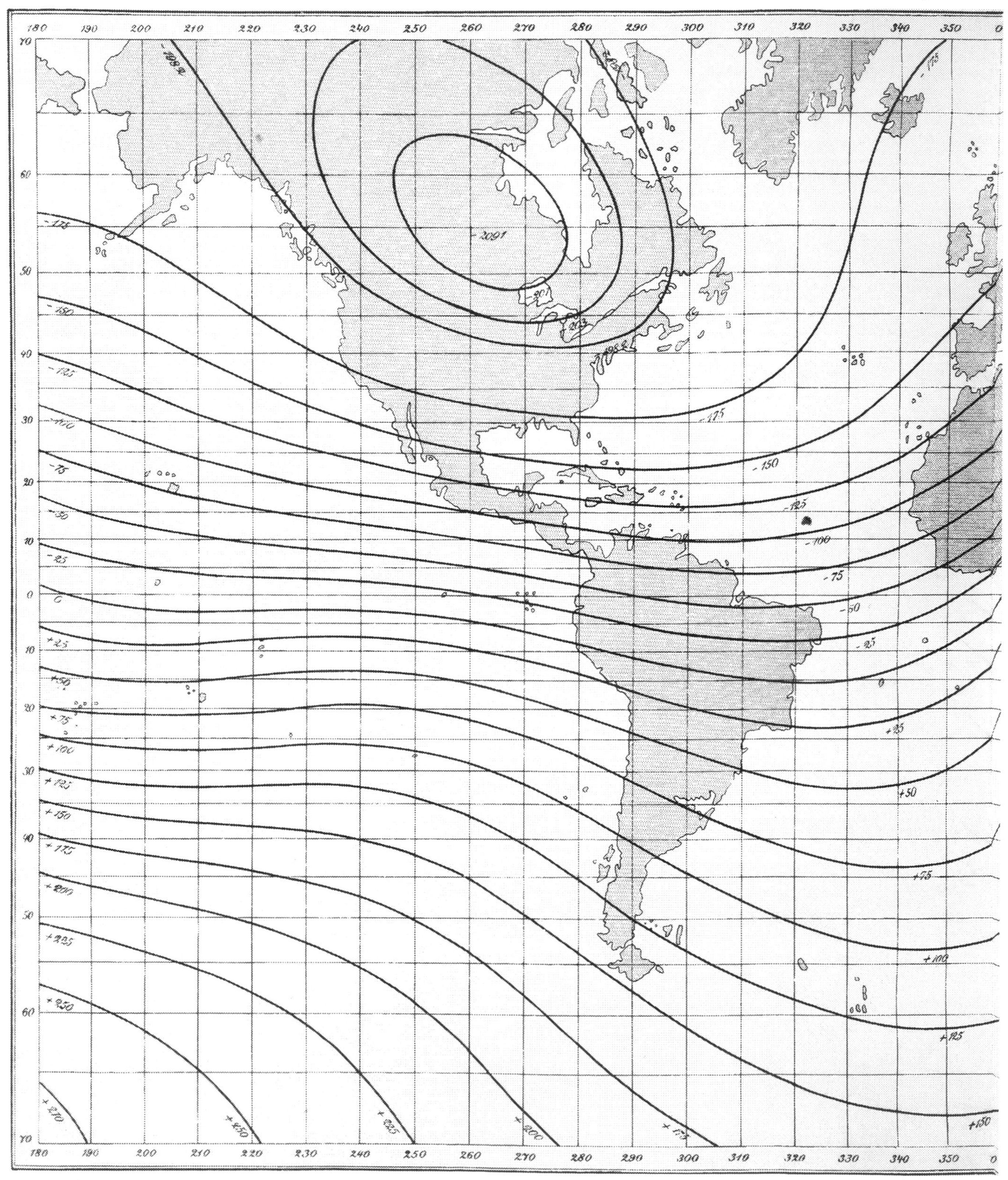

netismus auf der Erdoberfläche 1te Abtheilung

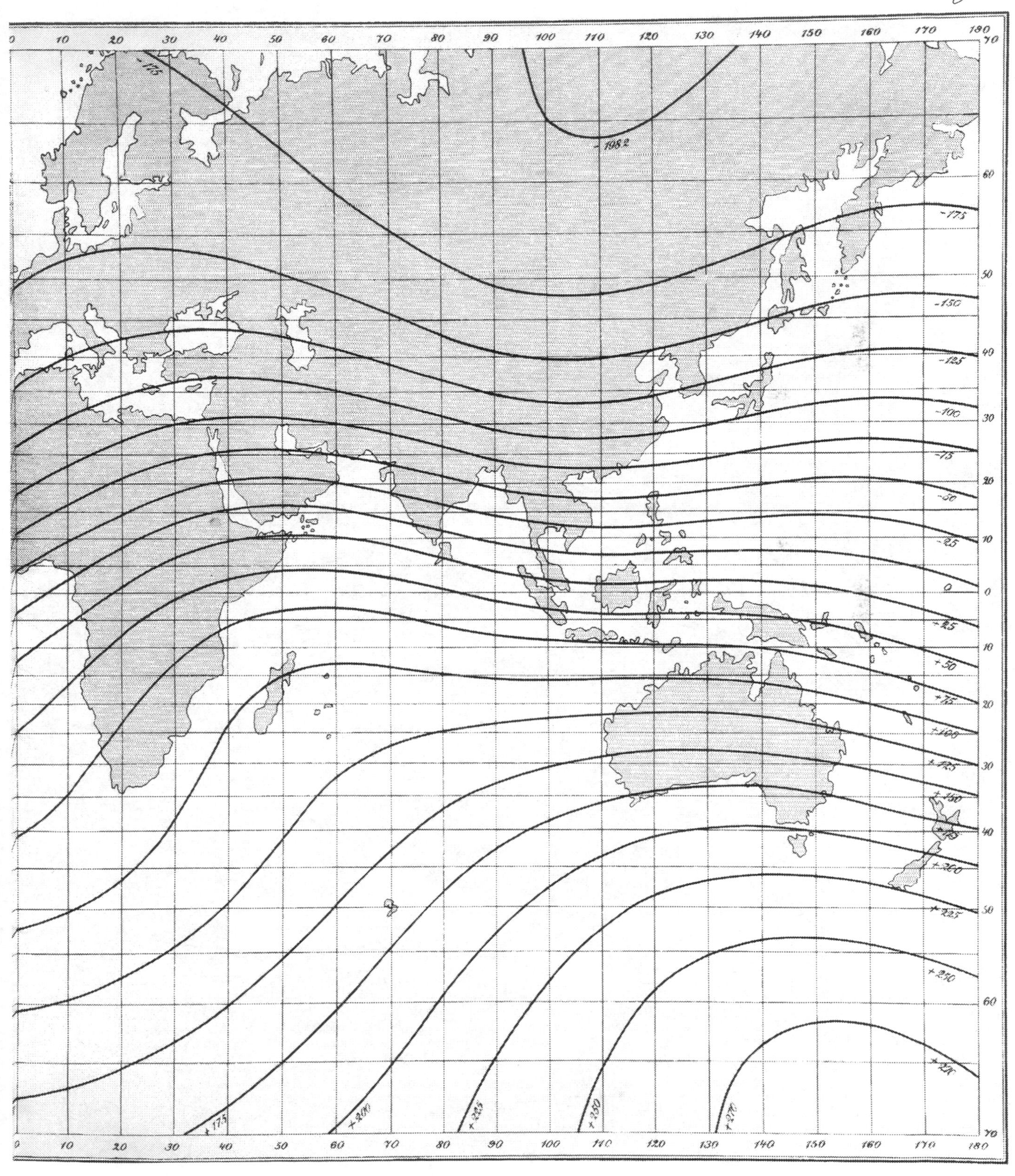

Ideale Vertheilung des Mag

2te Abtheilung

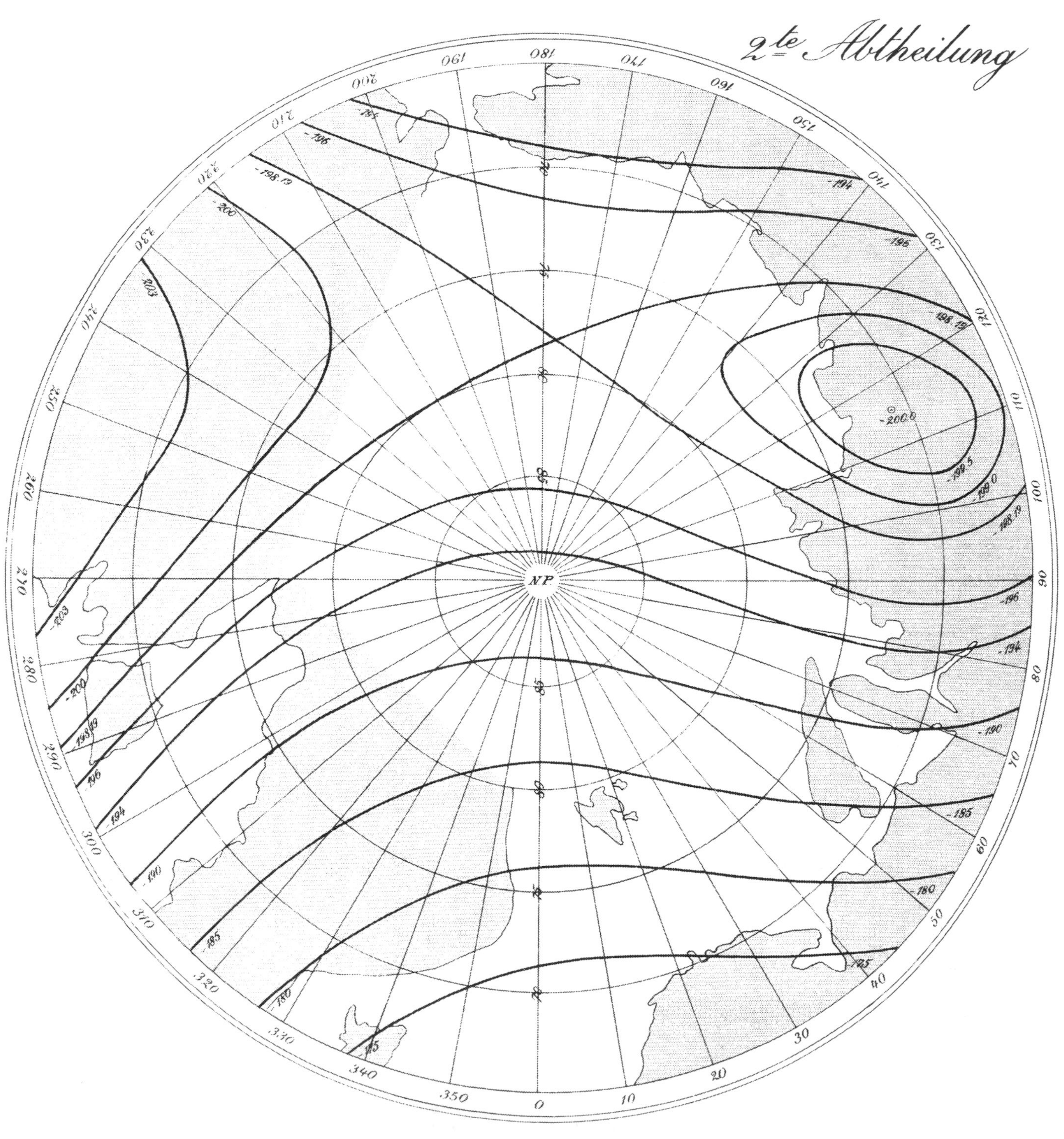

netismus auf der Erdoberfläche

3te Abtheilung

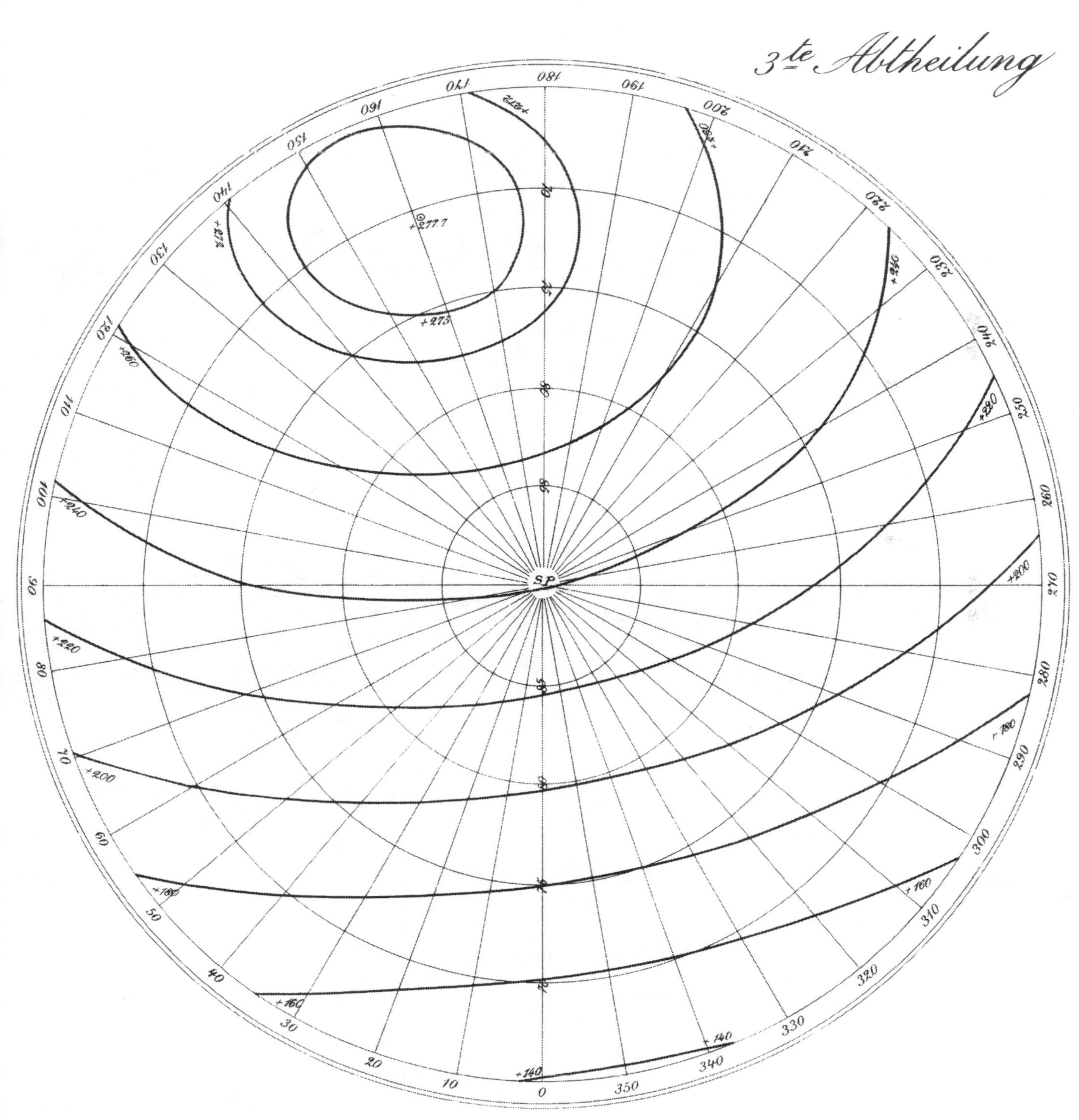

Karte für die berechneten Wert

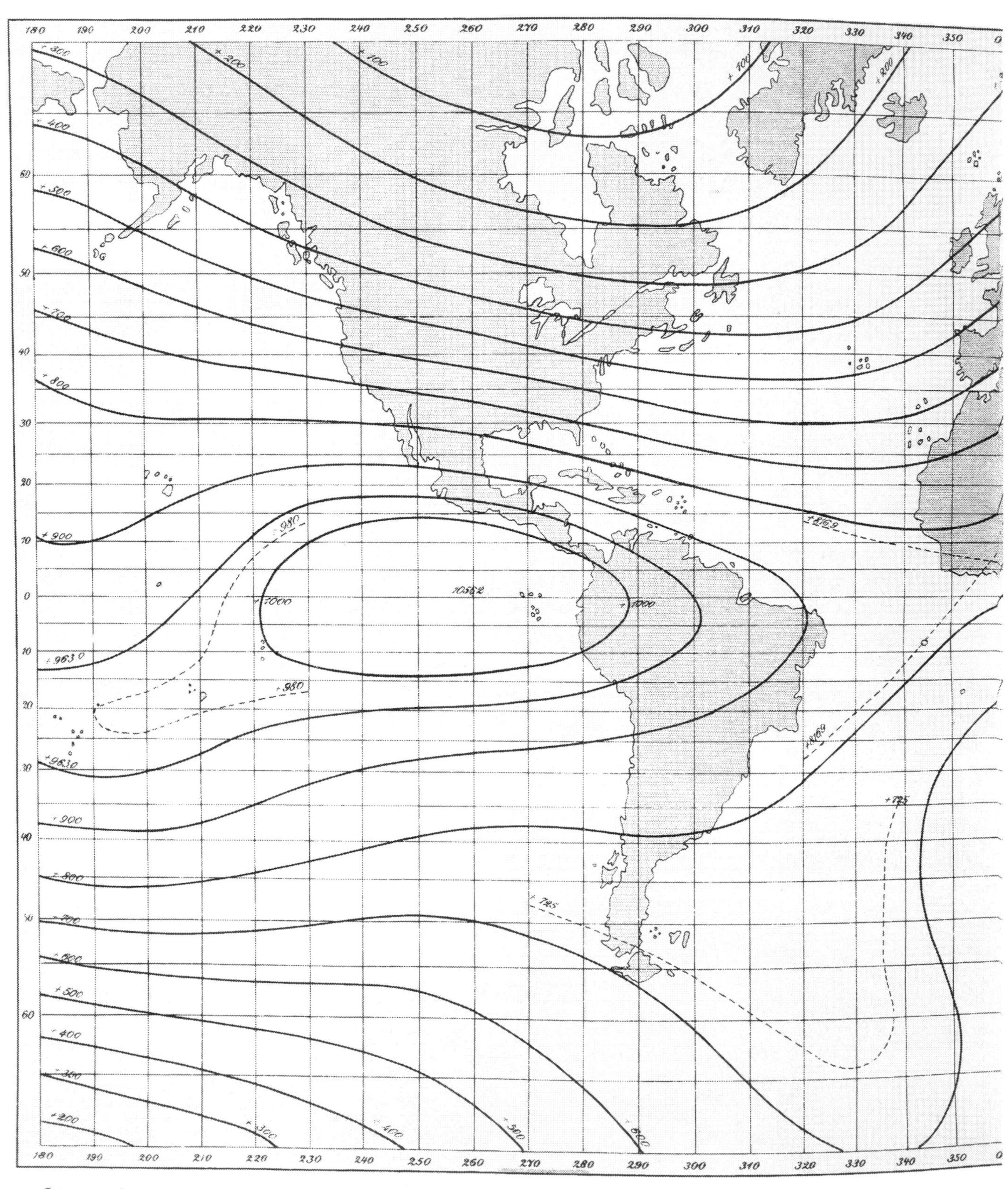

…he der nördlichen Intensität X   1te Abtheilung

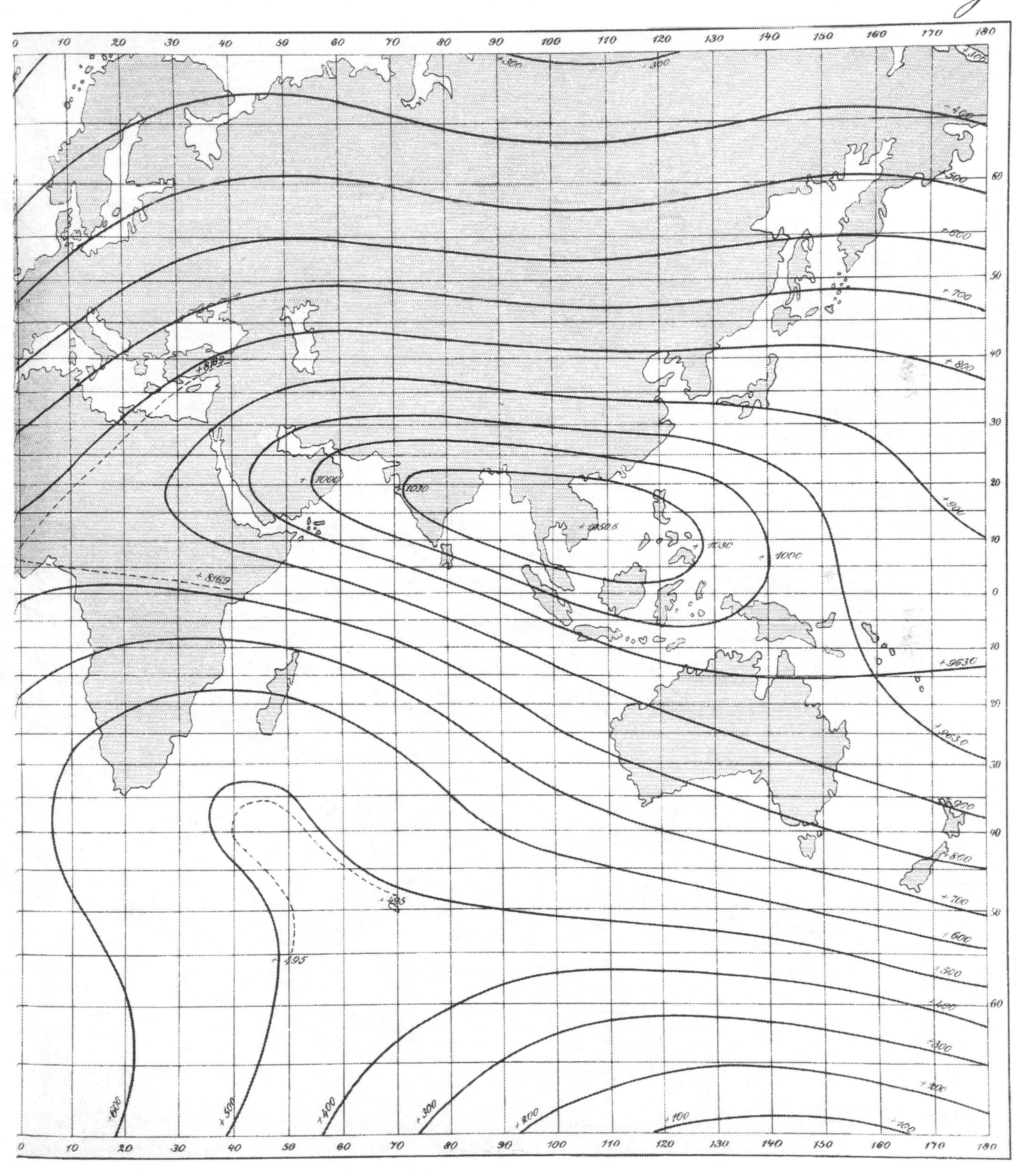

Karte für die berechneten Werth

2te Abtheilung

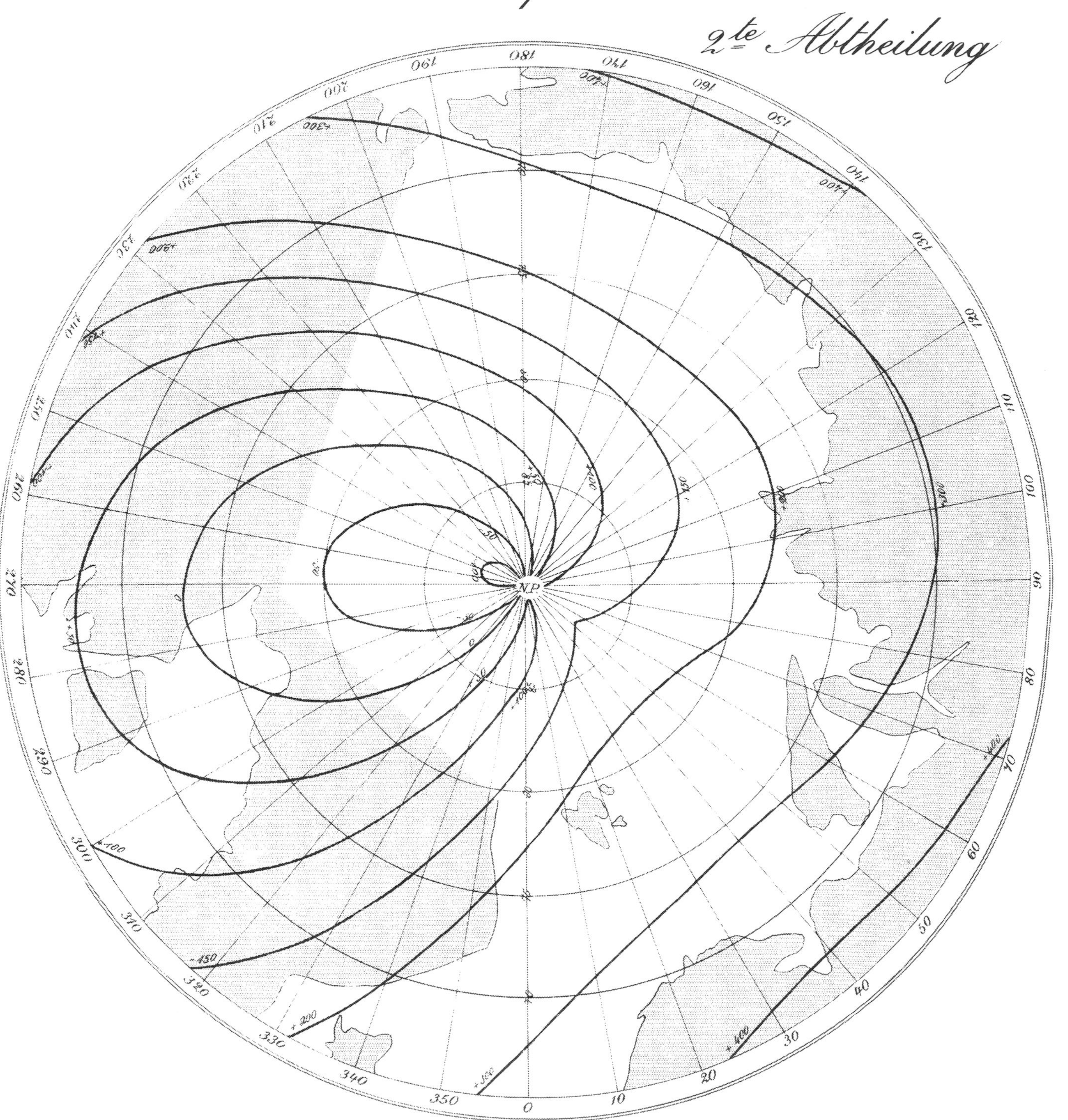

…he der nördlichen Intensität X

3te Abtheilung

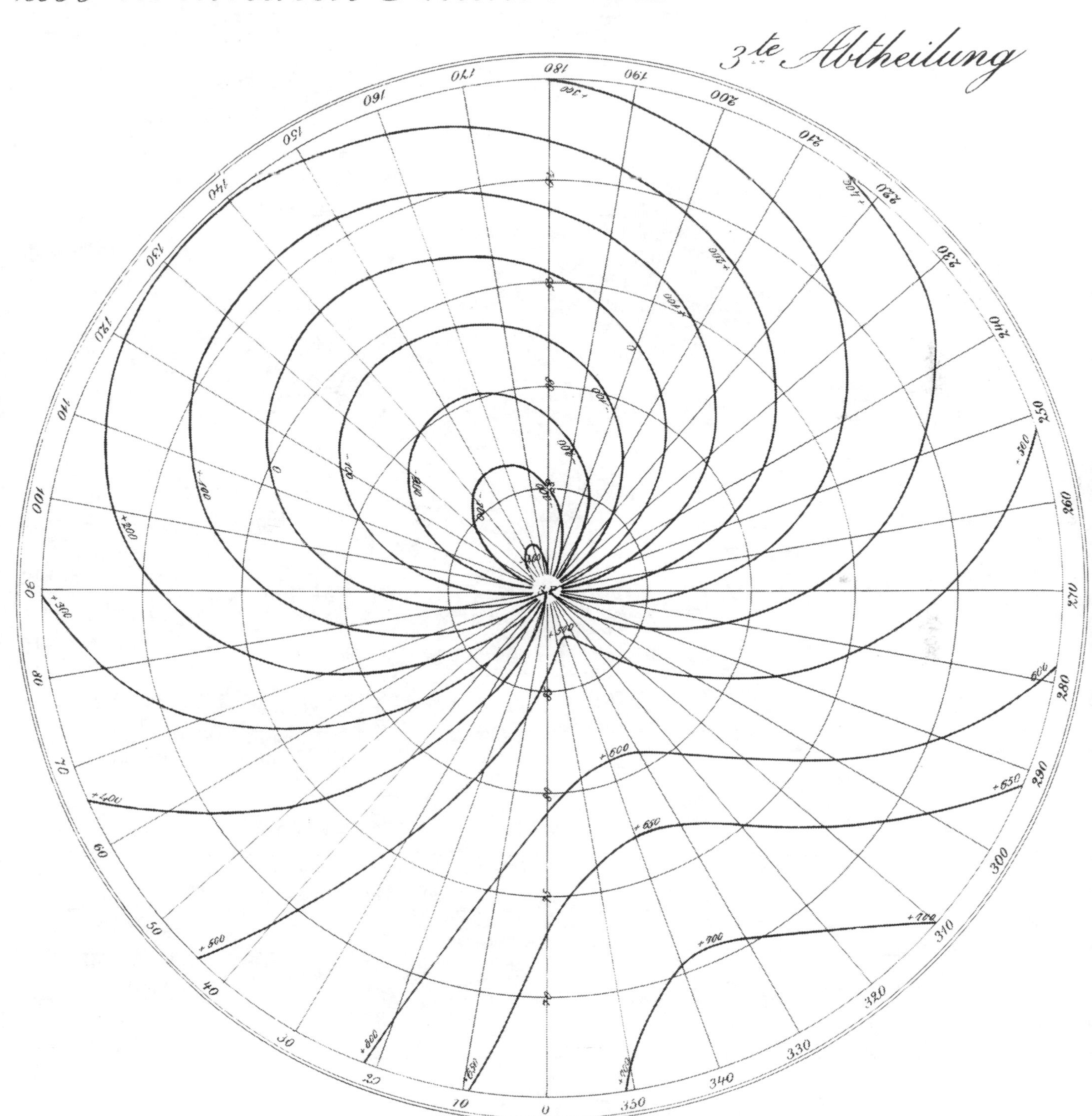

Karte für die berechneten Wert[...]

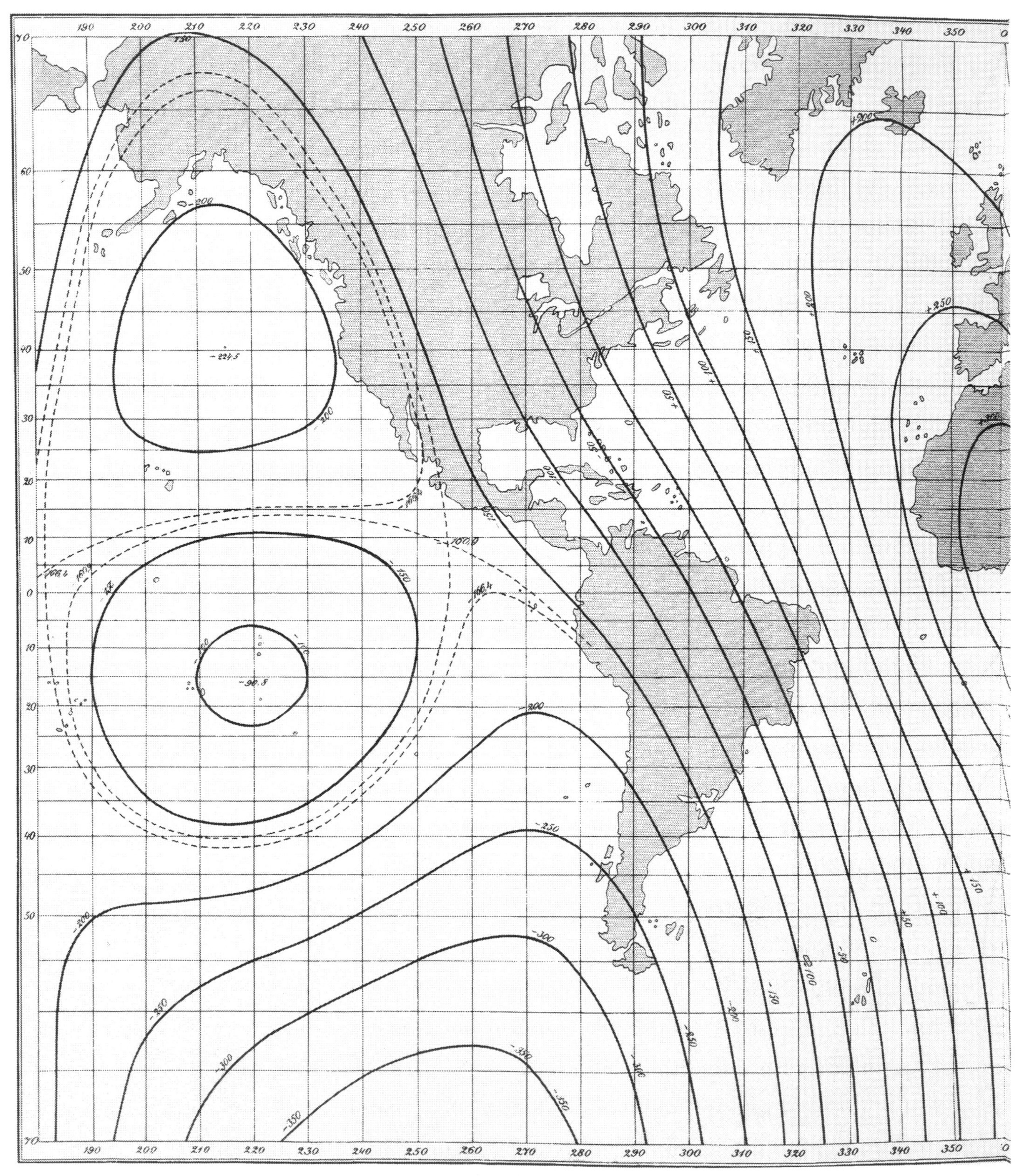

…he der westlichen Intensität Y

1te Abtheilung

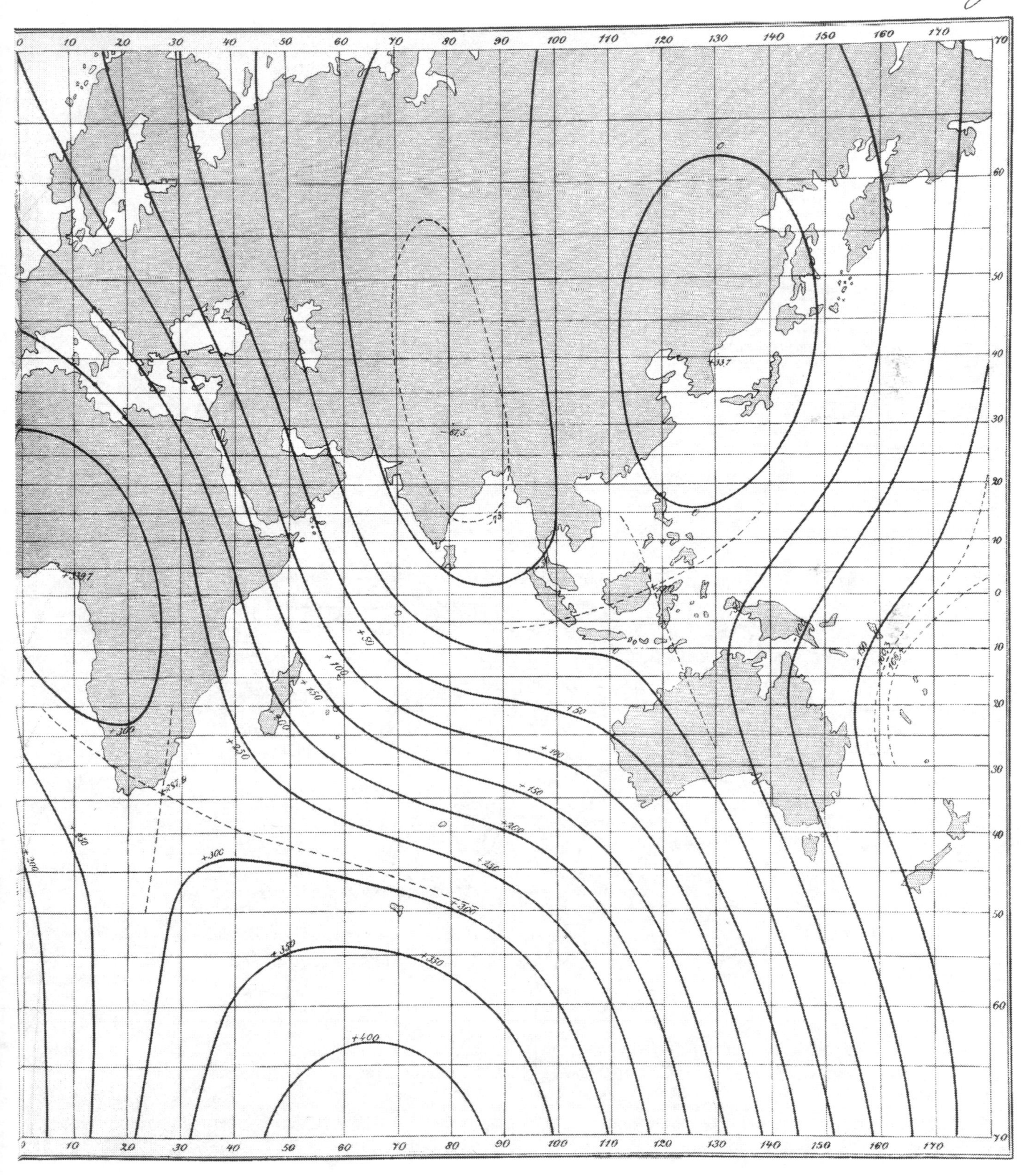

Karte für die berechneten We

2te Abtheilung

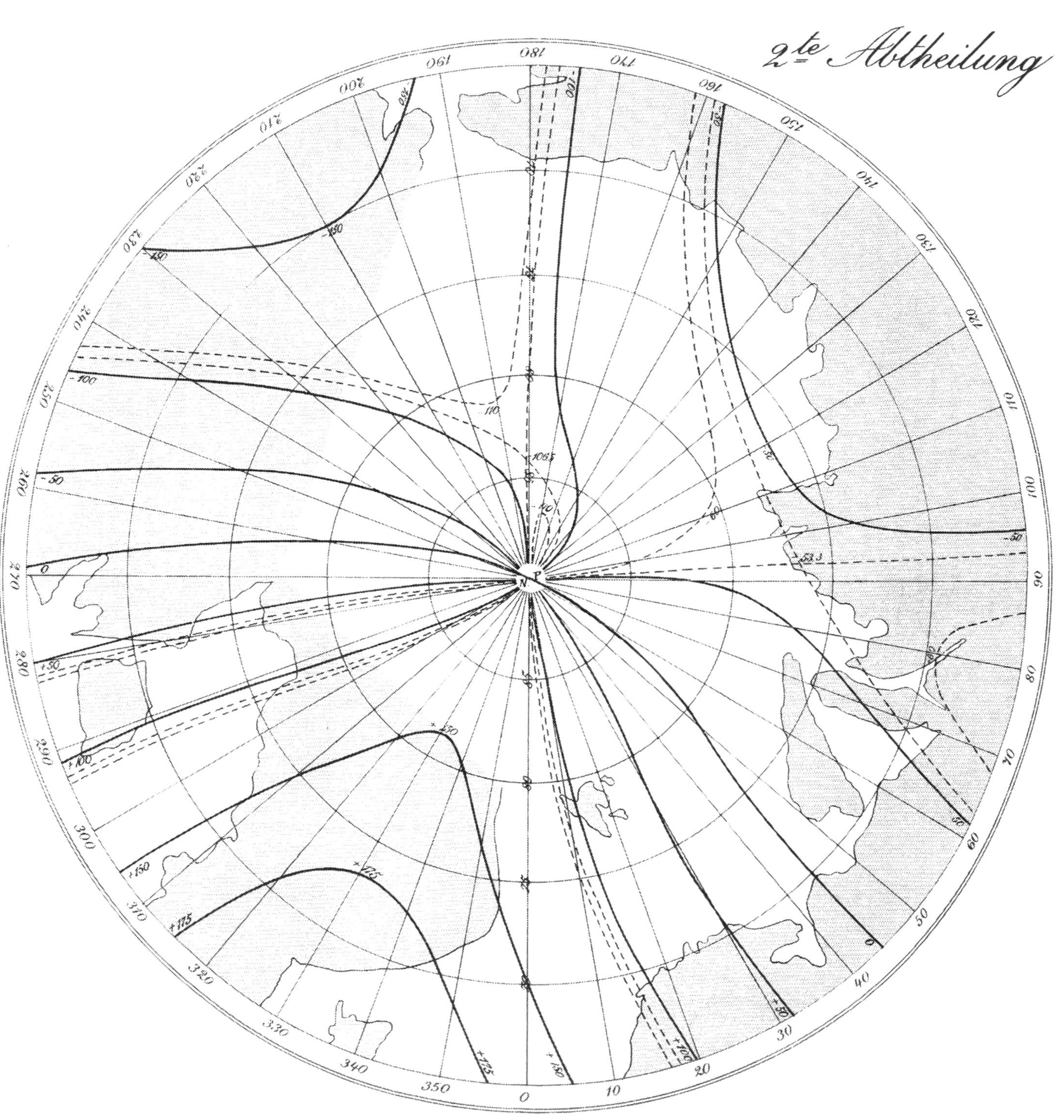

the der westlichen Intensität Y

3te Abtheilung

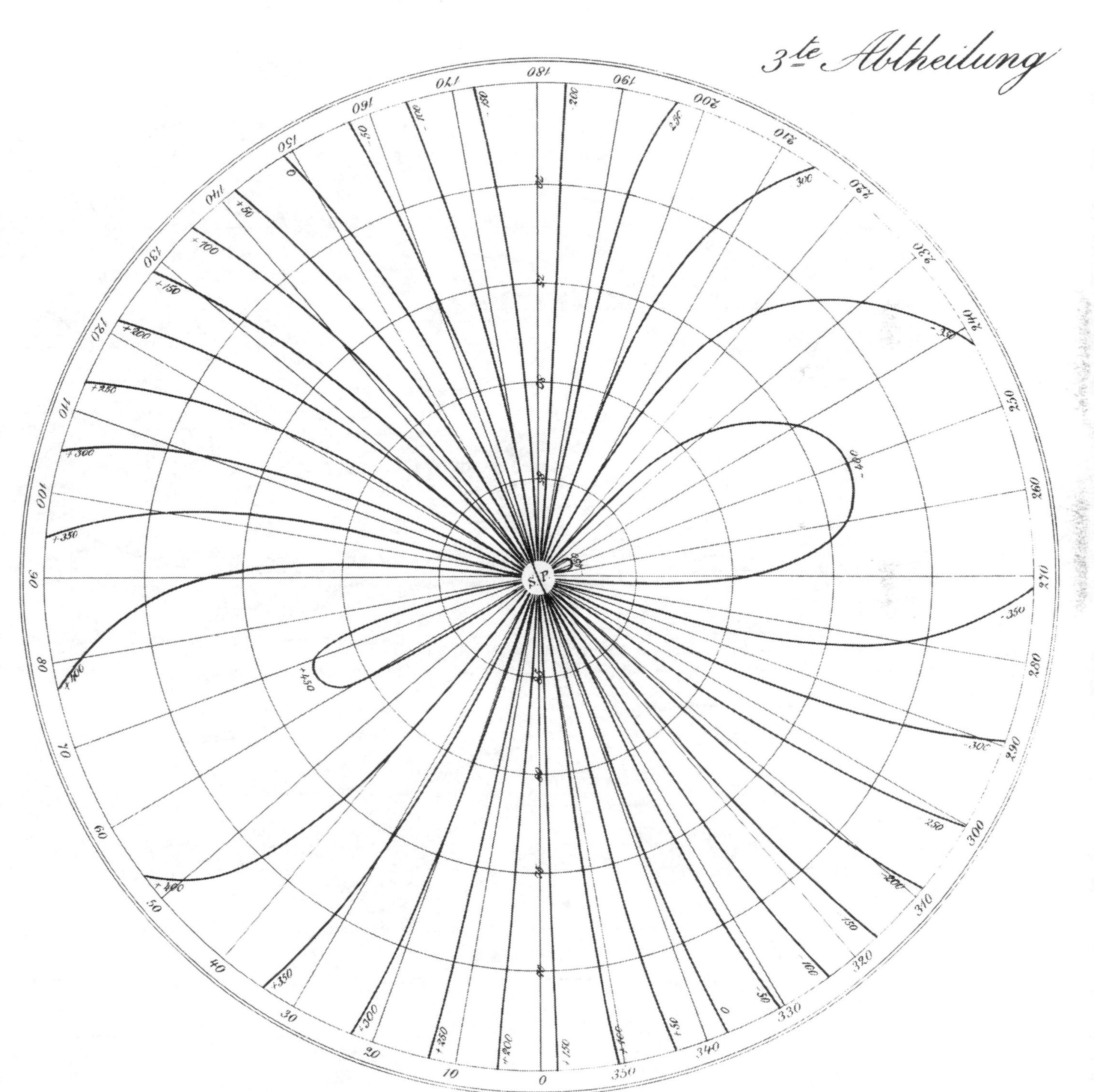

Karte für die berechneten Wer[te]

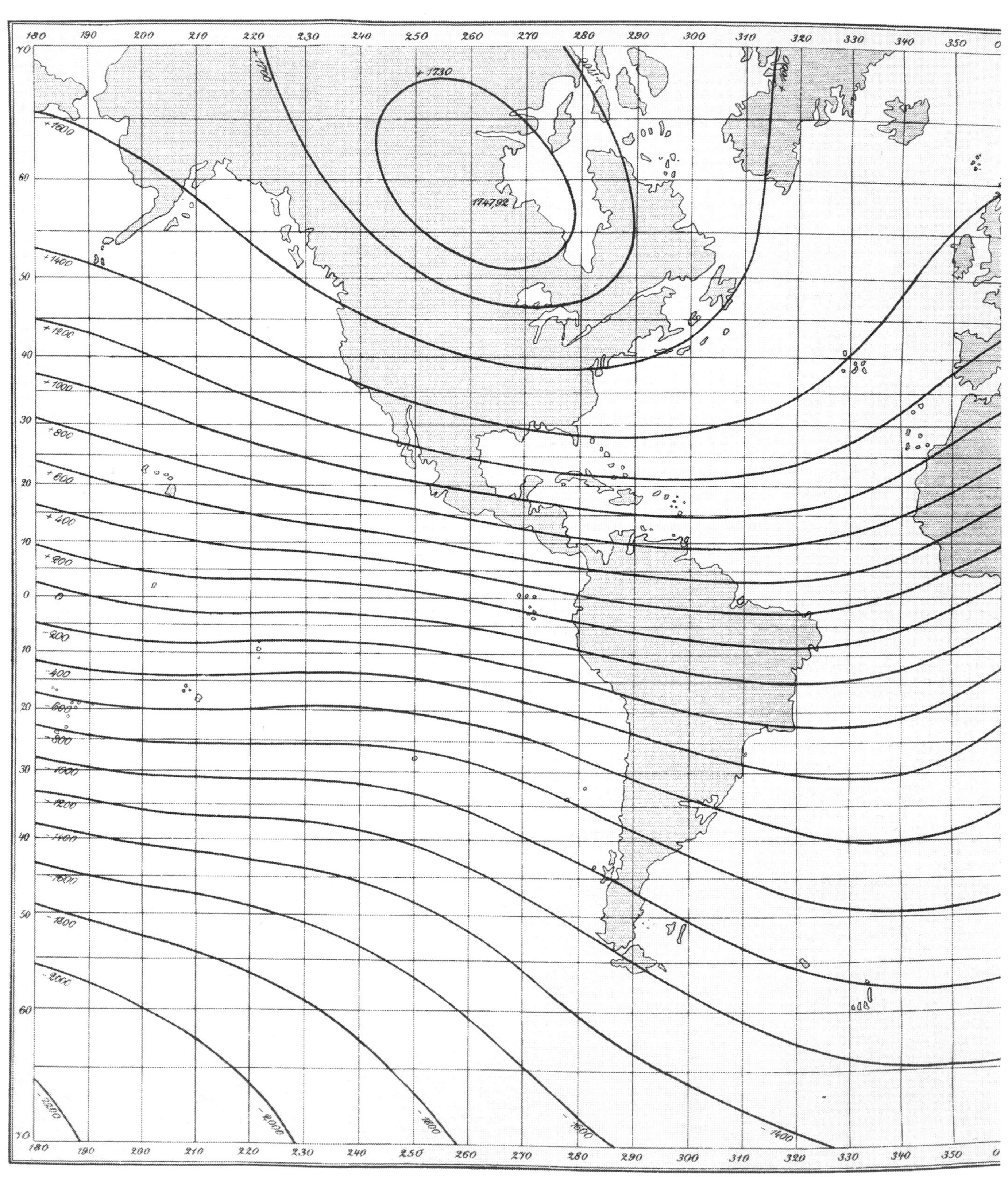

he der verticalen Intensität Z

1te Abtheilung

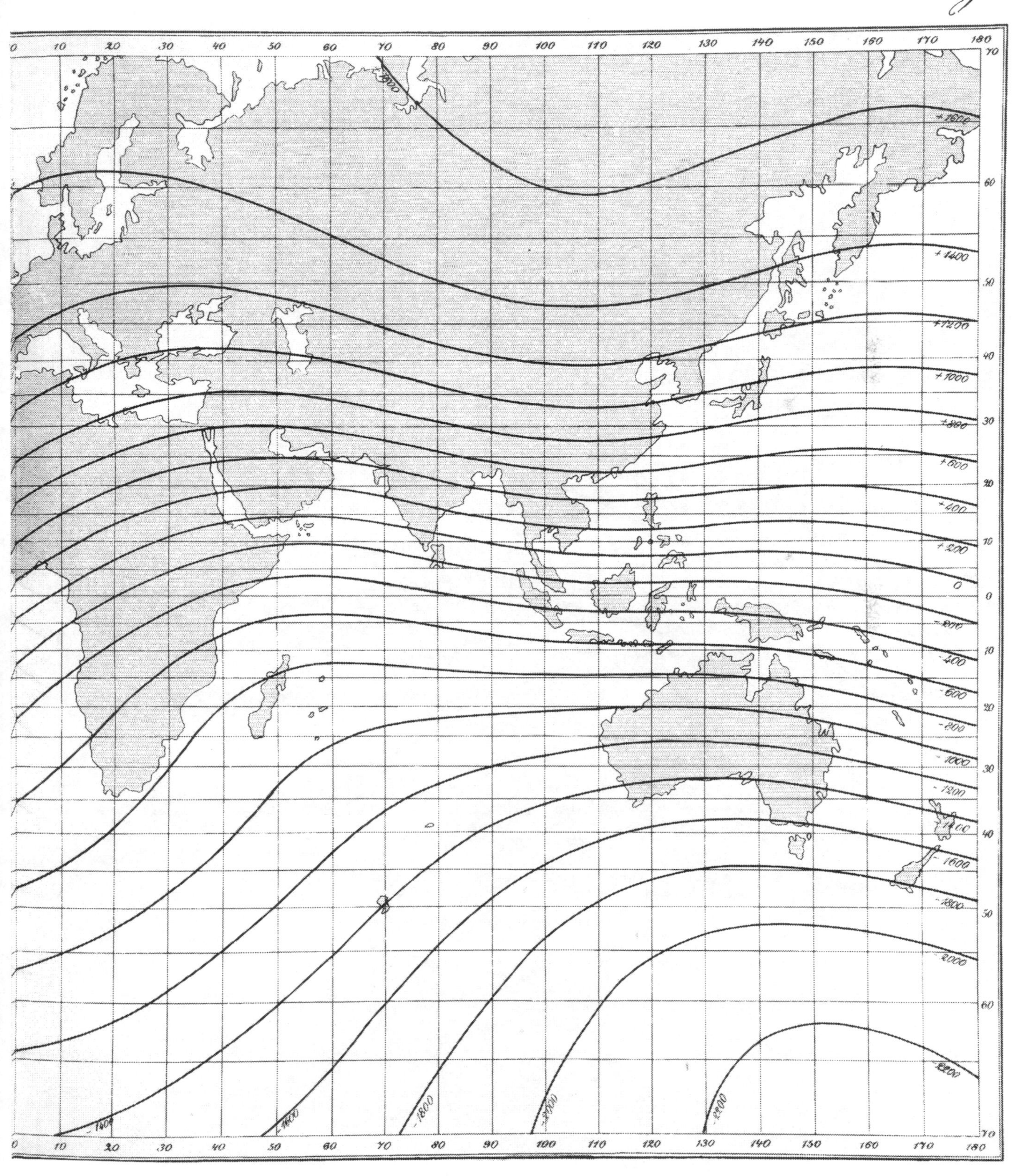

Karte für die berechneten Wer

2te Abtheilung

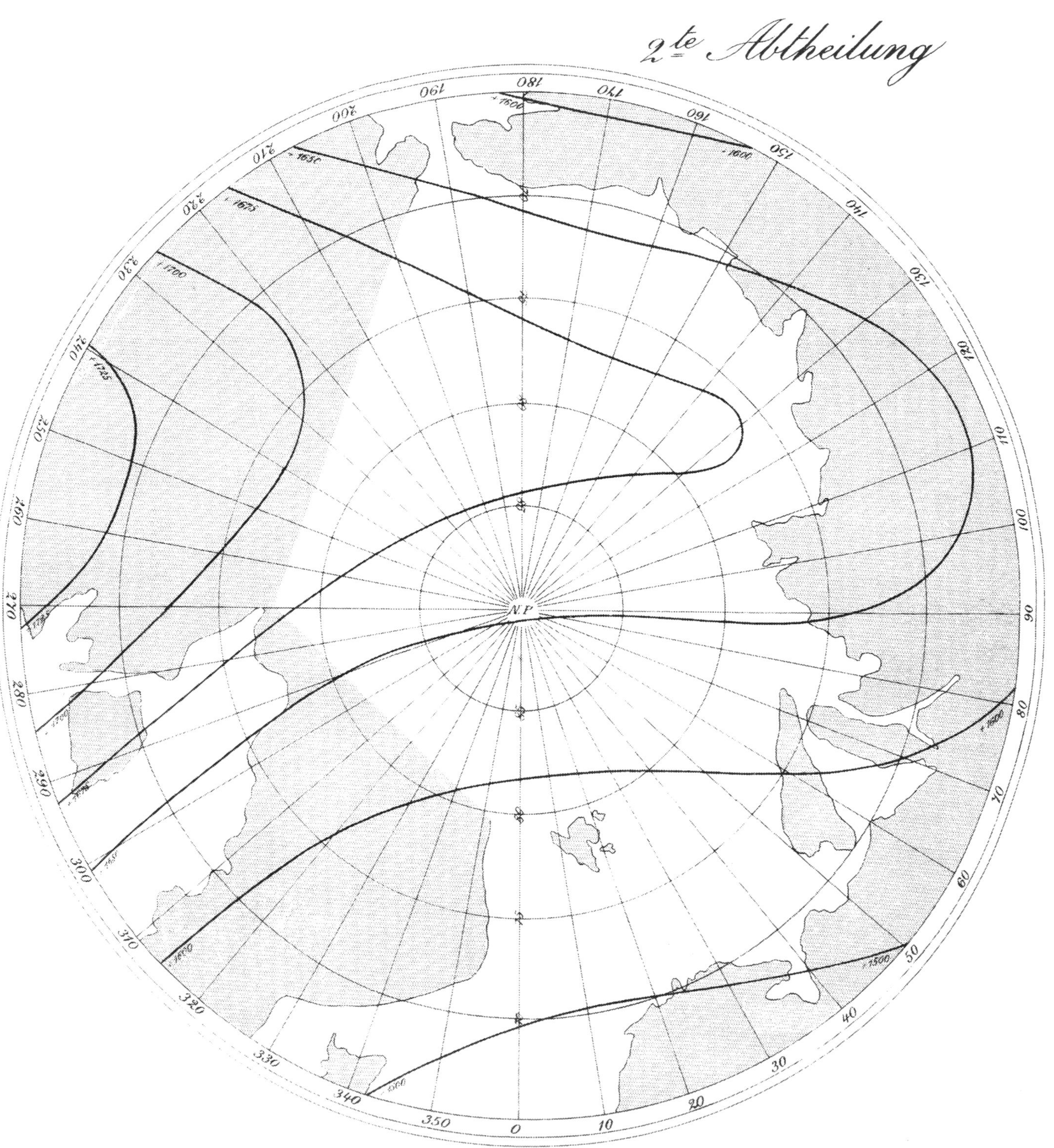

…the der verticalen Intensität Z

3te Abtheilung

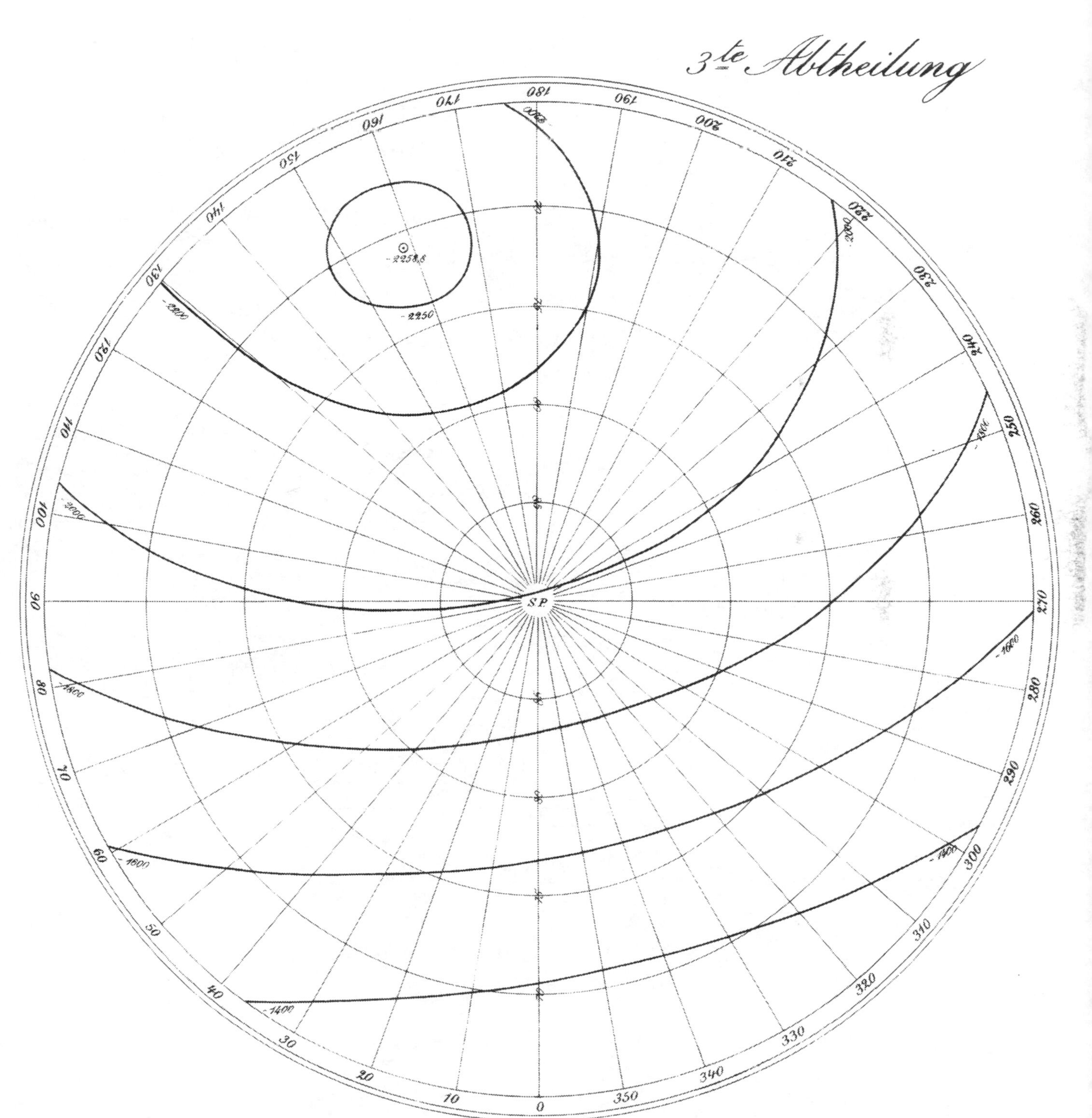

Karte für die berechneten Werthe

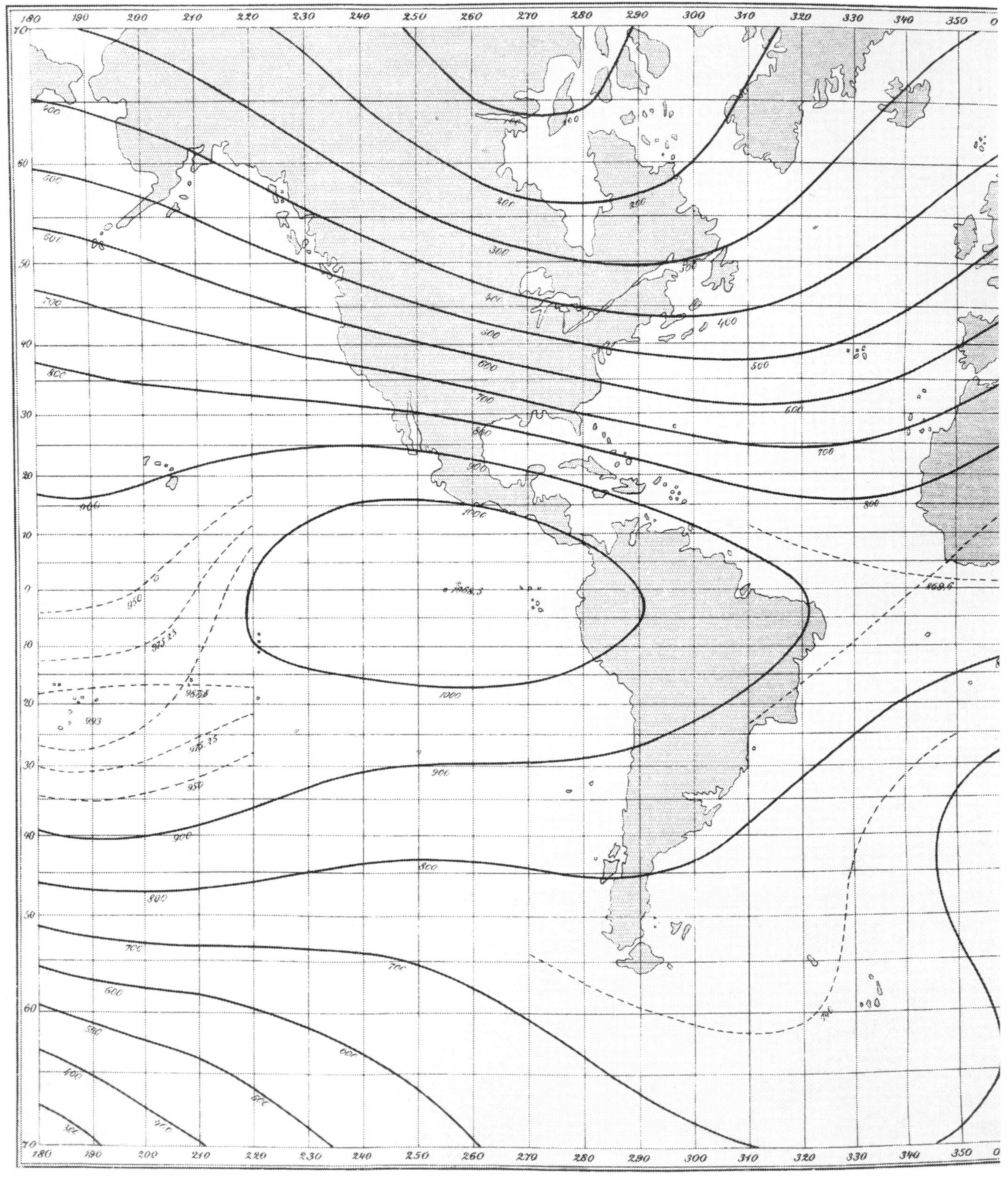

der horizontalen Intensität 1te Abtheilung

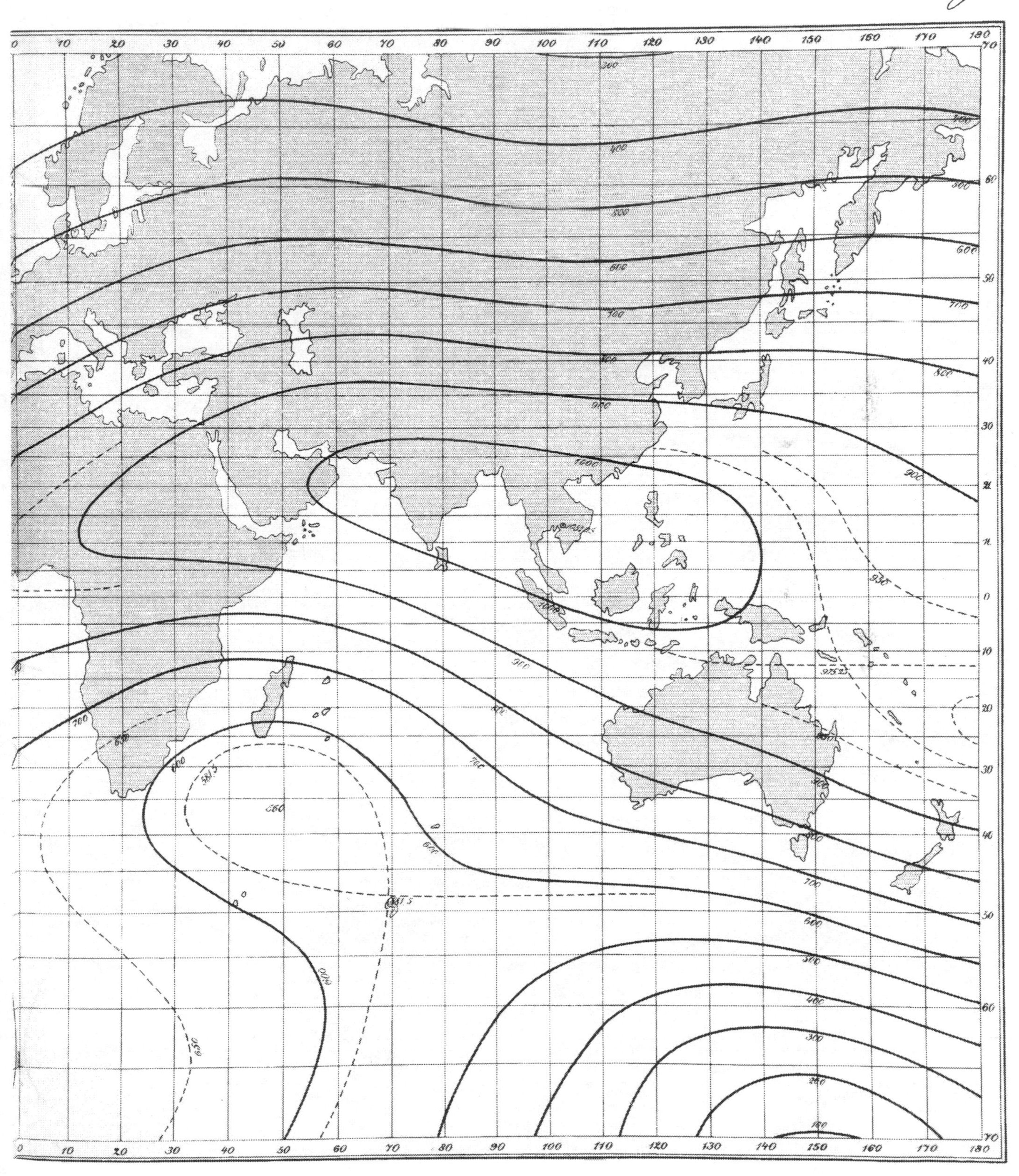

Karte für die berechneten Wer

2te Abtheilung

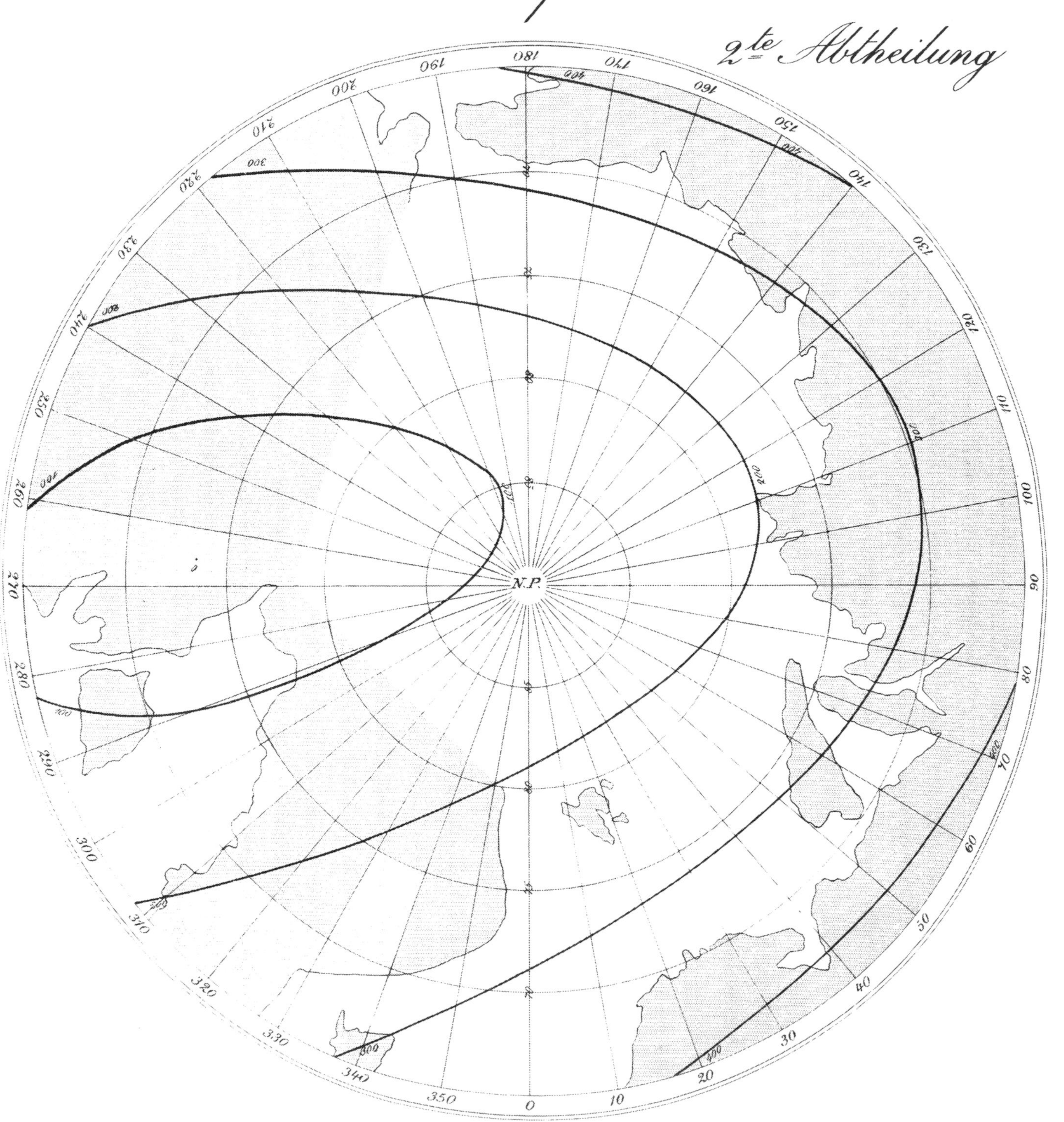

...he der horizontalen Intensität

3te Abtheilung

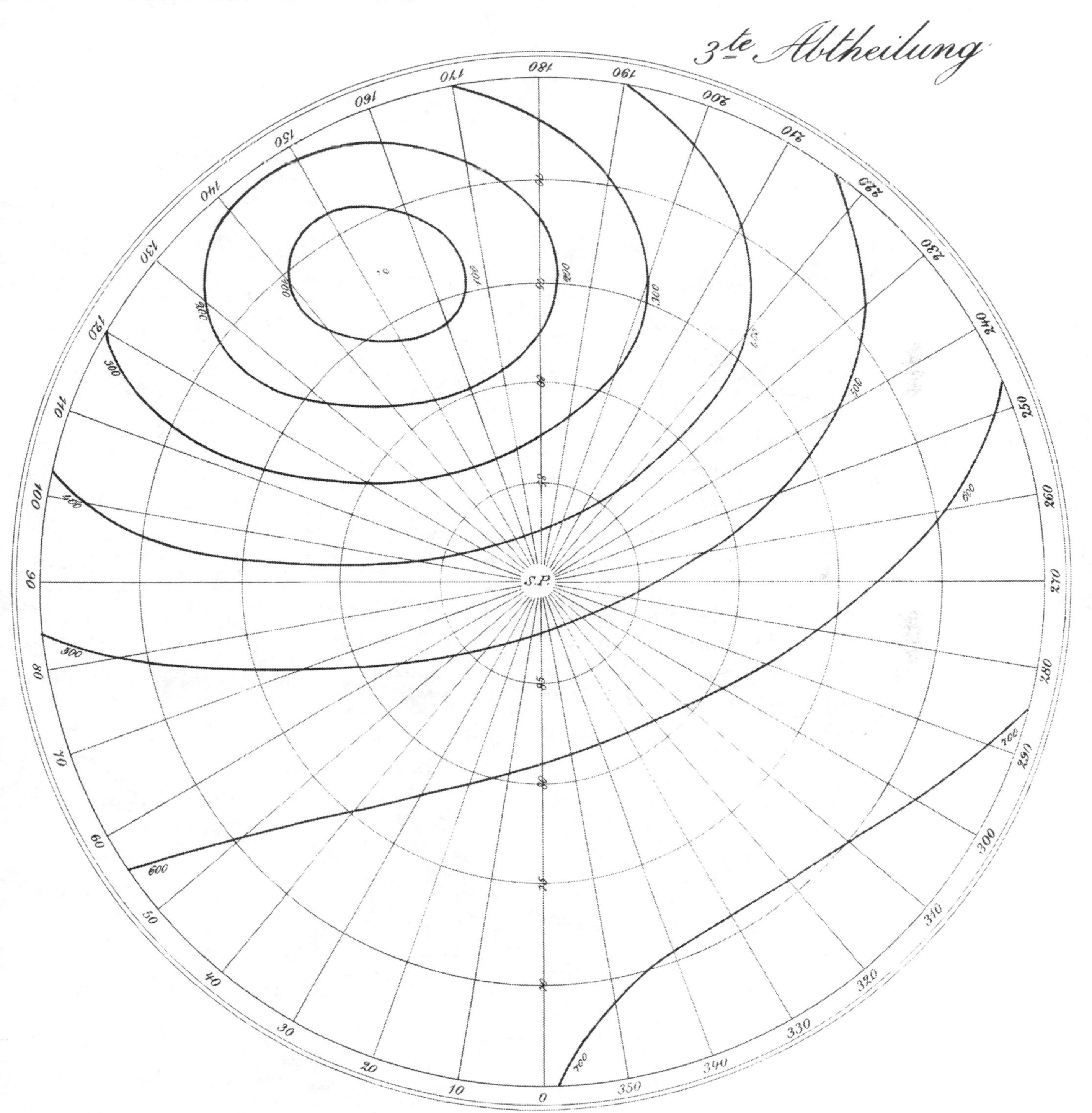

Karte für die berechneten

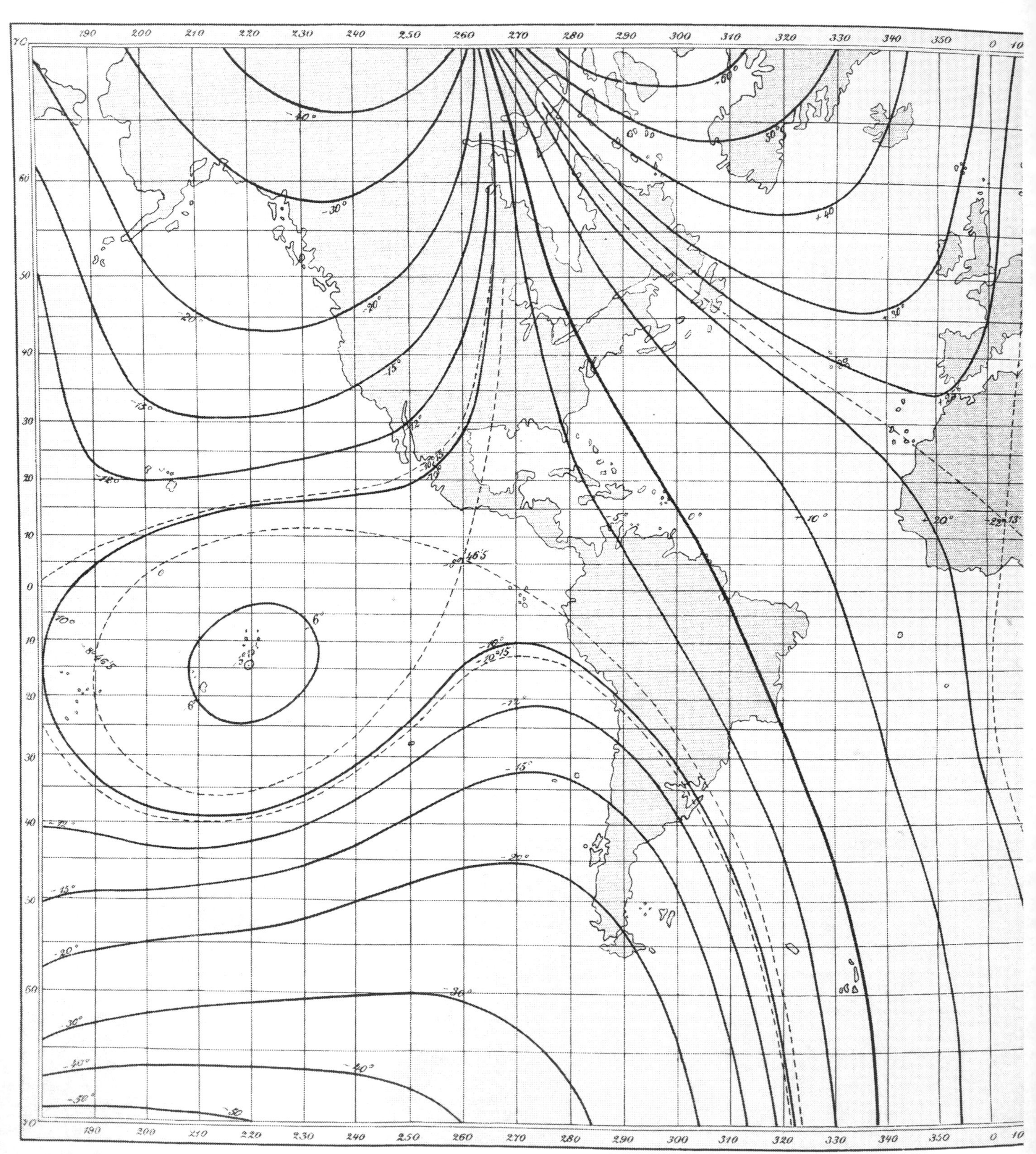

Werthe der Declination

1te Abtheilung

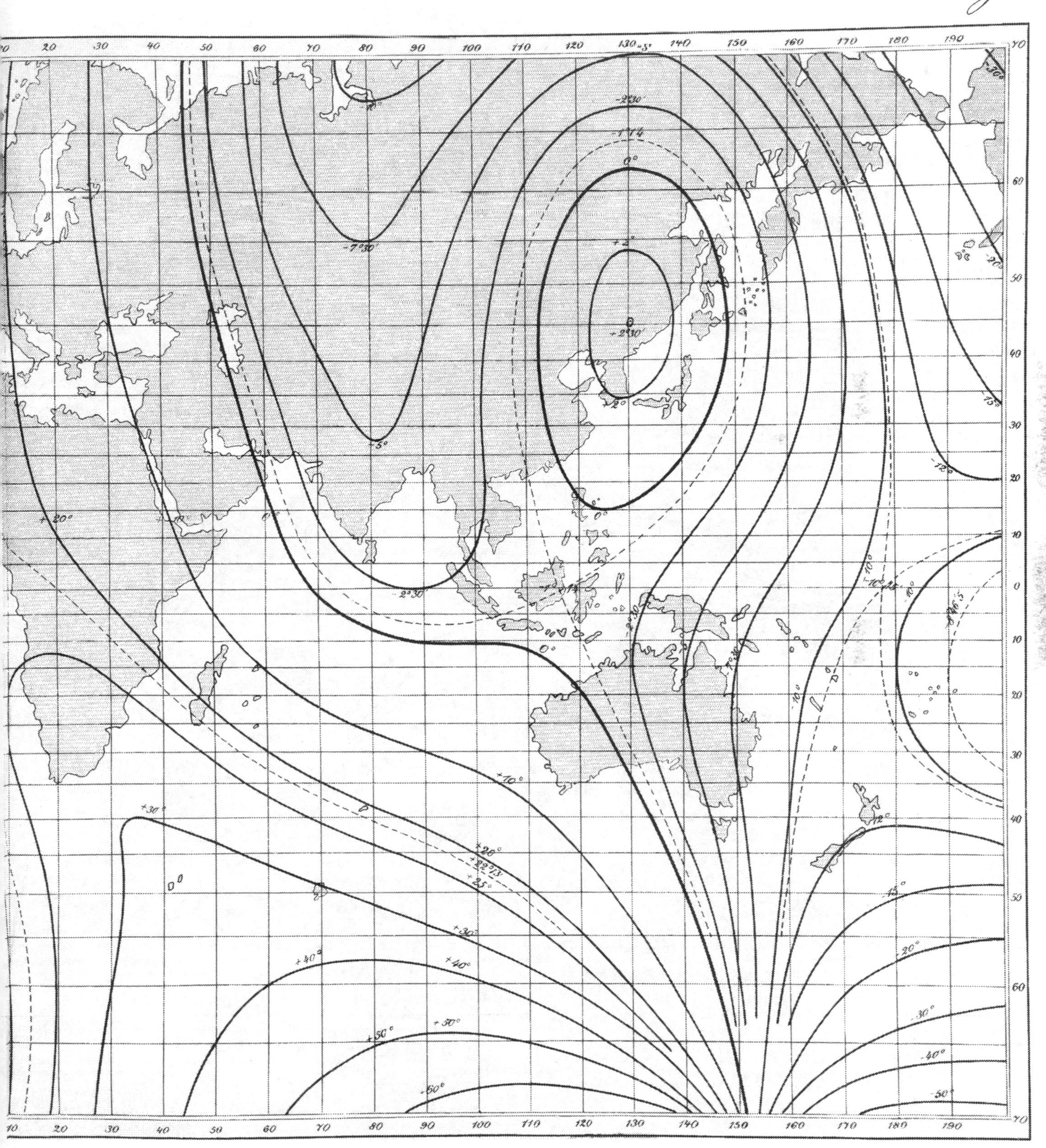

Karte für die berechneten

2te Abtheilung

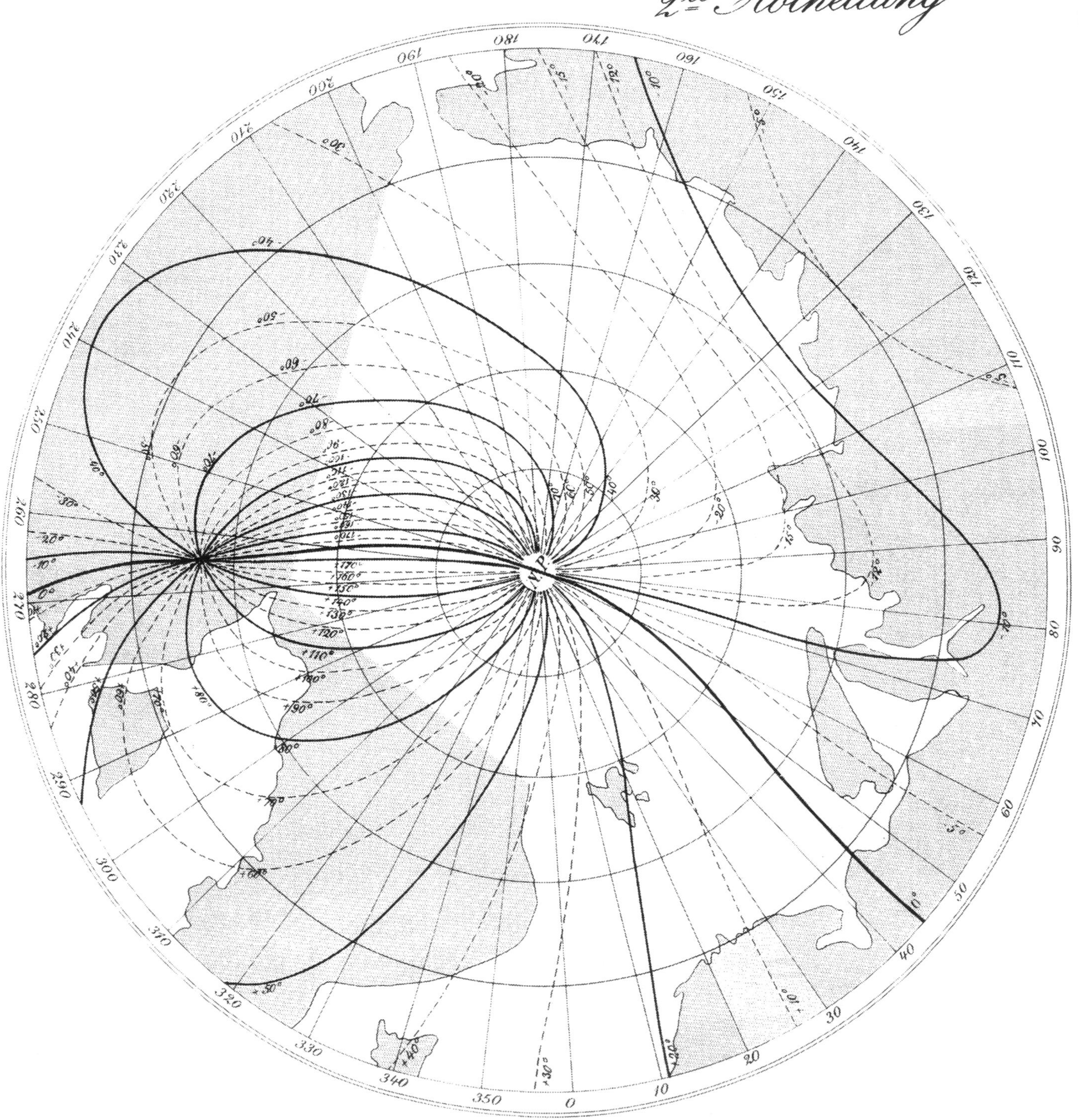

Werthe der Declination

3te Abtheilung

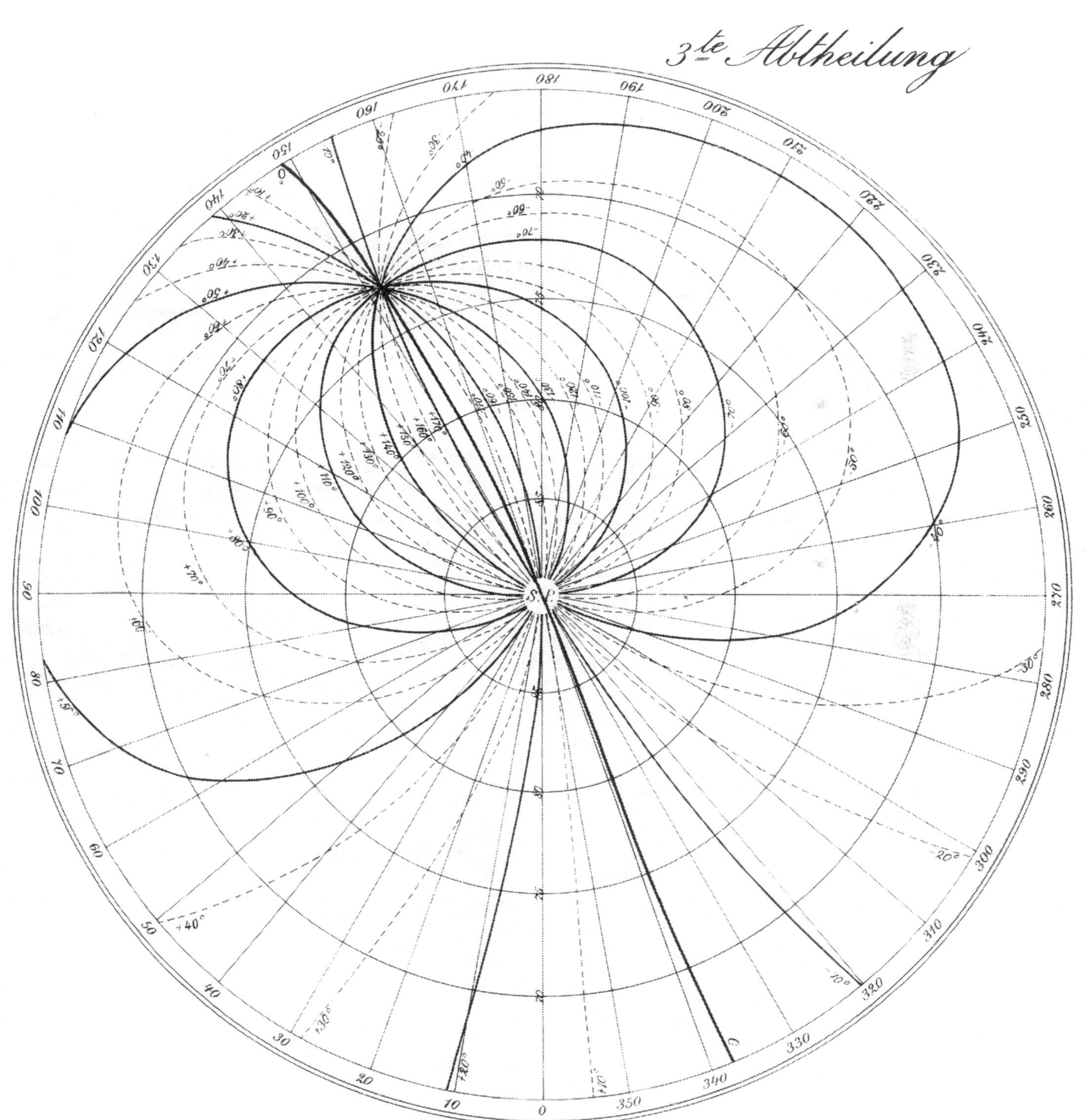

Karte für die berechneten

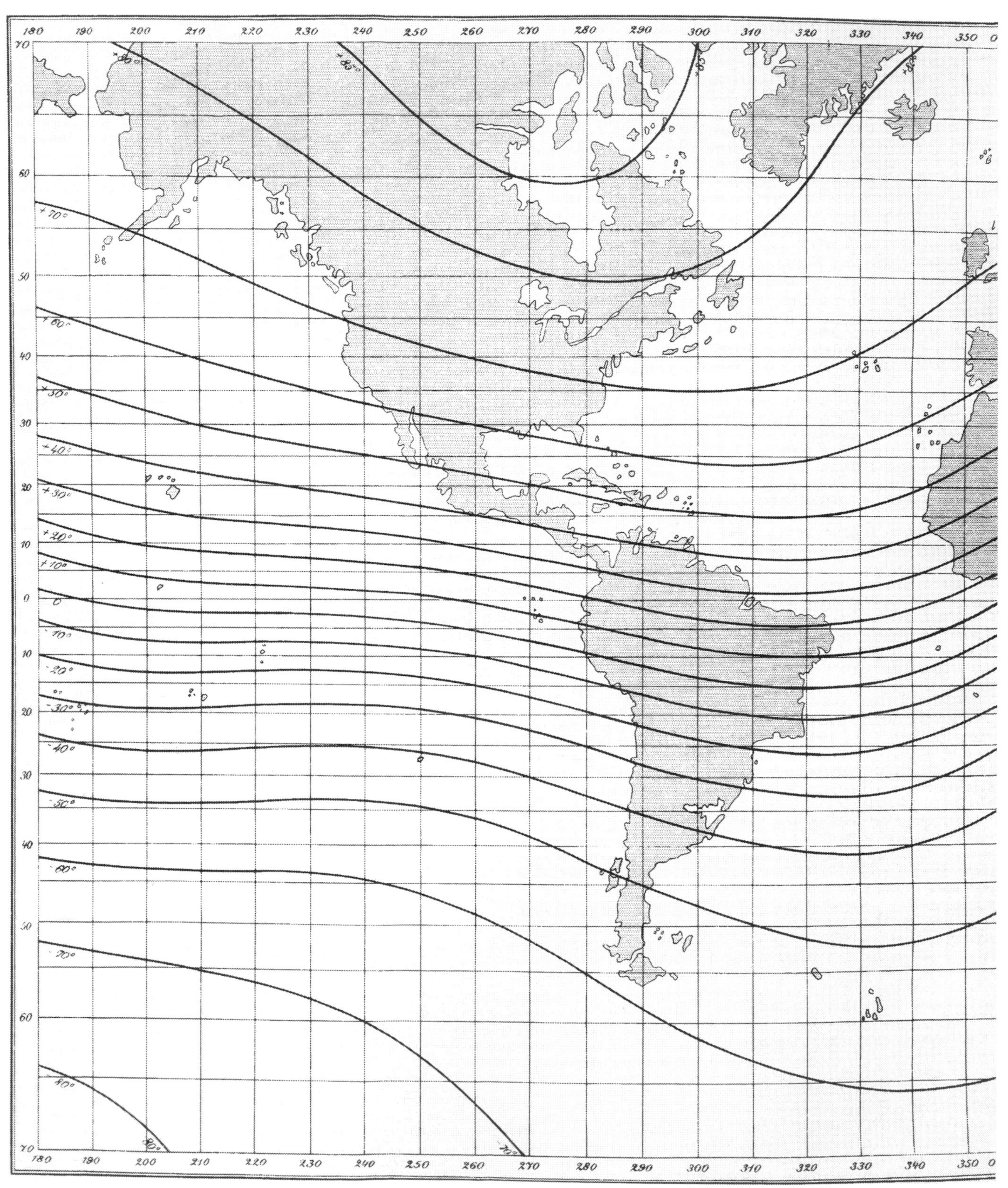

Gauss' Werke XII.

Werthe der Inclination

1te Abtheilung

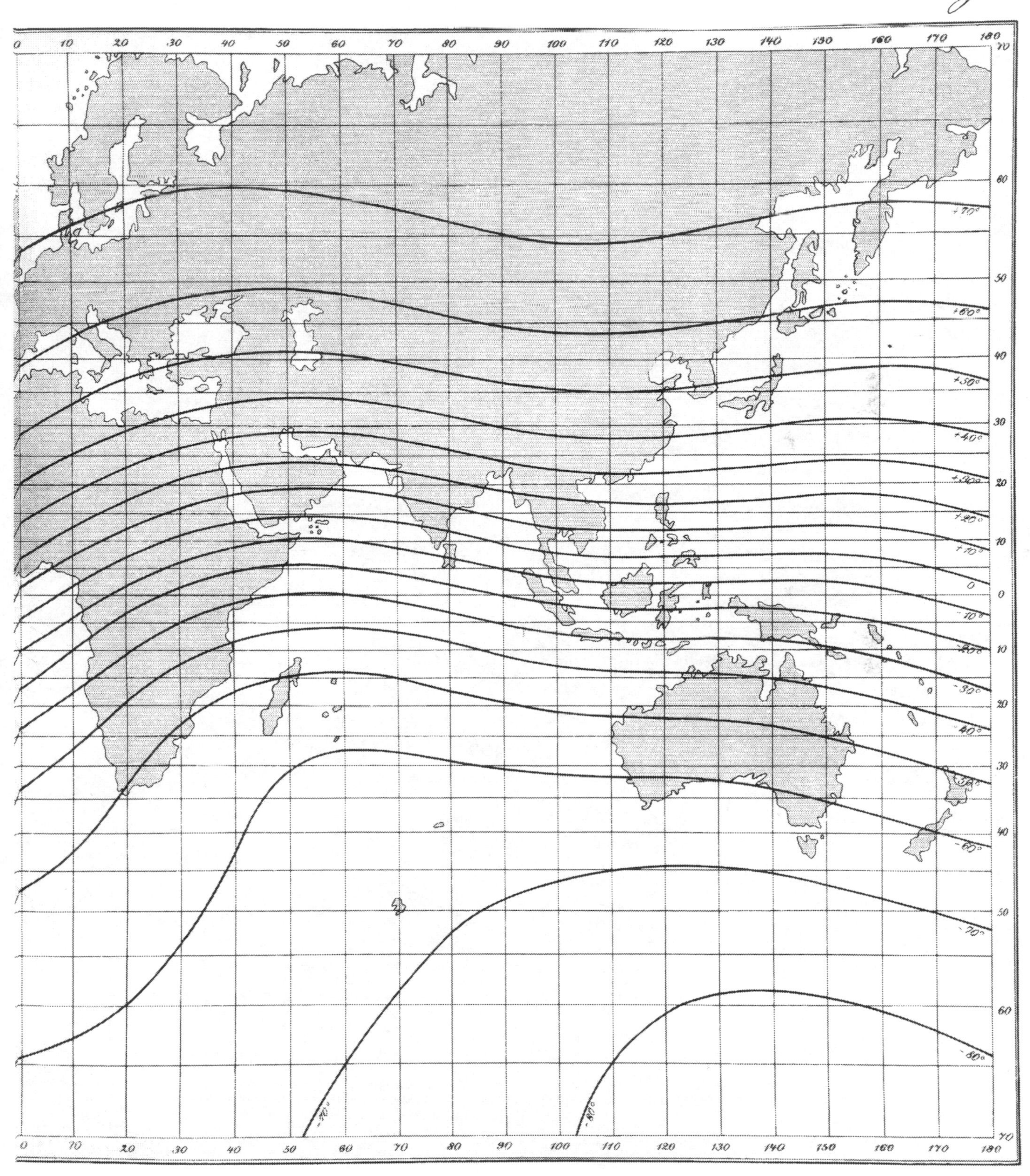

Karte für die berechneten

2te Abtheilung

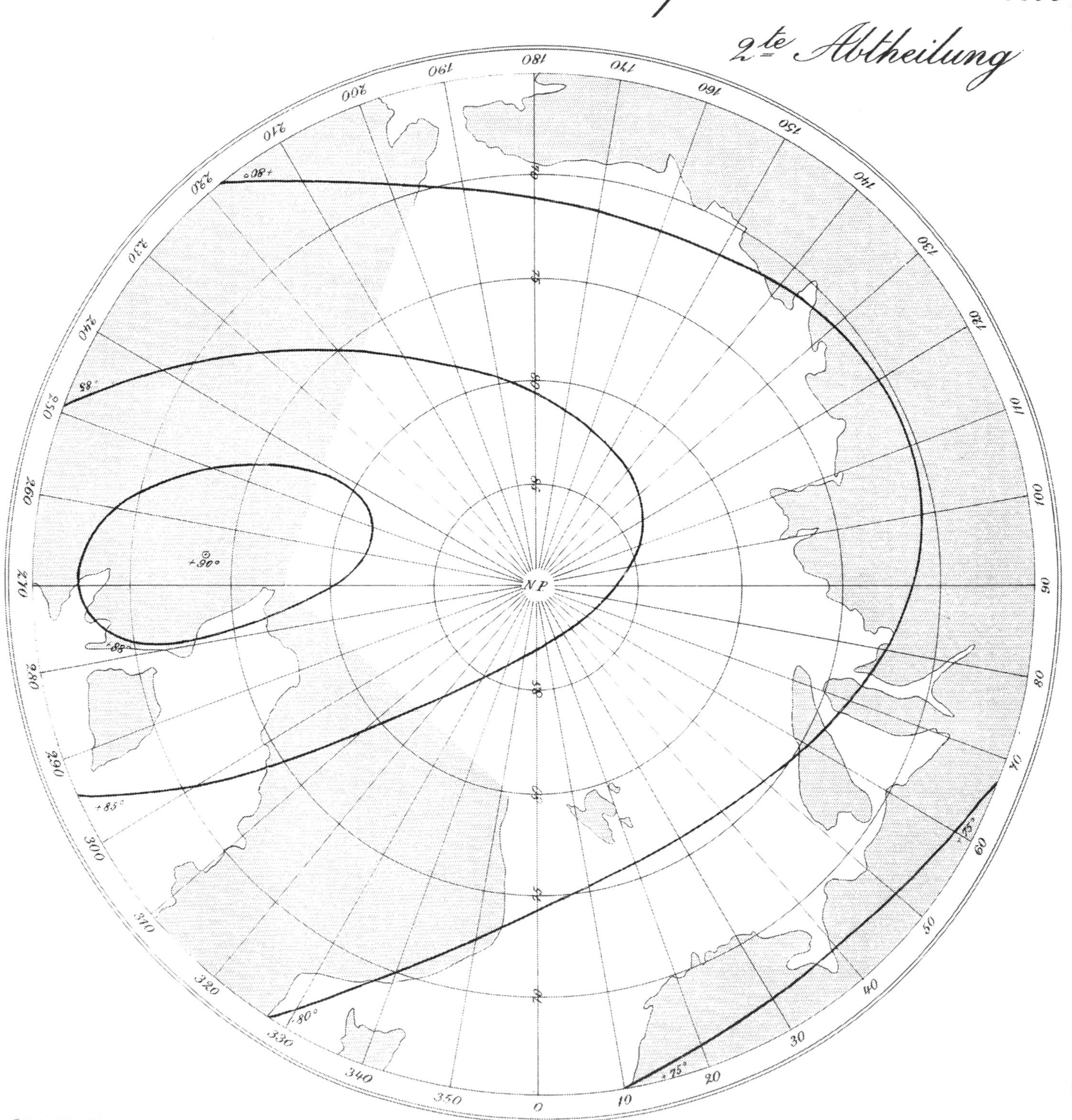

Gauss' Werke XII.

Werthe der Inclination

3te Abtheilung

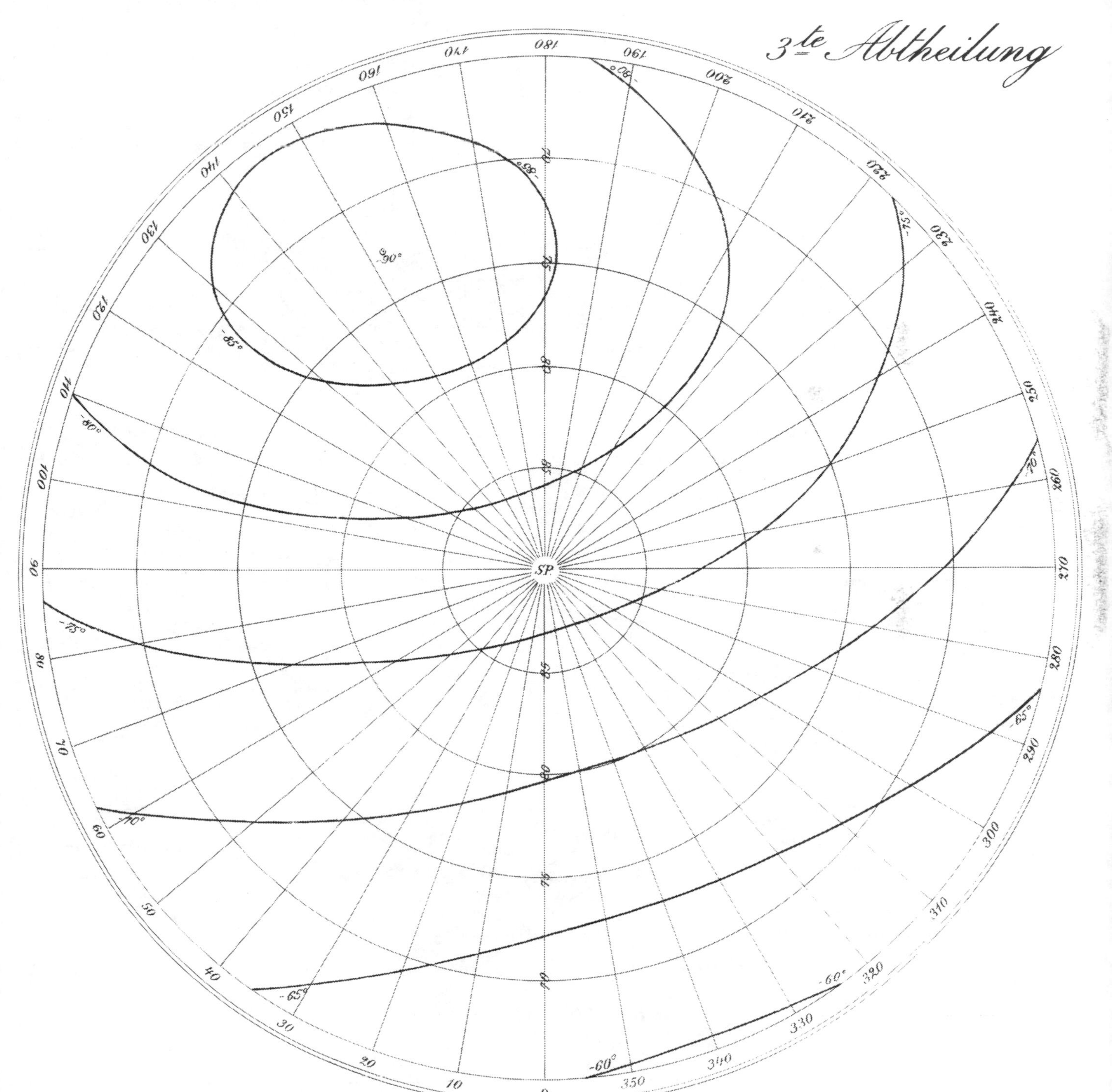

Karte für die berechneten (

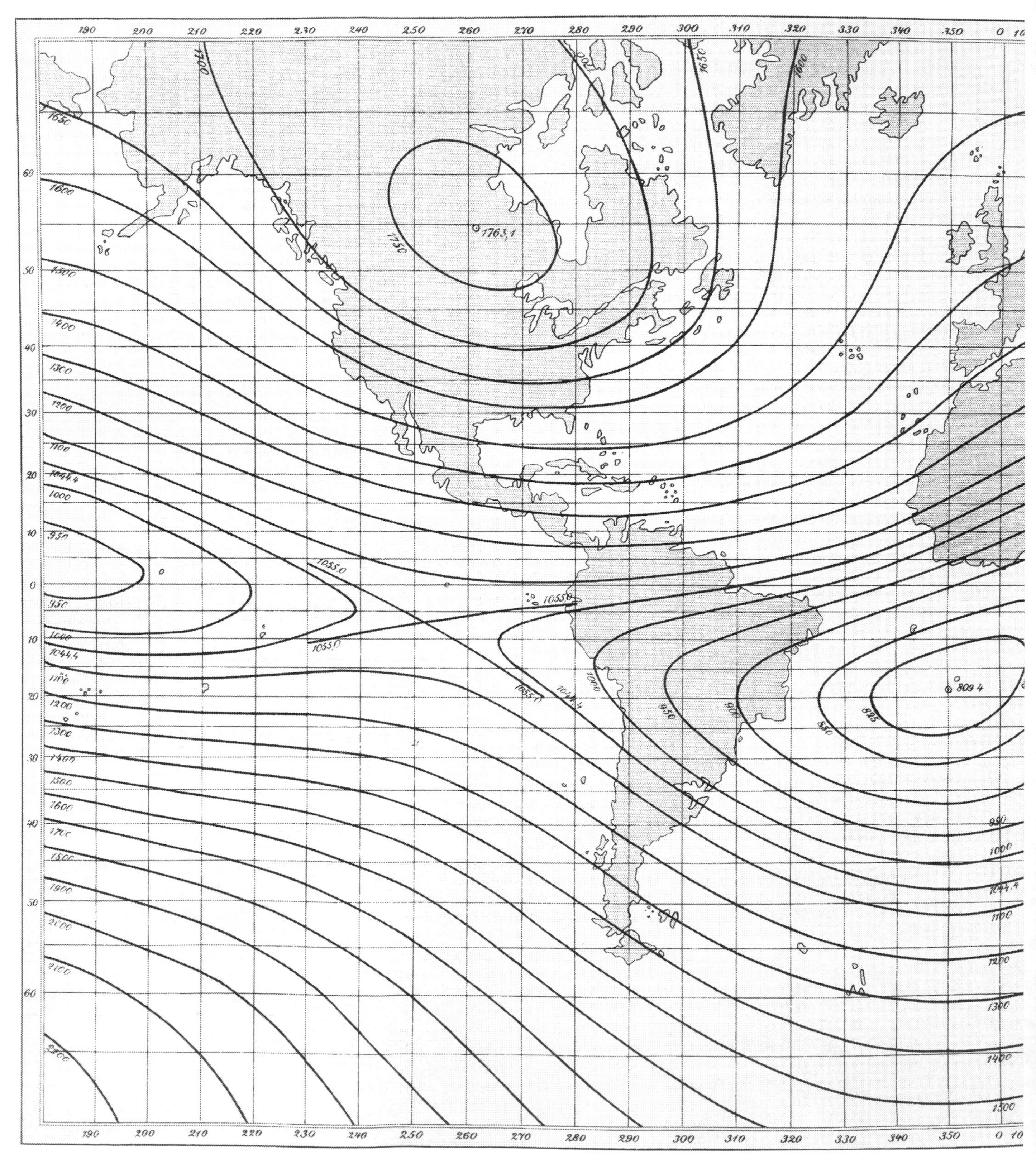

Werthe der ganzen Intensität 1te Abtheilung

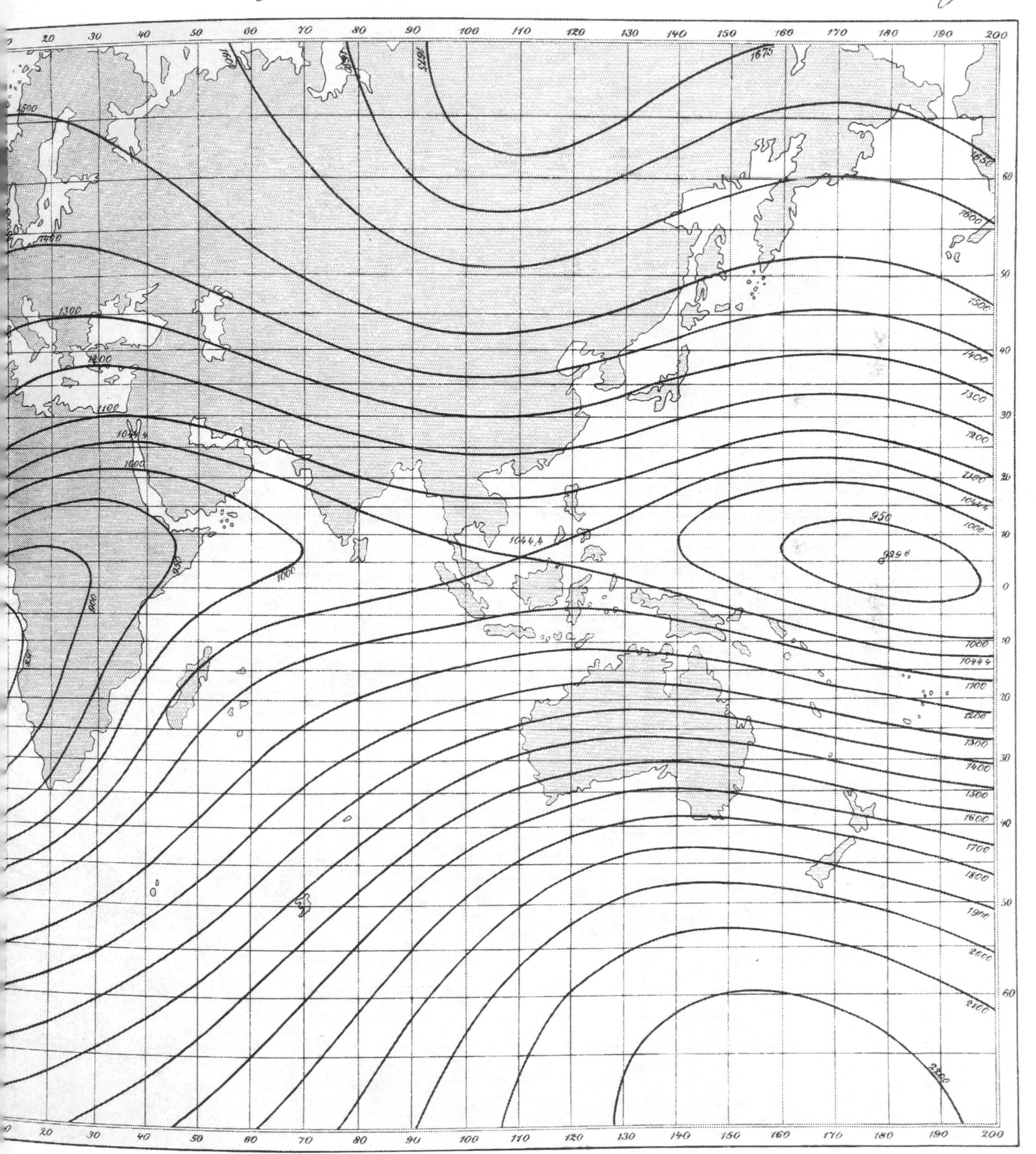

Karte für die berechneten (

2te Abtheilung

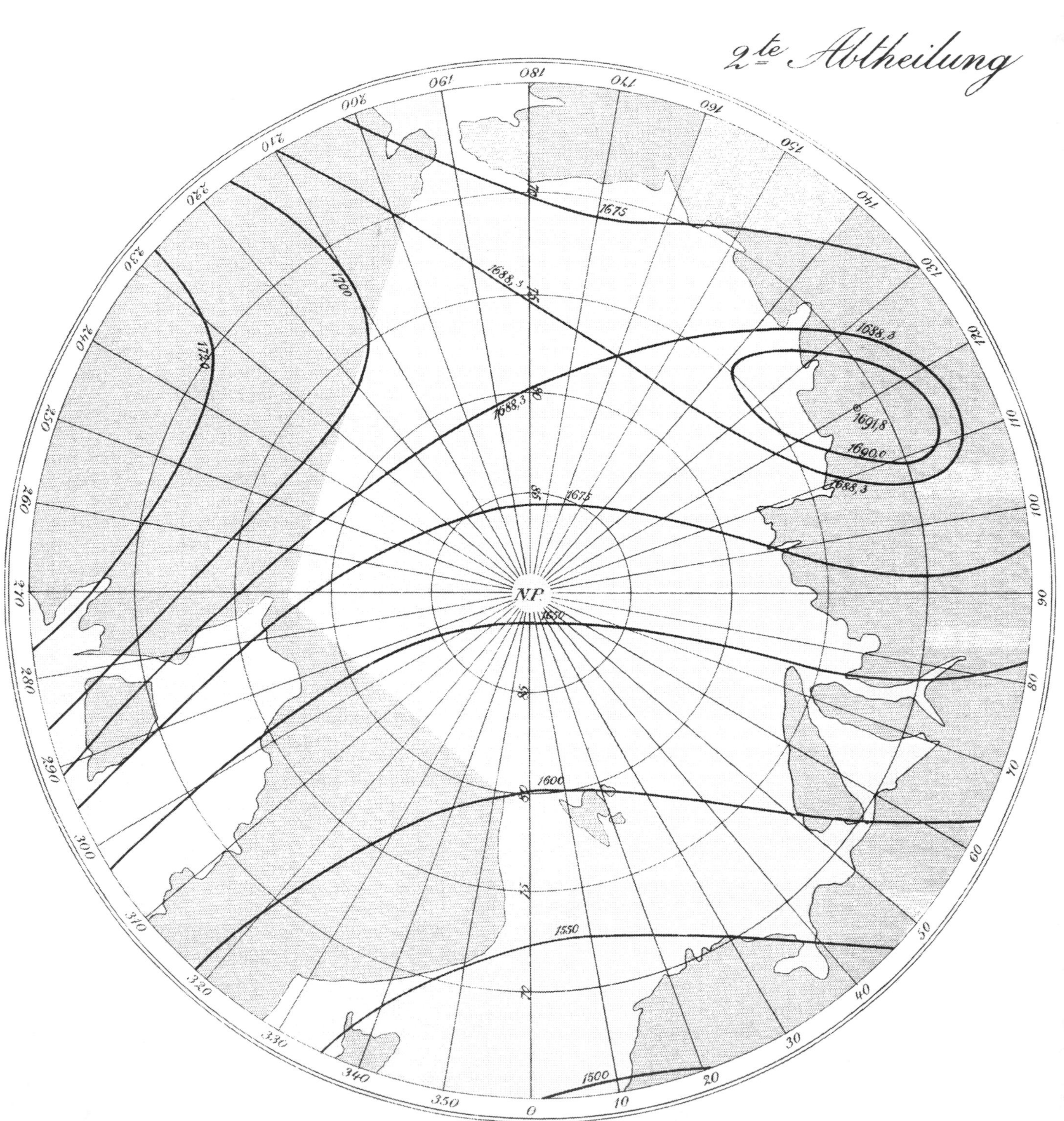

Werthe der ganzen Intensität

XVIII

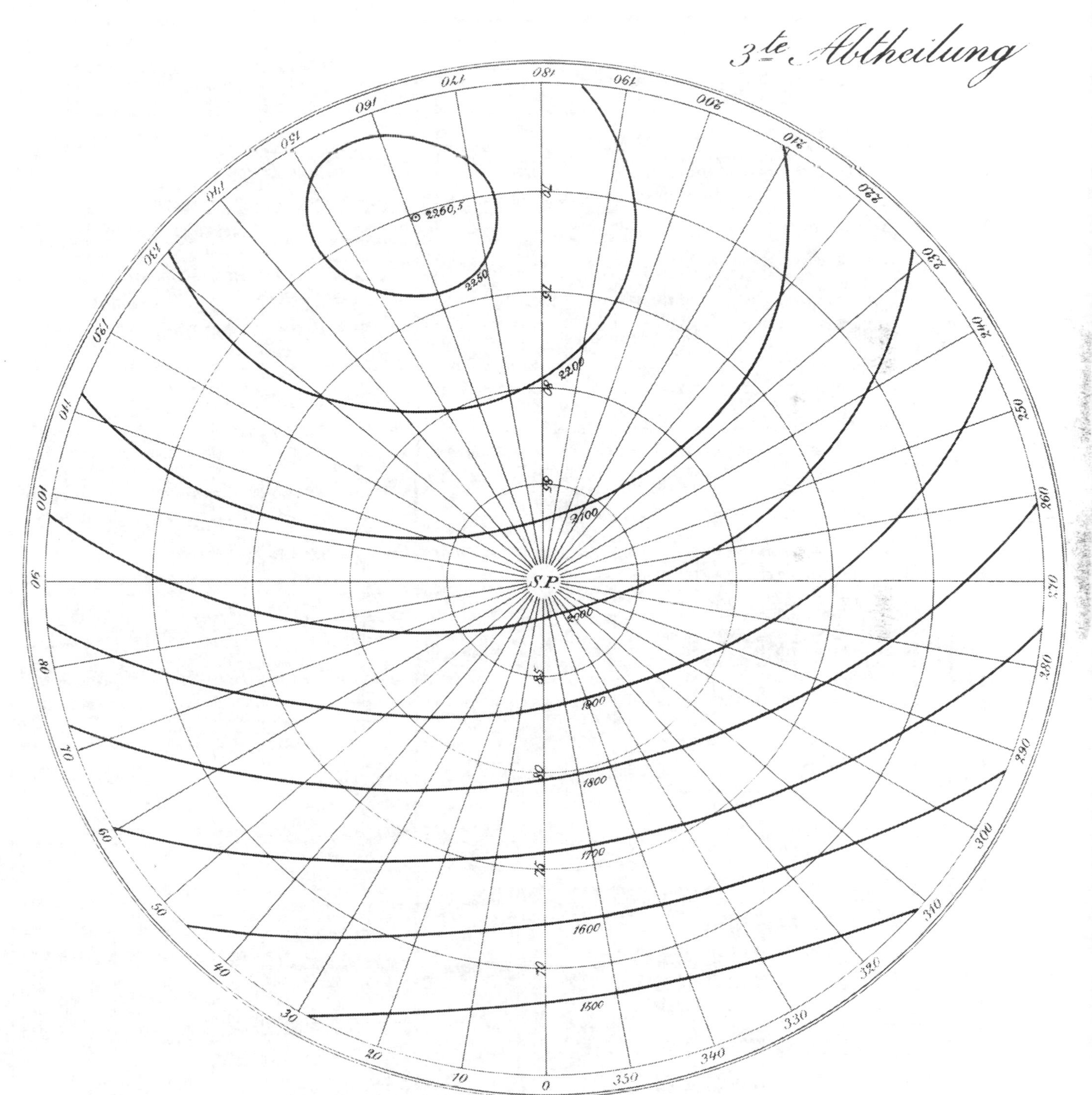

Tafel für die berechneten Werthe von V/R, X, Y

		0°	10°	20°	30°	40°	50°	60°	70°	80°	90°	100°	110°	120°	130°	140°	150°	160°	170°
+90°																V/R = + 878,6; X = 118,7 sin (λ +			
+85°	V/R	+871,8	+870,1	+868,7	+867,7	+866,9	+866,5	+866,4	+866,5	+866,9	+867,6	+868,4	+869,4	+870,5	+871,8	+873,1	+874,6	+876,1	+877,7
	X	+111,6	+131,1	+146,5	+157,4	+163,8	+165,9	+164,3	+159,7	+152,8	+144,3	+134,9	+124,8	+114,3	+103,2	+91,0	+78,2	+63,7	+47,6
	Y	+115,7	+99,8	+83,8	+60,1	+38,7	+17,8	−1,8	−19,6	−35,2	−48,6	−60,0	−72,7	−78,2	−85,7	−92,5	−98,3	−103,0	−106,1
	Z	+1622,5	+1622,3	+1623,4	+1625,5	+1628,7	+1632,7	+1637,2	+1642,0	+1646,9	+1651,6	+1656,0	+1659,9	+1663,3	+1666,1	+1668,4	+1670,3	+1671,7	+1672,8
+80°	V/R	+859,4	+855,9	+853,2	+851,2	+850,0	+849,6	+849,8	+850,6	+851,8	+853,2	+854,9	+856,6	+858,4	+860,4	+862,4	+864,7	+867,3	+870,1
	X	+171,2	+193,5	+209,3	+220,1	+224,0	+222,2	+216,1	+207,0	+196,6	+186,4	+177,4	+169,6	+164,9	+160,5	+155,9	+149,9	+141,2	+128,8
	Y	+124,4	+102,9	+78,1	+51,9	+26,2	+2,6	−17,3	−33,0	−44,2	−51,4	−55,8	−58,8	−61,6	−65,6	−71,5	−79,3	−88,6	−98,1
	Z	+1585,7	+1584,9	+1587,3	+1592,5	+1600,3	+1609,9	+1620,7	+1632,0	+1642,8	+1652,5	+1660,7	+1667,1	+1671,8	+1674,8	+1676,6	+1677,8	+1678,7	+1679,7
+75°	V/R	+842,0	+836,4	+832,1	+829,2	+827,7	+827,5	+828,4	+830,1	+832,4	+834,8	+837,1	+839,4	+841,4	+843,5	+845,6	+848,1	+851,2	+855,0
	X	+225,1	+251,7	+271,5	+283,4	+287,4	+284,2	+275,4	+263,3	+250,3	+238,8	+230,5	+226,3	+225,8	+227,8	+230,2	+230,6	+226,9	+217,2
	Y	+136,0	+110,2	+80,3	+48,7	+18,2	−8,7	−30,0	−44,5	−52,1	−53,7	−51,3	−47,5	−44,8	−45,6	−51,0	−61,3	−75,6	−92,0
	Z	+1544,6	+1542,3	+1545,3	+1553,5	+1566,2	+1582,2	+1600,4	+1619,0	+1636,4	+1651,3	+1662,7	+1670,2	+1673,8	+1674,4	+1673,1	+1671,1	+1669,7	+1669,9
+70°	V/R	+820,2	+812,0	+805,8	+801,7	+799,7	+799,8	+801,5	+804,3	+807,8	+811,2	+814,3	+816,8	+818,7	+820,3	+822,0	+824,2	+827,5	+832,0
	X	+275,0	+307,4	+332,4	+348,6	+355,3	+353,1	+343,7	+330,0	+315,3	+302,8	+295,1	+293,3	+297,1	+304,5	+312,7	+318,4	+318,3	+310,4
	Y	+150,3	+121,5	+87,6	+50,7	+15,1	−16,0	−39,7	−54,1	−59,2	−55,6	−46,9	−36,6	−28,6	−26,3	−31,4	−44,8	−64,5	−88,0
	Z	+1501,4	+1495,5	+1497,5	+1507,3	+1524,1	+1546,4	+1572,1	+1598,5	+1622,9	+1642,9	+1656,9	+1664,1	+1664,9	+1660,7	+1653,8	+1646,7	+1641,6	+1640,5
+65°	V/R	+794,1	+782,9	+774,1	+768,3	+765,6	+765,7	+768,2	+772,2	+777,0	+781,6	+785,3	+787,9	+789,3	+790,1	+790,9	+792,5	+795,6	+800,8
	X	+323,4	+362,2	+394,1	+416,6	+428,4	+429,7	+421,2	+407,2	+391,5	+378,3	+370,8	+370,2	+377,5	+388,9	+401,2	+410,4	+412,5	+405,6
	Y	+166,8	+136,6	+99,2	+57,9	+16,9	−19,2	−46,3	−61,9	−65,1	−57,5	−43,0	−26,6	−13,7	−8,7	−14,2	−30,5	−55,6	−85,9
	Z	+1456,0	+1444,3	+1442,9	+1452,0	+1471,1	+1498,4	+1530,9	+1565,0	+1596,5	+1621,7	+1637,8	+1643,7	+1640,2	+1629,4	+1615,2	+1601,4	+1591,9	+1589,5
+60°	V/R	+763,8	+748,8	+737,0	+728,9	+724,8	+724,7	+727,7	+733,0	+739,1	+744,9	+749,3	+751,8	+752,6	+752,3	+751,9	+752,6	+755,5	+761,3
	X	+371,8	+417,3	+457,0	+487,3	+505,7	+511,6	+506,3	+493,4	+477,4	+463,5	+455,8	+456,3	+464,7	+478,2	+492,6	+503,2	+505,9	+498,0
	Y	+185,3	+154,9	+115,3	+69,8	+23,4	−18,4	−50,1	−67,8	−70,5	−59,7	−39,9	−18,3	−0,9	+6,5	+0,5	−18,9	−49,2	−85,0
	Z	+1407,9	+1387,8	+1379,8	+1385,4	+1403,8	+1434,0	+1472,2	+1513,4	+1552,0	+1582,3	+1600,4	+1604,6	+1595,8	+1577,5	+1554,9	+1533,8	+1519,9	+1516,3
+55°	V/R	+729,1	+709,9	+694,3	+683,2	+677,2	+676,3	+679,6	+686,0	+693,5	+700,5	+705,6	+708,1	+708,1	+706,6	+704,9	+704,7	+707,4	+714,0
	X	+422,2	+474,0	+521,4	+560,0	+586,0	+597,9	+596,7	+585,6	+570,1	+555,7	+547,4	+547,5	+555,8	+569,3	+583,5	+593,4	+594,8	+585,4
	Y	+205,0	+175,9	+135,3	+85,8	+33,9	−14,0	−51,0	−72,1	−75,2	−62,2	−38,5	−11,8	+9,5	+18,6	+12,0	−10,5	−45,4	−87,1
	Z	+1355,4	+1323,9	+1306,1	+1304,3	+1319,3	+1349,9	+1392,1	+1439,6	+1484,9	+1520,5	+1540,8	+1543,2	+1529,1	+1502,9	+1471,9	+1443,7	+1425,5	+1421,9
+50°	V/R	+690,0	+666,1	+646,0	+631,2	+622,6	+620,3	+623,6	+630,7	+639,6	+647,8	+653,7	+656,2	+655,6	+653,0	+650,2	+649,2	+651,9	+659,5
	X	+474,9	+531,9	+586,3	+632,7	+666,4	+684,8	+688,2	+679,9	+665,4	+650,9	+641,5	+640,3	+646,9	+658,5	+670,2	+677,3	+676,0	+664,3
	Y	+225,4	+198,7	+157,5	+105,2	+47,9	−6,4	−49,5	−74,7	−79,3	−65,0	−38,1	−7,6	+16,9	+27,4	+19,8	−5,5	−44,3	−90,2
	Z	+1296,4	+1251,0	+1220,1	+1207,6	+1215,7	+1243,9	+1288,1	+1340,8	+1392,5	+1433,6	+1456,5	+1457,8	+1438,8	+1405,6	+1366,9	+1332,7	+1311,4	+1308,8
+45°	V/R	+646,2	+617,1	+592,0	+572,9	+561,0	+556,9	+559,6	+567,4	+577,4	+586,9	+593,6	+596,4	+595,3	+591,9	+588,2	+586,8	+589,8	+598,4
	X	+530,0	+590,3	+650,0	+702,9	+743,4	+768,0	+776,3	+771,3	+758,5	+744,2	+733,9	+730,7	+734,4	+742,2	+749,6	+752,1	+746,6	+732,0
	Y	+245,7	+222,3	+181,7	+126,9	+64,5	+3,6	−45,8	−75,9	−82,8	−68,3	−39,1	−5,6	+21,1	+32,4	+23,7	−4,1	−46,1	−94,6
	Z	+1227,9	+1166,7	+1119,8	+1093,3	+1091,3	+1114,4	+1158,6	+1215,4	+1273,1	+1319,8	+1346,0	+1347,1	+1324,7	+1285,8	+1241,2	+1202,7	+1180,2	+1179,8
+40°	V/R	+597,5	+563,1	+532,6	+508,6	+493,0	+486,5	+488,3	+496,3	+507,4	+518,1	+525,8	+528,9	+527,7	+523,7	+519,6	+518,2	+522,0	+532,0
	X	+586,2	+647,4	+710,1	+767,5	+813,2	+843,1	+856,1	+854,9	+844,4	+831,0	+820,2	+814,7	+814,8	+817,6	+819,2	+815,8	+805,2	+787,5
	Y	+265,1	+245,9	+206,5	+149,9	+82,8	+15,7	−40,3	−75,6	−85,5	−71,5	−41,1	−5,8	+22,3	+33,6	+23,7	−6,3	−50,5	−100,3
	Z	+1147,8	+1069,4	+1004,6	+961,7	+947,0	+962,6	+1004,8	+1064,5	+1127,5	+1180,1	+1210,2	+1212,4	+1188,1	+1145,8	+1097,9	+1057,6	+1036,0	+1039,4
+35°	V/R	+543,9	+504,2	+468,2	+439,2	+419,4	+410,1	+410,6	+418,6	+430,4	+442,2	+450,8	+454,5	+453,4	+449,4	+445,5	+444,7	+449,6	+461,3
	X	+641,6	+701,2	+764,0	+823,1	+871,9	+905,7	+923,0	+925,8	+918,6	+907,1	+896,3	+889,0	+885,1	+882,3	+877,3	+867,2	+851,2	+830,4
	Y	+283,0	+268,4	+230,9	+173,1	+102,0	+29,0	−33,2	−73,8	−87,1	−74,4	−43,8	−7,8	+20,7	+31,3	+19,8	−12,0	−57,3	−106,9
	Z	+1054,4	+958,4	+874,6	+813,8	+784,5	+791,0	+829,9	+890,9	+958,8	+1016,9	+1051,6	+1056,2	+1032,2	+989,0	+940,6	+901,5	+883,2	+891,8
+30°	V/R	+485,6	+440,9	+399,5	+365,3	+341,2	+328,9	+327,7	+335,3	+347,5	+360,2	+369,7	+374,1	+373,5	+370,1	+366,9	+367,3	+373,8	+387,4
	X	+693,8	+748,9	+808,7	+866,5	+915,9	+952,1	+973,0	+980,1	+977,0	+968,5	+959,0	+950,6	+943,4	+934,9	+923,1	+906,4	+885,1	+861,7
	Y	+298,6	+288,9	+253,8	+195,4	+121,2	+43,1	−24,7	−70,4	−87,4	−76,7	−46,9	−11,2	+16,5	+25,8	+12,5	−20,7	−66,3	−114,3
	Z	+947,0	+833,9	+731,2	+652,2	+607,8	+603,8	+637,9	+699,3	+770,9	+834,3	+873,8	+881,9	+860,2	+818,8	+773,0	+738,2	+725,8	+741,1
+25°	V/R	+423,0	+373,8	+327,5	+288,4	+260,1	+244,5	+241,3	+248,0	+260,4	+273,7	+283,9	+289,0	+289,2	+286,6	+284,7	+286,9	+295,4	+311,2
	Y	+739,6	+787,6	+841,3	+894,9	+942,4	+979,2	+1003,2	+1014,8	+1016,8	+1012,7	+1005,8	+997,5	+987,6	+974,5	+956,8	+934,1	+908,3	+882,9
	Y	+311,4	+306,6	+274,3	+216,1	+139,7	+57,6	−15,1	−65,3	−85,8	−77,6	−49,5	−15,3	+10,6	+17,8	+2,5	−31,9	−76,9	−122,2
	Z	+825,9	+697,4	+577,3	+480,7	+421,5	+406,8	+435,2	+495,5	+569,9	+637,4	+681,6	+693,9	+676,3	+639,4	+599,2	+571,5	+567,3	+590,7
+20°	V/R	+356,8	+303,8	+253,1	+209,6	+177,3	+158,6	+153,2	+158,7	+170,6	+184,0	+194,7	+200,5	+201,5	+200,3	+200,2	+204,5	+215,4	+233,5
	X	+776,6	+815,0	+860,0	+906,7	+950,0	+986,0	+1012,2	+1028,7	+1036,8	+1038,6	+1035,9	+1029,4	+1018,4	+1002,0	+979,6	+952,3	+923,3	+896,9
	Y	+320,4	+320,9	+291,6	+234,4	+156,8	+72,0	−4,2	−58,1	−82,0	−76,6	−51,1	−19,5	+3,6	+7,9	−9,8	−45,1	−88,8	−130,4
	Z	+693,0	+551,6	+416,5	+304,7	+231,7	+206,5	+228,6	+286,6	+361,7	+432,1	+480,3	+497,2	+484,8	+454,6	+422,6	+404,6	+410,5	+442,7
+15°	V/R	+287,8	+231,9	+177,8	+130,6	+94,8	+73,0	+65,3	+69,1	+80,0	+92,9	+103,6	+109,8	+111,8	+112,1	+114,0	+120,9	+134,4	+154,8
	X	+802,4	+829,4	+863,5	+901,1	+938,5	+972,3	+1000,4	+1021,9	+1037,0	+1046,0	+1049,2	+1046,1	+1035,9	+1018,0	+993,0	+963,1	+932,4	+906,3
	Y	+326,8	+331,2	+305,4	+249,9	+172,4	+86,3	+7,8	−48,8	−75,5	−73,2	−50,9	−22,9	−3,7	−3,1	−23,4	−59,5	−101,4	−138,6
	Z	+551,4	+400,5	+253,7	+129,5	+45,0	+10,2	+25,5	+79,8	+153,6	+224,9	+275,5	+296,4	+289,8	+267,5	+245,7	+239,2	+256,6	+293,1
+10°	V/R	+217,1	+159,4	+102,8	+52,8	+14,0	−10,6	−20,8	−19,1	−9,8	+1,9	+12,0	+18,2	+21,0	+22,9	+27,1	+36,6	+52,8	+75,4
	X	+815,6	+830,2	+852,0	+879,1	+909,2	+940,0	+969,6	+996,5	+1019,2	+1036,6	+1047,0	+1049,1	+1041,6	+1024,5	+999,1	+968,8	+938,6	+914,0
	Y	+328,9	+337,6	+315,1	+262,1	+186,0	+99,1	+21,2	−36,9	−66,0	−66,7	−48,3	−24,9	−10,5	−14,2	−38,7	−74,3	−114,2	−146,7
	Z	+405,0	+248,6	+94,1	−38,9	−132,6	−175,7	−167,4	−118,6	−48,4	+21,0	+72,0	+95,6	+94,6	+80,8	+70,1	+76,1	+105,5	+156,4
+5°	V/R	+145,8	+87,4	+29,5	−22,4	−63,4	−90,6	−103,5	−104,3	−97,4	−87,6	−78,8	−72,9	−69,7	−66,5	−60,1	−48,1	−29,3	−4,7
	X	+816,0	+817,7	+826,7	+842,6	+864,9	+892,3	+923,2	+955,4	+986,2	+1012,5	+1031,2	+1039,9	+1037,0	+1022,8	+999,6	+971,4	+943,6	+921,9
	Y	+327,3	+339,7	+320,9	+271,0	+197,9	+114,2	+36,2	−22,2	−52,8	−56,6	−42,6	−24,6	−15,7	−24,3	−50,9	−88,6	−126,5	−154,3
	Z	+258,2	+100,3	−57,4	−195,4	−295,3	−345,4	−344,6	−303,0	−239,3	−174,7	−126,3	−101,9	−98,5	−104,1	−103,7	−85,1	−43,9	+15,9
0°	V/R	+75,0	+17,0	−41,1	−93,9	−136,6	−166,0	−181,6	−185,5	−181,6	−174,4	−167,7	−162,9	−159,7	−155,4	−147,2	−132,9	−111,9	−85,5
	X	+804,2	+793,4	+789,9	+795,0	+809,5	+833,4	+865,4	+902,8	+941,5	+977,0	+1004,5	+1020,7	+1023,9	+1014,7	+995,9	+972,2	+948,9	+931,4
	Y	+322,0	+337,9	+322,9	+277,4	+208,2	+128,2	+52,8	−4,4	−35,9	−42,6	−33,4	−21,3	−18,9	−32,8	−63,0	−101,7	−137,9	−161,3
	Z	+115,5	−39,7	−196,6	−335,6	−438,9	−494,8	−501,8	−469,5	−415,2	−358,9	−316,0	+293,6	−287,6	−286,3	−275,9	−245,8	−193,7	+125,9
		0°	10°	20°	30°	40°	50°	60°	70°	80°	90°	100°	110°	120°	130°	140°	150°	160°	170°

22° Ɏ); Y = 118,7 cos (λ + 22° 9′); Z = + 1652,9 +90°

180°	190°	200°	210°	220°	230°	240°	250°	260°	270°	280°	290°	300°	310°	320°	330°	340°	350°	360°		
+879,3	+880,9	+882,5	+883,9	+885,2	+886,2	+886,9	+887,3	+887,3	+886,9	+886,1	+884,9	+883,4	+881,7	+879,7	+877,7	+875,6	+873,6	+871,8	V/R	
+30,0	+11,2	-8,1	-27,3	-45,1	-60,5	-72,6	-80,1	-82,6	-79,6	-70,9	-56,8	-38,1	-15,5	+10,1	+36,5	+63,2	+88,6	+111,6	X	+85°
-106,9	-104,7	-95,9	-89,2	-75,4	-57,6	-36,2	-12,2	+13,5	+39,6	+64,9	+84,9	+107,4	+122,4	+132,2	+136,4	+134,8	+127,7	+115,7	Y	
+1673,6	+1674,0	+1674,1	+1673,8	+1673,0	+1671,6	+1669,5	+1666,8	+1663,3	+1659,2	+1654,5	+1649,4	+1644,2	+1639,0	+1634,1	+1629,8	+1626,3	+1623,8	+1622,5	Z	
+873,2	+876,5	+879,9	+883,3	+886,4	+889,1	+891,3	+892,6	+893,0	+892,5	+891,0	+888,6	+885,4	+881,5	+877,1	+872,5	+867,9	+863,4	+859,4	V/R	
+112,3	+91,9	+67,7	+43,1	+17,7	-5,8	-25,8	-40,4	-48,4	-49,1	-42,2	-28,6	-7,0	+19,2	+49,3	+81,3	+113,6	+144,1	+171,2	X	+80°
-106,4	-111,8	-112,9	-108,4	-97,7	-80,6	-57,7	-30,0	+0,8	+33,1	+64,7	+93,8	+118,6	+137,5	+149,6	+154,2	+151,2	+141,0	+124,4	Y	
+1681,0	+1682,9	+1685,0	+1686,9	+1688,3	+1688,6	+1687,4	+1684,2	+1679,0	+1671,6	+1662,3	+1651,5	+1639,6	+1627,4	+1615,6	+1604,8	+1595,9	+1589,3	+1585,7	Z	
+859,5	+864,7	+870,4	+876,3	+882,0	+887,1	+891,3	+894,2	+895,6	+895,3	+893,3	+889,7	+884,6	+878,4	+871,3	+863,6	+856,0	+848,7	+842,0	V/R	
+200,9	+178,1	+149,9	+118,2	+85,3	+53,8	+26,1	+4,6	-9,3	-14,3	-10,2	+2,9	+24,0	+51,9	+84,7	+120,7	+157,5	+193,0	+225,1	X	+75°
-108,2	-121,2	-128,9	-129,2	-121,1	-104,4	-79,8	-48,6	-12,9	+24,9	+62,4	+97,1	+126,8	+149,7	+164,6	+170,5	+167,4	+155,6	+136,0	Y	
+1672,2	+1676,7	+1682,9	+1689,9	+1696,6	+1702,0	+1704,7	+1703,8	+1698,7	+1689,4	+1676,0	+1659,2	+1640,0	+1619,6	+1599,4	+1580,6	+1564,5	+1552,3	+1544,6	Z	
+838,0	+845,3	+853,6	+862,5	+871,4	+879,6	+886,5	+891,5	+894,4	+894,8	+892,6	+888,0	+881,1	+872,4	+862,3	+851,5	+840,5	+829,8	+820,2	V/R	
+293,5	+268,0	+235,3	+197,8	+158,4	+120,1	+85,7	+57,9	+38,4	+28,6	+28,8	+39,1	+58,5	+86,8	+119,5	+157,4	+197,6	+238,7	+275,0	X	+70°
-111,8	-132,1	-146,0	-150,4	-144,5	-128,0	-101,7	-67,5	-27,4	+15,1	+57,6	+97,3	+131,6	+158,5	+176,4	+185,0	+183,1	+171,3	+150,3	Y	
+1644,3	+1653,0	+1665,6	+1680,6	+1695,9	+1709,3	+1718,8	+1722,6	+1719,9	+1710,1	+1693,6	+1671,4	+1645,0	+1616,1	+1586,7	+1558,8	+1534,2	+1514,7	+1501,4	Z	
+808,3	+817,9	+829,3	+841,6	+854,1	+865,9	+876,0	+883,8	+888,6	+890,0	+888,0	+882,6	+874,2	+863,3	+850,3	+836,2	+821,5	+807,2	+794,1	V/R	
+387,3	+359,3	+323,1	+281,4	+273,3	+193,7	+154,9	+122,0	+97,3	+82,5	+78,1	+84,4	+99,8	+124,4	+156,6	+194,8	+236,9	+280,2	+323,4	X	+65°
-116,8	-143,6	-162,5	-170,7	-166,6	-150,3	-122,7	-86,0	-42,8	+3,6	+50,4	+94,3	+132,7	+163,7	+185,5	+197,1	+197,9	+187,7	+166,8	Y	
+1595,5	+1609,8	+1630,9	+1656,3	+1682,6	+1706,7	+1725,4	+1736,3	+1737,8	+1729,4	+1711,3	+1684,9	+1652,0	+1615,1	+1576,6	+1539,2	+1505,2	+1476,8	+1456,0	Z	
+770,5	+782,6	+797,2	+813,3	+829,8	+845,4	+859,1	+869,9	+877,0	+880,0	+878,6	+873,0	+863,4	+850,5	+834,9	+817,4	+799,1	+780,8	+763,8	V/R	
+478,8	+449,0	+410,8	+367,2	+321,2	+275,9	+233,8	+197,6	+168,9	+149,1	+139,2	+139,6	+150,1	+170,1	+198,9	+235,3	+277,7	+324,1	+371,8	X	+60°
-122,7	-155,0	-178,0	-188,8	-186,2	-170,1	-141,9	-103,8	-58,5	-9,3	+40,4	+88,0	+130,2	+165,1	+191,1	+206,9	+211,5	+203,7	+185,3	Y	
+1525,5	+1546,7	+1577,8	+1614,8	+1654,1	+1690,4	+1720,1	+1739,6	+1747,4	+1742,2	+1724,3	+1695,4	+1657,6	+1613,9	+1567,3	+1520,6	+1476,9	+1438,4	+1407,9	Z	
+724,9	+739,7	+757,6	+777,5	+798,0	+817,6	+834,9	+849,0	+858,7	+863,6	+863,3	+857,9	+847,7	+833,3	+815,4	+794,9	+772,9	+750,6	+729,1	V/R	
+564,8	+534,2	+496,1	+453,3	+408,4	+364,0	+322,0	+284,4	+252,8	+228,7	+213,2	+207,1	+211,0	+224,9	+248,5	+281,4	+322,6	+370,5	+422,2	X	+55°
-129,1	-165,4	-191,6	-203,9	-202,3	-186,7	-158,5	-120,0	-73,9	-23,3	+28,6	+78,7	+124,2	+163,0	+193,4	+214,0	+223,6	+220,9	+205,0	Y	
+1435,1	+1464,1	+1505,9	+1555,5	+1607,7	+1656,8	+1698,1	+1727,7	+1743,0	+1742,7	+1727,2	+1697,9	+1657,4	+1608,8	+1555,4	+1500,4	+1446,7	+1397,4	+1355,4	Z	
+672,1	+689,6	+710,8	+734,3	+758,5	+781,8	+802,7	+820,0	+832,6	+839,7	+841,1	+836,5	+826,3	+811,0	+791,3	+768,1	+742,6	+716,1	+690,0	V/R	
+642,5	+612,4	+576,5	+537,2	+496,7	+456,4	+417,3	+380,7	+347,7	+319,9	+298,9	+286,0	+282,5	+289,1	+306,3	+334,4	+372,9	+420,6	+474,9	X	+50°
-135,6	-174,3	-201,5	-215,0	-214,0	-199,2	-172,0	-134,5	-88,9	-38,2	+14,6	+66,5	+114,9	+157,4	+192,5	+218,5	+233,9	+236,8	+225,4	Y	
+1326,8	+1364,0	+1416,2	+1477,7	+1542,1	+1603,3	+1655,9	+1695,6	+1719,4	+1725,7	+1714,6	+1687,4	+1646,7	+1595,6	+1537,4	+1475,3	+1412,3	+1351,5	+1296,4	Z	
+613,0	+633,1	+657,2	+683,9	+711,3	+737,9	+762,0	+782,3	+797,8	+807,5	+810,9	+807,7	+798,2	+782,5	+761,7	+736,4	+707,7	+677,1	+646,2	V/R	
+709,4	+681,1	+649,5	+616,6	+583,4	+550,1	+516,5	+482,9	+450,2	+419,9	+393,9	+374,5	+363,3	+362,1	+372,2	+394,3	+428,8	+474,8	+530,0	X	+45°
-141,8	-181,1	-208,2	-221,5	-220,8	-207,1	-181,9	-146,5	-103,0	-53,6	-1,0	+52,0	+102,6	+148,8	+188,7	+220,5	+242,4	+251,7	+245,7	Y	
+1203,3	+1248,5	+1310,1	+1381,6	+1456,2	+1527,4	+1589,9	+1639,1	+1671,8	+1686,0	+1681,2	+1658,6	+1620,1	+1569,2	+1508,5	+1441,1	+1369,6	+1297,3	+1227,9	Z	
+548,6	+571,0	+597,7	+626,9	+656,8	+685,8	+712,5	+735,6	+753,9	+766,3	+772,1	+771,0	+762,7	+747,5	+726,1	+699,1	+667,6	+633,1	+597,5	V/R	
+764,6	+739,2	+713,7	+689,4	+665,8	+641,9	+616,1	+587,6	+556,7	+525,1	+495,1	+469,6	+451,2	+442,3	+444,8	+460,2	+489,5	+532,1	+586,2	X	+40°
-147,4	-185,5	-211,1	-223,1	-222,5	-210,3	-187,8	-156,0	-115,9	-69,0	+17,7	+35,6	+88,1	+137,6	+182,2	+220,1	+248,8	+265,1	+265,1	Y	
+1068,8	+1121,1	+1190,3	+1269,0	+1350,5	+1428,7	+1498,6	+1555,9	+1597,1	+1620,1	+1623,4	+1607,6	+1574,3	+1525,8	+1465,0	+1394,1	+1315,5	+1232,0	+1147,8	Z	
+479,9	+504,4	+532,9	+563,8	+595,3	+626,0	+654,6	+679,9	+700,7	+715,9	+724,5	+725,7	+719,3	+705,3	+684,0	+655,9	+622,2	+584,1	+543,9	V/R	
+807,8	+786,3	+768,1	+753,7	+741,4	+728,4	+711,9	+689,9	+662,3	+630,8	+598,0	+567,5	+542,6	+526,5	+521,6	+530,2	+553,3	+591,0	+641,6	X	+35°
-152,3	-187,5	-210,0	-220,0	-219,0	-208,6	-189,8	-162,6	-127,2	-84,2	-35,0	+17,7	+71,6	+124,2	+173,6	+217,5	+253,1	+276,5	+283,0	Y	
+927,5	+985,9	+1059,9	+1142,3	+1226,8	+1308,0	+1382,1	+1445,3	+1494,3	+1526,2	+1538,9	+1531,9	+1505,8	+1462,5	+1403,7	+1331,2	+1246,8	+1153,0	+1054,4	Z	
+408,0	+434,1	+463,9	+495,6	+527,7	+559,0	+588,6	+615,3	+638,5	+656,3	+667,9	+672,0	+668,0	+655,6	+635,0	+606,5	+571,0	+530,0	+485,6	V/R	
+839,8	+822,9	+812,7	+808,8	+808,2	+806,7	+800,0	+785,5	+762,3	+732,1	+697,8	+663,7	+633,6	+611,2	+599,6	+601,1	+617,4	+648,8	+693,8	X	+30°
-156,3	-187,1	-205,2	-212,2	-210,7	-202,4	-188,0	-166,4	-136,8	-98,6	-52,6	-0,9	+53,9	+109,3	+163,1	+212,8	+255,2	+284,9	+298,6	Y	
+783,0	+845,9	+921,9	+1004,0	+1086,9	+1166,9	+1241,5	+1308,1	+1363,5	+1404,1	+1427,0	+1430,2	+1413,3	+1377,0	+1322,3	+1250,2	+1161,7	+1059,1	+947,0	Z	
+333,6	+361,0	+391,4	+422,9	+454,6	+485,5	+515,3	+543,1	+567,9	+588,4	+602,9	+610,1	+608,9	+598,7	+579,4	+551,1	+514,5	+471,0	+423,0	V/R	
+862,4	+850,2	+847,9	+854,0	+864,5	+873,9	+877,0	+870,1	+852,0	+824,1	+789,8	+753,5	+719,6	+692,2	+674,6	+669,5	+678,6	+702,3	+739,6	X	+25°
-159,5	-184,5	-197,3	-200,7	-198,4	-192,4	-182,9	-167,8	-144,8	-112,1	-69,9	-19,9	+35,4	+93,2	+151,1	+206,2	+255,0	+292,2	+311,4	Y	
+638,6	+704,2	+779,3	+857,3	+934,1	+1008,6	+1080,1	+1147,1	+1207,2	+1255,8	+1289,0	+1303,4	+1296,9	+1269,2	+1220,3	+1150,2	+1059,4	+949,8	+825,9	Z	
+257,7	+285,9	+316,1	+346,8	+377,1	+406,8	+435,9	+464,0	+490,2	+512,9	+530,4	+540,8	+542,6	+535,0	+517,5	+489,9	+452,8	+407,6	+356,8	V/R	
+878,2	+870,7	+875,3	+890,1	+910,0	+928,8	+940,5	+940,6	+927,7	+903,0	+870,0	+833,0	+796,9	+765,8	+743,3	+732,0	+733,6	+748,7	+776,6	X	+20°
-161,9	-180,2	-186,9	-186,2	-182,8	-179,3	-175,0	-166,8	-151,0	-124,4	-86,6	-38,7	+16,7	+76,5	+138,0	+198,0	+252,5	+295,9	+320,4	Y	
+496,3	+563,2	+634,6	+704,7	+771,8	+836,9	+901,7	+966,5	+1029,1	+1084,6	+1127,9	+1153,6	+1158,4	+1140,4	+1098,5	+1032,0	+940,7	+826,0	+693,0	Z	
+180,5	+209,2	+238,8	+267,8	+296,1	+323,8	+351,6	+379,4	+406,5	+431,2	+451,5	+465,1	+470,2	+465,4	+449,9	+423,6	+386,7	+340,6	+287,8	V/R	
+889,9	+886,4	+896,7	+917,9	+944,8	+970,5	+988,6	+994,6	+986,6	+965,5	+934,7	+898,5	+861,7	+828,4	+802,0	+785,1	+779,2	+785,1	+802,4	X	+15°
-163,7	-174,6	-174,8	-169,[illegible]	-165,4	-164,2	-165,3	-164,2	-155,7	-135,7	-102,4	-57,0	-1,9	+59,4	+124,0	+188,3	+247,8	+296,5	+326,8	Y	
+357,1	+423,7	+489,2	+548,8	+603,0	+655,8	+711,2	+771,4	+834,8	+896,0	+948,4	+985,3	+1001,4	+993,5	+959,4	+897,8	+807,8	+690,7	+551,4	Z	
+102,4	+131,3	+159,8	+186,8	+212,5	+237,8	+263,8	+290,9	+318,5	+344,9	+367,7	+384,4	+392,6	+390,8	+377,8	+353,2	+317,1	+270,9	+217,1	V/R	
+900,1	+900,0	+914,0	+939,0	+969,6	+999,0	+1021,1	+1031,2	+1027,2	+1009,9	+982,1	+947,9	+911,7	+877,4	+848,2	+826,4	+813,3	+809,8	+815,6	X	+10°
-165,0	-168,6	-162,0	-152,7	-147,1	-149,6	-154,5	-160,4	-159,2	-145,7	-117,3	-74,5	-20,1	+42,4	+108,2	+177,2	+240,9	+294,1	+328,9	Y	
+220,0	+285,3	+343,4	+391,0	+430,8	+469,3	+513,6	+567,5	+629,9	+695,6	+756,0	+803,1	+830,2	+832,5	+806,8	+751,2	+664,3	+547,2	+405,0	Z	
+23,4	+52,1	+79,3	+104,1	+127,1	+149,8	+173,8	+199,9	+227,7	+255,5	+280,6	+300,1	+311,5	+312,7	+302,3	+279,7	+245,1	+199,7	+145,8	V/R	
+911,0	+913,4	+929,0	+954,8	+985,7	+1015,6	+1038,6	+1050,6	+1049,5	+1035,7	+1011,3	+980,0	+945,4	+911,3	+880,2	+854,2	+834,5	+821,6	+816,0	X	+ 5°
-166,1	-162,5	-149,6	-136,2	-129,6	-132,9	-143,9	-156,3	-162,0	-154,8	-131,1	-91,2	-37,7	+25,5	+94,5	+165,0	+232,0	+288,7	+327,3	Y	
+83,5	+146,9	+197,1	+232,1	+257,0	+281,0	+313,4	+360,0	+420,4	+489,0	+556,3	+612,8	+650,0	+662,1	+645,1	+596,3	+514,2	+399,9	+258,2	Z	
+56,6	-28,1	-2,3	+20,3	+40,7	+60,9	+82,9	+108,0	+135,8	+164,7	+191,7	+213,9	+228,1	+232,2	+224,6	+204,5	+171,8	+127,9	+75,0	V/R	
+923,7	+927,6	+942,8	+966,6	+994,4	+1021,4	+1042,5	+1054,2	+1055,6	+1043,6	+1022,8	+994,9	+962,9	+929,8	+897,7	+868,3	+842,4	+820,8	+824,2	X	0°
-167,1	-157,0	-138,6	-121,5	-114,0	-119,2	-134,6	-152,6	-164,6	-163,1	-143,9	-106,8	-54,5	+9,0	+79,2	+151,6	+221,0	+280,5	+322,0	Y	
+55,0	+6,1	+48,7	+72,1	+83,2	+93,7	+115,0	+154,3	+212,2	+282,6	+355,6	+420,0	+466,4	+487,7	+479,3	+438,0	+362,3	+253,0	+115,5	Z	
180°	190°	200°	210°	220°	230°	240°	250°	260°	270°	280°	290°	300°	310°	320°	330°	340°	350°	360°		

Tafel für die berechneten Werthe von V/R, X, Y

		0°	10°	20°	30°	40°	50°	60°	70°	80°	90°	100°	110°	120°	130°	140°	150°	160°	170°
0°	V/R	+75,0	+17,0	-41,1	-93,9	-136,6	-166,0	-181,6	-185,5	-181,6	-174,4	-167,7	-162,9	-159,7	-155,4	-147,2	-132,9	-111,9	-85,5
	X	+804,2	+793,4	+789,9	+795,0	+809,5	+833,4	+865,4	+902,8	+941,5	+977,0	+1004,5	+1020,7	+1023,9	+1014,7	+995,9	+972,2	+948,9	+931,4
	Y	+322,0	+337,9	+322,9	+277,4	+208,2	+128,2	+52,8	-4,4	-35,9	-42,6	-33,4	-21,3	-18,8	-32,8	-63,0	-101,7	-137,8	-161,3
	Z	+115,5	-39,7	-196,6	-335,6	-438,9	-494,8	-501,8	-469,5	-415,2	-358,9	-316,0	-293,6	-287,6	-286,3	-275,9	-245,8	-193,7	-125,9
-5°	V/R	+5,7	-50,8	-108,1	-160,9	-204,5	-235,9	-254,4	-261,7	-261,5	-257,8	-253,8	-250,9	-248,2	-243,4	-233,9	-217,7	-195,0	-167,3
	X	+782,3	+760,2	+745,4	+740,4	+747,8	+768,5	+801,4	+843,5	+889,5	+933,5	+969,6	+993,7	+1004,0	+1001,3	+989,0	+971,7	+954,7	+942,5
	Y	+313,5	+332,5	+321,6	+281,1	+217,4	+142,7	+71,5	+16,7	-14,9	-24,4	-20,2	-14,6	-18,8	-38,7	-72,8	-112,8	-147,6	-167,4
	Z	-19,1	-168,0	-319,9	-456,6	-560,8	-621,5	-637,0	-616,0	-574,2	-529,5	-495,7	-478,0	-471,9	-466,0	-447,4	-407,7	-346,5	-372,4
-10°	V/R	-61,3	-115,6	-171,1	-223,1	-267,1	-300,1	-321,5	-332,7	-336,8	-337,2	-336,7	-336,2	-334,7	-330,0	-319,8	-302,4	-278,5	-250,1
	X	+753,4	+721,8	+697,2	+683,8	+685,1	+702,8	+736,4	+782,2	+834,2	+885,4	+929,2	+960,8	+978,5	+983,3	+978,8	+969,5	+960,1	+954,1
	Y	+302,2	+324,2	+317,6	+282,8	+225,8	+157,8	+92,3	+41,0	+10,0	-2,0	-3,0	-4,1	-15,4	-41,5	-79,7	-121,3	-155,3	-172,4
	Z	-142,5	-281,9	-425,7	-557,1	-660,3	-725,2	-749,9	-742,1	-715,6	-686,0	-664,5	-654,7	-651,3	-643,3	-619,3	-572,6	-504,9	-426,2
-15°	V/R	-125,6	-176,8	-229,8	-280,4	-324,2	-358,7	-383,0	-398,3	-407,1	-412,3	-415,9	-418,4	-418,8	-414,9	-404,6	-386,9	-362,5	-333,8
	X	+721,1	+682,0	+649,9	+629,8	+626,1	+641,3	+674,9	+723,0	+779,2	+835,6	+885,2	+923,2	+947,8	+960,4	+964,3	+963,9	+962,9	+963,6
	Y	+288,7	+313,5	+311,7	+283,3	+234,1	+174,1	+115,5	+68,7	+38,9	+24,7	+18,5	+10,4	-8,2	-40,4	-82,9	-126,6	-160,5	-176,2
	Z	-253,1	-380,7	-514,1	-638,2	-739,1	-807,8	-842,5	-849,7	-841,0	-829,1	-822,9	-823,8	-826,0	-819,0	-792,7	-742,2	-670,8	-589,7
-20°	V/R	-187,2	-234,7	-284,7	-333,2	-376,6	-412,3	-439,5	-459,0	-472,9	-483,1	-491,2	-497,2	-500,0	-497,5	-487,9	-470,5	-446,4	-418,1
	X	+689,2	+645,0	+607,6	+582,7	+575,2	+588,0	+620,8	+669,4	+727,2	+786,2	+839,3	+881,8	+912,1	+931,8	+944,1	+952,7	+960,3	+967,9
	Y	+273,6	+301,4	+304,6	+283,4	+242,7	+238,7	+141,0	+99,4	+71,4	+55,0	+43,7	+28,7	+2,9	-35,5	-35,4	-128,4	-163,1	-178,8
	Z	-351,2	-465,4	-586,9	-702,7	-800,7	-873,2	-918,6	-942,0	-952,8	-960,9	-971,9	-986,0	-997,3	-993,5	-968,2	-917,3	-845,4	-764,2
-25°	V/R	-246,1	-289,5	-336,2	-382,4	-425,0	-461,7	-491,7	-515,4	-534,2	-549,6	-562,4	-572,2	-577,8	-577,3	-569,1	-552,9	-529,8	-502,4
	X	+661,6	+614,6	+574,1	+546,1	+535,8	+546,1	+576,7	+623,5	+680,0	+738,5	+792,1	+836,6	+870,8	+896,2	+916,0	+933,0	+948,7	+963,0
	Y	+257,5	+288,6	+297,2	+283,6	+252,3	+211,0	+168,7	+132,9	+106,8	+88,7	+72,5	+50,8	+18,0	-26,4	-77,6	-126,5	-162,8	-179,6
	Z	-437,9	-538,2	-647,4	-754,5	-849,6	-926,2	-982,8	-1023,3	-1054,5	-1083,3	-1113,0	-1141,7	-1162,5	-1166,0	-1144,9	-1097,0	-1027,7	-948,7
-30°	V/R	-302,8	-342,2	-385,2	-428,9	-470,4	-507,9	-540,4	-568,1	-591,7	-612,0	-629,4	-643,1	-651,9	-653,6	-647,4	-633,0	-611,6	-585,8
	X	+641,0	+593,3	+551,6	+522,0	+509,3	+516,6	+543,3	+585,8	+637,9	+692,4	+743,2	+786,8	+822,4	+851,6	+877,2	+901,2	+924,1	+944,4
	Y	+241,3	+275,8	+290,2	+284,7	+263,1	+231,8	+198,3	+168,5	+144,6	+124,9	+104,1	+76,0	+36,7	-13,3	-68,8	-120,7	-159,6	-178,9
	Z	-517,1	-603,9	-701,0	-799,8	-892,2	-973,0	-1040,7	-1098,0	-1149,3	-1198,6	-1247,1	-1291,2	-1323,7	-1336,0	-1321,8	-1279,8	-1215,9	-1141,3
-35°	V/R	-358,2	-393,4	-432,8	-473,8	-514,2	-552,2	-586,8	-617,8	-645,7	-670,5	-692,0	-709,4	-721,1	-725,6	-721,9	-709,8	-690,6	-666,8
	X	+629,7	+582,9	+541,5	+511,0	+496,1	+499,3	+520,3	+555,8	+600,2	+647,2	+692,0	+731,6	+765,8	+796,4	+825,6	+854,8	+883,3	+908,7
	Y	+225,5	+263,8	+284,3	+287,2	+275,4	+254,3	+229,5	+205,5	+184,0	+162,8	+137,7	+103,7	+58,5	+3,2	-56,3	-111,4	-153,5	-176,8
	Z	-592,9	-666,9	-753,0	-844,3	-934,6	-1019,6	-1098,0	-1171,0	-1240,9	-1309,5	-1375,5	-1434,5	-1478,9	-1501,1	-1495,6	-1462,0	-1405,8	-1337,4
-40°	V/R	-413,0	-444,2	-480,1	-518,4	-557,4	-595,4	-631,5	-665,3	-696,5	-724,9	-750,1	-770,6	-785,2	-792,3	-791,1	-781,7	-765,2	-743,8
	X	+627,9	+583,4	+543,1	+512,0	+494,4	+492,4	+505,7	+531,5	+565,1	+601,6	+637,1	+669,7	+699,8	+729,0	+759,4	+791,4	+823,6	+852,8
	Y	+210,4	+253,3	+280,1	+291,4	+289,4	+278,0	+261,6	+243,3	+222,1	+201,4	+172,3	+133,2	+82,7	+22,9	-40,4	-98,9	-144,9	-173,0
	Z	-670,0	-732,8	-809,4	-894,3	-983,0	-1071,9	-1159,6	-1246,0	-1331,9	-1416,7	-1497,9	-1569,9	-1625,7	-1658,1	-1662,5	-1639,0	-1592,4	-1531,9
-45°	V/R	-468,1	-495,5	-527,9	-563,4	-600,8	-638,3	-675,1	-710,7	-744,3	-775,4	-803,1	-826,1	-843,0	-852,5	-853,9	-847,3	-833,8	-815,0
	X	+634,6	+592,9	+554,0	+522,2	+501,0	+492,4	+496,0	+509,7	+530,0	+553,2	+576,8	+599,8	+623,0	+648,3	+677,2	+709,4	+743,2	+774,9
	Y	+197,7	+244,5	+277,8	+297,4	+304,7	+302,6	+293,9	+280,7	+263,2	+239,6	+207,2	+163,6	+108,6	+44,9	-21,7	-83,6	-133,9	-167,8
	Z	-754,5	-807,5	-875,6	-954,8	-1041,6	-1133,4	-1228,3	-1325,5	-1423,9	-1521,6	-1614,5	-1696,9	-1762,0	-1803,5	-1817,6	-1804,4	-1768,1	-1716,5
-50°	V/R	-524,0	-547,9	-576,9	-609,7	-644,9	-681,4	-718,1	-754,2	-788,9	-821,4	-850,5	-875,0	-893,6	-905,1	-908,8	-905,0	-894,4	-878,4
	X	+647,4	+608,7	+571,0	+537,7	+511,9	+495,1	+487,4	+487,2	+492,2	+500,2	+509,8	+521,1	+535,3	+554,2	+579,0	+609,1	+642,5	+675,0
	Y	+186,5	+238,0	+277,6	+305,0	+321,0	+327,3	+325,6	+316,9	+300,9	+276,3	+241,1	+193,8	+135,2	+68,5	-0,9	-66,2	-121,0	-161,3
	Z	-849,8	-894,8	-955,8	-1030,0	-1114,8	-1207,7	-1307,0	-1410,8	-1517,0	-1622,5	-1722,7	-1811,8	-1883,6	-1932,6	-1955,5	-1952,3	-1926,6	-1884,4
-55°	V/R	-581,1	-601,8	-627,5	-657,4	-690,1	-724,7	-760,1	-795,6	-830,0	-862,5	-891,8	-916,7	-936,1	-948,8	-954,5	-953,1	-945,3	-932,2
	X	+662,1	+626,1	+588,8	+553,2	+521,6	+495,6	+475,2	+460,0	+448,8	+440,5	+435,1	+433,3	+436,9	+447,4	+466,0	+491,8	+522,7	+554,8
	Y	+177,6	+233,6	+279,4	+314,1	+337,9	+351,5	+355,7	+350,7	+336,1	+310,6	+273,0	+223,0	+161,7	+92,6	+20,9	-47,4	-106,8	-153,7
	Z	-959,4	-997,9	-1052,8	-1122,1	-1203,7	-1295,5	-1395,4	-1501,2	-1609,9	-1717,9	-1820,4	-1912,0	-1986,9	-2040,7	-2070,6	-2076,3	-2060,4	-2027,6
-60°	V/R	-639,3	-657,0	-679,6	-706,1	-735,8	-767,7	-800,8	-834,3	-867,0	-897,9	-926,2	-950,4	-969,6	-982,8	-989,8	-990,4	-985,1	-974,7
	X	+674,0	+640,0	+602,4	+563,5	+525,2	+489,1	+455,7	+425,1	+397,5	+372,9	+352,2	+336,9	+329,0	+330,0	+340,7	+360,6	+387,3	+417,6
	Y	+170,8	+231,4	+282,8	+324,0	+354,5	+374,3	+383,2	+381,2	+367,6	+341,4	+302,1	+250,2	+187,2	+116,6	+43,1	-27,9	-91,8	-145,2
	Z	-1085,2	-1118,3	-1167,5	-1231,3	-1308,0	-1395,7	-1492,2	-1594,9	-1700,6	-1805,5	-1905,0	-1994,3	-2068,6	-2124,0	-2158,2	-2170,9	-2163,5	-2139,5
-65°	V/R	-698,5	-713,2	-732,4	-755,4	-781,4	-809,7	-839,4	-869,5	-899,2	-927,4	-953,1	-975,4	-993,3	-1006,2	-1013,8	-1015,4	-1012,6	-1004,7
	X	+677,7	+644,9	+606,1	+563,1	+517,7	+471,3	+425,0	+379,9	+336,7	+296,8	+261,7	+233,3	+213,8	+204,7	+206,8	+219,4	+240,8	+268,2
	Y	+166,6	+231,1	+287,4	+333,8	+370,1	+394,6	+407,3	+407,4	+394,5	+367,8	+327,5	+274,4	+210,9	+139,2	+64,6	-8,7	-71,6	-136,2
	Z	-1226,0	-1254,3	-1297,7	-1354,9	-1424,6	-1504,8	-1593,6	-1688,1	-1785,6	-1881,7	-1973,1	-2055,6	-2125,1	-2178,5	-2214,7	-2231,0	-2230,3	-2213,8
-70°	V/R	-757,3	-769,2	-785,0	-804,0	-825,7	-849,5	-874,6	-900,2	-925,5	-949,6	-971,7	-991,0	-1006,7	-1018,4	-1025,8	-1028,6	-1027,0	-1021,2
	X	+667,8	+635,4	+594,6	+547,1	+494,5	+438,5	+380,7	+322,5	+265,8	+212,4	+164,6	+124,5	+94,2	+75,3	+68,5	+73,5	+88,9	+112,7
	Y	+164,3	+232,2	+292,6	+343,5	+383,6	+411,7	+427,0	+428,6	+416,1	+389,3	+348,0	+295,3	+231,4	+160,0	+84,8	+9,7	-61,7	-127,0
	Z	-1379,1	-1402,7	-1439,7	-1488,7	-1549,4	-1618,2	-1694,9	-1776,5	-1860,4	-1943,3	-2021,8	-2093,2	-2153,9	-2202,0	-2235,6	-2254,2	-2257,9	-2248,0
-75°	V/R	-814,5	-823,6	-835,6	-850,3	-867,2	-885,8	-905,3	-925,4	-945,3	-964,2	-981,7	-997,0	-1009,8	-1019,4	-1025,7	-1028,6	-1028,1	-1024,4
	X	+639,7	+606,8	+563,7	+511,7	+452,9	+388,8	+321,3	+252,7	+185,5	+121,1	+63,0	+13,1	-26,5	-54,4	-69,3	-71,7	-62,3	-42,8
	Y	+164,1	+234,5	+297,6	+351,4	+394,2	+424,6	+441,4	+444,0	+432,0	+405,4	+364,9	+312,0	+248,8	+178,0	+102,9	+26,5	-47,9	-117,9
	Z	-1539,4	-1558,2	-1587,6	-1626,8	-1674,6	-1729,9	-1790,7	-1855,3	-1921,5	-1986,8	-2048,8	-2105,3	-2154,1	-2193,4	-2222,0	-2239,3	-2245,2	-2240,1
-80°	V/R	-868,3	-874,5	-882,6	-892,7	-904,2	-916,8	-930,3	-944,0	-957,6	-970,6	-982,6	-993,3	-1002,2	-1009,1	-1013,8	-1016,3	-1016,3	-1014,2
	X	+589,9	+556,0	+510,6	+455,2	+391,4	+321,3	+247,1	+171,3	+96,4	+24,9	-40,5	-97,6	-144,4	-179,4	-201,5	-210,4	-206,6	-190,6
	Y	+165,3	+237,1	+301,6	+356,9	+401,0	+432,5	+450,1	+453,3	+440,6	+412,5	+376,2	+324,5	+262,6	+193,0	+118,2	+41,2	-35,5	-109,3
	Z	-1700,0	-1713,4	-1734,1	-1761,5	-1794,8	-1833,1	-1875,2	-1919,7	-1965,1	+2009,9	-2052,5	-2091,3	-2125,5	-2153,4	-2174,3	-2187,8	-2193,5	-2191,6
-85°	V/R	-916,8	-919,9	-924,1	-929,1	-934,9	-941,3	-948,1	-955,0	-961,9	-968,5	-974,6	-980,1	-984,7	-988,3	-990,9	-992,2	-992,5	-991,5
	X	+516,5	+481,5	+434,4	+376,8	+310,3	+237,4	+159,8	+80,5	+1,9	-73,4	-142,9	-204,4	-255,9	-296,0	-323,4	-337,5	-338,2	-325,7
	Y	+167,8	+239,5	+304,1	+359,3	+403,4	+434,8	+452,6	+456,2	+445,3	+420,4	+382,3	+332,3	+272,3	+204,1	+130,2	+52,9	-25,2	-101,8
	Z	-1853,2	-1860,4	-1871,2	-1885,5	-1902,5	-1921,9	-1943,2	-1965,6	-1988,4	-2010,9	-2032,4	-2052,1	-2069,4	-2084,0	-2095,2	-2102,8	-2106,5	-2106,3
-90°		V/R = - 957,8; X = 453,0 cos (λ +																	
		0°	10°	20°	30°	40°	50°	60°	70°	80°	90°	100°	110°	120°	130°	140°	150°	160°	170°

und Z. **Zweite Abtheilung.** 0° bis 90° südl. Breite.

180°	190°	200°	210°	220°	230°	240°	250°	260°	270°	280°	290°	300°	310°	320°	330°	340°	350°	360°		
- 56,6	- 28,1	- 2,3	+ 20,3	+ 40,7	+ 60,9	+ 82,9	+ 108,0	+ 135,8	+ 164,7	+ 191,7	+ 213,9	+ 228,1	+ 232,2	+ 224,6	+ 204,5	+ 171,8	+ 127,9	+ 75,0	V/R	
+ 923,7	+ 927,6	+ 942,8	+ 966,6	+ 994,4	+1021,4	+1042,5	+1054,2	+1055,6	+1043,6	+1022,8	+ 994,9	+ 962,9	+ 929,8	+ 897,7	+ 868,3	+ 842,4	+ 820,8	+ 804,2	X	0°
- 167,1	- 157,0	- 138,5	- 121,5	- 114,0	- 119,3	- 134,5	- 152,6	- 164,6	- 163,1	- 143,9	- 106,8	- 54,5	+ 9,0	+ 79,2	+ 151,7	+ 221,0	+ 280,5	+ 322,0	Y	
- 55,0	+ 6,1	+ 48,7	+ 72,1	+ 83,2	+ 93,7	+ 115,0	+ 154,3	+ 212,2	+ 282,6	+ 355,6	+ 420,0	+ 466,4	+ 487,7	+ 479,3	+ 438,0	+ 362,3	+ 253,0	+ 115,5	Z	
- 137,9	- 109,8	- 85,2	- 64,5	- 46,3	- 28,2	- 7,8	+ 16,3	+ 44,1	+ 73,8	+ 102,6	+ 127,0	+ 143,9	+ 150,8	+ 146,0	+ 128,6	+ 98,5	+ 56,7	+ 5,7	V/R	
+ 938,2	+ 942,9	+ 956,0	+ 975,3	+ 997,3	+1018,3	+1034,9	+1044,2	+1044,7	+1035,8	+1018,4	+ 994,1	+ 965,2	+ 933,8	+ 901,4	+ 869,4	+ 838,3	+ 808,9	+ 782,3	X	- 5°
- 168,2	- 152,8	- 129,8	- 109,9	- 101,7	- 108,6	- 127,4	- 150,3	- 167,7	- 171,2	- 156,0	- 121,7	- 70,7	- 7,4	+ 63,6	+ 137,2	+ 208,2	+ 269,6	+ 313,5	Y	
- 199,0	- 140,1	- 103,8	- 90,1	- 90,1	- 90,7	- 78,7	- 45,6	+ 9,7	+ 81,3	+ 158,7	+ 229,9	+ 284,3	+ 314,2	+ 314,2	+ 281,0	+ 213,1	+ 111,4	- 19,1	Z	
- 220,4	- 192,7	- 169,1	- 149,8	- 133,2	- 116,7	- 97,4	- 73,9	- 46,1	- 15,7	+ 14,4	+ 40,7	+ 60,0	+ 69,6	+ 67,6	+ 53,0	+ 25,8	- 13,1	- 61,3	V/R	
+ 953,4	+ 958,4	+ 968,2	+ 981,1	+ 995,1	+1008,1	+1018,1	+1023,4	+1022,6	+1015,1	+1000,8	+ 980,3	+ 954,8	+ 925,5	+ 893,5	+ 859,6	+ 824,3	+ 788,4	+ 753,4	X	-10°
- 169,5	- 150,2	- 124,0	- 102,2	- 93,7	- 101,9	- 123,4	- 150,1	- 171,7	- 179,3	- 167,6	- 135,8	- 86,3	- 23,4	+ 47,7	+ 122,0	+ 193,8	+ 256,4	+ 302,2	Y	
- 351,2	- 293,8	- 262,1	- 254,9	- 262,8	- 271,0	- 265,5	- 236,8	- 183,3	- 110,7	- 29,9	+ 46,8	+ 108,3	+ 145,9	+ 154,1	+ 129,4	+ 70,4	- 21,8	- 142,5	Z	
- 304,2	- 277,0	- 254,1	- 235,6	- 219,9	- 204,0	- 185,3	- 162,1	- 134,1	- 103,1	- 71,8	- 43,8	- 22,4	- 10,4	- 9,6	- 21,2	- 45,2	- 80,7	- 125,6	V/R	
+ 966,7	+ 971,7	+ 977,6	+ 983,3	+ 988,3	+ 992,0	+ 994,2	+ 994,4	+ 991,6	+ 984,8	+ 973,2	+ 956,4	+ 934,4	+ 907,6	+ 876,6	+ 841,7	+ 803,4	+ 762,6	+ 721,1	X	-15°
- 171,1	- 149,7	- 121,9	- 99,2	- 90,8	- 100,0	- 123,4	- 152,7	- 177,3	- 188,0	- 179,1	- 149,5	- 101,5	- 39,4	+ 31,5	+ 105,8	+ 177,9	+ 241,2	+ 288,7	Y	
- 514,0	- 457,7	- 428,3	- 424,3	- 435,5	- 447,1	- 444,4	- 417,6	- 364,7	- 291,1	- 207,4	- 126,1	- 58,8	- 14,1	+ 2,0	- 13,9	- 63,0	- 144,3	- 253,1	Z.	
- 389,0	- 362,2	- 339,6	- 321,3	- 305,6	- 289,6	- 270,8	- 247,3	- 219,0	- 187,4	- 155,3	- 126,0	- 102,8	- 88,6	- 85,2	- 93,7	- 114,3	- 146,1	- 187,2	V/R	
+ 974,9	+ 980,0	+ 982,0	+ 980,6	+ 976,4	+ 970,8	+ 965,1	+ 959,8	+ 954,5	+ 948,1	+ 939,0	+ 925,7	+ 907,4	+ 883,5	+ 854,1	+ 819,2	+ 779,2	+ 735,1	+ 689,2	X	-20°
- 173,1	- 151,4	- 123,7	- 101,4	- 93,6	- 56,6	- 128,0	- 158,6	- 184,8	- 197,6	- 190,8	- 163,0	- 116,4	- 55,3	+ 61,9	+ 89,0	+ 161,0	+ 224,7	+ 273,6	Y	
- 688,9	- 632,8	- 603,4	- 598,8	- 609,1	- 619,5	- 615,7	- 588,0	- 534,1	- 459,0	- 372,7	- 287,8	- 214,5	- 164,3	- 140,6	- 147,4	- 186,1	- 255,4	- 351,2	Z	
- 474,1	- 447,8	- 425,2	- 406,5	- 390,1	- 373,3	- 353,6	- 329,4	- 300,6	- 268,4	- 235,6	- 205,3	- 180,7	- 164,5	- 158,7	- 164,2	- 181,2	- 209,1	- 246,1	V/R	
+ 973,9	+ 979,4	+ 978,3	+ 970,8	+ 958,8	+ 944,9	+ 932,1	+ 921,9	+ 914,4	+ 908,4	+ 901,6	+ 891,9	+ 877,3	+ 856,7	+ 829,5	+ 795,6	+ 755,3	+ 709,8	+ 661,6	X	-25°
- 175,4	- 155,4	- 129,4	- 108,8	- 102,2	- 112,8	- 137,5	- 168,3	- 195,1	- 208,6	- 203,0	- 176,6	- 131,3	- 71,3	- 1,8	+ 71,6	+ 143,3	+ 207,3	+ 257,5	Y	
- 874,7	- 818,6	- 787,1	- 778,4	- 783,4	- 788,2	- 779,5	- 747,9	- 691,2	- 613,9	- 525,5	- 437,5	- 360,9	- 304,2	- 273,3	- 271,2	- 299,2	356,0	- 437,9	Z	
- 558,6	- 532,8	- 510,1	- 490,5	- 472,7	- 454,4	- 433,4	- 408,2	- 378,6	- 346,0	- 312,6	- 281,6	- 255,8	- 238,1	- 230,0	- 232,6	- 246,2	- 270,1	- 302,8	V/R	
+ 959,2	+ 965,9	+ 962,9	+ 951,2	+ 933,3	+ 913,5	+ 895,4	+ 881,7	+ 872,8	+ 867,6	+ 863,4	+ 857,4	+ 846,8	+ 829,9	+ 805,7	+ 773,8	+ 734,6	+ 789,5	+ 641,0	X	-30°
- 177,9	- 161,4	- 139,0	- 121,4	- 116,6	- 127,8	- 152,1	- 182,0	- 208,0	- 221,3	- 216,2	- 190,6	- 146,4	- 87,5	- 18,9	+ 53,8	+ 125,1	+ 189,5	+ 241,3	Y	
-1069,7	-1013,0	- 977,6	- 962,1	- 958,3	- 954,0	- 937,1	- 899,2	- 838,3	- 758,1	- 667,5	- 576,9	- 496,6	- 434,8	- 397,1	- 386,5	- 404,0	- 448,6	- 517,1	Z	
- 641,0	- 615,9	- 592,9	- 572,2	- 552,7	- 532,6	- 509,8	- 483,3	- 453,0	- 419,9	- 386,4	- 355,0	- 328,6	- 309,5	- 299,4	- 299,4	- 309,6	- 329,6	- 358,2	V/R	
+ 927,2	+ 935,7	+ 932,7	+ 919,2	+ 898,5	+ 875,6	+ 854,9	+ 839,7	+ 831,0	+ 827,5	+ 826,4	+ 824,4	+ 818,3	+ 805,7	+ 785,3	+ 756,5	+ 719,8	+ 676,6	+ 629,7	X	-35°
- 180,4	- 169,3	- 152,1	- 138,6	- 136,3	- 148,1	- 171,4	- 199,6	- 223,8	- 235,8	- 230,2	- 205,1	- 161,7	- 103,7	- 36,1	+ 35,9	+ 107,0	+ 171,9	+ 225,5	Y	
-1269,4	-1212,3	-1172,1	-1147,8	-1132,8	-1116,6	-1089,0	-1043,0	- 976,5	- 893,1	- 800,4	- 707,9	- 624,8	- 558,8	- 515,0	- 496,4	- 504,0	- 537,0	- 592,9	Z	
- 719,8	- 695,5	- 672,3	- 650,5	- 629,2	- 607,0	- 582,5	- 554,7	- 523,6	- 490,4	- 456,9	- 425,6	- 398,8	- 378,9	- 367,2	- 364,8	- 372,0	- 388,4	- 413,0	V/R	
+ 874,8	+ 885,9	+ 884,7	+ 872,2	+ 852,2	+ 829,6	+ 809,5	+ 795,5	+ 788,8	+ 788,3	+ 791,2	+ 793,8	+ 792,7	+ 785,1	+ 769,3	+ 744,8	+ 711,9	+ 672,1	+ 627,9	X	-40°
- 182,9	- 178,6	- 168,0	- 159,8	- 160,6	- 173,1	- 195,1	- 220,8	- 242,3	- 252,2	- 245,4	- 220,1	- 177,2	- 120,0	- 53,2	+ 18,2	+ 89,2	+ 155,0	+ 210,4	Y	
-1468,4	-1411,3	-1365,8	-1331,9	-1304,3	-1274,9	-1235,6	-1180,5	-1108,1	-1021,6	- 927,4	- 833,6	- 748,6	- 679,1	- 630,0	- 604,2	- 602,9	- 625,5	- 670,0	Z	
- 793,0	- 769,9	- 746,7	- 724,0	- 701,0	- 677,0	- 651,0	- 622,0	- 590,6	- 557,5	- 524,5	- 493,6	- 467,0	- 446,6	- 433,8	- 429,6	- 434,0	- 447,2	- 468,1	V/R	
+ 799,8	+ 814,4	+ 816,9	+ 808,3	+ 792,3	+ 773,8	+ 757,7	+ 747,8	+ 745,5	+ 749,6	+ 757,2	+ 765,5	+ 770,0	+ 768,0	+ 757,9	+ 738,5	+ 710,4	+ 674,9	+ 634,6	X	-45°
- 184,9	- 188,7	- 185,9	- 183,9	- 188,5	- 201,9	- 222,5	- 245,2	- 263,3	- 270,4	- 261,7	- 235,6	- 192,8	- 136,2	- 70,1	+ 1,0	+ 72,3	+ 139,2	+ 197,7	Y	
-1658,7	-1602,6	-1552,9	-1510,1	-1470,5	-1428,2	-1377,0	-1312,8	-1234,6	-1145,0	-1049,8	- 955,8	- 870,0	- 798,6	- 746,0	- 714,7	- 706,1	- 719,8	- 754,5	Z	
- 858,8	- 837,0	- 814,3	- 791,1	- 767,1	- 741,8	- 714,5	- 685,1	- 653,6	- 621,2	- 589,2	- 559,3	- 533,3	- 513,0	- 499,5	- 493,8	- 496,1	- 506,4	- 524,0	V/R	
+ 702,4	+ 720,9	+ 728,7	+ 726,7	+ 717,9	+ 706,9	+ 698,3	+ 695,4	+ 699,7	+ 710,1	+ 724,2	+ 738,5	+ 749,3	+ 753,7	+ 749,7	+ 736,3	+ 713,9	+ 683,5	+ 647,4	X	-50°
- 186,3	- 199,2	- 205,0	- 210,0	- 218,8	- 233,4	- 252,6	- 272,1	- 286,3	- 289,9	- 278,9	- 251,5	- 208,4	- 152,1	- 86,3	- 15,2	+ 56,6	+ 125,1	+ 186,5	Y	
-1833,0	-1779,0	-1726,4	-1676,1	-1626,1	-1572,5	-1511,1	-1439,2	-1356,5	-1265,4	-1170,5	-1077,6	- 992,7	- 920,8	- 866,0	- 830,8	- 816,4	- 823,0	- 849,8	Z	
- 915,0	- 895,1	- 873,3	- 850,2	- 825,9	- 800,0	- 772,5	- 743,2	- 712,5	- 681,3	- 650,8	- 622,5	- 597,8	- 578,1	- 564,6	- 558,0	- 558,7	- 566,5	- 581,1	V/R	
+ 583,9	+ 606,5	+ 620,8	+ 627,3	+ 628,4	+ 627,9	+ 629,6	+ 636,4	+ 649,3	+ 667,8	+ 689,3	+ 710,6	+ 728,3	+ 739,6	+ 742,3	+ 735,4	+ 718,9	+ 693,9	+ 662,1	X	-55°
- 187,2	- 209,4	- 224,4	- 236,7	- 250,2	- 266,3	- 284,2	- 300,4	- 310,7	- 310,5	- 296,5	- 267,4	- 223,5	- 167,1	- 101,3	- 30,0	+ 42,7	+ 113,0	+ 177,6	Y	
-1983,3	-1932,7	-1879,1	-1824,1	-1766,6	-1704,7	-1635,9	-1558,9	-1474,0	-1383,2	-1290,5	-1200,6	-1118,2	-1047,8	- 992,8	- 955,5	- 937,5	- 938,9	- 959,4	Z	
- 960,0	- 942,4	- 922,2	- 900,1	- 876,3	- 851,0	- 824,1	- 795,9	- 766,8	- 737,5	- 709,3	- 683,2	- 660,4	- 642,0	- 629,0	- 622,1	- 621,6	- 627,4	- 639,3	V/R	
+ 447,6	+ 474,3	+ 495,8	+ 512,1	+ 524,9	+ 536,9	+ 551,1	+ 569,5	+ 593,0	+ 620,7	+ 650,5	+ 679,5	+ 704,7	+ 723,0	+ 732,6	+ 732,3	+ 721,9	+ 701,9	+ 674,0	X	-60°
- 187,1	- 218,8	- 242,9	- 262,9	- 281,3	- 299,3	- 316,2	- 329,4	- 335,6	- 331,5	- 314,3	- 283,0	- 237,9	- 181,0	- 114,9	- 43,1	+ 30,7	+ 103,1	+ 170,8	Y	
-2102,6	-2056,8	-2004,8	-1948,3	-1887,2	-1821,0	-1748,8	-1670,2	-1586,0	-1498,3	-1410,2	-1325,3	-1247,8	-1181,0	-1128,0	-1091,0	-1071,2	-1069,3	-1085,2	Z	
- 992,8	- 977,5	- 959,5	- 939,2	- 917,1	- 893,4	- 868,4	- 842,3	- 815,8	- 789,5	- 764,2	- 740,9	- 720,6	- 704,2	- 692,3	- 686,1	- 684,5	- 688,8	- 698,5	V/R	
+ 298,4	+ 328,7	+ 357,4	+ 383,9	+ 409,2	+ 434,8	+ 462,7	+ 494,0	+ 529,0	+ 566,8	+ 605,5	+ 642,6	+ 675,1	+ 700,6	+ 716,9	+ 722,8	+ 717,9	+ 702,5	+ 677,7	X	-65°
- 186,3	- 227,0	- 260,1	- 287,9	- 311,0	- 331,1	- 347,3	- 357,8	- 360,2	- 352,0	- 331,4	- 297,6	- 250,6	- 193,0	- 126,3	- 53,6	+ 21,4	+ 95,8	+ 166,6	Y	
-2184,7	-2144,9	-2097,2	-2042,7	-1982,5	-1916,8	-1845,7	-1769,7	-1690,3	-1608,6	-1527,8	-1450,8	-1380,4	-1319,7	-1270,5	-1236,4	-1216,9	-1213,1	-1226,0	Z	
- 012,0	- 999,5	- 984,3	- 966,8	- 947,4	- 926,6	- 904,6	- 881,9	- 858,9	- 836,3	- 814,8	- 795,1	- 777,9	- 764,0	- 753,8	- 748,0	- 746,5	- 749,8	- 757,3	V/R	
+ 142,3	+ 175,5	+ 210,8	+ 247,1	+ 284,6	+ 323,8	+ 365,4	+ 409,7	+ 456,5	+ 504,8	+ 552,3	+ 597,2	+ 636,8	+ 668,7	+ 691,0	+ 702,4	+ 702,2	+ 690,5	+ 667,8	X	-70°
- 184,4	- 233,6	- 274,9	- 309,4	- 337,8	- 360,2	- 376,2	- 384,4	- 383,3	- 371,4	- 348,0	- 310,7	- 262,2	- 203,0	- 135,3	- 61,8	+ 14,6	+ 90,9	+ 164,3	Y	
-2225,9	-2193,5	-2152,2	-2103,7	-2048,1	-1988,3	-1923,3	-1854,7	-1783,5	-1711,9	-1641,7	-1575,1	-1514,7	-1462,4	-1420,4	-1390,1	-1372,8	-1369,0	-1379,1	Z	
-1017,6	-1008,1	- 996,2	- 982,2	- 966,7	- 949,8	- 932,0	- 913,6	- 895,2	- 877,3	- 860,3	- 844,9	- 831,5	- 820,5	- 812,6	- 807,8	- 806,6	- 808,8	- 814,5	V/R	
- 14,0	+ 21,3	+ 62,0	+ 106,9	+ 155,3	+ 206,8	+ 261,1	+ 317,7	+ 375,9	+ 433,4	+ 489,4	+ 541,4	+ 587,2	+ 624,7	+ 651,6	+ 667,2	+ 670,5	+ 660,9	+ 639,7	X	-75°
- 181,7	- 238,2	- 287,0	- 327,9	- 360,9	- 385,7	- 401,7	- 408,2	- 404,1	- 388,6	- 361,1	- 321,7	- 270,9	- 210,1	- 141,3	- 66,8	+ 10,8	+ 88,7	+ 164,1	Y	
-2224,8	-2200,3	-2167,8	-2128,3	-2082,9	-2032,6	-1978,5	-1921,6	-1863,3	-1805,1	-1748,6	-1695,2	-1647,1	-1605,7	-1572,3	-1548,3	-1534,5	-1531,4	-1539,4	Z	
-1009,8	-1003,4	- 995,2	- 985,5	- 974,6	- 962,7	- 950,1	- 937,1	- 924,2	- 911,7	- 899,9	- 889,3	- 880,0	- 872,6	- 867,1	- 863,9	- 863,0	- 864,5	- 868,3	V/R	
- 163,8	- 127,3	- 82,7	- 31,1	+ 26,1	+ 87,8	+ 152,8	+ 219,7	+ 287,2	+ 353,3	+ 416,3	+ 474,0	+ 524,4	+ 565,6	+ 595,9	+ 614,1	+ 619,3	+ 611,2	+ 589,9	X	-80°
- 178,3	- 241,0	- 295,9	- 342,3	- 379,3	- 406,4	- 422,9	- 428,1	- 421,6	- 403,0	- 372,3	- 329,9	- 276,8	- 214,3	- 144,1	- 68,6	+ 9,9	+ 88,7	+ 165,3	Y	
-2182,3	-2166,2	-2143,9	-2116,1	-2083,7	-2047,5	-2008,5	-1967,6	-1925,9	-1884,5	-1844,6	-1807,5	-1773,7	-1744,9	-1721,9	-1705,4	-1696,0	-1694,2	-1700,0	Z	
- 989,4	- 986,2	- 982,1	- 977,1	- 971,4	- 965,2	- 958,6	- 951,9	- 945,2	- 938,7	- 932,7	- 927,2	- 922,6	- 918,8	- 916,1	- 914,5	- 914,0	- 914,8	- 916,8	V/R	
- 300,7	- 264,1	- 217,1	- 161,1	- 97,8	- 29,0	+ 43,8	+ 118,5	+ 192,9	+ 265,2	+ 333,1	+ 394,6	+ 447,9	+ 491,0	+ 522,6	+ 541,5	+ 546,9	+ 538,5	+ 516,5	X	-85°
- 174,7	- 241,9	- 301,6	- 352,3	- 392,7	- 421,8	- 438,8	- 443,2	- 434,7	- 413,5	- 379,9	- 334,8	- 279,2	- 214,7	- 143,2	- 66,8	+ 12,1	+ 91,2	+ 167,8	Y	
-2102,2	-2094,5	-2083,3	-2069,1	-2052,1	-2033,0	-2012,4	-1990,7	-1968,7	-1946,9	-1926,0	-1906,6	-1889,2	-1874,6	-1863,0	-1854,8	-1850,4	-1849,8	-1853,2	Z	
22° 11'); Y = 453,0 sin (λ + 22° 11'); Z = - 1989,9																				-90°
180°	190°	200°	210°	220°	230°	240°	250°	260°	270°	280°	290°	300°	310°	320°	330°	340°	350°	360°		

Tafel für die berechneten Werthe der Declination, Inclination, der ganzen

		0°	10°	20°	30°	40°	50°	60°	70°	80°	90°
+90°											
+85°	Declination	+46° 3′	+37°17′	+29°47′	+20°54′	+13°19′	+ 6° 7′	− 0°38′	− 7° 0′	−12°58′	−18°37′
	Inclination	+84°20′	+84°12′	+84° 7′	+84° 5′	+84° 6′	+84°10′	+84°16′	+84°24′	+84°34′	+84°44′
	Intensität	1630,5	1630,6	1632,1	1632,3	1637,4	1641,2	1645,4	1649,9	1654,4	1658,6
	Horiz. Int.	160,8	164,8	168,8	168,5	168,3	166,8	164,3	160,9	156,8	152,3
+80°	Declination	+36° 0′	+28° 0′	+20°28′	+13°16′	+ 6°40′	+ 0°41′	− 4°35′	− 9° 3′	−12°40′	−15°26′
	Inclination	+82°24′	+82° 7′	+81°59′	+81°55′	+81°59′	+82° 8′	+82°23′	+82°41′	+83° 0′	+83°20′
	Intensität	1599,8	1600,0	1603,0	1608,5	1616,1	1625,5	1635,2	1645,0	1655,2	1663,8
	Horiz. Int.	211,7	219,2	223,4	226,2	225,5	222,3	216,8	209,6	201,5	193,3
+75°	Declination	+31° 9′	+23°39′	+16°28′	+ 9°45′	+ 3°37′	− 1°46′	− 6°13′	− 9°36′	−11°45′	−12°40′
	Inclination	+80°20′	+79°54′	+79°37′	+79°31′	+79°35′	+79°49′	+80°11′	+80°38′	+81° 7′	+81°34′
	Intensität	1566,9	1566,6	1571,0	1579,8	1592,5	1607,6	1624,2	1640,9	1656,3	1669,4
	Horiz. Int.	263,0	274,8	283,1	287,5	288,0	284,3	277,0	267,0	255,6	244,7
+70°	Declination	+28°39′	+21°34′	+14°46′	+ 8°17′	+ 2°26′	− 2°36′	− 6°35′	− 9°19′	−10°38′	−10°24′
	Inclination	+78°12′	+77°32′	+77° 4′	+76°51′	+76°52′	+77° 7′	+77°35′	+78°11′	+78°49′	+79°23′
	Intensität	1533,8	1531,6	1536,5	1547,9	1565,5	1586,3	1609,7	1633,2	1654,2	1671,6
	Horiz. Int.	313,4	330,5	343,7	352,3	355,7	353,5	346,0	334,4	320,8	307,8
+65°	Declination	+27°17′	+20°40′	+14° 8′	+ 7°55′	+ 2°16′	− 2°33′	− 6°17′	− 8°38′	− 9°27′	− 8°39′
	Inclination	+75°58′	+75° 0′	+74°16′	+73°51′	+73°45′	+73°59′	+74°32′	+75°15′	+76° 2′	+76°43′
	Intensität	1500,8	1495,3	1499,0	1511,8	1532,3	1558,8	1588,5	1618,3	1645,1	1666,2
	Horiz. Int.	363,9	387,1	406,4	420,6	428,7	430,2	423,8	411,9	396,9	382,7
+60°	Declination	+26°29′	+20°22′	+14°10′	+ 8° 9′	+ 2°39′	− 2° 3′	− 5°39′	− 7°50′	− 8°24′	− 7°20′
	Inclination	+73°34′	+72°13′	+71° 8′	+70°26′	+70°10′	+70°21′	+70°56′	+71°47′	+72°43′	+73°33′
	Intensität	1467,9	1457,4	1458,0	1470,2	1491,8	1522,7	1557,7	1593,3	1625,0	1649,9
	Horiz. Int.	415,4	445,2	471,3	492,2	506,3	511,9	508,8	498,0	482,6	467,4
+55°	Declination	+25°54′	+20°22′	+14°33′	+ 8°43′	+ 3°19′	− 1°20′	− 4°53′	− 7° 1′	− 7°31′	− 6°23′
	Inclination	+70°54′	+69° 6′	+67°35′	+66°31′	+66° 1′	+66° 6′	+66°43′	+67°43′	+68°50′	+69°49′
	Intensität	1434,3	1417,3	1412,8	1422,1	1444,0	1476,7	1515,4	1555,8	1592,3	1620,0
	Horiz. Int.	469,3	505,6	538,7	566,6	587,0	598,1	598,9	590,0	575,0	559,0
+50°	Declination	+25°23′	+20°29′	+15° 2′	+ 9°26′	+ 4° 7′	− 0°32′	− 4° 7′	− 6°16′	− 6°48′	− 5°42′
	Inclination	+67°56′	+65°35′	+63°33′	+62° 1′	+61°14′	+61°10′	+61°49′	+62°58′	+64°18′	+65°28′
	Intensität	1398,9	1373,8	1362,8	1367,4	1388,0	1419,9	1461,2	1505,2	1545,3	1575,7
	Horiz. Int.	525,7	567,8	607,1	641,4	668,1	684,8	690,0	684,0	670,1	654,1
+45°	Declination	+24°52′	+20°38′	+15°37′	+10°14′	+ 4°58′	+ 0°16′	− 3°23′	− 5°37′	− 6°14′	− 5°14′
	Inclination	+64°33′	+61°36′	+58°55′	+56°51′	+55°38′	+55°26′	+56° 8′	+57°28′	+59° 4′	+60°29′
	Intensität	1359,8	1326,3	1307,5	1306,0	1322,0	1353,4	1395,4	1441,5	1484,3	1516,6
	Horiz. Int.	584,2	630,8	674,9	714,3	746,2	768,0	777,7	775,0	763,0	747,3
+40°	Declination	+24°20′	+20°48′	+16°13′	+11° 3′	+ 5°49′	+ 1° 4′	− 2°42′	− 4°56′	+ 5°47′	− 4°55′
	Inclination	+60°44′	+57° 4′	+53°38′	+50°53′	+49°12′	+48°47′	+49°32′	+51° 8′	+53° 2′	+54°45′
	Intensität	1315,8	1274,1	1247,3	1239,5	1251,0	1279,7	1320,7	1367,2	1411,3	1445,1
	Horiz. Int.	643,3	692,6	739,6	782,0	817,4	843,2	857,1	858,0	848,7	834,1
+35°	Declination	+23°48′	+20°57′	+16°49′	+11°52′	+ 6°40′	+ 1°50′	− 2° 3′	− 4°33′	− 5°25′	− 4°41′
	Inclination	+56°22′	+51°56′	+47°37′	+44° 3′	+41°47′	+41° 7′	+41°56′	+43°49′	+46° 6′	+48°10′
	Intensität	1266,3	1217,4	1184,1	1170,2	1177,1	1202,7	1241,7	1287,0	1330,8	1364,7
	Horiz. Int.	701,2	750,7	798,1	841,1	877,8	906,1	923,6	928,7	922,7	910,1
+30°	Declination	+23°17′	+21° 6′	+17°25′	+12°43′	+ 7°32′	+ 2°36′	− 1°27′	− 4° 6′	− 5° 7′	− 4°32′
	Inclination	+51°25′	+46° 5′	+40°47′	+36°17′	+33°20′	+32°21′	+33°14′	+35°26′	+38°10′	+40°39′
	Intensität	1211,3	1157,4	1119,5	1102,0	1105,9	1128,2	1163,7	1206,9	1247,6	1280,6
	Horiz. Int.	755,3	802,7	847,6	888,3	923,9	953,0	973,3	982,6	980,9	971,6
+25°	Declination	+22°50′	+21°16′	+18° 3′	+13°35′	+ 8°26′	+ 3° 2,	− 0°52′	− 3°41′	− 4°49′	− 4°23′
	Inclination	+45°49′	+39°31′	+33°17′	+27°34′	+23°52′	+22°31′	+23°27′	+25°59′	+29° 8′	+32° 6′
	Intensität	1151,7	1095,6	1056,6	1038,5	1041,8	1061,9	1093,6	1131,2	1168,2	1199,1
	Horiz. Int.	802,5	845,1	884,9	920,7	952,7	980,9	1003,3	1016,9	1020,4	1015,7
+20°	Declination	+22°25′	+21°29′	+18°44′	+14°30′	+ 9°22′	+ 4°11′	− 0°14′	− 3°14′	− 4°31′	− 4°13′
	Inclination	+39°31′	+32°12′	+24°38′	+18° 1′	+13°32′	+11°48′	+12°44′	+15°33′	+19°11′	+22°32′
	Intensität	1089,0	1035,1	999,1	984,8	990,4	1010,0	1037,7	1069,0	1100,6	1127,5
	Horiz. Int.	840,1	875,9	908,1	936,5	962,9	988,6	1012,3	1029,9	1039,5	1041,4
+15°	Declination	+22°10′	+21°46′	+19°28′	+15°30′	+10°25′	+ 5° 4′	+ 0°27′	− 2°44′	− 4°10′	− 4° 0′
	Inclination	+32°28′	+24° 9′	+15°29′	+ 7°53′	+ 2°42′	+ 0°36′	+ 1°28′	+ 4°28′	+ 8°24′	+12° 6′
	Intensität	1027,0	978,8	950,4	944,1	955,2	976,3	1000,7	1026,2	1051,0	1072,2
	Horiz. Int.	866,4	893,1	915,9	935,2	954,1	976,1	1000,4	1023,1	1039,8	1048,6
+10°	Declination	+21°58′	+22° 8′	+20°18′	+16°36′	+11°34′	+ 6° 1′	+ 1°15′	− 2° 7′	− 3°42′	− 3°41′
	Inclination	+24°44′	+15°30′	+ 5°54′	− 2°26′	− 8° 8′	−10°32′	− 9°48′	− 6°47′	− 2°43′	+ 1° 9′
	Intensität	968,3	930,1	913,3	918,2	937,5	961,4	984,2	1004,6	1022,5	1038,9
	Horiz. Int.	879,5	896,3	908,4	917,4	928,0	945,2	969,9	997,2	1021,4	1038,9
+ 5°	Declination	+21°51′	+22°34′	+21°13′	+17°50′	+12°53′	+ 7°17′	+ 2°14′	− 1°20′	− 3° 4′	− 3°12′
	Inclination	+16°22′	+ 6°28′	− 3°46′	−12°27′	−18°24′	−20°58′	−20°27′	−17°36′	−13°37′	− 9°47′
	Intensität	916,3	891,1	888,7	906,5	935,1	965,3	986,0	1002,5	1016,2	1029,0
	Horiz. Int.	879,1	885,4	886,8	885,2	887,2	901,4	923,9	955,7	987,6	1014,1
0°	Declination	+21°49′	+23° 4′	+22°14′	+19°14′	+14°26′	+ 8°45′	+ 3°29′	− 0°17′	− 2°11′	− 2°30′
	Inclination	+ 7°36′	− 2°38′	−12°58′	−21°44′	−27°42′	−30°24′	−30° 4′	−27°29′	−23°47′	−20° 9′
	Intensität	873,9	863,3	875,7	906,4	944,1	977,6	1001,8	1017,6	1029,7	1041,6
	Horiz. Int.	866,2	862,4	853,4	842,0	835,8	843,2	867,0	902,8	942,2	977,9
		0°	10°	20°	30°	40°	50°	60°	70°	80°	90°

		100°	110°	120°	130°	140°	150°	160°	170°	180°
+90°	Declination = 67° 51′ — λ; Inclination = + 85° 53′,7; Intensität									
+85°	Declination	−23°58′	−30°13′	−34°22′	−39°42′	−45°27′	−51°30′	−58°16′	−65°50′	−74°18′
	Inclination	+84°54′	+85° 2′	+85°15′	+85°24′	+85°33′	+85°42′	+85°51′	+86° 1′	+86°12′
	Intensität	1662,6	1666,2	1669,0	1671,5	1673,4	1675,0	1676,1	1676,9	1677,3
	Horiz. Int.	147,6	144,4	138,5	134,1	129,7	125,6	121,1	116,3	111,0
+80°	Declination	−17°28′	−19° 7′	−20°30′	−22°15′	−24°38′	−27°53′	−32° 6′	−37°17′	−43°27′
	Inclination	+83°36′	+83°51′	+83°59′	+84° 5′	+84° 9′	+84°14′	+84°20′	+84°30′	+84°44′
	Intensität	1671,2	1676,8	1681,0	1683,7	1685,3	1686,3	1686,8	1687,5	1688,2
	Horiz. Int.	186,0	179,5	176,0	173,4	171,6	169,6	166,7	161,9	154,7
+75°	Declination	−12°33′	−11°51′	−11°14′	−11°19′	−12°29′	−14°53′	−18°26′	−22°58′	−28°17′
	Inclination	+81°55′	+82° 7′	+82°10′	+82° 6′	+81°59′	+81°52′	+81°51′	+81°57′	+82°14′
	Intensität	1679,4	1686,1	1689,6	1690,4	1689,7	1688,1	1686,7	1686,5	1687,7
	Horiz. Int.	236,2	231,2	230,2	232,3	235,8	238,6	239,1	235,9	228,2
+70°	Declination	− 9° 2′	− 7° 7′	− 5°30′	− 4°56′	− 5°44′	− 8° 0′	−11°27′	−15°50′	−20°51′
	Inclination	+79°47′	+79°56′	+79°50′	+79°34′	+79°15′	+78°57′	+78°49′	+78°52′	+79°11′
	Intensität	1683,6	1690,2	1691,4	1688,6	1683,3	1677,8	1673,5	1671,8	1674,0
	Horiz. Int.	298,8	295,6	298,4	305,6	312,7	321,5	324,8	322,6	314,1
+65°	Declination	− 6°37′	− 4° 7′	− 2° 5′	− 1°17′	− 2° 2′	− 4°15′	− 7°40′	−11°57′	−16°47′
	Inclination	+77°10′	+77°16′	+77° 2′	+76°34′	+76° 7′	+75°35′	+75°21′	+75°23′	+75°46′
	Intensität	1679,8	1685,1	1682,8	1675,2	1663,8	1653,5	1645,3	1642,7	1646,0
	Horiz. Int.	373,3	371,2	377,7	389,0	399,3	411,5	416,3	414,6	404,5
+60°	Declination	− 5° 0′	− 2°18′	− 0° 6′	+ 0°46′	+ 0° 4′	− 2°10′	− 5°33′	− 9°41′	−14°23′
	Inclination	+74° 3′	+74° 7′	+73°46′	+73° 8′	+72°25′	+71°49′	+71°31′	+71°34′	+72° 3′
	Intensität	1664,5	1668,3	1662,1	1649,3	1631,1	1614,3	1602,7	1598,3	1603,6
	Horiz. Int.	457,6	456,7	464,7	478,2	492,6	503,6	508,3	505,2	491,2
+55°	Declination	− 4° 1′	− 1°14′	+ 0°59′	+ 1°53′	+ 1°11′	− 1° 1′	− 4°21′	− 8°28′	−12°53′
	Inclination	+70°24′	+70°28′	+70° 1′	+69°15′	+68°22′	+67°39′	+67°17′	+67°24′	+68° 1′
	Intensität	1635,6	1637,5	1627,0	1607,2	1583,3	1561,0	1545,3	1540,2	1547,6
	Horiz. Int.	548,7	547,6	555,9	569,6	583,6	593,5	596,5	591,9	579,4
+50°	Declination	− 3°24′	− 0°41′	+ 1°30′	+ 2°23′	+ 1°42′	− 0°28′	− 3°52′	− 7°44′	−11° 5′
	Inclination	+66°11′	+66°17′	+65°47′	+64°53′	+63°52′	+63° 3′	+62°41′	+62°53′	+63° 0′
	Intensität	1592,0	1592,2	1577,6	1552,5	1522,2	1494,9	1476,0	1470,5	1480,3
	Horiz. Int.	642,7	640,3	647,1	659,0	670,5	677,3	677,4	670,4	656,6
+45°	Declination	− 3° 3′	− 0°26′	+ 1°39′	+ 2°30′	+ 1°49′	− 0°19′	− 3°32′	− 7°22′	−11°18′
	Inclination	+61°22′	+61°31′	+60°59′	+59°59′	+58°51′	+57°59′	+57°38′	+57°58′	+58°59′
	Intensität	1533,4	1532,5	1514,8	1485,0	1450,1	1418,6	1397,3	1391,7	1404,1
	Horiz. Int.	734,9	730,7	734,7	742,9	750,0	752,1	748,0	738,1	723,5
+40°	Declination	− 2°52′	− 0°24′	+ 1°34′	+ 2°21′	+ 1°39′	− 0°27′	− 3°35′	− 7°15′	−10°55′
	Inclination	+55°50′	+56° 6′	+55°33′	+54°28′	+53°15′	+52°21′	+52° 5′	+52°3	+53°55′
	Intensität	1462,5	1460,7	1440,9	1408,0	1370,0	1335,7	1312,5	1307,9	1322,4
	Horiz. Int.	821,2	814,8	815,1	818,3	819,6	815,8	806,8	793,9	778,7
+35°	Declination	− 2°48′	− 0°30′	+ 1°20′	+ 2° 2′	+ 1°18′	− 0°47′	− 3°51′	− 7°20′	−10°41′
	Inclination	+49°32′	+49°55′	+49°23′	+48°15′	+46°59′	+46° 6′	+46° 0′	+46°48′	+48°27′
	Intensität	1382,4	1380,5	1359,9	1325,7	1236,3	1251,1	1228,0	1223,3	1239,4
	Horiz. Int.	897,3	889,0	885,4	882,9	877,5	867,3	853,1	837,3	822,0
+30°	Declination	− 2°48′	− 0°40′	+ 1° 0′	+ 1°35′	+ 0°47′	− 1°18′	− 4°17′	− 7°33′	−10°33′
	Inclination	+42°18′	+42°51′	+42°22′	+41°12′	+39°56′	+39° 9′	+39°16′	+40°27′	+42°31′
	Intensität	1298,2	1296,7	1276,6	1243,0	1204,1	1169,1	1146,5	1142,3	1158,8
	Horiz. Int.	960,1	950,6	943,3	935,2	923,2	905,6	887,6	869,2	854,2
+25°	Declination	− 2°49′	− 0°53′	+ 0°37′	+ 1° 3′	+ 0° 9′	− 1°57′	− 4°50′	− 7°53′	−10°29′
	Inclination	+34° 6′	+34°49′	+34°24′	+33°16′	+32° 3′	+31°27′	+31°55′	+33°32′	+36° 4′
	Intensität	1215,7	1215,3	1197,0	1165,7	1129,0	1095,5	1073,9	1069,3	1084,9
	Horiz. Int.	1007,0	997,7	987,7	974,7	956,8	934,6	911,5	891,3	877,0
+20°	Declination	− 2°49′	− 1° 5′	+ 0°12′	+ 0°27′	− 0°34′	− 2°43′	− 5°30′	− 8°16′	−10°27′
	Inclination	+24°51′	+25°47′	+25°27′	+24°24′	+23°20′	+23° 0′	+23°52′	+26° 2′	+29° 4′
	Intensität	1143,0	1143,4	1127,9	1100,3	1066,9	1035,7	1014,3	1008,7	1021,6
	Horiz. Int.	1037,1	1029,6	1018,4	1002,0	979,6	953,4	927,5	906,4	893,0
+15°	Declination	− 2°47′	− 1°15′	− 0°12′	− 0°10′	− 1°21′	− 3°32′	− 6°12′	− 8°42′	−10°26′
	Inclination	+14°42′	+15°49′	+15°38′	+14°43′	+13°54′	+13°55′	+15°18′	+18° 1′	+21°32′
	Intensität	1086,0	1087,5	1075,7	1052,6	1023,2	994,1	972,4	964,1	972,7
	Horiz. Int.	1050,4	1046,3	1035,9	1018,0	993,3	964,9	937,9	916,9	904,8
+10°	Declination	− 2°39′	− 1°22′	− 0°34′	− 0°47′	− 2°13′	− 4°23′	− 6°56′	− 9° 7′	−10°23′
	Inclination	+ 3°56′	+ 5°12′	+ 5°11′	+ 4°31′	+ 4° 1′	+ 4°29′	+ 6°22′	+ 9°35′	+13°31′
	Intensität	1050,6	1053,7	1045,9	1027,7	1002,3	974,6	951,4	938,8	941,2
	Horiz. Int.	1048,1	1049,3	1041,6	1024,5	999,9	971,6	945,5	925,7	915,1
+ 5°	Declination	− 2°22′	− 1°21′	− 0°52′	− 1°22′	− 2°55′	− 5°13′	− 7°38′	− 9°30′	−10°20′
	Inclination	− 6°58′	− 5°33′	− 5°25′	− 5°49′	− 5°55′	− 4°59′	− 2°38′	+ 0°58′	+ 5° 9′
	Intensität	1039,8	1045,1	1041,8	1028,4	1004,4	979,1	953,1	934,9	929,8
	Horiz. Int.	1032,1	1040,2	1037,1	1023,1	999,0	975,4	952,0	934,7	926,0
0°	Declination	− 1°54′	− 1°12′	− 1° 4′	− 1°51′	− 3°37′	− 5°58′	− 8°16′	− 9°49′	−10°15′
	Inclination	−17°27′	−16° 3′	−15°41′	−15°45′	−15°27′	−14° 7′	−11°25′	− 7°35′	− 3°21′
	Intensität	1053,6	1062,3	1063,7	1054,8	1035,4	1008,1	978,2	953,6	940,2
	Horiz. Int.	1005,0	1020,9	1024,1	1015,2	997,9	977,5	958,9	945,3	938,6
		100°	110°	120°	130°	140°	150°	160°	170°	180°

und der horizontalen Intensität. Erste Abtheilung. 90° bis 0° nördl. Breite.

190°	200°	210°	220°	230°	240°	250°	260°	270°	280°	290°	300°	310°	320°	330°	340°	350°	360°		
= 1657,1; Horizontale Intensität = 118,7.																			+90
-83°54'	-94°51'	-107°1'	-120°53'	-136°24	-153°27'	-171°20'	+170°42'	+153°33'	+137°32'	+123°47'	+109°32'	+97°13'	+85°39'	+75° 1'	+64°52'	+55°15'	+46° 3'	Declination	
+85°24'	+86°42'	+86°49'	+87° 0'	+87 °8'	+87°13'	+89°35'	+87° 7'	+86°56'	+86°41'	+86°27'	+86° 2'	+85°42'	+85°22'	+85° 3'	+84°46'	+84°32'	+84°20'	Inclination	+85°
1677,3	1676,9	1676,4	1675,3	1673,7	1671,5	1666,9	1665,4	1661,6	1657,3	1652,5	1648,1	1643,6	1639,5	1635,9	1633,1	1631,3	1630,5	Intensität	
105,3	96,3	93,3	87,9	83,5	81,1	81,0	83,7	88,9	96,1	102,1	113,9	123,4	132,6	141,2	148,9	155,4	160,8	Horiz. Int.	
-50°35'	-59° 3'	-68°19'	-79°43'	-94° 9'	-114° 4'	-143°22'	+179° 0'	+146° 1'	+123° 5'	+106°56'	+93°23'	+82° 2'	+71°47'	+62°12'	+53° 5'	+44°22'	+36° 0'	Declination	
+85° 5'	+85°32'	+86° 3'	+86°38'	+87°16'	+87°51'	+88°17'	+88°21'	+87°58'	+87°20'	+86°36'	+85°51'	+85° 7'	+84°26'	+83°48'	+83°14'	+82°46'	+82°24'	Inclination	+80°
1689,2	1690,1	1691,0	1691,2	1690,5	1688,6	1685,0	1679,7	1672,7	1664,1	1654,3	1643,9	1633,3	1623,2	1614,3	1607,0	1602,1	1599,8	Intensität	
141,8	131,7	116,7	99,3	80,8	63,2	50,3	48,4	59,2	77,3	95,8	118,8	138,9	157,5	174,3	189,1	201,6	211,7	Horiz. Int.	
-34°14'	-40°41'	-47°33'	-54°51'	-62°45'	-71°52'	-81°38'	-125°42'	+119°53'	+99°16'	+88°19'	+79°17'	+70°54'	+62°45'	+54°43'	+46°45'	+38°52'	+31° 9'	Declination	
+82°41'	+83°17'	+84° 5'	+85° 1'	+86° 3'	+87°11'	+88°21'	+89°28'	+89° 1'	+87°50'	+86°39'	+85°30'	+84°25'	+83°24'	+82°28'	+81°30'	+00°55'	+80°20'	Inclination	+75°
1690,5	1694,5	1699,0	1703,1	1706,0	1706,7	1704,4	1698,8	1689,6	1677,2	1662,1	1645,1	1627,1	1610,1	1594,3	1581,3	1571,9	1566,9	Intensität	
215,4	198,2	175,1	148,2	117,5	83,9	48,8	15,9	28,8	63,2	97,1	129,0	158,8	185,1	208,9	229,9	248,0	263,0	Horiz. Int.	
-26°15'	-31°49'	-37°14'	-42°22'	-46°50'	-49°53'	-49°22'	-35°27'	+39°55'	+63°25'	+68° 7'	+66° 2'	+61°17'	+55°53'	+49°36'	+42°49'	+35°40'	+28°39'	Declination	
+79°45'	+80°33'	+81°35'	+82°48'	+84° 8'	+85°34'	+87° 3'	+88°26'	+88°45'	+87°49'	+86°25'	+85° 0'	+83°37'	+82°21'	+81° 9'	+80° 2'	+79° 2'	+78°12'	Inclination	+70°
1679,8	1688,4	1698,9	1709,4	1718,3	1723,9	1724,9	1720,5	1710,2	1694,9	1674,7	1651,3	1626,1	1601,0	1577,6	1557,5	1542,9	1533,8	Intensität	
298,8	277,0	248,5	214,4	175,5	133,0	88,9	47,2	37,2	64,5	104,8	144,0	180,7	213,1	242,9	269,5	293,8	313,4	Horiz. Int.	
-21°48'	-26°42'	-31°14'	-35° 4'	-37°48'	-38°23'	-35°12'	-23°46'	+2°31'	+32°50'	+48° 9'	+53° 4'	+52° 7'	+49°26'	+45°21'	+39°53'	+33°49'	+27°17'	Declination	
+76°29'	+77°30'	+78°46'	+80°13'	+81°49'	+83°28'	+85° 5'	+86°30'	+87°16'	+86°54'	+85°42'	+84°16'	+82°41'	+81°12'	+79°48'	+78°25'	+77° 8'	+75°58'	Inclination	+65°
1655,7	1670,7	1688,8	1707,5	1724,3	1736,7	1742,7	1741,1	1731,7	1713,8	1689,6	1660,3	1628,4	1595,4	1564,0	1536,6	1514,8	1500,8	Intensität	
386,9	361,7	329,1	290,0	245,2	197,6	149,3	106,3	82,6	92,9	126,5	166,0	207,4	244,2	277,2	308,7	337,2	363,9	Horiz. Int	
-19° 3'	-23°25'	-27°13'	-30° 6'	-31°39'	-31°15'	-27°42'	-19° 6'	-3°33'	+16°10'	+32°13'	+40°57'	+44° 9'	+43°51'	+41°19'	+3°1 8	+32° 9'	+26°29'	Declination	
+72°56'	+74° 9'	+75°39'	+77°21'	+79° 9'	+80°58'	+82°42'	+84°10'	+85° 6'	+85°12'	+84°26'	+83°10'	+81°38'	+80° 1'	+78°22'	+7°4 1	+75° 6'	+73°34'	Inclination	+60°
1618,0	1640,1	1666,7	1695,2	1721,2	1742,3	1753,9	1756,6	1748,6	1730,4	1703,4	1669,5	1631,2	1591,2	1552,5	1517,7	1488,5	1467,9	Intensität	
375,0	447,7	412,9	371,3	324,1	273,5	223,2	178,7	149,4	145,0	165,0	198,7	237,1	275,8	313,3	349,1	382,8	415,4	Horiz. Int.	
-17°12'	-21° 7'	-24°13'	-26°21'	-27° 9'	+26°13'	-22°53'	-16°18'	-5°49'	+7°38'	+20°48'	+30°29'	+35°56'	+37°53'	+37°15'	+34°43'	+30°48'	+25°54'	Declination	
+69° 6'	+70°33'	+72°17'	+74°10'	+76° 8'	+78° 4'	+79°52'	+81°24'	+82°29'	+82°54'	+82°34'	+81°36'	+80°12'	+78°33'	+76°44'	+74°49'	+72°51'	+70°54'	Inclination	+55°
1567,3	1597,0	1633,0	1671,0	1706,8	1735,7	1755,1	1762,8	1757,8	1740,5	1712,3	1675,4	1632,6	1587,1	1541,6	1499,1	1462,4	1434,3	Intensität	
559,3	531,8	497,1	455,7	409,1	359,0	308,7	263,4	229,9	215,1	221,5	244,9	277,7	314.9	353,6	392,6	431,3	469,3	Horiz. Int.	
-15°53'	-19°16'	-21°49'	-23°18'	-23°35'	-22°24'	-19°27'	-14°21'	-6°49'	+2°48'	+13° 6'	+22° 8'	+28°34'	+32° 9'	+33°10'	+32° 6'	+29°22'	+25°23'	Declination	
+64°59'	+66°40'	+68°37'	+70°40'	+72°45'	+74°45'	+76°36'	+78°13'	+79°26'	+80° 6'	+80° 8'	+79°30'	+78°20'	+76°45'	+74°51'	+72°41'	+70°21'	+67°56'	Inclination	+50°
1505,3	1542,3	1586,9	1634,2	1678,8	1716,3	1743,0	1756,5	1755,6	1740,5	1712,8	1674,6	1629,2	1579,4	1528,5	1479,3	1435,1	1398,9	Intensität	
636,7	610,7	578,7	540,9	498,0	451,4	403,7	358,9	322,1	299,2	293,6	305,0	329,2	361,8	399,5	440,2	482,7	525,7	Horiz. Int.	
-14°53'	-17°46'	-19°45'	-20°44'	-20°38'	-19°24'	-16°53'	-12°54'	-7°16'	-0° 8'	+7°54'	+15°46'	+22°20'	+26°53'	+29°13'	+29°29'	+27°56'	+24°52'	Declination	
+60°33'	+62°30'	+64°38'	+66°49'	+68°57'	+71° 0'	+72°53'	+74°33'	+75°54'	+76°49'	+77°10'	+76°53'	+75°59'	+74°32'	+72°36'	+70°13'	+67°30'	+64°33'	Inclination	+45°
1433,7	1477,0	1529,1	1584,2	1636,6	1681,6	1715,1	1734,4	1738,3	1726,8	1701,2	1663,5	1617,3	1565,2	1510,2	1455,5	1404,1	1359,8	Intensitat	
704,7	682,0	655,1	623,8	587,8	547,6	504,9	461,9	423,3	393,9	378,1	377,6	391,4	417,3	451,8	492,5	537,4	584,2	Horiz. Int.	
-14° 5'	-16°28'	-17°56'	-18°28'	-18° 8'	-16°57'	-14°52'	-11°45'	-7°29'	-2° 3'	+4°20'	+11° 3'	+17°17'	+22°17'	+25°34'	+26°57'	+26°29'	+24°20'	Declination	
+55°47'	+57°59'	+60°16'	+62°32'	+64°42'	+66°44'	+68°39'	+70°24'	+71°54'	+73° 2'	+73°40'	+73°43'	+73° 7'	+71°50'	+69°54'	+67°21'	+64°14'	+60°44'	Inclination	+40°
1355,7	1403,9	1461,3	1522,1	1580,3	1631,2	1670,5	1695,3	1704,4	1697,4	1675,2	1640,0	1594,6	1541,9	1484,5	1425,5	1368,0	1315,8	Intensität	
762,1	744,3	724,6	702,0	675,5	644,1	607,9	568,6	529,6	495,4	470,9	459,6	463,2	480,7	510,2	549,1	594,5	643,3	Horiz. Int.	
-13°25'	-15°17'	-16°16'	-16°27'	-15°59'	-14°56'	-13°16'	-10°52'	-7°36'	-3°21'	+1°47'	+7°31'	+13°17'	+18°24'	+22°18'	+24°35'	+25° 4'	+23°48'	Declination	
+50°39'	+53° 5'	+55°30'	+57°47'	+59°55'	+61°56'	+63°52'	+65°42'	+67°22'	+68°44'	+69°40'	+70° 1'	+69°42'	+68°37'	+66°43'	+63°59'	+60°30'	+56°22'	Inclination	+35°
1274,9	1325,8	1386,2	1450,2	1511,6	1566,1	1609,7	1639,5	1653,5	1651,4	1633,7	1602,2	1559,3	1507,5	1449,3	1387,4	1324,8	1266,3	Intensität	
808,3	796,3	785,1	773,1	757,7	736,7	708,8	674,4	636,3	599,0	567,7	547,3	540,9	554,6	573,0	608,4	659,3	701,2	Horiz. Int.	
-12°49'	-14°10'	-14°42'	-14°37'	-14° 5'	-13°13'	-11°58'	-10°10'	-7°40'	-4°18'	-0° 4'	+4°52'	+10° 9'	+15°13'	+19°30'	+22°27'	+23°42'	+23°17'	Declination	
+45° 4'	+47°43'	+50°13'	+52°28'	+54°31'	+56°30'	+58°27'	+60°24'	+62°15'	+63°53'	+65° 7'	+65°47'	+65°44'	+64°50'	+62°58'	+60° 6'	+56°13'	+51°25'	Inclination	+30°
1194,8	1246,0	1306,6	1370,6	1433,0	1488,9	1534,9	1568,1	1586,5	1589,3	1576,6	1549,7	1510,5	1461,1	1403,5	1340,1	1274,2	1211,3	Intensität	
843,9	838,2	836,2	835,2	831,7	821,8	803,0	774,5	738,7	699,8	663,7	635,9	620,9	621,4	637,7	668,1	708,6	755,3	Horiz. Int.	
-12°15'	-13° 6'	-13°14'	-12°55'	-12°25'	-11°47'	-10°55'	-9°39'	-7°45'	-5° 3'	-1°31'	+2°49'	+7°40'	+12°37'	+17° 7'	+20°36'	+22°35'	+22°50'	Declination	
+38°59'	+41°50'	+44°20'	+46°29'	+48°25'	+50°19'	+52°19'	+54°24'	+56°29'	+58°24'	+59°58'	+60°57'	+61°10'	+60°28'	+58°39'	+55°37'	+51°19'	+45°49'	Inclination	+25°
1119,3	1168,4	1226,3	1288,2	1348,4	1403,3	1449,5	1484,6	1506,3	1513,3	1505,7	1483,6	1448,7	1402,6	1346,8	1283,7	1216,7	1151,7	Intensität	
870,0	870,5	877,3	886,9	894,8	895,9	886,1	864,2	831,7	792,9	753,7	720,5	698,5	691,4	700,6	724,9	761,1	802,5	Horiz. Int.	
-11°42'	-12° 3'	-11°49'	-11°22'	-10°56'	-10°32'	-10° 3'	-9°14'	-7°51'	-5°41'	-2°39'	+1°12'	+5°42'	+10°31'	+15° 8'	+19° 0'	+21°34'	+22°25'	Declination	
+32°21'	+35°20'	+37°46'	+39°44'	+41°30'	+43°18'	+45°20'	+47°35'	+49°57'	+52°13'	+54° 8'	+55°28'	+55°59'	+55°28'	+53°42'	+50°29'	+45°44'	+39°31'	Inclination	+20°
1052,5	1097,2	1150,5	1207,2	1263,0	1314,6	1358,9	1393,7	1416,8	1427,1	1423,8	1406,1	1375,8	1333,5	1280,7	1219,4	1153,4	1089,0	Intensität	
889,1	895,1	909,4	928,2	946,0	956,6	955,3	939,9	911,6	874,3	833,9	797,1	769,6	756,0	758,3	775,8	805,0	840,1	Horiz. Int.	
-11° 9'	-11° 2'	-10°29'	-9°56'	-9°36'	-9°29'	-9°22'	-8°58'	-8° 0'	-6°15'	-3°38'	-0° 8'	+4° 6'	+8°47'	+13°29'	+17°38'	+20°41'	+22°10'	Declination	
+25° 7'	+28°10'	+30°27'	+32° 9'	+33°40'	+35°22'	+37°25'	+39°53'	+42°35'	+45°15'	+47°35'	+49°17'	+50° 6'	+49°46'	+48° 2'	+44°39'	+39°27'	+32°28'	Inclination	+15°
997,9	1036,2	1082,9	1133,0	1182,7	1229,0	1269,4	1301,7	1324,2	1335,6	1334,7	1321,2	1294,9	1256,6	1207,4	1149,4	1086,9	1027,0	Intensität	
903,5	913,5	933,5	959,2	984,3	1002,3	1008,0	998,8	975,0	940,3	900,3	861,7	830,5	811,5	807,3	817,6	839,2	866,4	Horiz. Int.	
-10°36'	-10° 3'	-9°14'	-8°38'	-8°31'	-8°36'	-8°50'	-8°49'	-8°12'	-6°49'	-4°30'	-1°16'	+2°46'	+7°16'	+12° 6'	+16°30'	+19°58'	+21°58'	Declination	
+17°18'	+20°18'	+22°21'	+23°43'	+24°55'	+26°27'	+28°32'	+31°13'	+34°17'	+37°23'	+40° 7'	+42°19'	+43°28'	+43°20'	+41°38'	+38° 4'	+32°25'	+24°44'	Inclination	+10°
959,1	989,7	1028,5	1071,1	1113,9	1153,4	1187,9	1215,5	1234,9	1244,9	1246,3	1233,2	1210,2	1175,6	1130,8	1077,4	1020,7	968,3	Intensität	
915,7	928,2	951,3	980,7	1010,2	1032,8	1043,6	1039,5	1020,3	989,1	953,0	911,9	878,4	855,1	845,2	848,3	861,5	879,5	Horiz. Int.	
-10° 5'	-9° 9'	-8° 7'	-7°29'	-7°27'	-7°53'	-8°28'	-8°47'	-8°30'	-7°23'	-5°19'	-2°17'	+1°36'	+6° 8'	+10°56'	+15°32'	+19°22'	+21°51'	Declination	
+9° 0'	+11°50'	+13°32'	+14°30'	+15°19'	+16°38'	+18°43'	+21°36'	+25° 2'	+28°37'	+31°54'	+34°29'	+35°59'	+36° 8'	+34°26'	+30°42'	+24°40'	+16°22'	Inclination	+5°
939,3	961,4	992,0	1026,8	1063,8	1094,4	1121,6	1142,2	1155,7	1161,6	1159,4	1147,9	1126,5	1094,0	1052,4	1007,3	957,9	916,3	Intensität	
927,7	941,0	964,4	994,1	1026,0	1048,6	1062,2	1062,0	1047,2	1019,8	984,2	946,2	911,6	883,5	870,0	866,3	870,5	879,1	Horiz. Int.	
-9°36'	-8°22'	-7°10'	-6°32'	-6°39'	-7°21'	-8°14'	-8°32'	-8°53'	-8° 0'	-6° 8'	-3°14'	+0°33'	+5° 2'	+9°54'	+14°42'	+18°52'	+21°49'	Declination	
+0°22'	+2°55'	+4°14'	+4°45'	+5°12'	+6°15'	+8°15'	+11°15'	+14°59'	+19° 0'	+22°46'	+25°49'	+27°41'	+28° 0'	+26°25'	+22°35'	+16°16'	+7°36'	Inclination	0°
940,8	954,2	976,9	1004,4	1032,5	1057,5	1076,4	1088,3	1093,4	1092,4	1085,2	1071,3	1050,0	1020,5	984,3	943,3	903,6	873,9	Intensität	
940,8	953,0	974,2	1001,0	1028,3	1051,2	1065,2	1067,4	1056,3	1032,9	1000,4	964,4	929,8	901,2	881,5	870,9	867,4	866,2	Horiz. Int.	
190°	200°	210°	220°	230°	240°	250°	260°	270°	280°	290°	300°	310°	320°	330°	340°	350°	360°		

Tafel für die berechneten Werthe der Declination, Inclination, der ganzen

		0°	10°	20°	30°	40°	50°	60°	70°	80°	90°	100°	110°	120°	130°	140°	150°	160°	170°
0°	Declination	+21°49′	+23° 4′	+22°14′	+19°14′	+14°26′	+ 8°45′	+ 3°29′	- 0°17′	- 2°11′	- 2°30′	- 1°54′	- 1°12′	- 1° 4′	- 1°51′	- 3°37′	- 5°58′	- 8°16′	- 9°49′
	Inclination	+ 7°36′	- 2°38′	-12°58′	-21°44′	-27°42′	-30°24′	-30° 4′	-27°29′	-23°47′	-20° 9′	-17°27′	- 16° 3′	- 15°41′	- 15°45′	- 15°27′	- 14° 7′	- 11°25′	- 7°35′
	Intensität	873,9	863,3	875,7	906,4	944,1	977,6	1001,8	1017,6	1029,7	1041,6	1053,6	1062,3	1063,7	1054,8	1035,4	1008,1	978,2	953,6
	Horiz. Int.	866,2	862,4	853,4	842,0	835,8	843,2	867,0	902,8	942,2	977,9	1005,0	1020,9	1024,1	1015,2	997,9	977,5	958,9	945,3
- 5°	Declination	+21°50′	+23°37′	+23°20′	+20°47′	+16°13′	+10°31′	+ 5° 6′	+ 1° 8′	- 0°58′	- 1°30′	- 1°12′	- 0°50′	- 1° 4′	- 2°13′	- 4°13′	- 6°37′	- 8°47′	-10° 4′
	Inclination	- 1°18′	-11°27′	-21°30′	-29°58′	-35°45′	-38°29′	-38°22′	-36° 8′	-32°50′	-29°33′	-27° 4′	- 25°41′	- 25°10′	- 24°56′	- 24°18′	- 22°37′	- 19°44′	-15°53′
	Intensität	843,0	846,6	872,6	914,2	959,6	998,6	1026,3	1044,6	1058,8	1073,4	1089,2	1102,9	1109,5	1105,1	1087,9	1059,7	1026,3	995,3
	Horiz. Int.	842,8	829,8	811,8	792,0	778,8	781,6	804,6	843,7	889,7	933,8	969,8	993,8	1004,2	1002,0	991,7	978,2	966,0	957,2
-10°	Declination	+21°51′	+24°11′	+24°30′	+22°28′	+18°15′	+12°39′	+ 7° 9′	+ 3° 0′	+ 0°41′	- 0° 8′	- 0°11′	- 0°15′	- 0°54′	- 2°25′	- 4°39′	- 7° 8′	- 9°11′	-10°15′
	Inclination	- 9°57′	-19°36′	-29° 4′	-36°59′	-42°28′	-45°11′	-45°18′	-43°27′	-40°37′	-37°46′	-35°34′	- 34°16′	- 33°39′	- 33°10′	- 32°18′	- 30°22′	- 27°26′	-23°44′
	Intensität	824,2	838,7	876,6	926,3	977,9	1022,1	1055,1	1079,0	1099,2	1120,1	1142,4	1162,7	1175,5	1175,7	1159,0	1132,5	1095,8	1059,1
	Horiz. Int.	811,8	791,3	766,2	740,0	721,3	720,3	742,2	783,3	834,3	885,4	929,2	960,8	978,6	984,2	979,7	977,1	972,6	969,5
-15°	Declination	+21°49′	+24°41′	+25°37′	+24°13′	+20°30′	+15°11′	+ 9°43′	+ 5°26′	+ 2°52′	+ 1°41′	+ 1°12′	+ 0°39′	- 0°30′	- 2°25′	- 4°55′	- 7°29′	- 9°28′	-10°22′
	Inclination	-18° 3′	-26°53′	-35°30′	-42°45′	-47°53′	-50°33′	-50°54′	-49°28′	-47° 9′	-44°46′	-42°54′	- 41°44′	- 41° 4′	- 40°27′	- 39°19′	- 37°21′	- 34°30′	-31° 3′
	Intensität	816,9	841,6	885,3	940,3	996,6	1046,0	1085,7	1117,8	1147,2	1177,4	1208,8	1237,4	1257,3	1263,1	1251,1	1223,1	1184,5	1143,4
	Horiz. Int.	776,7	750,6	720,7	690,6	668,4	664,6	684,8	726,3	780,1	836,0	885,4	923,3	947,9	961,2	967,9	972,2	976,2	979,6
-20°	Declination	+21°39′	+25° 3′	+26°38′	+25°56′	+22°53′	+18° 4′	+12°48′	+ 8°27′	+ 5°37′	+ 4° 0′	+ 2°59′	+ 1°52′	+ 0°11′	- 2°11′	- 4°59′	- 7°40′	- 9°38′	-10°28′
	Inclination	-25°21′	-33°10′	-40°49′	-47°19′	-52° 3′	-54°41′	-55°17′	-54°18′	-52°31′	-50°38′	-49° 9′	- 48°11′	- 47°33′	- 46°49′	- 45°37′	- 43°39′	- 40°57′	-37°49′
	Intensität	820,5	850,6	898,0	955,8	1015,3	1070,0	1117,6	1159,9	1200,8	1242,9	1284,9	1323,1	1351,5	1362,5	1354,8	1328,8	1289,8	1246,1
	Horiz. Int.	741,5	711,9	679,6	647,9	624,3	618,5	636,6	676,7	730,7	788,1	840,4	882,2	912,1	932,4	947,6	961,3	974,1	984,3
-25°	Declination	+21°16′	+25° 9′	+27°22′	+27°27′	+25°13′	+21° 7′	+16°18′	+12° 2′	+ 8°56′	+ 6°51′	+ 5°14′	+ 3°28′	+ 1°11′	- 1°41′	- 4°51′	- 7°43′	- 9°44′	-10°34′
	Inclination	-31°40′	-38°24′	-45° 2′	-50°48′	-55° 7′	-57°42′	-58°33′	-58° 5′	-56°52′	-55°31′	-54°27′	- 53°43′	- 53° 9′	- 52°26′	- 51°14′	- 49°22′	- 46°52′	-44° 5′
	Intensität	834,2	866,4	914,9	973,6	1035,7	1095,7	1152,0	1205,7	1259,3	1314,1	1368,0	1416,4	1452,5	1470,9	1468,3	1445,5	1408,1	1363,7
	Horiz. Int.	709,9	678,9	646,5	615,4	592,2	585,5	600,9	637,5	688,4	743,8	795,4	838,2	871,0	896,6	919,3	941,5	962,6	979,6
-30°	Declination	+20°38′	+24°56′	+27°45′	+28°37′	+27°19′	+24°10′	+20° 3′	+16° 3′	+12°47′	+10°14′	+ 7°58′	+ 5°31′	+ 2° 33′	- 0°54′	- 4°29′	- 7°38′	- 9°48′	-10°44′
	Inclination	-37° 3′	-42°42′	-48°21′	-53°22′	-57°17′	-59°50′	-60°56′	-60°58′	-60°21′	-59°35′	-58°58′	- 58°32′	- 58° 7′	- 57°29′	- 56°21′	- 54°36′	- 52°21′	-49°54′
	Intensität	858,2	890,3	938,1	996,6	1060,5	1126,6	1190,6	1255,8	1322,3	1389,9	1455,5	1514,0	1558,9	1584,4	1587,9	1570,0	1535,6	1492,1
	Horiz. Int.	684,9	654,3	623,3	594,6	573,2	566,2	578,4	609,6	654,0	703,5	750,5	790,4	823,2	851,7	879,9	909,3	937,8	961,3
-35°	Declination	+19°42′	+24°21′	+27°42′	+29°20′	+29° 2′	+26°59′	+23°48′	+20°18′	+17° 2′	+14° 7′	+11°15′	+ 8° 4′	+ 4°22′	+ 0°14′	- 3°54′	- 7°26′	- 9°59′	- 11° 0′
	Inclination	-41°33′	-46°11′	-50°55′	-55°14′	-58°44′	-61°12′	-62°37′	-63° 9′	-63°10′	-63° 0′	-62°51′	- 62°45′	- 62°33′	- 62° 3′	- 61° 3′	- 59°28′	- 57°28′	-55°19′
	Intensität	893,7	924,2	970,1	1027,6	1093,4	1163,4	1236,5	1312,4	1390,7	1469,8	1545,9	1613,6	1666,5	1699,2	1709,3	1697,2	1667,5	1626,6
	Horiz. Int	668,8	639,8	611,6	586,2	567,4	560,3	568,7	592,6	627,7	667,4	705,6	738,9	768,0	796,4	827,5	862,0	896,9	925,7
-40°	Declination	+18°34′	+23°28′	+27°17′	+29°39′	+30°20′	+29°27′	+27°21′	+24°36′	+21°27′	+18°30′	+15° 8′	+ 11°15′	+ 6°44′	+ 1°48′	- 3° 3′	- 7° 7′	- 9°59′	- 11°28′
	Inclination	-45°19′	-49° 3′	-52°57′	-56°37′	-59°46′	-62°11′	-63°51′	-64°52′	-65°30′	-65°52′	-66°13′	- 66°29′	- 66°34′	- 66°15′	- 65°25′	- 64° 3′	- 62°18′	- 60°24′
	Intensität	942,3	970,3	1014,1	1071,0	1137,7	1211,9	1291,8	1376,3	1463,8	1552,3	1636,8	1712,0	1771,8	1811,4	1828,2	1822,8	1798,6	1761,8
	Horiz. Int.	662,4	636,0	611,1	589,1	572,8	565,4	569,3	584,5	607,2	634,4	660,0	682,8	704,6	729,4	760,4	797,5	836,3	870,2
-45°	Declination	+17°18′	+22°25′	+26°38′	+29°39′	+31°18′	+31°34′	+30°39′	+28°51′	+26°24′	+23°25′	+19°45′	+ 15°15′	+ 9°53′	+ 3°58′	- 1°50′	- 6°43′	- 10°13′	- 12°13′
	Inclination	-48°37′	-51°32′	-54°43′	-57°49′	-60°37′	-62°59′	-64°51′	-66°18′	-67°26′	-68°23′	-69°13′	- 69°53′	- 70°15′	- 70°11′	- 69°33′	- 68°24′	- 66°52′	- 65°12′
	Intensität	1005,5	1031,2	1072,7	1128,2	1195,3	1272,3	1356,9	1447,6	1542,0	1636,7	1726,9	1807,3	1872,1	1917,1	1939,8	1940,6	1922,6	1890,8
	Horiz. Int.	664,7	641,4	619,8	600,9	586,4	578,0	576,5	581,9	591,8	602,9	612,9	621,7	632,4	649,9	677,5	714,3	755,2	792,9
-50°	Declination	+16° 4′	+21°21′	+25°56′	+29°34′	+32° 6′	+33°28′	+33°44′	+33° 2′	+31°26′	+28°55′	+25°18′	+ 20°24′	+ 14°11′	+ 7° 3′	- 0° 6′	- 6°12′	- 10°40′	- 13°26′
	Inclination	-51°35′	-53°51′	-56°24′	-59° 2′	-61°32′	-63°50′	-65°51′	-67°37′	-69°11′	-70°36′	-71°52′	- 72°56′	- 73°40′	- 73°53′	- 73°30′	- 72°35′	- 71°15′	- 69°47′
	Intensität	1084,5	1108,1	1147,5	1201,3	1268,0	1345,7	1432,4	1525,9	1623,0	1720,2	1812,6	1895,2	1962,9	2011,6	2039,5	2046,3	2034,5	2008,2
	Horiz. Int.	673,7	653,6	634,9	618,2	604,2	593,5	586,1	581,2	576,9	571,5	564,0	556,0	552,1	558,4	579,0	612,7	653,8	694,0
-55°	Declination	+15° 1′	+20°28′	+25°23′	+29°35′	+32°56′	+35°21′	+36°49′	+37°19′	+36°50′	+35°11′	+32° 7′	+ 27°14′	+ 20°19′	+ 11°42′	+ 2°34′	- 5°31′	- 11°33′	- 15°29′
	Inclination	-54°27′	-56°11′	-58°14′	-60°27′	-62°41′	-64°52′	-66°57′	-68°55′	-70°48′	-72°35′	-74°15′	- 75°12′	- 76°38′	- 77°23′	- 77°18′	- 76°37′	- 75°29′	- 74° 9′
	Intensität	1179,1	1201,1	1238,2	1289,9	1354,7	1430,9	1516,4	1608,8	1704,7	1800,5	1891,5	1973,1	2040,8	2091,3	2122,4	2134,3	2128,4	2107,7
	Horiz. Int.	685,5	668,3	651,7	636,2	621,5	607,6	593,6	578,5	560,7	539,0	513,6	487,3	465,8	456,9	466,4	494,1	533,5	575,7
-60°	Declination	+14°13′	+19°53′	+25° 9′	+29°54′	+34° 1′	+37°25′	+40° 4′	+41°53′	+42°46′	+42°28′	+40°38′	+ 36°36′	+ 29°38′	+ 19°27′	+ 7°13′	- 4°26′	- 13°20′	- 19°10′
	Inclination	-57°21′	-58°41′	-60°19′	-62°10′	-64° 9′	-66°11′	-68°15′	-70°18′	-72°20′	-74°21′	-76°19′	- 78° 7′	- 79°38	- 80°39′	- 80°57′	- 80°32′	- 79°34′	- 78°20′
	Intensität	1288,8	1309,1	1343,9	1392,4	1453,3	1525,5	1606,7	1694,0	1784,7	1874,1	1960,8	2038,0	2103,0	2152,7	2185,4	2200,7	2199,9	2184,6
	Horiz. Int.	695,3	680,5	665,5	650,0	633,7	615,9	595,4	571,0	541,4	505,6	464,0	419,6	378,5	350,0	343,5	361,7	398,0	442,1
-65°	Declination	+13°48′	+19°43′	+25°22′	+30°39′	+35°34′	+39°57′	+43°47′	+47° 0′	+49°31′	+51° 6′	+51°23′	+ 49°38′	+ 44°37′	+ 34°13′	+ 17°21′	- 2°16′	- 16°34′	- 26°56′
	Inclination	-60°21′	-61°21′	-62°40′	-64°13′	-65°56′	-67°47′	-69°44′	-71°44′	-73°48′	-75°55′	-78° 0′	- 80° 4′	- 81°57′	- 83°31′	- 84°25′	- 84°23′	- 83°34′	- 82°16′
	Intensität	1410,7	1429,2	1460,8	1504,8	1560,2	1625,6	1698,9	1777,6	1859,4	1940,0	2017,1	2087,0	2146,1	2192,6	2225,3	2241,8	2244,5	2234,1
	Horiz. Int.	697,9	685,1	670,8	654,6	636,3	614,7	588,7	557,1	518,7	472,6	419,2	360,2	300,4	247,6	216,6	219,6	251,2	300,8
-70°	Declination	+13°49′	+20° 5′	+26°12′	+32° 7′	+37°48′	+43°12′	+48°17′	+53° 2′	+57°26′	+61°23′	+64°41′	+ 67° 8′	+ 67°51′	+ 64°47′	+ 51° 6′	+ 7°33′	- 34°47′	- 48°25′
	Inclination	-63°30′	-64°15′	-65°17′	-66°33′	-68° 0′	-69°37′	-71°21′	-73°12′	-75° 8′	-77° 9′	-79°13′	- 81°18′	- 83°23′	- 85°24′	- 87°12′	- 88° 7′	- 87°15′	- 85°41′
	Intensität	1541,1	1557,9	1584,9	1622,8	1671,0	1726,4	1788,9	1855,9	1924,9	1993,9	2058,1	2117,6	2168,6	2209,2	2238,3	2255,3	2260,5	2254,4
	Horiz. Int.	687,8	676,5	662,7	646,0	625,8	601,5	572,0	536,4	493,8	443,5	385,0	320,5	249,8	176,9	109,0	74,1	108,2	169,8
-75°	Declination	+14°23′	+21° 8′	+27°50′	+34°29′	+41° 2′	+47°31′	+53°57′	+60°21′	+66°45′	+73°22′	+80°12′	+ 87°35′	+ 96° 5′	+107° 0′	+123°58′	+159°43′	-142°27′	-109°58′
	Inclination	-66°47′	-67°20′	-68° 7′	-69° 7′	-70°16′	-71°34′	-73° 3′	-74°36′	-76°15′	-77°59′	-79°45′	- 81°34′	- 83°22′	- 85° 9′	- 86°48′	- 88° 3′	- 88° 0′	- 86°48′
	Intensität	1675,1	1688,7	1710,8	1741,2	1779,0	1823,4	1871,9	1924,3	1978,2	2031,3	2082,0	2128,4	2168,6	2201,3	2225,5	2240,6	2246,5	2243,6
	Horiz. Int.	660,4	650,6	637,5	620,8	600,4	575,7	546,0	510,9	470,1	423,1	370,3	312,3	250,2	186,2	124,0	76,5	78,6	125,5
-80°	Declination	+15°39′	+23° 6′	+30°34′	+38° 6′	+45°42′	+53°24′	+61°14′	+69°18′	+77°40′	+86°35′	+96° 9′	+106°45′	+118°49′	+132°55′	+149°36′	+168°56′	-170°15′	-150°10′
	Inclination	-70°11′	-70°34′	-71° 7′	-71°49′	-72°39′	-73°37′	-74°41′	+75°50′	-77° 4′	-78°20′	-79°33′	- 80°48′	- 81°58′	- 83° 1′	- 83°52′	- 84°24′	- 84°32′	- 84°16′
	Intensität	1807,0	1816,7	1832,7	1854,1	1880,2	1910,6	1944,3	1979,9	2016,2	2052,3	2087,1	2118,6	2146,5	2169,5	2186,9	2198,3	2203,5	2202,6
	Horiz. Int.	612,6	604,4	593,0	578,4	560,3	538,7	513,5	484,6	451,0	419,0	378,4	338,9	299,7	263,4	233,6	214,4	209,6	219,8
-85°	Declination	+18° 0′	+26°27′	+34°59′	+43°38′	+52°25′	+61°22′	+70°33′	+80° 0′	+89°45′	+99°54′	+110°30	+121°35′	+133°14′	+145°24′	+158° 4′	+171° 5′	-175°45′	-162°39′
	Inclination	-73°40′	-73°53′	-74° 9′	-74°34′	-75° 1′	-75°33′	-76° 7′	76°44′	-77°23′	-78° 1′	-78°39′	- 79°14′	- 79°46′	- 80°13′	- 80°33′	- 80°46′	- 80°51′	- 80°48′
	Intensität	1931,0	1937,5	1945,2	1956,1	1969,4	1984,8	2001,7	2019,5	2037,7	2055,7	2073,0	2088,9	2102,9	2114,8	2124,0	2130,3	2133,6	2133,7
	Horiz. Int.	543,1	537,8	531,5	520,6	508,9	495,4	480,0	463,2	445,3	426,7	408,1	390.2	373,7	359,5	348,6	341,7	339,2	341,3
-90°													Declination = λ + 22° 11′; Inclination = - 77° 10′4;						
		0°	10°	20°	30°	40°	50°	60°	70°	80°	90°	100°	110°	120°	130°	140°	150°	160°	170°

und der horizontalen Intensität. Zweite Abtheilung. 0° bis 90° südl. Breite.

180°	190°	200°	210°	220°	230°	240°	250°	260°	270°	280°	290°	300°	310°	320°	330°	340°	350°	360°		
-10°15'	-9°36'	-8°22'	-7°10'	-6°32'	-6°39'	-7°21'	-8°14'	-8°52'	-8°53'	-8° 0'	-6° 8'	-3°14'	+0 33'	+5° 2'	+9°54'	+14°42'	+18°52'	+21°49'	Declination	
-3°21'	+0°22'	+2°55'	+4°14'	+4°45'	+5°12'	+6°15'	+8°15'	+11°15'	+14°59'	+19° 0'	+22°46'	+25°49'	+27°41'	+28° 0'	+26°25'	+22°35'	+16°16'	+7°36'	Inclination	0°
940,2	940,8	954,2	976,9	1004,4	1032,5	1057,5	1076,4	1088,3	1093,4	1092,4	1085,2	1071,3	1050,0	1020,5	984,3	943,3	903,6	873,9	Intensität	
938,6	940,8	953,0	974,2	1001,0	1028,3	1051,2	1065,2	1067,4	1056,3	1032,9	1000,4	964,4	929,8	901,2	881,5	870,9	867,4	866,2	Horiz. Int.	
-10°10'	-9°12'	-7°44'	-6°26'	-5°49'	+6° 5'	-7° 1'	-8°12'	-9° 7'	-9°23'	-8°43'	-6°59'	-4°11'	-0°27'	+4° 2'	+8°58'	+13°57'	+18°26'	+21°50'	Declination	
-11°48'	-8°20'	-6° 8'	-5°15'	-5° 8'	-5° 4'	-4°19'	-2°29'	+0°31'	+4°26'	+8°45'	+12°56'	+16°22'	+18°36'	+19°10'	+17°42'	+13°51'	+7°27'	-1°18'	Inclination	-5°
973,7	965,4	970,4	985,6	1006,5	1028,1	1045,6	1055,9	1058,1	1053,0	1042,4	1027,6	1008,7	985,2	956,7	923,9	889,7	859,9	843,0	Intensität	
953,1	955,2	964,8	981,4	1002,4	1024,0	1042,7	1054,9	1058,0	1049,8	1030,2	1001,5	967,8	933,8	903,7	880,1	863,8	852,6	842,8	Horiz. Int.	
-10° 5'	-8°54'	-7°22'	-5°57'	-5°23'	-5°46'	-6°53'	-8°21'	-9°32'	-10° 1'	-9°31'	-7°53'	-5°10'	-1°27'	+3° 3'	+8° 5'	+13°14'	+18° 1'	+21°51'	Declination	
-19°56'	-16°51'	-15° 2'	-14°29'	-14°44'	-15° 2'	-14°31'	-12°54'	-10° 1'	-6° 8'	-1°41'	+2°43'	+6°27'	+8°57'	+9°46'	+8°29'	+4°46'	-1°30'	-9°57'	Inclination	-10°
1030,1	1013,6	1010,8	1018,9	1033,5	1049,2	1059,4	1061,1	1053,0	1036,8	1015,1	990,7	864,7	937,2	907,9	877,8	849,7	829,4	824,2	Intensität	
968,4	970,1	976,2	986,4	999,5	1013,2	1025,5	1034,5	1037,0	1030,8	1014,7	989,7	958,6	925,8	894,8	868,2	846,8	829,1	811,8	Horiz. Int.	
-10° 2'	-8°45'	-7° 6'	-5°46'	-5°15'	-5°45'	-7° 5'	-8°44'	-10° 8'	-10°48'	-10°26'	-8°53'	-6°12'	-2°29'	+2° 3'	+7°10'	+12°29'	+17°33'	+21°49'	Declination	
-27°38'	-24°58'	-23°30'	-23°15'	-23°42'	-24° 9'	-23°55'	-22°33'	-19°54'	-16°11'	-11°50'	-7°25'	-3°35'	-0°53'	+0° 8'	-0°56'	-4°23'	-10°13'	-18° 3'	Inclination	-15°
1108,2	1084,5	1074,2	1074,9	1083,8	1092,7	1096,0	1089,3	1071,3	1044,0	1011,1	976,2	941,7	908,6	877,2	848,5	825,3	812,8	816,9	Intensität	
981,7	983,2	985,2	988,3	992,4	997,0	1001,8	1006,0	1007,3	1002,6	989,5	968,0	939,9	908,5	877,2	848,4	822,9	799,9	776,7	Horiz. Int.	
-10° 4'	-8°47'	-7°11'	-5°54'	-5°28'	-6° 5'	-7°33'	-9°23'	-10°58'	-11°46'	-11°29'	-9°59'	-7°18'	-3°35'	+1° 0'	+6°12'	+11°41'	+17° 0'	+21°39'	Declination	
-34°50'	-32°33'	-31°22'	-31°16'	-31°50'	-32°24'	-32°19'	-31° 9'	-28°47'	-25°21'	-21°15'	-17° 1'	-13°12'	-10°31'	-9°21'	-10° 9'	-13°10'	-18°23'	-25°21'	Inclination	-20°
1206,2	1176,3	1159,2	1153,4	1154,6	1156,3	1151,9	1136,7	1109,3	1071,7	1028,1	983,0	939,6	900,4	865,7	837,1	817,1	810,0	820,5	Intensität	
990,1	991,6	989,7	985,8	980,9	976,3	973,5	972,8	972,3	968,5	958,2	940,0	914,8	885,3	854,2	824,0	795,6	768,7	741,5	Horiz. Int.	
-10°13'	-9° 1'	-7°32'	-6°24'	-6° 5'	-6°48'	-8°23'	-10°21'	-12° 3'	-12°56'	-12°41'	-11°12'	-8°31'	-4°45'	-0° 7'	+5° 9'	+10°45'	+16°17'	+21°16'	Declination	
-41°29'	-39°32'	-38°34'	-38°33'	-39° 6'	-39°38'	-39°36'	-38°36'	-36°28'	-33°22'	-29°37'	-25°42'	-22° 8'	-19°29'	-18°14'	-18°45'	-21°16'	-25°42'	-31°40'	Inclination	-25°
1320,8	1285,9	1262,3	1249,1	1242,3	1235,7	1223,0	1199,0	1162,8	1116,1	1063,2	1009,0	957,7	911,9	873,4	843,6	824,9	820,7	834,2	Intensität	
989,5	991,7	986,8	976,9	964,2	951,7	942,2	937,1	935,0	932,0	924,2	909,2	887,1	859,7	829,5	798,8	768,7	739,5	709,9	Horiz. Int.	
-10°30'	-9°29'	-8°13'	-7°16'	-7° 7'	-7°58'	-9°38'	-11°40'	-13°24'	-14°19'	-14° 3'	-12°32'	-9°49'	-6° 1'	-1°21'	+3°58'	+9°40'	+15°22'	+20°38'	Declination	
-47°38'	-45°58'	-45° 8'	-45° 6'	-45°32'	-45°58'	-45°54'	-44°58'	-43° 3'	-40°15'	-36°52'	-33°18'	-30° 1'	-27°31'	-26°14'	-26°29'	-28°28'	-32° 6'	-37° 3'	Inclination	-30°
1447,8	1409,0	1379,3	1358,3	1342,8	1327,0	1305,0	1272,5	1227,9	1173,2	1112,1	1050,8	992,6	941,0	898,5	866,6	847,7	844,2	858,2	Intensität	
975,6	979,3	972,9	958,9	940,6	922,4	908,2	900,3	897,3	895,4	890,1	878,3	859,4	834,5	805,9	775,7	745,2	715,1	684,9	Horiz. Int.	
-11° 1'	-10°15'	-9°16'	-8°35'	-8°38'	-9°36'	-11°20'	-13°22'	-15° 4'	-15°54'	-15°34'	-13°58'	-11°10'	-7°20'	-2°38'	+2°43'	+8°27'	+14°15'	+19°42'	Declination	
-53°21'	-51°53'	-51° 7'	-51° 0'	-51°15'	-51°30'	-51°19'	-50°23'	-48°37'	-46° 4'	-43° 1'	-39 48'	-36°50'	-34°31'	-33°14'	-33°14'	-34°42'	-37°34'	-41°33'	Inclination	-35°
1582,3	1540,8	1505,3	1477,0	1452,3	1426,7	1395,1	1353,8	1301,6	1240,1	1173,3	1105,8	1042,2	985,9	939,8	905,5	885,2	880,8	893,7	Intensität	
944,6	951,0	945,0	929,6	908,8	888,0	871,9	863,1	860,6	860,4	857,9	849,5	834,1	812,3	786,1	757,4	727,7	698,1	668,8	Horiz. Int.	
-11°48'	-11°24'	-10°45'	-10°23'	-10°40'	-11°47'	-13°33'	-15°31'	-17° 4'	-17°44'	-17°14'	-15°30'	-12°36'	-8°42'	-3°57'	+1°24'	+7° 9'	+12°59'	+18°34'	Declination	
-58°40'	-57°22'	-56°36'	-56°21'	-56°23'	-56°23'	-56° 1'	-55° 2'	-53°20'	-50°59'	-48°13'	-45°20'	-42°40'	-40°32'	-39°15'	-39° 3'	-40° 2'	-42°12'	-45°19'	Inclination	-40°
1719,1	1675,9	1636,0	1600,1	1566,0	1530,9	1490,0	1440,5	1381,8	1314,8	1243,5	1172,0	1104,6	1044,9	995,8	959,2	937,1	931,1	942,3	Intensität	
893,7	903,8	900,6	886,8	867,2	847,4	832,7	825,6	825,2	827,7	828,4	823,8	812,3	794,2	771,1	745,0	717,5	689,7	662,4	Horiz. Int.	
-13° 1'	-13° 3'	-12°49'	-12°49'	-13°23'	-14°37'	-16°22'	-18° 9'	-19°27'	-19°50'	-19° 4'	-17° 6'	-14° 3'	-10° 4'	-5°17'	+0° 5'	+5°49'	+11°39'	+17°18'	Declination	
-63°40'	-62°27'	-61°39'	-61°14'	-61° 1'	-60°45'	-60°10'	-59° 3'	-57°22'	-55°10'	-52°38'	-50° 2'	-47°37'	-45°40'	-44°25	-44° 4'	-44°41'	-46°15'	-48°37'	Inclination	-45°
1850,7	1807,6	1764,5	1722,7	1681,0	1636,9	1587,4	1530,6	1466,1	1395,0	1320,7	1247,0	1177,7	1116,4	1065,8	1027,7	1004,2	996,5	1005,5	Intensität	
820,9	836,0	837,8	829,0	814,4	799,7	789,6	787,0	790,6	796,9	801,5	801,0	793,7	780,0	761,1	738,5	714,0	689,1	664,7	Horiz. Int.	
-14°51'	-15°27'	-15°43'	-16° 7'	-16°57'	-18°16'	-19°53'	-21°22'	-22°15'	-22°13'	-21° 4'	-18°48'	-15°33'	-11°24'	-6°34'	-1°11'	+4°32'	+10°22'	+16° 4'	Declination	
-68°22'	-67°12'	-66°19'	-65°43	-65°14'	-64°40'	-63°50'	-62°35'	-60°52'	-58°47'	-56°27'	-54° 6'	-51°55'	-50° 8'	-48°56'	-48°27'	-48°45'	-49°50'	-51°35'	Inclination	-50°
1971,8	1929,8	1885,1	1838,9	1790,9	1739,9	1683,7	1621,4	1552,9	1479,8	1404,4	1330,3	1261,1	1199,6	1148,7	1110,2	1086,0	1077,1	1084,5	Intensität	
726,7	747,9	757,0	756,4	750,5	744,4	742,5	746,7	756,0	767,0	776,0	780,2	777,8	768,9	754,6	736,5	716,1	694,8	673,7	Horiz. Int.	
-17°47'	-19° 3'	-19°52'	-20°40'	-21°42'	-22°59'	-24°18'	-25°16'	-25°34'	-24°56'	-23°17'	-20°37'	-17° 4'	-12°44'	-7°46'	-2°20'	+3°24'	+9°15'	+15° 1'	Declination	
-72°49'	-71°38'	-70°39'	-69°49'	-69° 3'	-68°12'	-67° 6'	-65°42'	-63°58'	-61°58'	-59°49'	-57°41'	-55°44'	-54° 7'	-52°58'	-52°24'	-52°28'	-53°10'	-54°27'	Inclination	-55°
2075,9	2036,4	1991,7	1943,4	1891,7	1836,1	1775,8	1710,4	1640,3	1567,1	1492,8	1420,5	1353,1	1293,4	1243,7	1206,2	1182,2	1172,9	1179,1	Intensität	
613,1	641,6	660,1	670,5	676,3	682,0	690,7	703,7	719,8	736,4	750,4	759,3	761,9	758,2	749,2	736,0	720,2	703,0	685,5	Horiz. Int.	
-22°41'	-24°46'	-26° 6'	-27°11'	-28°11'	-29° 9'	-29°51'	-30° 3'	-29°31'	-28° 6'	-25°47'	-22°37'	-18°39'	-14° 3'	-8°55'	-3°22'	+2°26'	+8°21'	+14°13'	Declination	
-77° 0'	-75°45'	-74°36'	-73°32'	-72°29'	-71°21'	-70° 2'	-68°30'	-66°45'	-64°50'	-62°52'	-60°57'	-59°12'	57°45'	-56°41'	-56° 5'	-56° 0'	-56°26'	-57°21'	Inclination	-60°
2157,9	2122,1	2079,5	2031,5	1978,9	1921,8	1860,5	1795,1	1726,2	1655,4	1584,5	1516,1	1452,6	1396,5	1350,0	1314,6	1292,1	1283,2	1288,8	Intensität	
485,2	522,3	552,1	553,0	595,5	614,7	635,3	657,9	681,4	703,6	722,4	736,1	743,7	745,3	741,6	733,6	722,5	709,5	695,3	Horiz. Int.	
-31°58'	-34°38'	-36° 3'	-36°52'	-37°14'	-37°17'	-36°53'	-35°55'	-34°15'	-31°50'	-28°41'	-24°51'	-20°22'	-15°24'	-9°59'	-4°15'	+1°42'	+7°46'	+13°48'	Declination	
-80°51'	-79°27'	-78° 6'	-76°47'	-75°28'	-74° 5'	-72°36'	-70°59'	-69°16'	-67°28'	-65°41'	-63°59'	-62°27'	-61°10'	-60°11'	-59°37'	-59°27'	-59°42'	-60°21'	Inclination	-65°
2212,8	2181,9	2143,2	2098,4	2048,5	1993,2	1934,2	1871,9	1807,4	1741,5	1676,5	1614,4	1557,0	1506,6	1464,2	1433,2	1413,1	1405,2	1410,7	Intensität	
351,7	399,5	442,0	479,9	513,9	546,5	578,5	609,9	639,9	667,2	690,3	708,2	720,1	726,7	727,9	724,8	718,2	709,0	697,9	Horiz. Int.	
-52°20'	-53° 4'	-52°31'	-51°23'	-49°53'	-48° 3'	-45°50'	-43°10'	-40° 1'	-36°20'	-32°13'	-27°29'	-22°22'	-16°53'	-11° 5'	-5° 2'	+1°11'	+7°30'	+13°49'	Declination	
-84° 2'	-82°25'	-80°51'	-79°20'	-77°50'	-76°19'	-74°45'	-73° 9'	-71°31'	-69°54'	-68°19'	-66°51'	-65°33'	-64°27'	-63°38'	-63° 6'	-62°54'	-63° 2'	-63°30'	Inclination	-70°
2238,1	2212,9	2179,9	2140,6	2095,3	2046,5	1993,5	1937,9	1880,5	1823,0	1767,1	1712,9	1664,0	1620,7	1585,3	1558,7	1542,0	1535,9	1541,1	Intensität	
232,9	292,2	346,4	396,0	441,7	484,4	524,4	561,8	596,1	626,6	652,8	673,2	688,7	698,8	704,2	705,1	702,4	696,4	687,8	Horiz. Int.	
-94°24'	-84°53'	-77°49'	-71°56'	-66°43'	-61°48'	-56°59'	-52° 6'	-47° 4'	-41°53'	-36°25'	-30°43'	-24°46'	-18°36'	-12°14'	-5°43'	+0°55'	+7°38'	+14°23'	Declination	
-85°19'	-83°48'	-82°17'	-80°48'	-79°19'	-77°51'	-76°23'	-74°56'	-73°30'	-72° 7'	-70°49'	-69°37'	-68°34'	-67°41'	-67° 1'	-66°35'	-66°24'	-66°28'	-66°47'	Inclination	-75°
2232,3	2213,3	2187,6	2156,1	2119,7	2079,1	2035,7	1990,0	1943,3	1896,7	1851,4	1808,4	1769,5	1735,6	1707,9	1687,3	1674,6	1670,3	1675,1	Intensität	
182,3	239,2	293,6	344,9	392,9	437,5	479,1	517,2	551,9	582,2	608,3	629,8	646,7	659,1	666,8	670,6	670,6	666,8	660,4	Horiz. Int.	
-132°34'	-117°51'	-105°36	-95°12'	-86° 4'	-77°49'	-70° 8'	-62°50'	-55°44'	-48°45'	-41°48'	-34°50'	-27°50'	-20°45'	-13°36'	-6°22'	+0°54'	+8°16'	+15°39'	Declination	
-83°40'	-82°50'	-81°51'	-80°46'	-79°39'	-78°31'	-77°23'	-76°15'	-75°10'	-74° 7'	-73° 9'	-72°17'	-71°31'	-70°53'	-70°24'	-70° 5'	-69°56'	-69°58'	-70°11'	Inclination	-80°
2195,7	2183,3	2165,8	2143,8	2118,1	2089,3	2058,2	2025,6	1992,3	1959,2	1927,2	1897,5	1870,2	1846,8	1827,8	1813,9	1805,6	1803,3	1807,0	Intensität	
242,1	272,5	307,2	343,7	380,2	415,8	449,6	481,2	510,1	535,9	558,5	577,5	593,0	604,9	613,1	618,0	619,4	617,6	612,6	Horiz. Int.	
-149°50'	-137°30'	-125°45	-114°35	-103°59	-93°56'	-84°18'	-75° 2'	-66° 4'	-57°20'	-48°45'	-40°18'	-31°56'	-23°37'	-15°20'	-7° 2'	+1°16'	+9°36'	+18° 0'	Declination	
-80°36'	-80°18'	-79°53'	-79°24'	-78°51'	-78°15'	-77°38'	-77° 2'	-76°25'	-75°50'	-75°18'	-74°49'	-74°23'	-74° 3'	-73°47'	-73°36'	-73°32'	-73°33'	-73°40'	Inclination	-85°
2130,8	2124,9	2116,2	2105,1	2091,7	2076,5	2060,2	2042,9	2025,3	2007,9	1991,2	1975,6	1961,6	1949,7	1940,2	1933,4	1929,6	1928,8	1931,0	Intensität	
347,8	358,1	371,6	387,4	404,7	422,8	441,0	458,7	475,6	491,2	505,2	517,5	527 8	535,9	541,9	545,6	547,0	546,2	543,1	Horiz. Int.	
Intensität = 2040,9; Horizontale Intensität = 453,0.																				-90°
180°	190°	200°	210°	220°	230°	240°	250°	260°	270°	280°	290°	300°	310°	320°	330°	340°	350°	360°		

DRUCKFEHLER UND ERGÄNZUNGEN ZU BAND XII.

Seite 289 muss das Datum des Briefes [28] lauten: 29. December 1842.

Seite 294 soll die Nr. des Briefes [34] lauten: 865 a statt 265 a.

ERGÄNZUNGEN ZU DEN VARIA.

Zur Nr. 9.

Eine weitere Äusserung von GAUSS über DASE findet sich in einem am 11. März 1851 an ENCKE gerichteten Briefe. — Die betreffende Briefstelle soll in der Abhandlung 6 des Bandes X, 2 (*Gauss als Zahlenrechner* von PH. MAENNCHEN) wiedergegeben werden.

Zur Nr. 20.

Ein Brief von GAUSS an SPEHR vom 7. November 1832 befindet sich im Besitz des Oberdirektors Dr. ing. ARMIN WEINER in Brünn, der dem GAUSSarchiv eine photographische Nachbildung desselben überlassen hat. — Es heisst unter Anderem in diesem Briefe:

»Die Definitivbestimmung des von mir ebendaselbst [auf dem Hilsstandpunkt] im Jahre 1821 zwischen Brocken und Hohehagen gemessenen Winkels ist 84° 40′ 26,″275. Es stellet sich hienach der Winkel zwischen Hohehagen und Köterberg zu 76° 58′ 59,″425 und die Summe aller drei Winkel zu 180° 0′ 6,″035. Ich habe noch nicht Zeit gehabt, den sphäroidischen Excess für dieses Dreieck zu berechnen; jedenfalls aber erhellet schon, dass das Dreieck auf eine befriedigende Art gemessen ist.«

Zur Nr. 28.

Unter dem Titel *Briefwechsel zwischen Gauss und J. G. Repsold* sind mehrere Briefe aus den im GAUSSarchiv befindlichen Handschriften dieses Briefwechsels in den Mitteilungen der Mathematischen Gesellschaft in Hamburg, Bd. VI, Heft 8, 1928, S. 398—431 veröffentlicht worden.

Zur Nr. 41.

Im Besitze des Dr. ing. ARMIN WEINER in Brünn befindet sich noch ein Brief ohne Datum von GAUSS an HELLWIG, der sich auch auf die Aufgabe 250 aus UFLAKKERS *Exempelbuch* bezieht, und offenbar dem oben S. 207—216 abgedruckten vorhergegangen war, da er das Problem in viel unvollständigerer Weise behandelt. Auch von diesem Briefe hat das GAUSSarchiv eine photographische Reproduktion erhalten.

BERICHTIGUNGEN ZU BAND XI, 1.

Seite 483, Zeile 12 v. o. statt »im nächsten Jahre« lies »in den beiden nächsten Jahren«.

494 20 » statt »S. 438 abgedruckt und bewiesen« lies »S. 438 abgedruckt und S. 503—505 bewiesen«.

499 12 v. u. statt »darüber aus, dass er« lies »darüber aus. Dass er«.

499 10 » statt »Endresultats gibt«; dies« lies »Endresultats gibt« — das«.

503, erste Zeile unter der Formel (45) ist hinter »des Sterns sei« zu ergänzen: »gleich Eins gesetzt und«.

BEMERKUNGEN ZUM ZWÖLFTEN BANDE.

Der vorliegende Band enthält unter dem Gesamttitel *Varia* eine Anzahl kleinerer Notizen und Aufsätze teils aus dem Nachlass, teils aus dem Briefwechsel, die als Ergänzungen zu dem in den vorhergehenden Bänden veröffentlichten Material zu gelten haben, ferner die von GAUSS herrührenden Preisaufgaben der Philosophischen Fakultät und der Gesellschaft der Wissenschaften zu Göttingen sowie Nachträge zu den gedruckten Briefwechseln von GAUSS mit BOLYAI, BESSEL, OLBERS, SCHUMACHER, DIRICHLET, ALEXANDER und WILHELM VON HUMBOLDT. — Die Bearbeitung dieser Stücke haben die beiden Unterzeichneten teils einzeln, teils gemeinsam besorgt, jedoch rühren die Bemerkungen zur Nr. 2 von PH. MAENNCHEN, die zu den Nrn. 4 und 5 von W. AHRENS (†) und die zu den auf den Streit LAMONT-WILHELM WEBER bezüglichen Briefstellen des Briefwechsels GAUSS-SCHUMACHER von CL. SCHAEFER her. — Es folgt eine Wiedergabe des *Atlas des Erdmagnetismus*, die SCHLESINGER bearbeitet hat und über die das Nötige in der Bemerkung auf S. 408 gesagt ist.

Die Generalredaktion lag in den Händen der Unterzeichneten. Bei der Bearbeitung einzelner Teile der *Varia*, sowie bei der Beschaffung des oft schwer zugänglichen Materials an Briefen und Sonstigem hatten wir uns der Hilfe und des Rats von EDUARD BEREND, FRIEDRICH ENGEL, ROBERT FRITZSCHE, ANDREAS GALLE, HARALD GEPPERT, LEONARD NELSON (†), N. E. NÖRLUND, OSKAR PERRON, RUDOLF STEINHEIL, ARMIN WEINER, sowie der Auskunftstelle der preussischen Staatsbibliothek und der Firma KARL ERNST HENRICI in Berlin zu erfreuen. Besonders ist noch die überaus wertvolle Vorarbeit hervorzuheben, die PAUL STAECKEL (†) namentlich für die Ergänzungen zum Briefwechsel GAUSS-SCHUMACHER geleistet hatte. Bei einzelnen Fragen in bezug auf den *Atlas des Erdmagnetismus* ist ADOLF SCHMIDTS Rat von Bedeutung gewesen.

Mit diesem Bande erscheint die Herausgabe von GAUSS' gesammelten Werken im engeren Sinne abgeschlossen. Was noch aussteht rührt nicht mehr von GAUSS selbst her, sondern handelt über ihn und sein Werk. Dazu gehören vor allem die Aufsätze über GAUSS' wissenschaftliche Tätigkeit auf den verschiedenen Gebieten, die, soweit sie die reine Mathematik betreffen, in der zweiten Abteilung des Bandes X (vergl. Werke X, 1, S. 577), und, soweit sie auf Geodäsie, Physik und Astronomie bezug haben, in der zweiten Abteilung des Bandes XI (vergl. Werke XI, 1, S. 509) erscheinen, sowie der geplante Supplementband (vergl. *Über den Stand der Herausgabe von Gauss' Werken*, Nachrichten der K. Gesellschaft der Wissenschaften zu Göttingen, Geschäftliche Mitteilungen 1898, Heft I, Öffentliche Sitzung vom 30. April 1898; Mathematische Annalen, Band 51, S. 129—133, insbesondere S. 132), der ausführliche Register, eine Beschreibung des Nachlasses und wenn möglich noch biographisches Material enthalten soll.

M. BRENDEL. L. SCHLESINGER.

Inhalt.

GAUSS WERKE BAND XII.

VARIA. ATLAS DES ERDMAGNETISMUS.

VARIA.

ATLAS.

Göttingen, Druck der Dieterichschen Universitäts-Buchdruckerei (W. Fr. Kaestner).

Printed in the United States
By Bookmasters